Das Wasser,

seine

Verwendung, Reinigung und Beurtheilung.

Das Wasser,

seine

Verwendung, Reinigung und Beurtheilung

mit besonderer Berücksichtigung

der

gewerblichen Abwässer

und der

Flussverunreinigung.

Von

Dr. Ferdinand Fischer,

Professor an der Universität Göttingen.

Dritte umgearbeitete Auflage.

Mit in den Text gedruckten Abbildungen.

Berlin.

Verlag von Julius Springer.

1902.

Softcover reprint of the hardcover 3nd edition 1902

ISBN-13: 978-3-642-89677-4 e-ISBN-13: 978-3-642-91534-5
DOI: 10.1007/978-3-642-91534-5

Vorwort.

Es gibt kein **reines** Wasser in der Natur, glücklicherweise könnte man sagen, da (chemisch) reines Wasser geradezu giftig wirkt (S. 26). Man kann daher nur von technisch-reinem Wasser reden, d. h. ein Wasser ist rein, wenn es für den beabsichtigten Zweck geeignet ist.

Bei der Besprechung von Brunnen- und Quellwasser musste betont werden, dass die Analyse eingesandter Proben für die Beurtheilung eines Wassers werthlos ist (S. 12), da dieselbe nur unter Berücksichtigung der örtlichen Verhältnisse durch sachverständige Chemiker — nicht durch Aerzte — geschehen kann (S. 474). Stets erfordert die Probenahme grosse Vorsicht und Umsicht.

Fast alle bisher veröffentlichten Analysen von Kanalwasser geben kein zutreffendes Bild der thatsächlichen Verhältnisse, weil sie sich auf Einzelproben beziehen, die am Tage, wohl meist unter dem Einfluss der sogen. Frühstückswelle, genommen sind, ohne Rücksicht auf die gewaltigen Schwankungen in der Zusammensetzung solcher Wässer (S. 109 u. 111).

Dementsprechend sind auch die meisten der bisher veröffentlichten Analysen für die Beurtheilung der Reinigungsverfahren unbrauchbar, weil sehr oft, in Folge unsachgemässer Probenahme, die Analysen des rohen und gereinigten Wassers gar nicht einander entsprechen. Dieses gilt zunächst für die Analysen, welche die Berieselung betreffen (S. 196 bis 230). Wegen der starken Verdunstung müsste das Drainwasser wesentlich höheren Chlorgehalt zeigen, als das zugeführte Kanalwasser — nur bei Regenwetter könnte das umgekehrte stattfinden —; dass die Analysen aber im Drainwasser durchweg weniger Chlor enthalten, erklärt sich daraus, dass das Kanalwasser abends und nachts meist sehr wenig verunreinigt ist (S. 111). Auch bei den Fällungsverfahren gehören sehr oft die Proben des Abwassers vor und nach der Reinigung gar nicht zusammen, so dass diese Analysen für die Beurtheilung der Reinigungsverfahren völlig werthlos sind. (Vgl. S. 143, 266, 271, 350, 381.)

Die stark übertriebenen Forderungen mancher Vertreter der Landwirthschaft mussten mehrfach zurückgewiesen werden (S. 39 bis 42, 65 u. 66), besonders aber die nicht zu rechtfertigenden Ansprüche der einseitigen Fischfreunde (S. 45 bis 65), welche immer nur Eratzansprüche an die Industrie stellen (S. 63 u. 66), ohne zu berücksichtigen, dass auch landwirthschaftliche Betriebe oft viele Fische vernichten (Wiesenberieselung, Jauche), und dass auch manche Industriebetriebe durch landwirthschaftliche Betriebe geschädigt werden können. Die wirthschaftliche Bedeutung der Bachfischerei ist verschwindend gegen die der Industrie (S. 66).

Abwasserfragen sind nicht vom „grünen Tisch" aus zu lösen, sondern durch technisch erfahrene Chemiker.

Göttingen, im März 1902.

Der Verfasser.

Inhalt.

1. Das Wasser in der Natur.

Vorkommen. Das Wasser kommt wesentlich als Regen-, Quell-Fluss- und Meerwasser vor. Kühlen sich nach Sonnenuntergang die auf der Erdoberfläche befindlichen Gegenstände unter den Thaupunkt ab, so schlägt sich ein Theil des in der Luft befindlichen gasförmigen Wassers in Form von kleinen Tröpfchen als Thau nieder, der bei Temperaturen unter 0° zu Reif erstarrt. Wird eine grössere Luftmenge unter ihren Thaupunkt abgekühlt, so scheidet sich die entsprechende Wassermenge ebenfalls in kleinen Tröpfchen ab, es entstehen Nebel, Wolken. Diese Tröpfchen senken sich langsam nieder, werden, falls die unteren Luftschichten wärmer und daher noch nicht mit Wasser gesättigt sind, wieder dampfförmig, fallen aber als Regen — gefroren als Schnee und Hagel — auf die Erde nieder, wenn der Feuchtigkeitsgehalt auch der tieferen Luftschichten sich dem Thaupunkt nähert.

Die Menge dieses jährlich niedergeschlagenen Meteorwassers ist im Allgemeinen am grössten in den Tropen und in der Nähe des Meeres, am geringsten im Norden. So beträgt die mittlere Höhe dieser Niederschläge (Regenhöhe) nach Möllendorf[1]) in:

Madrid	25 cm	Genua	118 cm
Wien	45 „	Clausthal (Harz)	143 „
Petersburg	46 „	Bergen (Norwegen)	225 „
Berlin	57 „	Tolmezzo (Alpen)	244 „
Hannover	58 „	Stye-Pass (Cumbrisches Geb.)	481 „
Rom	78 „		

Nach van Rebber[2]) beträgt die Regenhöhe in den Vogesen 146 cm, im Harz und in Baden 92 cm, im übrigen Deutschland 50—76 cm.

Deutschland hat eine mittlere Regenhöhe von 67 cm; davon fallen im Sommer (Juni—August) 24 cm, im Herbst 16, im Frühling 15 und im Winter nur 12 cm. Waldige Höhen haben meist viel mehr Niederschläge

[1]) Vergl. G. v. Möllendorf, Die Regenverhältnisse Deutschlands (Görlitz 1862); Zeitschr. d. Ges. f. Erdkunde in Berlin, 1878, No. 47.

[2]) J. van Rebber, Die Regenverhältnisse Deutschlands (München 1877).

als die Ebenen. Nach Fautrat[1]) sollen besonders Nadelholzwaldungen die Regenmenge vergrössern.

Von diesen Durchschnittszahlen weicht die Regenmenge einzelner Jahre oft ganz bedeutend ab; so beträgt die Regenhöhe Frankfurts als Durchschnitt von 30 Jahren 60 cm, 1864 betrug dieselbe jedoch nur 36 cm, 1867 dagegen 144 cm.[2])

Von diesem Meteorwasser wird etwa die Hälfte (weniger im Winter, mehr im Sommer) durch Verdunstung der Atmosphäre wieder unmittelbar zugeführt, das übrige dringt zum grössten Theil in den Boden zur nächsten undurchlässigen Schicht, auf der es dem Gesetz der Schwere folgend weiter fliesst, bis es schliesslich durch Brunnen künstlich gehoben oder als Quelle zu Tage tritt, um mit dem oberflächlich abfliessenden Meteorwasser in Bächen und Flüssen dem Meere zugeführt zu werden.

Die Wassermenge der Flüsse muss dementsprechend bedeutend schwanken. Nach den vorliegenden Messungen und Schätzungen beträgt die secundliche Wassermenge:

Donau, eisernes Thor, im Mittel . . .			8500	cbm.
Elbe bei Hainerten	290	bis	1200	„
Saale	36	„	111	„
Memel bei Kallwenn	180	„	6000	„
Oder bei Breslau	32	„	138	„
„ „ Glogau	81	„	2300	„
„ „ Hohenwutzen	3500	„	4300	„
Rhein bei Emmerich	1500	„	9000	„
Neckar bei Mannheim	33	„	5200	„
Main	70	„	3000	„
Weichsel bei Montauer Spitze	270	„	8200	„
Weichselarm, Montauer Spitze . . .	250	„	5000	„
Nogat	20	„	3200	„
Weser bei Hoya	90	„	1600	„

Nach P. Graeve[3]) liefert 1. der Rhein bei Koblenz für 100 qkm Gebiet 1,070 cbm Wasser in der Secunde; 2. die Weser bei Minden 0,826 cbm; 3. die Elbe bei Torgau 0,579; 4. die Elbe bei Barby 0,554; 5. die Oder bei Steinau 0,460; 6. die Oder unterhalb der Warthe-Mündung

[1]) C. r. 89, 1051.

[2]) In Breslau fielen am 6. Aug. 1858 sogar 11,5 cm Regen, in Colberg am 7. Sept. 1880 innerhalb 6 Stunden 10,2 cm Regen, in Königsberg am 16. Juni 1864 in $^3/_4$ Stunden 5,5 cm Regen, am St. Gotthard in 3 Tagen vom 5.—7. Oct. 1880 zusammen 25,4 cm Regen. Die Praxis möge insbesondere bei gewerblichen und industriellen Anlagen in Deutschland ihren die Niederschläge berücksichtigenden Rechnungen ein Tagesmaximum in Höhe von mindestens 10 cm, ein Stundenmaximum von mindestens 5 cm zu Grunde legen. (Petermann's Geographische Mittheilungen, 27, 201.)

[3]) Civiling. 1879, 591.

0,413; 7. die Warthe nahe der Mündung 0,344; 8. die Weichsel bei Montauer Spitze 0,538; 9. die Memel bei Tilsit 0,600 cbm. Der Procentsatz der thatsächlichen Abflussmenge von der Regenmenge ist 1. = 38,5 %, 2. = 37 %, 3. = 30 %, 4. = 28,5 %, 5. = 27,2 %, 6. = 21,4 %, 7. = 21 %, 8. = 29 % und 9. = 32,5 %. (Vergl. S. 112.)

Zusammensetzung des in der Natur vorkommenden Wassers. Reines Wasser kann bei dem grossen Lösungsvermögen desselben in der Natur nicht vorkommen, vielmehr enthält dieses stets grössere oder geringere Mengen derjenigen Stoffe, mit denen es in Berührung gekommen ist.

Meteorwasser enthält stets die Bestandtheile der Atmosphäre[1]) in den ihren Löslichkeitsverhältnissen entsprechenden Mengen, sowie die Verunreinigungen der Atmosphäre. 1 l Regenwasser enthielt nach Reichardt[2]) im Januar bei 4° aufgesammelt 32,4 cc, im Juni bei 15° gesammelt 24,9 cc Gase folgender Zusammensetzung:

	Januar	Juni
Sauerstoff	31,8 %	27,0 %.
Stickstoff	61,5 „	64,2 „
Kohlensäure	6,7 „	8,8 „

Bei Gewittern enthält Regen zuweilen Wasserstoffsuperoxyd. Die englische Flusscommission[3]) fand im Liter Regenwasser:

Organischen Kohlenstoff	0,27 bis 3,72 mg.
„ Stickstoff	0,03 „ 0,66 „
Ammoniak	0,11 „ 0,80 „
Stickstoff als Nitrate	0,03 „ 0,40 „

Ammoniak im Regenwasser wurde bereits von Liebig (1826) nachgewiesen. Barral[4]) fand bei Untersuchnng des auf dem Observatorium zu Paris in Platingefässen gesammelten Regenwassers ausser stickstoffhaltiger organischer Substanz, etwas Eisenoxyd, geringen Mengen Magnesia (2,12 mg im Durchschnitt) im Liter mg:

---

1) 1 l Wasser löst nach Bunsen bei 760 mm und folgenden Temperaturen:

	bei 0°	10°	20°	
Sauerstoff	41	33	28	cc.
Stickstoff	20	16	14	„
Kohlensäure	1797	1185	901	„

Vgl. R. Bunsen, Gasometrische Methoden (Braunschweig, Fr. Vieweg); Fischer's Jahresb., 1899, 511.

2) Arch. Pharm., 206, 193.

3) Rivers Poll. Comm. VI. Rep.; Ferd. Fischer, Chemische Technologie des Wassers, 2. Aufl. (Braunschweig 1902).

4) Jahrb. d. Chem., 1852, 751; 1853, 707.

Gesammelt		Ammoniak	Salpetersäure (N_2O_5)	Gesammtstickstoff	Chlor	Kalk
1851	Juli	3,77	6,01	4,67	3,88	9,02
	August	4,42	20,20	9,44	2,89	8,68
	September . . .	3,04	36,33	11,95	2,39	7,16
	October	1,08	5,82	4,46	1,84	2,43
	November	2,50	9,99	4,64	2,64	4,26
	December	6,85	36,21	15,01	0	7,36
1852	Januar	2,53	7,64	3,90	1,61	—
	Februar	9,65	11,77	11,13	4,62	—
	März	1,47	6,86	2,92	2,11	—
	April	3,53	3,57	3,63	2,18	—
	Mai	1,14	5,57	2,54	1,15	—
	Juni	1,84	1,84	2,01	1,37	—

Boussingault[1]) bestimmte den Ammoniakgehalt des Regenwassers in Paris im Durchschnitt zu 3 mg; Regenwasser am Liebfrauenberg in den Vogesen gesammelt enthielt dagegen nur 0,79 mg Ammoniak. Wasser von frisch gefallenem Schnee enthielt im Liter 1,78 mg Ammoniak, dagegen 10,34 mg, nachdem derselbe 36 Stunden auf Gartenerde gelegen hatte. Dass Schnee aus dem Boden Ammoniak aufnimmt, wird auch von Vogel[2]) und Müller[3]) bestätigt.

Der Ammoniakgehalt des Regenwassers wird um so geringer, je später das Wasser nach Beginn des Regens aufgefangen ist und je mehr Regen fällt. So wurden von Boussingault in 5 Portionen 9,55 l aufgefangen; dieselben enthielten im Liter:

Aufgefangen	Ammoniak
1,0 l	6,59 mg,
1,0 „	3,07 „
2,0 „	1,40 „
2,0 „	0,39 „
3,55 „	0,36 „

im Mittel 1,52 mg Ammoniak.

A. Levy[4]) hat den Ammoniakgehalt der atmosphärischen Luft und der Meteorwässer in Montsouris bestimmt. 100 cbm Luft enthielten 0 bis 8,7 mg Ammoniak, 1 l Regenwasser 0 bis 4,8 mg, Nebel selbst 65,6 mg Ammoniak. Die Menge des in dem auf 1 qm gefallenen Regen enthaltenen Ammoniaks betrug im November 1876 36,8, im December 86,6, im Januar 1877 79,7 mg.

1) C. r. 46, 1175.

2) Münch. Sitzb., 1872, 124.

3) Zeitschr. angew. Chem., 1888, 240.

4) C. r. 84, 273; 91, 94.

Hagel, Thau, Nebel und Reif enthalten ebenfalls oft erhebliche Mengen Ammoniak und Salpetersäure.

Auffallend hohe Gehalte der atmosphärischen Niederschläge an Ammoniak und Salpetersäure beobachtete J. Stoklasa.[1]) Im Januar 1883 enthielt der Schnee in 100 000 Th. 1,326 Th. Ammoniak und 0,132 Th. Salpetersäure. Diese Menge ist im März und April geringer. Im Mai war die Menge der Salpetersäure geringer, im Juni fand er im Regen 0,236 Th. Ammoniak und 0,754 Th. Salpetersäure, welche Mengen bis zum November auf gleicher Höhe blieben, als am Himmel die bekannten auffälligen Dämmerungserscheinungen auftraten. Nach einer solchen enthielt der Regen 0,857 Th. Ammoniak und 19,975 Th. Salpetersäure. — Nach einem starken Gewitter in der Umgegend von Kolin wurden 25,377 Th. Salpetersäure und 9,525 Th. Ammoniak in 100 000 Th. Schnee gefunden.

Das von dem Regen aus der Atmosphäre aufgenommene Ammoniak stammt von den auf der Erde stattfindenden Fäulnissprocessen stickstoffhaltiger organischer Stoffe, theilweise auch wohl aus Rauchgasen. Regenwasser, entfernt von Wohnungen aufgefangen, kann demnach völlig frei sein von diesem Zersetzungsprodukte. In grösseren Orten, namentlich in Städten mit einem durch menschliche und thierische Abfallstoffe inficirten Untergrund, mit Düngergruben und sonstigen Fäulnissherden wird das Meteorwasser dagegen stets verunreinigt sein, selbst wenn es in reinen Gefässen aufgefangen wurde. Das von den Dächern gesammelte oder in Cysternen aufbewahrte Regenwasser kann natürlich noch weniger Anspruch auf Reinheit machen.

Salpetrige Säure wurde von Schönbein regelmässig im Regenwasser aufgefunden; zuverlässige quantitative Bestimmungen liegen noch nicht vor.

Boussingault fand im Regenwasser stets Salpetersäure; 1 l von 90 Regen, welche am Liebfrauenberge in den Vogesen in bewaldeter Gegend fielen, enthielt im Durchschnitt 0,2 mg, in einzelnen Fällen aber selbst 6,2 mg Salpetersäure (N_2O_5). In Paris enthielt 1 l Regenwasser 0,4 bis 2,1 mg, 1 l Schneewasser 0,3 bis 4,0 mg Salpetersäure; in einem von Hagel begleiteten Regen fand er 55 mg Salpetersäure.

Nach Bobierre enthielt 1 l des in Nantes in 47 m und in 7 m Höhe aufgefangenen Regenwassers Milligramm:

(Tabelle siehe S. 6.)

Das 7 m hoch aufgefangene Regenwasser war demnach wesentlich reicher an Ammoniak als das in 47 m Höhe gesammelte; das Ammoniak steigt demnach wesentlich vom Boden auf. Der Salpetersäuregehalt ist

[1]) Fischer's Jahresb. d. chem. Technol., 1887, 1119.

im Sommer grösser als im Winter, die Ammoniakmengen sind dagegen im Sommer geringer. Auch die Salpetersäure des Regenwassers ist wesentlich Zersetzungs- bez. Oxydationsproduct organischer Stoffe, ein Theil wird wohl durch elektrische Entladungen gebildet.

1863	Ammoniak		Salpetersäure		Chlornatrium	
	47 m	7 m	47 m	7 m	47 m	7 m
Januar . . .	5,23	6,70	5,79	3,20	14,1	8,4
Februar . .	4,61	5,90	—	—	15,1	10,0
März	1,88	8,62	7,12	5,98	16,1	11,9
April . . .	1,84	6,68	2.31	1,81	7,3	9,2
Mai	0,75	4,64	3,50	2,00	5,0	9,4
Juni	2,22	3,97	13,22	10,24	15,0	17,4
Juli	0,27	2,70	—	—	—	—
August . . .	0,26	2,11	15,52	16,00	14,8	19,3
September . .	1,43	5,51	10,00	5,72	11,2	14,8
October . . .	1,69	4,29	4,99	3,20	12,0	9,0
November . .	0,59	4,48	6,28	5,57	22,8	26,1
December . .	3,18	15,67	4,89	3,10	21,6	16,3

Chlornatrium findet sich sehr oft im Regenwasser. Dalton fand in Manchester bis 133 mg, die englische Commission in Landsend sogar bis 950 mg Chlornatrium im Liter.

In Gegenden, welche Steinkohlen als Brennstoff verwenden, ist die Atmosphäre durch Russ, theerige Stoffe und Schwefligsäure verunreinigt,[1]) welche allmählich in Schwefelsäure übergeht. Prost[2]) fand im Regenwasser zu Chaudfontaine 4 bis 19 mg Schwefelsäure. Smith fand im Liter Regenwasser aus der Nähe einiger chemischen Fabrikeu 70 mg Schwefelsäure; Regenwasser in Liverpool enthielt 35 mg, in Newcastle am Tyne 430, in Manchester 50 mg Schwefelsäure, grösstentheils im freien Zustande. Nach Sendtner enthielt in München frisch gefallener Schnee in 1 k z. B. 7 mg Gesammtschwefelsäure, am folgenden Tage 17,6 mg, nach 10 Tagen 62,2 und nach 16 Tagen bereits 91,8 mg. Der Schnee nimmt also sehr rasch die in der Stadtluft vorhandene Schwefelsäure bezw. Schwefligsäure auf; letztere geht bald in Schwefelsäure über. Frischer Schnee enthielt z. B. 3,1 mg SO_3 und 3,4 mg SO_2, zwei Tage alter Schnee 29,4 mg SO_3 und 1,6 mg SO_2. Dieser stark schwefelsäurehaltige Schnee ist für im Freien stehende Marmordenkmäler u. dgl. sehr verhängnissvoll.

Quell- und Brunnenwasser. Das mit diesen Stoffen beladene Meteorwasser dringt, soweit es nicht verdunstet oder oberflächlich abfliesst,

[1]) Jahrb. d. Chem., 1851, 649; 1858, 107; A. Smith: Air and Rain.
[2]) Fischers Jahresber., 1899, 465.

in den Boden und tritt nach einiger Zeit als Quell wieder zu Tage oder wird durch Brunnenanlagen künstlich gehoben. Je nach der Beschaffenheit und Menge der Verunreinigungen, welche das einsickernde Regenwasser bereits enthält, und nach den Bestandtheilen der durchflossenen Bodenschichten wird daher Quell- und Brunnenwasser grössere oder geringere Mengen fremder Stoffe gelöst enthalten. Der Sauerstoff des eindringenden Meteorwassers nebst dem noch zutretenden atmosphärischen Sauerstoff wird zur Oxydation der organischen Stoffe des Bodens verwendet; auch Eisen- und Manganoxydulverbindungen halten Sauerstoff zurück. Quell- und Brunnenwasser enthält dementsprechend meist nur wenig oder keinen Sauerstoff. Das Wasser des 548 m tiefen artesischen Brunnens von Grenelle, 4 m unterhalb seiner Mündung geschöpft, ist nach Girardin[1]) frei von Sauerstoff; auch das Wasser von vier 60 bis 140 m tiefen Brunnen in St. Denis und eines 11 m tiefen artesischen Brunnens bei Gonesse enthielt keine Spur von Sauerstoff. Sobald das Wasser aber mit der atmosphärischen Luft in Berührung kommt, nimmt es sofort erhebliche Mengen desselben auf.

Man unterscheidet in den Wässern meist gebundene Kohlensäure als diejenige, welche mit den vorhandenen Metallen einfache Carbonate, von der halbgebundenen, welche mit den Carbonaten Bicarbonate bildet und beim Kochen ausgetrieben wird, im Gegensatz zur freien Kohlensäure, welche im Wasser nur gelöst ist. In einigen Quellen, namentlich vulkanischer Gegenden (Eifel, Laacher See, Selters u. s. w.), findet sich die Kohlensäure in solchen Mengen, dass das Wasser derselben sein mehrfaches Volum gelöst enthält.[2])

Die gewöhnlichen Brunnen- und Quellwässer verdanken ihre Kohlensäure theils der Atmosphäre, zum grössten Theil aber den im Boden stattfindenden Fäulniss- und Verwesungsprocessen. Sie unterstützt die Zersetzung der Gesteine und bildet Bicarbonate von Calcium und Magnesium, weniger oft von Eisen, Natrium u. s. w., so dass gewöhnliche Quellwässer nur einen verhältnissmässig geringen Theil der Kohlensäure im freien Zustande enthalten. Brunnenwässer enthalten meist keine freie Kohlensäure, wohl aber oft, wenn sie einem verunreinigten Boden entstammen, bedeutende Mengen von Calcium- und Magnesiumbicarbonat, haben somit eine grosse veränderliche Härte.

---

[1]) C. r. 78, 1704.

[2]) Nach M. Ballo ist diese Kohlensäure nicht als Anhydrit, CO_2, sondern als wirkliche Säure, H_2CO_3 im Wasser gelöst. (Fischer's Jahresb. d. chem. Techn., 1883, 1017.)

Ueber die Zusammensetzung englischer Quell- und Brunnenwässer hat die engl. Flusscommission umfassende Versuche ausgeführt,[1]) auf welche verwiesen wird.

Als Beispiel eines reinen Quellwassers Deutschlands ist das der Wasserleitung für Frankfurt a. M. bemerkenswerth, welches aus dem Basalt des Vogelsberges und dem Buntsandstein des Spessart täglich über 18000 cbm Wasser durch eine 70 bis 75 km lange Leitung aus eisernen Röhren in den 54,7 m über den Nullpunkt des Mainbrückenpegels gelegenen Frankfurter Hochbehälter führt. Die Quellen des Vogelsberges (zu Fischborn) zerfallen in drei Gruppen; die erste, die Quellen an der Aue, besteht aus 139 grösseren oder kleineren Quellen; die zweite besteht aus vier Quellen (Aderborn, Born am Wehr, Lohfinkborn, Aderweiherquelle); die dritte aus zwei Quellen (Quelle am alten Seeweiher und Wehnerborn genannt). Nach den Analysen von G. Kerner (in dessen Bericht vom April 1874) enthält 1 l Wasser mg:

Bestandteile	Vogelsberger Quellen			Reservoir am Aspenheimer Kopf (Oct. 1873)	Hochreservoir bei Frankfurt (März 1874)
	erste Gruppe	zweite Gruppe	dritte Gruppe		
Chlornatrium	3,0	3,4	3,6	3,4	3,1
Schwefelsaures Calcium	4,0	4,1	4,8	4,3	4,3
Kohlensaures Natrium	6,6	8,1	7,6	8,0	7,8
Kohlensaures Calcium	33,0	31,2	33,1	31,2	31,0
Kohlensaures Magnesium	32,0	32,3	31,7	33,2	31,5
Kieselsäure	30,1	27,7	29,8	29,0	27,8
Mineralbestandtheile	108,4	106,6	110,4	109,1	105,5
Huminkörper	4,9	unwägbar	unwägbar	2,8	1,6

Aus dem Spessart (Cassel- und Bibergrund) werden der Leitung 10 Quellen zugeführt. Die festen Bestandtheile der einzelnen Quellen schwanken zwischen 17,5 und 24,2 mg im Liter. Speciell betragen die festen Bestandtheile der bedeutendsten bis jetzt gefassten Spessartquelle, des Breitenruhborns, im Liter:

Chlornatrium	3,7 mg.
Schwefelsaures Calcium	2,0 „
Kohlensaures Natrium	2,3 „
Kohlensaures Calcium	1,5 „
Kohlensaures Magnesium	0,1 „
Kieselsäure	7,0 „
Spuren von Salpetersäure, Eisen, Thonerde und organische Substanzen	3,5 „

Demnach beträgt die durchschnittliche Härte des Vogelsberger Wassers = 4,1, jene des Spessartwassers = 0,17°.

[1]) Rivers Pollut. Comm. VI. Report; Ferd. Fischer, Chemische Technologie des Wassers, 2. Aufl. (Braunschweig 1902).

Das Quellwasser des Reinsbrunnens (Wasserleitung Göttingen) enthält nach Analyse des Verf.[1]) 370 mg Schwefelsäure, 11 mg Chlor, 341 mg Kalk, 68 mg Magnesia. Das Leitungswasser von Eltershofen enthält nach Breit[2]) 1160 mg Schwefelsäure, 870 mg Kalk, 122 mg Magnesia; der Rückstand betrug 2660 mg im Liter, die Gesammthärte also 104 deutsche Härtegrade. Das Leitungswasser von Gottwalshausen enthält 1146 mg Schwefelsäure, 875 mg Kalk, 127 mg Magnesia; der Rückstand betrug 2757 mg im Liter, die Gesammthärte also 105 deutsche Härtegrade. Beide Quellen entstammen einer Gypsformation. Beide Wasser werden gerne getrunken; abgesehen von der technisch unvollkommenen Anlage ist auch vom hygienischen Standpunkte nichts dagegen einzuwenden. (Vgl. S. 25.)

Nach dem Bericht über die Verwaltung und den Stand der Gemeinde-Angelegenheiten in der Stadt Bernburg vom 1. Juli 1892/93 lieferte eine im Sommer 1893 ausgeführte Brunnenanlage in der kleinen Aue vom 3. August 1893 ab der Stadt „ein Trinkwasser, welches mit einem Salzgehalt von 1,34 g im Liter auch zu jedem Haus- und Wirthschaftszweck verwendbar war“. Die chemische Untersuchung ergab:

Mineralische Stoffe	2003 mg.	
Glühverlust	117 „	
Gesammtrückstand	2121 „	
Kohlensaures Calcium	244 „	
Schwefelsaures „	297 „	
Kohlensaures Magnesium	122 „	(58 MgO).
Chlornatrium	1338 „	(911 Cl).
Salpetersäure	1 „	

Besonders wichtig ist der Gehalt des Wassers an den Zersetzungsproducten organischer Stoffe pflanzlichen und thierischen Ursprungs.

Quellsäure und Quellsatzsäure wurden zuerst von Berzelius[3]) im Wasser der Porlaquelle, welche in einer sumpfigen Gegend Ostgothlands entspringt, aufgefunden. Das Wasser enthielt im Liter 53 mg dieser Stoffe. Das fortwährend aufsprudelnde (porlar) Gas bestand aus 6 Th. Stickstoff und 1 Th. Kohlensäure. Nach Senft[4]) entstehen bei der Zersetzung von Pflanzensubstanzen stets humussaure Alkalien, namentlich humussaures Ammoniak. Bei vollem Luftzutritt bilden sich erst die ulminsauren Salze, dann als Oxydationsproduct derselben die huminsauren Verbindungen; beide oxydiren sich schliesslich zu Carbonaten. Bei mangelndem Luftzutritt entstehen die geïnsauren Verbindungen, zu denen das quell-

[1]) Fischer's Jahresber., 1895, 521.

[2]) Inaug.-Diss. Würzburg 1895.

[3]) Jahrb. 1834, 181.

[4]) Naturforsch.-Vers. 1876.

und torfsaure Ammoniak gehört. Alle diese humus- und geïnsauren Verbindungen wirken auf Mineralien lösend und zersetzend ein, namentlich vermag das quellsaure Ammoniak einzelne Verbindungen unverändert zu lösen und nach der Oxydation zu kohlensaurem Ammoniak auch unverändert wieder abzuscheiden. Gerbstoffhaltige Torfbrühe, z. B. von Haide, wirkt lösend und gleichzeitig desoxydirend. Auch Ameisensäure, Essigsäure, Propionsäure u. dgl. sind in einigen Wässern nachgewiesen.

Das Brunnenwasser der Städte und Dörfer ist durchweg durch die Stoffwechselproducte der Menschen und Thiere verunreinigt.[1] Schmidt[2]) untersuchte 167 Brunnenwässer der Stadt Dorpat; die beiden besten (I, II) und schlechtesten (III, IV) enthielten (mg im Liter):

Wasser aus Dorpat	I.	II.	III.	IV.
Kohlensäure (CO_2)	240,7	269,0	741,3	871,3
Schwefelsäure (SO_3)	7,9	9,9	80,4	255,5
Chlor	8,0	4,7	320,6	600,9
Salpetersäure (N_2O_5)	3,3	7,9	707,5	816,2
Phosphorsäure (P_2O_5)	0,6	0,6	14,2	28,7
Kieselsäure (SiO_2)	8,0	9,6	31,1	35,4
Kali (K_2O)	5,6	5,1	293,9	289,1
Natron (Na_2O)	5,8	4,4	231,9	447,6
Ammoniak (NH_3)	0,5	0,4	0,8	22,3
Kalk (CaO)	106,1	124,9	373,4	316,5
Magnesia (MgO)	36,6	38,1	282,1	508,5
Eisenoxydul (FeO)	0,5	0,4	0,2	2,4

I. ist ein Bohrloch von 94 Fuss Tiefe, II. ein solches von 42 Fuss; beide sind offenbar frei von Stadtlauge. III. ist ein Pumpbrunnen von 11 Fuss, IV. desgleichen von 10 Fuss.

Recht nett ist auch der Pfarrbrunnen in Mommenheim:[3])

Kalk	310 mg	Salpetrigsäure	5 mg.
Magnesia	368 „	Salpetersäure	539 „
Natron	444 „	Ammoniak	s. stark.
Kali	985 „	Organisch	159 mg.
Chlor	956 „	Gesammt	4334 „
Schwefelsäure	218 „		

Diese Verunreinigungen sind wesentlich auf die Zersetzungsproducte menschlicher bezw. thierischer Abfallstoffe zurückzuführen. Dringen diese Stoffe (S. 106) in den Boden, so zerfallen sie unter dem Einfluss niederer Organismen rasch in noch wenig gekannte Zwischenproducte und bei

[1]) Vgl. Fischer, Chemische Technologie des Wassers. 2. Aufl. (Braunschweig 1902).

[2]) Arch. f. Naturk. Liv, Ehst- u. Kurlands (Dorpat 1864).

[3]) Gewerbbl. Hess., 1889, 336.

Zutritt von atmosphärischem Sauerstoff in Kohlensäure, Ammoniak, dann Salpetrigsäure und Salpetersäure.

Die Phosphate, die Kalisalze, die stickstoffhaltigen organischen Stoffe und das Ammoniak werden von dem Boden anfangs zurückgehalten, die Chloride, Nitrate und Sulfate gelangen dagegen in die Quellen und Brunnen. Wenn demnach einem nicht mit Pflanzen bestandenen Boden stickstoffhaltige organische Stoffe zugeführt werden, so wird bei hinreichendem Luftzutritt der Stickstoff der organischen Substanz und das Ammoniak in Salpetrigsäure und diese in Salpetersäure übergeführt, welche von dem Bodenwasser aufgenommen und den Brunnen und Quellen zugeführt wird. Kann jedoch wegen mangelnden Luftzutritts keine hinreichende Oxydation der organischen Stoffe erfolgen, so werden, wenn die Absorptionskraft des Bodens erschöpft ist, von dem Wasser auch Ammoniak und die in Fäulniss begriffenen organischen Stoffe selbst aufgenommen. Ein Wasser, welches entfernt von bewohnten Orten dem Boden entquillt, kann daher völlig frei von diesen Zersetzungsproducten thierischer Stoffe sein; andere enthalten nur Spuren, einige selbst mehrere Milligramm Salpetersäure, ohne dass eine Verunreinigung mit thierischen Abfällen nachweisbar wäre.

Nach Vogel (S. 105) enthält 1 l Harn 6,73 g Chlor; dieses sickert mit den eindringenden Schmutzwässern unabsorbirt durch den Boden hindurch. Das Chlor giebt daher ein besonders schätzenswerthes Maass für die Grösse der Verunreinigung eines Wassers mit menschlichen Abgängen, nachdem man den dem betreffenden Boden entsprechenden Normalgehalt abgezogen hat.

Nach den Versuchen von Reiset, Gilbert u. A. entweichen selbst bei Gegenwart von kohlensauren alkalischen Erden bei der Fäulniss stickstoffhaltiger organischer Stoffe bis 40 % freier Stickstoff gasförmig. Es wurde ferner schon hervorgehoben (S. 5), dass der grosse Gehalt der Meteorwässer an Stickstoffverbindungen namentlich in Städten wesentlich auf das aus dem verunreinigten Boden aufsteigende Ammoniak u. s. w. zurückzuführen sei. Wenn sonach auch die Stickstoffverbindungen, namentlich das Ammoniak (bei stark verunreinigten Wässern auch wohl Schwefelammonium) und die Salpetrigsäure als Beweise der noch nicht abgeschlossenen Zersetzung für den Nachweis einer Verunreinigung mit thierischen Stoffen sehr wichtig sind, so gibt doch die Menge derselben kein Maass der Verunreinigung.

Die pflanzlichen und thierischen Nahrungsmittel enthalten mehr Kali als Natron; der grössere Natrongehalt der verunreinigten Brunnenwässer erklärt sich durch den Chlornatriumgehalt des menschlichen Harnes in Folge des Kochsalzzusatzes zu unseren Speisen, theils durch die Absorptionsfähigkeit des Bodens für Kaliverbindungen. Wo jedoch die Pflanzenfresser überwiegen, kann auch der Kaligehalt der Brunnenwässer grösser werden. In Fleisch, Brod, Körner- und Hülsenfrüchten überwiegt die Magnesia, welche grösstentheils in den Harn übergeht, während der in Blattgemüsen, Heu und Stroh überwiegende Kalk sich namentlich in den festen Excrementen sammelt. Immerhin machen diese dem Brunnenwasser zugeführten Kalk- und Magnesiamengen nur einen verhältnissmässig geringen Theil aus. Durch die bei der Oxydation der organischen Stoffe im Boden gebildete Kohlensäure werden grosse Mengen von kohlensaurem Calcium und kohlensaurem Magnesium als Bicarbonate gelöst, durch die entstandene Salpetersäure desgleichen als Nitrate, so dass auch sehr oft die Härte eines Wassers im Verhältniss zur Grösse der Verunreinigung steht. Auch die Schwefelsäure der Brunnenwässer ist theilweise auf die genannten Verunreinigungen zurückzuführen, theilweise auf den Gypsgehalt des Bodens.

Die Tabelle (S. 13) zeigt die Zusammensetzung einer Anzahl Quellwässer, welche in Deutschland zur städtischen Wasserversorgung verwendet werden, die Tabelle (S. 14) von Wasser aus künstlich erschlossenen Quellen (sogenanntes Grundwasser). Zu bedauern ist hierbei, dass die Untersuchung sich bei den meisten auf nur wenige Stoffe beschränkt, dass bei einigen nicht einmal auf die wichtigen Stickstoffverbindungen Rücksicht genommen ist. Immerhin zeigt die Zusammenstellung, dass der Chlorgehalt zwischen 1 bis 50 mg wechselt; nur in Bernburg und Bonn wird diese Grenze überschritten. Die Schwefelsäure beträgt 1 bis 100 mg mit Ausnahme von Bernburg, Göttingen und Würzburg; die Salpetersäure schwankt zwischen 1 bis 20 mg, Ammoniak von 0 bis 3,3, organische Stoffe, mit zwei Ausnahmen, von 0 bis 40 mg.

Die Zusammensetzung eines Brunenwassers schwankt je nach Wasserentnahme und Wasserzufluss, bezw. Regenmenge und Jahreszeit oft sehr bedeutend. In dem Wasser eines Brunnens in Iglau fand z. B. L. Lenz[1]) an 4 verschiedenen Tagen:

	Abdampfrückstand	Salpetersäure	Salpetrigsäure	Chlor	Kalk	Magnesia	Ammoniak	Organisch
11. November 1877 . . .	190	47	—	28	27	1	—	12
9. December 1877 . . .	480	149	2	92	67	11	0,1	29
13. Januar 1878	430	5	1	85	44	25	25,0	500
10. Februar 1878	120	29	2	21	18	4	0,8	34

[1]) Zft. österr. Apoth.-Ver., 1879.

Quellwässer, welche zu städtischen Wasserversorgungen verwendet werden. (1 Liter enthält Milligr).

Ort		Chlor	Schwefelsäure	Salpetersäure	Salpetrigsäure	Ammoniak	Organisch	Kalk	Magnesia	Härtegrade	Kali	Natron	Gesammtrückstand	Untersucht von
Aschersleben		—	—	Spur	—	—	21	147	39	20	—	—	620	Reichardt
Blankenburg		17	16	—	—	—	33	103	5	11	—	15	241	Frühling u. Schulz
Chemnitz		8	10	—	—	—	20	8	Spur	1	—	—	73	Wender
Erfurt		16	65	—	—	—	5	78	13	10	—	—	355	Reichardt
Göttingen		12	364	7	0	0	15	358	64	45	—	—	—	F. Fischer
Gotha[1]	I	1	1	—	—	—	—	4	1	0,6	—	—	20	Reichardt
	II	2	2	—	—	—	—	3	1	0,4	—	—	24	
Goslar		2	5	—	—	—	0	2	Spur	0,4	4,0	—	23	Schuhmacher
Heilbronn		—	11	0	0	0	2	168	—	17	—	—	32	—
Klagenfurt		—	96	—	—	—	—	76	33	12	—	—	226	Mitteregger
Luzern		Spur	Spur	20	—	—	4	—	—	6	—	—	—	Stierlin
Offenbach[2]	I	—	—	Spur	fast	0	40	—	—	—	—	—	126	Petersen
	II	—	—	—	0	0	30	—	—	—	—	—	92	
Plauen		—	—	—	—	—	—	68	—	7	—	—	—	—
Regensburg		Spur	Spur	Spur	—	—	—	125	Spur	13	3,0	Spur	240	Braunschweiger
Salzburg[3]	I	—	3	—	—	—	45	52	34	11	1,3	4,2	222	Spängler
	II	—	0	Spur	—	—	4	40	3	4	0,1	1,0	86	
	III	—	21	15	—	—	95	98	28	14	—	—	381	
Ulm		Spur	1	Spur	—	—	4	125	—	13	—	—	237	Wacker
Wiesbaden		4	1	1	—	—	3	7	5	1	1,5	4,9	42	Fresenius
Winterthur		—	—	—	—	—	23	—	—	14	—	—	—	Sulzer
Würzburg		44	184	3	Spur	0,6	3	241	40	30	—	52,1	742	Ossan u. Wislicenus
Zittau		3	7	—	—	—	4	6	2	1	—	6,5	33	Stein

[1]) I Sgriugquelle, II Carolusquelle. — [2]) I Hainebach, II Wildhofbach. — [3]) I Geisbergquelle, II Fürstenbergquelle, III Städtische Brunnhausquelle.

Quellwässer (sogen. Grundwässer), welche für städtische Wasserversorgung verwendet werden. (1 l enthält Milligr.)

Ort	Chlor	Schwefelsäure (SO_3)	Salpetersäure (N_2O_5)	Salpetrigsäure (N_2O_3)	Ammoniak	Organisch	Kalk (CaO)	Magnesia (MgO)	Härtegrade	Kali (K_2O)	Natron (Na_2O)	Gesammtrückstand	Untersucht von
Bamberg	—	—	0	0	0	—	—	—	—	—	—	3	Kerner
Bernburg	54	117	Spur	—	—	Spur	52	72	15	—	48	580	Wackenroder
Bochum	27	35	Spur	Spur	0	21	—	—	6	—	—	175	Hartenstein
Bonn	76	42	—	—	—	4	134	29	18	—	121	558	Wachendorff
Crefeld	17	41	Spur	0	0	25	27	7	3	Spur	12	155	Hoedt
Dortmund 1873	28	13	Spur	Spur	0	27	—	—	5	—	18	140	Hartenstein
Dresden	10	12	3	0	0	1	31	0	3	—	8	124	Schürmann
Düsseldorf[1]) I	—	27	—	—	—	6	76	—	8	—	—	154	Mohr Lutz
Düsseldorf[1]) II	14	38	10	0,6	3,2	6	41	38	9	—	16	—	
Düsseldorf[1]) III	20	27	11	0,5	3,3	1	33	50	10	—	21	—	
Essen	42	24	Spur	Spur	0	27	—	—	5	—	20	181	Hartenstein
Freiburg (Baden)	3	Spur	Spur	0	0	1	9	2	1	Spur	2	—	Babo u. Reichardt
Gelsenkirchen	32	51	Spur	Spur	0	21	—	—	7	—	—	205	Hartenstein
Grüneberg	—	Spur	—	—	—	Spur	—	—	6	—	—	246	Hirsch
Halle a. S.	45	50	0	—	0	6	122	21	15	2	81	441	Siwert
Hannover[2])	43	65	2	0	0	18	146	13	16	9	26	440	F. Fischer
Karlsruhe[3]) I	46	32	18	—	—	33	—	—	19	—	—	538	Birnbaum und Weltzien
Karlsruhe[3]) II	7	30	16	—	—	—	—	—	13	—	—	261	
Leipzig	9	2	—	—	—	11	70	11	9	—	18	229	Kolbe
Mülheim a. Rh.	23	44	—	—	—	—	75	Spur	8	—	44	—	Grünberg
Strassburg	8	11	9	geringe Spur	geringe Spur	2	97	26	13	—	—	258	Baumann
Westend-Berlin	12	7	—	—	—	60	169	4	17	—	11	—	Ziureck
Witten	27	17	Spur	Spur	0	28	—	—	5	—	—	131	Hartenstein

[1]) I Städtisches Wasserwerk, II Alter Brunnen, III Neuer Brunnen. — [2]) Dingl. 215, 517. — [3]) I Hochwasserleitung, II Rüppuner Wald.

Ferner fand Mitteregger[1]) bei wiederholter Untersuchung dreier Brunnen im Laufe eines Jahres folgende Gehalte (im Liter):

	Burggasse					Völkermarkt-Vorst.					Hauptsteueramt				
	Härtegrade	N_2O_5	N_2O_3	NH_3	Organisch	Härtegrade	N_2O_5	N_2O_3	NH_3	Organisch	Härtegrade	N_2O_5	N_2O_3	NH_3	Organisch
Frühjahr	30	80	0	0,03	39	28	85	0,03	0	38	22	0	0,03	0,01	33
	56	470	0,2	0,5	45	32	170	0,1	0	19	29	145	0,01	0,05	14
	24	144	0	0	25	22	80	0	0	26	23	30	0,01	0	20
	26	40	0,1	0	25	23	28	0	0	13	20	12	0,05	0	16
Sommer	24	35	0	0,2	19	28	0	0	0	57	24	0	0	0,05	15
	29	95	0	0	16	27	34	0	0	16	27	72	0	0	18
	21	20	0,03	0	16	24	30	0,1	0	24	20	24	0,03	0	16
Winter	22	7	0,01	0	6	22	12	0	0,02	11	20	22	0,01	0	9
	32	25	0	0	17	31	20	0	0	13	24	36	0	0	9
	22	28	0	0	5	20	20	0,1	0,01	5	20	18	0	0	16

Aus den so von Mitteregger durchgeführten 80 Versuchsreihen geht hervor, dass im Allgemeinen die Zu- und Abnahme der Bestandtheile in diesen Brunnen ziemlich gleichzeitig stattfand; bestimmte Beziehungen sind aber nicht ersichtlich. Jedenfalls erscheinen angesichts solcher Schwankungen die noch immer so oft ausgeführten Analysen einer eingesandten Probe und die darauf — ohne Rücksicht auf die örtlichen Verhältnisse — gegründeten Urtheile als vollständig werthlos. (Vgl. S. 22.)

Wie sehr unter Umständen ein Brunnenwasser durch Fabriken verunreinigt werden kann, zeigt z. B. die vom Verf.[2]) ausgeführte Untersuchung eines etwa 300 m von der Gasanstalt liegenden Brunnens, dessen Wasser in kurzer Zeit einen eigenthümlichen Geruch und sehr schlechten Geschmack angenommen hatte. 1 l dieses Wassers enthielt mg:

Organische Stoffe	4198	Kalk	906
Chlor	440	Magnesia	136
Schwefelsäure	992	Gesammthärte	110^0
Salpetersäure	2	Veränderliche Härte	15^0
Salpetrigsäure	—	Giftige Metalle fehlten.	
Ammoniak	82		

Ausserdem enthielt es so viel Rhodan, als 300 mg Rhodanammonium entsprechen; das Wasser hatte also, in Folge eines undichten Gasometers,

[1]) J. Mitteregger: Statistik des Klagenfurter Trinkwassers. (Klagenfurt 1878).

[2]) Dingl. pol. J. 211, 139.

etwa 15 Proc. Gaswasser aufgenommen. Das Wasser von Brunnen, in deren Nähe Wege mit zinkhaltigen Kiesabbränden ausgebessert waren, enthält nicht selten Zinkvitriol (vgl. Fabrikabwasser).

Es möge noch erwähnt werden, dass Quellen in der Nähe von Vulcanen zuweilen freie Schwefelsäure und Salzsäure enthalten; der Rio-Vinagre, welcher von dem 5100 m hohen Vulcan Puracé entspringt, enthält z. B. im Liter 1,1 g freie Schwefelsäure und 1,2 g Salzsäure und führt täglich etwa 47000 k Schwefelsäure und die entsprechende Salzsäure fort; eine Quelle in Texas enthält sogar 5,3 g Schwefelsäure im Liter.[1]) Andere Quellen enthalten etwas freie Schwefelsäure, Aluminiumsulfat, Eisensulfat u. s. w. in Folge der Oxydation von Pyriten, ein Quellwasser von Selles la Source[2]) dagegen freien Aetzkalk.

Tagewasser. Auch über die Zusammensetzung des oberflächlich abfliessenden Regenwassers, welches sich in Teichen sammelt und mit dem Quellwasser zusammen in Bächen und Flüssen dem Meere wieder zufliesst, sind namentlich von der englischen Rivers Pollution Commission die umfassendsten Untersuchungen ausgeführt.[3]) Auch auf diese sei verwiesen.

Mainwasser, im Herbst 1886 geschöpft, enthielt nach E. Egger[4]) im Liter 13 mg schwimmende Stoffe, ferner gelöst:

Organisch (Glühverlust)	21,0 mg	Natron	26,2 mg.
Kalk	80,0 „	Chlor	24,5 „
Magnesia	28,1 „	Schwefelsäure (SO_3)	54,3 „
Eisenoxydul	0,3 „	Salpetersäure N_2O_5	2,9 „
Thonerde-Phosphorsäure	2.9 „	Kohlensäure	63,0 „
Kali	5,1 „	Kieselsäure	12,1 „

Rheinwasser enthielt am 23. März 1886 bei Hochwasser in 1 l 249 mg schwebende und 246 mg gelöste Stoffe, am 1. Juni bei niedrigstem Wasserstand 12 mg schwebende und 203 mg gelöste Stoffe; letztere hatten folgende Zusammensetzung:

Organische Substanzen	16,8 mg	Chlor	7,3 mg.
Kalk	71,1 „	Phosphorsäure	1,1 „
Magnesia	14,7 „	Schwefelsäure	24,4 „
Eisenoxydul	0,2 „	Salpetersäure	6,2 „
Thonerde	1,6 „	Kohlensäure	49,6 „
Kali	4,2 „	Kieselsäure	4,5 „
Natron	6,7 „		

---

1) Dingl. pol. J. 212, 219.

2) Dingl. pol. J. 211, 139.

3) VI. Report, S. 33—68; F. Fischer: Chemische Technologie des Wassers, 2. Aufl. (Braunschweig 1902).

4) Fischer's Jahrb. der chem. Techn., 1887, 1120; 1888, 558.

10 l Rheinwasser enthielten im Durchschnitt 533 mg Schlamm; derselbe gab 102 mg Glühverlust, der Rest hatte folgende Zusammensetzung:

	Durch Salzsäure zersetzbar	Durch Salzsäure nicht zersetzbar		Durch Salzsäure zersetzbar	Durch Salzsäure nicht zersetzbar
Kieselsäure	55	182	Phosphorsäure	2	3
Kalk	39	2	Schwefelsäure	2	—
Magnesia	4	4	Kali	13	8
Eisenoxyd	19	5	Natron	1	5
Thonerde	26	40	Kohlensäure	23	—

Neckarwasser untersuchte A. Klinger (1888) in der Nähe der Gasfabrik Gaisburg (I), 200 Schritt unterhalb der Einmündung des Mühlkanales (II) und unterhalb der Gitterbrücke in Cannstadt (III). 1 l enthielt mg:

Neckar	Gefasst am: 13. März			24. April			29. Juni			20. August			29. Sept.		
	I	II	III	I	II	III	I	II	III	I	II	III	I	II	III
Gelöste Stoffe	272	270	255	382	445	545	400	450	485	397	462	505	440	465	510
Schwebende Stoffe	373	375	380	—	—	—	—	—	—	—	—	—	65	125	115
Kalk	100	120	100	130	147	170	134	148	150	136	150	174	125	160	160
Magnesia	18	19	19	30	29	40	29	29	30	15	17	19	34	39	39
Schwefelsäure	33	43	47	79	88	123	90	102	112	91	102	128	94	94	109
Salpetersäure	Sp.	Sp.	Sp.	2	2	2	3	3	3	4	4	4	4	4	4
Chlor	13	17	15	16	29	27	14	26	26	14	26	28	18	21	21
Salpetrigsäure	0	0	0	0	0	0	0	0	0	0	0	0	0	0	0
Ammoniak	Sp.	Sp.	Sp.	5	6	8	Sp.	Sp.	Sp.	Sp.	Sp.	Sp.	Sp.	Sp.	Sp.
Organisch (als $KMnO_4$)	17	18	25	8	17	19	12	10	10	9	9	9	25	23	23

Oder bei Breslau (filtrirtes Leitungswasser):

In 1 l Wasser waren enthalten mg	2. April 1896	4. August 1896	2. Octbr. 1896	14. Jan. 1897
Gelöste Stoffe	140	153	153	226
davon Glührückstand	99	121	141	202
Chlor	10	11	8	23
Kieselsäure (SiO_2)	6	9	11	16
Schwefelsäure (SO_3)	22	19	19	28
Calciumoxyd (CaO)	37	41	42	64
Magnesiumoxyd (MgO)	5	7	8	13
Eisenoxyd + Thonerde	Sp.	Sp.	1	Sp.
Gesammt-Härte	4,26°	4,46°	4,95°	8,16°
Bleibende Härte	2,06°	2,00°	4,33°	1,97°
Verbr. an Kaliumpermanganat mg	13	18	17	29

Elbwasser bei Königgrätz:[1])

	Niedrigwasser	Hochwasser
Suspendirte Stoffe	58 mg	72 mg.
Trockensubstanz	151 „	138 „
Calciumoxyd	46 „	40 „
Magnesiumoxyd	14 „	8 „
Eisen- und Thonerdeoxyd	6 „	4 „
Chlor	16 „	24 „
Schwefelsäure	8 „	7 „
Organische Stoffe	49 „	46 „

Nach Schlösing (1896) enthält 1 l des Wassers der Yonne bei Hochwasser 5 mg Salpetersäure, in der oberen Seine bei Montereau 3,13 mg, in der Marne bei Charenton 4,46 mg und in der Seine bei Paris 4,50 mg. Er berechnet hieraus die in 24 Stunden bei solchem Hochwasser fortgeführten Mengen Salpetersäure bezw. Salpeter zu:

	Salpetersäure	Salpeter
Yonne	351 000 k	650 000 k.
Obere Seine	54 000 „	101 000 „
Marne	107 000 „	200 000 „
Seine bei Paris	486 000 „	909 000 „

Donauwasser oberhalb Wiens enthielt nach J. F. Wolfbauer[2]) im Liter mg:

Stoffe	Frühling	Sommer	Herbst	Winter
Suspendirt (Schlamm):				
Gesammtmenge	121,9	165,4	76,5	14,8
Glühverlust	7,9	7,2	2,1	0,3
Carbonate u. dergl.	51,0	76,6	35,5	7,2
Sand und Thon	63,0	81,6	38,9	7,3
Gelöst:				
Organische Substanzen	7,0	4,2	5,2	5,9
Kieselsäure	5,4	3,9	4,8	5,2
Eisenoxydul	0,4	0,5	0,2	0,2
Kalk	60,8	54,3	64,3	71,0
Magnesia	17,6	12,8	17,5	19,9
Natron	4,9	2,8	3,6	4,0
Kali	1,7	1,6	2,4	2,0
Chlor	3,4	1,6	1,8	2,4
Schwefelsäure	11,8	10,6	12,3	15,4
Salpetersäure	2,0	1,3	1,3	2,4
Kohlensäure, gebunden	62,1	52,4	65,2	70,0
	177,1	146,0	178,6	199,0

[1]) Fischer's Jahresber. d. chem. Techn., 1897, 443. (Bei Magdeburg und Hamburg s. Industrieabwässer.)

[2]) Monat. Chem., 1883, 417.

Ein Anschwellen des Stromes hat eine Zunahme suspendirter Stoffe, jedoch eine Abnahme an gelösten Substanzen zur Folge, während beim Fallen des Wasserstandes sich der Schlamm verringert und der gelöste Bestand zunimmt. Steigt also das Wasser, so wird es trüber und weicher und sinkt es, so wird es klarer und härter. Der in 1 l trüben Wassers enthaltene Schlamm beträgt im Jahresmittel 103,8 mg bei 5 mg Glühverlust; ferner enthält derselbe:

	Löslich in		
	Salpetersäure	conc. Schwefelsäure	Unlöslich
Eisenoxyd	2,53	1,97	0,31
Thonerde	3,48	4,43	3,28
Kalk	15,05	0,31	0,06
Magnesia	5,61	0,53	0,19
Natron	0,29	0,20	0,80
Kali	0,37	0,93	0,45
Kohlensäure	17,20	—	—
Phosphorsäure	0,17	—	—
Kieselsäure	1,88	10,20	28,54

Danach führt die Donau im Durchschnitte täglich 15000 t Schlamm und 25000 t gelöste Stoffe an Wien vorüber.

Nach M. Ballo[1]) enthält die Donau bei Budapest im Liter 8 bis 298 mg Schlamm, im Mittel am Pester Ufer 172 mg, am Ofener Ufer 130 mg. Die Donau führt daher täglich fast 50000 t Schlamm an Pest vorüber. Derselbe hat im Durchschnitt folgende Zusammensetzung:

	In Salzsäure		im Ganzen
	löslicher Theil	unlöslicher Theil	
SiO_2	—	45,95	45,95
Al_2O_3	8,62	9,28	17,58
FeO	2,59	—	2,59
Fe_2O_3	1,38	—	1,38
CaO	5,53	0,46	5,88
MgO	0,30	2,44	2,74
K_2O	0,52	1,90	2,42
Na_2O	0,26	5,22	5,48
CO_2	5,35	—	5,35
H_2O	3,86	—	3,86
Organ. Subst.	—	6,65	6,65
	28,60	71,40	100,00

Nach Spring und Frost[2]) enthielt das Wasser der Maas bei Lüttich:

	Schwebestoffe	Gelöste Stoffe
Höchster Gehalt	416,96 g	279,0 g.
Niedrigster Gehalt	1,79 „	86,2 „

Darnach führte die Maas im Jahre vorüber:

Chlornatrium	58075 t.	Kohlensaure Magnesia	10138 t.
Gyps	200574 „	Chlormagnesium	108746 „
Silicate	189450 „	Kohlensaures Calcium	614074 „

[1]) Ber. deutsch. G., 1878, 441.

[2]) Annal. soc. géol. Belg., 1884, 123.

Die Verunreinigung des Flusswassers wird später (vgl. S. 103) besprochen.

Meerwasser. Auch über die Zusammensetzung des Meerwassers hat die englische Commission (VI. Report, S. 131) eine Reihe von Untersuchungen angestellt. Nachfolgende kleine Tabelle gibt unter 1 die Analyse des Mittelmeerwassers zwischen Corsica und Frankreich (15. Mai 1870), 2 die des von Worthing, eine englische Meile von der Küste (16. Juli 1869), 3 desgleichen von 59° 34′ nördl. Br. und 7° 18′ westl. Br., 4 schliesslich die Durchschnittswerthe von 23 Analysen (mg im Liter):

	1	2	3	4
Organischer Kohlenstoff	1,95	1,94	6,47	2,78
Organischer Stickstoff	0,88	2,07	1,34	1,65
Ammoniak	0	0,02	0,22	0,06
Stickstoff als Nitrate und Nitrite	0,26	0,05	0,30	0,33
Gesammtstickstoff	1,14	2,14	1,82	2,04
Chlor	21 875	19 962	20 281	19 756
Gesammtrückstand	42 885	39 460	40 740	38 987
Veränderliche Härte	42	57	57	39
Gesammthärte	620	813	711	638

Nach den vorliegenden Analysen von Meerwasser[1]) beträgt der Gesammtrückstand 3,3 bis 3,9 %; in Meeren, welche starke Zuflüsse haben, wie das schwarze Meer, sinkt er auf weniger als die Hälfte, bei der Ostsee sogar auf 0,7 bis 1,8 % und nur in den grössten Tiefen beträgt er 3 %. Einige Binnenmeere, wie das Caspische Meer, enthalten weniger Salze als das Weltmeer, andere mehr: das Todte Meer bis 278 g im Liter oder fast 28 %.

Das Meerwasser enthält vorwiegend Chlornatrium, dann Chlormagnesium, schwefelsaures Calcium und schwefelsaures Magnesium: Kaliverbindungen finden sich nur in geringen Mengen. Kohlensaures Calcium ist ebenfalls nur wenig vorhanden, oft sogar nur in Spuren, in der Nähe der Küsten dagegen reichlicher; noch geringer ist der Gehalt an kohlensaurem Magnesium.

[1]) Ferd. Fischer, Chemische Technologie des Wassers, S. 120, 2. Aufl. (Braunschweig 1902).

2. Einfluss der Bestandtheile des Wassers auf seine Verwendung für häusliche und gewerbliche Zwecke.

Wasser für häusliche Zwecke einschl. Trinkwasser.

Schon im Alterthum legte man grossen Werth auf die Beschaffung eines guten Wassers. Hippokrates bemerkt, Regenwasser sei am weichsten, faule aber leicht, müsse daher gekocht und filtrirt werden. Am besten sei das Wasser aus von Bergen entspringenden Quellen und tiefen Brunnen, wogegen Sumpfwasser eine grosse Milz und harten Bauch bewirke. Aber erst die Forschungen der Neuzeit haben den Einfluss der Bestandtheile des Wassers auf die Gesundheit des Menschen klargestellt. [1])

Ein für häusliche Zwecke, besonders für Trinkwasser bestimmtes Wasser soll 1. durchaus frei sein von schädlichen Stoffen; 2. so beschaffen sein, dass es zum Genuss anregt.

Dass ein für den Hausgebrauch bestimmtes Wasser keine Gifte (Arsen u. dgl.) enthalten darf, ist selbstverständlich; wo dieselben überhaupt in Frage kommen können, ist ihre Nachweisung nicht schwer.

Ebenso selbstverständlich ist die Forderung, dass das Wasser keinesfalls Krankheitskeime enthält. Der Nachweis derselben ist aber sehr schwierig, weil sie von anderen, unschädlichen Bakterien nur sehr wenig verschieden sind; dazu kommt, dass doch nur sehr geringe Wassermengen daraufhin geprüft werden können, so dass sie sehr leicht übersehen werden. Besonders erschwerend ist aber der Umstand, dass sie aus dem Brunnen oder Bach meist bereits wieder verschwunden sind, wenn die Aufmerksamkeit (durch Ausbruch der Krankheit) darauf gelenkt wird. So blieb z. B. während der Hamburger Cholera das Wasser der Altonaer Filterwerke trotz des überaus schlechten Elbwassers stets in sehr mässigem Keimgehalt, bis gegen Ende der Epidemie in Folge der massenhaften Fortschaffung von Schmutz aus den Häusern und Gängen, aus den Wasserkasten u. s. w., das Elbwasser schliesslich in einen noch nie dagewesenen Zustand versetzt und die Filtration derart erschwert wurde, dass die Keimzahl, gewöhnlich weit unter 100, über 100 stieg, ohne dass diese höhere Keimzahl einen Einfluss auf die Krankenziffer zeigte. Denn alle diese Keime gehörten zu den bekannten Arten der gemeinen Wasser-

[1]) Ausführlich in Ferd. Fischer, Chemische Technologie des Wassers, 2. verb. Aufl. (Braunschweig 1902).

bakterien.[1]) Sofort vom Beginne der Epidemie an wurde die in Altona übliche allwöchentliche in eine täglich zweimalige bakteriologische Untersuchung des Elbwassers und des filtrirten Wassers gesteigert. Ausserdem sind während der Epidemie durch zahlreiche Bakteriologen in Hamburg und Altona ausserordentlich viele Untersuchungen angestellt; in allen diesen sind niemals Cholerabacillen im Elbwasser, noch viel weniger also im filtrirten Wasser gefunden worden, wie denn auch im Institute von R. Koch weder im Spree- noch im Elbwasser der Bacillus gefunden ist. Ausgedehnte Versuche des Altonaer Wasserwerkes, den Bacillus in den Schlammschichten der zur Reinigung kommenden Filter oder in dem Schlamm der Klärbecken zu finden, waren ebenfalls erfolglos. Berücksichtigt man ferner, dass ein Wasser bei der Untersuchung frei davon sein kann, welches nach einigen Tagen gefährliche Mengen davon enthält, so kann die unmittelbare Prüfung eines Wassers auf Krankheitskeime vorkommendenfalls den Bakteriologen überlassen werden. Bei der Beurtheilung eines Wassers bezw. einer Wassergewinnungsanlage ist vielmehr entscheidend, in wieweit jede Verunreinigung mit menschlichen bezw. thierischen Stoffwechselproducten ausgeschlossen ist, da diese Stoffe die Träger von Krankheitskeimen sein können.[2])

Die organischen Bestandtheile dieser Abfallstoffe zerfallen unter dem Einfluss niederer Organismen sehr bald in noch wenig gekannte Zwischenproducte und bilden Kohlensäure, sowie Ammoniak, dann Salpetrigsäure und Salpetersäure. Die meisten Bodenarten halten Phosphate, Kali, Ammoniak und stickstoffhaltige Stoffe zurück, während die Chloride und Nitrate, sowie die Sulfate vom Wasser fortgeführt werden und so unmittelbar in die Brunnen und Quellen gelangen. Demnach kann man aus dem Gehalte an Chlor, welches (soweit es nicht der natürlichen Beschaffenheit des Bodens entstammt) meist wesentlich aus dem Kochsalz des Urins stammt, auf die Zuflüsse aus Gruben u. dergl. schliessen, wenn gleichzeitig die Zersetzungsproducte der Stickstoffverbindungen (Ammoniak, Nitrate) vorhanden sind. Ist die Absorptionsfähigkeit des Bodens erschöpft und der Sauerstoffzutritt ungenügend, so treten auch Nitrite, Ammoniak und die in Zersetzung begriffenen organischen Stoffe selbst auf. Es sind also namentlich in's Auge zu fassen, ausser den organischen Stoffen selbst, Ammoniak, Salpetrigsäure, Salpetersäure und Chlor:

---

[1]) Bacillus albus liquefaciens, B. fluorescens liquefaciens, B. albus fluorescens, B. devorans, B. sulcatus aquatilis (W.), Micrococcus candicans, M. fervitosus, einzeln auch B. miniaceus und B. violaceus. (Fischer's Jahresber., 1892, 411.)

[2]) Im Wasser sind ferner aufgefunden die Embryonen von Bothriocephalus latus, die Eier von Ascaris lumbricoides, Distomum hepaticum und haemotobium, Anchylostomum duodenale und andere thierische Parasiten.

minder wichtig ist die Bestimmung der Schwefelsäure, des Kalkes, der Magnesia und der übrigen Bestandtheile.

Bei entfernt von menschlichen Wohnungen befindlichen Quellen und Brunnen ist zu berücksichtigen, dass von der Regenhöhe (S. 1) nur etwa $^2/_3$ bis $^1/_2$, im Durchschnitt für Deutschland also etwa 30 bis 40 cm Wasser in den Boden eindringen. Je nach der Grösse des Porenraumes des Bodens und der Tiefe der Gewinnungsstelle unter dem Grundwasserspiegel wird es also längere oder kürzere Zeit — oft jahrelang — dauern, bis das eindringende Wasser zur Entnahmestelle gelangt. Hier sind also die Bedingungen für die Zurückhaltung etwaiger Krankheitskeime und Oxydirung der organischen Stoffe bei geeigneter Bodenbeschaffenheit möglichst günstig.

Der weitaus grösste Theil der Brunnen in der Nähe menschlicher Wohnungen erhält theilweise Zuflüsse aus Gruben, Strassenrinnen, Kanälen, von Höfen u. dergl., so dass das Wasser rascher zur Entnahmestelle gelangt. Dazu kommt, dass der Boden meist schon mehr oder weniger verschmutzt ist, das Eindringen von atmosphärischem Sauerstoff aber erschwert wird, so dass die Bedingungen für die Abscheidung und Oxydation der Verunreinigungen hier also meist sehr ungünstig sind.

Dass bei der grossen Schwankung in der Zusammensetzung des Brunnenwassers die Untersuchung einer nach irgend einem Laboratorium eingeschickten Probe nicht genügt, noch weniger eine Keimzählung, die Brauchbarkeit eines Brunnens festzustellen, liegt auf der Hand. Ein Brunnen, der oben nicht wasserdicht abgedeckt und dessen Wandungen nicht völlig dicht sind, bleibt der Gefahr der mehr oder weniger directen Verunreinigung immer ausgesetzt. Sind dagegen Decke und Wandungen völlig undurchlässig, so dass das Wasser nur vom Boden des mindestens 5 m tiefen Brunnens eindringen kann, so ist ein Eindringen von Krankheitskeimen nicht zu befürchten, falls in nächster Umgebung der Boden nicht durch Jauchegruben u. dergl. verunreinigt wird. Chemische Analyse des Wassers und Untersuchung an Ort und Stelle müssen hier sich gegenseitig unterstützen.

Flusswasser ist stets verdächtig, Krankheitskeime zu enthalten.

Um die zweite Bedingung zu erfüllen, soll ein gutes Wasser farblos, völlig klar und geruchlos sein. Das Wasser soll im Winter nicht kalt, im Sommer nicht warm sein, also möglichst 10 bis 12° zeigen. Dass es ausserdem nicht durch menschliche bezw. thierische Abfälle verunreinigt sein soll — auch wenn die Krankheitskeime durch den Boden zurückgehalten sind — ist selbstverständlich.

Beachtenswerth ist, dass der Geschmack des Wassers durch das Absterben von Muscheln und sonstigen kleinen Thieren verdorben werden kann. Jackson und Ellms[1]) haben gefunden, dass die Cyanophyceen (Blaualgen): Anaboena, Aphanizomenon, Clathrocystis, Coelosphaerium und Rivularia beim Zerfall einen scharfen widerlichen Geruch, der von der Zersetzung theils Phosphor und Schwefel haltiger, theils Stickstoff haltiger Verbindungen herrührt, an die Wasseroberfläche gelangen lassen. Zu den Organismen, welche bei ihrem Wachsthume einen mehr aromatischen oder fischartigen Geruch bezw. Geschmack dem Wasser ertheilen, gehören die Diatomaceen: Asterionella, Meridion, Tabellaria, die Chlorophyceen (Grünalgen): Eudorina, Pandorina, Volvox, und die Infusorien: Bursaria, Cryptomonas, Dinobryon, Mallomonas, Peridinium, Synura und Uroglena. Anaboena circinalis vergiftet das Wasser sowohl durch ihre Stoffwechsel wie durch ihre Zerfallsproducte.

Neuerdings sind auch die unorganischen Bestandtheile des Wassers wichtiger geworden. Niemand ist in der Lage, alle Speisen und Getränke für den Tag mit gleichbleibendem Kochsalzgehalt zu geniessen. Wir vertragen in einzelnen Speisen 6 bis 7 $^0/_{00}$ und mehr,[2]) ausserdem müssen aber vollkommen indifferente Getränke zur Verfügung stehen. Wie sich nun hinsichtlich des Geschmacks ein Wasser verhalten darf, welches eben noch für den Genuss tauglich ist, darüber sind die Ansichten verschieden, da sich eben über den Geschmack schwer streiten lässt.

Chlornatrium wird nach Valentin als salzig geschmeckt, wenn 1,5 cc einer Lösung von 4,5 g im Liter, oder 12 cc einer Lösung von 2,5 g im Liter genommen werden. Nach Bailey und Nichols[3]) schmecken im Durchschnitt Männer 1 Th. Kochsalz in 2240 Th. Wasser, Frauen 1 Th. Salz in 1980 Th. Wasser. Nach Cammen werden 900 mg Kochsalz von Jedermann im Wasser erkannt, 450 mg von mindestens 80 $^0/_0$ aller Kostenden: Leute mit sehr empfindlichem Geschmacksorgan finden noch 150 mg im Liter heraus. Nach Rubner[4]) wird man die Grenze, wo Kochsalz im Wasser bemerkbar wird, auf etwa 370 mg im Liter zu bemessen haben.

Chlorcalcium soll sich nach Pappenheim bei 500 mg im Liter durch den Geschmack verrathen. Rubner (a. a. O. S. 464) und seine Mitarbeiter fanden 2000 mg im Liter ($CaCl_2 + 6\ H_2O$) Chlorcalcium $= 1004\ CaCl_2$ salinisch schmeckend, aber nicht abstossend wirkend. Bei 1000 mg im Liter $= 502\ CaCl_2$ war beim Trinken kein auffallender Geschmack, aber nach dem Trinken noch ein geringer Nachgeschmack zu

[1]) Techn. Quart., 40, 410.

[2]) Eier mit Salz = 7,7 $^0/_{00}$ Kochsalz, Wirsinggemüse = 5,6 $^0/_{00}$ Kochsalz, gelbe Rüben = 7,0 $^0/_{00}$ Kochsalz.

[3]) Ellis. Mann und Weib, 1894, 134.

[4]) Vergl. Fischer's Jahresber. d. chem. Technol., 1898, 462.

bemerken, der besser hervortrat, wenn man auf die Chlorcalciumlösung einen Schluck Trinkwasser nahm.

Reines kryst. Chlormagnesium gab nach Rubner bei 2 g im Liter = 926 mg $MgCl_2$, ein bitteres, ungeniessbares Wasser, auch 1000 mg im Liter = 463 $MgCl_2$ waren untrinkbar, ebenso 500 mg im Liter. 100 mg gaben (= 46,3 $MagCl_2$) noch deutlichen Nachgeschmack. Er will die Grenze für die Wahrnehmlichkeit des Chlormagnesiums auf etwa 60 mg = 28 mg $MgCl_2$ im Liter festsetzen. Kraut[1]) widerspricht dem entschieden; nach seinen Versuchen steht eine Lösung von 1 g krystallisirten Chlormangnesium (= 465 mg $MgCl_2$) oder 1,5 g Carnallit (= 213 mg $MgCl_2$) oder 2 g Bittersalz (= 976 mg $MgSO_4$) in 1 Liter Hannoverschen Leitungswasser[2]) auf der Grenze der Geschmackswahrnehmbarkeit der Magnesiumverbindungen. Landolt[3]) hat sich sogar durch den Versuch überzeugt, dass der bittere Geschmack der Magnesiumsalze in Flüssigkeiten, welche in 100000 weniger als 150 bis 160 Th. Chlormagnesium (= 1,5 bis 1,6 g $MgCl_2$) enthalten, denselben nicht mehr wahrnehmen lassen.

Sulfate schmecken weniger als die entsprechenden Chloride; de Chaumont bemisst bei dem Gyps die Geschmacksgrenze auf 300 bis 430 mg im Liter, Pappenheim auf 500 mg, was nach Rubner zutrifft; „eine eigentliche und reine Geschmacksempfindung kann man aber den Vorgang kaum nennen. Man hat das Gefühl eines Adstringens nach dem Schlucken stark gypshaltiger Wässer". — Das Wasser des Reinsbrunnen, mit welchem die Wasserleitung der Stadt Göttingen (früher allein, jetzt mit mehr oder weniger Grundwasser gemischt) gespeist wird, enthält aber im Liter:

Schwefelsäure	349 bis 377 mg.
Kalk	306 „ 358 „
Magnesia	64 „ 72 „

Trotz dieses hohen Gypsgehaltes schmeckt das Wasser gut, von adstringirendem Gefühl ist keine Rede. (Vergl. S. 9.)

Für schwefelsaures Magnesium macht Pappenheim die Angabe, dass 1000 mg Bittersalz im Liter = 976 $MgSO_4$ einen leicht bitteren und etwas salinisch, aber nicht etwa kochsalzartigen Geschmack haben. Bei 1000 mg = 488 $MgSO_4$ vermochte er irgendwelche Empfindungen nicht mehr wahrzunehmen. Ferner mildert die Zugabe von Magnesiumsulfat zu Kochsalz den salzigen Eindruck des letzteren.

---

1) Gutachten bezügl. Magdeburg gegen Mansfeld.

2) Hannoversches Leitungswasser ist ziemlich hart; vergl. Zeitschr. für angew. Chemie, 1892, 574.

3) Actenstücke betr. Anlage einer Kalifabrik zu Löderburg, S. 24.

Diese bis jetzt vorliegenden Angaben sind offenbar gar nicht vergleichbar; während Prof. Rubner noch 28 mg Chlormagnesium im Liter Wasser schmeckt, genügen für Prof. Landolt selbst 1600 mg Chlormagnesium nicht, um dasselbe zu schmecken.

Bekanntlich ist der Geschmacksinn beim Menschen sehr verschiedenartig entwickelt; man höre nur die Urtheile über Thee, Bier und gar Wein. Der eine schmeckt jede „Lage" und „Jahrgang" heraus, der andere schluckt selbst parfümirte und gezuckerte Kunstweine mit Wohlbehagen, wenn er nur eine feine Etikette sieht. Der eine hält eine Suppe für versalzen, die der andere noch tüchtig nachsalzt. Abgesehen von dieser so sehr verschiedenen individuellen Geschmacksentwicklung ist es zu beachten, dass man in kaltem Wasser die Salze längst nicht so leicht schmeckt als bei Zimmertemperatur (man setzt daher saure Weine in Eis). Sehr wesentlich ist der Einfluss des Lösungsmittels; in destillirtem Wasser gelöst verrathen sich schon geringe Salzmengen, welche im Brunnen- oder harten Leitungswasser nicht geschmeckt werden.

Nach Versuchen des Verf. und einiger Bekannten zeigen z. B. die hier in Frage kommenden Salze, gelöst in destillirtem und im Göttinger Leitungswasser folgende Geschmackswirkungen:

Salzmengen		Gelöst in 1 Liter destill. Wasser	Leitungswasser
Chlormagnesium . .	90 mg	schwach salzig m. bitter. Nachgeschm.	nichts
" . . .	180 "	deutlich " " " "	zweifelhaft
" . . .	280 "	salzig-bitter	sehr schwach
" . . .	470 "	stark bitter-salzig	salzig-bitter
Schwefels. Magnesium	500 "	sehr schwach salzig, kühlend	zweifelhaft
Kochsalz	400 "	schwach salzig	nichts
"	500 "	deutlich salzig	zweifelhaft
"	900 "	rein salzig	schwach salzig.

Während also im destillirten Wasser 0,5 Kochsalz deutlich salzig schmeckt, sind im Göttinger Leitungswasser für dieselbe Wirkung 0,9 g erforderlich; in dem bekannten „Tafelwasser" Selter's, welches im Liter 2,33 g Kochsalz enthält, wird kaum jemand das Salz herausschmecken. Magnesiumchlorid schmeckt intensiver als die äquivalente Menge Magnesiumsulfat.

Beachtenswerth ist der Nachweis von H. Koeppe,[1]) dass reines Wasser sehr gesundheitsschädlich wirkt. Destillirtes Wasser entzieht den Geweben Salze und führt zu einer Quellung derselben. Isolirte lebende Organelemente, Zellen, einzellige Organismen gehen im destillirten Wasser zu Grunde, sie sterben ab, da sie durch Wasseraufnahme quellen, dadurch die Fähigkeit verlieren, die zum Leben nothwendigen Salze und sonstigen löslichen Zellbestandtheile festzuhalten und dieselben deshalb in das Wasser diffundiren lassen. Das destillirte Wasser zeigt sich dadurch als ein

[1]) Deutsche med. Wochenschr. 1898, 624.

gefährliches Protoplasmagift. Dieselbe Giftwirkung auf Zellen muss zu Tage treten beim Trinken von destillirtem Wasser. Schon der Geschmackssinn protestirt gegen die Zuführung des destillirten Wassers: ein versehentlich genommener Schluck destillirten Wassers wird regelmässig ausgespieen. Im Magen erfahren die oberflächlichen Schichten des Epithels eine stärkere Quellung und Auslaugung, sie sterben ab und werden abgestossen. Diese örtliche Giftwirkung zeigt sich in dem nach Genuss von destillirtem Wasser auftretenden Uebelsein und Erbrechen bis zum ausgesprochenen Bilde eines Magenkatarrhs. Die Schädlichkeit der häufigen Magenausspülungen mit destillirtem Wasser ist erwiesen, und daher wird jetzt häufig die Verwendung von „physiologischer Kochsalzlösung" und von „Wasser mit etwas Kochsalz" und von Mineralwässern hierzu empfohlen. — Die Schädlichkeit des Gletscherwassers wie auch der kalten reinen Gebirgsbäche hat seinen Grund darin, dass diese besonders reine Wässer sind, nach deren Genuss, gerade wie beim Genuss von destillirtem Wasser, Vergiftungserscheinungen auftreten. Die Annahme, dass die Kälte des Wassers die Krankheitserscheinungen bedingt, ist nicht stichhaltig; die Kälte des Wassers ist vielmehr der Grund, dass seine Schädlichkeit nicht erkannt wird, indem grade wie beim Eisschlucken die Geschmacksempfindung gelähmt wird.

Bezüglich der sonstigen Verwendung des Wassers im Haushalte ist die schädliche Wirkung von Kalk und Magnesia beim Waschen zu beachten. Dass Gemüse in einem Wasser, welches viel Kalk und Magnesia enthält, nicht weich kochen, sondern mehr oder weniger hart bleiben, ist schon seit mehr als 100 Jahren bekannt und hat offenbar Veranlassung gegeben, solche Wässer „hart" zu nennen. Nach Boutron und Boudet ist das Hartbleiben von Bohnen, Erbsen und Linsen mehr dem Gyps als dem kohlensauren Calcium zuzuschreiben, und nach den Versuchen von Ritthausen bildet sich im harten Wasser eine Verbindung von Legumin mit Kalk oder Magnesia, die beim Kochen hornartig erhärtet. Auch beim Kochen der übrigen Gemüse und des Fleiches machen sich ähnliche unangenehme Wirkungen des harten Wassers geltend. Dass ferner mit einem weichen Wasser ein viel besserer Thee und Kaffee hergestellt werden kann als mit einem harten, ist bekannt. — Das zum Brotbacken verwendete Wasser darf keine faulenden Stoffe enthalten, da diese die Gährung stören.

Zu berücksichtigen ist unter Umständen das Verhalten des Wassers gegen Bleiröhren;[1]) besonders freie Kohlensäure befördert die Lösung des Bleies.

---

[1]) F. Fischer, Chem. Techn. des Wassers, 2. Aufl. (Braunschweig 1902)

Dampfkesselspeisewasser.

Bei Beurtheilung eines Dampfkesselspeisewassers[1]) ist zu berücksichtigen, inwiefern dasselbe zerstörend auf die Kesselbleche einwirken und feste Absätze (Kesselstein) bilden kann; schlammige Absätze sind besonders für Unterfeuerkessel schädlich. Während die Zerstörung der Kesselbleche von aussen auf die Einwirkung der Schwefligsäure und des überschüssigen Sauerstoffes der Rauchgase[2]) bei gleichzeitigem Vorhandensein von Feuchtigkeit zurückzuführen ist, sind die Ursachen der Zerstörungen der Dampfkessel auf der innern Seite in den Bestandtheilen des Speisewassers zu suchen. Besonders Chlormagnesium begünstigt die Zerstörung der Bleche; in Zuckerfabriken hat sich gezeigt, dass zuckerhaltiges Wasser gefährlich für Kessel werden kann. Fetthaltiges Speisewasser soll nicht verwendet werden.

An der Bildung von Kesselstein ist besonders schwefelsaures Calcium, kohlensaures Calcium nnd kohlensaures Magnesium betheiligt. Vom Verfasser untersuchte Kesselsteine hatten z. B. folgende Zusammensetzung:

	1	2	3	4	5	6	7	8
Kalk (CaO)	44,38	34,13	36,43	44,32	38,20	40,07	46,27	49,54
Magnesia (MgO)	0,82	6,69	2,64	4,90	3,02	0,25	5,59	1,78
Eisenoxyd und Thonerde	2,24	5,28	1,67	2,10	0,52	Spur	2,44	1,48
Schwefelsäure (SO_3)	28,22	37,04	45,21	18,76	48,41	56,94	0,95	5,82
Kohlensäure (CO_2)	19,25	6,09	3,66	24,48	3,40	Spur	35,66	34,50
Kieselsäure	0,47	Spur	0,88	Spur	—	—	0,87	1,07
Wasser unter 120°	—	—	0,41	—	0,71	1,07	—	—
Wasser über 120°	3,68	7,90	3,04	2,31	3,50	0,68	2,47	1,06
Unlösliches	0,48	2,25	5,65	2,46	1,91	—	4,65	2,47
Also im Wesentlichen:								
Anhydrit ($CaSO_4$)	—	—	49,98	31,96	50,44	90,44	1,63	9,86
Calciumsulfat ($2\,CaSO_4 . H_2O$)	50,75	67,14	29,73	—	30,30	—	—	—
Gyps ($CaSO_4 . 2\,H_2O$)	—	—	—	—	4,27	8,60	—	—
Calciumcarbonat ($CaCO_3$)	44,25	14,65	8,30	55,65	8,20	—	81,45	81,10
Magnesiumhydrat	1,19	9,69	3,83	7,11	4,36	—	8,10	2,58

Das schwefelsaure Calcium scheidet sich also, je nach der herrschenden Temperatur und dem Salzgehalt des Wassers, als Anhydrit oder mit; Krystallwasser ab, Magnesia als Hydrat. Auch Calciumhydrat bildet feste Krusten, wenn z. B. bei der Wasserreinigung zu viel Kalkmilch verwendet wird.

---

[1]) Ausführlich in Ferd. Fischer, Chem. Techn. des Wassers, 2. Aufl vergl. Fischer's Jahresber. 1880, 730; 1881, 852; 1882, 949; 1883, 1024; 1884, 1081; 1885, 941; 1886, 880; 1887, 1129; 1888, 572; 1889, 531; 1890, 578.

[2]) Dingl. 232, 237.

Wasser für Stärkefabriken.

Bei der Herstellung von Stärke[1]) ist ebenfalls reines Wasser erforderlich, besonders soll dasselbe klar, farblos und frei von Eisen und faulenden Stoffen sein. Ein grosser Gehalt des Wassers an Calcium- und Magnesiumbicarbonat kann zur Erhöhung des Aschengehaltes der Stärke beitragen, besonders bei Mitverwendung von Natronlauge; in letzterem Falle werden auch die übrigen Magnesium- und Calciumverbindungen zersetzt.

Für Kartoffelstärkefabriken brauchbares Wasser soll nach Saare[2]) folgenden Anforderungen genügen: 1. Das Wasser muss frei sein von darin schwebenden Stoffen, wie organischen Ausscheidungen und Pflanzenresten (Schlammflocken), Eisenhydrat und Algen oder höheren Pilzen. Alle diese Stoffe oder Organismen können durch die Siebe mit der Stärke gehen und auch in den Schleudern zum Theil in der Stärke verbleiben und treten dann im trockenen Zustande in der fertigen Waare als Stippen auf, welche je nach der Menge, in der sie vorhanden sind, die Qualität der Stärke herabdrücken können. 2. Das Wasser muss frei sein von Gährungserregern, hefenartigen oder Spaltpilzen. Erstere verhindern das Absitzen der Stärke und tragen zum Entstehen der sogen. fliessenden Stärke bei, die anderen bilden in der Stärke organische Säuren (Milchsäure, Buttersäure), welche durch das sorgfältigste Waschen nicht wieder ganz zu entfernen sind, und welche in Prima-Waare nicht vorhanden sein dürfen; oder sie geben ausserdem der Stärke noch einen schlechten Geruch nach Buttersäure, oder einen dumpfigen, fauligen Geruch. Je tiefer in die warme Jahreszeit hinein die Fabrikation dauert, um so gefährlicher ist das Vorhandensein der Pilze. 3. Das Wasser darf kein Ammoniak oder Salpetrigsäure enthalten, da die Anwesenheit dieser Stoffe, ebenso wie eine zu erhebliche Menge von leicht zersetzlicher organischer Substanz (die im Liter mehr als 10 mg übermangansaures Kalium zur Oxydation verbraucht) auf Gegenwart faulender organischer Massen und die Fäulniss bewirkender Bakterien schliessen lässt. Besonders wichtig ist es aber noch, dass das Wasser frei von Eisenverbindungen ist, da diese die Stärke gelblich färben.

Wasser für Zuckerfabriken.

Die Bestandtheile des bei Gewinnung des Zuckers verwendeten Wassers sind von Einfluss, indem faulende Stoffe schon im Diffuseur Zersetzungen veranlassen können, während Salze beim Kochen und Krystallisiren stören und schliesslich noch den Aschengehalt vergrössern können, wobei zu berücksichtigen ist, dass bei Berechnung des Werthes

---

[1]) Vergl. Ferd. Fischer, Handbuch der Chem. Techn., Bd. 2 (Leipzig 1902).

[2]) Zeitschr. f. Spiritusind., 1886, 511.

von Zucker der Salzgehalt desselben fünffach von der Polarisation abgezogen wird.

Zur Saftgewinnung verwendete Pfeiffer[1]) ein Wasser, welches im Liter enthielt 0,48 g Gyps und 0,3 g Kochsalz, wobei jedoch zu bemerken ist, dass der gesammte Schwefelsäuregehalt auf Gyps, der Chlorgehalt auf Na Cl berechnet wurde. Nimmt man an, dass die Füllmasse 7,1 % Wasser hat, so ergiebt sich, dass dieses „Füllmasse-Wasser" 6,25 % Gyps und 3,9 % Kochsalz enthalten muss. Bei Anwendung dieses Wassers waren die Säfte, auch der Dicksaft, sehr hell und von durchaus gesundem Aussehen. Auch im Vacuum war ihr Verhalten anfangs normal. Aber nach 2- bis 3 stündigem Kochen begann eine starke Braunfärbung und Füllmasse und Zucker waren ganz dunkel. Der Aschengehalt von 95 er Zucker betrug 1,3 %. Bedenkt man nun, dass also hier der Zucker der Füllmasse 7 bis 8 Stunden lang bei 65° Temperatur mit einer bis 4 % Chloride enthaltenden Salzlösung gekocht wird, so ist eine Melassebildung und Braunfärbung nicht weiter wunderbar. Dies wurde durch Versuche im Laboratorium als thatsächlich eintretend bestätigt. Wurde Wasser angewendet, welches im Liter 0,063 g Schwefelsäure und 0,03 g Chlor enthielt, so betrug der Aschengehalt 1 %, also über 1/4 % weniger, und die Füllmassen waren stets von heller Farbe und normaler Beschaffenheit. Aus der Analyse einer mit normalem Wasser hergestellten Füllmasse berechnete sich das „Füllmasse-Wasser" als nur 1,5 % Na Cl enthaltend. Ein Sud von 300 hkg Füllmasse enthält im ersten Fall 102 kg Na Cl, im zweiten nur 39 kg. Ein grösserer Gypsgehalt des Wassers ist auf den Aschengehalt weniger von Einfluss, weil die Diffusionsschnitzel ein ausgesprochenes Absorptionsvermögen für Kalksalze haben. Dies bestätigt sich insofern, als die beiden erwähnten Füllmassen einen fast gleichen Gehalt von Gyps aufwiesen, trotzdem das eine Wasser fast die dreifache Menge davon enthielt, als das andere. An Kochsalz reiches Wasser gibt aschenreichen Zucker.

Die Absätze aus den drei Körpern eines Vacuumapparates hatten nach Weissberg[2]) folgende Zusammensetzung:

	I.	II.	III.
Kieselsäure	36,95	33,71	22,00
Eisenoxyd und Thonerde	16,15	15,20	9,08
Calciumoxalat	—	7,81	37,63
Kalk	0,90	—	0,60
Organisch	32,56	29,67	16,40
Zucker	3,83	5,32	6,22
Alkalisulfat	2,42	1,18	1,85
Kupferoxyd	2,36	1,81	1,06
Wasser	4,83	5,30	5,16.

---

[1]) Zeitschr. f. Zucker, 1889, 607. Fischer's Jahresber., 1889, 885.

[2]) Sucr. belge, 1887, 455.

Zunächst scheiden sich also Kieselsäure, Eisenoxyd und Thonerde ab, während das oxalsaure Calcium erst mit zunehmender Concentration der Säfte ausgeschieden wird.

Als Melassebildner gelten besonders die Nitrate, welche die sechsfache Menge Zucker am Krystallisiren hindern, dann die Sulfate und Alkalicarbonate, weniger die Chloride.

Wasser für Bierbrauereien.

Wenn man auch der Beschaffenheit des Wassers für die Bierbrauerei zuweilen einen zu grossen Einfluss zugeschrieben hat, so ist doch unzweifelhaft, dass verschiedene Verunreinigungen des Wassers die Herstellung eines guten Bieres sehr erschweren, ja ganz vereiteln können[1]).

Über die Wirkung der unorganischen Bestandtheile des Wassers steht wohl fest, dass ein gewisser Kalkgehalt vortheilhaft ist; 10—30 Härtegrade werden meist als Grenzwerthe bezeichnet. Dass diese aber nicht immer zutreffen, zeigen die von Kradisch ausgeführten Analysen Münchener Brauwässer (mg im Liter):

	Festen Rückstand	Kalk	Magnesia	Schwefelsäure	Organische Stoffe	Chlor	Salpetersäure	Eisenoxyd
Spaten	540	230	113	stark	20	stark	ziemlich	Spur
Löwenbräu I	532	190	70	Spur	12	ger. Sp.	—	—
Löwenbräu II	285	176	41	18	12	ger. Sp.	—	—
G. Pschorr	1120	385	209	106	25	132	ger. Sp.	ger. Sp
M. Pschorr	355	184	77	ger. Sp.	12	ger. Sp.	—	—
Hofbräuhaus I	600	163	88	56	15	42	—	ger. Sp.
Hofbräuhaus II	485	227	77	gering	18	gering	stark	ger. Sp.
Leistbräu:								
Neudecker Garten	333	193	63	—	9	ger. Sp.	—	—
Franziskaner Brunnen	354	187	62	—	12	ger. Sp.	ger. Sp.	ger. Sp.
Sternecker	345	187	68	Spur	12	Spur	—	Spur
Augustiner	850	343	101	89	15	59	Spur	ger. Sp.
Zacherl	330	193	56	—	13	Spur	Spur	ger. Sp.
Singlspieler	390	200	60	—	4	ger. Sp.	—	—

Dagegen haben nach Stolba die Pilsener Brauwässer folgende Zusammensetzung:

[1]) Vergl. Ferd. Fischer, Chem. Techn. des Wassers, 2. Aufl. (Braunschweig 1902); Fischer's Jahresber., 1881, 766; 1882, 836 u. 855; 1883, 891; 1884, 930; 1885, 832; 1886, 781; 1887, 1027, 1029 u. 1030; 1888, 1031 u. 1037; 1890, 1003; 1891, 978.

	Alte	Neue	1. Pilsener Actien- brauerei	Bürger- liches Brauhaus
	Actienbrauerei			
Schwefelsaures Calcium	46	53	67	24
Kohlensaures Calcium	1	20	40	57
Kohlensaures Magnesium . . .	46	23	33	49
Kohlensaures Eisen	7	19	Spur	2
Chlormagnesium	13	19	—	—
Kieselsäure	8	15	22	16
Organische Stoffe	—	—	Spur	6
Chlornatrium	—	—	10	—
Kali	—	—	Spur	4
Gesammt:	121	149	172	183

In Mälzereien befördert weiches Wasser den Quellprocess, entzieht aber der Gerste mehr Extractivstoffe und Phosphate, während zu hartes Wasser unlösliche Porteinverbindungen bildet. Beim Sudprocess gibt weiches Quellwasser grössere Extractausbeute, gypshaltiges Wasser vermindert die Ausbeute und den Phosphorsäuregehalt der Würze, begünstigt aber die Klärung derselben. Dagegen erhöht nach Neumann[1]) Gyps in Wasser die Extractausbeute. Nach Laer[2]) soll aber gypshaltiges Wasser die Schleimgährung des Bieres (Bacillus viscosus) begünstigen. Auch die Erzeugung lichter Biere soll durch hartes Wasser sehr erschwert werden, andererseits gab nach Brand[3]) Wasser mit 720 mg Kalk im Liter normales Bier. Eisenhaltiges Wasser ist unangenehm; hoher Magnesiagehalt, besonders Chlormagnesium, ist nicht beliebt. Chloride verzögern die Quellreife der Gerste und beeinflussen die Gährung. Schwefelwasserstoffhaltiges Wasser ist schädlich.

Faulende organische Stoffe und die sie begleitenden Mikroorganismen im Wasser sind besonders zu fürchten. Als Weichwasser angewendet, wirken sie nachtheilig auf die Bestandtheile des Malzes ein, befördern namentlich die Schimmelbildungen und sonstige schädlichen Vorgänge auf der Tenne und gefährden, da sie beim Darren nur theilweise unschädlich gemacht werden, auch die Haltbarkeit des Malzes und unter Umständen den Maischvorgang. In wie fern derartiges Wasser bei der Verwendung zum Einmaischen schädlich wirkt, hängt wohl wesentlich von den angewendeten Temperaturen ab, unappetitlich ist es jedenfalls: beim Kochen der Würze werden die Bakterien und Pilzkeime getödtet. Zum Spülen der Gefässe, zum Ausfüllen, zum Waschen der Hefe u. dgl.

[1]) Fischer's Jahresber., 1898, 454.

[2]) Zeitschr. f. angewandte Chem., 1890, S. 410.

[3]) Zeitschr. ges. Braum., 1899, 632.

verwendetes Wasser kann durch seinen Keimgehalt besonders gefährlich werden. Dass es zur Beurtheilung solchen Wassers nicht genügt, die entwicklungsfähigen Keime zu zählen, hat zuerst Hansen gezeigt. Von ihm ausgeführte vergleichende Versuche mit Koch'scher Nährgelatine (I) und gehopfter Würzegelatine (II) ergaben folgende Mengen entwicklungsfähiger Keime:

	I.	II.
1.	100	0
2.	222	0
3.	1000	7
4.	750	3
5.	1500	9

Um zu entscheiden, welche von den Bakterien das Bier angreifen und welche unschädlich sind, muss man also die Versuche mit denjenigen Organismen anstellen, welche sich wirklich in der Würze entwickelt haben. Ein anderer Einwurf, der gegen die Anwendung von Peptongelatine gemacht werden kann, ist der, dass einige der für Brauereizwecke wichtigsten Organismen sich darin überhaupt nicht entwickeln. Durch Versuche hat Hansen erfahren, dass die Saccharmyceten und auch einige Arten, welche im bayerischen Biere Krankheiten verursachen, sich im Allgemeinen in Nährgelatine zusammen mit anderen Mikrooganismen nicht entwickeln, wenn die Gelatine mehr oder weniger trocken angewendet wird, während er im Gegensatz hierzu in Bierwürze eine ausgesprochene Entwickelung derselben Saccharomyceten beobachtete. Zeidler zeigte, dass einzelne in Würze vorkommende Bakterien schnell absterben, sobald die alkoholische Gährung einsetzt, dass sie aber, der Presshefe beim Waschen u. dgl. zugesetzt, diese leicht in Fäulniss überführen.[1])

Für Branntweinbrennereien gilt im Wesentlichen dasselbe; Wasser, welches viel Calciumcarbonat enthält, eignet sich ausserdem weniger zum Kühlen, weil die auf den Kühlflächen abgesetzte Steinschicht die Wärmeübertragung stört.[2])

Für Bäckereien ist jedes Wasser bedenklich, welches faulende Stoffe enthält, da diese die Gährung stören, zudem mindestens unappetitlich sind.

Wasser für die Verarbeitung der Faserstoffe.

Wasser für Bleichereien und Färbereien soll völlig klar und farblos sein, es darf namentlich kein Eisen enthalten.[3]) Enthält ein Wasser so viel organische Stoffe, dass es davon deutlich gefärbt ist, so

[1]) Vergl. Fischer's Jahresber., 1888, 1037; 1889, 515; 1890, 1038.

[2]) Fischer's Jahresber., 1891, 1063.

[3]) Vergl. Ferd. Fischer, Chemische Technologie des Wassers, 2. Aufl. (Braunschweig 1902).

kann es in der Wollbleiche Veranlassung zu Flecken in der Waare geben. Besonders gefährlich ist aber die Verunreinigung des Wassers durch Eisenverbindungen. Zunächst veranlasst sie beim Behandeln der Wolle mit Soda die Befestigung von Eisenoxyd auf der Gewebfaser oder auf derselben bei der Behandlung mit Seife die Bildung einer Eisenseife, welche sich nachher bei der gefärbten Waare in Form von Flecken bemerklich macht; schliesslich wirkt eisenhaltiges Wasser in der Flotte selbst nachtheilig auf den Farbton, so dass es nicht einmal für dunkle Schattirungen, selbst nicht für schwarze Töne zu gebrauchen ist. Nicht minder verderblich ist ein eisenhaltiges Wasser beim Färben und Drucken anderer Stoffe, sowie für Bleichereien durch Bildung sogenannter Rostflecke.

Beim Waschen mit Seife wirken Kalk und Magnesia im Wasser sehr schädlich. Bekanntlich löst sich Seife im kalten Wasser nicht klar auf, sie wird in einen löslichen, mehr alkalihaltigen und einen selbst in Alkohol unlöslichen saueren Theil zerlegt; nach Fricke hatten dieselben bei einem Versuche mit einer guten Kernseife folgende Zusammensetzung:

	Seife	Unlöslicher Theil	Löslicher Theil
Fettsäuren	89,55	91,36	86,51
Natron	10,45	8,64	13,49
	100,00	100,00	100,00

Der unlösliche Theil enthielt vorwiegend Palmitinsäure, der lösliche Ölsäure. Der unlösliche Theil scheint, im kalten Wasser wenigstens, völlig wirkungslos zu sein, der lösliche bildet beim Schütteln in reinem Wasser Schaum, dessen zahllose Bläschen beim Waschen den Schmutz aufnehmen und von dem zu reinigenden Gegenstande entfernen. Diese Wirkung kann aber erst dann eintreten, wenn das Seifenwasser schäumt, und das ist wieder erst dann möglich, wenn die vorhandenen Kalk- und Magnesiasalze als unlösliche, schmierige, fettsaure Verbindungen ausgeschieden sind. Bei dieser Zersetzung werden 31 Th. Natron und 47 Th. Kali durch 28 Th. Kalk oder 20 Th. Magnesia ersetzt, so dass 1 Härtegrad etwa 120 mg gute Kernseife vernichtet, oder 1 l eines Wassers von 25° Härte 3 g Seife, 1 cbm dieses Wassers demnach 3 kg Seife. Es ist aber nicht nur der directe Verlust an Seife, der hier in Frage kommt, die gebildeten Kalk- und Magnesiaseifen verstopfen beim Waschen die Poren unserer Haut, setzen sich in die Fasern der gewaschenen Stoffe, namentlich der Wolle fest, die in Folge dessen beim Trocknen ihre Weichheit verlieren und übelriechend werden. Ein kalk- und magnesiahaltiges Wasser sollte daher vor Anwendung der Seife sowohl beim Walken der Tuche, Decken u. dgl. wie auch bei der Hauswäsche mit der erforderlichen Menge Soda auf 80—100° erwärmt, dann von dem gebildeten Niederschlage abgegossen werden. Durch dieselbe Behandlung werden auch die

Eisen- und Manganverbindungen entfernt, welche ebenfalls Seife zersetzen, ausserdem aber noch höchst unangenehme Flecke geben.

Harte Wässer ändern den Ton verschiedener Farben. Nach Kielmeyer erhalten Cochenilleroth und Holzroth auf Wolle oder Baumwolle in hartem Wasser einen bläulichen Stich, der ihrer Lebhaftigkeit bedeutend schadet. Auch das echte alte Krapproth und Krapprosa, wie auch das moderne Alizarinroth und -rosa entziehen sich dem Einflusse des kalkhaltigen Wassers nicht. Dagegen wird das sonst so unechte Corallinroth, auf Wolle oder Baumwolle befestigt, durch kalkhaltiges Wasser nicht verändert, wie auch auffallenderweise Corallinroth auf Wolle der öfteren Behandlung mit schwacher Seifenflüssigkeit viel besser widersteht als Cochenilleroth. Der Einfluss des im Wasser enthaltenen kohlensauren Kalkes und der kohlensauren Magnesia zeigt sich vornehmlich, wenn die ausgewundene feuchte Waare in der Warmhänge oder auf dem heissen Cylinder getrocknet wird. Hier wirken die im feuchten Gewebe mit dem Wasser zurückgebliebenen kohlensauren Verbindungen auf das Roth ein, indem sie, wie ein schwaches Alkali, dasselbe bläulich nüanciren und damit verdüstern. Ulrich zeigt, dass Diphenylfarbstoffe, Alkaliblau, Echtviolett, Echtroth, Bordeauxfarbstoffe u. a. durch kalkreiches Wasser sehr ungünstig beeinflusst werden. Nach Scheurer kann Chloraluminiumhaltiges Wasser sehr schädlich sein.[1])

Für Papierfabriken schadet namentlich ein Eisengehalt wegen Bildung von Flecken. Faulende organische Stoffe können unter Umständen zu Pilzbildungen im Papier Veranlassung geben. Kalk und Magnesia zersetzen die Harzseife. Wasser aus dem Urgestein, welches Humusstoffe gelöst enthielt, lieferte ein missfarbiges Papier; durch Zusatz von etwas Aluminiumsulfat wurde diese Verunreinigung gefällt.[2])

Wasser für Gerbereien und Leimfabriken.

Gerbereien fordern reines Wasser.[3]) Nach Versuchen von W. Eitner[4]) bewirkt fauliges Wasser vollständige Blindheit der ganzen Narbe. Der Schmelz, welcher die einzelnen Theile der Narbe umhüllt und dieser den eigenthümlichen Glanz verleiht, wird zerstört, so dass das todte, glanzlose Aussehen entsteht, welches einem Wollenzeug näher kommt als z. B. einem Glacé-Leder, wenn es sich gerade um diese feine Ledersorte handelt. Aber auch bei allen gröberen

[1]) Zeitschr. f. angew. Chem., 1890, S. 688; Fischer's Jahresber., 1890, 1120.

[2]) M. techn. Gew., Wien 1900, 33.

[3]) Vergl. Fischer, Chemische Technologie des Wassers, 1878, S. 286; Sitzb. d. Ver. z. Bef. Gewerbfl., 1885, 21.

[4]) Gerber, 1877, 183; 1884, 221 u. 283; 1889, 205; 1894, 93; 1898, 204.

Ledersorten, wo es wohl weniger auf den Glanz der Narbe ankommt, hat doch Niemand gern eine gleichsam mattgeätzte Narbe, zumal diese Eigenschaft mit vielen anderen schlechten Eigenschaften der Waare in notwendigem innigen Zusammenhang steht. Dass das faulige Brunnenwasser nachtheilig sein muss, geht daraus hervor, dass, wenn man eine ganz gesunde Blösse nur 2 bis 3 Stunden in einem solcher Art verdorbenen Wasser behandelt, die Erscheinung der blinden Narbe schon eintritt in einer Zeit, welche in jedem anderen Falle nicht ausreicht, um irgend erkenntlichen schädigenden Einfluss auf eine Waare auszuüben; dies tritt in anderen Fällen in der Regel erst nach einer längeren Zeit von Tagen ein. Im Zusammenhang damit steht auch die Erscheinung des Einfressens von Löchern von der Fleischseite aus. Es bilden sich Vertiefungen in länglich-runder Form, die bis auf die blanke Narbe durchdringen, welche von der Grösse einer Linse bis zu einer Bohne sich weiter fressen, anfänglich vereinzelt und fortschreitend sich über das ganze Fell verbreiten, so dass dasselbe endlich das Aussehen eines vom Ungeziefer zernagten, bis auf die Narbe aufgezehrten Gefetzes annimmt, welches dann haltlos wird und dessen blossgelegte Narbe an allen Stellen leicht durchreisst. Diese Erscheinung kann sich an einer Waare herausbilden, welche 2 bis 3 Tage in einem fauligen Brunnenwasser ohne die nöthige Vorsichtsmassnahme behandelt wird. Ferner bildet sich auf der Narbe eine Aderung aus, breitere dunkle Furchen in Zügen, die auffallende Aehnlichkeit mit der bekannten Aderung einer Marmortafel haben. Am weissen Leder haben diese Züge ein gelblichschmutziges Aussehen, am gefärbten dunkel und matt, als ob sie mit dem Pinsel mittels eines Auftrags eingeprägt wären. Es sind dies die verkörperten, eingefressenen Niederschläge der im Wasser aufgelösten Fäulnissorganismen. Diese Erscheinung tritt jedoch erst nach längerer, ununterbrochener Ruhe der Waare in solchem Wasser auf, wodurch sich auch die Entstehung bei einigem Nachdenken von selbst erklärt. Endlich ist es eine auffallende Erscheinung, dass die Waare, statt zu schwellen, wie man annehmen sollte, zurückgeht, d. h. jedoch nicht etwa matt wird, sondern eher fester und dabei dünner wird; es scheint bald eine gewisse Verglasung des die Fasern umhüllenden Schmelzes einzutreten, ähnlich als wenn man sie in eine dünne Salmiaklösung eingelegt haben würde. Die Aussenseiten der Waare fühlen sich dessen ungeachtet nicht rauh und spröde an, sondern eher glatter, zarter; aber man findet sofort heraus, dass das Leder zu dünn und zu fest im Kerne ist, dass es daher ungefügig und nicht geöffnet ist. Dies ist auch die Ursache, dass bei den feinen Handschuhfellen die Farbe schlecht eingreifen kann, wenigstens nicht leicht genug und nicht egal eingreifen kann. Beim Weichen, Reinigen u. s. w. der Haut fand Eitner, dass freie Kohlensäure — und in Folge dessen auch die Wässer, welche Bicarbonate enthalten, — schwellend auf die Häute wirken. Dagegen schwellen die Chloride die Haut nicht; sie heben sogar die schwellende Wirkung der Säuren auf. Meerwasser ist daher für Gerbereizwecke nicht brauchbar. Als vorzüglich gute Schwellstoffe für Häute ergeben sich dagegen das schwefelsaure Calcium und Magnesium. Hieraus erklärt sich auch die vortheilhafte Wirkung eines vorsichtigen Zusatzes von Schwefelsäure zu einem Wasser, welches viel Bicarbonate enthält.

Das Wasser beim Gerben soll nicht zu hart sein und keine grossen Mengen Chlorverbindungen enthalten. Die frühere Annahme, dass hartes Wasser festes Leder mache, ist nicht richtig, vielmehr wird die Ausnützung der Gerbmittel durch hartes Wasser wesentlich beeinträchtigt. Beim Gerben mit an Chloriden reichem Wasser erhält man weniger Gewicht; die Häute gerben schwer und man muss mehr Sätze geben, um dieselben gahr zu bekommen. Das chlorhaltige Leder hält mehr Wasser zurück und zieht leichter Feuchtigkeit an, bleibt daher weich und wird nicht fest. Eisengehalt ist keineswegs so schädlich, als meist angegeben wird.

Wasser für landwirthschaftliche Zwecke.

Ein kochsalzhaltiges Wasser, welches 0,5 bis 1 g Kochsalz und mehr im Liter enthält, löst mehr Bestandtheile, und zwar mehr der wichtigen Pflanzennährstoffe aus dem Boden auf, als ein Wasser, welches solche Kochsalzmengen nicht enthält, wie K. Eichhorn,[1]) A. Frank,[2]) E. Peters und E. Heiden,[3]) Dietrich,[4]) F. Storp[5]) u. A.[6]) fanden. Aus diesem lösenden Einfluss des Kochsalzes selbst in Mengen von 0,5 bis 1 g im Liter auf die Nährsalze des Bodens erklärt man die düngende Wirkung des Kochsalzes bei Aufbringung auf den Acker. Dabei wird aber das Kochsalz nur in fester Form und in geringen Mengen gegeben, so dass es mit den gelösten Nährsalzen im Boden verbleibt. Bei der Berieselung aber sickert fortwährend das kochsalzhaltige Wasser durch den Boden und führt die erhöhte Menge der gelösten Pflanzennährstoffe aus dem Boden aus. Ferner soll ein kochsalzhaltiges Wasser dadurch indirect schädlich für den Pflanzenwuchs sein, dass es den Boden dicht schlämmt und unfruchtbar zu machen im Stande ist. Nach G. Reinders[7]) macht

[1]) Landw. Jahrb., 1875, 16; 1877, 958.
[2]) Landw. Vers.-Stat., 1866, 45.
[3]) Heiden, Düngerlehre, 2. Aufl. 2, 849.
[4]) Jahresber. f. Agric., 1862, 13.
[5]) Landw. Jahrb., 12, 804.
[6]) Jahresber. f. Agric., 1873, 7; 1877, 36; Landw. Vers.-Stat., 51, 6.
[7]) Landw. Vers.-Stat., 19, 190.

schon 0,25 % Chlor, entsprechend 0,41 % Kochsalz, im Bodenwasser den Boden unfruchtbar. Nach A. Mayer[1]) beruht die solcherweise bewirkte Unfruchtbarkeit des Bodens auf einer Dichtschlämmung desselben und sind schon geringere Mengen als 0,25 % Chlor bezw. 0,41 % Kochsalz im Stande, diese Unfruchtbarkeit zu bewirken.

König hat Sträucher in Blumentöpfen mit Wasser von verschiedenem Kochsalz-Gehalt begossen und gefunden, dass schon ein Wasser, welches 1 g Kochsalz im Liter enthält, bei zarten Sträuchern auf die Dauer einen nachtheiligen Einfluss ausübt. Dann hat F. Storp an der Münster'schen Versuchsstation in Böden, die mit Wasser von verschiedenem Kochsalzgehalt mehrere Male in der Weise behandelt waren, dass das kochsalzhaltige Wasser wie beim Berieseln durch den Boden sickerte, gefunden, dass gegenüber dem Boden, der nur mit natürlichem Wasser ohne Kochsalz behandelt war, die mit kochsalzhaltigem Wasser behandelten Böden (schon von 0,3 g, sicher aber von 0,6 g Kochsalz im Liter an) bedeutend geringere Erträge lieferten. Ferner haben König und Haselhoff[2]) kleine natürliche Rieselanlagen von 1,23 m Breite und 3 m Länge, die aus verschiedenen Bodenarten (Sand-, Lehm-, Kalk- und Moorboden) gebildet waren, mit kochsalzhaltigem Wasser (1 g Kochsalz im Liter) berieselt und gefunden, dass, während beim Berieseln mit natürlichem Wasser ohne Kochsalzzusatz die Nährstoffe (besonders Kalk) im Wasser abgenommen hatten und von den Pflanzen aufgenommen waren, beim Berieseln mit kochsalzhaltigem Wasser eine Zunahme an Nährstoffen besonders von Kalk, und um so mehr von diesem, als der Boden enthielt, im Abrieselwasser stattgefunden hatte, ein Beweis, dass die Nährstoff-auswaschende Wirkung des Kochsalzes auch in dem mit altem Gras bestandenen Boden stattfinde. König meint daher, dass ein Wasser, welches einseitige Mengen Kochsalz enthält, für Berieselungszwecke schädlich wirkt, und dass diese schädliche Wirkung schon bei einem Gehalt des Wassers von 0,5 g Kochsalz im Liter beginnt, dass aber ein Wasser, welches 1 g Kochsalz enthält, überhaupt nicht mehr verwendet werden soll, letzteres schon um deswillen nicht, weil sich landw. Nutzpflanzen in einer wässerigen Lösung von höchstens 0,5 bis 1 g Salzen nur normal entwickeln, dass die Entwickelung aber eine um so abnormere sein muss, wenn diese Salze vorwiegend aus einem Salz bestehen, das selbst wie das Kochsalz nur in ungeordneter Menge zum Wachsthum überhaupt nothwendig ist.

Prof. Wohltmann[3]) schliesst sich den König'schen Ansichten an und hält Flössungswasser mit über 0,5 g Kochsalz im Liter für durchaus bedenklich. Er stützt sich dabei auf folgenden Versuch.

---

1) Journ. f. Landw., 1879, 389.

2) Landw. Jahrb., 1893, 847.

3) Landwirth, 1895, No. 81.

Es wurden inmitten einer Fläche Grasland 5 Parzellen bezw. Beete von je 18 qm Grösse, in einer Reihe nebeneinander liegend, abgemessen, durch Pflöcke markirt und folgendermassen behandelt:

Beet	I	Flössung mit	0,05 % Kochsalzlösung oder 0,5 g Salz im Liter Wasser (Bonner Leitungswasser).
„	II	„ „	0,10 % Kochsalzlösung oder 1 g Salz im Liter Wasser (Bonner Leitungswasser).
„	III	„ „	reinem Leitungswasser der Bonner Wasserleitung.
„	IV	„ „	0,5 % Kochsalzlösung oder 5 g Salz im Liter Wasser (Bonner Leitungswasser).
„	V	„ „	1,0 % Kochsalzlösung oder 10 g Salz im Liter Wasser (Bonner Leitungswasser).

Die Flössung geschah durch Ueberbrausen mit Wasser vermittels einer Giesskanne, welche 12 l Wasser fasste. Bei einmaligem Begiessen wurden für jedes Beet 6 Giesskannen = 72 l Wasser verwendet und folglich dem Boden jedesmal zugeführt:

I	auf	18	qm	36	g	oder	1	ha	20 k Kochsalz.
II	„	18	„	72	„	„	1	„	40 „ „
III	„	18	„	0	„	„	1	„	0 „ „
IV	„	18	„	360	„	„	1	„	200 „ „
V	„	18	„	720	„	„	1	„	400 „ „

Nachdem das Gras am 25. April gemäht worden war, um den Versuch auf möglichst gleichartiger Grundlage einzuleiten, wurden in der Zeit vom 29. April bis 7. Mai 9 Einzelflössungen zu je 72 l gegeben, woraus sich eine Wassermenge von 3600 hl auf 1 ha berechnet, die einer Regenhöhe von 36 mm entspricht. Darauf wurde der Rasen sich selbst überlassen bis zum 30. Mai. Im Juni wurde noch 28mal mit Salzwasser begossen, entsprechend einer Regenhöhe von 112 mm. Da trockenes Wetter herrschte, so wurde das Gras auf Beet I etwas gelbspitzig, stärker auf II. IV zeigte Abnahme des Pflanzenwuchses. Ein Anfang Juli niedergehender ergiebiger Regenfall von 13 mm vermochte wohl auf Beet I eine günstige Wirkung hervorzurufen; die übrigen mit Salzlösungen geflössten Parcellen boten jedoch je nach der Stärke der Salzlösungen zunächst ein kümmerliches Bild. Eine Wendung zur Besserung trat erst ein, als Mitte Juli kühle Witterung und eine längere Regenperiode einsetzte, welche bis Ende des Monats häufige und zum Theil recht heftige Niederschläge brachte (vom 15. bis 31. Juli in Summa 48,1 mm), unter deren günstiger Wirkung sich dann Beet II bald und auch Beet IV zu Anfang bis gegen Mitte August erholten. Mit der Zeit begrünte sich Beet V ebenfalls wieder.

Wenn man einen Grasplatz mit einer Giesskanne bebraust, so bleibt an jeder überhängenden Blattspitze ein Tropfen hängen. Enthält das Wasser auch nur wenig Salz, so bildet sich doch durch Verdunstung bald eine concentrirte Salzlösung, ja festes Salz, so dass die Blattspitzen missfarbig werden. Diese Behandlung des Grases ist doch recht verschieden von der Rieselung, bei welcher der Boden und die unteren Theile der Pflanzen befeuchtet werden, auf denen diese Art der Concentration nicht oder doch viel weniger eintritt. Diese Versuche sind daher nicht sachgemäss.

Dagegen betrachtet Stutzer[1]) die Frage über die Auswaschung und Boden-Verarmung in Folge des Gebrauchs von salzigem Rieselwasser als eine offene, solange die Ergebnisse der Untersuchungen von Laboratoriumsversuchen einerseits und von Prüfungen des Wassers von wirklichen Rieselwiesen andererseits einander widersprechen und letztere nicht in grösserer Anzahl als bisher ausgeführt sind. Hervorzuheben ist, dass eine eingetretene Entziehung von Dungstoffen durch eine ordnungsmässige Düngung leicht wieder ausgeglichen werden kann. Er erklärt, dass eine Lösung von 1 g Kochsalz im Liter auf die Wiesenpflanzen nicht direkt schädigend wirkt.

Recht bemerkenswerth sind die Ergebnisse der Versuchs-Rieselwiesen an den Klärteichen des Piesbergs (1894). Es wurden Wiesenflächen von je 6,88 a theils mit Hasewasser, theils mit diesem unter Zusatz von Klärteichwasser gerieselt; 4 Parzellen waren mit je 40 k Thomasschlacke gedüngt. Der Ertrag an Grünfutter bezw. Trockensubstanz war:

	1. Schnitt		2. Schnitt	
	grün	trocken	grün	trocken
	k	k	k	k
I. Nicht bedüngt, nicht bewässert . . .	385	115	303	75
II. „ „ mit Hasewasser bewässert	1040	231	785	145
III. Bedüngt, mit Hasewasser berieselt . .	1932	334	1097	191
IV. Desgl., aber 1 g Salz im Liter . . .	2073	292	1170	194
V. „ „ 1,5 g „ „ „ . . .	1977	307	1267	176
VI. „ „ 2 g „ „ „ . . .	1278	272	1047	208

Die chemische Untersuchung der erhaltenen Ernte bezw. auf Trockensubstanz ergab:

	II	III	IV	V	VIa	VIb
Stickstoff	2,65	2,28	2,63	2,01	1,58	2,12
Proteïn	16,56	14,24	16,45	12,54	9,89	13,27
Asche (einschl. Sand) .	10,31	14,57	12,32	11,89	9,35	9,30
Phosphorsäure . . .	0,62	0,71	0,72	0,76	0,75	0,63
Kalk	1,20	1,30	1,30	0,84	0,52	0,49
Magnesia	0,46	0,41	0,34	0,23	0,14	0,19
Chlor	1,35	1,71	2,01	2,10	1,32	1,44
Kali	2,25	2,54	2,32	2,38	2,03	2,18
Natron	0,47	0,60	1,31	2,48	1,50	1,86

Nach Orth[2]) wurde im Nachsommer 1897 eine Reihe von mit humosem Sandboden gefüllten Thontöpfen mit einem Samengemenge von Thimotheegras, englischem Raygras, französischem Raygras, Knaulgras, Rothklee, Bastardklee und Weissklee besäet und bei kräftiger Entwickelung dieser Pflanzen wurden im Frühjahr 1898 je 4 Töpfe begossen:

---

[1]) Gutachten vom 31. 12. 1894, betr. Piesberg.

[2]) Arb. a. d. K. Gesundheitsamt 1900, 253.

1. mit Berliner Leitungswasser,
2. dasselbe mit 5 g Kochsalz in 10 l Leitungswasser gelöst,
3. dasselbe desgleichen mit 10 g Kochsalz,
4. „ „ „ 15 „ „
5. „ „ „ 20 „ „
6. „ „ „ 50 „ „
7. „ „ „ 100 „ „
8. „ „ „ 200 „ „

auf 10 l Wasser.

Der Versuch ergab, dass von 50 g Kochsalz in 10 l an die Schädigung der Pflanzen durch das Salz eine sehr erhebliche war, dass ferner Kleepflanzen durch starke Salzgaben weit mehr gelitten haben als Süssgräser. Von je drei Töpfen wurde im Juni 1898 die lufttrockene Masse (Heu) der über der Erde abgeschnittenen Pflanzen bestimmt und ergab folgende Resultate:

Heuertrag von je 3 Töpfen von im Juni 1898 geerntetem Kleegras.

1.	Berliner Leitungswasser ohne Kochsalz . .	48,6 g Heu.
2.	Dasselbe mit 0,5 ‰ Kochsalz	52,3 „ „
3.	„ „ 1,0 „ „	61,5 „ „
4.	„ „ 1,5 „ „	54,0 „ „
5.	„ „ 2,0 „ „	53,8 „ „
6.	„ „ 5,0 „ „	37,3 „ „
7.	„ „ 10,0 „ „	36,1 „ „
8.	„ „ 20,0 „ „	18,5 „ „

Das Maximum des Ertrages war hier bei 1 ‰ Salzlösung. Bei einem Zusatz von 2 g Kochsalz auf 1 l Wasser war der Ertrag noch besser als bei reinem Leitungswasser. Der Erfolg wird einmal auf die bodenlösende, zweitens auf die durch Kochsalz Kali-sparende Kraft des Salzwassers zurückgeführt werden müssen. Von 5 pro Mille Salzlösung ist eine vergiftende Wirkung auf die Vegetation zu verzeichnen.

Um die Nachwirkung dieser Salzwasserberieselung auf die Pflanzen festzustellen, welche nach der Ernte 1898 nur mit Leitungswasser begossen waren, wurde im Jahre 1899 die oberirdische trockene Masse der Grasvegetation noch einmal bestimmt und dieselbe ergab nachstehende Resultate:

Heuertrag von je 3 Töpfen von im Juni 1899 geerntetem Gras (der Klee war sämmtlich eingegangen).

1.	Berliner Leitungswasser ohne Kochsalz .	22,12 g Heu (lufttrocken).
2.	Dasselbe mit 0,5 ‰ Kochsalz	17,25 „ „ „
3.	„ „ 1,0 „ „	23,29 „ „ „
4.	„ „ 1,5 „ „	21,60 „ „ „
5.	„ „ 2,0 „ „	10,69 „ „ „
6.	„ „ 5,0 „ „	8,40 „ „ „
7.	„ „ 10,0 „ „	2,05 „ „ „

Die Töpfe unter No. 8 waren in der Grasvegetation so gering, dass das Wägen nicht mehr lohnte. Die vergiftende Wirkung von No. 7 bei

10 pro Mille Salz war bereits sehr erheblich. Bemerkenswerth ist, dass 1 pro Mille Salz (No. 3) wiederum wie 1898 das beste Resultat ergeben hat, etwas besser wie Berliner Leitungswasser, ferner wie 2 pro Mille Salz im Ertrage gegen 1,5 pro Mille sehr erheblich nachgelassen hat. Der Nachtheil von 2 ‰ Salzlösung ist also im zweiten Jahre mehr hervorgetreten als im ersten Jahre. Zur Controle ist noch eine Versuchsreihe von zusammen 30 Töpfen mit Kleegras besäet angesetzt und ergaben je 6 Töpfe (Ernte Juni 1899):

1. Mit Berliner Leitungswasser ohne Kochsalz	110,4	g Heu (lufttrocken).
2. Dasselbe mit 0,5 ‰ Kochsalz	116,4	„ „ „
3. „ „ 1,0 „ „	111,1	„ „ „
4. „ „ 1,5 „ „	122,8	„ „ „
5. „ „ 2,0 „ „	59,1	„ „ „

In der Versuchsreihe haben 1,5 g Kochsalz im Liter den höchsten, 0,5 g Kochsalz den zweithöchsten, 1,0 g Kochsalz den dritthöchsten und das Berliner Leitungswasser den vierthöchsten Ertrag an Heu ergeben. Bemerkenswerth ist wiederum der starke Abfall im Ertrage bei 2 g Salz im Liter Rieselwasser. Begossen war mit Salzwasser im Jahre 1898, dagegen 1899 nur mit Leitungswasser.

Auch die Versuche von Herzfeld auf den Berliner Rieselfeldern (s. d.) bestätigen, dass die Kochsalzfurcht mancher landwirthschaftlicher Chemiker arg übertrieben ist.

H. Coupin[1]) nennt toxisches Aequivalent das Gewichtsminimum eines Giftes, welches, in 100 Th. Wasser aufgelöst, die Keimung verhindert. Die Untersuchung ergab, dass das toxische Aequivalent des Kochsalzes für Weizen 1,8, für Erbsen und Lupinnen 1,2, für Mais 1,4, für Wicken 1,1, im Mittel also für Pflanzen, die nicht an Meeresküsten wachsen, 1,5 % beträgt. Das toxische Aequivalent des Seesalzes ist für Meerstrandpflanzen wie Beta, Atriplex, Cakile 3 bis 4 %. Sie sind nach der bekannten Zusammensetzung des Seesalzes der Menge von Kochsalz angepasst, die in diesem enthalten ist. Sie würden zu Grunde gehen, wenn der Gehalt des Meerwassers an Kochsalz zunähme, während sie am Leben blieben, wenn die Chlormangnesiummenge selbst auf das 3- bis 4fache sich steigerte.

Nach G. Marek[2]) wirkte Chlorkalium etwas hemmend auf die Keimungsenergie des Roggens; die Pflanzen entwickelten sich normal und brachten es zu einer mittelguten Ernte. Bei der Keimung der Zuckerrüben wirkte Chlorkalium fördernd; die Wurzeln erreichten im freien Lande eine über das Normale hinausgehende Grösse, welche von einem

[1]) Rev. Botan., 10, 171.

[2]) Oesterr. Zeitschr. Zuckerind., 1892, 1; Fischer's Jahresber. d. chem. Techn., 1892, 368.

mittelhohen Zuckergehalt begleitet war. — Chlornatrium verhielt sich zu Roggen wie Chlorkalium. Bei den Zuckerrüben war die Wurzelentwicklung im freien Lande der der mit Chlorkalium gedüngten nachstehend. Der Zuckergehalt war ebenso hoch wie jener der ungedüngten Rüben. Chlorcalcium wirkte zwar etwas verzögernd bei der Keimung des Roggens, entwickelte aber Pflanzen, welche in der Ernte jenen der ungedüngten Versuche überlegen waren. Bei der Zuckerrübe verhielt sich Chlorcalcium ohne Einfluss auf die Keimung und erbrachte Wurzeln mit normal entwickeltem Gewicht und günstigem Zuckergehalt bei der starken Düngung. Eine Schädlichkeit desselben war weder bei Roggen noch bei Rüben wahrzunehmen. Chlormagnesium hatte die grössten Keimpflanzen bei Roggen gebildet und eine befriedigende Ernte an Körnern und Stroh geliefert. Bei der Rübe war die Keimung normal vor sich gegangen; ebenso normal war die Wurzelentwicklung, welche am Schlusse des Versuches neben einer günstigen Wurzelgrösse einen genügenden Zuckergehalt ergab.

Nach König und Haselhoff[1]) wirkte Chlorcalcium und Chlormagnesium im Wasser, ähnlich wie Kochsalz, auslaugend auf die Bodenbestandtheile, dementsprechend besitzen beide eine aufschliessende und indirekt düngende Wirkung. Wasser mit 1 g dieser Chloride im Liter ist nach König für die Berieselung schädlich. Himbeeren und Erdbeeren werden nach Jensch[2]) Chlorcalcium-haltig.

Barytverbindungen sind nach Haselhoff den Pflanzen schädlich; schon 10 mg Baryumnitrat im Liter Wasser waren nachtheilig. Strontianhaltiges Wasser aus Cölestin- und Strontianitgruben ist für den Pflanzenwuchs unschädlich.

Nach Haselhoff[3]) wirkt Wasser mit 10 mg Kupfersulfat im Liter auf die Pflanzen schädlich, desgl. 2,5 mg Nickeloxydul. Durch Berieseln mit Kupfersulfat- und Kupfernitrat-haltigem Wasser werden die Pflanzennährstoffe des Bodens, besonders Kalk und Kali, ausgelaugt und dafür Kupferoxyd absorbirt, wodurch die Feuchtigkeit des Bodens bedeutend herabgemindert wird.

Durch Zinkvitriol-haltiges Wasser wird das Zinkoxyd vom Boden absorbirt und an seiner Stelle geht eine entsprechende Menge anderer Basen in Lösung, während der so behandelte Boden entsprechend ärmer an diesen Basen wird. Auf Pflanzen wirkt Zinksulfat-haltiges Wasser in Sandböden schädlich, in Kalkböden wenig oder gar nicht.[4]) Nach

[1]) Landw. Jahrb., 1893, 847; 1895, 962.

[2]) Zeitschr. f. angew. Chem., 1894, 111 u. 508.

[3]) Landw. Jahrb., 21, 263; 22, 851 u. 861; Landw. Vers.-Stat., 38, 345.

[4]) Liebig's Annal., 127, 243; Landw. Jahrb., 1883, 827; 1893, 848; Landw. Vers.-Stat., 1, 9; 28, 472; 30, 381 u. 410; 31, 1 u. 33.

Jensch[1]) wuchsen auf Galmeihalden, welche 15 bis 18 Proc. Zinkoxyd enthielten, die verschiedensten Pflanzen.

Eisenvitriol-haltiges Wasser ist für Wiesenberieselung nachtheilig durch Absetzen von Ocker; direct schädliche Wirkung tritt nur bei stärkeren Concentrationen auf, da besonders in Kalk-haltigen Böden das Ferrosulfat bald zersetz wird.[2])

Karbolsäure vernichtet schon in 0,1 proc. Lösung die Keimung der Samen und schädigt die Pflanzen.[3])

Rhodanammonium wirkt schädlich auf Pflanzen, es wird aber im Boden rasch zersetzt, so dass eine schädliche Wirkung von Rhodanhaltigem Abwasser praktisch sehr selten vorkommen wird.[4])

Schwefelcalcium-haltiges Abwasser schädigt den Pflanzenwuchs.[5])

Wasser für Viehtränken. Nach Schönjahn[6]) liegt unmittelbar neben dem Soolbad Werne eine mit 36 Stück Rindvieh betriebene gute Weide. Etwa 20 Meter neben der Weide entspringt die etwa 8 % Salz enthaltende Quelle des Soolbads Werne, welche ungefähr 180 l Wasser in der Minute liefert. Das Wasser dieser Quelle läuft durch einen Graben in den Hornbach, welch letzterer durch die oben genannte Weide fliesst. In Folge dessen kann dass Vieh auch auf der genannten Weide Wasser aus dem Hornbach (Salzgehalt 1,3 bis 12,6 g im Liter) sowohl oberhalb der Einmündung des Salzwasser-Grabens in den Hornbach als auch unterhalb dieser Einmündung entnehmen. Etwa 17 Jahre lang ist die Beobachtung gemacht, dass das Vieh auf der genannten Weide bald das Süsswasser nimmt und bald das Salzwasser. Ob das Rindvieh das Salzwasser dem Süsswasser gerade vorzieht, kann er nicht bekunden, da es nach seinen Beobachtungen von dem einen Wasser gerade so oft trinkt wie von dem anderen. — Hinter der genannten Weide, weiter unterhalb des Hornbaches, liegen Wiesen, welche 1 mal im Sommer gemäht und dann mit Vieh betrieben werden. Das auf diesen Wiesen weidende Vieh hat nicht die Auswahl zwischen Salz- und Süsswasser, muss vielmehr aus dem oben genannten Hornbach trinken, nachdem diesem das Salzwasser durch den oben genannten Graben zugeführt worden ist. Nach langjährigen Be-

---

1) Zeitschr. f. angew. Chem., 1894, 14.

2) Centralbl. f. Agricult., 1877, 188; Landw. Vers.-Stat., 26, 77; 32, 365; Chem. Centralbl., 1889, 356.

3) Landw. Jahrb., 1881, 733; Centralbl. f. Agricult., 1884, 596; Landw. Vers.-Stat., 30, 52.

4) Landw. Vers.-Stat., 15, 230; Journ. f. Landw., 21, 432; 30, 271; Landw. Zeitschr. d. Prov. Sachsen, 1883, 76.

5) Landw. Vers.-Stat., 13, 755.

6) Piesberger Process, s. d.

obachtungen trinkt das Vieh dieses Wasser jedoch gerne und hat sich stets wohl dabei befunden.

Nach König diente ein Wasser mit 2,66 g Kochsalz, nach Muche solches mit 3,11 g Salz noch unbeschadet dem Vieh zur Tränke.

Künnemann[1]) fand, dass das Chlormagnesium bei den grossen Hausthieren gesundheitsschädlich erst nach Aufnahme grösserer Mengen wird. Bis zu 20 g im Tag sind für junge Schweine unschädlich, bis 60 g für Schafe; 800 g sind für Pferde schädlich.

Die Aufnahme des Trinkwassers oder des mit dem Wasser angemengten Futters wird verweigert, wenn der Gehalt an Chlormagnesium eine gewisse Grenze überschreitet. Diese Grenze ist für das Pferd mit einem Gehalt von 5 g Chlormagnesium im Liter Wasser erreicht.

Fischwasser.

Reines Wasser ist auch für Fische giftig (S. 26); „Fischwasser" muss also einen gewissen Grad von Verunreinigungen zeigen.

W. Weith (Naturforscher, 1880, 330) findet, dass unter sonst gleichen Verhältnissen dasjenige Wasser am reichsten an Fischen ist, welches die grösste Menge kohlensauren Calciums gelöst enthält.

Umfassende Versuche über die Wirkung verschiedener Stoffe aut Fische wurden von C. Weigelt[2]) und zwar in einem 100 l fassenden Steintroge ausgeführt.

(Tabelle siehe S. 46.)

S. 46 gibt einen Auszug der von ihm erhaltenen Resultate. Beachtenswerth ist, dass bei 20 bis 25° Wassertemperatur die verschiedenen Stoffe schädlicher auf die Fische einwirken, als bei 4 bis 6°. Zu berücksichtigen ist ferner, dass die Forelle im Allgemeinen empfindlicher ist, als die Mehrzahl der Flussfische.

Die Schädlichkeit der faulenden Jauchen ist neben der Anwesenheit der giftigen Gase: Schwefelwasserstoff und Kohlensäure, auch noch, und zwar zu sehr beträchtlichem Antheile, auf die in Folge der verschiedenen Fäulniss- und Gährungsprocesse verbrauchte Sauerstoffmenge, bezw. auf den Mangel an diesem Gase zurückzuführen. Der immerhin möglichen directen Beeinflussung des Fisches durch die Bacterien und sonstige Gährungserreger gar nicht zu gedenken. — Weigelt will für diese ziffermässigen Werthe keine absolute Gültigkeit beanspruchen. Vor allem verwahrt er sich dagegen, dass seine Zahlen als feststehende Werthe bei etwaiger gutachtlicher Aeusserung über Fragen der Schädlich

---

1) Journ. f. Landw., 1897, 265.

2) Archiv Hygiene, 1885, 39.

Das Wasser enthält im l	Fischart	Verhalten des Fisches:
Kalk: 0,07 g H_2CaO_2	Forelle	Nach 26 Min. todt.
„ 0,03 „ „	„	Nach 44 Min. heftig erregt.
Soda: 3 g $Na_2CO_3 . 10 H_2O$	„	Nach 5 Min. Seitenlage.
„ 1 „ „	„	Nach 3 Min. unruhig.
„ 1 „ „	Schleie	In 14 Std. keine Wirkung.
Schwefelnatrium: 0,1 g Na_2S	„	Bei 6°: Nach 1 Std. Luft schnappend, nach 9¾ Std. Seitenlage.
„ 0,1 „ „	„	Bei 20°: Nach 8 Min. Luft schnappend, nach 1 Std. Seitenlage, stirbt.
Chlorkalk: 0,0005 g	Forelle	Nach 3 Std. todt.
Salzsäure: 0,1 g HCl	„	Sofort Wirkung, nach 4 Min. Seitenlage.
Schwefelsäure: 0,1 g H_2SO_4	„	Sofort Seitenlage; Schleie: keine Wirkung.
„ 0,03 g „	„	Gleich unruhig.
Schwefligsäure: 0,0005 g	„	Nach 3 Min. Seitenlage.
Schwefelwasserstoff: 10 mg	„	In 5 Min. Rückenlage.
Ammoniak: 50 mg	„	Todt nach 47 Min.
Arsensäure: 1 g $Na_2AsO_4 . 12 H_2O$	„	Nach 2 Std. stirbt.
„ 0,1 g „ „	„	Nach 4 Std. heftige Wirkung.
Quecksilberchlorid: 0,05 g $HgCl_2$	„	Nach 29 Min. Rückenlage, 54 Min. todt.
Kaliumchromat: 0,2 g $K_2Cr_2O_7$	„	Nach 46 Min. Wirkung.
Chromalaun: 1 g $Al_2Cr(SO_4)_4 . 24 H_2O$	„	Nach 5 Min. Seitenlage.
Ammoniakalaun: 1 g	„	Sofort Wirkung.
Kalialaun kryst.: 1 g	„	Nach 10 Min. Seitenlage, 3 Std. todt.
„ „ 1 „	Schleie	Nach 15 Std. keine Wirkung.
„ „ 0,1 g	Forelle	Nach 15 Std. todt.
Chlorcalcium: 10 g $CaCl_2$	Schleie	Bald unruhig, nach 3¼ Std. stirbt.
„ 1 „ „	Forelle	Nach 2 Std. Wirkung.
Chlornatrium: 10 g NaCl	„	Nach 2 Std. schwache Wirkung.
Eisenvitriol: 0,1 g $FeSO_4 . 7 H_2O$	Saibling	Nach 2 Std., Lachs nach 3½, Forelle nach 5 Std. todt.
„ 0,05 g „ „	Forelle	Nach 16 Std. keine Wirkung.
Eisenchlorid: 1 g Fe_2Cl_6	„	Nach 3 Min. Seitenlage.
Manganchlorür: 1 g $MnCl_2$	„	Gleich unruhig.
Cyankalium: 0,005 g KCy	Schleie	Nach 73 Min. heftige Wirkung.
Rhodanammon: 0,1 g	Forelle	Nach 1 Std. keine Wirkung.
Carbolsäure: 0,05 g	Schleie	Nach 3 Min. Wirkung, nach 1 Std. stirbt.
„ 0,005 g	Forelle	Nach 15 Min. unruhig.
Seife: 1 g (unfiltrirt)	Lachs	Nach 1½ Std. todt, Forelle lebt.
„ 1 „ (filtrirt)	„	Keine Wirkung.

keiten von Abwässern für Fischzucht und Fischhaltung herangezogen werden. Versuche, die Widerstandsfähigkeit der Fische bei tage- und wochenlanger Dauer des Einflusses der Verunreinigug zu prüfen, schlugen völlig fehl, da die Fische schon nach 3 bis 4 Tagen in reinem Wasser eben so rasch starben als in dem verunreinigten. „Wir müssen für solche Versuche Wasserläufe, Fischgewässer zur Verfügung haben, welche durchaus den normalen Anforderungen der Versuchsthiere zu entsprechen vermögen in Bezug auf Gefälle, Wasserreichthum, Wassertiefe! Mit Aussicht auf Erfolg vermögen wir mit Forellen nur zu experimentiren in rasch fliessendem Wasser, mit Karpfen und anderen Teichfischen nur in Flussgewässern mit schwammiger Sohle und schwachem Gefälle."

C. Nienhaus-Meinau[1]) fand, dass das Abwasser einer Anilinfarbenfabrik, welches im Liter 18,8 g Arsensäure enthielt, noch in 100facher Verdünnung Fische in 4 Stunden tödtete.

Nach H. de Varigny und P. Bert[2]) wirken 2,2 g Magnesiumsulfat, 4 g Chlormagnesium oder 3 g Chlorkalium im Liter Wasser noch nicht schädlich, während nach Ch. Richet[3]) schon 12 mg Chlorzink, 0,1 g Chlorkalium, 1,5 g Chlormagnesium oder 2,4 g Chlorcalcium im Liter Wasser tödtlich wirken.

Nach L. Grandeau[4]) tödten 10 g Chlorcalcium Schleien in 5 Stunden, 0,1 g Schwefelcalcium tödteten nach 22 Minuten, selbst 0,016 g CaS im Liter wirkten schädlich, während 5 g Calciumhyposulfit nur wenig einwirkten.

Nach E. v. Raumer[5]) wirken 140 mg Zinksulfat nach $2^1/_2$ Stunden tödtlich.

L. Hampel[6]) prüfte die Wirkungen von Abwasser (je 5 l) auf die Forelle.

Gehalt des Wassers im Liter:		Verhalten der Forellen:
Chlorkalk	5 mg	Nach 40 Min. Seitenlage, in Reinwasser todt.
Eisenvitriol	1 g	„ 1 Std. 40 Min. „ „ „ erholt.
„	0,5 g	„ 2 Std. 30 Min. „ „ „ todt.
Eisenchlorid	1 g	„ $3^1/_2$ Min. Seitenlage.
Salzsäure	100 mg	„ $8^1/_2$ Std. unverändert.
Salpetersäure	100 „	„ $3^1/_4$ Std. matt, in Reinwasser erholt.
Schwefelsäure	100 „	„ 3 Std. 11 Min. Seitenlage, in Reinwasser erholt.
„	50 „	„ $8^1/_2$ Std. unverändert.

[1]) Bericht über die Verunreinigung des Rheines (Basel 1883), S. 10.

[2]) C. r. 97, 55 u. 131.

[3]) C. r. 97, 1004.

[4]) La soudière de Dieuze (Paris 1872).

[5]) Forschungsber., 1895, 17.

[6]) L. Hampel, Wirkungen von Abwässern auf die Forelle (Wien 1893).

Gehalt des Wassers im Liter:		Verhalten der Forellen:
Chlornatrium	10 g	Nach $7\frac{1}{2}$ Std. unverändert.
Ammoncarbonat	3 „	„ 44 Min. Seitenlage.
Natriumsulfat	1 „	„ 7 Std. unverändert.
Soda	1 „	„ 2 Std. 40 Min. Seitenlage, in Reinwasser todt.
Kalialaun	100 mg	„ 8 Std. matt.
Kaliumdichromat	300 „	„ $\frac{1}{2}$ Std. matt.
Ammoniak	100 „	„ 3 Std. 15 Min. Seitenlage.
„	50 „	„ 8 Std. 45 Min. unverändert.
Arsenigsäure	100 „	„ 5 Std. Seitenlage, dann todt.
Kupfervitriol	100 „	„ $2\frac{1}{2}$ Std. „ „ „
Zinkvitriol	1 g	„ $2\frac{1}{2}$ Std. „ „ „
Magnesiumsulfat, kryst.	1 g	Nach 7 Std. Seitenlage, in Reinwasser erholt.
Chlorcalcium	10 „	„ 6 Std. heftigeres Athmen, in Reinw. erholt.
Chlormagnesium	1 „	„ $5\frac{1}{2}$ Std. Seitenlage, in Reinwasser erholt.
Zinnsalz	1 „	„ 7 Min. „ „ „ „
Manganchlorür	1 „	„ 3 Std. „ „ „ „
Kalkhydrat	70 mg	„ $4\frac{1}{2}$ Std. „ „ „ „ (kl.)
„	70 „	„ $5\frac{3}{4}$ Std. „ „ „ todt. (gr.)
„	30 „	„ $3\frac{3}{4}$ Std. „ „ „ „ (kl.)
„	30 „	„ 7 St. „ „ „ „ „
Cyankalium	10 „	„ 7 Min. „ „ „ erholt. „
„	5 „	„ 10 Min. „ „ „ „ „
Arsensaures Natron	1 g	„ 8 Std. matt, in Reinwasser erholt.
„ „	0,1 g	„ 8 Std. matt, „ „ „
Chromalaun	200 mg	„ 9 Min. Seitenlage, in Reinwasser erholt.
Rhodanammon	100 „	„ 6 Std. „ „ „ „
Schwefelnatrium	115 „	„ 38 Min. „ „ „ „
„	81 „	„ 34 Min. „ „ „ „
„	30 „	„ 27 Min. „ „ „ „
Schwefligsäure	1 „	„ $4\frac{1}{2}$ Std. Seitenlage (kl.), in Reinwasser erholt (gr.) todt.
„ mit HCl angesäuert	1 „	„ 8 Std. matt, in Reinwasser erholt.
Kohlensäure	75 „	„ $7\frac{1}{2}$ Std. todt.
Schwefelwasserstoff	10 „	„ 6 Min. Seitenlage, in Reinwasser erholt.
„	1 „	„ 8 Std. matt, in Reinwasser erholt.
Schwefelkohlenstoff	0,5 g	„ 6 Min. Seitenlage.
Theer	200 mg	„ $\frac{1}{2}$ Std. „
Gerbsäure	50 „	„ 4 Std. 15 Min. todt.
Phenol	50 „	„ 6 Min. Seitenlage, in Reinwasser erholt.
„	10 „	„ 1 Std. 17 Min. Seitenlage.
Erdöl, Oberfläche bedeckt		„ 8 Std. todt.
Oel, Oberfläche bed.	1 g	„ $8\frac{1}{2}$ Std. unverändert.
Seife	1 „	„ 1 Std. 52 Min. Seitenlage, dann todt.

Kleine Forellen waren vielfach widerstandsfähiger als grosse, zuweilen fand auch das Umgekehrte statt. Zweifellos spielt auch die Individualität der Fische eine Rolle, so dass auch diese Ergebnisse keineswegs als „Grenzwerthe" anzusehen sind, sondern nur als Anhaltspunkte, um so mehr, als Forellen in so engen Behältern diese Verunreinigungen viel mehr empfinden, als im freien Wasser.

Versuche von H. Borgmann[1]) ergaben u. A.:

Untersuchte Substanz und Fischart	Gehalt der Lösung mg i. Liter	Temp. d. Wassers °	Dauer des Versuchs	Verhalten des Fisches:
Chilisalpeter				
Barsch, 12 cm....	10	5	$3^1/_4$ Std.	Nach 4 Min. †.
„ 2 cm....	5	5	$4^1/_2$ „	Anf. unruhig, kein Schad.
Schleie, 12 cm ...	0,1	2	41 „	Ohne Einwirkung.
Karpfen, 7 cm ...	0,1	2	41 „	Ohne Einwirkung.
Forelle, 12 cm ...	0,1	5	$7^1/_2$ „	Ohne Einwirkung.
Chlormagnesium				
Weissfisch, 10 cm .	12,60	12,5	$4^1/_2$ Std.	Nach 15 Min. gelbfleck., erholt sich.
Weissfisch, 10 cm .	10	12,5	24 „	Keine Wirkung.
Barsch, 12 cm ...	12,60	12,5	$4^1/_2$ „	Keine Wirkung.
Zinksulfat				
Barsch, 12 cm....	0,50	5	18 Std.	5 Std. †.
Forelle, 12 cm ...	0,10	10	7 „	6 Std. †.
„ 22 cm ...	0,010	6	31 „	30 Std. †.
„ 12 cm ...	0,005	5	73 „	Unruhig, bleibt leben.
Rottewasser, unfiltrirt				
6 Forellen, 28 cm .	100	7,5	120 Min.	50 Min. †.
6 „ 19 cm .	100	7,5	160 „	124 „ †.
6 „ 10 cm .	100	7,5	180 „	130 „ †.
filtrirt				
6 „ 28 cm .	100	7,5	118 „	39 „ †.
6 „ 28 cm .	100	7,5	156 „	98 „ †.
6 „ 10 cm .	100	7,5	180 „	120 „ †.
Nach 8 Tagen, unfiltrirt				
6 Forellen, 28 cm .	100	8	255 „	160 „ †.
6 „ 19 cm .	100	8	285 „	194 „ †.
6 „ 10 cm .	100	8	385 „	204 „ †.
filtrirt				
6 „ 28 cm .	100	8	240 „	180 „ †.
6 „ 19 cm .	100	8	280 „	200 „ †.
6 „ 10 cm .	100	8	360 „	220 „ †.

J. König und Haselhoff[2]) haben Versuche in der Weise angestellt, dass sie die einzelnen Fische (meistens Karpfen und Schleien, vereinzelt Goldorfen und Forellen) aus einem grösseren gemeinschaftlichen Behälter in einen kleineren Behälter, welcher mit demselben Wasser (Grundwasser als Leitungswasser) wie der grosse Behälter gefüllt war, setzten, hier

[1]) Borgmann, Die Fischerei im Wald (Berlin 1892), S. 123.

[2]) Landw. Jahrb., 26, 65.

erst einen Tag ohne Aenderung der Verhältnisse verweilen liessen und dann erst das Wasser veränderten, indem sie letzteres durch Leitungswasser, welchem der betreffende schädliche Bestandtheil in einem Glasballon zugesetzt worden war, allmählich verdrängten und ersetzten. Weil auf diese Weise durch Zusatz von Salzen zu dem Leitungswasser in dem Glasballon wie in dem kleinen Behälter häufig Umsetzungen und Niederschläge entstanden, so wurde das zuleitende Wasser vorher filtrirt und die Menge des schädlichen Bestandtheiles in dem Wasser des Behälters, in welchem sich die Versuchsfische befanden, erst am Ende des Versuches bestimmt.

Ueber die Giftigkeit des Schwefelwasserstoffs wurden Versuche angestellt und dasselbe Wasser, welches den Fischen zum Aufenthalte diente, durch Einleiten von Schwefelwasserstoff mit verschiedenen Mengen desselben angereichert und durch dieses das natürliche Wasser worin sich die Fische befanden, allmählich verdrängt. Die Versuche haben gezeigt, dass die schädliche Grenze anscheinend bei 3 mg, sicher erst bei 8 bis 12 mg H_2S im Liter Wasser anfängt, weil der Gehalt an Schwefelwasserstoff erst gegen Ende des Versuches bestimmt wurde und bei der leichten Zersetzbarkeit desselben angenommen werden kann, dass der Gehalt zu Anfang des Versuches höher gewesen ist als zu Ende. Eine typische Erscheinung bei der Schwefelwasserstoffvergiftung scheint eine senkrechte Stellung im Wasser und ein Emporschnellen des Oberkörpers etwas über die Oberfläche des Wassers zu sein. Von freiem Ammoniak können kleine Fische in Wasser mit 16 mg, grosse Fische in einem solchen mit 30 mg Ammoniak im Liter eine Zeit lang ohne dauernde schädliche Wirkung leben. Mit 17 mg Ammoniak im Liter beginnt aber für kleine, mit 30 mg für grosse Fische die schädliche Wirkung. Die schädliche Wirkung des kohlensauren Ammons beginnt bei 170 bis 180 mg als $CO_3(NH_4)_2 + 2\,CO_3HNH_4$ berechnet = 36 bis 38 mg Ammoniak im Liter. Die schädliche Wirkung von Chlorammonium beginnt wahrscheinlich schon bei 0,4 g, sicher aber bei 0,7 bis 1 g Chlorammonium im Liter Wasser.

Kochsalz-haltiges Wasser. In der Nähe von Rügen leben Süsswasserfische (Barsche und Zander) noch bei einem Kochsalzgehalt von 7,5 g im Liter; in der Emscher gedeihen Hechte, Barsche, Weissfische und Aale noch gut bei 3 bis 6 g Salzen im Liter. L. Grandeau fand, dass Kochsalz in einer Menge von 10 g im Liter bei einer Wassertemperatur von 20° für Schleien in 5 Stunden den Tod bewirkte, während nach Weigelt (S. 46) diese Menge für Schleien noch nicht schädlich war. C. H. Richet (a. a. O.) hält erst die Menge von 24 g Kochsalz im Liter für tödtlich, was ungefähr dem Gehalt des Meerwassers entsprechen würde. P. Bert[1]) erblickt in dem Schleimüberzuge der Wasserthiere ein

[1]) C. r. 97, 55 u. 131.

Schutzmittel gegen die nachtheilige Wirkung des Kochsalzes und anderer Salze. Ein ausgewaschener Aal konnte z. B. lange Zeit im Meerwasser leben, als aber der schützende Schleim von irgend einer Stelle des Körpers entfernt war, starb der Fisch in wenigen Stunden. Bert nimmt an, dass in Folge der alsdann wirkenden Exosmose eine Austrocknung des Körpers eintritt. Er hält einen Salzgehalt, welcher dem einer Mischung von 2 Theilen Süsswasser und 1 Theil Meerwasser (also ungefähr 8 g Kochsalz im Liter) entspricht, für Süsswasserthiere für tödtlich, glaubt aber, dass letztere bei allmählicher Steigerung des Salzgehaltes leicht an eine Mischung von gleichen Theilen Meer- und Süsswasser, d. i. an etwa 10 bis 12 g Kochsalz im Liter, angepasst werden können. — Diese Ansicht und Schädlichkeitsmenge findet eine Bestätigung durch vorliegende Versuche von König, nach welchen bei allmählicher Steigerung des Kochsalzes 13,33 g desselben im Liter Wasser bei 14 bis 16^0 auf 100 g schwere Karpfen noch keine schädlichen Wirkungen äusserten, dass aber 15,18 g Kochsalz im Liter bei 18,8 bis 21^0 den Tod eines 150 g schweren Karpfens bewirkten. Jedenfalls fängt bei 15 g Kochsalz im Liter die Schädlichkeit desselben für Süsswasserfische an.

Ueber die für Fische tödtliche Menge von Chlorcalcium liegen, wie beim Kochsalz, verschiedene Angaben vor. Richet gibt dieselben zu 2,4 g im Liter, Grandeau zu 10 g und Weigelt zu 5 g $CaCl_2$ im Liter an. Nach König beginnt die Schädlichkeit des Chlorcalciums bei 7 bis 8 g $CaCl_2$ im Liter und bei einer Temperatur des Wassers von 6 bis 9^0. Richet gibt die tödtliche Menge von Chlormagnesium zu 1,5 g im Liter an. Nach König beginnt die schädliche Wirkung für 9 bis 14^0 Wassertemperatur bei 7 bis 8 g $MgCl_2$ im Liter Wasser. Jedenfalls wirken Chlorcalcium und Chlormagnesium in viel geringeren Mengen schädlich auf Süsswasserfische als Chlornatrium. Die Grenze der schädlichen Wirkung des Chlorstrontiums liegt bei 145 bis 172 mg im Liter, jedoch kann diese durch allmähliche Steigerung der Gaben auf 181 bis 235 mg $SrCl_2$ im Liter bei 15 bis 21^0 erhöht werden, ohne eine bleibende nachtheilige Wirkung hervorzurufen. Fernere Versuche ergaben, dass in einem Falle ein Gehalt von 20 mg $BaCl_2$ im Liter bei 16 bis 17^0 auf einen 59 g schweren Karpfen und eine 90 g schwere Schleie nach 7 Tagen tödtlich wirkte. In anderen Fällen wirkten Mengen von:

Chlorbaryum im Liter	9 mg	17 mg	30 mg	38 mg,
auf Karpfen von . .	100 g	60 g	110 g	75 g
auf Schleien von . .	90 „	70 „	100 „	60 „
bei einer Temperatur des Wassers von ^{0}	10 bis 14	10 bis 14	10 bis 14	17,5 bis 18,7
nach Stunden . .	40: Seitenl.	31: Seitenl.	20 bezw. 72: todt	80: todt

Andere Versuche, besonders mit Goldorfen, ergaben, dass die Fische mehrere Tage, von 3 bis zu 8 Tagen ohne äusserliche Krankheitserscheinungen in einem Wasser mit einem Gehalt von 64 mg, 80 mg, 131 mg, 188 mg und gar von 241 mg $BaCl_2$ im Liter zubringen können. Es scheint daher, dass sich die Fische gegen Chlorbaryum individuell sehr verschieden verhalten und sich in gewisser Hinsicht an dasselbe anpassen können.

Zinksulfat-haltiges Wasser. Bei einer Versuchsreihe bewirkten 37 mg Gesammt- und 31 mg gelöstes Zinkoxyd in Form von Sulfat nach 20 Stunden deutliche krankhafte Erscheinungen, während in der zweiten Versuchsreihe diese Mengen nach 72 Stunden ohne Einfluss blieben und die Fische erst bei 55 mg gelöstem Zinkoxyd in Form von Sulfat im Liter nach 40 Stunden Seitenlage annahmen. Indess ist anzunehmen, dass die schädliche Wirkung bei rund 31 mg ZnO = rund 63 mg $ZnSO_4$ = 110 mg $ZnSO_4 + 7H_2O$ im Liter Wasser beginnt. Das ausgeschiedene feinflockige Zinkhydrat wirkt ferner noch dadurch nachtheilig, dass es sich auf die Kiemen niederschlägt und den Athmungsvorgang beeinträchtigt. Versuche mit Kupfersulfat-haltigem Wasser zeigen, dass die schädliche Wirkung schon bei einem Gehalt von rund 4 mg CuO = 8 mg $CuSO_4$ = rund 12 mg $CuSO_4 + 5H_2O$ im Liter Wasser beginnt, und dass sogar noch geringere Mengen Kupfersulfat auf die Dauer nachtheilig wirken werden. Bei den Versuchen waren die erkrankten Fische mit einem blauen Schleim von Kupfercarbonat bezw. Kupferhydrat bedeckt und fand sich dieser Ueberzug auch besonders in den Kiemen. In 2 Fällen betrug die Menge des auf die eingegangenen Fische niedergeschlagenen Kupferoxydes 28 bezw. 8,5 mg Kupferoxyd. Ohne Zweifel beruht daher die sehr schädliche Wirkung der Kupfersalze in einer Störung der Athmungs- und exosmotischen Vorgänge in Folge Bildung des Kupfer-haltigen Schleimüberzuges.

Die Schädlichkeitsgrenze des Ferrosulfats für sich allein lässt sich bei ungehindertem Luftzutritt zum Wasser nicht genau ermitteln: denn es scheidet sich, wie bei Zink- und Kupfersulfat Zink- und Kupferhydrat, hier fortgesetzt Ferrihydrat oder Ferrihydroxydoxydul aus, welches neben dem Ferrosulfat seine schädliche Wirkung äussert. Würde man aber den Sauerstoff der Luft vom Fischwasser abhalten, so würde das Wasser bald an Sauerstoff verarmen und würden die Fische aus Sauerstoffmangel eingehen. Die Versuche von König beziehen sich daher nicht auf den schädlichen Einfluss von Ferrosulfat allein, sondern sind getrübt durch die gleichzeitige Anwesenheit von Ferrisulfat und Ferrihydrat. Die Versuche wurden zwar in der Weise angestellt, dass das Ferrosulfat mehrere Tage vor Ausführung des Versuchs zu dem Wasser zugegeben und der gebildete Niederschlag vor Zuführung zum Fischwasser filtrirt wurde. Indess schied sich in dem Fischbehälter unter dem Einfluss des zu verdrängenden Wassers und des Luftsauerstoffs stets von neuem Ferrohydroxyd aus, welches die Beobachtungen über die Schädlichkeit des Ferrosulfats beeinflusste. Nach den Versuchen wirken 15 bis 35 mg Ferrosulfat ($FeSO_4 + 7 H_2O$) im Liter Wasser bei 18 bis 19° schon schädlich auf Fische, wobei zu berücksichtigen ist, dass das Wasser neben dem Ferrosulfat noch 6,7 bis 13,5 mg Eisenoxyd enthielt, welches wie Zink- und Kupferhydroxyd schädlich auf den Athmungsvorgang wirken muss. Unter Hinzurechnung dieses in der Schwebe gehaltenen Eisenoxyds würde ein Wasser, welches 40 bis 50 mg Ferrosulfat ($FeSO_4$, $7 H_2O$) enthält, bei längerer Einwirkung schon schädlich wirken können. Dieses Ergebniss steht im Widerspruch mit den Versuchen von Weigelt, der von 50 mg Ferrosulfat ($FeSO_4$, $7 H_2O$) im Liter bei Forellen und Aeschen noch keine dauernde schädliche Wirkung, dagegen von 10 bis 20 mg Fe in Form Eisenoxydsalzen, also von 15 bis 30 mg Ferrisulfat [$Fe_2(SO_4)$] im Liter eine specifische schädliche Wirkung beobachtete. Diese Verschiedenheit in den Schädlichkeitsmengen der Ferro- und Ferrisalze wird ohne Zweifel in den verschiedenen Mengen des ausgeschiedenen flockigen Ferrihydrats begründet sein. Denn wenn man mit Hofer[1]) annimmt, dass das Ferrihydroxyd in einem Fischereiwasser dadurch schädlich wirkt, dass es sich beim Athmen der Fische mit dem Athemwasser auf den Kiemen festsetzt, und dass die die Kiemen bedeckende Lage von Ferrihydroxyd den Athmungsvorgang unmöglich macht und schliesslich den Erstickungstod bewirkt, so müssen auch schon geringe Mengen sowohl von Ferro- wie Ferrisalzen, aus welchen beiden sich mit der Zeit Ferrihydroxyd in einem Bachwasser abscheidet, mit der Zeit schädlich auf die Fische wirken.

Bei einem grossen Fischsterben in der „Ach“ wurde von Hofer als Todesursache neben grossen Mengen Mangan, Chlorcalcium und Calciumsulfat Eisenoxydschlamm erkannt, welcher sich beim Athmen der Fische mit dem Athemwasser auf die Kiemen festgesetzt, den Athmungsvorgang unmöglich gemacht und eine Erstickung bewirkt hatte; der Eisenoxydschlamm rührte von dem Abwasser einer Pfannenfabrik her.

Braunsteintrübe nebst Quarzsand wirken nach R. Leuckart[2]) auf die Fische dadurch schädlich, dass sie dieselben mechanisch reizen und verletzen und durch Arsen und Kupferverbindungen giftig wirken.

Nachfolgenden Versuchen von E. Haselhoff und B. Hünnemeier[3]) dienten überwiegend Schleien, in einzelnen Fällen auch zugleich Karpfen.

---

[1]) Allgem. Fischereiztg., 1894, 394.

[2]) Leuckart, Gutachten über die Verunreiniguug von Fischwässern (Kassel 1886).

[3]) J. König, Verunreinigung der Gewässer, 2. Aufl., Bd. 2, S. 339.

Untersuchter Farbstoff	Gehalt der Lösung mg im Liter	Temperatur des Wassers °	Dauer des Versuchs	Verhalten der Fische:
Methylenblau . (K)	217,5—177,5	6 bis 12	7 Tage	Fische erkranken, †.
Methylenblau . (K)	157,5—57,5	6 „ 12	7 Tage	Desgl.
Chrysoidin	5,0	3 „ 4,5	8 Stunden	Desgl.
Bismarckbraun . . .	8,0	3,5 „ 5	4 Tage	Desgl.
Bismarckbraun . . .	5,0	3,5 „ 5	4 Tage	Ohne Einwirkung.
Martiusgelb . . (K)	85,0	10 „ 12,5	4 Tage	Fische erkranken, †.
Martiusgelb . . (K)	57,5	10 „ 12,5	4 Tage	Ohne Einwirkung.
Indigotin . . (K)	471,5	9 „ 17,5	5 Tage	Desgl.
Naphtolschwarz . . .	150	5 „ 8,5	3 Tage	Desgl.
Wollschwarz	150	5 „ 8,5	3 Tage	Desgl.
Diamantfuchsin . (K)	125,0	7,5 „ 10	14 Tage	Desgl.
Metanilgelb . . (K)	120,0	7 „ 10	14 Tage	Desgl.
Kongoroth	110	3 „ 8,5	5 Tage	Desgl.
Azoorseille	100,0	4 „ 8,5	4 Tage	Desgl.
β-Naphtolorange . . .	100	7,5 „ 10	14 Tage	Desgl.
Naphtolgrün	100	4 „ 8,5	3 Tage	Desgl.
Dinitrokresol . . .	80	4 „ 8,5	3 Tage	Desgl.
Dinitroresorcin . . .	80	4,5 „ 9	6 Tage	Desgl.
Chrysamin	60,0	4 „ 8,5	3 Tage	Desgl.

Nach Hofer[1]) wirken 6 bis 10 mg Carbolsäure für Forellen schädlich.

Nach Mojsisovics[2]) gingen die Forellen ein, als dem Bachwasser feine Holzpapiermasse zugeführt wurde.

A. J. Malmgren[3]) führt aus, dass die Holzflösserei die Fischerei ungemein schädigt, besonders durch den Rindenabfall. Auch die von Sägemühlen ins Wasser geworfenen Sägespähne können die Fischerei eines Baches völlig vernichten. In mehreren Flüssen Schwedens und Norwegens ist durch die Holzflösserei der Fischstand so vermindert, dass die Fischerei überhaupt nicht mehr lohnt. —

Während frische menschliche Excremente von Fischen bekanntlich sehr gern verzehrt werden,[4]) sind faulige Kanalwässer sehr schädlich für Fische, wie angenommen wird wegen Entziehung von Sauerstoff (S. 45).

Nach K. Knauthe[5]) ist in stagnirenden, an organischen Stoffen reichen Wässern der Sauerstoffverbrauch so beträchtlich, dass die Zufuhr

---

[1]) Allg. Fischereiztg., 1899, 52.

[2]) Allg. Fischereiztg., 1894, 234.

[3]) Relation om Timmerflottningen i Konungarikena Sverige och Norge af And. Joh. Malmgren, Helsingfors 1884.

[4]) Viertelj. f. öff. Ges., 1881, 197; G. Jäger, Die Seele der Landwirthschaft (Leipzig 1884), S. 51.

[5]) Biolog. Centr., 18, 785.

aus der Atmosphäre zu einer Deckung bei Weitem nicht ausreicht. Die mikroskopichen grünen Pflanzen geben unter Einwirkung des Lichtes so erhebliche Sauerstoffmengen an das Wasser ab, dass dessen Sauerstoffgehalt auf mehr als das Dreifache desjenigen Werthes wächst, welcher beim vollkommenen Ausgleich mit dem Sauerstoffgehalte der Atmosphäre erreicht wird. Diese Sauerstoffentwickelung erfolgt so rasch, dass im grellen Sonnenscheine schon nach wenigen Stunden maximale Werthe eintreten. Dabei wird häufig nicht nur die gesammte im Wasser absorbirte Kohlensäure verbraucht, sondern auch ein Theil der an Alkalien gebundenen. Zufuhr an Kohlensäure steigert in solchen Fällen die Sauerstoffentwickelung ganz ausserordentlich. Bei diffusem Tageslichte ist letztere auch noch lebhaft genug, um den Gehalt des Wassers fast auf das Doppelte der dem Absorptionscoëfficienten entsprechenden Zahl zu steigern, im Dunkeln sinkt sie indessen schnell.

Nach Chlopin und Nekitin[1]) genügt für Rothaugen und Kaulbarsche ein Sauerstoffgehalt von 1 cc im Liter Wasser; erst bei 0,51 bis 0,68 cc tritt der Tod ein.

Nach Versuchen von J. König und B. Hünnemeier[2]) können Fische, besonders Karpfen, sehr gut mit einem sehr geringen Gehalt 0,4 bis 1,0 Vol.-Proc. an Sauerstoff im Wasser fortkommen. Wegen der raschen Aufnahme von Sauerstoff aus der Luft werden Fische in einem an der freien Luft fliessenden oder stehenden Wasser wohl kaum oder nur selten in Folge Sauerstoffmangels zu Grunde gehen; wenn sie in einem fauligen Wasser an die Oberfläche kommen und gleichsam nach Luft schnappen, so liegt dies wohl weniger an dem Sauerstoffmangel als an sonstigen schädlichen Bestandtheilen des Wassers, welche denselben den Aufenthalt verleiden. Denn anderweitige fischschädliche Bestandtheile, wie Salze, Farb- und Geruchstoffe, bedingen auch bei genügendem Sauerstoffgehalt des Wassers ähnliche Erscheinungen im Verhalten der Fische.

Nach anderen Angaben Königs[3]) erlitten bei 1,4 cc und 2,9 cc Sauerstoff im Liter Wasser die Fische keinen Schaden. Nach Hoppe, Seyler und Duncan[4]) genügen 2,8 cc Sauerstoff im Liter Wasser.

Nach J. Kupzis[5]) waren bei einem Gehalt des Wassers von 1,5 cc Sauerstoff im Liter alle Fische gesund, selbst in sehr kleinen Wassermengen. Enthält das Wasser aber 1 cc oder weniger Sauerstoff im Liter, so macht sich der Einfluss des Sauerstoffmangels bemerkbar. Die Fische erheben

---

[1]) Wratsch, 1898, 1497.
[2]) Zeitschr. f. Unters. d. Nahrung, 1901, 387.
[3]) König, Gewässer, Bd. 2. S. 37.
[4]) Zeitschr. physiol. Chem., 1893, 147.
[5]) Zeitschr. f. Unters. d. Nahrung, 1901, 631.

sich über die Wasseroberfläche und schnappen begierig nach Luft. Dabei machen sie oft starke Bewegungen mit den Flossen, springen über die Wasseroberfläche, infolgedessen dem Wasser mehr Luft zugeführt wird. In einem Glasgefäss blieben bloss 700 cc Wasser nach zweimaliger Sauerstoffbestimmung. In dieser kleinen Wassermenge lebten 2 Fische mehrere Tage, obwohl die geringe Wassermenge ihnen das Schwimmen erschwerte. Bez. Versuche ergaben, dass die ersten Asphyxieerscheinungen im Mittel bei 0,91 cc Sauerstoff sich bemerkbar machen und der Tod bei 0,66 cc im Liter eintritt. Dabei sind gegen Sauerstoffmangel am empfindlichsten Weisslinge (sie starben bei 0,58, 0,62, 0,74, 0,72 cc Sauerstoff im Liter), Barsche und Rothaugen dagegen können im Wasser mit noch geringerem Sauerstoffgehalt leben.

Die schädliche Einwirkung von Kohlensäure beginnt nach Kupzis erst bei einem Gehalt von mehr als 126 mg in 1 l Wasser bei 7,5°; zur Tödtung der Fische war eine Lösung von über 280 mg freier Kohlensäure erforderlich. Den Gründling tödtete sogar diese Menge nicht, und schon am zweiten Tage war er gesund, obgleich noch am dritten Tage 1 l des Wassers 56 mg Kohlensäure mehr enthielt, als am Anfang des Versuches. Selbstverständlich können solche Mengen von Kohlensäure niemals, weder in Gefässen, noch in Aquarien, durch den Athmungsvorgang der Fische sich ansammeln. Im Gegentheil verringerte sich manchmal nach einigen Tagen die Menge der Kohlensäure in den Aquarien beim Stehen derselben im Laboratorium, weil am Anfange der Versuche das Leitungswasser nur 6 bis 8° warm war und dann mehr Kohlensäure enthielt, als nach der Annahme der Zimmertemperatur von 12 bis 14°.

Nach König sind 65 mg freie Kohlensäure im Liter Wasser unschädlich, die schädliche Wirkung beginnt bei 200 mg.

Warmes Wasser soll schädlich wirken (S. 65). Nach J. Frenzel[1]) liegt bei den Salmoniden-artigen Fischen, denen ein Wasser von einer mittleren Temperatur (10 bis 14°) am zuträglichsten ist, der Grenzwerth für dauernden Aufenthalt bei etwa 16°, doch werden bei Anwesenheit reichlicher Mengen von Athemsauerstoff noch 25° und darüber längere Zeit ertragen. Man kann deshalb annehmen, dass Wasserfälle, rascher Lauf in felsigem hindernissreichem Bett selbst hohe Erwärmungen noch erträglich erscheinen lassen. Weitaus höhere Temperaturen, d. h. 25 bis 30° vertragen, ja brauchen in ihrer Hauptwachstumszeit die Cypriniden oder Karpfen-artigen Fische, deren Wachsthum und Fresslust, durch den dauernden Aufenthalt in kaltem Wasser (unter 12°) direkt gehemmt beziehungsweise ungünstig beeinflusst wird. Andere Fische bewegen sich in ihren Wärmeansprüchen zwischen den Grenztemperaturen der beiden erwähnten Arten. Auch bei

[1]) Zeitschr. f. Fischerei, 1895, 277.

den Warmwasserfischen gilt die Regel, dass Sauerstoffüberfluss ihr Widerstandsvermögen gegen warmes Wasser steigert. Sie vertragen nach Frenzel in durchlüftetem Wasser noch 30° und darüber.

Sehr zu beachten ist das zuweilen massenhafte Absterben der Fische durch Infectionskrankheiten. Diese Fischseuchen treten selbst im Meerwasser auf, häufig im Meerbusen von Mexiko und der Walfischbai; hier wurde sie besonders im Jahre 1837, 1851 und 1880 beobachtet. Nach Untersuchungen von Wilmer und Warning[1]) wird diese Krankheit durch eine röthlich gefärbte Bacterienart verursacht.

Forellen werden besonders zur Laichzeit durch die Forellenseuche getödtet. Nach R. Emmerich[2]) entstehen zunächst auf der Haut an verschiedenen Stellen zahlreiche, etwa erbsengrosse Geschwülste, welche mit einer gelbweissen käsigen Masse oder mit blutigem Eiter erfüllt sind. Diese Pusteln brechen nach einiger Zeit an der Oberfläche durch, so dass ein kleines, flaches, blutrünstiges Geschwür entsteht, welches sich allmählich vergrössert. Dann kommen Blutergüsse unter die Oberhaut, besonders in den Flossen, und zwischen dem 12. und 20. Tage erfolgt gewöhnlich der Tod. Die inneren Organe zeigen meistens keine Veränderungen, nur der Darm ist stark entzündet. Dagegen finden sich in den in den Muskeln zerstreuten eitrigen Pusteln von Bohnengrösse und in den Blutergüssen eigenartige, von sonstigen ganz verschiedene stäbchenförmige Bacterien, mit deren Reinkulturen gesunde Fische wie auch das Wasser inficirt werden konnten, um an gesunden Fischen (Forellen, Aeschen, Karpfen) dieselbe Krankheit zu erzeugen. Durch denselben stäbchenförmigen Bacillus (Bacillus piscicidus) scheint auch die 1892 von Fischel beobachtete Erkrankung von Karpfen veranlasst zu sein, welche mit dem Fleische eines verendeten Pferdes gefüttert waren.

Nach O. Wyss[3]) beschränkte sich die grosse Fischseuche im Sommer 1897 im Züricher See auf die sog. Schwalen (Leuciscus rutilus). Die verendeten Fische zeigten umschriebene, blassgelbliche, Ein- bis Fünffrankstück grosse, über den übrigen Körper erhabene, vollständig schuppenfreie Flecken. Während die Section makroskopisch nichts Auffallendes ergab, erwies die mikroskopische Prüfung des Blutes, der Herzbeutelflüssigkeit, Galle, Leber, der Muskulatur und des Darminhaltes der erkrankten Fische die Anwesenheit von Mikroben in allen Untersuchungsobjecten. Diese Kleinwesen stimmten in ihren wichtigsten Eigenschaften mit Proteus vulgare überein, verhielten sich aber nach der Reinzüchtung, obwohl sie im Darme

---

[1]) Arch. animal. Nahrungsmittelk., 1893, 122.

[2]) Allg. Fischereiztg., 1894, 202.

[3]) Schweiz. W. Chem., 1898, 201.

gesunder Fische in Unmassen vorkommen, sehr pathogen bei der erwähnten Fischart, wie auch bei Kaninchen, Meerschweinchen und Mäusen. — Wyss untersuchte ferner das Seewasser, fand aber zur Zeit der Seuche nichts Abnormes, so dass eine Verunreinigung desselben durch Fäulnissstoffe u. s. w. als event. Ursache der Seuche ausgeschlossen ist, indessen beobachtete er, dass die Temperatur des Wassers eine ziemlich hohe war (22°), und was ihn annehmen lässt, dass einestheils die Entwickelung des Bacterium dadurch begünstigt, anderentheils die Widerstandsfähigkeit der Fische gegen den zerstörenden Einfluss der Pilzwucherung herabgesetzt worden.

Weitverbreitet ist die sog. Pockenkrankheit der Karpfen, nach B. Hofer[1]) eine Erkrankung der Niere, Leber und Milz durch eine Myxosporidie, welche sich durch Bildung weisser Flecke auf der Oberhaut der Fische äussert und meist den Tod der Fische zur Folge hat.

Ebenfalls durch Myxosporidien wird die Barbenkrankheit veranlasst, welcher seit 25 Jahren jeden Sommer grosse Mengen Fische in der Mosel zum Opfer fallen. Äusserlich zeigt sich die Krankheit durch zahlreiche tiefe Geschwüre. Ähnlich ist die Barbenseuche, welche im oberen Neckar, im Kocher und in der Jaxt besonders in trockenen Sommern verheerend auftritt und von Fickert[2]) durch Sporozoën hervorgerufen wird.

In einem Teiche in Wilmersdorf, in welchem sämmtliche Karpfen gestorben waren, fand Zacharias[3]) die rothe Mikrobe Chromatium Okenii.

In Württemberg bestimmt das Gesetz über Fischerei vom 27. November 1865 in § 15: „Die Verunreinigung der Fischwässer durch schädliches Abwasser oder durch sonstige die Fische gefährdende Abfälle gewerblicher Einrichtungen ist möglichst zu vermeiden und bei der polizeilichen Kognition über die Einrichtung solcher Anstalten das Interesse der Fischerei, insbesondere durch Anordnung von Schutzmassregeln gegen Verunreinigung der Fischwässer, zu wahren, sofern solche Schutzmassregeln ohne unverhältnissmässige Belästigung ausgeführt werden können.“ (Vergl. S. 75.)

Zum Vollzuge des Art. 4 des Fischereigesetzes und des Art. 23 Ziffer 1 des Wassergesetzes ist auf Grund einer mit dem Reichslande Elsass-Lothringen und der Schweiz getroffenen Verständigung die Bekanntmachung vom 11. October 1884, betreffend die Verunreinigung von Fischwässern, erlassen worden.[4]) In dieser werden die Ver-

[1]) Allg. Fischereiztg., 1896, 38, 182.

[2]) Allg. Fischereiztg., 1894, 364.

[3]) Plöner Wochenbl., Jan. 1899.

[4]) Veröffentlichung d. Kaiserl. Gesundheitsamts, 1886, 649, 782.

waltungsbehörden angewiesen, falls die Genehmigung bezw. Untersagung der Einleitung von fremden Stoffen in ein Fischwasser in Frage steht, bei der Beurtheilung darüber, ob und in welcher Mischung die betreffenden Stoffe als für den Fischbestand schädlich zu erachten und welche Massregeln zur thunlichen Verhütung des Schadens anzuwenden sind, die nachstehenden Grundsätze zu beachten:

I. Als schädliche Stoffe im Sinne des Artikels 4 des Gesetzes vom 3. März 1870 gelten:

1. Flüssigkeiten, in welchen mehr als 10 % suspendirte und gelöste Substanzen enthalten sind;
2. Flüssigkeiten, in welchen die nachverzeichneten Substanzen in einem stärkeren Verhältniss als in demjenigen von 1 : 1000 (beim Rhein von 1 : 200) enthalten sind, nämlich: Säuren, Salze, schwere Metalle, alkalische Substanzen, Arsen, Schwefelwasserstoff, Schwefelmetalle, Schwefligsäure und Salze, welche Schwefligsäure bei ihrer Zersetzung liefern;
3. Abwässer aus Gewerben und Fabriken, welche feste fäulnissfähige Substanzen enthalten, wenn dieselben nicht durch Sand- oder Bodenfiltration gereinigt worden sind;
4. Chlor- und Chlorkalk-haltige Wässer und Abgänge der Gasanstalten und Theerdestillationen, ferner Rohpetroleum und Producte der Petroleumdestillation;
5. Dampf und Flüssigkeiten, deren Temperatur 40° R. (50° C.) übersteigt.

II. Die unter I Ziffer 2 und 3 aufgeführten Flüssigkeiten sollen, wo immer die Beschaffenheit der Wasserläufe es gestattet, durch Röhren oder Kanäle abgeleitet werden, welche bis in den Strom des Wasserlaufes reichen und unter dem Niederwasser ausmünden, jedenfalls aber derart zu legen sind, dass eine Verunreinigung der Ufer ausgeschlossen bleibt.

Diese Bestimmung gilt auch für in Fluss- und Bachläufe einmündende Abfuhrkanäle, sofern sie durch die vorerwähnten Flüssigkeiten übermässig stark verunreinigte Abwässer enthalten.

Bei der Einrichtung von Fabrikanlagen, welche ihre Abgänge einem fliessenden Gewässer, insbesondere auch dem Rhein zuzuführen beabsichtigen, werden stets auf Grund des Art. 23 Ziff. 1 des Wassergesetzes und § 16 ff. der Gewerbe-Ordnung die zur Verhütung von Schädigungen der öffentlichen und nachbarlichen Interessen, namentlich auch des Fischbestandes, dienlichen Bestimmungen getroffen; dabei wird je nach den Umständen des Falles die Einleitung der Abgänge ganz untersagt oder hinsichtlich der Masse oder der Mischung an Beschränkungen geknüpft, vielfach auch die Herstellung von Filtrirbassins zur Abklärung der Abgänge angeordnet.

Zu dem Bundesgesetz der Schweiz über die Fischerei vom 18. Aug. 1875 und 18. Mai 1877 wurde am 13. Juli 1886 eine Vollziehungsverordnung erlassen:

„Es ist verboten, Fischgewässer zu verunreinigen oder zu überhitzen: a) durch feste Abgänge aus Fabriken und Gewerken. Bei Flüssen, welche bei mittlerem Wasserstand 80 m und darüber breit sind, dürfen solche Stoffe nur in einer Entfernung von 30 m vom Ufer abgelagert und eingeworfen werden; b) durch Flüssigkeiten, welche mehr als 10% suspendirte oder gelöste Substanzen enthalten; c) durch nachbenannte Flüssigkeiten, in welchen die Substanzen in einem stärkeren Verhältniss als 1 : 1000 in Flüssen von wenigstens der in a bezeichneten Breite in einem stärkeren Verhältniss als 1 : 200 enthalten sind, Säuren, Salze schwerer Metalle, alkalische Substanzen, Arsen, Schwefelwasserstoff, Schwefelmetalle, Schwefligsäure. Die zulässigen Quantitäten derjenigen Verbindungen, welche bei ihrer Zersetzung Schwefelwasserstoff bezw. Schwefligsäure liefern, sind in dem für letztere angegebenen Verhältniss von 1 : 1000 bezw. 1 : 200 entsprechend zu berechnen. Wo immer thunlich, sind die hier angeführten Flüssigkeiten durch Röhren oder Kanäle abzuleiten, die bis in den Strom des eigentlichen Wasserlaufes reichen und unter dem Niederwasser ausmünden, jedenfalls aber so zu legen sind, dass eine Verunreinigung der Ufer ausgeschlossen ist; d) durch Abwasser aus Fabriken und Gewerken, Ortschaften u. dgl., welche feste fäulnissfähige und bereits in Fäulniss übergegangene Substanzen von obiger Concentration enthalten, sofern dieselben vorher nicht durch Sand- oder Bodenfiltration gereinigt worden sind. Die Einleitung solcher Substanzen unter obigem Maasse der Concentration hat so zu geschehen, dass keine Ablagerung im Wasserlauf stattfinden kann. Ferner sollten diese Flüssigkeiten, wo immer thunlich, in der unter c Absatz 3 angegebenen Weise abgeleitet werden; e) durch freies Chlor oder chlorhaltige Wässer oder Abgänge der Gasanstalten und Theerdestillationen, ferner durch Rohpetroleum oder Producte der Petroleumdestillation; f) durch Dämpfe oder Flüssigkeiten in dem Maasse, dass das Wasser die Temperatur von 25° erreicht."

In § 22 der Landes-Fischerei-Ordnung vom 3. Februar 1888[1]) für Baden sind folgende Bestimmungen aufgenommen:

„Wenn die Genehmigung beziehungsweise Untersagung der Einleitung von fremden Stoffen in ein Fischwasser in Frage steht (Art. 23 des Wassergesetzes, Art. 4 des Gesetzes vom 3. März 1870), so sind bei der Beurtheilung der Frage, ob und in welcher Mischung die betreffenden Stoffe als für den Fischbestand schädlich zu erachten, und welche Massregeln zur thunlichen Verhütung des Schadens anzuwenden sind, die nachstehenden Grundsätze zu beachten.

I. Die Einleitung von schädlichen Abgängen irgend welcher Zusammensetzung darf erst dann gestattet werden, wenn nachgewiesen ist, dass deren Beseitigung auf anderem Wege, oder dass eine Aufarbeitung derselben nicht ohne unverhältnissmässigen Aufwand als durchführbar sich erweist. Im Fall der Gestattung der Einleitung ist dieselbe jedenfalls von folgenden Voraussetzungen abhängig zu machen:

a) Die Abgänge müssen die im gegebenen Falle mögliche chemische oder mechanische Reinigung und eine Verdünnung mit den etwa vorhandenen reineren Abwässern erfahren.

---

[1]) Ferner Gesetz vom 25. Aug. 1876 mit Nachtrag vom 12. Mai 1882.

b) Die Einleitung der Abgänge hat in allen Fällen, in denen von einer nur periodisch erfolgenden Einleitung Gefahren für den Fischbestand zu befürchten sind, in allmählicher, auf den ganzen Tag gleichmässig vertheilter Weise zu erfolgen.

c) Die Ableitung soll, wo immer die Beschaffenheit der Wasserläufe es gestattet, in Röhren oder Kanälen erfolgen, welche bis in den Strom des Wasserlaufes reichen und unter dem Niederwasser ausmünden, jedenfalls aber derart zu legen sind, dass eine Verunreinigung der Ufer ausgeschlossen bleibt.

II. Stoffe der nachstehend verzeichneten Beschaffenheit dürfen unter keinen Umständen in Fischwasser eingeleitet werden:

1. Flüssigkeiten, in welchen mehr als 10 % suspendirte und gelöste Substanzen enthalten sind;
2. Flüssigkeiten, in welchen die nachverzeichneten Substanzen in einem stärkeren Verhältniss als in demjenigen von 1 : 1000 (beim Rhein von 1 : 200) enthalten sind, nämlich: Säuren, Salze, schwere Metalle, alkalische Substanzen, Arsen, Schwefelwasserstoff, Schwefelmetalle, Schwefligsäure und Salze, welche Schwefligsäure bei ihrer Zersetzung liefern;
3. Abwässer aus Gewerben und Fabriken, welche feste fäulnissfähige Substanzen enthalten, wenn dieselben nicht durch Sand- oder Bodenfiltration gereinigt worden sind;
4. Chlor- oder Chlorkalk-haltige Wässer und Abgänge der Gasanstalten und Theerdestillationen, ferner Rohpetroleum und Producte der Petroleumdestillation;
5. Dampf und Flüssigkeiten, deren Temperatur 40° R. (50° C.) übersteigt."

Hiernach ist es gestattet, Wasser in den Rhein abzulassen, welches im Liter 4,999 g Arsen oder dergl. enthält, während Chlor und Chlorkalk, ja sogar sonst ganz reines Wasser von 51° völlig ausgeschlossen ist.

Abgesehen vom Rhein ist hier — wie in der Schweiz — keine Rücksicht genommen auf die Abwassermengen im Vergleich zum Flusswasser. Eine Fabrik darf also stündlich 100 cbm und mehr Wasser in einen Bach ablassen, welches im Liter 0,99 g Säuren, Salze u. dergl. enthält, aber nicht 1 l mit 1,1 g und selbst in den Rhein nicht 1 l Wasser von 51°. (Vgl. S. 65.)

Ein Entwurf zu einer Verordnung über die Abführung von Schmutzstoffen in die Gewässer, welcher 1899 dem deutschen Fischereirath vorgelegt wurde von Hulva und Weigelt,[1]) wurde mit Recht angegriffen, dann in folgender Fassung wieder von Weigelt[2]) empfohlen:

---

[1]) Fischer's Jahresber., 1898, 470.

[2]) Weigelt, Vorschriften für die Entnahme und Untersuchung von Fischwässern (Berlin 1900), S. 249.

Art. I. Bei neu entstehenden, concessionirten oder auch einer Concession nicht bedürfenden neuen Betrieben sind die nachfolgenden Normen streng einzuhalten.

Art. II. Der Einwurf von groben Abfällen jeglicher Art in die Gewässer darf nur dann stattfinden, wenn nachgewiesen wird, dass deren Beseitigung oder Nutzbarmachung durch Aufarbeitung und Wiedergewinnung oder auf anderem Wege ohne unverhältnissmässigen Kostenaufwand nicht durchführbar ist.

Art. III. Bei Ertheilung der Genehmigung zur Ableitung von verunreinigenden Abgängen aus Wohnstätten, Fabriken, gewerblichen oder land- und hauswirthschaftlichen Betrieben in ein Gewässer sind die in den folgenden Artikeln festgestellten Massnahmen anzuordnen, wobei als Voraussetzung gilt, dass das die Abwässer aufnehmende fliessende Gewässer bei Niederwasser eine mindestens zehnfache Wassermenge führt.

Art. IV. Die Abgänge sind vor Einleitung in die Gewässer, wenn nötig, abgekühlt, durch Klärung bezw. Reinigung und Verdünnung thunlichst unschädlich zu machen (vergl. No. 7—9):

1. Trübe Abwässer dürfen nur bis zu 1 pro Mille Sink- und Schwebestoffe enthalten, unter der Voraussetzung, dass sich darunter nicht mehr als höchstens 0,5 pro Mille organische Stoffe befinden — und
2. ablaufende Flüssigkeiten nicht mehr als 10 pro Mille gelöster Mineralstoffe, mit Ausnahme von Kochsalz und Chlorcalcium, welche bis zu 30 pro Mille in den Abwässern zulässig sind, oder 0,5 pro Mille löslicher organischer Substanzen.

   Eisen und Thonerdesalze in Lösung, sowie Ammoniumcarbonat dürfen bis 0,1 pro Mille geduldet werden.
3. Eine noch geringere Concentration muss von Abwässern verlangt werden, welche freie Säuren und giftige Metallsalze (Arsen-, Blei-, Kupfer-, Zink-Verbindungen) oder freies Ammoniak enthalten; hier darf höchstens ein Gehalt bis zu 0,01 pro Mille zugelassen werden.
4. Aetzkalklösungen dürfen nur in solchen minimalen Concentrationen in die öffentlichen Gewässer geleitet werden, dass unterhalb der Einflussstellen, nach Durchmischung mit dem Wasser des freien Gewässers, eine deutliche alkalische Reaction nicht mehr wahrgenommen werden kann.
5. Von der Einleitung in einen Wasserlauf sind auszuschliessen:
   a) Abwässer, welche freies Chlor oder unterchlorigsaure Salze, freie schwefelige Säure, Schwefelwasserstoff oder lösliche Schwefelmetalle und Cyanverbindungen in mehr als chemisch eben noch direct nachweisbaren Mengen aufweisen;
   b) faulige oder leicht in stinkende Fäulniss übergehende feste Stoffe — wie z. B. Kadaver, Fleischreste, Hautschabsel (Gerberei), Blutgerinnsel, Fäkalien und Mist;
   c) faulige oder leicht in stinkende Fäulniss übergehende Flüssigkeiten — z. B. städtische Jauchen und Aehnliches —, wenn sie nicht, zuzüglich des Aufnahmegewässers, eine Verdünnung erfahren haben, bei welcher stinkende Fäulnissvorgänge ausgeschlossen erscheinen;
   d) Kohlenwasserstoffe (Petroleum, Theeröle etc.) und Fette in deutlich nachweisbaren Mengen.

6. Bei No. 1 bis 3 incl. ist eine entsprechende Hinaufschiebung der oben angeführten Grenzwerthe zulässig, wenn das fliessende Aufnahmegewässer bei Niederwasser eine Verdünnung gewährleistet, welche grösser ist, als die oben vorgeschriebene zehnfache Verdünnung, doch darf dem Aufnahmegewässer eine mehr als fünffache Concentration der obigen ziffernmässigen Werthe niemals geboten werden.
7. Heisse Abwässer müssen mindestens bis auf 30° am Einfluss in die Gewässer abgekühlt sein.
8. Bei der chemischen Reinigung der Abwässer ist darauf zu achten, dass durch die Ableitung derselben in stehende öffentliche Gewässer eine verderbliche Anreicherung an löslichen Mineralsalzen vermieden wird.
9. Die nach obigen Vorschriften gereinigten bezw. soviel als möglich unschädlich gemachten Abwässer dürfen nicht stossweise in die Gewässer gelangen, sondern müssen in ständigem, gleichmässig auf die tägliche Betriebszeit — oder noch besser auf den ganzen Kalendertag — vertheilten Ablauf event. durch Röhren thunlichst in die Hauptströmung derselben eingeführt werden, damit eine rasche und sichere Durchmischung mit dem Verdünnungswasser des aufnehmenden Gewässers erfolgen kann. — Jedes weitere die Durchmischung und nachfolgende Durchlüftung fördernde Hülfsmittel erscheint erwünscht.

Art. V. Was die bestehende Industrie betrifft, so sind die Besitzer der betreffenden Anlagen anzuhalten, Massnahmen zu ergreifen, durch welche, dem jeweiligen Stande der Wissenschaft entsprechend, die obwaltenden Uebelstände auf ein möglichst geringes Maass eingeschränkt werden, ohne dass zugleich der wirthschaftliche Bestand der betreffenden Industrie gefährdet wird.

Art. VI. Wo irgend möglich, sollen indess die oben stehenden ziffernmässigen Normen eingehalten werden. Besonders aber gilt das von Art. II und Art. IV, 7 bis 9, doch dürfen

Art. VII. hier bei einer Berechnung der zulässigen Grenzwerthe, wenn die Fabrik ihr Betriebswasser dem Aufnahmegewässer — oberhalb — entnimmt, die Verunreinigungen dieses Betriebswassers in Anrechnung gebracht werden.

Art. VIII. Wo eine ausreichende Verdünnung der Abwässer aus Wassermangel nicht möglich erscheint, ist eine Trennung der verschiedenen Abwässer einer industriellen Anlage anzustreben unter Reinigung oder Vernichtung der besonders schädlichen Antheile.

Art. IX. Sollte nach erfolgter chemischer Reinigung die Entfernung der im Uebermaass erforderlich gewesenen Reinigungsmittel (z. B. Aetzkalk), etwa aus Platzmangel, nur mit unverhältnissmässigen Kosten erreichbar sein, so darf als Durchmischungszone des Aufnahmegewässers eine Stromstrecke bis höchstens 150 m abwärts zugelassen werden, jenseits deren keine deutliche alkalische Reaction mehr wahrgenommen werden soll, vom letzten Einlauf aus der Fabrik gerechnet, jedoch nur unter voller Entschädigung für die fischereilich vernichtete Strecke. (!)

Art. X. Wo alle anderen Mittel, zu einer ausreichenden Reinigung zu gelangen, wegen der unverhältnissmässigen Kosten ausgeschlossen erscheinen, darf das Princip der Opferung einer Stromstrecke zum Zweck der Selbstreinigung mangelhaft gereinigten Abwässern gegenüber zur Anwendung gelangen, niemals aber zu Gunsten roher ungereinigter Auswürfe. Im Allgemeinen darf im höchsten Falle eine Stromstrecke von 3 km für diese Selbstreinigung in Anspruch genommen werden oder beim Vorhandensein mehrerer verunreinigender Factoren, vom letzten stromabwärts gelegenen Auslauf an gerechnet, 5 km. Als derartig zusammengehörig wären solche industriellen Arbeitsstätten oder abwässernde Wohnstätten, Krankenhäuser, Abdeckereien, Stallungen aufzufassen, deren Entfernung von einander vom untersten Abwassereinlauf der oberen bis zum obersten der abwärts liegenden gemessen nicht mehr als 500 m beträgt. Die Ansprüche Dritter — Fischerei, Landwirthschaft — an solchen „Opferstrecken“ sind in angemessener Weise, am besten auf dem Wege gütlicher Vereinbarung abzufinden. (!)

Der vorstehende Entwurf macht, wie erwähnt, vorab einen principiellen Unterschied zwischen neu zu begründenden industriellen Arbeitsstätten und den an deren Abwässer im Interesse unserer Wasserläufe zu stellenden Anforderungen, Art. I—IV, und bringt ferner in den Artikeln V—X Massregeln zur Besserung der Verhältnisse an den bestehenden Industrien mit Bezug auf die ihren Abwässern gegenüber zu Gunsten unserer Gewässer dringend nöthigen Erfordernisse.

Weigelt bemerkt zu dem Entwurf im Einzelnen:

Art. I. Es wäre wünschenswerth, wenn es gelänge, jeden Einlauf, welcher zu einer Verunreinigung unserer Gewässer zu führen vermag, so zu sagen behördlicher Genehmigung zu unterwerfen. Die Reichsgewerbeordnung erschwert in ihrer Unterscheidung concessionspflichtiger und einer Concession nicht bedürfender Gewerbe die Ausführung dieses, wie uns scheinen will, nicht unausführbaren, in seinen Consequenzen aber allein ausgiebige Abhülfe gewährleistenden Wunsches.

Art. II. Wohl ist der Ausdruck „unverhältnissmässiger Kostenaufwand“ ein unbestimmter und dehnbarer Begriff. Bei der Verschiedenheit und Vielseitigkeit der hier in Betracht kommenden Gewerbe nach Richtung der Schädlichkeit sowie der Menge ihrer Abwässer, wie nicht minder im Hinblick auf die verschiedene Kapitalkraft ihrer Besitzer einerseits und der unumgänglichen Pflicht, eine fernere wünschenswerthe Ausdehnung unserer Industrie nicht aufzuhalten andererseits, erschien eine bestimmtere Fassung ausgeschlossen. Es dürfte ganz allgemein der Erwartung Ausdruck gegeben werden, dass gerade die Einhaltung dieser Forderung neuen Arbeitsstätten, dank unserer erprobten und bewährten Hülfsmittel, erhebliche Schwierigkeiten nicht bereiten wird.

Art. III. Das Verlangen einer zehnfachen Verdünnung erscheint ohne Weiteres willkürlich. Es soll damit besonders ausgedrückt werden, dass es fischereilich und hygienisch unthunlich wäre, dem angenommenermassen gesunden Aufnahmegewässer mehr als ein Zehntel industriell oder sonstwie verunreinigtes Wasser zuzuführen.

Art. IV. Die geforderte Abkühlung, Klärung, Reinigung und Verdünnung soll besonders ausdrücken, dass es neuen Betrieben für die Zukunft verboten sein sollte, rohe, ungereinigte Abwässer in die Gewässer zu leiten. Wohl waren wir uns bewusst, dass mit unseren vorhandenen Hülfsmitteln eine völlig das

Maass des Wünschenswerthen erreichende Reinigung noch nicht allgemein möglich ist, weshalb unbeschadet der nachfolgenden ziffernmässigen Anforderungen hier dem bestehenden Unvermögen durch ein „thunlichst“ das bedauerlicherweise nöthige Zugeständniss nicht versagt werden durfte.

Es wird nicht ausbleiben, dass Bedenken gegen unsere ziffernmässigen Anforderungen erhoben werden, sowohl im Einzelnen als auch namentlich gegen das Unterfangen, zahlenmässige Werthe hier überhaupt einzuführen. Man wird im letzteren Sinne auf die Schwierigkeit der Controle hinweisen, welche jeweils nur im Wege einer einwandfreien chemischen Analyse ausführbar wäre. Wir vermögen diesem Einwande eine gewisse Berechtigung nicht abzusprechen, aber wie sich andererseits der Begriff der Schädlichkeit eines bestimmten Abwasserbestandtheils nicht anders als durch einen ziffernmässigen Ausdruck geben lässt, so müssen wir ihn auch hier hinnehmen — wir besitzen eben keinen anderen Maassstab. Ferner dürfte, eine ausreichende Aufsicht vorausgesetzt — deren wir uns gegenwärtig wohl nirgends im Deutschen Reiche zu erfreuen haben — wie wir nicht bezweifeln, die Industrie durchaus in der Lage sein, der Aufsichtsbehörde ständig beweisen zu können, dass sie unterhalb der geforderten Grenzwerthe verblieb, wenn ausserordentliche unvorhergesehene Revisionen und eine genügend fühlbare Strafe bei Uebertretungen der Industrie die Nothwendigkeit sorgsamer Einhaltung der Grenzwerthe klar gelegt haben.“ (!)

Auch diese Vorschläge sind zurückzuweisen, weil viel zu streng und einseitig. Weshalb soll z. B. das Abwasser — gleichgültig in welchen Mengen — auf 30° abgekühlt werden,[1]) während in Baden u. s. w. 50° zugelassen werden? Weshalb soll ein Abwasser mit Spuren von Chlor zurückgewiesen werden, selbst wenn es in dem Flusse millionenfach verdünnt wird? Solche Grenzwerthe für Abwasser mögen für den betreffenden Beamten ja recht bequem sein, als gesetzliche Bestimmung oder Polizeiverordnung sind sie entschieden zurückzuweisen, da vernünftiger Weise nur verlangt werden kann, dass das betr. Flusswasser nicht durch das Abwasser so verunreinigt wird, dass dadurch seine bisherige Verwendung beeinträchtigt wird. Das kann aber nur von Fall zu Fall durch unparteiische Sachverständige festgestellt werden.

König schreibt[2]): „Auch macht sich mit Recht seit Jahren das Bestreben geltend, die verunreinigten Bäche und Flüsse für die Fischzucht wieder zu gewinnen, und muss dieses Bestreben um so freudiger begrüsst werden, als eine ergiebige Fischzucht ohne Zweifel mit Rücksicht auf die genügende Versorgung der Bevölkerung mit Fleisch eine grosse volkswirthschaftliche Bedeutung hat.“

Nach A. Metzger lässt sich für Preussen die Wasserfläche für Süsswasserfischzucht auf 1 280 000 ha veranschlagen, die 1880 rund

---

[1]) Auf dem „Pariser Congress“ wurden 35° verlangt; vergl. Zeitschr. f. angew. Chem., 1897, 517; 1899, 1132.

[2]) Verunreinigung der Gewässer, 2. Aufl., Bd. 1, S. 1.

2 Millionen Mark jährliche Pachterträge lieferten. Berücksichtigt man, dass die grösseren Flüsse und die meisten Teiche und Seen einer so hochgradigen Verunreinigung nicht ausgesetzt sind, dass die Fischerei darunter leidet, so bleibt für die durch Abwasser[1]) bedrohte Fischerei kaum 1 Mill. Mark jährlich!

Die Einfuhr Deutschlands an landwirthschaftlichen Producten betrug u. A. (in 1000 Mark):

	1900	1899	1898	1897
Getreide u. dgl. . .	874 281	857 320	932 080	780 734
Schweineschmalz . .	70 209	64 028	67 036	44 749
Butter	24 191	18 790	13 583	13 800
Gänse u. Hühner . .	28 221	30 734	27 223	24 210
Eier	103 227	96 309	85 167	67 167
Vieh	145 821	152 252	150 919	151 043

Also weit über 1 Milliarde geht ins Ausland für landwirthschaftliche Producte (wesentlich Nahrungsmittel; Wolle, Felle, Federn u. dgl. nicht mitgerechnet), ein Deficit, welches die Ausfuhr der Industrie wieder decken muss. Es gehen 103 Mill. Mark allein für Eier ins Ausland. Was will diesen Summen gegenüber die 1 Mill. für Fische sagen? Statt Landwirthe bezw. Bauern gegen die Industriellen aufzuhetzen und der Industrie der Fische wegen Schwierigkeiten zu bereiten, sollte man die Landwirthe unterrichten, wie sie durch Verbesserungen in ihren Betrieben diesen gewaltigen Fehlbetrag vermindern können.

König schreibt ferner (a. a. O. S. 265):

„Die Behörde, die gerichtliche Entscheidung oder der Unterlieger drängen, der Industrielle sieht Scherereien und Kosten vor Augen, da kommt der ‚Erfinder', verspricht Abhülfe, ohne sie, leider, wirklich bringen zu können.

Der Industrielle, selbst ohne genügende Kenntniss von dem Erstrebenswerthen und Erreichbaren, greift zu; die Anlage wird hergestellt, wie sich später ergiebt, nutzlos, und das verausgabte Kapital ist verloren. . . . .

Es fehlt bei all diesen Bemühungen nur zu häufig der rechte Ernst, das Gefühl der Verantwortung unseren schönen Gewässern gegenüber."

Dieser Vorwurf des bösen Willens und der Unkenntniss muss zurückgewiesen werden.

Im Jahre 1896 stellte Verf.[2]) die Anzahl der in der chemischen Industrie Deutschlands damals beschäftigten wissenschaftlich ge-

[1]) Zu berücksichtigen ist, dass auch faulende landwirthschaftliche Abwässer den Fischen sehr schädlich sind, dass besonders die Wiesenbewässerung mit Bachwasser zahllose Fische vernichtet.

[2]) F. Fischer, Das Studium der techn. Chem. an den Universitäten und techn. Hochschulen Deutschlands (Braunschweig 1897), S. 45; vgl. F. Fischer, Chem. Technologie an den Universitäten und techn. Hochschulen Deutschlands (Braunschweig 1898).

bildeten Chemiker und ihr Verhältniss zur Arbeiterzahl zusammen. Die Hauptübersicht ergab:

	Anzahl der chemischen Fabriken	Anzahl der Chemiker	Auf eine Fabrik kommen Chemiker	Arbeiterzahl	Auf einen Chemiker kommen Arbeiter	Gesammtzahl der voraussichtl. vorhandenen Chemiker[1])
Chemische Grossindustrie	37	154	4,2	10 410	68	220
Kunstdüngerfabriken .	31	65	2,2	3 917	60	90
Sprengstofffabriken . .	8	34	4,2	2 040	60	50
Schweelereien, Erdöl .	14	38	2,7	3 218	85	50
Chemische Präparate (unorganische)	68	188	2,8	5 180	28	250
Organische Präparate und Farbstoffe	48	712	14,8	19 850	27	1000
	206	1191		44 615		1660

In einzelnen Zweigen der chemischen Industrie Deutschlands kommt also schon auf 27 Handarbeiter ein wissenschaftlich gebildeter Chemiker (dazu noch Ingenieure, Kaufleute). Wie unendlich viel ungünstiger stellt sich dieses Verhältniss in der Landwirthschaft? Sollte dieser Mangel an wissenschaftlich-technischer (auch kaufmännischer) Bildung nicht ein wesentlicher Grund dafür sein, wenn die Landwirthschaft „nothleidend“ ist?

3. Gesetzliche Bestimmungen über die Verunreinigung der Flüsse.

Am dringendsten hat man in England die Nothwendigkeit einer gesetzlichen Regelung des Einlaufes von Schmutzstoffen in die Wasserläufe empfunden.

Die mehrfach erwähnte englische Commission stellt in ihrem ersten Berichte (London 1870) die Forderung, dass Flüssigkeiten nicht in die Wasserläufe eingelassen werden dürfen, welche:

[1]) Einschliesslich der sonstigen techn. Chemiker etwa 4000.

a) im Liter mehr als 30 mg suspendirte unorganische oder 10 mg suspendirte organische Stoffe enthalten;
b) im Liter mehr als 20 mg organischen Kohlenstoff oder 3 mg organischen Stickstoff in Lösung enthalten;
c) bei Tageslicht eine bestimmte Farbe zeigen, wenn sie in einer Schicht von 30 mm Tiefe in ein Porzellangefäss gebracht werden;
d) im Liter mehr als 20 mg eines Metalles mit Ausschluss von Kalium, Natrium, Calcium und Magnesium in Lösung enthalten;
e) im Liter, gleichviel ob gelöst oder suspendirt, mehr als 0,5 mg metallisches Arsen, als solches, oder in irgend einer Verbindung enthalten;
f) nach ihrer Ansäuerung mit Schwefelsäure im Liter mehr als 10 mg freies Chlor enthalten;
g) im Liter mehr als 10 mg Schwefel in Form von Schwefelwasserstoff oder als lösliches Sulfid enthalten;
h) im Liter mehr Säure enthalten, als 2 g Chlorwasserstoffsäure entsprechen;
i) im Liter mehr Alkali enthalten, als 1 g Aetznatron entspricht.

Das englische Gesetz vom 15. August 1876 verbot jede Einführung fester und flüssiger Abfallstoffe. Das neue englische Gesetz von 1886 enthält folgende wesentliche Bestimmungen:

1. Diese Acte soll für alle Zwecke als die Flussreinigungsacte vom Jahre 1886 bezeichnet werden.

2. Jegliche Person, welche in irgend einen Fluss irgend welche feste oder flüssige Körper wirft, oder es verursacht oder erlaubt, dass solche hineingebracht werden oder hineinfallen oder hineinfliessen, derart, dass eine solche Handlung entweder für sich allein oder in Verbindung mit anderen ähnlichen Handlungen der nämlichen oder irgend einer anderen Person den gehörigen Abfluss des Wassers beeinträchtigt, oder das Flussbett verändert oder das Wasser verunreinigt, macht sich einer Verletzung dieser Acte schuldig. . . . .

Jede Person, welche einem auf Grund der vorstehenden Bestimmung erlassenen Befehle nicht Folge leistet, hat dem Kläger oder derjenigen anderen Person, welche das Gericht dazu bezeichnet, eine fünfzig Pfund des Tags nicht übersteigende Summe für jeden Tag zu zahlen, während dessen sie die Ausführung des Befehls vernachlässigt, wie solches das Grafschaftsgericht, der Oberjustizhof oder der Richter, welche den Befehl erlassen, näher bestimmen; ein solches Strafgeld kann in derselben Weise beigetrieben werden, wie jede andere vom Gericht als fällig anerkannte Schuld. Sofern Jemand dabei beharrt, den Bestimmungen eines solchen Befehls während der Zeitdauer von nicht weniger als einem Monat oder einer anderen Zeitdauer von weniger als einem Monat, wie solche im Befehle bestimmt sein mag, nicht zu gehorchen, so kann das Grafschaftsgericht, das Obergericht oder der Richter — abgesehen von der Strafe, welche deshalb auferlegt werden mag — eine oder mehrere Personen beauftragen, den Befehl zur Ausführung zu bringen, und alle Kosten, welche solcher oder solchen Personen dadurch erwachsen, desgleichen der Betrag, welcher von dem Grafschaftsgericht, Obergericht oder Richter zuerkannt sein mag, sollen als eine Schuld erachtet werden, welche der oder den mit der Ausführung des Befehles betrauten

Personen von dem Verklagten gebührt und welche dementsprechend durch das Grafschaftsgericht oder Obergericht beigetrieben werden kann. . . . .

7. Jeder, welcher freiwillig oder auf Anordnung eines Gerichts die Reinigung von festen oder flüssigen Körpern vor deren Einlassen in den Fluss beabsichtigt oder damit beschäftigt ist, hat bei der Ortsverwaltungsbehörde die nachgedachte Bescheinigung schriftlich nachzusuchen. Der Gesuchsteller muss die Mittel bezeichnen, welche er zur Reinigung der betreffenden Gegenstände zu verwenden beabsichtigt oder bereits verwendet, und die Behörde hat — sofern ihr die Mittel genügen oder sofern der Gesuchsteller andere von der Behörde gebilligte Mittel für die Reinigung adoptirt — unter solchen Bedingungen (einschliesslich aller durch den Antrag hervorgerufenen Kosten), wie solche von der Behörde vorgeschrieben werden, eine Bescheinigung darüber auszustellen, dass geeignete Mittel für die Reinigung verwendet worden sind oder verwendet zu werden im Begriffe stehen. Die Vorzeigung einer solchen Bescheinigung nebst Beweis, dass deren Bestimmungen und Bedingungen beobachtet und ausgeführt sind, soll vor allen Gerichten und in allen unter dieses Gesetz fallenden Processen wegen Beeinträchtigung des Wasserabflusses, Aenderung des Flussbettes oder Verunreinigung des Flusses durch solche Körper, wie solche in der Bescheinigung erwähnt oder in Bezug genommen sind, als entscheidende Antwort gelten. Jedoch kann die Behörde nach Ablauf von drei Jahren vom Anfange der Benutzung solcher Mittel ab gerechnet, sofern der Benutzende der Behörde genügend nachweist, dass die gebilligten oder angenommenen Mittel für die Reinigung solcher Gegenstände unwirksam sind, eine derartige Bescheinigung wieder aufheben.

Verzeichniss von Flüssigkeiten, welche nach dieser Flussacte in Flüsse geleitet werden dürfen.

Klasse 1. In Flüsse, deren Wasser für den Wasserbedarf von Städten oder Dörfern verwendet wird.

a) Jede Flüssigkeit, welche in Sinkbecken von ausreichender Grösse mindestens 6 Stunden vollständiger Ruhe ausgesetzt, oder welche, nachdem sie auf diese Weise dem Absetzen der Sinkstoffe unterworfen worden ist, nicht mehr als einen Gewichtstheil trockener organischer Substanz in 100000 Th. der Flüssigkeit suspendirt enthält, oder welche — sofern sie dem Absetzen der Sinkstoffe nicht unterworfen worden ist — nicht mehr als 3 Th. trockener Mineralstoffe oder 1 Th. trockener organischer Substanz in 100000 Th. Flüssigkeit enthält.

b) Jede Flüssigkeit, welche in 100000 Th. nicht mehr als 2 Th. Kohlenstoff oder $^1/_3$ Th. Stickstoff aufgelöst enthält.

c) Jede Flüssigkeit, welche in 100000 Th. nicht mehr als 2 Th. irgend eines Metalles — ausgenommen Calcium, Magnesium, Kalium und Natrium — aufgelöst enthält.

d) Jede Flüssigkeit, welche in 100000 Th. nicht mehr als 0,05 Th. metallischen Arsens enthält, sei es in Auflösung, sei es suspendirt oder in einer chemischen oder anderweiten Verbindung.

e) Jede Flüssigkeit, welche nach Ansäuerung mit Schwefelsäure in 100000 Th. nicht mehr als 1 Th. freien Chlors enthält.

f) Jede Flüssigkelt, welche in 100000 Th. nicht mehr als 1 Th. Schwefel in Form von Schwefelwasserstoff oder einer anderen löslichen Schwefelverbindung enthält.

g) Jedes Wasser, welches eine Säure oder eine äquivalente Menge Alkali enthält, welche gebildet wird bei Zufügung von nicht mehr als 2 Th. Salzsäure oder trockener caustischer Soda zu 100000 Th. destillirten Wassers.

h) Jede Flüssigkeit, welche nicht eine Haut von Petroleum oder öligen Kohlenwasserstoffen an ihrer Oberfläche zeigt, oder welche in 100000 Th. destillirten Wassers nicht mehr als 0,05 Th. solchen Oeles suspendirt enthält.

Klasse 2. In Flüsse, deren Wasser nicht für den Wasserbedarf von Städten oder Dörfern verwendet wird.

a) Jede Flüssigkeit, welche in Sinkbecken von genügender Grösse mindestens 6 Stunden lang vollständiger Ruhe ausgesetzt worden ist und welche nicht mehr als 5 Th. trockener mineralischer Substanz oder 2 Th. trockener organischer Stoffe in 100000 Th. der Flüssigkeit suspendirt enthält.

b) Jede Flüssigkeit, welche in 100000 Th. nicht mehr als 2 Th. Kohlenstoff oder 1 Th. Stickstoff aufgelöst enthält.

c) Jede Flüssigkeit, welchc nach Ansäuerung mit Schwefelsäure in 100000 Th. nicht mehr als 2 Th. freien Chlors enthält.

d) Jede Flüssigkeit, welche in 100000 Th. nicht mehr als 2 Th. Schwefel in Form von Schwefelwasserstoff oder einer anderen löslichen Schwefelverbindung enthält.

e) Jede Flüssigkeit, welche mehr Säure enthält, als in 100000 Th. destillirten Wassers enthalten ist, welchem nicht mehr als 10 Th. Salzsäure zugesetzt werden.

f) Jede Flüssigkeit, welche nicht mehr Alkali enthält, als 100000 Th. destillirten Wassers aufweisen, welchem 2 Th. trockener caustischer Soda zugesetzt werden.

g) Jede Flüssigkeit, welche auf ihrer Oberfläche nicht eine Haut von Petroleum odcr öligen Kohlenwasserstoffen zeigt, oder welche in 100000 Th. destillirten Wassers nicht mehr als 0,05 Th. solchen Oeles suspendirt enthält.

Danach ergeben sich folgende Grenzwerthe (mg im Liter):

(Tabelle siehe S 69.)

Auch diese Bestimmungen (vergl. S. 61) nehmen keine Rücksicht auf das Mengenverhältniss des Abwassers und Flusswassers, entsprechen daher keinesfalls den thatsächlichen Verhältnissen.

In Preussen[1]) setzt die eine Kabinetsordre vom 24. Februar 1816 „zur Verhütung der Verunreinigung der schiff- und flössbaren Flüsse und

[1]) Vergl. Vierteljschr. f. gerichtl. Medizin, 3. Folge, 13 u. 14.

Kanäle fest, dass Niemand, der eines Flusses sich zu seinem Gewerbe bedient, Abgänge in solchen Massen in den Fluss werfen darf, dass derselbe dadurch nach dem Urtheil der Provinzial-Polizei-Behörde (Regierungs-Präsident) erheblich verunreinigt werden kann und dass Jeder, der dawiderhandelt, nicht nur die Wegräumung der den Wasserlauf hemmenden Gegenstände auf seine Kosten vornehmen lassen muss, sondern auch ausserdem eine Polizeistrafe von 10 bis 50 Thalern verwirkt hat."

	England		
	Commission 1870	Gesetz von 1886	
		I.	II.
Suspendirte Stoffe, organ.	10	10	20
" " unorgan.	30	30	50
Organ. Kohlenstoff	20	20	20
" Stickstoff	3	3	10
Metalle	20	20	—
Arsen	0,5	0,5	—
Chlor	10	10	20
Schwefel (als H_2S oder lösliches Sulfid)	10	10	20
Freie Säure (als HCl ber.)	2000	20	100
Alkalien (als NaOH ber.)	1000	20	20
Erdöl (oder Kohlenwasserstoff)	—	0,5	0,5
Wasser (auch reines) über 50°	—	—	—

Das Gesetz über die Benutzung der Privatflüsse vom 28. Februar 1843 im § 3 Abs. 1 u. 2 bestimmt, „dass das zum Betriebe von Färbereien, Gerbereien, Walken und ähnlichen Anlagen benutzte Wasser keinem Flusse zugeleitet werden darf, wenn dadurch der Bedarf der Umgegend an reinem Wasser beeinträchtigt oder eine erhebliche Belästigung des Publikums verursacht wird. Die Entscheidung hierüber steht der Polizeibehörde zu. Ferner bestimmt der § 6 das Flachs- und Hanfrösten und stellt fest, dass es durch die Polizei verboten werden darf, wenn es neben anderem „eine erhebliche Belästigung des Publikums bewirkt" (vergl. S. 100).

Ein Entwurf eines preussischen Wassergesetzes fand so allgemeinen Widerspruch,[1]) dass er fallen gelassen wurde.

In der Sitzung des preuss. Abgeordnetenhauses vom 30. Januar 1899 erklärte der Landwirthschaftsminister von Hammerstein, dass die Wasserrechts-Gesetzesvorlage in dieser Tagung nicht mehr erscheinen werde, und weiter:

„Dann hat Herr v. Eynatten die Frage wegen der Wasserverunreinigung angeschnitten. Schon aus denjenigen Mittheilungen, die ich im vorigen Jahre

[1]) Zeitschr. f. angew. Chemie, 1894, 160, 189, 537 u. 665.

über die Frage der Wassergesetzgebung gemacht habe, ging hervor, dass ich in dieser Frage einen gegen früher etwas veränderten Standpunkt einnehme. Nach reiflicher Prüfung und Erwägung der massgebenden Verhältnisse bin ich zu der Ansicht gelangt, dass es zweckmässig ist, diese Frage aus dem Rahmen des allgemeinen Gesetzentwurfs auszuscheiden und sie provinziell zu behandeln. Sachlich, glaube ich, sprechen doch auch so durchschlagende Gründe dafür, die Sache provinziell zu behandeln, dass ich kaum eine eingehende Darlegung und Begründung in dieser Beziehung für nothwendig erachte. Ich will nur darauf hinweisen, dass beispielsweise in einem Theil von Westfalen das Hauptschwergewicht auf die Industrie zu legen ist, und da wird man vielleicht etwas mehr die Interessen der Industrie als die der Landwirthschaft bei der Wasserverunreinigungsfrage berücksichtigen müssen; in anderen Gebieten, wo bei der Verunreinigungsfrage vorwiegend die Landwirthschaft und nur nebensächlich die Industrie betheiligt ist, wird man vielleicht die landwirthschaftlichen Interessen mehr in den Vordergrund stellen müssen. Diese Gesichtspunkte zu beachten und zu berücksichtigen, ist natürlich nur möglich, wenn die Frage im Rahmen der provinziellen Lösung zum Abschluss gebracht wird.

Nun habe ich an die Oberpräsidenten der vier hauptbetheiligten Provinzen in Gemeinschaft mit den übrigen Herren Ressortministern einen Erlass herausgegeben, worin sie angewiesen sind, unter Beachtung der Gesichtspunkte, welche hinsichtlieh dieser Fragen in dem in der Bearbeitung befindlichen Gesetzentwurf, in dessen Begründung und später bei der Kritik des Entwurfes u. s. w. hervorgetreten sind, und unter Beachtung der lokalen Verhältnisse zunächst den Entwurf einer Polizeiverordnung für den betreffenden Bezirk auszuarbeiten, den Entwurf vorläufig mit dem Provinzialrath zu berathen und dann, nachdem dies geschehen, das aus diesen Verhandlungen hervorgegangene Material hierher zur Oberprüfung und Entscheidung vorzulegen. Die sechsmonatige Frist, welche für die Erledigung dieses Auftrages gesetzt war, ist noch nicht abgelaufen, wird aber binnen kurzem ablaufen. Ich nehme an, dass mir dann die hauptbetheiligten Regierungen, die Oberpräsidien einen kurzen Entwurf vorlegen werden. Ich werde mich dann bemühen, möglichst rasch die Sache zu fördern, und vielleicht auch den Entwurf einer derartigen Polizeiverordnung der Oeffentlichkeit zur Prüfung unterwerfen, kurzum versuchen, auf dem Wege des Polizeiverordnungsrechts vor dem Erlass eines Wassergesetzes diese Frage aus der Welt zu schaffen. Gelingt das nicht, dann werden wir die Erledigung dieser Frage durch Provinzialgesetze abwarten müssen. Wenn auch das misslingt, wird es nur möglich sein, in dem Rahmen des allgemeinen Gesetzentwurfs diese Frage zum Austrag zu bringen."

Der betr. Entwurf für die Provinz Sachsen lautet nun:

Auf Grund des § 137 des Landes-Verwaltungsgesetzes vom 30. Juli 1883 (G.-S. S. 195) und der §§ 6, 12, 15 des Gesetzes über die Polizeiverwaltung vom 11. März 1850 (G.-S. S. 265), sowie auf Grund der §§ . . . . . . des Wassergesetzes vom . . . . wird für den Umfang der Provinz Sachsen Folgendes bestimmt:

§ 1. In ober- oder unterirdische Gewässer einschliesslich des Grundwassers dürfen fremde Stoffe nicht eingeworfen, eingeleitet oder sonst eingebracht werden, welche durch ihre Beschaffenheit oder Menge für sich allein oder in Verbindung mit den im Wasser bereits vorhandenen Stoffen eine solche Verunreinigung des Wassers, des Wasserbettes oder der Luft, oder eine solche Vermehrung einer bereits vorhandenen Verunreinigung herbeizuführen geeignet sind, dass dadurch öffentliche oder überwiegende volkswirthschaftliche Interessen gefährdet werden.

Eine Gefährdung öffentlicher oder volkswirthschaftlicher Interessen liegt namentlich dann vor, wenn:

1. die Gefahr einer Verbreitung ansteckender Krankheiten oder sonstige gesundheitsschädliche Folgen zu besorgen sind;
2. eine erhebliche Belästigung des Publikums zu besorgen ist;
3. einer Gegend oder Ortschaft der nothwendige Bedarf an reinem Wasser zum Trinken, zum Haus- oder Wirthschaftsgebrauch oder zum Tränken des Viehes entzogen wird;
4. das Wasser für solche Arten der Benutzung unbrauchbar gemacht wird, welche für die Bedürfnisse der landwirthschaftlichen oder industriellen Betriebe einer ganzen Gegend oder Ortschaft von wesentlicher Bedeutung sind;
5. fremde Fischereirechte geschädigt werden.

§ 2. Es ist verboten, in Wasserläufe oder in solche stehenden Gewässer, welche der öffentlichen Benutzung durch die Bewohner einer Ortschaft oder Gegend unterliegen, Kehricht, Schutt, Asche, Unrath, Koth, Sägespäne, thierische Körper oder ähnliche Gegenstände, welche das Wasser zu verunreinigen geeignet sind, einzuwerfen oder sonst einzubringen, oder solche Gegenstände am Ufer so hinzulegen oder liegen zu lassen, dass sie vom Wasser fortgespült werden oder in dasselbe hineinfallen können.

§ 3. Dungstätten, Abortgruben, Klär- und Sammelbassins gewerblicher Unternehmungen und ähnliche Sammelbecken verunreinigten Wassers oder anderer Flüssigkeiten müssen auf Anfordern der Polizeibehörde so eingerichtet werden, dass durch sie eine schädliche Verunreinigung (§ 1) von Wasserläufen, Quellen oder Brunnen nicht bewirkt wird.

§ 4. Das Röthen von Flachs und Hanf in Wasserläufen ist verboten.

Ausnahmen können von der zuständigen Behörde aus überwiegenden Gründen eines volkswirthschaftlichen Nutzens, sowie ferner in dem Falle zugelassen werden, dass wegen Beschaffenheit der Oertlichkeit die Benutzung des Wasserlaufes zur Flachs- und Hanfbereitung zur Zeit nicht entbehrt werden kann.

§ 5. Die dauernde oder periodisch wiederkehrende Benutzung der Wasserläufe zur Aufnahme und Ableitung von Abwässern aus Bergwerken und Gruben, aus Aufbereitungsanstalten und Hüttenwerken, aus Fabriken und anderen gewerblichen oder landwirthschaftlichen Anlagen, sowie aus Kanalisations- und Entwässerungsanlagen von Gemeinden und, sofern sie das gewöhnliche ortsübliche oder herkömmliche Maass überschreitet, zur Aufnahme und Ableitung von Haus- und Wirthschaftsabwässern bedarf der Genehmigung der zuständigen Behörde.

Die Genehmigung hat sich auch auf die solcher Benutzung dienenden Anlagen und Einrichtungen zu erstrecken.

Aenderungen dieser Anlagen und Einrichtungen, sowie wesentliche Veränderungen in der Art oder Beschaffenheit der abzuleitenden Abwässer bedürfen gleichfalls der Genehmigung.

Die Genehmigung darf nur ertheilt werden, wenn eine Gefährdung öffentlicher oder überwiegender volkswirthschaftlicher Interessen im Sinne des § 1 nicht zu besorgen ist.

§ 6. Bei solcher Benutzung (§ 5) dürfen mit den Abwässern namentlich die in der Anlage verzeichneten Stoffe in die Wasserläufe nicht abgeführt werden, sofern diese nicht bei der Einführung den angegebenen Verdünnungsgrad aufweisen.

Die in den Abwässern vorhandenen festen und suspendirten Stoffe müssen vor der Einführung in den Wasserlauf durch wirksame Vorrichtungen zurückgehalten und ausgeschieden werden.

§ 7. Ist ein Wasserlauf bereits in solchem Maasse oder in solcher Art und Weise verunreinigt, dass eine neue oder vermehrte Zuführung fremder Stoffe überhaupt oder solcher von gewisser Art oder Beschaffenheit auch in verdünntem Zustande eine Gefährdung öffentlicher oder überwiegender volkswirthschaftlicher Interessen zur Folge haben würde (§ 1), so darf die Genehmigung für die neue oder vermehrte Zuleitung nur ertheilt werden, wenn durch eine Abänderung oder Verminderung der bestehenden Zufuhren fremder Stoffe oder durch sonstige Massnahmen eine entsprechende Verminderung der vorhandenen Verunreinigung herbeigeführt und dauernd gesichert wird.

§ 8. Ausnahmen von den Vorschriften in § 5 Absatz 4, §§ 6 und 7 können mit Ermächtigung des Oberpräsidenten von der zuständigen Behörde zugelassen werden, wenn und soweit solche aus überwiegenden Gründen eines öffentlichen oder volkswirthschaftlichen Nutzens geboten erscheinen.

Die Bewilligung von Ausnahmen kann zurückgenommen werden, wenn die bei der Bewilligung vorgeschriebenen Bedingungen nicht oder nicht vollständig erfüllt werden oder deren Voraussetzungen fortfallen.

§ 9. Es ist verboten, in denjenigen Fällen, in welchen eine Genehmigung nach § 5 nicht erforderlich ist, bei der Benutzung der Wasserläufe zur Aufnahme und Abführung von Wasser und anderen Flüssigkeiten in diese einzuleiten oder abzuführen:

1. Säuren, welche auf Lackmuspapier reagiren,
2. Alkalien, welche auf Lackmuspapier reagiren,
3. Salze in concentrirten Lösungen,
4. Gifte, welche im Wasser löslich sind.

§ 10. Wohlerworbene Rechte und rechtsbegründete Befugnisse, betreffend die Einbringung von Stoffen in ein Gewässer, bleiben in dem rechtsbegründeten Umfange durch die Vorschriften dieser Verordnung unberührt.

Bestehende Anlagen und Einrichtungen zur Einleitung oder sonstigen Einbringung von Abwässern der in § 5 gedachten Art in Wasserläufe unterliegen dem bisherigen Recht, sofern sie nicht rechts- oder verbotswidrig angelegt sind. Die zuständige Behörde ist jedoch aus überwiegenden Gründen des öffentlichen Interesses befugt, den Inhabern solcher Anlagen und Einrichtungen zur Vermeidung oder Verminderung einer dem Gemeinwohl nachtheiligen (§ 1) Verunreinigung der Wasserläufe Auflagen nach den Vorschriften dieser Verordnung zu machen.

Aenderungen bestehender Anlagen und Einrichtungen der gedachten Art und wesentliche Aenderungen in der Art oder Beschaffenheit der abzuleitenden Gewässer bedürfen der Genehmigung nach § 5.

§ 10 (richtiger § 11). Sollten Abwässer der in § 5 gedachten Art in Wasserläufe abgeleitet oder sonst eingebracht werden, so müssen diejenigen Klär- und Reinigungseinrichtungen getroffen werden, welche geeignet sind, eine schädliche Verunreinigung des Wasserlaufs auszuschliessen oder nach Möglichkeit zu vermindern.

§ 11. Klär- und Reinigungseinrichtungen müssen so eingerichtet sein, dass ein vorzeitiges Abfliessen der Abwässer in den Wasserlauf ausgeschlossen ist.

Sie müssen stets in ordnungsmässigem Zustande erhalten und ihrer Einrichtung und Zweckbestimmung entsprechend benutzt und ordnungsmässig gehandhabt werden.

§ 12. Wer den Vorschriften dieser Verordnung zuwiderhandelt, oder ohne die vorgeschriebene Genehmigung einen Wasserlauf zur Aufnahme und Ableitung von Abwässern benutzt oder den ihm von der zuständigen Behörde gemachten Auflagen nicht nachkommt, wird, sofern nicht nach der Massgabe der Gesetze eine höhere Strafe verwirkt ist, mit Geldstrafe bis zu 60 M. oder mit Haft bestraft.

§ 13. Diese Verordnung tritt am . . . . in Kraft. Mit diesem Zeitpunkt sind entgegenstehende Verordnungen aufgehoben.

Die Durchführung dieser Bestimmungen, besonders die des § 9, ist doch ganz unmöglich.

Ueber die Fürsorge für die Reinhaltung der Gewässer

haben die Minister für Landwirthschaft, Handel und Gewerbe, der öffentlichen Arbeiten, der geistlichen Angelegenheiten und des Innern unter dem 20. Februar d. J. folgende allgemeine Verfügung erlassen.

Gegen die früher beabsichtigte landesgesetzliche Regelung der Massnahmen zur Reinhaltung der Gewässer ergeben sich namentlich aus der Verschiedenartigkeit der örtlichen und wirthschaftlichen Verhältnisse innerhalb der Monarchie und selbst innerhalb einzelner Provinzen so erhebliche Bedenken, dass von einem gesetzgeberischen Vorgehen, wenigstens vorläufig, Abstand genommen werden soll.

Es ist daher erforderlich, den Uebelständen nachdrücklich auf Grund der bestehenden Gesetzgebung entgegenzutreten, welche bei sorgsamer Handhabung für den genannten Zweck auch im Allgemeinen ausreichend erscheint; ob für diesen Behuf eine Revision der bestehenden Polizeiverordnungen erforderlich und zweckmässig ist, geben wir dem Ermessen der Landespolizeibehörden anheim.

Die Angelegenheit gewinnt eine immer steigende Bedeutung, weil infolge der ständigen Vermehrung der Bevölkerung und der auf Benutzung der Wasserläufe angewiesenen Anlagen die Verunreinigung der Gewässer stetig zuzunehmen droht, während andererseits das Bedürfniss nach reinem Wasser für wirthschaftliche und andere Zwecke fortwährend anwächst. Ein solches Bedürfniss besteht nicht nur für die Gemeinden und die Landwirthschaft, sondern auch für zahlreiche industrielle Betriebe (Bleichereien, Wäschereien, Papierfabriken, Brauereien, Stärkefabriken u. s. w.), sowie auch für sämmtliche Dampfkesselanlagen.

Die auf die Reinhaltung der Gewässer gerichteten Bestrebungen der Behörden werden daher auch bei den betheiligten Erwerbskreisen im Allgemeinen auf Verständniss und Unterstützung rechnen dürfen. Auch in solchen Fällen, wo polizeiliche Zwangsmassregeln nach Lage der Gesetzgebung ausgeschlossen sein sollten, haben deshalb die Polizeibehörden sich nicht unthätig zu verhalten, sondern müssen es sich angelegen sein lassen, im gütlichen Wege die Besitzer nachtheilig wirkender Anlagen und die sonst Betheiligten unter sachgemässer Anleitung zu der nöthigen Verbesserung der Ableitungseinrichtungen zu bestimmen.

Für das polizeiliche Vorgehen kommen im Uebrigen vornehmlich folgende Gesichtspunkte in Betracht:

I. Die Polizeibehörden müssen, um rechtzeitig die erforderlichen Massnahmen zur Reinhaltung der Gewässer treffen zu können, über den thatsächlichen Zustand der Gewässer ihres Bezirks genau unterrichtet sein und sich von allen für die Abwässerungsverhältnisse wesentlichen Veränderungen alsbald Kenntniss verschaffen.

Die polizeilichen Executivbeamten (Gendarmen, Ortspolizei-, Strompolizei-, Fischereibeamten) sind anzuweisen, von allen Gewässerverunreinigungen, die sie gelegentlich wahrnehmen, thunlichst unter Angabe der Ursprungsstelle und der Häufigkeit der Wiederholungen der ihnen vorgesetzten Polizeibehörde unverzüglich schriftliche Anzeige zu erstatten, worauf diese Behörde das Weitere zu veranlassen hat.

Ferner sind behufs Feststellung etwaiger Verunreinigungen und Erörterungen der zur Reinhaltung erforderlichen Massnahmen nach Bedarf, in der Regel mindestens alle 2 bis 3 Jahre, Begehungen derjenigen Gewässer vorzunehmen, die bereits in erheblicherem Masse verunreinigt sind, oder bei denen eine solche Verunreinigung zu besorgen ist. Nähere Anordnungen haben die Herren Regierungspräsidenten oder, soweit es sich um schiffbare Wasserstrassen handelt, mit deren Verwaltung besondere Behörden im Sinne des § 138 des Landes-Verwaltungs-Gesetzes betraut sind, diese zu treffen; sie haben insbesondere zu bestimmen, auf welche Gewässer die Begehungen erstreckt werden, und in welchen Zeitabschnitten sie stattfinden sollen, wer die Begehungen leiten soll, und welche Beamten hinzuzuziehen sind. Dabei ist Folgendes zu beachten: Dem zuständigen Baubeamten (Meliorationsbauinspector, Wasserbauinspector, Kreisbauinspector), dem Gewerbeinspector und dem Medicinalbeamten ist stets Gelegenheit zu geben, sich an den Begehungen zu betheiligen; geeigneten Falles ist auch der Deichinspector zuzuziehen. Wo bergbauliche Interessen in Frage kommen, ist ausserdem dem Oberbergamte behufs etwaiger Entsendung eines Vertreters Mittheilung zu machen. Es ist darauf Bedacht zu nehmen, dass die Absicht der Begehung nicht vorzeitig in die weitere Oeffentlichkeit dringt, damit nicht etwa seitens interessirter Personen der Zweck der Begehung durch besondere Massnahmen vereitelt wird.

Auch Begehungen, die aus anderer Veranlassung stattfinden, z. B. behufs der vorgeschriebenen Vervollständigung oder Abänderung der Wasserbücher, sowie die Strombereisungen sind thunlichst für den obigen Zweck nutzbar zu machen.

II. Bei Anwendung der geltenden gesetzlichen Bestimmungen, die — abgesehen von den für einzelne kleinere Gebiete etwa bestehenden Vorschriften — in der Anlage (I.) zusammengestellt sind, ist Nachstehendes zu beachten:

1. Die wichtigsten sind der § 27 des Feld- und Forstpolizei-Gesetzes vom 1. April 1880 und der § 43 des Fischereigesetzes vom 30. Mai 1874, die beide für den ganzen Umfang der Monarchie gelten.

   Der § 27 No. 3 a. a. O. bedroht nicht jedwede Verunreinigung von Gewässern mit Strafe, sondern nur die unbefugte. Für die Beantwortung der Frage, ob die Verunreinigung als eine befugte oder unbefugte anzusehen ist, sind die Bestimmungen des sonst geltenden Rechtes massgebend (vergl. Entsch. d. O.-V.-G. Bd. 29 S. 287).

   Das Fischereigesetz, welches gleich dem § 27 No. 3 a. a. O. für öffentliche (schiffbare) und private (nicht schiffbare) Flüsse sowie für geschlossene und nicht geschlossene Gewässer gilt, schreibt deren Reinhaltung zwar lediglich im Interesse der Wahrung fremder Fischereirechte vor, wird aber bei richtiger Anwendung auch eine geeignete Handhabe bieten, um neben den Fischereirechten andere Interessen zu schützen.

2. Von den beiden nur in den alten Provinzen geltenden Gesetzen betrifft die Kabinets-Ordre vom 24. Februar 1816 lediglich die schiff- und flössbaren, das Gesetz vom 28. Februar 1843 die (nicht schiffbaren) Privatflüsse. Beide Gesetze untersagen die Verunreinigung, insoweit sie durch gewerbliche Anlagen herbeigeführt wird, die Kabinets-Ordre jedoch nur, wenn sie durch Einwerfen fester Stoffe erfolgt, wie sich

aus den Wendungen „Abgänge in solchen Massen in den Fluss werfen“ und „Wegräumung der den Wasserlauf hemmenden Gegenstände“ ergiebt. Das Privatflussgesetz verbietet ferner die Verunreinigung auch dann, wenn dadurch der Bedarf der Umgegend an reinem Wasser beeinträchtigt oder eine erhebliche Belästigung des Publikums verursacht wird.

3. Der im Geltungsbereiche des Rheinischen Rechtes noch geltende Artikel 42 der Ordonnance sur le fait des eaux et forêts bezieht sich nur auf schiff- und flössbare (navigables et flottables) Flüsse, untersagt aber deren Verunreinigung allgemein (die Synonyme ordure und immondice bezeichnen zwar speciell Schmutz, Kehricht, Staub, werden aber auch allgemein im Sinne von Unreinigkeiten gebraucht).

4. Bei dem Mangel einer gesetzlichen Vorschrift, welche die Verunreinigung der Gewässer allgemein untersagt, ist in jedem einzelnen Falle zu prüfen, ob die Voraussetzungen eines der in der Anlage aufgeführten oder sonst in Betracht kommenden Sondergesetze vorliegen. Soweit dies nicht der Fall ist, kann die Polizeibehörde auf Grund der Bestimmungen des § 10 A. L.-R. II, 17 und des § 6 des Gesetzes über die Polizeiverwaltung vom 11. März 1850 (Gesetz-Samml. S. 265) sowie des § 6 der Verordnung über die Polizeiverwaltung in den neu erworbenen Landestheilen vom 20. September 1867 (Gesetz-Samml. S. 1529) gegen eine Verunreinigung der Gewässer einschreiten, wenn die Voraussetzungen dieser Gesetze gegeben sind. Hierbei werden, soweit es sich um Anwendung des § 6 des Gesetzes von 1850 und der Verordnung von 1867 handelt, je nach Umständen vornehmlich in Betracht kommen die Fälle unter

a) a. a. O., — Schutz der Personen und des Eigenthums —,
f) — Sorge für die Gesundheit —,
g) — Fürsorge gegen gemeinschädliche und gemeingefährliche Handlungen —,
h) — Schutz der Felder, Wiesen, Weiden u. s. w. —.

Dazu ist zu bemerken, dass das Ober-Verwaltungsgericht in neuerer Zeit dem Begriffe der Gesundheitsschädlichkeit eine weitgehende Anwendbarkeit beigelegt und insbesondere polizeiliche Verfügungen für berechtigt erklärt hat, die bestimmt sind, eine auch nur mittelbare Gesundheitsgefahr, wie sie z. B. üble Ausdünstungen im Gefolge haben können, abzuwenden (vergl. Entsch. des III. Sen. vom 28. November 1895 im Preuss. Verw.-Bl. Jahrg. 17 S. 431 Abs. 5). Es wird sich daher, wo die sondergesetzlichen Bestimmungen versagen, in vielen Fällen ein Einschreiten schon aus dem Gesichtspunkte einer durch die Verunreinigung drohenden Gesundheitsgefahr rechtfertigen lassen.

III. Bei den zur Reinhaltung der Gewässer zu ergreifenden Massnahmen sind vornehmlich folgende Ziele ins Auge zu fassen, und zwar ohne Unterschied, ob es sich um öffentliche oder Privatflüsse, um stehende oder fliessende, unterirdische oder oberirdische, geschlossene oder nicht geschlossene Gewässer handelt:

1. Vermeidung der Verbreitung ansteckender Krankheiten oder sonstiger gesundheitsschädlicher Folgen, auch im Hinblick auf die Schifffahrttreibende Bevölkerung;
2. Reinhaltung des für eine Gegend oder Ortschaft zum Trinken, zum Haus- und Wirthschaftsgebrauch oder zum Tränken des Viehes sowie zum Betriebe der Landwirthschaft oder zum Gewerbebetriebe erforderlichen Wassers;
3. Schutz gegen erhebliche Belästigungen des Publikums;
4. Schutz des Fischbestandes.

Behufs Erreichung dieser Ziele ist die sorgsamste Handhabung der bestehenden gesetzlichen Vorschriften geboten und insbesondere darauf hinzuwirken, dass deren Anwendung nicht etwa aus Gründen lediglich örtlichen Interesses zum Nachtheile der Allgemeinheit unterbleibt. Auch ist das polizeiliche Vorgehen nicht davon abhängig zu machen, dass seitens eines Geschädigten oder sonst Betheiligten Beschwerde wegen Wasserverunreinigung erhoben wird, sondern, sobald ein Missstand zur Kenntniss der Polizeibehörde gelangt, ist von Amtswegen einzuschreiten. Andererseits ist aber darauf Bedacht zu nehmen, dass bei Anwendung der gesetzlichen Bestimmungen, soweit sie nicht zwingenden Rechtes sind, die Grenzen des berechtigten Bedürfnisses nicht zum Schaden überwiegender anderweiter Interessen überschritten werden, wie ja auch nach § 43 Abs. 2 des Fischereigesetzes das Einwerfen oder Einleiten schädlicher Stoffe in die Gewässer „bei überwiegendem Interesse der Landwirthschaft oder der Industrie" gestattet werden kann. Ueberhaupt ist unter Vermeidung jeder schematischen Behandlung von Fall zu Fall nach Massgabe der obwaltenden örtlichen und wirthschaftlichen Verhältnisse unter billiger Abwägung widerstreitender Interessen zu verfahren, wobei die verschiedenen wirthschaftlichen Interessen, insbesondere die der Landwirthschaft und der Industrie, im Grundsatze als gleichwerthig zu behandeln sind. Denn die Mannigfaltigkeit der Art und des Umfanges der Anlagen, die Verschiedenheit der technischen Möglichkeit und finanziellen Durchführbarkeit der Abwässer-Reinigung, die Beschaffenheit der Gewässer und die Bedürfnisse der näheren und weiteren Umgegend nach reinem Wasser, sowie die Vielseitigkeit der betheiligten öffentlichen und wirthschaftlichen Interessen bedingen eine individuelle Behandlung des einzelnen Falles. Hierbei und namentlich bei den für die Reinigung von Abwässern zu stellenden Forderungen sind die practischen Erfahrungen und der jeweilige Stand von Wissenschaft und

Technik zu berücksichtigen. In der Anlage (II.) sind einige nach dem derzeitigen Stande der Wissenschaft aufgestellte Grundsätze für die Einleitung von Abwässern in Vorfluther beigefügt, welche dabei als Anhalt dienen können. Die Vervollständigung dieser Grundsätze, insbesondere bezüglich der nicht nach § 16 der Gewerbe-Ordnung genehmigungspflichtigen Anlagen, bleibt vorbehalten.

Für die fortlaufende Beobachtung und Verwerthung der Fortschritte auf dem Gebiete der Abwässerreinigung und Wasserversorgung wird, die Bewilligung der beantragten Mittel durch die Landesvertretung vorausgesetzt, am 1. April 1901 eine staatliche Prüfungs- und Untersuchungsanstalt hierselbst in Thätigkeit treten, bei der alsdann die Behörden sachkundigen Rath erlangen können.

IV. Bei Verfolgung der vorbezeichneten Ziele sind im Uebrigen vorzugsweise folgende Gesichtspunkte zu beachten:

1. Als Verunreinigung der Gewässer kommt neben dem Einwerfen fester Stoffe und Gegenstände, wie Kehricht, Schutt, Asche, Unrath, Koth, Sägespäne, thierische Körper und dergl., namentlich das Einleiten verunreinigten Wassers oder sonstiger flüssiger Stoffe in Betracht. Ob die Verunreinigung durch gewerbliche Anlagen oder durch Abgänge aus der Haus- und Landwirthschaft oder auf andere Weise erfolgt, macht keinen Unterschied.

   Nach den Grundsätzen des Civilrechts ist eine derartige Benutzung der Gewässer nur dann unzulässig, wenn sie über die Grenzen des Gemeingebrauches hinausgeht, oder wenn die Verunreinigung das gemeinübliche Maass überschreitet, wobei die Frage, ob dies der Fall ist, nach den thatsächlichen Verhältnissen des Einzelfalls unter Berücksichtigung der Anschauungen der Betheiligten und der Verhältnisse der in Betracht kommenden Gegend zu beurtheilen ist (vergl. Entsch. d. R.-G. in Civ.-Sachen Bd. 16 S. 180, Bd. 38 S. 268; vergl. auch Daubenspeck, Berg-rechtl. Entsch. Bd. I S. 271, 274). Das polizeiliche Einschreiten ist jedoch an diese Schranken nicht unbedingt gebunden. Vielmehr ist die Polizeibehörde berechtigt und verpflichtet, der Verunreinigung eines Gewässers, auch wenn sie sich innerhalb der Grenzen des nach Vorstehendem Gemeingebräuchlichen hält, insoweit entgegenzutreten, als sie gegen eine der unter II. aufgeführten gesetzlichen Bestimmungen verstösst, und das öffentliche Interesse ein Einschreiten erfordert.

2. Gewässer, die in erster Linie zur Entwässerung, insbesondere zur Aufnahme der Abwässer von Ortschaften und Fabriken benutzt werden, oder die in längerer Ausdehnung mit gewerblichen und

anderen baulichen Anlagen besetzt sind, werden in der Regel bezüglich der Reinhaltungsmassregeln anders zu behandeln sein, als Gewässer, die hauptsächlich Zwecken der Landwirthschaft und der Fischzucht dienen oder vorzugsweise zur Bewässerung benutzt werden.

3. Die Einführung verunreinigender Stoffe in die Gewässer ist in der Regel dann zu untersagen, wenn ihre Wassermenge unter Berücksichtigung des vorhandenen Gefälles nicht ausreicht, um die Stoffe in unschädlicher Weise aufzunehmen.

4. Sind nahe der Einmündung erheblicher Mengen schädlicher Abwässer Ortschaften gelegen, die auf die Benutzung des Wassers insbesondere zu Trinkzwecken oder für den häuslichen Gebrauch angewiesen sind, so sind Vorkehrungen gegen die Verunreinigung des Gewässers in weit höherem Maasse erforderlich, als wenn die Wohnstätten so weit von der Einmündungsstelle entfernt sind, dass nach den besonderen Verhältnissen die Uebertragung gesundheitsschädlicher Stoffe auf Menschen und Thiere unwahrscheinlich, oder das Gewässer in der Lage ist, sich durch Selbstreinigung der eingeführten schädlichen Stoffe zu entledigen.

5. Unter Umständen wird mit Rücksicht auf die bisherige thatsächliche Entwickelung der Verhältnisse, die bei manchen Gewässern zu einer erheblichen dauernden Verunreinigung geführt hat, während andere Gewässer noch reines und gutes Wasser enthalten, in der Weise zu unterscheiden sein, dass auf die weitere Reinhaltung der letzteren ein besonderes grosses Gewicht gelegt, der Einleitung unreiner Stoffe und Abwässer in die Vorfluther der erstgedachten Art aber, soweit es nicht aus gesundheitspolizeilichen Rücksichten geboten ist, weniger streng entgegengetreten wird. Dabei ist indess darauf Bedacht zu nehmen, dass nicht durch eine übermässige Verunreinigung des Oberlaufs der noch reine Unterlauf eines Flusses ebenfalls verdorben wird (vergl. hierzu Entsch. des O.-V.-G. Bd. 29 S. 292/293).

V. Ein Unterschied in dem polizeilichen Vorgehen ist geboten je nach der Art der Anlagen und Anstalten, von denen die Verunreinigung ausgeht.

1. Handelt es sich um gewerbliche Anlagen, die einer besonderen Genehmigung nach § 16 der Gewerbe-Ordnung bedürfen, so gilt Folgendes:

a) Für die Neuerrichtung solcher Anlagen sind in erster Linie die Bestimmungen der §§ 17 ff. a. a. O. und der Ausführungsanweisungen vom 9. August 1899, 24. August 1900 (Min.-Bl. f. d. innere Verw. S. 127, S. 288) massgebend. Dabei hat sich die nach § 18 der Gew.-Ordn. stattfindende Prüfung und die Begutachtung durch den Gewerbeinspector, den zuständigen Baubeamten (Meliorationsbauinspecter, Wasserbauinspector, Kreisbauinspector) und den Medicinalbeamten auch auf die Frage zu erstrecken, ob und inwieweit eine Verunreinigung der Gewässer von einer Anlage zu besorgen und die Herstellung von Klärvorrichtungen erforderlich oder zweckmässig ist. Je nach dem Ausfalle der Prüfung und der Gutachten ist die Genehmigung zu der Anlage an Bedingungen zu knüpfen oder unter Umständen ganz zu versagen.

Bei der gedachten Begutachtung ist die technische Anleitung vom 15. Mai 1895 (Min.-Bl. S. 196) — abgeändert durch die Erlasse vom 9. Januar 1896 (Min.-Bl. S. 9) und vom 16. März und 1. Juli 1898 (Min.-Bl. S. 98, 187) — zu beachten.

b) Gegenüber bestehenden, bereits genehmigten Anlagen ergeben sich, sofern nicht etwa der Fall des § 51 der Gew.-Ordn. eintritt, oder eine Aenderung in der Lage oder Beschaffenheit der Betriebsstätte oder eine wesentliche Aenderung in dem Betriebe selbst vorgenommen wird (§ 25 der Gew.-Ordn.), die Grenzen des polizeilichen Einschreitens aus dem Inhalte der Genehmigungs-Urkunde (vergl. No. 27 der Ausf.-Anw. vom 9. August 1898).

Innerhalb dieser Grenzen ist zwar auf die Wahrung vorhandener Berechtigungen zur Abführung von Abwässern und auf eine thunlichste Schonung gegebener Verhältnisse Bedacht zu nehmen; andererseits ist aber einem Missbrauche solcher Berechtigungen, soweit es gesetzlich zulässig ist, energisch entgegen zu treten und auf eine Verbesserung der vorhandenen Zustände nach Möglichkeit hinzuwirken. Zu diesem Zwecke sind die bestehenden Anlagen thunlichst einer regelmässigen Aufsicht zu unterstellen, die sich insbesondere auf eine Prüfung in der Richtung zu erstrecken hat, ob die vorhandenen Klär- und Reinigungsvorrichtungen in ordnungsmässigem Zustande erhalten und ihrer Zweckbestimmung entsprechend benutzt werden, und ob die Abführung der Abwässer nicht das durch die Interessen des Betriebes unbedingt gebotene Maass überschreitet. Stellen sich bei der Beaufsichtigung Missstände heraus, deren Beseitigung auf Grund des geltenden Rechtes oder der Genehmigungsurkunde verlangt werden kann, so wird es sich in der Regel empfehlen, zunächst mit dem Unternehmer in geeigneter Weise in Verbindung zu treten, um ihn auf gütlichem Wege zu veranlassen, Abhülfemassregeln zu treffen. Erst wenn dies Verfahren nicht zum Ziele führt, ist im Wege polizeilicher Verfügung vorzugehen und das zur Beseitigung der Missstände Erforderliche im Zwangswege zu veranlassen.

2. Gegen gewerbliche Anlagen, die einer Genehmigung nach § 16 a. a. O. nicht bedürfen, sowie gegen nicht gewerbliche Anlagen und Veranstaltungen jeder Art kann die Polizeibehörde auf Grund der oben zu II. angeführten Bestimmungen bis zu ihrer völligen Untersagung einschreiten (vergl. Entsch. d. O.-V.-G. Bd. 23, S. 254, 257/63).

Um eine solche Massnahme thunlichst zu vermeiden, empfiehlt es sich, nicht erst abzuwarten, bis schädigende Anlagen vielleicht mit erheblichen Kapitalsaufwendungen ausgeführt sind und ihre Wirkungen zeigen, sondern von vornherein den Unternehmer auf die Folgen einer unzulässigen Verunreinigung der Wasserläufe aufmerksam zu machen. Bei genügender Aufmerksamkeit und Befolgung der oben unter I. gegebenen Anordnungen muss es den Polizeibehörden möglich sein, in dieser Weise rechtzeitig die erforderlichen Vorbeugungsmassregeln zu treffen. Namentlich erscheint es zweckmässig, gelegentlich der Ertheilung von Bauerlaubnissen für Anlagen, mit welchen die Gefahr einer Wasserverunreinigung verbunden ist, den Unternehmer ausdrücklich darauf hinzuweisen, dass er für eine unschädliche Abführung der unreinen Stoffe und Abwässer Sorge tragen müsse, widrigenfalls auf Grund der gesetzlichen Vorschriften polizeilicherseits gegen ihn vorgegangen werden würde.

Auf bereits bestehende Anlagen dieser Art findet das vorstehend unter No. 1b im Absatz 2 Gesagte sinngemässe Anwendung.

VI. Soweit es sich um eine Verunreinigung der Gewässer durch den Bergbau handelt, ist den Bergbehörden (Oberbergämtern, Revierbeamten) durch die §§ 196—199 A. L.-R. die Aufgabe übertragen, jeder gemeinschädlichen Einwirkung des Bergbaues entgegenzutreten. Es ist jedoch bereits in dem gemeinschaftlichen Erlasse der mitunterzeichneten Minister für Landwirthschaft, Domänen und Forsten und für Handel und Gewerbe vom 7. April 1876 (vergl. Zeitschr. für das Berg-, Hütten- und Salinenwesen, Bd. 24, S. 23) angeordnet, dass die Bergbehörden sich in wichtigeren Fällen mit den Wasserpolizeibehörden ins Benehmen zu setzen haben. Dort ist es auch bereits als zweckmässig bezeichnet, dass die Wasserpolizeibehörden Massnahmen, die auf den Bergbau zurückwirken können, — abgesehen von den Fällen einer dringenden Gefahr — thunlichst erst nach Anhörung der Bergbehörden und möglichst im Einverständnisse mit ihnen treffen. Bei diesen Bestimmungen kann es einstweilen sein Bewenden behalten.

Berlin, den 20. Februar 1901.

Der Minister für Landwirthschaft, Domänen und Forsten.
Freiherr von Hammerstein.

Der Minister für Handel und Gewerbe.
Brefeld.

Der Minister der öffentlichen Arbeiten.
Im Auftrage: Schultz.

Der Minister der geistlichen etc. Angelegenheiten.
Im Auftrage: Förster.

Der Minister des Innern.
In Vertretung: von Bischoffshausen.

Anlage I.

Zusammenstellung der bestehenden gesetzlichen Vorschriften über die Reinhaltung der Gewässer.

I. Gesetze, die für die ganze Monarchie gelten:

1. Feld- und Forstpolizei-Gesetz vom 1. April 1880 (G.-S. S. 230).

§ 27. Mit Geldstrafe bis zu 50 Mk. oder mit Haft bis zu 14 Tagen wird bestraft, wer unbefugt

1. abgesehen von den Fällen des § 50 No. 7 des Fischereigesetzes vom 30. Mai 1874 Flachs oder Hanf röthet;
2. in Gewässern Felle aufweicht oder reinigt oder Schafe wäscht;
3. abgesehen von den Fällen des § 366 No. 10 St.-G.-B. Gewässer verunreinigt.

2. Fischereigesetz für den preussischen Staat vom 30. Mai 1874 (G.-S. S. 197).

§ 43. Es ist verboten, in die Gewässer aus landwirthschaftlichen oder gewerblichen Betrieben Stoffe von solcher Beschaffenheit und in solchen Mengen einzuwerfen, einzuleiten oder einfliessen zu lassen, dass dadurch fremde Fischereirechte geschädigt werden können.

Bei überwiegendem Interesse der Landwirthschaft oder der Industrie kann das Einwerfen oder Einleiten solcher Stoffe in die Gewässer gestattet werden. Soweit es die örtlichen Verhältnisse zulassen, soll dabei dem Inhaber der Anlage die Ausführung solcher Einrichtungen aufgegeben werden, welche geeignet sind, den Schaden für die Fischerei möglichst zu beschränken.

Ergiebt sich, dass durch Ableitungen aus landwirthschaftlichen oder gewerblichen Anlagen, welche bei Erlass dieses Gesetzes bereits vorhanden waren oder in Gemässheit des vorstehenden Absatzes gestattet worden sind, der Fischbestand der Gewässer vernichtet oder erheblich beschädigt wird, so kann dem Inhaber der Anlage auf den Antrag der durch die Ableitung benachtheiligten Fischereiberechtigten im Verwaltungswege die Auflage gemacht werden, solche ohne unverhältnissmässige Belästigung seines Betriebes ausführbaren Vorkehrungen zu treffen, welche geeignet sind, den Schaden zu heben oder doch thunlichst zu verringern.

Die Kosten der Herstellung solcher Vorkehrungen sind dem Inhaber der Anlage von den Antragstellern zu erstatten.

Die letzteren sind verpflichtet, auf Verlangen vor der Ausführung Vorschuss oder Sicherheit zu leisten.

Die Entscheidung über die Gestattung von Ableitungen nach Abs. 2, sowie über die in Gemässheit des Abs. 3 anzuordnenden Vorkehrungen erfolgt, sofern die betr. Ableitung Zubehör einer der im § 16 der Gewerbeordnung für den Norddeutschen Bund vom 21. Juni 1869 (Bundesgesetzbl. S. 245) als genehmigungspflichtig bezeichneten Anlagen ist, in dem für die Zulassung dieser Anlagen angeordneten gesetzlichen Verfahren, in anderen Fällen nach demjenigen Verfahren, welches über die Genehmigung von Stauanlagen für Wassertriebwerke festgesetzt ist.

§ 44. Das Röthen von Flachs und Hanf in nicht geschlossenen Gewässern ist verboten.

Ausnahmen von diesem Verbote kann die Bezirksregierung, jedoch immer nur widerruflich, für solche Gemeindebezirke oder grösseren Gebietstheile zulassen, wo die Oertlichkeit für die Anlage zweckdienlicher Röthegruben nicht geeignet ist und die Benutzung nicht geschlossener Gewässer zur Flachs- und Hanfbereitung zur Zeit nicht entbehrt werden kann.

§ 50. Mit Geldstrafe bis zu 150 Mk. oder mit Haft wird bestraft:

7. wer den Vorschriften des § 43 oder den zur Ausführung desselben getroffenen Anordnungen zuwider den Gewässern schädliche, die Fischerei gefährdende Stoffe zuführt oder verbotswidrig Hanf und Flachs in nicht geschlossenen Gewässern röthet (§ 44).

3. Strafgesetzbuch für das Deutsche Reich vom 26. Februar 1876 (Reichs-Gesetzbl. S. 39).

§ 36. Mit Geldstrafe bis zu 60 Mk. oder mit Haft bis zu 14 Tagen wird bestraft:

10. wer die zur Erhaltung der Sicherheit, Bequemlichkeit, Reinlichkeit und Ruhe auf den öffentlichen Wasserstrassen erlassenen Polizeiverordnungen übertritt.

II. Gesetze, die nur in den sogenannten alten Provinzen (Ost- und Westpreussen, Brandenburg, Pommern, Posen, Schlesien, Westfalen und der Rheinprovinz) gelten.

1. Allerhöchste Kabinetsordre vom 24. Februar 1816, die Verhütung der Verunreinigung der schiff- und flössbaren Flüsse und Kanäle betreffend (G.-S. S. 108).

Auf Ihren Bericht vom 18. d. Mts. setze ich zur Verhütung der Verunreinigung der schiff- und flössbaren Flüsse und Kanäle hierdurch fest: dass kein Besitzer von Schneidemühlen Sägespäne oder Borke und überhaupt niemand, der eines Flusses sich zu seinem Gewerbe bedient, Abgänge in solchen Mengen in den Fluss werfen darf, dass derselbe dadurch nach dem Urtheile der Provinzialbehörde erheblich verunreinigt werden kann, und dass jeder, der dawider handelt, nicht nur die Wegräumung der den Wasserlauf hemmenden Gegenstände auf seine Kosten vornehmen lassen muss, sondern auch ausserdem eine Polizeistrafe von 10 bis 50 Thalern verwirkt hat.

2. Gesetz über die Benutzung der Privatflüsse vom 28. Februar 1843 (G.-S. S. 41), eingeführt in der Rheinprovinz durch Verordnung vom 9. Januar 1845 (G.-S. S. 35).

§ 3. Das zum Betriebe von Färbereien, Gerbereien, Walken und ähnlichen Anlagen benutzte Wasser darf keinem Flusse zugeleitet werden, wenn dadurch der Bedarf der Umgegend an reinem Wasser beeinträchtigt oder eine erhebliche Belästigung des Publikums verursacht wird.

Die Entscheidung hierüber steht der Polizeibehörde zu.

§ 6. Die Anlegung von Flachs- und Hanfröthen kann von der Polizeibehörde untersagt werden, wenn solche die Heilsamkeit der Luft beeinträchtigt.

III. Für den Geltungsbereich des rheinischen Rechtes.

Ordonnance du mois d'août 1669 sur le fait des eaux et forêts.

Titre XXVI. Article 42.

Nul, soit propriétaire ou engagiste, ne pourra faire . . . dans les fleuves et rivières navigables et flottables, ni même y jetter aucunes ordures, immondices ou les amasser sur les quais et rivages, à peine d'amende arbitraire.

Anlage II.

Grundsätze für die Einleitung von Abwässern in Vorfluther (Wasserläufe und stehende Gewässer).

1. Die Nutzung der Gewässer erfordert ihre thunlichste Reinhaltung und gebietet im allgemeinen gesundheitlichen und wirthschaftlichen Interesse, Schmutzwässer, wie solche beim Wirthschafts- und Gewerbebetriebe, durch Abflüsse von Abort- und Jauchegruben, Dungstätten u. dergl. erzeugt werden, nach Möglichkeit von den Vorfluthern fernzuhalten oder wenigstens

da, wo die Benutzung der Vorfluther zur Ableitung geboten und eine schädigende Verunreinigung (siehe Ziff. 2) zu gewärtigen ist, dieselben nach dem jeweiligen Stande von Wissenschaft und Technik bestmöglich zu reinigen.

2. Verunreinigungen von Vorfluthern geben zu ästhetischen, wirthschaftlichen und hygienischen Missständen Veranlassung.

Wässer, welche trübe, gefärbt, mit Geruch behaftet und von schlechtem Geschmacke sind, erregen ästhetische Bedenken; sie können zugleich wirthschaftliche Schädigungen verursachen, wenn das Wasser unterhalb für gewerbliche Zwecke, zur Bewässerung von Feldern und Wiesen, zur Viehzucht oder zu Fischereizwecken Verwendung findet. Sie führen auch zu hygienischen Unzuträglichkeiten, wenn Geruchsbelästigungen auftreten, wenn Unterlieger auf den Vorfluther zur Entnahme von Trinkwasser oder Wasser für häusliche oder gewerbliche Zwecke angewiesen sind und wenn durch Ueberschwemmung oder durch Vermittlung des Grundwassers der Eintritt des Vorfluthwassers in Brunnen möglich ist.

Enthalten die unreinen Wässer Ansteckungskeime, Gifte oder durch ihre chemischen Bestandtheile nachtheilig wirkende Stoffe, so drohen bestimmte Gesundheitsschädigungen. Von Ansteckungskeimen kommen für den Menschen namentlich die Erreger des Typhus, der Cholera und anderer Krankheiten des Darmkanals in Betracht, für Thiere diejenigen des Milzbrandes. Gifte und die oben genannten Stoffe wirken unter Umständen nicht nur auf die Gesundheit der Menschen und Thiere (auch der Fische), sondern auch auf den Pflanzenwuchs schädigend.

3. Bei der Beurtheilung der Zulässigkeit oder Unzulässigkeit der Einführung von Abwässern in die Vorfluther sind an erster Stelle massgebend die Menge und Beschaffenheit der Abwässer einerseits und die Wasserführung und Beschaffenheit des Vorfluthers andererseits. Allgemein gültige feste Verhältnisszahlen für die Mengen giebt es nicht und können der Entscheidung nicht zu Grunde gelegt werden. Die Entscheidung muss unter Berücksichtigung aller Umstände, insbesondere der grössten Abwässermenge und der geringsten Wassermenge des Vorfluthers, für den gegebenen Fall getroffen werden.

4. Ferner ist zu beachten, dass der Vorfluther für die Aufnahme des Abwassers günstige oder ungünstige Verhältnisse bieten kann. Günstig sind im Allgemeinen grosse Wassermenge, hohe Stromgeschwindigkeit, kiesiges Bett, glatte, feste Ufer und Zuflüsse von Grundwasser oder anderen reinen Wässern, ungünstig dagegen geringe Wassermenge, schlechte Wasserbewegung, geringe oder wechselnde Stromgeschwindigkeit, Stauungen, schlammiges Bett, buchtenreiches Ufer, bereits vorhandene Verunreinigungen und unreine Zuflüsse.

5. Unter günstigen Bedingungen hat ein Gewässer die Fähigkeit, zugeführte Schmutzwässer in einer von Fall zu Fall wechselnden Menge zu verdauen. Diese sogenannte Selbstreinigung tritt um so eher ein. je grösser die Wassermenge im Verhältniss zu den Schmutzwässern und die dadurch bewirkte Verdünnung der letzteren ist, je reiner die Beschaffenheit der Vorfluthwässer ist und je rascher und gleichmässiger sich die Mischung der letzteren mit dem Abwasser vollzieht. Deshalb ist es wesentlich, dass die Schmutzwässer nicht am Ufer und bei Wasserläufen nicht in stilles, sondern in strömendes Wasser eingeleitet werden. Wo diese Verhältnisse nicht gegeben sind, tritt eine Ablagerung der gröberen Bestandtheile an der Einleitungsstelle ein und kann dort zu Verschlämmungen und zur Bildung von Fäulnissherden Veranlassung geben. Zur Verhütung solcher Zustände ist öftere Räumung erforderlich.

Den biologischen Vorgängen kann bei der Selbstreinigung für gewöhnlich nur eine unterstützende, aber keine ausschlaggebende Wirkung beigemessen werden.

Durch den Vorgang der Selbstreinigung wird die Gefahr der Uebertragung von Krankheitserregern durch eingeleitete Abwässer zwar vermindert, aber nicht sicher beseitigt.

6. Sind die Voraussetzungen einer ausreichenden Selbstreinigung nicht gegeben, so ist eine künstliche Reinigung der Abwässer erforderlich. Die Art dieser Reinigung (durch Bodenberieselung, Klärung mit oder ohne Desinfection u. s. w.) kann nur von Fall zu Fall unter eingehender Prüfung der Gesammtverhältnisse bestimmt werden.

7. Kommt die ordnungsmässige Beseitigung grösserer Mengen von Abwässern aus Ortschaften, Gewerbebetrieben und dergleichen in Betracht, so sollte ihre Reinigung in erster Linie durch Bodenberieselung angestrebt werden.

8. Die Schmutzwässer und die Niederschlagswässer können entweder gemeinschaftlich oder getrennt abgeführt werden.

Das erstere ist im Allgemeinen dort zweckmässig, wo für die Gesammtwässer genügend grosse und geeignete Bodenflächen zwecks Berieselung zur Verfügung stehen. Dabei ist jedoch Vorkehrung zu treffen, dass die Nothauslässe, die zur Entlastung der Kanäle bei starken Niederschlägen in der Regel nicht entbehrlich sind, nicht zu oft und jedenfalls erst bei genügender Verdünnung der Schmutzwässer in Thätigkeit treten.

Die getrennte Abführung der Schmutz- und Niederschlagswässer kann da von Nutzen sein, wo eine Berieselung bei beschränkten Bodenflächen durchgeführt werden muss oder von einer Berieselung ganz abgesehen und die Reinigung der Schmutzwässer durch ein anderweites Klärverfahren bewirkt werden soll. Die getrennte Abführung der Niederschlagswässer bietet den Vortheil, dass Nothauslässe zur Entlastung der Schmutzwasserkanäle nicht erforderlich sind. Sie bedingt aber noch eine besondere Prüfung, ob die Niederschlagswässer vor ihrer Einführung in den Vorfluther einer Reinigung bedürfen. Für diese Reinigung wird es in der Regel genügen, wenn die mechanisch entfernbaren Schwimm-, Schwebe- und Sinkstoffe zurückgehalten werden.

9. Die Zusammenführung sämmtlicher Schmutzwässer eines Ortes empfiehlt sich in der Regel wegen der leichten Durchführbarkeit der Beaufsichtigung und zumeist auch wegen der Verbilligung des Betriebes.

Abwässer besonderer Art, namentlich aus grösseren Gewerbebetrieben, können oder müssen unter Umständen einer Behandlung für sich unterzogen werden. Dabei ist auch die Wärme des in Vorfluther und Kanäle eingeleiteten Wassers zu beachten; dieselbe soll 30° C. im Allgemeinen nicht übersteigen. Die Zuführung von wärmeren Abwässern ist nur nach genauer Erwägung des Einzelfalles zuzulassen.

10. Für Ortschaften, in welchen erhebliche Unterschiede hinsichtlich der Menge und der Beschaffenheit zwischen den Abwässern während der Tag- und Nachtstunden nachgewiesen sind, können ausnahmsweise die Forderungen für Tag und Nacht verschieden bemessen werden.

11. Auf ordnungsmässige Beseitigung der bei der Reinigung sich ergebenden Rückstände und deren thunlichste Verwerthung für landwirthschaftliche Zwecke ist Rücksicht zu nehmen. Hierbei kann vielfach mit Nutzen eine Vermengung mit dem Hausmüll, Strassenkehricht oder Torf vorgenommen werden.

12. Zur Unschädlichmachung der in den Abwässern etwa enthaltenen Krankheitserreger dient die Desinfection. Von Fall zu Fall ist zu entscheiden, ob eine solche dauernd oder nur beim Ausbruch ansteckender Krankheiten vorzuschreiben ist, oder ob einer Ansteckungsgefahr durch eine im Hause auszuführende Desinfection der Fäkalien und sonstigen Schmutzwässer wirksam begegnet werden kann.

Beim Bau von Kläranlagen ist darauf Bedacht zu nehmen, dass eine nothwendig werdende Desinfection jederzeit unverzüglich ausgeführt werden kann.

Die Desinfection wird an Abwässern, aus welchen die Schwimm- und Schwebestoffe durch Vorklärung entfernt worden sind, mit geringeren Kosten und sicherer Wirkung vorgenommen, weil kleinere Mengen von Desinfectionsmitteln zur Abtötung der Krankheitskeime genügen, auch kann der Erfolg leichter überwacht werden.

Für den praktischen Zweck, die Weiterverbreitung von ansteckenden Krankheiten zu verhüten, ist nach dem heutigen Stande der bakteriologischen Wissenschaft die Desinfection als ausreichend zu erachten, wenn unter den hierbei in Frage stehenden Bacterien die koliartigen abgetödtet sind. Dieses ist anzunehmen, wenn nach der Aussaat der zu untersuchenden

Abwässerprobe auf Jodkalium-Kartoffelgelatine oder einem andern für das Wachsthum der Kolibacterien günstigen, für andere Bacterien ungünstigen Nährboden die ersteren Keime nicht zur Entwicklung gelangen. —

Im Königreich Sachsen hat das Königl. Ministerium des Innern die Kreishauptmannschaften angewiesen,[1]) auf möglichste Beschränkung der Verunreinigung von fliessenden Gewässern hinzuwirken, vorwiegend:

1. ihre besondere Aufmerksamkeit denjenigen Anlagen zuzuwenden, mit deren Betrieb eine solche Einführung von festen Stoffen und von Flüssigkeiten in einen Wasserlauf verbunden ist, welche das Wasser in letzterem in einer den gemeinen Gebrauch desselben wesentlich beeinträchtigenden oder der menschlichen Gesundheit nachtheiligen Weise verunreinigen oder eine derartige bereits vorhandene Verunreinigung noch vermehren kann. Zu dem Ende haben die Verwaltungsbehörden, gleichviel ob Beschwerden vorliegen oder nicht, von Zeit zu Zeit, mindestens aber in jedem Jahre einmal, durch eigenen Augenschein über den Zustand der Wasserläufe sich zu überzeugen und ausserdem die Bezirksärzte und Gewerbeinspectionen, sowie die ihnen untergeordneten Organe zu ersuchen, bezw. zu veranlassen, ihnen jede Wahrnehmung mitzutheilen, welche eine abhelfende Entschliessung erheischt.

Die Besichtigung der Wasserläufe wird am zweckmässigsten zu Zeiten geringen Wasserstandes vorzunehmen sein.

2. Die Einführung fester Stoffe in einen Wasserlauf, gleichviel welchen Ursprunges dieselben sind, ob sie von gewerblichen Anlagen oder Gemeindeschleusen oder sonst woher stammen, ist unbedingt zu untersagen, wenn solche zur Verunreinigung des fliessenden Wassers geeignet sind.

3. Ist mit dem Betriebe einer bestehenden Anlage eine Verunreinigung des fliessenden Wassers durch Zuführung von Flüssigkeiten verbunden, so haben die Verwaltungsbehörden dafür zu sorgen, dass deren Besitzer solche Massnahmen vorkehren, welche nach dem jeweiligen Stande der Wissenschaft getroffen werden können, um den bestehenden Uebelständen abzuhelfen oder sie wenigstens auf das thunlichst zulässige Maass zu beschränken. Es sind jedoch, wie bereits in der Verordnung vom 28. März 1882 verfügt worden, an die betreffenden Anlagen unter schonender Wahrnehmung der Industrie, wie auch der Landwirthschaft, nur solche Anforderungen zu stellen, welche mit einem nutzbringenden Betriebe derselben vereinbar sind.

So oft es die Verhältnisse gestatten, mithin nicht eine sofortige, keine Zögerung zulassende Anordnung auf Beseitigung oder Beschränkung des vorhandenen Uebelstandes erforderlich ist, besonders aber in allen

---

[1]) Sächsische Landw. Zeitschrift, 1886, 118.

wichtigen Fällen hat die Verwaltungsbehörde vor Fassung hauptsächlicher Entschliessung nicht nur mit den amtlichen Organen: dem Bezirksarzte und dem Gewerbeinspector, nach Befinden auch dem Wasserbauinspector, sich ins Vernehmen zu setzen, sondern auch, wenn dies geboten oder doch wünschenswerth erscheint, einen auf dem einschlagenden Gebiete speciell vertrauten Sachverständigen, z. B. bei chemischen Vorgängen einen Chemiker, und ausserdem Männer des praktischen Lebens mit ihren Gutachten zu hören, welche selbst Industrielle bezw. Landwirthe, über die Bedürfnisse wie über die Leistungsfähigkeit der einschlagenden industriellen bezw. landwirthschaftlichen Branche genau unterrichtet und, zugleich unter Berücksichtigung der lokalen Verhältnisse, zu beurtheilen im Stande sind, was von den Anlagebesitzern billiger Weise verlangt und was von diesen geleistet werden kann.

Zweckmässig erscheint es, dafern der Verwaltungsbehörde nicht schon besonders hierzu geeignete Personen zur Verfügung stehen, sich wegen Bezeichnung solcher Berufsgenossen an die in den Handels- und Gewerbekammern, sowie in dem Landeskulturrathe bestehenden geordneten Vertretungen der gewerblichen bezw. landwirthschaftlichen Interessen des Landes zu wenden, sei es für den einzelnen Fall oder im Voraus für eine Reihe von Fällen.

4. Bei neuen Anlagen, welche die Wasserläufe durch Abfallwässer zu verunreinigen geeignet scheinen, ist im Allgemeinen daran festzuhalten, dass sie entweder gar nicht oder nur dann zu gestatten sind, wenn die Unternehmer in genügender Weise nachweisen, dass sie solche Einrichtungen zu treffen gemeint und im Stande seien, vermöge derer dieser Effluvien ungeachtet der gemeine Gebrauch des Wassers nicht beeinträchtigt werde. Hiervon wird nur in ganz besonderen Fällen eine Ausnahme nachgelassen werden können, wie z. B. wenn bei Grenzflüssen durch die bereits vorhandene Verunreinigung des fliessenden Wassers der gemeine Gebrauch desselben bereits ausgeschlossen ist.

5. Die unter 3 und 4 getroffenen Vorschriften haben auch auf die Zuführung von Flüssigkeiten aus Gemeindeschleusen, wodurch die Verunreinigung eines Wasserlaufes herbeigeführt wird, sinngemässe Anwendung zu finden.

6. Die Verwaltungsbehörden sind auf Grund des § 2_1 des Ausf..-Gesetzes vom 28. Januar 1835, bezw. nach dem Gesetze, Nachträge zu dem Gesetze über die Ausübung der Fischerei in fliessenden Gewässern vom 15. October 1868 betreffend, vom 16. Juli 1874 nicht nur berechtigt, sondern auch verpflichtet, ihre auf gegenwärtiger Verordnung beruhenden Verfügungen mit Nachdruck durchzuführen und zu dem Ende die ihnen erforderlich erscheinenden Zwangsmittel zur Anwendung zu bringen, namentlich Strafen anzudrohen und zu vollstrecken.

7. Der bei Ausführung dieser Verordnung entstehende Kostenaufwand ist, dafern derselbe nicht den Betheiligten auf Grund bestehender besonderer Vorschriften oder allgemeiner Grundsätze zur Last fällt, als Polizeiaufwand auf die Kasse der betreffenden Verwaltungsbehörden zu übertragen.

Wenn in einzelnen der eingegangenen gutachtlichen Berichte die Einsetzung von ständigen technischen Bezirkscommissionen empfohlen worden ist, welche von den unteren Verwaltungsbehörden in allen die Verunreinigung der Wasserläufe betreffenden Fällen vernommen werden sollen, so hat man Bedenken tragen müssen, dieser Anregung weitere Folge zu geben, da abgesehen davon, dass sich im Voraus wegen der eintretenden Vielgestaltigkeit der einzelnen Fälle, die naturgemäss die Beurtheilung verschiedener Kategorien von Sachverständigen erheischen, die Zusammensetzung einer solchen Commission nicht wohl mit Sicherheit bestimmen lässt, die Mitwirkung eines solchen Organs bei allen Vorkommnissen, gleichviel ob dieselben dringlicher Natur sind oder nicht, oder ob sie wichtig sind oder nicht, oft einen unverhältnissmässigen Zeit- und Kostenaufwand herbeiführen würde, wodurch der Sache selbst eher geschadet als genützt werden dürfte.

Dazu kommt, dass wenigstens für die Recursinstanz ein derartiges Organ bereits vorhanden ist: die technische Deputation des Ministeriums des Innern, bei der schon regulativmässig besteht, dass sie nach ihrem Ermessen geeignete Persönlichkeiten, besonders aus dem practischen Gewerbestande, zur Berathung hinzuziehen oder als sachverständige Zeugen hören kann, und die auch angewiesen worden ist, von dieser Ermächtigung bei Beurtheilung von an sie gelangenden Fragen über Verunreinigung von Wasserläufen, so oft es wünschenswerth erscheint, Gebrauch zu machen.

Für die Reinigung der Abwässer aus Schlachthäusern gelten nach einer Verordnung des Königl. Sächsischen Ministeriums vom 9. Juni 1885 folgende Bestimmungen:

1. Zur Aufnahme und Klärung der flüssigen Abgänge aus dem Schlachthausraume muss ein Klärbassin hergestellt werden, welches mit dem Schlachtraume durch den in No. 6 gedachten Kanal in Verbindung gesetzt ist. Das Klärbassin muss in gehöriger, dem Umfange der Schlächtereianlage entsprechender Grösse hergestellt werden. Es muss wasserdicht in Cement gemauert und mit einer gehörigen Desinfectionseinrichtung versehen sein.

2. Das Ablaufenlassen der im Klärbassin sich ansammelnden flüssigen Abgänge aus dem Schlachtraume in Schleusen, fliessende oder stehende Gewässer darf nur nach vorheriger gehöriger Desinfection der ersteren erfolgen.

Das Klärbassin muss von Zeit zu Zeit gereinigt und muss der ausgehobene Inhalt desselben auf ein von Wohnhäusern möglichst weit abgelegenes Feldgrundstück abgefahren werden. Das Eine wie das Andere geschieht am besten während der Nachtzeit.

3. Die nicht flüssigen Abfälle im Schlachtraume sind in einer wasserdicht in Cement gemauerten, verdeckten Grube unterzubringen, können aber auch, soweit sie in Exkrementen bestehen, auf den gewöhnlichen Düngerstätten abgelagert werden. —

Als massgebend ist in **Deutschland** die Anschauung des Reichsgerichtes anzusehen. Nach dessen Entscheidung vom 19. April 1882 ist jede Zuleitung von Abwässern, mit Ausnahme der natürlichen Quell- und Regenwässer, unzulässig. Dieser die Industrie ungemein hindernde Standpunkt ist in den folgenden Entscheiden wieder verlassen:

Das Reichsgericht (V. C.-S.) hat in Sachen K. c/a V. (N. V. 334, 85) durch Erkenntniss vom 2. Juni 1886 das Urtheil der Berufungsinstanz, wonach

> Beklagte für nicht berechtigt erklärt war, Wasser und andere Flüssigkeiten ausser Regen- und Quellwasser oberhalb der Uferstrecke des Klägers dem S . . . . bache zuzuführen und ihr eine derartige Zuführung untersagt war,

auf Revisionsbeschwerde der Beklagten aufgehoben und die Sache zur anderweiten Verhandlung und Entscheidung in die Berufungsinstanz zurückgewiesen, indem es wörtlich ausführt:

In der Sache erklärt der Berufungsrichter die Beklagte für nicht berechtigt, dem S . . . . bach, unstreitig einem Privatflusse, oberhalb der Uferstrecke des Klägers von ihrer Fabrik und von ihren Kolonien Sch. und Kr. aus Wasser und andere Flüssigkeiten ausser Regen- und Quellwasser zuzuführen. Ob die zuzuführenden Stoffe dem Kläger schädlich seien, erachtet er für gleichgültig und erstreckt eben deshalb sein Verbot nicht nur auf diejenigen Zuleitungen aus den Etablissements der Beklagten, welche den nächsten Anlass zur Klage gegeben haben, sondern dem weitergehenden Antrage des Klägers entsprechend auf alle Zuleitungen von diesen Etablissements aus mit Ausnahme des Quell- und Regenwassers.

Das Reichsgericht hat sich in wiederholten Entscheidungen der in der Doctrin und Praxis des Preussischen Landrechts verbreitetsten Auffassung angeschlossen, dass das Eigenthum der Privatflüsse unter den aus ihrer Natur und den positiv gesetzlichen Bestimmungen sich ergebenden Einschränkungen den Ufereigenthümern je für ihre Uferstrecke zusteht, namentlich in den bei Gruchot, Beiträge etc. Bd. 27, S. 148 und Bd. 29, S. 873 abgedruckten Entscheidungen vom 19. April 1882 und vom 27. Sept. 1884, in dem ersteren auch der dermalige Stand der Lehrmeinungen über diese Frage erschöpfend dargestellt ist, ebenso beispielsweise in der Entscheidung vom 3. Februar 1883 in der Sache Oberröblingen wider Boyk, V. 617, 82, in welcher die Klage gegen unzulässige Immissionen als Negatorienklage des unterhalb liegenden Uferbesitzers bezeichnet und hiernach der Gerichtsstand geregelt ist. Es liegt keine genügende Veranlassung vor, diesen einmal gewonnenen Rechtsstandpunkt aufzugeben.

Wenn nun auch in diesem Eigenthum am Privatflusse ein Eigenthum an der der ausschliesslichen Herrschaft des Einzelnen durch die Natur entzogenen fliessenden Wasserwelle nicht enthalten ist, das Eigenthum sich somit auf das Eigenthum am Bette und auf eine gewisse Verfügungsbefugniss über den von dem vorüberfliessenden Wasser eingenommenen Raum und über das jeweilige vorüberfliessende Wasser selbst beschränken muss, so folgt doch aus dem Eigenthum auch in dieser Gestaltung das Recht, unbefugte Eingriffe jedes Dritten, insonderheit auch des oberliegenden Uferbesitzers, abzuwehren, und zwar dieses ohne den besonderen Nachweis, dass durch solche Eingriffe dem Eigenthümer ein Nachtheil zugefügt wird, und unabhängig von den aus der Zufügung eines Nachtheils entstehenden besonderen Rechtsfolgen.

Aus diesen Vordersätzen und aus der weiteren Ausführung, dass aus den Vorschriften des positiven Rechts über die Entwässerung und die Gewährung der Vorfluth sich ein Recht, dem Privatflusse Wasser oder sonstige Flüssigkeiten durch künstliche Leitung zuzuführen, sich nicht begründen lasse, ziehen die oben angeführten Entscheidungen des Reichsgerichts den Schluss, dass der Uferbesitzer jeder oberhalb seines Besitzes stattfindenden Zuleitung, ausser der des auf natürlichem Wege zufliessenden Wassers, zu widersprechen befugt sei. Die durch den gegenwärtigen Streitfall veranlasste wiederholte Prüfung hat indessen zu der Ueberzeugung geführt, dass dieser Schluss nicht ohne jede Einschränkung aufrecht erhalten werden kann.

Allerdings besteht keine positive Rechtsvorschrift darüber, in welchem Umfange der oberliegende Uferbesitzer oder derjenige, welcher, ohne selbst Uferbesitzer zu sein, mit diesem im Einverständniss handelt, dem unterhalb liegenden Uferbesitzer gegenüber ein Recht hat, des Flusses als Ableitungskanals sich zu bedienen. Das Gesetz über die Benutzung der Privatflüsse vom 28. Febr. 1843 insbesondere regelt diese Frage nicht. Neben seinen ausführlichen Bestimmungen, welche die Ordnung der Benutzung des Wasservorraths, insbesondere zur Bewässerung bezwecken, spricht es in seinen §§ 3—6 nur einige die Zuführung fremder Stoffe aus Rücksichten auf das Gemeinwohl beschränkende Verbote aus, welche von der Polizeibehörde zu handhaben und welche, wie auch der Berufungsrichter mit Recht annimmt, für die Privatrechte der Uferbesitzer nicht massgebend sind. Mangels einer positiv rechtlichen, unmittelbar anwendbaren Vorschrift kann aber nur von der aus der Sache selbst sich ergebenden Erwägung ausgegangen werden, dass der private ebenso wie der öffentliche Fluss innerhalb seines Zuflussgebietes der von der Natur gegebene Recipient ist, nicht bloss für das aus dem Boden und von dessen Oberfläche von selbst abfliessende Wasser, sondern vermöge der Bedingungen, unter denen menschliche Ansiedelung und Bodenbenutzung naturgemäss vor sich gehen muss, auch für dasjenige Wasser, das aus wirthschaftlichen Gründen künstlich fortgeschafft werden muss, wie nicht minder für mancherlei Stoffe, welche dem wirthschaftlich benutzten Wasser sich beimengen und vor dessen Ableitung nicht wieder ausgeschieden werden können. Die Benutzung der Flüsse zu einer derartigen Ableitung ist älter, als die Bildung irgend welcher Rechtsnormen über das Eigenthum von Flussläufen; sie ist in gewissem Maasse unvermeidlich und unentbehrlich, und die Verpflichtung, sie zu gestatten, gehört insoweit zu den durch „die Natur bestimmten Einschränkungen des Eigenthums“ an den Flussläufen, denen jeder sich unterwerfen muss (Allgemeines Landrecht Th. I Tit. 8 § 25). Bei fortschreitender Bevölkerungsdichtigkeit und Industrie kann allerdings die Benutzung der Flüsse als Ableitungskanäle eine Ausdehnung gewinnen, welche die berechtigten Interessen Anderer gefährdet. Bei öffentlichen Flüssen und bei derjenigen Benutzung von Privatflüssen, welche das Gemeinwohl beeinträchtigt, ist es eine der polizeilichen Aufgaben des Staats, die erforderlichen Grenzen zu ziehen. Bei der Collision mit privatrechtlichen Interessen, wie es die des unterhalb liegenden Uferbesitzers sind, muss das Princip den Ausschlag geben, dass die Ausschliesslichkeit und Willkürlichkeit des Gebrauchsrechts des einen Eigenthümers ihre nothwendige Begrenzung findet in der dem andern Eigenthümer ebenfalls zustehenden Ausschliesslichkeit und Willkürlichkeit (Entscheidung des Preussischen Obertribunals Bd. 23, S. 259). So wenig es sich mit der Ausschliesslichkeit und Willkürlichkeit des Gebrauchsrechts des oberliegenden Eigenthümers vertragen würde, wenn ihm die Benutzung seines Eigenthums am Flusslaufe zu jeder dem Unterliegenden irgendwie berührenden Immission versagt sein sollte, so wenig ist es mit den Rechten des Unterliegenden vereinbar, dass er jede beliebige Immission zu dulden habe. Es würde auch mit dem Grundsatze der Ausschliesslichkeit des Eigenthumes nicht zu vereinbaren sein, wenn dem Unterliegenden zur Begründung des Einspruches gegen eine Immission neben der Berufung auf sein Eigenthum noch der Nachweis einer besonderen Schadenszufügung auferlegt werden sollte. Wohl aber leitete aus jenem Prinzip schon das römische Recht in einem anderen Falle, in welchem naturgemäss die freie Verfügung eines Eigenthümers über sein Grundstück nicht ohne jede Rückwirkung auf andere Grundstücke bleiben kann, nämlich soweit es sich um den an und für sich jedem Eigenthümer freistehenden Gebrauch der Luftsäule über seinem Grundstücke handelt, den Satz ab, dass der Eigenthümer eines Grundstücks alles das von dem Eigenthümer des Nachbargrundstücks dulden muss, was als regelmässige Folge der gemeingebräuchlichen Eigenthumsausübung erscheint, wie mässigen Rauch, Staub u. dergl., während er zum Widerspruche berechtigt ist, wenn die Ueberleitung derartiger Stoffe durch die Luft in ungewöhnlichem Maasse, etwa als Folge eines besonderen aussergewöhnlichen Gebrauches des Nachbargrundstücks geschieht.

Vergl. fr. 8 § 5 seqq. D. in servitus vindic. 625 und dort Citirte; — Windscheid, Pandecten Bd. I, S. 525; — Seuffert. Entscheidungen Bd. 34, No. 181 und dort Citirte, und diesem Satze hat auch die Wissenschaft und Praxis des Preussischen Rechts sich angeschlossen; — Dernburg, Preussisches Privatrecht Bd. I, S. 549; — Förster-Eccius, Preuss. Privatrecht Bd. III, S. 157; — Entscheidungen des Obertribunals Bd. 23, S. 252.

Die Anwendung des gleichen Grundsatzes auf die Zuleitungen durch Vermittelung des fliessenden Wassers führt dahin, dass der dadurch betroffene unterhalb liegende Uferbesitzer sich diejenigen Zuleitungen, mögen sie in einer blossen Vermehrung des Wasservorraths oder in der Beimengung fremder Stoffe bestehen, gefallen lassen muss, welche das Maass des Regelmässigen, Gemeinüblichen nicht überschreiten, selbst wenn dadurch die absolute Verwendbarkeit des ihm zufliessenden Wassers zu jedem beliebigen Gebrauche irgendwie beeinträchtigt wird — und insofern erleidet die Aeusserung in dem Erkenntnisse des Reichsgerichts vom 21. April 1880, dass der Unterliegende reines und brauchbares Wasser zu beanspruchen habe, Entsch. Bd. II, S. 210, eine Modifikation —, dass dagegen der Unterliegende jeder dieses Maass überschreitenden Zuleitung als einem Eingriffe in sein Eigenthum zu widersprechen befugt ist. Dass eine über das Gemeinübliche hinausgehende Zuleitung von Wasser oder von fremden Stoffen, wennschon keine direkt nachweisbare Beschädigung, so doch eine über das, was als natürliche Folge des Zusammenlebens anzusehen ist, hinausgehende. somit ungebührliche Belästigung des unterliegenden Uferbesitzers mit sich bringt, also eine Verletzung des Eigenthumsrechts dieses Letzteren ist, muss der Regel nach ohne Weiteres angenommen werden. Für den Ausnahmefall würde dem Oberliegenden der Nachweis frei bleiben, dass seine, wenn auch ungebräuchliche Zuleitung den Unterliegenden nicht oder nicht anders, wie der ganz gemeinübliche Gebrauch des Flusses belästige, dass also der Unterliegende von seinem Widerspruchsrechte ohne jede wirkliche Verletzung eigener Interessen, d. h. zur Chikane des Oberliegenden (vergl. Allgemeines Landrecht Theil I Titel 8 § 28) Gebrauch machen wolle.

Ob eine bestimmte Art der Zuleitung zu einem Flusse nach Stoff und Umfang das Maass des Gemeinüblichen überschreite, kann nur nach den thatsächlichen Umständen des Einzelfalles beurtheilt werden. Im vorliegenden Falle geht daher der Berufungsrichter unbedingt zu weit, wenn er, von denjenigen Zuleitungen aus der Fabrik und den Kolonien der Beklagten, welche die Klage zunächst veranlasst haben, ganz absehend, der Beklagten jede Zuleitung von anderem als Quell- und Regenwasser zu dem S . . . . bache, also auch jede Zuführung von Wasser und fremden Substanzen, wie sie die gemeinübliche Benutzung des Bachlaufes mit sich bringt, untersagt. Aber auch die bei der Ortsbesichtigung vorgefundenen Zuleitungen hat der Berufungsrichter in Consequenz seiner Annahme, dass jede künstliche Zuleitung unstatthaft sei, einer Beurtheilung nach Maass und Art nicht unterworfen; und wenngleich nach der in dem Thatbestande des Berufungsurtheils enthaltenen Beschreibung die Zuleitung der Abwässer aus den Kolonien Sch. und Kr. allem Anscheine nach das Gemeinübliche überschreitet, so ist doch für das aus der Fabrik der Beklagten in den Bach gelangende Wasser das Gleiche aus der allein festgestellten Thatsache, dass es beim Eintritte in den Bach (— nicht etwa bei der Berührung mit den Grundstücken des Klägers —) dampfte, in keiner Weise zu entnehmen. Die Aufhebung des Berufungsurtheils und eine anderweitige Prüfung der Sache nach den vorentwickelten Gesichtspunkten erschien daher geboten.

Reichsgerichtsentscheidung (V. Civilsenat) vom 18. Sept. 1886, betreffend die Zuleitung von Abfallwässern in die Flüsse.

Thatbestand. Der Kläger ist Eigenthümer von Grundstücken, welche unmittelbar an dem Ufer der Emscher liegen. Beinahe eine halbe Meile des Wasserweges oberhalb leitet der Beklagte seine Grubenwässer in den sog. Markengraben. Dieser vereinigt sich 1600 m weiter unterhalb mit der Berkel, welche sich nach dem Durchlaufen einer Strecke von nahezu 1000 m in die Emscher ergiesst.

Der Kläger beantragt:

1. Den Beklagten nicht für befugt zu erachten, den Grubenwässern seiner Zeche in der Art Abfluss in die Emscher zu gewähren, dass es zu den Grundstücken des Klägers und den darauf befindlichen Gräben gelangen kann.
2. Den Beklagten zu verurtheilen, Anstalten zu treffen, dass dieser Zufluss zu den Grundstücken des Klägers aufhöre.

Der Kläger stützt diesen Anspruch in der Klage lediglich auf sein Eigenthum als Adjacent der Emscher und die Behauptung, dass dieselbe dort, wo sie seine Grundstücke erreiche, noch mit den Grubenwässern des Beklagten vermischt sei. In der Berufungsinstanz hat er behauptet, die Menge des gehobenen und abgeführten Wassers betrage im Winter mindestens 200 cbm. Der erste Richter hat abgewiesen, indem er ausführt, den Unterbesitzern eines Privatflusses stehe nicht das Eigenthum am Flussbette, sondern nur ein gewisses Nutzungsrecht an dem Flusse zu. Dass er bezüglich des letzteren durch den Beklagten beeinträchtigt werde, habe Kläger nicht dargethan.

Abändernd hat der Berufungsrichter nach dem Klageantrage erkannt, indem er auf Grund der von ihm angeordneten Beweisaufnahme feststellt, dass die Grubenwässer da, wo die Emscher die Grundstücke des Klägers bespült, noch nachweisbar seien. Die Entscheidung beruht im Uebrigen auf den in dem Urtheil dieses Senats vom 19. April 1882 — Gruchot 27, S. 148 — aufgestellten Grundsätzen und Folgerungen. Nachdem diese in dem neueren Urtheil desselben Senats in Sachen Krupp c/a Vester V 334/85, welches demnächst in der Sammlung der reichsgerichtlichen Entscheidungen zum Abdruck gelangen wird, die nothwendige Einschränkung erlitten haben, konnte auch die durch die Revision des Beklagten angefochtene Entscheidung nicht aufrecht erhalten werden.

Es ist in Uebereinstimmung mit den Ausführungen des zuletzt bezeichneten Erkenntnisses davon auszugehen, dass der unterhalb liegende Uferbesitzer eines Privatflusses nicht jeder von oberhalb erfolgenden künstlichen Zuleitung von Flüssigkeiten in diesen, sondern nur insofern und insoweit widersprechen könne, als dadurch, sei es durch Vermehrung des Wassers oder durch Beimischung fremder Stoffe, das Maass des gemeinüblichen und regelmässigen Gebrauchs des Privatflusses als Recipient von Flüssigkeiten, welche aus wirthschaftlichen Gründen künstlich fortgeschafft werden müssen, überschritten wird.

Dass eine solche Ueberschreitung vorliege, hat der Kläger darzuthun, sie bildet das nothwendige Fundament seines Anspruchs. Die Prüfung, ob sie als vorhanden anzunehmen, nach den behaupteten Umständen des Falles, insbesondere mit Rücksicht auf das angebliche Quantum des in den Markengraben von dem Beklagten eingeleiteten Grubenwassers, der Grösse der Entfernung von dem Einflusspunkte bis zu den Grundstücken des Klägers, der in der Emscher, abgesehen von der Zuführung durch den Beklagten, enthaltenen Wassermenge oder der Beschaffenheit der Grubenwässer an sich. Diese Prüfung ist rein thatsächlicher Natur und entzieht sich der Aufgabe des Revisionsrichters.

Der Berufungsrichter hat aber eine solche Prüfung noch nicht vorgenommen, auch den Parteien keine Veranlassung geboten, die Sache unter dem Gesichtspunkte zu verhandeln, der, wie oben angegeben, für die Entscheidung massgebend sein muss. Zum Zwecke solcher neuer Erörterung und anderweiten Entscheidung war die Sache in die Vorinstanz zurückzuverweisen.

In dem Erkenntniss des Reichsgerichts (V. Civilsenat) vom 5. Febr. 1887 bez. der Zuckerfabrik Melno heisst es:

„Es ist in Uebereinstimmung mit den Ausführungen dieser neueren Erkenntnisse davon auszugehen, dass der unterhalb liegende Uferbesitzer eines Privatflusses nicht jeder von oberhalb erfolgenden künstlichen Zuleitung von Flüssigkeiten in diesen, sondern nur insofern und insoweit widersprechen könne, als dadurch, sei es durch Vermehrung des Wasser, sei es durch Beimischung fremder Stoffe, das Maass des gemeinüblichen und regelmässigen Gebrauchs des Privatflusses als Recipienten von Flüssigkeiten, welche aus wirthschaftlichen Gründen künstlich fortgeschafft werden müssen, überschritten wird. Weiter muss aber auch gemäss § 28 Theil I Titel 8 Allgemeinen Landrechts dem Oberliegenden der Nachweis frei bleiben, dass seine wenn auch ungebräuchliche Zuleitung den Unterliegenden nicht oder nicht anders wie der ganz gemeinübliche Gebrauch des Wassers belästige, dass also der Unterliegende von seinem Widerspruchsrechte ohne jede wirkliche Verletzung eigener Interessen, d. h. zur Chikane des Oberliegenden, Gebrauch machen wolle.“

In einer Entscheidung des Reichsgerichts vom 30. Juni 1899 (Bernburg-Eisleben) heisst es:

Die Befugniss des Bergwerkseigenthümers, alle zum Aufsuchen und Gewinnen des Minerals erforderlichen Vorrichtungen zu treffen, schliesst das Widerspruchsrecht des an seinem Eigenthum geschädigten Grundeigenthümers aus, wenn die Verletzung seines Rechts unvermeidliche Folge des Bergwerksbetriebes ist. Dennoch ist die Klägerin auch unter der Voraussetzung, dass die Versalzung ihres Leitungswassers als Folge der Ableitung des Grubenwassers anzusehen ist, mit ihrem Widerspruch zu enthören, wenn das Bergwerk ohne solche Schädigung ihres Rechts sich nicht betreiben lässt. . . . . Der privatrechtliche Schutz wird durch diesen Umstand nicht beeinflusst.

Entscheidung des Reichsgerichts (Bd. 16, S. 178 und Urtheil vom 22. Dec. 1897: Jur. Wochenschr., 1898, 111):

„Das Wasser eines öffentlichen wie eines Privatflusses ist die von der Natur gegebene Abflussrinne nicht nur für das vom Boden selbst abfliessende, sondern auch für das vielfach mit fremden Stoffen vermischte Wasser, welches zu Wirthschaftszwecken gedient hat und künstlich fortgeschafft werden muss.“

Der Anlieger eines Flusses muss die Zuleitung von Abwässern dulden, „selbst wenn dadurch die absolute Verwendbarkeit des zufliessenden Wassers zu jedem beliebigen Gebrauche irgendwie beeinträchtigt wird“.

„Zu Gunsten des Zuleitenden muss in Betracht kommen, dass das Wasser zu einem bestimmten, nicht gerade gewöhnlichen Gebrauch verwendet wird.“ (Reichsger. Bd. 38, S. 266 und Urtheil vom 21. Mai 1898; Jur. Wochenschr., 1898, 446.)

Das Bürgerliche Gesetzbuch bestimmt in § 906:

„Der Eigenthümer eines Grundstückes kann die Zuführung von Gasen, Dämpfen, Gerüchen, Rauch, Russ, Wärme, Geräusch, Erschütterungen und ähnliche von einem anderen Grundstück ausgehende Einwirkungen insoweit nicht verbieten, als die Einwirkung die Benutzung seines Grundstückes nicht oder nur unwesentlich beeinträchtigt oder durch eine Benutzung des anderen Grundstückes herbeigeführt wird, die nach den örtlichen Verhältnissen bei Grundstücken dieser Lage gewöhnlich ist.

Die Zuführung durch eine besondere Leitung ist unzulässig.“

Ueber die Aufnahme des Wasserrechtes in das neue Bürgerliche Gesetzbuch macht Hager[1]) u. a. folgende Bemerkungen:

Art. 39 des Entwurfs eines Einführungsgesetzes zum Bürgerlichen Gesetzbuch bestimmt: „Unberührt bleiben die landesgesetzlichen Vorschriften, welche dem Wasserrecht angehören, mit Einschluss des Mühlenrechts, des Flötzrechts und des Flössereirechts, sowie der Vorschriften zur Beförderung der Bewässerung und Entwässerung der Grundstücke und der Vorschriften über Anlandungen, entstehende Inseln und verlassene Flussbetten.“

Dabei hat man übersehen, dass ein Stück Wasserrecht in dem § 850 gefunden werden kann. Derselbe lautet: „Der Eigenthümer eines Grundstückes hat die nicht durch unmittelbare Zuleitung erfolgende Zuführung oder Mittheilung von Gasen, Dämpfen, Rauch, Russ, Gerüchen, Wärme, Erschütterungen und dergleichen insoweit zu dulden, als solche Einwirkungen entweder die regelmässige Benutzung des Grundstückes nicht in erheblichem Maasse beeinträchtigen oder die Grenzen der Ortsüblichkeit nicht überschreiten.“

Da die Zuführung von „Gasen“, „Gerüchen“ „und dergleichen“ auf Nachbargrundstücke sehr häufig durch das Zuleitungsmedium des Wassers vorkommt, so muss nach Ausführung des Verfassers die obige Bestimmung über die Duldungspflicht des Grundstücksnachbars auf solche durch Wasserläufe bewirkte Immissionen Anwendung finden.

Das Princip, das dem § 850 zu Grunde liegt, ist dasselbe, welches das Reichsgericht (V. Civilsenat) zuerst in einem Erkenntniss vom 2. Juni 1886 angenommen und seitdem bei Entscheidung von Immissionsprocessen festgehalten hat. Das Reichsgericht nahm damit den schon im römischen Recht (l. 8 § 6 D. 5, 8) begründeten Satz an, „dass der Eigenthümer eines Grundstücks alles das von dem Eigenthümer des Nachbargrundstücks dulden muss, was als regelmässige Folge der gemeingebräuchlichen Eigenthumsausübung erscheint, wie

---

[1]) C. Hager, Ueber die Aufnahme des Wasserrechtes in das Bürgerliche Gesetzbuch mit besonderer Rücksicht auf die Frage der Flussverunreinigung durch Fabrikabwässer. (Berlin, Puttkammer & Mühlbrecht.) Pr. 1,50 Mk.

mässigen Rauch, Staub u. dergl., während er zum Widerspruche berechtigt ist, wenn die Ueberleitung derartiger Stoffe durch die Luft in ungewöhnlichem Maasse, etwa in Folge eines besonderen aussergewöhnlichen Gebrauches des Nachbargrundstückes geschieht".

Die ohne Bedenken seitens des obersten Gerichtshofes auf die Zuleitungen durch Vermittelung des fliessenden Wassers ausgedehnte Anwendung dieses Grundsatzes führt, wie es in jener Entscheidung heisst, dahin, „dass der dadurch betroffene, unterhalb liegende Uferbesitzer sich diejenigen Zuleitungen, mögen sie in einer blossen Vermehrung des Wasservorrathes oder in der Beimengung fremder Stoffe bestehen, gefallen lassen muss, welche das Maass des Regelmässigen, Gemeinüblichen nicht überschreiten".

Um in diesen Grenzen die Pflicht der Duldung der durch die Wasserläufe bewirkten Immissionen im Besonderen zu rechtfertigen, führt das Reichsgericht noch an, dass der Wasserlauf „innerhalb seines Zuflussgebietes der von der Natur gegebene Recipient ist, nicht bloss für das aus dem Boden und von dessen Oberfläche von selbst abfliessende Wasser, sondern vermöge der Bedingungen, unter denen menschliche Ansiedelung und Bodenbenutzung naturgemäss vor sich gehen muss, auch für dasjenige Wasser, das aus wirthschaftlichen Gründen künstlich fortgeschafft werden muss, wie nicht minder für mancherlei Stoffe, welche dem wirthschaftlich benutzten Wasser sich beimengen und vor dessen Ableitung nicht wieder ausgeschieden werden können".

Verf. bespricht nun die Grundsätze des in den verschiedenen deutschen Staaten geltenden Wasserrechts und meint, in das Reichscivilgesetzbuch würden sich zur Aufnahme folgende Sätze eignen:

I. Das frei fliessende Wasser ist für den Gebrauch der Gesammtheit bestimmt.

II. Derselbe ist Jedermann auszuüben gestattet, insoweit es ohne besondere Anlage und ohne rechtswidriges Betreten fremden Grund und Bodens geschehen kann.

III. Der Gebrauch darf nur geschehen mit Rücksicht auf die öffentliche Wohlfahrt, die Rechte Dritter und ohne nutzlose Verschwendung des Wassers.

IV. Benutzungsrechte, deren Ausübung bleibende Anlagen erfordert, oder den Gemeingebrauch ausschliesst oder einschränkt, oder den Lauf oder die Beschaffenheit des Wassers ändert, können nur durch behördliche Genehmigung erworben werden.

V. Im Privateigenthum des Grundbesitzers befindet sich das in Teichen, Brunnen, Cisternen u. dergl. eingeschlossene Wasser, das auf einem Grundstück entspringende, sowie darauf sich natürlich sammelnde Wasser, sowie die Abflüsse dieser und der geschlossenen Wässer, solange sie noch auf dem Ursprungsgrundstück fliessen.

Als einer der belangreichsten Fortschritte würde sich nach Annahme der obigen Grundsätze die in IV vorgeschlagene Concessionirung für alle bleibenden Anlagen in und am Wasser erweisen. Sie wäre vorzüglich geeignet, die Wasserwirthschaft zu sichern. „Kein Recht verdient seinen Namen, welchem nicht die volle Sicherheit der Existens innewohnt; ohne diese Sicherheit ist eine precäre Befugniss vorhanden, welche nicht geeignet ist, die Grundlage einer dauernden

Untersuchung, einer nachhaltigen Bewirthschaftung zu werden. Und nur das Concessionsprincip ist im Stande, die erforderliche Sicherheit zu verschaffen.

Der Concessionierung geht nach § 17 ff. der Reichsgewerbeordnung ein öffentliches Aufgebot und Verhandlung mit den Widerspruchsberechtigten voraus, und mit der Ertheilung der Concession werden die Grenzen der Rechtsausübung und die zulässigen Einwirkungen der Anlage auf die Aussenwelt festgesetzt (§ 18).

Der § 148 des allgemeinen Berggesetzes, der nach dem Gesetze vom 14. Juli 1895 auch für den Stein- und Kalisalzbergbau der Provinz Hannover massgebend ist, verpflichtet, vollständige Entschädigung zu leisten (Zeitschr. f. Bergrecht, 40, 479).

Der Reichstag hat in einer Resolution vom 13. März 1899 an die verbündeten Regierungen das Ersuchen gerichtet, angesichts der zunehmenden Verunreinigung der Flussläufe durch die Einleitung von Fäkalien, Schmutzwässern u. s. w. eine Reichscommission einzusetzen, welche den Zustand der mehreren Bundestaaten gemeinsamen Wasserstrassen im allgemeinen sanitären Interesse und mit Rücksicht auf die Fischzucht zu beaufsichtigen hätte. Nachdem durch das Seuchengesetz vom 30. Juni v. J. in dem Reichs-Gesundheitsrath ein neues Organ ins Leben gerufen und innerhalb desselben ein besonderer Ausschuss für Wasserversorgung und Beseitigung der Abfallstoffe einschliesslich der Reinhaltung von Gewässern gebildet worden ist, war eine mit den nöthigen technischen und Verwaltungskräften ausgestattete Stelle gegeben, die zur Mitwirkung bei Fragen der Flussverunreinigung herangezogen werden konnte. Im Anschluss an diese Gestaltung der Verhältnisse hat der Bundesrath der erwähnten Reichstagsresolution in der Form Folge gegeben, dass er beschlossen hat:

Dem Reichs-Gesundheitsrathe werden mit Bezug auf die aus gesundheits- oder veterinärpolizeilichen Rücksichten gebotene Reinhaltung der das Gebiet mehrerer Bundesstaaten berührenden Gewässer nachbezeichnete Obliegenheiten übertragen:

a. Der Reichs-Gesundheitsrath hat bei wichtigeren Anlässen auf Antrag eines der betheiligten Bundesstaaten in Fragen, welche sich auf die vorbezeichnete Angelegenheit und auf die dabei in Betracht kommenden Anlagen und Einrichtungen (Zuführung von Kanal- und Fabrikwässern, sonstigen Schmutzwässern, Grubenwässern, Aenderungen der Wasserführung und dergl.) beziehen, eine vermittelnde Thätigkeit auszuüben, sowie gutachtliche Vorschläge zur Verbesserung der bestehenden Verhältnisse und zur Verhütung drohender Missstände zu machen;

b. der Reichs-Gesundheitsrath hat auf Grund vorgängiger Vereinbarung unter den betheiligten Bundesregierungen über Streitigkeiten, welche auf dem vorbezeichneten Gebiet entstehen, einen Schiedsspruch abzugeben;

c. der Reichs-Gesundheitsrath ist in wichtigen Fällen befugt, auf dem in Rede stehenden Gebiet durch Vermittlung des Reichskanzlers (Reichsamt des Innern) Anregungen zur Verhütung drohender Missstände oder zur Verbesserung vorhandener Zustände zu geben.

Ausserdem ist unter den verbündeten Regierungen die Vereinbarung getroffen, dass sie wichtige Fragen der bezeichneten Art, insbesondere über die Zuleitung von Fäkalien, häuslichen Abwässern oder Abwässern gewerblicher Anlagen, falls nach der Auffassung eines anderen Bundesstaates innerhalb dessen Staatsgebiets die Reinhaltung eines Gewässers gefährdet wird und eine Einigung in der Sache sich nicht erzielen lässt, nicht endgiltig erledigen werden, bevor der Reichs-Gesundheitsrath gutachtlich gehört worden ist.

Für die königliche Versuchs- und Prüfungsanstalt für Wasserversorgung und Abwässerbeseitigung, deren Leiter Geheimer Obermedicinalrath Dr. Schmidtmann und deren Vorsteher Prof. Dr. Günther ist, ist[1]) eine Geschäftsanweisung erlassen worden. Die neue Staatsanstalt ist berufen, nicht bloss dem Staate, sondern auch den Gemeinden und Privaten in wesentlichen hygienischen Fragen mit ihrem Rathe zur Hand zu gehen. Als die allgemeinen Aufgaben der Versuchs- und Prüfungsanstalt werden bezeichnet: 1) Die auf dem Gebiete der Wasserversorgung und Beseitigung der Abwässer und Abfallstoffe sich vollziehenden Vorgänge in Rücksicht auf deren gesundheitlichen und volkswirthschaftlichen Werth zu verfolgen; 2) dahin gehörige Ermittlungen und Prüfungen im allgemeinen Interesse aus eigenem Antriebe zu veranlassen; 3) Untersuchungen über die in ihren Geschäftsbereich fallenden Angelegenheiten im Auftrage der Ministerien und auf Antrag von Behörden und Privaten gegen Gebühr auszuführen; 4) den Centralbehörden auf Erfordern des Ministers der Medicinalangelegenheiten Auskunft zu ertheilen und einschlägige Gutachten im öffentlichen Interesse zu erstatten.

Es sind eine Anzahl hervorragender Vertreter der Industrie, Bürgermeister, Ingenieure und anderer an der Wasserversorgung und Beseitigung der Abwässer interessirten Personen zusammengetreten, um einen eingetragenen Verein zu bilden, welcher zum Unterhalt der von der Preussischen Regierung ins Leben gerufenen Centralstelle für die Angelegenheiten der Wassergewinnung und Abwässerbeseitigung einen Jahresbeitrag von mindestens 50000 Mark leisten soll. Als Gegenleistung soll dem Verein auf Grund eines vereinbarten Statuts von der Regierung ein wesentlicher Einfluss auf die Leitung der staatlichen „Centralstelle“ zu-

---

[1]) October 1901.

gestanden werden. Insbesondere soll der aus 7 Personen bestehende Vorstand des Vereins als Beirath der Anstalt in der Weise dienen, dass letztere ihn bei ihren Berathungen und Beschlüssen über die vorzunehmenden Studien, Untersuchungen, Versuche und Veröffentlichungen, bei der Auswahl und Anstellung von Sachverständigen, sowie bei der Vorbereitung von amtlichen Verordnungen und Gesetzentwürfen, zu welcher die Anstalt berufen wird, zu Rathe zu ziehen verpflichtet ist. — Auf die Erfolge dieser Einrichtung darf man gespannt sein.

---

4. Flussverunreinigung durch menschliche Abfallstoffe.

Nach J. Ranke[1]) wird vollkommenes Gleichgewicht zwischen Ausgaben und Einnahmen des Körpers eines kräftigen Mannes bei Muskelruhe hergestellt durch:

Albumin (mit 15,5 g Stickstoff)	100 g.
Fett	100 „
Stärkemehl und Zucker	240 „
Salze	25 „
Wasser, getrunken und in fester Nahrung . . .	2535 „
Zusammen	3000 g.

welche naturgemäss wieder ausgeschieden werden. Die nicht verdauten, als Koth wieder ausgeschiedenen Stoffe enthalten nach Rubner[2]) bei Fleischnahrung nur etwa 2,5 Proc. des in den Nahrungsmitteln enthaltenen Stickstoffes, bei Erbsen 17,5 Proc., bei Reis 25, bei Kartoffeln und Schwarzbrot sogar bis 39 Proc. des zugeführten Stickstoffes. Dementsprechend enthielten die täglich entleerten festen Excremente je nach der Nahrung 0,6 bis 4,3 g Stickstoff. Der Gehalt des Kothes an Stickstoff und Wasser betrug:

---

[1]) J. Ranke, Die Ernährung des Menschen (München 1876) S. 292.

[2]) Z. Biol. 1879, 115; 1880, 121.

	Stickstoff	Wasser
Fleisch	2,3 und 1,7 %.	67 bis 73 %.
Weissbrot	2,0 „ 2,1 „	73 „ 75 „
Erbsen	1,4 „	81 „
Reis	1,0 „	86 „
Eier	0,9 „	79 „
Kartoffeln	0,5 „	86 „
Schwarzbrot	0,5 „	86 „
Gelbe Rüben	0,24 „	82 „
Wirsing	0,14 „	96 „

Birnbaum gibt als durchschnittliche Zusammensetzung der festen Stoffe an:

Wasser	75,0 %.
Organische Substanz	21,6 „
Stickstoff	0,7 „
Kali	0,35 „
Phosphorsäure	0,57 „
Asche	3,4 „

Qualitativ bestehen die menschlichen Fäces aus unverdauten und unverdaulichen Nahrungsmittelresten und aus den im Darmkanal abgesonderten Stoffen, wie Galle, Bauchspeichel, Darmschleim und Darmsaft. Bei der mikroskopischen Untersuchung findet man Epithelialgebilde, Rückstände der Nahrungsmittel, als Pflanzenzellen und Spiralgefässe, Stärkemehlkörner, Bindegewebsfasern, Fettbläschen u. dergl., ferner Bacterien und Pilze. An chemischen Bestandtheilen sind nachgewiesen: geringe Mengen von Albuminstoffen (viel bei Dysenterie), Fette, Kalk und Magnesiaseifen, Excretin, Cholestearin, flüchtige Fettsäuren, Milchsäure, Gallenfarbstoff, Taurin u. a. In Wasser lösliche Salze sind in der Regel nur wenig vorhanden (in Cholerastühlen viel Chlornatrium), dagegen vorwiegend Magnesiumphosphat, Ammonium-Magnesiumphosphat und dergleichen.

Auch die Menge und Zusammensetzung des ausgeschiedenen Harnes ist naturgemäss sehr verschieden. Lehmann macht über den Einfluss der Nahrung folgende Angaben:

	Tägliche Mengen in g:				
	Gesammtmenge des Harnes	Feste Bestandtheile	Harnstoff	Harnsäure	Extractivstoffe u. Salze
Bei 14 täg. gemischter Nahrung	898 bis 1448	67,82	32,50	1,18	12,75
„ 12 „ animalischer „	979 „ 1384	87,44	53,20	1,48	7,31
„ 12 „ vegetabilischer „	720 „ 1212	59,24	22,48	1,02	19,17
„ stickstofffreier Nahrung	—	41,68	15,41	0,74	17,13

Folgende Analysen mögen ein Bild der normalen Harnausscheidung geben. Analysen 1 bis 3 sind von Kerner ausgeführt und das Resultat der 8tägigen Versuche an einem 23jährigen Manne; die Angaben von Vogel sind Mittelzahlen vieler, an verschiedenen Personen angestellten Beobachtungen:

Bestandtheile	Kerner (in 24 Stunden) Minimum	Maximum	Mittel	Vogel In 24 Std.	In 1000 Thln. Harn
Harnmenge	1090 cc	2150 cc	1491 cc	1500 cc	—
Wasser	—	—	—	1440 „	960
Feste Stoffe	—	—	—	60 „	40
Harnstoff	32,00 g	43,40 g	38,10 g	35,0 g	23,3
Harnsäure	0,69 „	1,37 „	0,94 „	0,75 „	0,5
Chlornatrium	15,00 „	19,20 „	16,80 „	16,5 „	11,0
Phosphorsäure	3,00 „	4,07 „	3,42 „	5,3 „	2,3
Schwefelsäure	2,26 „	2,84 „	2,48 „	2,0 „	1,3
Phosphorsaures Calcium .	0,25 „	0,51 „	0,38 } „	1,2 „	0,8
„ Magnesium	0,67 „	1,29 „	0,97 } „		
Ammoniak	0,74 „	1,01 „	0,83 „	0,65 „	0,4
Freie Säure	1,47 „	2,20 „	1,95 „	3,0 „	2,0

Ein Mann von 20 bis 40 Jahren liefert täglich im Durchschnitt nach

	Fäces	Urin
Thudichum	135 g	1475 g.
belgischen Beobachtern	165 „	1265 „
Paulet	175 „	1250 „
Ilisch	150 „	1050 „
Way	125 „	1500 „
7 englischen Beobachtern, im Durchschnitt	—	1325 „
2 französischen „ „ „	—	1375 „
17 deutschen „ „ „	—	1800 „

Wolf und Lehmann machen folgende Angaben: Entleerung für 1 Person und Tag in g:

	Fäces	Darin Stickstoff	Darin Phosphate	Urin	Darin Stickstoff	Darin Phosphate
Männer . . .	150	1,74	3,23	1500	15,00	6,08
Frauen . . .	45	1,02	1,08	1350	10,73	5,47
Knaben . . .	110	1,82	1,62	570	4,72	2,16
Mädchen . .	25	0,57	0,37	450	3,68	1,75

Entleerung von 100000 Personen (37610 Männer, 34630 Frauen, 14060 Knaben, 13700 Mädchen) für 1 Jahr in t:

	Fäces	Darin Stickstoff	Darin Phosphate	Urin	Darin Stickstoff	Darin Phosphate
Männer . . .	2059,1	23,9	44,9	20 592	205,9	83,6
Frauen . . .	567,9	12,8	13,7	17 062	135,3	69,0
Knaben . . .	564,5	9,35	8,3	2 925	24,6	11,1
Mädchen . .	125,1	2,85	1,8	2 250	18,4	8,8
Zusammen:	3316,6	48,9	68,7	42 829	348,2	172,5

Nach Abendroth[1]) liefern 100000 Menschen jährlich 4562 t Fäces und 22812 t Urin; letztere Angabe ist entschieden viel zu niedrig gegriffen. Die festen Excremente enthalten darnach:

	frisch	nach 2 monatlicher Fäulniss
3,75 % Asche { 66 % Phosphate . . .	112,9 t	
3,75 % Asche { 34 „ Natronsalze . .	58,2 „	
1,5 bis 5 % Stickstoff	68,4 bis 228,6 t . . .	36,5
19,75 % organische Stoffe	901,1 t	
75 „ Wasser	3 421,9 „	
	4 562,5 t.	

Die flüssigen dagegen:

0,599 % Phosphate	127,5 t	
1,285 „ Alkalien	293,1 „	
3 „ Stickstoff	684,4 „	182
1,856 „ organische Stoffe	423,4 „	
93,3 „ Wasser	21 284,0 „	
	22 812,4 t.	

Den theoretischen Werth der von 1000 Einwohnern jährlich gelieferten Excremente berechnen Gruber und Brunner[2]) zu 3684, Stohmann[3]) zu 7800, Abendroth zu 11061 und Stöckhardt[4]) sogar zu etwa 15000 Mark. Die von einer Person jährlich gelieferten Excremente haben nach den verschiedenen Berechnungen also einen angeblichen Werth von 3,7 bis 15 Mark, wobei 1 kg Stickstoff mit 1,6 bis 2 Mark, 1 kg Phosphorsäure mit 0,3 bis 0,6 Mark, 1 kg Kali mit 0,3 bis 0,4 Mark angesetzt werden. An solche Preise denkt Niemand mehr. Thatsächlich dürfte sich jetzt kaum ein Landwirth finden, welcher für 1 kg Stickstoff[5]) der menschlichen Abfallstoffe mehr als 0,5 Mark und für die Phosphorsäure mehr als 0,25 Mark geben möchte, da diese nicht in wasserlöslicher Form, theilweise sogar in sehr schwerlöslicher Form vorhanden ist[6]), so dass man 1 kg Phosphate der Fäces wohl höchstens mit 0,08 Mark ansetzen darf, des Urins mit 0,12 Mark. Man erhält dann für die jährliche Entleerung von 1000 Personen:

---

1) Vgl. F. Fischer, Verwerthung der städtischen und Industrieabfallstoffe (Leipzig 1875), S. 102.

2) Gruber und Brunner, Canalisation oder Abfuhr (Berlin 1871), S. 11.

3) Muspratt, Technische Chemie, 2, S. 401.

4) Chemische Feldpredigten, 2, S. 21; Varrentrapp, Entwässerung der Städte (Berlin 1868, S. 19).

5) 1 k des viel werthvolleren Salpeterstickstoffes kostet jetzt nur 0,85 bis 0,9 Mark.

6) Ferd. Fischer, Die menschlichen Abfallstoffe, ihre praktische Beseitigung und landwirthschatfliche Verwerthung (Braunschweig 1882), S. 22 bis 77. (Neue Auflage ist in Bearbeitung).

	Fäces		Urin	
Gesammtmenge	33 166 k	— Mk.	428 290 k	— Mk.
Stickstoff	489 „	244 „	3 482 „	1 741 „
Phosphate	687 „	55 „	1 725 „	207 „
		299 Mk.		1 948 Mk.

Somit stellt sich unter Hinzurechnung des Kalis der theoretische Werth der Fäces von 1000 Personen auf rund 310 Mark, der des Harns auf 2000 Mark.

Trotz dieses hohen theoretischen Düngerwerthes der menschlichen Abfallstoffe ist ihr praktischer Werth meist negativ, d. h. besonders die Bewohner der Städte müssen den diese „werthvollen Stoffe" abholenden Landleuten oder Unternehmern erheblich zuzahlen. Ganz aussichtslos ist die Verarbeitung der Abortstoffe zu Poudrette oder dergl., da die Verarbeitungskosten den Werth der erhaltenen Produkte übersteigen.

Thatsächlich haben alle[1]) Poudrettefabriken nach wenigen Jahren den Betrieb mit grossen Verlusten wieder einstellen müssen, so dass in absehbarer Zeit wohl kaum Jemand wieder so unvorsichtig sein wird, derartige Unternehmungen zu versuchen[2]).

Das steigende Bedürfniss nach Reinlichkeit und die öffentliche Gesundheitspflege drängen zweifellos zum Schwemmsystem, da nur dieses alle schädlichen und belästigenden Abfälle des menschlichen Stoffwechsels rasch und sicher aus der Nähe der Wohnungen entfernt. Dieses kann um so mehr geschehen, als Menge und Beschaffenheit des Kanalwassers dadurch nicht wesentlich geändert wird. Wie früher gezeigt,[3]) gelangen bei Anwendung eines der sogen. Abfuhrsysteme folgende Mengen in den

	Abort	Kanal
Fäces	33 100 k	66 k
Harn	142 760 „	285 530 „
Häusliches Abwasser .	? „	36 500 000 „
Regenwasser . . .	— „	18 000 000 „
	175 860 k	54 785 596 k

[1]) Auch die unzweifelhaft am besten eingerichtete und geleitete von Buhl und Keller (vgl. Z. Ver. deutsch. Ing. 1883, 205). Nur die Podewill'sche Fabrik in Augsburg hält sich bis jetzt; derselben werden die Abortstoffe frei auf den Hof geliefert.

[2]) K. Jurisch (Die Verunreinigung der Gewässer 1890 S. 7) behauptet, die Beseitigung und Verwerthung der Fäcalien zu Düngzwecken „setze eine gewisse Capitalanlage voraus, die wir von unserm relativ armen Bauernstand nur sehr allmählich erwarten dürfen. Denn wir leiden jetzt noch an den Nachwehen des dreissigjährigen Krieges. . . ." Darnach wäre Deutschland zu arm, um Poudrettefabriken zu bauen! Welch grenzenloser Unsinn!

[3]) F. Fischer, Die menschlichen Abfallstoffe, S. 80.

Berücksichtigt man, dass namentlich die Abgänge von Kranken in den Kanal gespült werden, Krankenwäsche u. dergl.,[1]) so wird auch der Gehalt des Abwassers einer Stadt mit sogen. Abfuhr nicht wesentlich weniger Krankheitskeime enthalten als beim Schwemmsystem.

Nach den Untersuchungen der englischen Flussverunreinigungscommission[2]) hatte das Kanalwasser aus 15 Städten mit Gruben und Kübeln im Durchschnitt von 37 Analysen, und das aus 16 Städten mit Wasserabtritten im Durchschnitt von 50 Analysen folgende Zusammensetzung (mg im Liter):

		Kanalwasser aus Städten mit Abortgruben	Kanalwasser aus Städten mit Wasserabtritten
Gelöst:	Organ. Kohlenstoff	41,81	46,96
	Organ. Stickstoff	19,75	22,05
	Ammoniak	54,35	67,03
	Stickstoff als Nitrate nnd Nitrite	0	0,03
	Gesammtstickstoff	64,51	77,28
	Chlor	115,4	106,6
	Gesammtgehalt	824,0	722,0
Suspendirt:		391,1	446,9
	Darin Organisch	213,0	205,1

Vergleicht man ferner die Analysen des Kanalwassers aus Paris (S. 115), Göttingen (S. 111), Zürich, München[3]) und die von König[4]) ausgeführten Analysen des Abwassers aus Städten mit Abfuhr: Dortmund (1), Ottensen (2), Essen (3), Kronenberg (4), Halle (5):

	Schlammstoffe			Gelöst					
	unorganische	organische	Stickstoff in den organ. Stoffen	Im Ganzen	Organische Stoffe (Glühverlust)	Stickstoff in organischen Stoffen	Stickstoff in Form von Ammoniak	Phosphorsäure	Kali
	mg	mg	mg	mg	mg	mg	mg	mg	mg
1	205,5	284,3	28,1	782,4	263,8	16,2	37,2	—	—
2	218,8	442,0	24,1	1817,2	367,2	20,7	47,6	23,1	81,2
3	105,2	213,4	19,3	843,2	229,6	12,2	38,1	13,1	65,0
4	961,0	1485,6	39,0	796,1	306,0	21,9	29,5	20,6	94,9
5	611,6	404,8	41,4	3376,0	546,4	6,5	58,0	36,4	98,8

[1]) Allgemein ist das Wasser aus Wäschereien recht unrein. Nach Versuchen von Miquel (Rev. d.'hygiene 8, 388) enthielt das Abwasser der auf der Seine schwimmenden Waschanstalten, welches zum Einweichen der Wäsche gedient hatte, 12 bis 40 Millionen Bakterien in 1 cc.

[2]) First report of the Commissioners appointed in 1868 to inquire into the best means of preventing the pollution of rivers. Vol. I. Report and plans (London 1870). Vol. II. Evidence. Second report. The ABC process of treating Sewage (London 1870). Third report (London 1871). Sixth report (London 1874).

[3]) Fischer, Die menschlichen Abfallstoffe, 1. Aufl., S. 107 u. 108.

[4]) König, Verunreinigung der Gewässer, S. 80.

mit denjenigen des Abwassers aus Berlin (S. 206), Breslau (S. 202), Danzig (S. 200) und Frankfurt a. M. (s. d.), so wird dadurch bestätigt, dass auch die chemische Zusammensetzung des Wassers aus Städten mit Schwemmsystem und Abfuhr nicht nennenswerth verschieden ist, dass somit auch beide gleichen Einfluss auf die Beschaffenheit des Flusswassers haben werden.

Lubberger[1]) untersuchte das Kanalwasser der Stadt Freiburg i. B.:

(Tabelle siehe S. 110.)

Auffallend ist der Gehalt an Salpetersäure, dessen Ansteigen bis 9 Uhr Morgens ganz unerklärlich ist; Verf. selbst hat im Göttinger Abwasser höchstens Spuren von Salpetersäure gefunden und die meisten Abwässer enthalten überhaupt keine Salpetersäure. Verf. hat ferner mit geeigneten Hülfskräften am 21. Novbr. 1895 an der Mündung der Göttinger Kanalisation Vormittags von 10 bis 11 Uhr und Nachmittags von 4,30 bis 5 Uhr alle 5 Minuten eine Probe entnommen und von jeder den Gehalt an Chlor und den Verbrauch an Kaliumpermanganat (mg im Liter) festgestellt:

	Chlor	Permanganat-verbrauch
Vorm. 10 Uhr — Min.	139 mg	61 mg.
5 „	128 „	59 „
10 „	131 „	64 „
15 „	133 „	56 „
20 „	135 „	57 „
25 „	125 „	64 „
30 „	142 „	74 „
35 „	139 „	81 „
40 „	128 „	69 „
45 „	131 „	56 „
50 „	127 „	61 „
55 „	140 „	74 „
11 Uhr — „	142 „	89 „
Nachm. 4 „ 30 „	138 „	116 „
35 „	121 „	79 „
40 „	101 „	62 „
45 „	96 „	53 „
50 „	105 „	61 „
55 „	96 „	89 „

Also selbst innerhalb 5 Minuten erhebliche Unterschiede. Es wurden ferner während 24 Stunden halbstündlich, des Nachts nur stündlich, grössere Proben genommen, von jeder Permanganatverbrauch (in saurer Lösung), Chlorgehalt und Reaction auf Salpetrigsäure festgestellt; sodann wurden die innerhalb 4 Stunden genommenen Proben gemischt und mit diesen Durchschnittsproben die weiteren Bestimmungen ausgeführt:

(Fortsetzung auf S. 111.)

[1]) Gesundheitsing., 1892, 658.

Zeit	Wassermenge	Organische Substanz		Chlor		Salpetersäure		Ammoniak		Phosphorsäure		Kali	
		im Liter	zusammen	im Liter	zusammen	im Liter	zusammen	im Liter	zusammen	im Liter	zusammen	im Liter	zusammen
	cbm	mg	k	mg	k	mg	k	mg	k	mg	k	mg	k
12 bis 1 Nachts	239	88	21,00	31	7,41	16	3,80	23	5,50	11	2,60	12	2,90
1 „ 2 Vorm.	217	52	11,30	32	6,94	19	4,10	19	4,10	11	2,40	15	3,25
2 „ 3 „	196	31	6,08	27	5,29	23	4,50	15	2,90	11	2,20	13	2,50
3 „ 4 „	196	21	4,12	27	5,29	21	4,10	11	2,15	10	2,00	8	1,60
4 „ 5 „	196	21	4,12	28	5,48	18	3,50	6	1,20	10	2,00	2	0,40
5 „ 6 „	196	30	5,90	29	5,80	22	4,40	5	1,00	10	2,00	2	0,40
6 „ 7 „	217	38	8,25	30	6,50	23	5,00	5	1,10	10	2,20	2	0,43
7 „ 8 „	281	132	37,10	30	8,40	57	14,00	50	14,05	20	5,60	12	3,40
8 „ 9 „	397	235	93,00	39	15,50	68	27,00	69	27,60	29	11,50	19	7,70
9 „ 10 „	433	250	108,00	37	16,20	37	16,00	65	28,40	35	15,20	27	11,90
10 „ 11 „	376	238	89,50	29	10,90	12	4,50	64	24,10	34	12,80	31	11,65
11 „ 12 „	361	182	65,70	32	11,55	21	7,60	80	28,90	28	10,10	33	11,90
12 „ 1 Nachm.	361	138	49,80	34	12,30	24	8,70	73	26,35	24	8,70	35	12,60
1 „ 2 „	336	140	47,04	34	11,40	18	6,00	55	18,50	15	5,00	33	11,10
2 „ 3 „	351	170	59,70	34	11,90	13	4,60	44	15,40	12	4,20	28	9,80
3 „ 4 „	365	194	70,80	32	11,70	10	3,65	34	12,40	15	5,50	27	9,65
4 „ 5 „	329	218	71,70	28	9,20	9	3,00	28	9,20	14	4,60	27	8,90
5 „ 6 „	315	232	73,00	27	8,50	8	2,50	26	8,20	13	4,10	27	8,50
6 „ 7 „	325	218	70,85	28	9,10	8	2,60	29	9,40	13	4,20	25	8,10
7 „ 8 „	335	184	61,60	30	10,00	6	2,00	36	12,10	12	4,00	20	6,70
8 „ 9 „	300	158	47,40	31	9,30	4	1,20	36	10,80	13	3,90	16	4,80
9 „ 10 „	271	143	38,75	33	8,90	2	0,54	31	8,40	14	3,80	13	3,50
10 „ 11 „	257	129	33,15	34	8,70	2	0,50	27	6,90	13	3,30	11	2,80
11 „ 12 Nachts	243	116	28,20	35	8,50	2	0,48	25	6,00	12	2,90	11	2,70
	7093	156	1106,06	32	224,76	18	134,27	40	284,65	17	124,80	20	147,18

Zeit der Probenahme	$KMnO_4$-Verbrauch	Chlor	Salpetrigsäure	Salpetersäure	Suspendirte Stoffe	Gelöst		Schwefelsäure	Ammoniak
						Trocken	Geglüht		
11 Uhr Morgens	89	142	0						
11½	87	121	0						
12 Mittags	76	110	0						
12½	76	124	0						
1	74	92	Spur	0	344	1050	870	256	44
1½	84	121	0						
2	81	114	0						
2½	88	131	0						
3	84	176	0						
3½	90	149	0						
4	89	142	0						
4½	116	138	0	0	371	1125	983	219	37
5	93	103	Spur						
5½	93	89	stark						
6	91	85	„						
7	77	107	„						
8	87	99	Spur						
9	87	106	„	0	144	1095	920	223	13
10	81	121	„						
11	69	99	„						
12 Nachts	66	78	„						
1	78	121	„	0	90	995	830	203	17
2	74	114	„						
3	24	64	„						
4	18	57	stark	Spur	9	870	705	212	3
5	17	60	Spur						
6 Morgens	13	53	„						
7	13	57	stark						
8	15	50	„						
8½	23	53	„	Spur	254	855	720	233	7
9	34	85	„						
9½	66	85	„						
10	73	85	0						

Die bisher bekannten Analysen städtischer Abwässer entsprechen durchweg Einzelproben, welche wohl allgemein Vormittags oder Mittags genommen wurden, also zu Zeiten, wo die Kanalwässer am stärksten verunreinigt sind. Es ist daher ganz unzulässig, aus der Gesammtmenge des Kanalwassers und den jetzigen Analysen die Mengen der verunreinigenden Stoffe zu berechnen, welche durch die Kanäle abgeführt werden. Da ferner die betreffenden Flusswasseranalysen ebenfalls Tagesproben entsprechen, so ist die Verunreinigung der Flüsse durch städtische Kanalwässer zweifellos viel geringer, als bisher behauptet wurde. Zur Klärung dieser Frage sind daher neue, auch die — wenn auch unbequeme — Nachtzeit umfassende Versuche erforderlich. Dieser Umstand ist auch wichtig für die Probenahme. Hätte z. B. in einem Streitfalle die eine Partei die Probe Morgens um 7 Uhr, die andere um 11 Uhr genommen und einem Chemiker zur Begutachtung geschickt, so hätte der gefunden:

	$KMnO_4$-Verbrauch	Cl	NH_3	Suspendirt
I.	13	57	3	9
II.	89	142	44	344

Die beiden Gutachten, welche sich — anscheinend — auf dasselbe Kanalwasser beziehen, würden sich natürlich vollständig widersprechen.

Der Grad der durch den Einfluss von städtischen und Industrie-Abwasser bewirkten Verunreinigung der Flüsse hängt ab von der Menge und Beschaffenheit dieser Abfälle und von dem Wassergehalt der Flüsse.

Name der Flüsse:	Für das ganze Flussgebiet		Gesammtgefälle	Wassermenge an den angegebenen Orten			Verhältniss d. niedrigsten Wassermenge zur höchsten
	Sammelgebiet qkm	Flusslänge km	m	Niedrigwasser cbm	Mittelwasser cbm	Hochwasser cbm	wie 1:
Memel bei Tilsit	112 000	877	266,7	172	386	(5000)	29,0
Weichsel an der Montauer Spitze	198 285	1125	650	550	1330	8250	15,0
Oder (bei Glogau)	119 337	944	634	116	—	2313	20,0
Elbe (bei Barby)	146 500	1154	1400	95	46	4200	44,4
„ (bei Dresden)	—	—	—	51	—	4200	—
Havel (Havelberger Pegel)	24 417	353	70	—	47	—	—
Spree (bei Berlin)	—	—	—	13	42	—	—
Saale (2 km unter d. Gr. Rosenburger Pegel)	23 985	442	—	36	100	—	—
Weser (bei Hoya)	48 000	436	115	87	431	1602	18,4
Rhein (bei Lauterbach)	—	—	—	465	—	5000	10,8
Neckar (bei Mannheim)	13 960	370	617	33	214	5150	156,0
Main (bei Frankfurt)	27 800	590	510	70	180	3390	48,0
Maas	48 600	804	400	33	—	600	17,0
Donau (bei Passau)	76 905	2239	—	410	2480	4830	11,8
Isar (bei München)	9 039	295	—	41	121	1500	36,0

Nach Angabe der Elbstrom-Bauverwaltung in Magdeburg führt die Elbe bei gewöhnlichem Wasserstande, welcher vom wirklichen Wasserstand an 182 Tagen des Jahres überschritten und 182 Tagen nicht erreicht wird sekundlich 405 cbm Wasser.[1]) Die von den Flüssen geführten Wassermengen schwanken demnach sehr bedeutend. (Vergl. S. 2.)

R. Baumeister[2]) nimmt an, dass die Einwohner, welche Aborte mit Wasserspülung verwenden, doppelt soviel Schmutzmengen in die Kanäle liefern, als beim sog. Abfuhr (was nicht der Fall ist). Ferner

[1]) Vergl. Denkschrift d. Königl. Preuss. Ministeriums der öffentl. Arbeiten für den 3. internationalen Binnenschifffahrts-Kongress 1888.

[2]) Vierteljschr. f. öff. Gesundheitspflege, 1892, 467.

hält er die Geschwindigkeit des Wassers für so wesentlich, dass er das Produkt aus Menge und Geschwindigkeit in die Rechnung einsetzen will. Darnach ergibt sich folgender Ausdruck, um den Grad einer Flussverunreinigung zu messen und zwischen verschiedenen Orten zu vergleichen, also ein „Verunreinigungscoëfficient“:

$$\frac{Q\ v}{E\ (1 + c)}$$

Hierin bezeichnet:

Q Wassermenge des Flusses bei dem niedrigsten Wasserstande in Cubikmetern des Tags = 86400 q, wenn q die Wassermenge die Sekunde;

v mittlere Geschwindigkeit in Metern die Sekunde;

E Einwohnerzahl;

c Verhältniss derjenigen Einwohner, welche ihre Fäkalien planmässig in die Kanäle bringen.

Nach diesem Ausdruck sind einige kanalisirte Städte berechnet (E für die deutschen Städte nach der Zählung von 1890) und tabellarisch zusammengestellt:

Stadt	Fluss	q	v	E	c	Coëfficient
Breslau	Oder	20	0,7	335 000	1	1,8
Paris	Seine	45	0,13	2 000 000	0,3	1,9
Kassel	Fulda	12	0,4	72 000	0,8	3,2
Stuttgart	Neckar	13	0,6	140 000	0	4,8
Prag	Moldau	30	1,2	283 000	0,9	5,8
Neisse	Bielearm	2	0,97	13 000	1	6,5
Dresden	Elbe	50	0,5	276 000	0,1	7,1
München	Isar	42	1,05	345 000	0,5	7,4
Frankfurt	Main	47	0,6	177 000	0,7	8,1
Magdeburg	Elbe	120	0,58	203 000	0,9	15,6
Würzburg	Main	30	0,8	60 000	0,8	19,2
Heidelberg	Neckar	32	0,7	32 000	0	60,5
Basel	Rhein	385	1,08	70 000	0,3	395
Mainz	Rhein	500	0,7	72 000	0	420

Für die drei zuerst genannten Städte ist Reinigung des Kanalwassers vor seinem Einlass in den Fluss angeordnet, ebenso für Frankfurt und Magdeburg. Somit dürfte nach Baumeister ungefähr 5 die niedrigste Grenze sein. Da die Voraussetzungen dieser Rechnungsart nur theilweise zutreffen, so ist praktisch wenig damit anzufangen.

Umfassende Untersuchungen über die Verunreinigung der Flüsse liegen vor von der mehrfach erwähnten englischen Flusscommission, deren Bericht Tausende von sorgfältig ausgeführten Analysen enthält. Allerdings hat die Flussverunreinigung in England den höchsten Grad erreicht,[1])

[1]) Der Zustand der Flüsse in Yorkshire wird von dieser Commission in folgender Weise geschildert: Missbräuchlicher Weise wirft man in die Wasserläufe Hunderttausende von Tonnen an Asche und Kohlenresten und an Schlacken

nimmt doch z. B. der Bradford Beck aus der Stadt Bradford die Auswurfstoffe auf von 140000 Personen, die Abwässer von 168 Wollfabriken, 94 Tuchfabriken, 10 Kattunfabriken, 35 Färbereien, 7 Leimfabriken, 10 chemischen Fabriken, 3 Gerbereien und 3 Fettextractionsfabriken. Folgende Analysen mögen als Beispiele der Flussverunreinigung in England dienen:

	Gelöst (mg im l)								Suspendirt
	Organischer Kohlenstoff	Organischer Stickstoff	Ammoniak	Stickstoff als Nitrate und Nitrite	Gesammt-Stickstoff	Chlor	Arsen	Gesammtgehalt	Darin organische Stoffe
Irwell nahe an seinem Ursprung	1,87	0,25	0,04	0,21	0,49	11,5	0	78	0	0
Irwell unterhalb Manchester	18,92	2,64	3,71	1,77	7,46	87,3	0,22	508	42	21
Bradford-Beck oberhalb Bradfort	3,49	0,81	1,05	2,68	4,35	18,7	0	440	Sp.	Sp.
Derselbe unterhalb Bradford	40,24	3,92	12,20	0	13,97	54,5	0,02	755	520	361
Die Themse bei Hampton	2,60	0,24	0	1,96	2,20	14,8	—	279	Sp.	Sp.
Dieselbe an der London-Brücke	3,04	0,34	1,20	1,67	3,00	18,3	—	344	54	46
Sankey-Bach vor St. Helens	11,74	0,79	0,11	1,23	2,11	31,3	0,05	308	21	—
Derselbe nach seinem Austritt aus St. Helens	14,43	2,24	3,50	1,01	6,13	1962,4	—[1]	4072	191	—

Der grosse Gehalt der verunreinigten Flüsse an stickstoffhaltigen organischen Stoffen lässt schon voraussehen, dass dieselben im Sommer in faulige Gährung übergehen. So war denn auch im Juli die Oberfläche des etwa 40 m breiten Irwellflusses unterhalb Manchester (Analyse 2) mit einem dichten, kothigen Schlamm belegt, es stiegen fortwährend grosse Blasen auf, die träge platzten und die Luft weithin mit dem Gestank der gasförmigen Fäulnissprodukte erfüllten. Die Temperatur des Wassers war 24°, die der Luft dagegen nur 12°. Dementsprechend ist die Ge-

aus den Feuerungen der Dampfkessel, Eisenwerke und Hausöfen; grosse Massen von zerbrochenem Thongeschirr, abgenutzten Metallgegenständen, von Schutt aus den Ziegeleien und aus alten Gebäuden, von Eisen, von Steinen und Thon aus den Steinbrüchen schüttet man hinein; der Schmutz der Wege, Strassenkehricht, erschöpfte Farbhölzer und ähnliche Stoffe werden den Flüssen überantwortet; Hunderte von Thiercadavern, Hunde, Katzen, Schweine u. s. w. schwimmen auf ihrer Oberfläche umher oder verfaulen an ihren Ufern; sie müssen täglich Millionen von cbm Wasser abführen, welches mit den Abfällen aus Bergwerken, chemischen Fabriken, Gerbereien, Färbereien, Garn- und Wollwäschereien und Walkereien, mit Schlachthausabgängen und mit den Auswurfstoffen der Städte und Häuser beladen und dadurch verdorben und vergiftet ist.

[1]) 685 mg freie Salzsäure.

sammtmenge der organischen Verunreinigungen im Sommer geringer als im Winter, obgleich die Sinne dann weniger von diesen Stoffen belästigt werden.

In ähnlicher Weise wird der Zustand der Seine unterhalb Paris geschildert.[1]) Die Mündung des Hauptkanals bei Clichy führt der Seine in jeder Secunde etwa 2,5, die des kleineren Kanals bei St. Denis 0,5, beide im Jahre etwa 130000000 cbm Schmutzflüssigkeiten zu. Diese Massen führen 125000 t suspendirte Stoffe mit sich, welche den Fluss verschlammen; von einer Commission ausgeführte Analysen ergaben:

Probeentnahme (mg im l)	Flüchtige u. brennbare Stoffe		Phosphorsäure	Kali	Natron	Kalk	Magnesia	In Salzsäure unlöslich	Gesammtmenge
	Gesammt	darin Stickstoff							
St. Denis, 2. März 1868	1885	92	18	55	238	—	—	—	3931
„ 20. „ 1868	1520	170	5	85	206	—	—	—	—
„ 30. April 1869	2209	242	89	118	211	553	81	206	4825
„ 1. Mai 1869	1217	127	45	79	150	377	71	186	2688
„ Mai 1869	—	—	39	88	243	524	47	360	—
„ 20. August 1869	990	69	44	110	236	484	61	131	—
Im Durchschnitt:	1518	140	40	89	214	484	56	221	4361
Clichy, 1869 Januar	888	41	30	33	73	497	4	952	2891
„ 1869 Februar	813	57	24	26	54	402	4	657	2410
„ 1869 März	689	40	16	32	61	387	5	604	2246
„ 1869 April	617	31	13	30	61	368	6	580	2036
„ 1869 Mai	776	34	15	47	71	527	46	723	2520
„ 1869 Juni	606	22	11	32	72	321	29	412	1791
„ 1869 Juli	600	43	13	34	67	282	7	323	1677
„ 1869 August	626	43	23	39	102	334	40	386	1852
„ 1869 September	740	42	12	24	53	374	15	474	2149
„ 1869 October	561	59	10	43	80	336	14	498	1898
„ 1869 November	916	54	19	42	65	514	36	1277	3461
„ 1869 December	972	54	21	34	90	497	9	652	2993
Im Durchschnitt:	733	43	17	35	71	403	18	652	2327

Da die Seine bei niedrigem Wasserstande selbst nur 45 cbm Wasser in der Secunde führt, so ist es begreiflich, dass dieselbe durch diese Zuflüsse hochgradig verunreinigt werden musste. Nach dem Bericht

[1]) Epuration et utilisation des eaux d'égout de la ville de Paris (Paris 1880). Assainissement de la Seine, épuration et utilisation des eaux d'égout, Commission d'études (Paris 1878). Rapport fait au nom de la commission chargée de proposer les mesures à prendre pour remédier à l'infection de la Seine aux abords de Paris, par Durand Claye (Paris 1875). Project für eine Berieselungsanlage bei Zürich, Aktenstücke S. 28; Zeitschr. d. Hannoversch. Archit.-Vereins, 1886, 631.

der am 22. August 1874 vom Minister ernannten Commission ist der Zustand des Flusses vor Paris noch gut, ändert sich aber unterhalb der Brücke von Asnières sofort. Am rechten Ufer ergiesst sich aus dem grossen Kanal von Clichy ein Strom schwärzlichen Wassers und setzt sich in der Seine in Gestalt einer parabolischen Curve fort. Dieses Wasser ist bedeckt mit organischen Resten aller Art, mit Gemüseabfällen, Propfen, Haaren, todten Hausthieren u. s. w., und meist mit einer fettigen Schicht überzogen. Der abgesetzte Schlamm häuft sich trotz fortgesetzter Baggerung, durch welche jährlich über 80 000 cbm fortgeschafft werden, immer mehr an, geht in Fäulniss über und entwickelt oft mächtige Blasen von 1 bis 1,5 m Durchmesser, die den faulen, schwarzen Schlamm mit an die Oberfläche ziehen. Das Gas einer solchen Blase hatte (1871) folgende Zusammensetzung:

Sumpfgas	72,88 %	Schwefelwasserstoff . .	6,70 %.
Kohlensäure	12,30 „	Verschiedenes . . .	5,50 „
Kohlenoxyd	2,54 „		

Miquel[1]) fand dementsprechend in dem Wasser der Seine oberhalb Paris 300, unterhalb aber 200 000 Keime in 1 ccm, während das Kanalwasser zu Clichy 6 Millionen enthielt, 1 ccm Drainwasser der Rieselfelder zu Gennevilliers aber nur 12 Keime.[2])

In Deutschland ist die Flussverunreinigung im Allgemeinen noch nicht so stark.

Nach Untersuchung des Verfassers[3]) enthielt das Wasser der Leine am 30. Sept. 1872 vor Hannover (I) und unterhalb, nachdem es die Kanalwässer von Hannover und Linden und Abflüsse von Fabriken aufgenommen hatte (II):

	I	II
Chlor	100 mg	108 mg.
Schwefelsäure	130 „	137 „
Salpetersäure	4 „	6 „
Ammoniak	0 „	Sp.
Organisches	15 „	26 „
Kalk	150 „	153 „
Magnesia	29 „	29 „

Die Leine führt bei Göttingen in der Secunde 6 bis 22 cbm Wasser. Oberhalb Göttingens wird von der Leine (1), welche um Göttingen herumfliesst, der Leinekanal abgezweigt, welcher durch Göttingen geführt wird, hier verschiedene Abflüsse (Gerbereien u. dergl.) aufnimmt, bei der Bahnhofstr. (2) Göttingen verlässt, aber vor der Wiedervereinigung mit

[1]) Rev. d'hyg. 8, 388.

[2]) Bischoff (Engineering 1885) fand im Londoner Kanalwasser 7,5 Millionen, Wahl (Centralbl. f. allg. Ges., 1886, Heft 1) im Kanalwasser von Essen bis 5 Millionen Keime. — Zusammensetzung der Kanalgase untersuchte der Verf. (Fischer's Jahresber., 1883, 1189).

[3]) Mitth. d. hannoverschen Gew., 1873, 203.

der Leine bei der Waschmühle (3) noch die Abwässer des Schlachthofes und der Zuckerfabrik aufnimmt. Auch die Leine hat bis dahin Schmutzwasser (Brauereien u. dergl.) aufgenommen (4). Mehrere hundert Meter unter der Vereinigungsstelle tritt das Sielwasser (0,12 bis 0,14 cbm) zu. Analysen 5 u. 6 zeigen den Einfluss desselben auf das Leinewasser. Obgleich dann die Leine noch durch die Grone die Abwässer der Wollfabrik aufnimmt und dann die Abwässer des Ortes Bovenden, so hat die Verunreinigung etwa 1 km weiter schon wieder so abgenommen, dass die Wirkung der Selbstreinigung (S. 128) unverkennbar ist. Folgende Tabelle zeigt die erhaltenen Durchschnittswerthe von 9 Versuchsreihen (Dec. 1894 bis Nov. 1895). Probenahmen und chemische Untersuchung hatte Verf., die bakteriologische das hygienische Institut (Wolffhügel und Reichenbach) übernommen.

	Rückstand mg	Oxydirbarkeit $KMnO_4$ mg	Chlor mg	Salpetersäure mg	Keimzahl in 1 cc
1. Leine oberhalb Göttingen . . .	477	7,8	17	10	10 366
2. Leinekanal, Bahnh.	474	8,3	16	8	7 193
3. „ Maschmühle	481	8,6	18	8	13 259
4. Leine, „	464	9,0	18	8	5 258
5. „ vor Einfliessen d. Sielwassers	474	10,1	19	9	10 960
6. „ nach „ „ „ .	483	11,0	19	9	26 185
7. „ „ „ der Grone .	487	12,6	20	8	17 011
8. „ vor Bovenden	481	11,9	21	8	11 487
9. „ nach „	483	13,7	23	9	10 480
10. Sielwasser (vergl. S. 111) . . .	935	71,3	83	—	275 837

Anschaulicher noch als die Durchschnittswerthe ist z. B. die im September 1898 durchgeführte Versuchsreihe.

27. September 1895:

	Rückstand	$KMnO_4$-Verbrauch	Kalk	Magnesia	Chlor	Schwefelsäure	Salpetersäure	Salpetrigsäure	Ammoniak	Keimzahl
1.	590	14,7	163	41	22	141	7	Sp.	Sp.	2 300
2.	595	12,7	174	42	22	142	6	„	„	7 300
3.	585	13,0	171	41	22	137	6	„	„	6 800
4.	590	14,4	174	40	22	137	5	„	„	4 300
5.	600	16,7	170	41	23	136	6	„	„	1 900
6.	620	20,4	177	42	29	141	5	„	stark	40 300
7.	625	32,6	167	41	29	130	5	stark	s. stark	41 800
8.	625	31,5	164	42	30	132	5	„	stark	3 900
9.	620	29,6	177	43	30	137	6	s. stark	Sp.	1 100
10.	905	188,4	215	47	121	209	0	„	„	264 000

F. Hulva[1]) hat im Laufe der Jahre 1877 bis 1881 eine Anzahl von Oderwasserproben untersucht, um den Einfluss der Breslauer Kanalwässer auf das Wasser der Oder zu prüfen. Secundlich flossen (von 250000 Einwohnern geliefert) 0,358 cbm Kanalwasser in die Oder (vor Einführung der Berieselung), welches vom Wasser der Oder eine 78 bis 637 fache Verdünnung erfuhr. Wie nachfolgende Durchschnittsanalysen zeigen, nimmt der Gehalt an organischen Stoffen allmählich wieder ab:

	Gesammtrückstand	Glühverlust	Bedarf an Kaliumpermanganat	Ammoniak	Albuminoid-Ammoniak	Salpetersäure	Salpetrigsäure	Chlor
Durchschnitt des Wassers vom obern Laufe der Oder unterhalb der Stadt Ohlau . . .	155	29	10,6	0,07	0,05	1,0	Sp.	8,9
Am Wasserwerk (unmittelbar vor Eintritt in die Stadt Breslau)	169	38	16,7	0,08	0,24	0,9	Sp.	8,9
Innerhalb Breslau vor Einmündung der Kanäle	172	39	17,5	0,20	0,24	0,7	Sp.	8,0
Nach Austritt aus der Stadt Breslau und nach bereits erfolgter Mischung der Sielwässer mit dem Strome	186	43	22,9	1,12	0,42	1,0	Sp.	11,0
Bei Masselwitz, 9 km unterhalb der Einmündung der Kanäle	179	43	17,3	0,48	0,33	0,9	Sp.	10,4
Bei Herrnprotsch nach Einmündung der Nebenflüsse Weide und Weistritz, 14 km unterhalb Breslau	194	28	23,1	0,18	0,30	1,5	Sp.	11,4
Bei Dyhernfurth, 32 km unterhalb Breslau	185	34	17,1	0,15	0,23	1,3	Sp.	11,3

Das Wasser der Elbe bei Dresden untersuchte H. Fleck.[2]) Die Elbe hat hier bei den verschiedenen Wasserständen folgende Geschwindigkeiten und Wassermengen (vergl. S. 3) in der Secunde:

Wasserstand	Geschwindigkeit	Wassermenge
1,6 m unter Null	—	51 cbm.
1 „ „ „	0,5 bis 0,6 m	—
0 „ „ „	1,2 „ 1,5 „	460 „
3 „ über „	—	1700 „
6,4 „ „ „	2,0 „ 2,5 „	4200 „

Dresden liefert täglich etwa 16000 cbm Kanalwasser; dazu kommen die Abwässer von 4 Spiritusfabriken, 16 Brauereien, 37 chem. Fabriken, 26 Färbereien, 6 Gerbereien, 24 Seifensiedereien, Schlachthof u. dergl. Bei 1 m unter Null Wasserstand enthielt das Elbwasser:

[1]) Ergänzungshefte zum Centralbl. für allgemeine Gesundheitspflege, 1884, Heft 2; vergl. auch Fischer's Jahresber., 1884, 1225.

[2]) 12. u. 13. Jahresber. d. K. chem. Centralst. zu Dresden, S. 25.

	Vor Dresden	Hinter Dresden
Suspendirt	7,3	7,2
Gelöst	136,8	136,5
Organisch	18,4	17,6
Salpetersäure	3,8	2,5
Chlor	8,9	8,7
Ammoniak	0,3	0,3

R. Koch[1]) fand im Spreewasser oberhalb Köpenick 82000, bei Charlottenburg aber 10 Millionen Keime in 1 cc. Frank[2]) fand unter zahlreichen Versuchen bis zu $2^1/_2$ Millionen Keime in der Spree unterhalb Berlins mehr als oberhalb. Mainwasser enthielt nach Rosenberg[3]) oberhalb Würzburgs etwa 800, unterhalb etwa 17000 Keime.[4])

Nach Analyse von Th. Wetzke[5]) liefern die Spreequellen (I) ein sehr gutes Wasser, welches aber nach kurzem Lauf durch die Abwässer der grossen Gersdorfer Fabriken so stark verunreinigt wird (Analyse II), dass seine Benutzung zu irgend einem Zwecke ausgeschlossen erscheint, dass weder Thier noch Pflanze in dem Wasser fortzukommen vermag. Es enthält einen starken schwarzen Absatz, riecht nach Schwefelwasserstoff und enthält im Liter gelöst 4 mg schwere, durch Schwefelwasserstoff fällbare Metalle (? d. Ref.) und 8 mg Eisen. Nach einem etwa 8 km langen Laufe kommt die Wünsche'sche Fabrik in Ebersbach, welche 3000 Weber beschäftigt. Die Analyse III zeigt die Beschaffenheit des Wassers oberhalb der Fabrik. Unterhalb der Fabrik, welche ihr sämmtliches Wasser mit Kalkmilch reinigt, hatte das Spreewasser die Zusammensetzung der Analyse IV.

(Tabelle siehe S. 120.)

Wetzke meint, das Wasser sei von Gersdorf (II) bis Ebersbach (III) durch Selbstreinigung (S. 128) besser geworden. Da diese sich nicht auf Chlor, Schwefelsäure und Alkalien erstrecken kann, so entsprechen

---

1) Mitth. d. Deputation f. d. Verwalt. d. Kanal. in Berlin f. 1883.

2) Zeitschr. f. Hyg., 3, 355.

3) Arch. d. Hyg., 1886, 448.

4) Schlatter (Zeitschr. f. Hyg., 9, 56) untersuchte den Einfluss des Abwassers der Stadt Zürich auf den Bacteriengehalt der Limmat; er fand im Seewasser 100 bis 200 Keime; innerhalb der Stadt wächst die Zahl auf 1000 bis 2000, nach Eintreten des städtischen Schmutzwassers bei Wipkingen enthält dann 1 ccm Wasser bis zu einer halben Million Bacterien. Nachdem das Wasser 10 km weit geflossen ist, enthält es meist nur noch etwa 1000 bis 2000 Keime. Nach Thomann (Zeitschr. Hyg. 33, 1) hat diese Verunreinigung bezw. die Bacterienzahl neuerdings zugenommen. Vergl. Verunreinigung des Kieler Hafens nach Fischer (Zeitschr. f. Hyg., 23, Heft 1); Entwässerung der Stadt Rostock nach Balck (Arch. d. Hyg., 30, 185); Abwässer von Stuttgart in den Neckar nach Jäger (Zeitschr. f. Hyg., 27, 73).

5) Dingl., 273, 423.

die Proben offenbar einander nicht; auch III und IV sind nicht unmittelbar vergleichbar, da Schwefelsäure und Alkalien nicht durch Kalk ausgefällt werden.

mg im l	I. Spree-quelle	II. Spree unter Gersdorf	III. Oberh. Wünsche's Fabr.	IV. Unterh. Wünsche's Fabr.
Schwebende Stoffe	5	1036	209	51
davon verbrennlich	3	284	73	14
Ges.-Rückstand	114	1111	880	474
Verbr. an $KMnO_4$	8	166	70	63
Salpetersäure	4	4	5	4
Chlor	9	69	36	36
Schwefelsäure	2	251	182	24
Kalk	25	283	168	120
Kali	1	212	66	24
Natron	—	51	75	35
Ammoniak	0	0,5	0,5	0,6

Die Verunreinigung des Flusswassers in Sachsen untersuchte H. Fleck.[1]) Mit dem Namen Luppe wird ein Arm der sich bei Leipzig in mehrere Flussarme theilenden Elster bezeichnet, welche bei Plagwitz hinter Leipzig von letzterer sich abzweigt und sich über die sächsische Landesgrenze hinauszieht, indem sie auf diesem Wege einen zweiten Arm der Elster, die Nahle, aufnimmt. Beide stehen unter dem Einflusse zahlreicher Abwässer der Stadt Leipzig mit den angrenzenden Ortschaften und den daselbst errichteten Fabriken. Die hauptsächlichsten Verunreinigungen der Luppe sollen stattfinden durch die Abfallwässer von 2 Gerbereien, 7 chemischen Fabriken, 4 Rauchwaaren-Färbereien, 1 Seifenfabrik und ausserdem durch die Abgangwässer von Leipzig, Plagwitz mit Lindenau, Böhlitz-Ehrenberg und Gründorf. Die an einem Tage entnommenen Wasserproben:

I. Unterhalb der Stelle, an welcher sich Luppe und Elster trennen; Farbe graugrün, trübe.

II. In der Luppe, unterhalb einer chemischen Fabrik; Farbe blauschwarz, undurchsichtig.

III. In der Nahle, unmittelbar vor deren Einfluss in die Luppe; Farbe gelbgrün, undurchsichtig.

IV. In der Luppe, nach deren Vereinigung mit der Nahle; Farbe graugrünlich, undurchsichtig.

V. In der Luppe, vor deren Eintritt in preussisches Gebiet; Farbe graugrünlich, undurchsichtig.

---

[1]) 12. u. 13. Jahresber. d. Königl. chem. Central-Stat. f. öffentl. Gesundh. zu Dresden, 1884, S. 34.

	I.	II.	III.	IV.	V.
Mittlere Stromgeschwindigkeit m . . .	1,99	0,50	—	0,17	0,22
Wassermenge in 1 Sec. in cbm	2,85	2,91	1,58	4,49	4,53
1 l Wasser enthielt mg:					
Verdampfungsrückstand	237,3	262,0	280,9	261,2	249,2
Glühverlust	48,2	.67,3	70,5	57,4	47,5
Organisch	14,3	17,5	37,8	19,1	18,1
Ammoniak	0,3	0,3	1,3	1,1	0,8
Salpetersäure	0,5	4,0	1,9	1,5	5,2
Salpetrigsäure	Sp.	Sp.	—	Sp.	0,5
Chlor	14,9	17,7	24,2	21,3	19,4
Schwefelsäure	39,8	41,4	39,8	41,0	38,9
Kohlensäure, geb.	41,5	39,2	51,3	46,2	43,2
Kalk	63,2	63,3	70,8	66,5	65,9
Magnesia	13,8	13,1	14,5	13,3	13,4
Phosphorsäure	Sp.	Sp.	Sp.	Sp.	Sp.

Hier wie auch bei den entsprechenden Untersuchungen der Röder und Sebniz waren die häuslichen Abwässer überwiegend an den Verunreinigungen schuld; Metallsalze, Farbstoffe u. dergl. auf Industrieabfälle deutende Stoffe konnten nicht nachgewiesen werden. Der Wessenitz, welche besonders viele Industrieabwässer aufnimmt, wurden folgende Proben entnommen:

I. Vor Bischofswerda.

II. Hinter Bischofswerda, nach Aufnahme des Schleuseneinflusses aus dem Vogelteiche und der Abgangwässer von 6 Wollspülereien und Färbereien, 1 Fellspülerei für Kürschner und 1 Tuchfabrik.

III. Hinter Bischofswerda, nach Aufnahme der Stadtschleuse und 4 städtischen Schleusen, sowie der Abgangwässer zweier Tuchfabriken.

IV. Hinter dem Rittergute Harthau, vor dem Einfluss der Rammenau, nach Aufnahme der Abgangwässer von 1 Tuchfabrik, 1 Buntpapierfabrik und 1 Mahl- und Knochenmühle.

V. Hinter einer Maschinenfabrik in Oberhelmsdorf, nach Aufnahme der Abgangwässer von 6 Mahlmühlen, 1 Pappfabrik, 1 Holzschleiferei, sowie einem Bachzufluss von Langwolmsdorf.

VI. Hinter einer Mahlmühle in Dürrröhrsdorf, nach Aufnahme des Bachzuflusses von Störza, sowie der Abgangwässer von 3 Mahlmühlen und 2 Papierfabriken.

(Tabelle siehe S. 122.)

H. Fleck folgert aus diesen Untersuchungen, dass durchweg die Verunreinigung durch faulige Abgänge aus menschlichen Wohnstätten grösser ist als die aus industriellen Werken, oder aber, dass die Verunreinigung, wie bei der Wesenitz, welche die Abgänge einer grossen Anzahl Fabriken aufnimmt, sich nicht so gross und gefährlich gestaltet, wie man häufig anzunehmen pflegt.

	I.	II.	III.	IV.	V.	VI.
Stromgeschwindigkeit m	0,116	0,209	0,111	0,632	0,270	0,384
Wassermenge cbm	0.435	0,474	0,604	1,257	1,527	1,604
1 l enthält mg:						
Verdampfungsrückstand	90,1	86,0	89,2	85,3	97,9	99,7
Glühverlust	16,3	16,5	19,0	21,9	21,0	22,0
Organisch	9,5	11,3	9,1	10,4	10,0	9,5
Schwefelsäure	5,0	5,8	5,6	6,0	5,6	6,4
Kohlensäure, geb.	7,6	7,3	7,2	7,0	6,5	6,9
Salpetersäure	5,3	5,5	6,0	5,9	6,3	5,7
Chlor	8,4	7,8	8,2	8,4	12,8	11,0
Kalk	13,9	12,2	13,4	12,3	12,0	12,5
Magnesia	4,9	5,1	4,5	4,9	4,9	5,3
Ammoniak	0,2	0,4	0,4	0,3	0,2	0,2

G. Kabrhel (Arch. Hygiene, 30, 32) gelangt zu folgenden Schlüssen: 1. Die Keimzahl kann auf einem und demselben Orte des Flusses hochgradig wechseln und zwar im Allgemeinen derart, dass sie beim Anwachsen des Flusswassers grösser wird, während sie beim Abfallen desselben sich vermindert. — 2. Die Ursachen dieser Erscheinung beruhen a) auf Veränderungen der Stromgeschwindigkeit (veränderte Bedingungen für Sedimentation, für Lichteinfluss u. a.); b) auf Zutritt von temporären verunreinigten Zuflüssen in Folge von Niederschlägen, welche Gassen, Kanäle, Wirthschaftshöfe, Düngerhaufen abspülen. Diese Zuflüsse können unter Umständen einen Fluss hochgradig und mehr verunreinigen, als die regelmässigen unreinen Zuflüsse. — 3. Im Hinblick auf den letzterwähnten Umstand sind in Bezug auf die Verunreinigungen eines Flusses zu unterscheiden: a) normale verunreinigende Zuflüsse (Abwässer der Fabriken, Kanäle), b) temporäre unreine Zuflüsse (durch Niederschläge bedingt). — 4. Bei Beurtheilung der Verunreinigung eines Flusses muss der Einfluss der abnormal wirkenden Factoren ausgeschlossen werden. Dies ist der Fall, wenn in einem regenfreien Zeitabschnitte der sinkende Fluss sich in Bezug auf seinen Wasserstand dem sog. Normal nähert. Die zu dieser Zeit constatirte Verunreinigung heisse: normale Verunreinigung. — 5. Die durch bacteriologische Analysen während der Hochstände oder auch bei Tiefstand, aber zur Zeit des beginnenden Anstieges oder zur Zeit localer Niederschläge ohne Aufstieg gewonnenen Resultate sind für die Beurtheilung der normalen Verunreinigung werthlos, ja sie können zu groben Fehlern führen. — 6. Die Temperatur übt an solchen Stellen des Flusses, an welchen die Keimzahl niedrig ist, keinen deutlichen Einfluss auf dieselben aus. —

Die wissenschaftliche Deputation für Medicinalwesen in Preussen forderte bereits in ihrem Gutachten vom 16. October 1867: Es darf keine Einleitung der unreinen Wässer in die öffentlichen Stromläufe erfolgen. In den ferneren Gutachten derselben wird wiederholt das grundsätzliche Verbot des Einlasses menschlicher Fäcalien in die Flussläufe ausgesprochen; am 13. Juni 1877 wird die unreine Beschaffenheit des Kanalwassers auch ohne Wasserabtritte betont. Dann erhält Neisse, wie früher bereits das Krankenhaus in Bonn, die Genehmigung zum Einlass des Inhaltes ihrer Schwemmkanäle (mit Wasserabtritten) in die Flussläufe, während der Stadt Hannover nur die Wahl gelassen wird zwischen Schwemmsystem mit Berieselung und geregelter Abfuhr (Kübel) mit gleichzeitiger Klärung und Sedimentirung der Kanalwässer.[1])

Dieselbe hat nun am 24. October 1888 gemeinschaftlich mit Vertretern des ärztlichen Standes folgende Beschlüsse gefasst:

Flussverunreinigung. Vom Standpunkt der öffentlichen Gesundheitspflege ist es erforderlich, dass die Verwaltungsbehörden bei den Anordnungen zur Verhütung einer gemeinschädlichen Verunreinigung der öffentlichen Wasserläufe[2]) folgende Grundsätze beachten.

I. Gemeinschädliche Verunreinigungen öffentlicher Wasserläufe entstehen:

1. durch Infectionsstoffe,
2. durch fäulnissfähige Stoffe,
3. durch toxisch wirkende Stoffe,
4. durch andere Stoffe, welche den Gebrauch des Flusswassers zum Trinken, zum Hausgebrauch, in der Landwirthschaft oder in der Industrie beschränken oder die Fischzucht gefährden.

Zu 1. Infectionsstoffe können enthalten alle aus den menschlichen Wohnungen oder deren Umgebung herrührenden Schmutzwässer, also nicht blos die Fäcalien (Koth und Urin), sondern alle im menschlichen Haushalte gebrauchten und aus demselben wieder zu entfernenden Wässer, sowie die Niederschlags- und Reinigungswässer von Höfen, Strassen und Plätzen. Das Gleiche gilt von den Abgängen aus Schlächtereien und aus solchen Gewerbebetrieben, welche Lumpen, Felle, Haare oder thierische Abfälle verarbeiten. Die Verwaltungsbehörden haben deshalb dafür Sorge

---

1) Die Gutachten sind abgedruckt in Ferd. Fischer: Die menschlichen Abfallstoffe, S. 81 bis 102.

2) Der Ausdruck „öffentliche“ Wasserläufe ist hier nicht im Sinne des Allgemeinen Landrechts verstanden, wonach den Gegensatz davon die nicht im Eigenthum des Fiscus stehenden, d. h. die nicht schiffbaren Wasserläufe („Privatflüsse“) bilden (Th. II. Tit. 15 A. L.-R. §§ 1 ff.; Gesetz v. 28. Februar 1843, § 3, G.-S. S. 441), sondern in dem Sinne, dass alle fliessenden Gewässer, welche von den Menschen benutzt werden können, dahin gehören, sie mögen im Eigenthum des Fiscus oder in dem Eigenthum von Privatpersonen stehen.

zu tragen, dass alle solche Schmutzwässer und Abgänge den öffentlichen Wasserläufen, soweit dies irgend thunlich, erst zugeführt werden, nachdem dieselben zum Zwecke der Unschädlichmachung einem von der Aufsichtsbehörde als geeignet anerkannten Verfahren unterworfen worden sind.

Zu 2. Hinsichts der zu 1 gedachten Schmutzwässer und hinsichts derjenigen Abwässer aus gewerblichen Anlagen, welche nicht unter No. 1 fallen, aber fäulnissfähige Stoffe enthalten, ist darauf zu achten, dass solche Abwässer den öffentlichen Wasserläufen erst in völlig geklärtem Zustande zugeführt und in den letzteren so weit verdünnt werden, dass eine stinkende Fäulniss später nicht eintreten kann.

Alle Abwässer dieser Art, auch die Strassenwässer, sind fäulnissfähig und demgemäss zu behandeln.

Die Feststellung von Grenzwerthen für den Gehalt der gereinigten Abwässer an fäulnissfähigen Stoffen verschiedener Art mit Rücksicht auf Temperatur und Bewegung des Wassers ist nothwendig.

Vorläufig ist der zulässige Grad der Verunreinigung danach zu bemessen, dass unverkennbare Anzeichen stinkender Fäulniss, wie Fäulnissgeruch und Entwickelung von Gasblasen, auch beim niedrigsten Stand des Flusswassers und bei höchster Sommertemperatur fehlen müssen.

Die getrennte Beseitigung der Fäcalien macht die übrigen Schmutzwässer nur unwesentlich weniger fäulnissfähig.

Zu 3. Toxisch wirkende Stoffe kommen, und zwar nach den gegenwärtigen Erfahrungen, nur als mineralische Gifte (Arsenik, Blei) und betreffs der gewerblichen Abwässer in Betracht. Sehr geringe Mengen sind unschädlich. Es wird darauf Bedacht zu nehmen sein, dass die Grenze durch Sachverständige bestimmt festgesetzt wird, innerhalb deren die Zuführung solcher Stoffe in die öffentlichen Wasserläufe zulässig sein würde.

Zu 4. Auch durch andere als die zu 1 bis 3 bezeichneten Stoffe können Wasserläufe so verunreinigt werden, dass das Flusswasser zum Gebrauch als Trink- und Wirthschaftswasser, für andere Industrien und für die Landwirthschaft unbrauchbar oder die Fischzucht gefährdet wird. Es gilt dies insbesondere für Zuflüsse von Färbereien, Soda-, Gas- und anderen chemischen Fabriken, Abgänge von Paraffin und Petroleum, heisse Condensationswässer, Chemikalien, welche zur Klärung und Desinfection von Abwässern gedient haben u. s. w.

Entscheidend für die Frage, ob die Zuführung dieser Abwässer in die Flüsse mit Rücksicht auf so geartete Stoffe erst von einer vorhergehenden Reinigung abhängig zu machen sei, bleibt der Satz, dass das Flusswasser in seiner Klarheit, Farblosigkeit, in Geschmack, Geruch, Temperatur und Gehalt an gelösten Mineralstoffen (Härte) nicht wesentlich verändert sein darf.

Allgemein anwendbare, in bestimmten Zahlen ausgedrückte oder die Grenze sonst genau bezeichnende Bestimmungen darüber, wann dies anzunehmen sei, sind bis jetzt bei uns nicht aufgestellt.

Da übrigens die Rücksicht auf die Gesundheit dabei nur selten in erheblicher Weise und nur mittelbar, meist aber nur Vermögensobjecte in Betracht kommen, werden die verschiedenen Interessen in ihrer Wichtigkeit gegeneinander verständig abzuwägen sein.

Insofern Flusswasser als Trinkwasser verwendet werden soll, ist es wünschenswerth, dass die für die zulässigen Veränderungen festzustellenden Grenzwerthe dabei zur Anwendung kommen.

II. 1. Die Haushaltungs- und Abtrittswässer, sowie die Niederschlagswässer von Höfen, Strassen und Plätzen können nach den bis jetzt gemachten Erfahrungen mit den nachstehend dargelegten Massgaben so vollständig als nöthig gereinigt werden:

a) Sie werden durch das Berieselungsverfahren von Infectionsstoffen und fäulnissfähigen Stoffen so weit befreit, dass die Ableitung der Rieselwässer in öffentliche Wasserläufe ohne Weiteres geschehen kann.

b) Sie werden durch geeignete, mit mechanischen Einrichtungen verbundene chemische Verfahren (Aetzkalk in Verbindung mit anderen Fällungsmitteln) von Infectionsstoffen und suspendirten fäulnissfähigen Stoffen vollständig, von gelösten fäulnissfähigen Stoffen aber nur theilweise befreit. Um nachträgliche Fäulniss zu verhüten, muss die Menge des Flusswassers ausreichen, die gelösten Stoffe gehörig zu verdünnen; andernfalls muss das Wasser noch einen genügenden Zusatz eines fäulnisswidrigen Mittels, wie Kalk u. s. w., erhalten. Die Reinigung muss in zweckmässig angelegten, einheitlichen Anstalten geschehen.

Durch die Anhäufung von Schlammmassen dürfen neue Schädlichkeiten nicht hervorgerufen werden.

2. Die zu 1 aufgestellten Sätze gelten für gewerbliche Abwässer in gleicher Weise.

3. Nothauslässe von Kanalisationsanlagen sind bei beiden Verfahren (1 a und 1 b) zulässig; der Ort ihrer Anlage, ihre Zahl und ihre Benutzung sind zu controliren; Zahl und Benutzung möglichst einzuschränken.

4. Die gesammten Reinigungsverfahren müssen fortlaufend auf ihre ausreichende Wirksamkeit controlirt werden.

5. Die wissenschaftliche Deputation nimmt davon Abstand, für die Reinigung der Abwässer von den zu Satz I. No. 4 oben aufgeführten Stoffen Vorschläge zu machen, aus demselben Grunde, aus welchem solche Vorschläge in Betreff der anorganischen Verunreinigungen von ihr nicht gefordert worden sind.

III. Ob ein Fluss durch Infectionsstoffe so verunreinigt ist, dass eine Abhülfe des bestehenden Zustandes erforderlich wird, kann man auf Grund einer bacteriologischen Untersuchung des Flusswassers an den verschiedenen dabei in Betracht kommenden Stellen im Vergleich mit den Abwässern an dem Punkt, an welchem sie in den Fluss eingeleitet werden, erkennen. Ausserdem wird das Auftreten einer Infectionskrankheit, welche auf Benutzung des Wassers zu beziehen ist, dabei sehr entscheidend mitsprechen, es darf aber bis dahin mit der Abhülfe nicht gewartet werden.

Schliesslich kann auch die Thatsache, dass solche Abgänge, von denen zu befürchten ist, dass sie zur Entstehung von Infectionskrankheiten Anlass geben und welche noch nicht desinficirt in einen Fluss gelangen, ein amtliches Einschreiten erfordern. Dies wird insbesondere der Fall sein, wenn die Abgänge aus Krankenhäusern, Waschanstalten oder aus Wohngebäuden mit infectionskranken Personen herrühren. Das Vorhandensein fäulnissfähiger Stoffe im Uebermaasse wird man daran erkennen, dass das Flusswasser erheblich gefärbt oder verschlammt oder stinkend wird. Das Aufsteigen von Gasblasen aus dem am Boden des Flusses abgelagerten Schlamm ist ein untrügliches Kennzeichen eines Zustandes, welcher der Abhülfe bedarf.

Ob toxisch wirkende Stoffe in einem Umfange vorhanden sind, dass Abhülfe nothwendig ist, wird im Einzelfall durch sachverständige Prüfung zu ermitteln sein.

Ob endlich andere derartige Stoffe sich in den einem Flusse zugeführten Abwässern befinden, wird aus den eingetretenen unverkennbaren Missständen sich ergeben.

IV. Die Beurtheilung einer geplanten Anlage in Bezug auf die zu erwartende gemeinschädliche Verunreinigung öffentlicher Wasserläufe hat in jedem einzelnen Falle unter Berücksichtigung der voraussichtlich producirten Schmutzwässer und der beabsichtigten Vorkehrungen zur Reinigung derselben auf Grund der in obigen Thesen aufgestellten Grundsätze zu geschehen.

V. Es ist wünschenswerth, dass eine Commission eingesetzt wird, welche dafür zu sorgen hat, dass die noch fehlenden wissenschaftlichen Unterlagen für eine definitive Regelung der Massnahmen zur Reinhaltung der öffentlichen Wasserläufe beschafft werden.

Zu der betreffenden Berathung hatte Rob. Koch einen Bericht geliefert, in welchem er u. a. schreibt:

Die Verunreinigungen der öffentlichen Wasserläufe haben in Folge der Zunahme solcher Gewerbebetriebe, welche flüssige Abgänge zu beseitigen haben, und nachdem alle mit Wasserleitung versehenen Städte in die Nothwendigkeit versetzt sind, die gebrauchten und mit Unrathstoffen beladenen Wassermengen wieder abzuführen, an vielen Orten einen so hohen Grad erreicht, dass eine Abhülfe dringend geboten ist. Die Missstände, welche sich auf diese Weise entwickelt haben, bestehen zum Theil darin, dass das verunreinigte Wasser die Gesundheit direct zu schädigen im Stande ist, zum Theil darin, dass die Anwohner durch die Ausdünstungen des Wassers belästigt werden, oder dass die naturgemässe Benutzung des Wassers für den Trink- und Hausgebrauch, auch ohne dass das Wasser geradezu schädliche Eigenschaften angenommen hat, beeinträchtigt wird. Unzertrennbar mit diesen vom Standpunkte der öffentlichen Gesundheitspflege allein in Betracht kommenden Folgen sind diejenigen verbunden, welche durch die Verunreinigung des Wassers in Bezug auf seine Verwendung für Fischzucht, sowie für die Zwecke der Landwirthschaft, der Industrie und der Schifffahrt bedingt sind.

Die Zahl der Infectionskrankheiten, deren Keime, wenn sie in öffentliche Wasserläufe gerathen, zum Ausbruch von Epidemien Veranlassung geben können, ist allem Anscheine nach nur eine beschränkte. Mit Sicherheit kann man vorläufig nur Milzbrand, Abdominaltyphus und Cholera dahin rechnen. In Bezug auf diese letzteren beiden Krankheiten sei an die Typhusepidemien von Genf und Zürich und an das Verhalten der Choleraepidemien in London erinnert, welche den unwiderleglichen Beweis dafür liefern, dass die Verunreinigung eines öffentlichen Wasserlaufs in der That bedeutende und in diesem Falle gewöhnlich explosionsartig auftretende Epidemien veranlassen kann. Durch Milzbrandkeime können, wie die Erfahrung ebenfalls gelehrt hat, unter ähnlichen Verhältnissen Epizootien hervorgerufen werden. Unzweifelhaft finden aber auch noch andere Infectionsstoffe, zu denen beispielsweise die Eier und Embryonen von Eingeweidewürmern zu rechnen sind, ihren Weg in die öffentlichen Wasserläufe, um von da aus wieder in den menschlichen Körper zu gelangen. Abgesehen von den Milzbrandkeimen, welche wohl ausschliesslich durch die Abgänge aus Abdeckereien, Gerbereien, Fabriken zur Verarbeitung von Thierhaaren u. s. w. dem Wasser zugeführt werden, sind die übrigen Infectionsstoffe in den Abgängen aus dem menschlichen Haushalte enthalten, und zwar können in dieser Beziehung alle Abgänge als Träger von Infectionsstoffen functioniren. In erster Linie sind natürlich die Fäcalien, mit denen die Ausleerungen der Typhus- u. s. w. Kranken gemischt sind, als Infectionsträger zu fürchten; aber nicht weniger bedenklich müssen auch die übrigen flüssigen Abgänge aus dem Hause erscheinen, in welche mit dem Wasser, welches zur Reinigung des Körpers, der Wäsche, der Krankenräume u. s. w. gedient hat, unter allen Umständen Infectionsstoffe, wenn überhaupt in dem betreffenden Hause solche vorhanden sind, gelangen müssen. Hiernach würde es also, soweit es sich um Beseitigung der Infectionsgefahr handelt, nicht richtig sein, gegen die durch das Einleiten von Fäcalien bedingte Verunreinigung der öffentlichen Wasserläufe allein vorzugehen und das Hausschmutzwasser als ungefährlich zu behandeln.

Da die Umgebung der menschlichen Wohnung mehr oder weniger der Ablagerung von Infectionsstoffen durch Fäcalien, sowie durch feste und flüssige Abgänge des Haushalts ausgesetzt ist und das mit Höfen und Strassen in Berührung kommende Wasser von dort schädliche Stoffe in die öffentlichen Wasserläufe schwemmen kann, so sind auch diese Schmutzwässer immer noch als infectionsverdächtig anzusehen und als solche zu behandeln.

Mit zunehmender Verdünnung derartiger unreiner Zuflüsse nimmt die Infectionsgefahr zwar ab, aber ganz schwindet sie nie, da noch ein einzelner Keim inficiren kann. Daher lässt sich auch in Bezug auf Infectionsstoffe nicht, wie bei toxisch wirkenden Verunreinigungen, welche für ihre schädliche Wirkung einer bestimmten Concentration bedürfen, eine bestimmte Grenze für den der Abhülfe bedürfenden Grad der Verunreinigung angeben. Infectionsstoffe sollten also unter allen Umständen, auch in den allergeringsten Mengen von den öffentlichen Wasserläufen ferngehalten werden.

---

5. Selbstreinigung der Flüsse.

In die Flussläufe gelangte Unreinigkeiten senken sich bei abnehmender Stromgeschwindigkeit theilweise zu Boden. Diese Art der Selbstreinigung ist aber von zweifelhaftem Werth, weil diese Schlammablagerungen bei eintretender stärkeren Strömung wieder mitgerissen werden und nun erst recht lästig werden können, oft auch durch stinkende Fäulniss der organischen Massen.[1])

Nützlicher sind mancherlei Umsetzungen der Bestandtheile. Calciumbicarbonat verliert Kohlensäure und fällt als Carbonat aus, Eisenbicarbonat als Hydrat. Metallsalze werden als Carbonate, Hydrate, in faulendem Wasser als Sulfide u. s. w. gefällt. Bleich-Chlor wird in unschädliche Chloride, Sulfite werden in Sulfate übergeführt.

Wichtiger ist die Umsetzung der organischen Stoffe. Die mehrfach erwähnte englische Commission hat durch Untersuchung der englischen Flüsse (vergl. S. 114) und durch Versuche im Laboratorium gefunden, dass die Oxydation der organischen Stoffe namentlich bei Temperaturen unter 17^0 äusserst langsam vor sich geht, so dass kein Fluss Englands lang genug ist, auf diese Weise die organischen Stoffe unschädlich zu machen. Im Winter werden die Flüsse nur durch Absetzen der suspendirten Stoffe theilweise gereinigt. Der abgesetzte Schlamm enthält oft 30$^0/_0$ stickstoffhaltige organische Stoffe, welche im Sommer wieder in faulige Gährung übergehen, stinkende Gase entwickeln, die grosse Massen schwarzen Schmutzes mit sich zur Oberfläche reissen und dadurch den Fluss für Auge und Nase unerträglich machen. Dagegen

[1]) Vergl. Gasch, Noch etwas über Fabrikabwasser (Wien 1889).

glaubt Tidy,[1]) dass Abwässer, welche in ein fliessendes Wasser übertreten, in diesem ihre organischen Verunreinigungen schon nach einiger Zeit verliren, wenn die Masse des Flusswassers genügt, um eine entsprechende Verdünnung des hinzutretenden Abfallwassers zu bewirken. E. Frankland[2]) bestreitet dieses. Nach Versuchen von J. König[3]) ist eine direkte Oxydation der organischen Stoffe durch den Sauerstoff- bezw. Luftzutritt nicht anzunehmen, wohl aber eine solche des Schwefelwasserstoffes bezw. der Schwefelverbindungen, wobei der Sauerstoffgehalt des Wassers gleichzeitig nicht unerheblich zunimmt. Ammoniak wird, entgegen den Angaben von Fleck[4]) und Uffelmann[5]), nicht oxydirt.

Pettenkofer[6]) nimmt besonders für die Isar eine kräftige Selbstreinigung in Anspruch, welche mindestens 40 cbm Wasser in der Secunde an München vorüberführt, während die Münchener Kanäle höchstens 0,5 cbm Schmutzwasser liefern, welches schon jetzt über die Hälfte der sämmtlichen Fäcalien Münchens enthält. Isarwasser oberhalb (I) und unterhalb (II) Münchens enthielt (mg im Liter):

	I.	II.
Suspendirt	13,0	12,7
Abdampfrückstand . .	219,2	224,0
Chlor	1,96	2,94
Sauerstoffverbrauch . .	2,42	2,48

Pettenkofer meint daher, „dass man gewöhnliches Sielwasser sammt Fäcalien unbedenklich in jeden Fluss oder Bach einleiten dürfe, dessen Wassermenge mindestens das 15fache von der Menge des Sielwassers, und dessen Geschwindigkeit keine geringere als die des Sielwassers ist. Unter diesen Umständen tritt stets die nöthige Verdünnung und Selbstreinigung des Wasserlaufes nach kurzen Strecken ein“.

Jäger[7]) schliesst sich der Ansicht Pettenhofer's an, dass bei dem Processe der Selbstreinigung der Flüsse biologische Vorgänge eine bedeutende Rolle spielten. Algen der verschiedensten Art, Diatomeen und Bacterien haben die Fähigkeit, Fäulnissproducte zu assimiliren und Eiweiss-

[1]) Chem. News, 41, 143.

[2]) J. Chem. Soc., 1880, 506 u. 517.

[3]) Landw. Jahrb., 1882, 206; 1883, 841.

[4]) 12. u. 13. Jahresber. d. Königl. chem. Centralstelle f. öffentl. Gesund heitspflege. Dresden 1884, 54.

[5]) Archiv f. Hygiene, 1886, 4, 82.

[6]) Arch. f. Hygiene, 12, 269; Journ. f. Gasbel., 1890, 415; 1891, 377; Deutsche Bauztg., 1891, 210.

[7]) Württ. med. Corr., 1896, Sonderabdruck.

stoffe, Stärkemehl und Fette daraus zu bilden. Diese Algen dienen dann wieder als willkommene Speise für höher entwickelte Thiere. Fische vermögen sich aber auch direct von frischen, noch nicht in Zersetzung befindlichen Abgängen zu ernähren. Bei der Sorge um Reinhaltung der Flüsse ist also darauf Acht zu geben, dass diejenigen Factoren, welche im besonderen Falle die Selbstreinigung besorgen, nicht zerstört werden. Es sollten also von den Flüssen alle diejenigen Stoffe fern gehalten werden, welche dieselben nicht zu verarbeiten vermögen, wie alle grob mechanischen Verunreinigungen, Sägespähne, Aschen u. dergl., sowie ferner diejenigen, welche die biologischen Processe im Wasser stören.

König[1]) beobachtete die Selbstreinigung der Emscher nach Aufnahme des Abwassers der Stadt Dortmund (das Abwasser wurde durch Zusatz von Thonerdesulfat und Kalk in Tiefbrunnen gereinigt) auf einer Strecke von 14 km, auf welcher die Emscher nur zwei kleine Seitenbäche mit wenig Wasser aufnimmt, zu verfolgen; 3 Probenahmen ergaben für 1 l Emscherwasser nach Aufnahme des so gereinigten städtischen Abwassers:

Entfernung nach Einführung des Kanalwassers	Schwebestoffe mg	Zur Oxydation erforderlicher Sauerstoff in alkalischer Lösung mg	Zur Oxydation erforderlicher Sauerstoff in saurer Lösung mg	Stickstoff (organischer und Ammoniak-) mg	Keime von Mikrophyten in 1 cc Wasser
1 km unterhalb	60,0	12,2	11,9	17,0	1 453 000
7 „ „	32,5	11,1	10,5	14,3	124 000
14 „ „	6,3	8,9	9,4	12,7	220 600

Nach Willemer[2]) lassen im Isarwasser die suspendirten Theile unterhalb Münchens keine Zunahme im Laufe der Jahre erkennen. Die Untersuchungen bei Niederwasser, die hier allein massgebend sind, verzeichnen stets nur einige Milligramme. Aus den Abdampfrückständen lässt sich auf ein Gesammtansteigen gegen früher nicht schliessen. Der Verbrauch von Sauerstoff bei der Oxydation mit Permanganat ist oberhalb und unterhalb München fast völlig gleich, schwankt nur in sehr engen Grenzen und erhebt sich merklich nur bei Ismaning. Der Chlorgehalt des Isarwassers erfährt bei Ismaning eine merkliche Steigerung, verringert sich schon wesentlich bei Freising, ist auch bei Landshut noch etwas höher als bei Thalkirchen, aber nicht mehr höher als in der Amper. Für alle besprochenen Indicatoren einschliesslich der Bacterien sind die Differenzen gegen früher so gering, die absoluten Mengen so klein, dass bis jetzt von einer durch unsere chemischen oder bacteriologischen Me-

[1]) König, Verunreinigung der Gewässer, I, S. 226.

[2]) Forschungsberichte, 1897. 319.

thoden nachweisbaren, irgendwie nennenswerthen Verunreinigung der Isar nicht gesprochen werden kann (vergl. S. 117).

Die Verunreinigungen des Moselwassers verringern sich nach M. Holz.[1]) unterhalb Metz schon in kurzer Zeit sehr bedeutend. Fränkel[2]) zeigt dasselbe für die Lahn bei Marburg.

Von Brandenburg[3]) wurden von April bis September 1896 und Juli bis September 1897 monatlich zweimal an 3 verschiedenen Stellen oberhalb sowie 3 und 12 km unterhalb von Trier Proben aus der Mitte der Mosel entnommen, deren Prüfung ergab, dass eine Verunreinigung weder durch chemische Analyse noch durch bacteriologische Untersuchungen nachgewiesen werden konnte.

Dass die organischen Stoffe in Wasserläufen mehr oder weniger rasch abnehmen, bestätigen auch die Beobachtungen von A. Müller,[4]) J. H. Long[5]) u. A.[6]) Nach Long verschwanden auf der Strecke zwischen Bridgeport nach Lockport auf 1 engl. Meile Länge 1,44 Proc. freies Ammon und 1,52 Proc. Albuminoidammon, berechnet auf die bei Bridgeport vorhandene Menge. Zwischen Lockport und Joliet verschwinden auf je eine Meile 8,06 Proc. freies Ammon und 9,75 Proc. Albuminoidammon, berechnet auf die bei Lockport mitgeführten Mengen.

Nach G. Frank[7]) enthielt das Wasser der Spree und Havel im Sommer 1886 im Durchschnitt:

Ort der Probenahme	Im Sommer April—September 1886				Im Winter October 1886 — März 1887			
	Ammoniak (mg im Liter)	zur Oxydation erfordrl. Permanganat (mg im Liter)	Chlor (mg im Liter)	Anzahl der aus 1 cc Wasser in Gelatine entwickelten Keime	Ammoniak (mg im Liter)	zur Oxydation erfordrl. Permanganat (mg im Liter)	Chlor (mg im Liter)	Anzahl der aus 1 cc Wasser in Gelatine entwickelten Keime
Oberbaumbrücke . .	0,09	20,1	21,0	6 771	0,44	19,1	24,9	12 100
Ruhlebener Schleuse	0,89	22,3	23,9	267 300	0,69	22,9	27,3	150 844
Spandau	0,93	21,5	23,6	451 826	0,91	22,0	26,5	162 163
Pichelsdorf . . .	0,86	20,9	23,1	224 126	0,61	20,6	25,8	145 944
Gatow	0,38	20,9	23,1	197 592	0,76	19,3	27,0	34 078
Cladow	0,31	21,2	22,3	289 125	0,52	19,6	26,7	20 947
Sacrow	0,10	20,6	21,6	7 858	0,51	17,9	27,2	10 956

[1]) Arch. f. Hygiene, 25, 309.
[2]) Viertelj. gerichtl. Med., 7, 2, Sonderabdr.
[3]) Gesundhtsing., 1899, 96.
[4]) Landw. Vers.. 16, 263; 20, 391.
[5]) Amer. Chem. J., 10, 27; Zeitschr. f. angew. Chem., 1888, 477.
[6]) Deutsch. Viertelj. f. öffentl. Gesundh., 1878, 574.
[7]) Zeitschr. f. Hygiene, 3, 355.

Pariser Kanalwasser geht nach Ch. Lauth[1]) für sich bald in Fäulniss über; wird aber atmosphärische Luft hindurchgeleitet, so werden die Stickstoffverbindungen ohne stinkende Fäulniss löslich. Ein solches Wasser enthielt im Liter vor (I) und nach der Behandlung mit Luft (II) folgende Stickstoffmengen:

	I.	II.
Unlöslicher Stickstoff .	14,70	8,05
Löslicher Stickstoff . .	20,65	26,95
Stickstoff als Nitrat . .	1,17	1,12
„ „ Ammoniak	8,40	14,00
Gesammtstickstoff . .	38,00	38,00

Diese Löslichmachung des Stickstoffes und Ueberführung in Ammoniak ohne Nitrirung wird noch durch Kalk beschleunigt. Die Entwickelung der im Kanalwasser enthaltenen Algen, Pilze (Penicillium) und Infusorien (Euglena, Paramecium) wird durch das Einleiten von Luft ungemein begünstigt; stinkende Gase treten hierbei nicht auf. Auch W. Wallace[2]) beobachtete ähnliche Umsetzungen.

Nach W. J. Dibdin und G. Thudichum[3]) steht der Sauerstoffgehalt eines Wasserlaufes in inniger Beziehung zu den Verunreinigungen, die ihm zugeführt werden. Die Abwässer verbrauchen den Sauerstoff, wie sie ihn aus der Atmosphäre aufgenommen haben. Die einem Fluss zugeführten Verunreinigungen setzen auch dessen Sauerstoffgehalt herunter. Sie können jedoch ohne Gefahr in dem Maasse zugeführt werden, dass sich der Sauerstoffgehalt auf mindestens 50 Proc. des möglichen Maximums hält.

Nach Coleman[4]) werden Albuminate nicht durch Ozon oder Sauerstoff angegriffen, sie müssen vielmehr erst eine Spaltung durch Mikroorganismen erfahren haben, ehe die Lüftung eine Wirkung äussern kann; die Luft wirkt als natürlicher Reiniger des Wassers indirect günstig, indem sie die Wirksamkeit der Organismen erhöht, welche, nachdem sie ihre Oxydationswirkung verrichtet haben, aus Mangel an Nahrung absterben.

Nach Warrington[5]) geschieht die Zersetzung der organischen Stoffe nicht durch einfache Sauerstoffabsorption, sondern durch Bacterien und Chlorophyll-haltige Organismen. Auch die Analysen von W. N. Hartley (1883) von Flusswasser oberhalb und unterhalb bedeutender Wasserfälle sprechen gegen einfache Oxydation:

---

[1]) Compt. rend., 84, 617.

[2]) Chem. News, 43, No. 1106.

[3]) Journ. Soc. Chem. Ind., 1900, 497.

[4]) Chem. News, 41, 265.

[5]) Journ. Soc. Chem. Ind., 1886, 650.

mg im Liter	Wasser aus dem Dargle River an dem 120 m hohen Powerscourtfall		Wasser aus dem Caraweystickfluss an den 235 m abfallenden Kaskaden bei Glenmalure			
			Winterproben		Sommerproben	
	oberhalb des Falles	unterhalb des Falles	oberhalb des Falles	unterhalb des Falles	oberhalb des Falles	unterhalb des Falles
Organischer Kohlenstoff . . .	9,46	9,44	2,85	2,87	10,60	11,70
„ Stickstoff	0,72	0,77	0,24	0,23	0,54	0,53
Ammoniak	0,01	0,01	—	—	Spur	Spur
Stickstoff als Nitrate und Nitrite	—	—	0,04	0,04	—	—

Durch das sog. „Lüften" von Abwasser u. dgl. kann daher wohl Schwefelwasserstoff oxydirt, Ammoniak ausgetrieben werden, auf eine nennenswerthe Verminderung der organischen Stoffe ist nicht zu rechnen.

Nach Piefke wird die Wasserreinigung durch Bacterien (S. 194), nach O. Löw[1]) durch Algen, nach Emich[2]) durch verschiedene Organismen bewirkt; letztere Ansicht ist für Flussläufe jedenfalls die richtigere.

Nach Bechamp (1869) wird Gyps durch Fäulnissorganismen zu Schwefelcalcium, Eisensulfat zu Schwefeleisen reducirt; nach Cohn[3]) werden die Sulfate durch Algen und Bacterien reducirt. Nach Olivier[4]) werden Sulfate auch von manchen Spaltalgen reducirt.

Die Oxydation von Ammoniak zu Salpetersäure wird nach Schlösing und Müntz[5]) nur in Bacterien-haltigem, nicht in sterilisirtem Boden bewirkt. Warington,[6]) Esmarch,[7]) Uffelmann,[8]) Heräus[9]) u. A.[10]) bestätigten dies. Die Bildung von Salpetrigsäure in Ammoniak-haltigem Wasser findet nach J. E. Enklaar[11]) nicht statt, wenn das Wasser vorher gekocht wird. Die Salpetrigsäure bildet sich durch Oxydation des Ammoniaks unter dem Einfluss von Mikroben, welche sich schnell in Wasser vermehren, welches Calciumcarbonat und organische Stoffe enthält, und getödtet oder doch unwirksam gemacht werden durch

1) Arch. Hygiene, 12, 261.
2) Fischer's Jahresber., 1884, 1225; vergl. das. 1890, 583.
3) Cohn, Beiträge zur Biologie der Pflanzen, 1876, Heft 3, S. 156.
4) Compt. rend., 95, No. 19.
5) Compt. rend., 77, 203 u. 353; 84, 301; 89, 891; 101, 65.
6) Journ. Chem. Soc., 1885, 637.
7) Zeitschr. f. Hygiene, 1, 297.
8) Arch. Hygiene, 4, 82.
9) Zeitschr. f. Hygiene, 1, 193.
10) Vergl. Fischer's Jahresber., 1888, 468; 1889, 1206; 1890, 511 u. 1186.
11) Fischer's Jahresber., 1890, 573.

die Gegenwart freier Säuren (vergl. Berieselung). Anderseits gibt es Mikroorganismen, welche beim mangelnden Luftzutritt Nitrate reduciren zu Nitrit, Ammoniak oder selbst zu Stickstoff, wie Gayon oder Dupetit,[1]) Dehérain, Maquenne[2]) und Heräus[3]) gezeigt haben. Letzterer beschreibt u. a. eine Stäbchenart im Spreewasser, welche bei nur geringem Gehalt an Ammoniumcarbonat oder Chlorammonium eine Spur von Ammoniak in Nitrit überführte; bei Anwesenheit von Nitraten reducirte sie auch bei reichlichstem Luftzutritt die Nitrate zu Nitrit und Ammoniak. Bei gleichzeitiger Anwesenheit von Ammoniak und Nitrat wurde immer zuerst das besser nährende Ammoniak assimilirt und höchstens Spuren von Nitrat zu Nitrit reducirt; erst nach Verbrauch des Ammoniaks wurde die Salpetersäure vollständig reducirt.

Die Oxydation organischer Stoffe zu Kohlensäure ist nach Wollny[4]) und Dehérain[5]) ebenfalls auf die Thätigkeit von Mikroorganismen zurückzuführen.

Besonders in stark verunreinigtem Wasser wird ausserdem Sumpfgasfäulniss, Milchsäuregährung, Harnstoffgährung[6]) u. dergl. eintreten.

Inwieweit sich in unreinem Flusswasser Ptomaine bilden, ist noch nicht festgestellt.

A. Stutzer und O. Knublauch[7]) bestimmten den Bacteriengehalt des Rheinwassers bei Köln:

Ort der Wasserentnahme	Entfernung von Köln km	Anzahl der Untersuchungen	Absoluter Bacteriengehalt in 1 cc Wasser:		
			Linkes Ufer	Mitte	Rechtes Ufer
Marienburg (oberh. Köln)	—	53	4 786	4299	4 080
Mülheim	8	22	30 432	3323	3 926
Stammheim-Niehl . . .	11	8	22 264	3554	2 866
Wiesdorf-Merkenich . .	17	30	12 460	4323	3 782
Rheindorf (auf der rechten Seite ist die Wupper aufgenommen) . . .	19,5	12	9 979	3783	25 342
Langel	22	24	9 595	4250	7 506
Zons	34	10	5 120	3535	3 290
Volmerswerth	47,5	19	7 689	6889	6 613

---

[1]) Compt. rend., 95, 644 u. 1365.

[2]) Compt. rend., 95, 691.

[3]) Zeitschr. f. Hygiene, 1, 193.

[4]) Landw. Versuchs-Stat., 25, 390.

[5]) Compt. rend., 98, 377; 99, 45.

[6]) Bull. soc. chim., 32, 127; Compt. rend., 85, 1252; 99, 877; Zeitschr. für Hygiene, 1, 193.

[7]) Centr. allg. Gesundh., 1894, 123 u. 165.

Nach den Untersuchungen von Prausnitz[1]) enthält das Wasser des Hauptsieles von München, welches in die Isar mündet, etwa 198000 Keime in 1 cc, während die Isar oberhalb München nur etwa 220 enthält. Nach Einmündung des Sieles und eines Stadtbaches fanden sich in der Isar durchschnittlich 15231, im Ismaning (13 km unterhalb München) 9111, bei Erching (22 km unterhalb München) 4796, in Freising (33 km unterhalb München) 3602, in Landshut (72 km unterhalb München) 1243. Nach Pettenkofer (s. o.) enthielt im März 1891 die Isar bei Thalkirchen 10164, bei Bogenhausen vor Einmündung des Münchener Hauptsieles 69000 Keime. Oberhalb Augsburg hatte der Lech 291, die Wertach 1139, unterhalb Augsburg 11938 Keime. Der Neckar hatte am 31. März 1891 oberhalb Stuttgart 7580, unterhalb aber unzählige Keime (vergl. S. 117). Lissauer[2]) meint, die Keime setzen sich einfach zu Boden. Auch Algen und sonstige Chlorophyll-haltige Pflanzen betheiligen sich an der Selbstreinigung des Wassers, wie Löw und Bokorny[3]) u. A. nachgewiesen haben (vergl. S. 136), während H. Classen[4]) dieses bestreitet, König (S. 139) aber bestätigt.

Buchner[5]) u. A. stellten fest, dass Sonnenlicht die Bacterien tödtet. Dieudonne[6]) fand, dass nur die Licht- und chemischen Strahlen des Sonnenlichtes, nicht die Wärmestrahlen keimtödtend wirken. Unter denselben Bedingungen zeigen die rothen und gelben Strahlen des Spectrums keine schädigende, die grünen eine leicht entwickelungshemmende, die blauen, violetten und ultravioletten Strahlen eine sehr stark tödtende Wirkung auf den Bac. fluorescens und den Microc. prodigiosus. Bei der ungemeinen Kleinheit der Keime[7]) ist ein Absetzen nur unter Umständen anzunehmen, wie Gärtner, Prausnitz,[8]) Rubner,[9]) Franke[10]) zeigten. Begünstigt wird das Niedersinken der Bacterien durch Mitreissen von Sinkstoffen. Krüger[11]) konnte durch chemisch indifferente Stoffe wie Thon, Calciumcarbonat, Thonerde, Kieselguhr, Ziegelmehl, Sand u. s. w.

---

1) Hygienische Tagesfragen, Bd. 9 u. 10 (München, Rieger).

2) Zeitschr. f. angew. Chem., 1889, 688.

3) Arch. f. Hygiene, 1891, 261; 1892, 202; 1894, 181.

4) Gesundh., 1898, 377.

5) Arch. f. Hygiene, 1893, 179.

6) Arb. d. Gesundheitsamts, 1894, 405.

7) Nach Fol und Duant (Rev. d'hygiène et pol. san., 1885) füllen erst 1000 Milliarden Bacterien 1 cc. Nach Nägeli wiegen 30000 Millionen Bacterien getrocknet erst 1 mg.

8) Hyg. Rundsch., 1898, 161.

9) Arch. f. Hygiene, 1890, 365.

10) Hyg. Rundsch., 1893, 429.

11) Zeitschr. f. Hygiene, 1889, 86.

das Niedersinken der Bacterien unterstützen; ein noch stärkeres Niedersinken konnte erzielt werden, wenn ein Niederschlag (z. B. aus Kalk allein oder Thonerdesulfat und Kalk) im Wasser erzeugt wurde.

Auch die neueren Arbeiten widersprechen sich noch vielfach. Nach E. Goldschmidt, A. Luxemburger, F. Neumayer und W. Prausnitz[1]) wird die Selbstreinigung der Flüsse, d. h. das Verschwinden der eingeleiteten leblosen Verunreinigungen, durch die Thätigkeit der Mikroorganismen nicht beeinflusst. Das Verschwinden der durch das Gelatineverfahren nachweisbaren Mikroorganismen in verunreinigten Flüssen erfolgt während der Tages- und Nachtstunden, ist also durch die Belichtung des Wassers nicht bedingt; diese scheint jedoch das Absterben der Mikroorganismen zu befördern. Das Absterben der Mikroorganismen verläuft sehr schnell, und zwar gehen durchschnittlich nach einem Laufe von 20 km in etwa 8 Stunden 50 Proc. der eingeschwemmten Keime zu Grunde. Durch diesen Nachweis des raschen Absterbens der Bacterien findet die alte Erfahrung, dass Epidemien nicht flussabwärts ziehen, eine genügende, für die Praxis der Städtereinigung sehr wichtige Erklärung.

Nach Th. Bokorny[2]) spielen Bacterien so lange die wichtigste Rolle bei der Flusswasserreinigung, als der Gehalt an faulenden Stoffen sehr hoch ist; andernfalls treten die Diatomeen und Algen hinzu. Die Fähigkeit der Algen und anderer grüner Pflanzen, organische Stoffe aller Art zu verarbeiten, ist geradezu staunenswerth. So können Spirogyren aus Essigsäure, einem der Fäulnissproducte, Stärke bilden. Stellt man sich aus Eisessig 0,1proc. Essigsäure her und neutralisirt die saure Lösung mit Kalkwasser, so erhält man eine Nährflüssigkeit, in welcher Spirogyren binnen 2 Tagen bei Lichtzutritt und unter Ausschluss von Kohlensäure Stärke speichern. Sogar aus Methylalkohol können Algen Stärke bilden. Andere bei der Fäulniss auftretende flüchtige Fettsäuren, wie Buttersäure und Baldriansäure, vermögen den Algen ebenfalls als Nahrung zu dienen. Aus der Reihe der Amidokörper, welche bei der Fäulniss auftreten, wurden Glycocoll, Leucin und Tyrosin geprüft; aus ihnen bilden Algen reichlich Stärke. Auch Asparaginsäure, Hydantoin, Urethan, Kreatin, Betaïn- und Neurinsalze wirken ernährend, ferner eine Reihe weiterer organischer Stoffe. Selbst Harnstoff wirkt, in richtiger Verdünnung angewandt, ernährend auf Algen. Man kann also behaupten, dass eine beträchtliche Anzahl der gelösten organischen Stoffe, die dem Flusse durch Einleiten der Siele zugeführt werden, durch Wasserpflanzen vernichtet, d. h. aus dem Wasser entfernt werden. Von besonderer Bedeutung ist hierbei auch die Thatsache, dass Diatomeen von den genannten organischen

---

[1]) Hyg. Rundsch., 1898, 161.

[2]) Arch. Hygiene, 20, 181.

Stoffen sich zu ernähren vermögen; sie bilden daraus Fett (nicht Stärke). Da die Diatomeen im freien Flusswasser schwimmend vorkommen und dort oft die einzige Algenvegetation bilden, so sind sie für die Flussreinigung wichtig.

Nach J. König, Grosse-Bohle und Romberg[1]) scheint eine direkte Oxydation des Ammoniaks durch den Luftsauerstoff beim dünnen Ausbreiten schwacher Ammoniaklösungen in faserigen Stoffen (sei es in Heber- oder Filterform) nicht stattzufinden; die auf diese Weise qualitativ nachgewiesene geringe Menge Salpetersäure kann auch direct aus der Luft aufgenommen sein. Sie hätte auch für das Verschwinden des Ammoniaks in den Flüssen schon deshalb keine Bedeutung, weil das Ammoniak in Wasser — ohne Flächenausbreitung an festen Gegenständen — nach den Versuchen Uffelmann's und Anderer keiner directen Oxydation unterliegt. Setzt man dagegen zu lockeren Filtermassen Garten- (bezw. Acker-) Erde, also nitrificirende Bacterien, so findet in den Filtern alsbald eine lebhafte Nitrification statt. Auch in den nicht geimpften Filtern von derselben Grundmasse tritt mit der Zeit, wenn die zu filtrirenden Flüssigkeiten Nitrificationsbacterien enthalten oder solche aus der Luft in dieselben gelangen, Nitrification ein, welche allmählich, wenn die Flüssigkeit auch genügende Mengen organischer Stoffe enthält, der der geimpften Filter nicht nachsteht. Die Salpeterbildung verläuft in verdünnten Flüssigkeiten mit bis zu 400 mg Ammoniak-Stickstoff im Liter rascher und vollkommener, als in gehaltreicheren Flüssigkeiten. Die Nitrification und weiter überhaupt die Oxydation durch oxydirende Bacterien wird in den Filtern durch fein vertheilte Oxyde, wie z. B. Manganoxyde, die leicht Sauerstoff abgeben und wieder aufnehmen, unterstützt. Bei der Nitrification in den Filtern findet ein Verlust an freiem Stickstoff statt; dieser ist um so grösser, je langsamer die Nitrification verläuft, daher in den Filterstoffen mit Ueberzug von Oxyden, die leicht Sauerstoff abgeben und die Oxydation unterstützen, naturgemäss am geringsten. Es wirken daher in den Filtern bei Reinigung fauliger Ammoniak-haltiger Wässer gleichzeitig neben den nitrificirenden auch denitrificirende Bacterien mit. Die Oxydation der Schwefelverbindungen ist nicht oder doch nicht in dem Maasse von der Mitwirkung von Bacterien abhängig, als die Oxydation des Ammoniak-Stickstoffs zu Stickstoffoxyden. Die Oxydation der Schwefelverbindungen geht ohne Zweifel wenigstens zum Theil schon allein durch Luftsauerstoff vor sich, indess wird dieselbe durch den gebundenen, leicht abtrennbaren Sauerstoff der fein vertheilten Manganoxyde unterstützt. Die Oxydation der organischen Stoffe zeigt keine Regelmässigkeiten; das hat seinen Grund darin, dass einerseits ein Theil derselben vorerst mechanisch in der Filtermasse zurückgehalten wird und

[1]) Zeitschr. Unters. Nahrungsm., 1900, 377.

dann bei einer darauf folgenden Filtration wieder in Lösung geht, dass andererseits die zu ihrer Bestimmung angewendeten Verfahren mangelhaft und ungenau sind. Der Glühverlust schliesst auch Krystallwasser der Salze mit ein, durch Kaliumpermanganat werden nur die leicht oxydirbaren organischen Stoffe angezeigt, so dass ein filtrirtes Schmutzwasser unter Umständen mehr Kaliumpermanganat zur Oxydation erfordern kann, als das ursprüngliche ungereinigte Wasser, obschon eine Spaltung und theilweise Oxydation schwer zerlegbarer organischer Stoffe in den Filtern stattgehabt haben kann. Demnach verläuft die Oxydation der organischen Kohlenstoffverbindungen bei Weitem nicht so schnell, als die der Stickstoffverbindungen bezw. die des Ammoniaks zu Salpetersäure. Dass die unorganischen Stoffe in den Filtraten durchweg höher sind, als in dem ursprünglichen unfiltriten Wasser, kann nicht befremden, da auch die unorganischen Salze zum Theil mechanisch von der Filtermasse zurückgehalten werden und sich bei einer späteren Filtration wieder lösen, andererseits auch mineralische Bestandtheile aus der Filtermasse selbst (in diesem Falle Silicate) in Folge der Zersetzungsvorgänge in derselben gelöst werden und mit ins Filtrat übergehen. Ohne Zweifel spielt die directe Oxydation der organischen Stoffe bei der Selbstreinigung der Flüsse nur eine untergeordnete Rolle.

Eine Verminderung der gelösten organischen Stoffe beim künstlichen Fliessen des Wassers auf 2 bis 4 km durch die physikalisch-chemischen Wirkungen (Licht, Bewegung, Sauerstoff) liess sich nicht nachweisen. Nur bei 7 km langem Fliessen des natürlichen Abwassers war eine Verminderung der leicht oxydirbaren organischen Stoffe vorhanden, die nicht auf eine Verdünnung des Abwassers durch anderes reines Wasser allein zurückgeführt werden kann. Auch konnte unter obigen Versuchsbedingungen ein directer Einfluss der Bacterien auf die Abnahme der organischen Verunreinigungen und des Ammoniakgehaltes nicht nachgewiesen werden. Die Bewegung des Wassers als solche ist ohne Einfluss auf die Beseitigung der verunreinigten Bestandtheile. Dagegen nimmt der Ammoniakgehalt beim Fliessen unter Zutritt von Luft und Licht sehr stark ab. Die Abnahme steht in einem gewissen Verhältnisse zur Wasserverdunstung und ist demnach in erster Linie von den meteorologischen Verhältnissen abhängig. Es findet aber ohne Zweifel gleichzeitig auch eine Diffusion des flüchtigen Ammoniaks statt. Eine nennenswerthe Oxydation des Ammoniaks beim Fliessen des Wassers, sei es in künstlichen Rinnen, sei es im Flussbett, fand selbst nach Impfen mit Nitrificationsbacterien nicht statt. Dagegen wurde eine Vermehrung der Schwefelsäure beobachtet.

Nach den mit höheren grünen Wasserpflanzen ausgeführten Versuchen können die Pflanzen Elodea canadensis Rich., Potamogeton crispus L., Myriophyllum proserpinacoides Gill., Ceratophyllum demersum L. ihren

Stickstoffbedarf aus organischer Quelle (Asparagin oder Albumose oder aus beiden) decken. Dasselbe gilt mit höchster Wahrscheinlichkeit auch für Salvinia natans Willd. und Salvinia auriculata Aubl. (bei diesen konnte der Stickstoff nicht bestimmt werden). Dasselbe gilt ferner wahrscheinlich auch für die unten aufgeführten Pflanzen, welche ihren Kohlenstoffbedarf aus organischer Quelle zu decken vermögen. Der Beweis, dass die erstgenannten Pflanzen die organischen Stickstoffverbindungen als solche aufgenommen haben, konnte nicht geliefert werden, so dass eine vorhergehende Spaltung des Molecüls und Aufnahme des Stickstoffes in Form von Ammoniak oder Salpetersäure nicht ausgeschlossen erscheint. Diese Annahme ist jedoch unwahrscheinlich, da die mit organischem Stickstoff, besonders mit Asparagin genährten Pflanzen mehrfach nicht nur ihren absoluten, sondern auch ihren procentigen Stickstoffgehalt wesentlieh erhöhten. Die absolute Vermehrung des Stickstoffs und überhaupt das Wachsthum der Pflanzen war in den Nährlösungen, welche den Stickstoff in organischer Verbindung enthielten, in den meisten Fällen das bei weitem beste. Die Pflanzen Elodea canadensis Rich., Potamogeton crispus L., Myriophyllum proserpinacoides Gill., Myriophyllum prismatum, Ceratophyllum demersum L., Salvinia natans Wild., Salvinia auriculata Aubl., Azolla caroliniana Willd. können ihren Kohlenstoffbedarf in kohlensäurefreien Lösungen aus organischer Quelle decken; die Mehrzahl derselben bringt es zu einer bedeutenden Vermehrung der Trockensubstanz. Für Lemna minor L. und Lemna polyrhiza L. ist der Besitz derselben Fähigkeit wahrscheinlich. Eine Assimilation der etwa durch Zersetzung der organischen Stoffe gebildeten Kohlensäure kann zwar nicht als ausgeschlossen bezeichnet werden, ist aber unwahrscheinlich, da die Pflanzen, welche in den Kohlensäure-enthaltenden Lösungen gezogen wurden fast allgemein eine weit schlechtere Entwickelung nahmen. Das gute Gedeihen einiger Pflanzen im Leitungswasser beweist hiergegen nichts, da das Leitungswasser nicht zu vernachlässigende Mengen gelöster organischer Stoffe enthält.

Harnstoff scheint sich als Stickstoffquelle nicht zu eignen, wahrscheinlich wegen giftiger Nebenwirkung. Auch in Lösungen von Glycocoll und humussaurem Kalium gelang es bis jetzt nicht, Ceratophyllum und Myriophyllum zum Wachsthum zu bringen. Algen gedeihen auch in diesen Lösungen sehr gut. Die in den organische Stoffe enthaltenden Lösungen gezogenen Pflanzen zeichneten sich meistens durch gutes Wachsthum vor den in rein anorganischen Lösungen gezogenen auffallend aus. Daraus ist zu schliessen, dass diese Pflanzen mit Vortheil organische Stoffe verarbeiten.

Da manche Pflanzen es in den rein anorganischen Lösungen nur zu einer kümmerlichen Entwickelung brachten oder sogar abstarben, erscheint die Vermuthung begründet, dass diese Arten sich in hohem Grade an die halbsaprophytische Lebensweise angepasst haben.

Die Selbstreinigung des Flusswassers hängt daher offenbar von den verschiedensten Umständen ab: Art und Menge der Stoffe, fördernde oder hemmende Wirkung anwesender unorganischer Stoffe, Temperatur des Wassers, Beschaffenheit der Flussufer, Stauwerke oder freier Lauf bezw. erschwerte oder beförderte Einwirkung der atmosphärischen Luft, des Lichtes u. s. w., alles Umstände, welche noch wenig erforscht sind. Keinesfalls kann die Keimzählung für die Beurtheilung einer Flussverunreinigung irgendwie massgebend sein.

6. Abwasserreinigung.

Die Reinigung der Abwässer kann geschehen durch mechanische Absonderung der darin schwebenden Stoffe (Absitzenlassen, Filtriren), durch biologische Processe und Berieselung, sowie durch Zusatz chemisch wirkender Stoffe. Eine strenge Trennung dieser Verfahrungsarten ist jedoch nicht ausführbar.

Mechanische Reinigung. Die gröberen in Abwasser schwebenden Stoffe werden meist durch Rechen,[1] Schöpfräder u. dergl. entfernt. Die Absonderung der im Wasser nicht gelösten schwebenden Stoffe durch Absitzenlassen setzt voraus, dass dieselben entweder spec. leichter (Fette o. dergl.) oder schwerer sind als das Wasser, so dass sie allmählich an die Oberfläche steigen oder zu Boden fallen.

Die Schnelligkeit des Absitzens der Sinkstoffe ist abhängig vom spec. Gewicht und von der Korngrösse, da die Oberfläche des Kornes und somit der das Fallen verzögernde Wasserwiderstand mit dem Quadrat, das Gewicht des Kornes aber mit dem Kubus des Radius wächst. Das Absitzen wird verzögert oder verhindert durch Bewegung des Wassers.[2]

[1]) Vergl. D. R.-P. No. 114 282, 116 505, 118 704.

[2]) A. Seddon hat gefunden, dass sich die Strömungen des Wassers in Wirbel verwandeln und auch diese wieder, in immer kleinere Wirbel sich theilend, die äussere vorerst sichtbare Bewegung in innere, zuletzt nicht mehr sichtbare Bewegung verwandeln. Das Endergebniss ist moleculare Bewegung, Temperaturerhöhung. Die mit wagrechter Achse begabten, in senkrechter Ebene die Drehung

Lässt man das Schmutzwasser ununterbrochen durch die Absatzbehälter hindurchfliessen, so kommt dasselbe, streng genommen, überhaupt nicht völlig zur Ruhe. Absatzbehälter, in denen das Wasser in wagrechter Richtung geführt wird (Frankfurt), erfordern viel Platz. Zwecklos, ja schädlich wegen Beschleunigung der Bewegung ist dabei das Einsetzen von Zwischenwänden, um das Wasser hin und her zu führen.

Bei der Beurtheilung der Wirkung solcher Absatzbehälter ist sehr zu beachten, dass das Wasser sich nicht durch den ganzen Querschnitt des Behälters gleichmässig bewegt. Nur die oberste Schicht *a* (Fig. 1) fliesst gleichmässig nach dem Ausfluss, die mittlere Schicht *c* bewegt sich nur sehr langsam nach vorn, während der untere Theil *n* des Wassers fast völlig still steht. Angesichts der so ungemein rasch wechselnden Zusammensetzung des Wassers (S. 111) ist es daher unbedingt erforderlich, einen unveränderlichen Bestandtheil (am besten Chlor) am Einlauf und Auslauf zu bestimmen. Der Ueberfall *v* sichert den Abfluss des geklärten Wassers in ganzer Breite des Klärbeckens in dünner Schicht, so dass die raschfliessende Schicht *a* möglichst niedrig ist und die Sinkstoffe um so

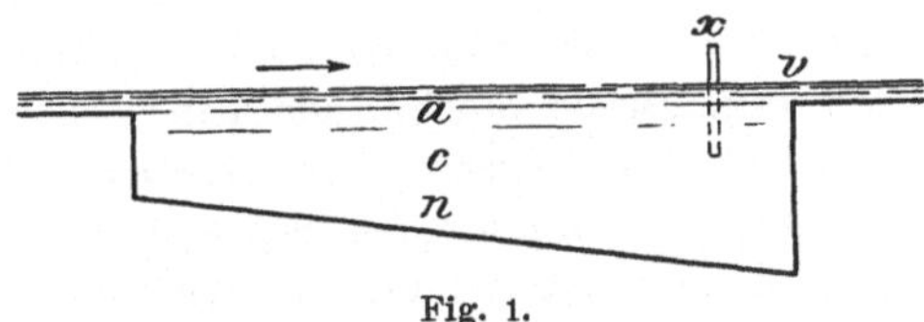

Fig. 1.

leichter in die langsamfliessenden Schichten *c* und schliesslich in die nur noch sehr langsam bewegten unteren Schichten gelangen, um sich hier abzulagern. Unpraktisch würde die Anbringung einer Querwand *x* sein, da nun die mittleren Schichten die grösste Geschwindigkeit erhalten und so das Absetzen erschweren würden.

In Hannover[1]) sind an Klärbecken von 50 bis 75 m Länge Versuche mit 4 mm, 6 mm und 8 mm Durchlaufsgeschwindigkeit ausgeführt worden. Später folgten an dem 75 m langen Becken auch noch Versuche mit 10, 12, 15 und 18 mm Geschwindigkeit. Das 50 m lange Becken hatte eine

---

vollziehenden Wirbel wirken sämmtlich verzögernd auf die Fallbewegung der kleineren Sinkstoffe ein. Der Wirbel reisst den schwebenden Körper mit sich und zwängt denselben in eine Bogenbahn, welche die Eigenthümlichkeit besitzt, dass sie das Körnchen abwechselnd in Zonen schnell aufsteigender und dann wieder in Gebiete langsam abwärts wirbelnder Wasserringe führt. Der Uebergang von einer Wirbelzone in die andere ist nothwendige Folge der Fallbewegung des Sinkkörpers (Journ. Assoc. Engineer. Soc. 1889 No. 10).

[1]) Zeitschr. Arch. Jng.-Wes., Wochenausgabe 1900, 201; Fischer's Jahresber., 1900, 520.

mittlere Breite von 2,5 m. Der trapezförmige Querschnitt war in der Sohle 2 m, in der Wasserspiegellinie 3 m breit. Die Sohle des Beckens hatte vom Einlauf nach dem Ablauf ein Gefälle von 0,5 m. Die Wassertiefe betrug beim Einlauf 1,75 m, am Ablauf 2,25 m. Das Wasser wurde durch eine Centrifugalpumpe dem Sauchschacht der Kanalpumpstation entnommen, so dass das Wasser bereits den mit einem Rechen versehenen Hauptsandfang der Kanalisation durchlaufen hatte und dem Becken an der Oberfläche zugeführt. Der Ablauf fand am unteren Ende des Beckens über einen als Messvorrichtung ausgebildeten Ueberfall nach der Leine statt. Die bei den einzelnen Versuchen angegebene Durchlaufsgeschwindigkeit ist aus den am Ueberfall ermittelten Durchflussmengen berechnet. Jeder Einzelversuch dauerte 24 Stunden. Während dieser Versuchsdauer wurden stündlich (sowohl am Tage, wie während der Nacht) Proben zur Untersuchung beim Einlauf und Auslauf des Klärbeckens entnommen. Die Proben beim Ablauf sind um so viele Minuten, als die Durchlaufsdauer des Wassers durch das Becken betrug, später entnommen worden, als die beim Einlauf, so dass die Ablaufproben als correspondirend und identisch mit den Einlaufproben angesehen wurden. Die Untersuchung der Proben erstreckte sich im Wesentlichen auf die Ermittelung des Gehalts an suspendirten organischen Stoffen, der organischen Schwebestoffe, beim Einlauf und Auslauf des Beckens. Die Differenz ergab den Klärerfolg. Die Ermittelung der organischen Schwefestoffe erfolgte durch die Bestimmung von Abdampfrückstand und Glührückstand im unfiltrirten und filtrirten Wasser.

Die Klärversuche ergaben im Mittel aus sämmtlichen Versuchsreihen folgende Abnahme an organischen Schwebestoffen:

Geschwindigkeit	Beckenlänge 50 m		Beckenlänge 75 m
4 mm	55,9 %	Abnahme an organischen Schwebestoffen	62,7 %.
6 „	56,3 „		62,0 „
8 „	54,6 „		62,5 „

Bei 4 bis 8 m Durchflussgeschwindigkeit übt also die Geschwindigkeit keinen Einfluss, die Beckenlänge dagegen einen merkbaren Einfluss auf die Abscheidung der organischen Schwebestoffe aus. Aus dem innerhalb 24 Stunden zufliessenden Kanalwasser werden bei Geschwindigkeiten von 4 bis 8 mm in der Secunde in dem 50 m langen Becken rund 56 %, in dem 75 m langen Becken rund 63 % der vorhandenen organischen Schwebestoffe ausgeschieden. — Versuche über die Art der Ausscheidung bei längerer Ruhe ergaben nach 4- bis 6stündiger Ruhe des Wassers eine Mehrabscheidung an organischen Schwebestoffen von durchschnittlich 8 bis 10 %. Das Maximum der Ausscheidung, welches bei längerer, selbst 24stündiger Ruhe erreicht werden kann, beträgt im Mittel aus mehreren Versuchen 82 %.

Die angegebenen berechneten Geschwindigkeiten entsprechen nach obigen Ausführungen nicht der Wirklichkeit. Daher wird das Wasser am Ausfluss nur theilweise dem Einfluss entsprochen haben; mindestens hätten Chlorbestimmungen gemacht werden müssen. Die Geschwindigkeit des Absetzens hängt ab von der Beschaffenheit der Sinkstoffe und der Zusammensetzung des Wassers. In hartem bezw. salzigem Wasser erfolgt die Klärung viel rascher als in Wasser, welches wenig Kalk oder Salz enthält. Die hannoverschen Angaben und die von Brix,[1]) das Abwasser solle 4 bis 6 Stunden in Klärbecken bleiben, oder nach Grether[2]) 4 Stunden, sind daher nicht allgemein gültig.

Die Absatzbehälter, in denen man das Wasser aufsteigen lässt, erfordern bei der Anlage viel weniger Platz. Zu empfehlen ist die durch Fig. 2 u. 3 angedeutete Form. Das zufliessende Wasser setzt bei *n* die

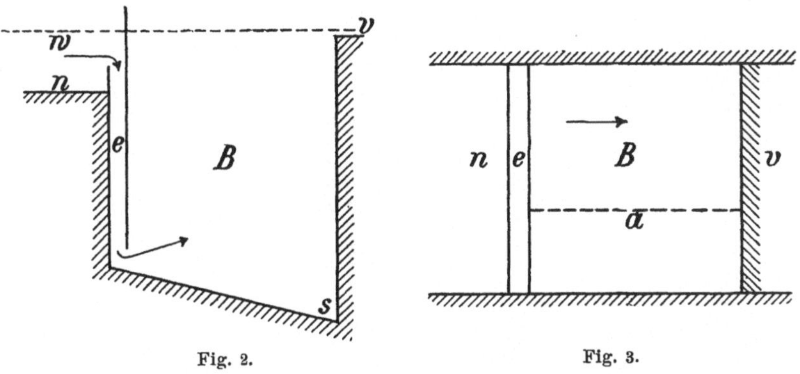

Fig. 2. Fig. 3.

schwersten Stoffe ab, an der Oberfläche *w* sammeln sich Fette und andere leichtere Stoffe. Dann wird das so vorgeklärte Wasser bis nahe zum Boden des Behälters *B* geleitet, in welchem es langsam aufsteigt, um nach etwa 2 Stunden bei *v* abzufliessen. Der Niederschlag wird an der tiefsten Stelle bei *s* entfernt. Wenn man den Querschnitt auf die Hälfte verkleinert, dagegen die Tiefe verdoppelt, so wird bei gleichem Rauminhalt zwar der zurückzulegende Weg, aber auch die Geschwindigkeit verdoppelt, wodurch die Abscheidung mancher Stoffe zweifellos erschwert wird. Die tiefe Brunnenform (vergl. S. 144) ist keinesfalls für alle Fälle empfehlenswerth.

Die von C. H. Röckner (D. R.-P. No. 20 882 und 26 266) angegebenen Apparate zum Klären von Abwässern u. dergl. bestehen aus einer in die Flüssigkeit eingetauchten, am oberen Ende geschlossenen Glocke, aus

[1]) Centr. f. allg. Gesundh., 1898, 1.

[2]) Zeitschr. f. Hyg. 27, 189.

welcher durch ein Rohr die Luft abgesaugt und mittels eines in Folge der Luftleere stets voll Wasser gehaltenen Hebers die Flüssigkeit beständig abgezogen wird, sobald deren Spiegel eine gewisse Höhe erreicht. Bedingung für die gute Arbeit eines solchen Apparates ist, neben der sehr geringen Geschwindigkeit, mit welcher das Wasser aufsteigen muss, um Zeit zu haben, seine Unreinigkeiten abzusetzen, dass der Abfluss der Flüssigkeit keine nach irgend einer Richtung einseitige Strömung erzeugt, da hierdurch nicht allein ein Aufrühren der bereits zu Boden gefallenen Theile, sondern auch das Zurückbleiben eines Schmutzkegels im Wasser zu befürchten ist, innerhalb dessen eine Reinigung nicht bewirkt werden könnte. Die Vorrichtung wurde von Rothe (s. d.) verbessert; Lutteroth (D. R.-P. No. 34 826) und Sagasser (D. R.-P. No. 36 246) schlugen Veränderungen vor; ähnlich Glaser (D. R.-P. No. 37 276).

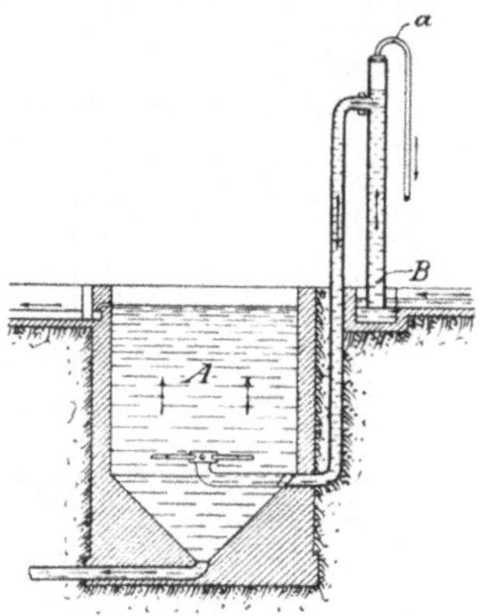

Fig. 4.

Dieses Klärverfahren zur Reinigung von Abwässern, wobei man diese in einem glockenförmigen Apparat, der unten in den Wasserspiegel taucht, emporsaugt, hat den Nachtheil, dass die unter dem Einfluss der Luftverdünnung sich entwickelnden Luftblasen die nach unten strebenden Schmutztheilchen mit emporheben und dadurch ein rasches Klären verhindern. Dieser Uebelstand lässt sich nach Wagnitz (D. R.-P. No. 102 081) dadurch beseitigen, dass man die Entlüftung und die Klärung nach einander in zwei verschiedenen Räumen vornimmt. Man benutzt zunächst das Steigrohr *B* (Fig. 4) mit Absaugerohr *a* zur Entlüftung und führt daraus das Abwasser in den Klärbehälter *A*.

Nach Füllner[1]) tritt das zu reinigende Abwasser in einen mittleren kleinen Aufnahmebottich mit durchlöchertem Boden ein. Letzterer ver-

[1]) Zeitschr. deutsch. Ing., 1901, 1281.

theilt den Strahl des eintretenden ungereinigten Abwassers auf seiner Fläche. Das Abwasser durchfliesst den nach unten weiter werdenden Trichter, wobei seine Geschwindigkeit mit wachsendem Querschnitt geringer wird. Die schweren Theile, Fasern, Erdtheile u. s. w., haben nach Verlassen des Bottichbodens die gleiche Geschwindigkeit wie das Wasser, und infolge der Wirkung der Schwerkraft vergrössert sich ihre Geschwindigkeit im Wasser mehr und mehr (Fig. 5). Sie verlassen daher, wenn das Wasser sich wieder nach oben bewegt, die bewegte Wasserstelle, scheiden sich zum grossen Theile aus und fallen in den mit ruhendem Wasser erfüllten unteren Theil des Trichters, der dem Einlauftrichter entgegen-

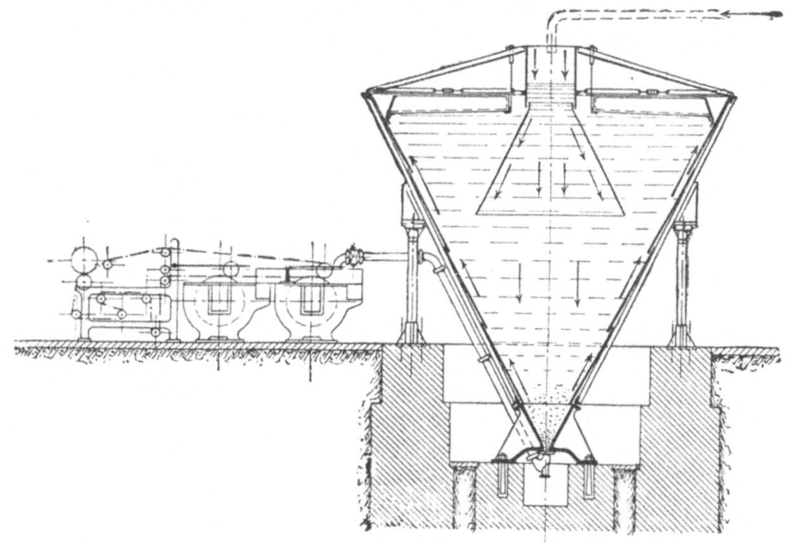

Fig. 5.

gesetzt kegelförmig ist. Der ringförmige, durch beide Trichter gebildete obere Aussenraum hat beim Beginn schon einen grösseren Querschnitt, als der innere Trichter an seiner unteren weitesten Stelle. Beim Aufsteigen des Wassers nach oben wird, da der Ringquerschnitt nach oben vergrössert ist, die Geschwindigkeit des Wassers abermals verlangsamt, was ein weiteres Ausfallen auch der feinsten specifisch schwereren Theile wesentlich unterstützt. Um zu verhindern, dass sich stärkere Strömungen im aufsteigenden Wasser nach den Ueberlaufkanten und tote Stellen im Raume zwischen den beiden Trichtern bilden, um vielmehr das Wasser möglichst gleichmässig über den ganzen Querschnitt aufsteigen und an möglichst langen, gleichmässig über die Wasseroberfläche vertheilten

Kanten ausfliessen zu lassen, ist eine sternförmige Ausflussrinne angeordnet, die eine sehr lange Ueberlaufkante für das gereinigte Abwasser ergiebt.

Ob die statt der in die Erde versenkten Behälter verwendeten eisernen Kessel billiger sind — die Wirkung ist bei gleichen Grössenverhältnissen dieselbe — hängt von örtlichen Verhältnissen ab.

Die Abscheidung von festen Stoffen aus Gasen (z. B. Hüttenrauch) wird begünstigt durch Einsetzen von Blechplatten, Kühlröhren u. dergl., um die Berührungsflächen zu vergrössern. Sind die abzuscheidenden Stoffe klebrig (z. B. Theer aus Leuchtgas), so ist es ausserdem vortheil-

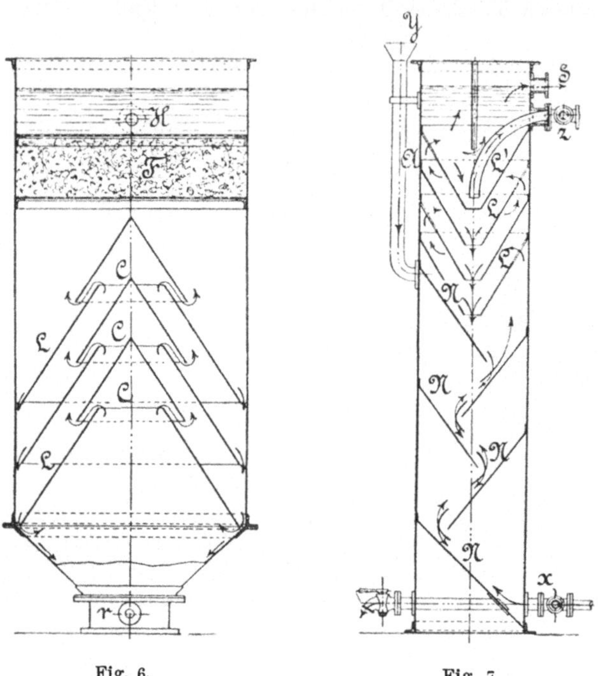

Fig. 6. Fig. 7.

haft, die Bewegungsrichtung oft zu ändern, damit die Stoffe auf die Flächen stossen. Dieses hat dazu geführt, auch im Absatzbehälter Einsätze zu befestigen. Als Beispiel mögen hier nur die Einrichtungen von Dervaux (D. R.-P. No. 48268 u. 72007) mitgetheilt werden. Das Wasser tritt durch das seitliche Rohr *r* (Fig. 6) unten in den Absatzbehälter, stösst wiederholt gegen die Einsätze *L* und *C* und steigt durch Filter *F* zum Abfluss *H*, während der abgeschiedene Schlamm über die Einsätze *L* nach unten rutscht.[1]) — Zur Herstellung des zur Fällung dienenden Kalk-

[1]) Vergl. Zeitschr. f. angew. Chem., 1890, 627.

wassers empfiehlt derselbe nach unten kegelförmige Behälter oder cylindrische, mit Zwischenwänden *N* und *L* (Fig. 7) versehene, in welche die Kalkmilch durch Trichterrohr *Y*, das Wasser durch Hahn *x* zutritt, das Kalkwasser durch Stutzen *S* abfliesst. Die obere Scheidewand L^1 ist hier geschlossen, der hier abgesetzte Schlamm wird durch *z* entfernt.

Inwieweit die hier entstehenden Wirbelbewegungen die günstige Wirkung der Flächen wieder aufheben, steht dahin. Dasselbe gilt von den bezüglichen Vorrichtungen von Pichler und Sedlacek (D. R.-P. No. 24417), Gaillett und Huet,[1] Hering (D. R.-P. No. 105705), Cahn (D. R.-P. No. 62166) und W. Henneberg (D. R.-P. No. 108040) u. A.

Dagegen möchte Verf. zum Versuch empfehlen, in den Absatzbehälter (Fig. 2 S. 143) in der Bewegungsrichtung des Wassers von *e* nach *v* (angedeutet durch die punktirte Linie *a* in der Draufsicht Fig. 3) Blechplatten lothrecht zu befestigen. Dadurch würden Haftflächen geschaffen, ohne Bewegungsrichtung und Geschwindigkeit irgendwie zu beeinflussen.

Filtration. Vorschläge und Versuche, die Schmutzwässer durch Filtration zu reinigen, sind schon vielfach gemacht.[2] Alle durch Maschinenkraft bewegte Filter, Schleudern u. dergl. verursachen ziemlich hohe Betriebskosten und können günstigstenfalls die schwebenden Stoffe entfernen.

Zum Filtriren von Abwasser sind nach R. E. v. Lengerke (D. R.-P. No. 96388) mehrere Filterbetten derart mit einander verbunden, dass das zulaufende Rohwasser das eine Filterbett überschwemmt, während das Filtrat aus einem andern abläuft, dass in einem Filter Filtration stattfindet, während das andere gelüftet wird. Das dazu nothwendige Oeffnen und Schliessen der Zulauf- und Ablaufventile wird durch entsprechend mit einander verbundene Schwimmer selbstthätig bewirkt (S. 160).

Zur Reinigung von Schmutzwasser will A. Basselart (D. R.-P. No. 98914) eine ununterbrochen wirkende Schleuder verwenden. — Th. Hülssner und P. Röhrig (D. R.-P. No. 96406) wollen das Wasser nach dem Absetzen durch Oel filtriren. — H. Nichaus (D. R.-P. No. 98346) versieht ein Schlammfilter für aufsteigenden Strom mit Zwischenschichten. — W. Bruch (D. R.-P. No. 104378) empfiehlt ein endloses Filtertuch, C. Salzberger (D. R.-P. No. 104379) ein drehbares Filter.

Wagener und A. Müller[3]) wollen aus dem abgeseihten Schlamm Fett und Papierstoff gewinnen.

---

[1]) Fischer's Jahresb., 1886, 1044.

[2]) Vgl. Ferd. Fischer, Verwerthung der städtischen und Industrieabfallstoffe (Leipzig 1875) S. 174; Fischer, Die menschlichen Abfallstoffe (Braunschweig 1882) S. 121; Clark (D. R.-P. No. 53075); Betge (D. R.-P. No. 24801).

[3]) D. R.-P. No. 36714; Fischer's Jahresb., 1886, 1043.

Die zahlreichen Versuche der englischen Commission[1]) haben ergeben, dass die aufsteigende Filtration durch Sand nicht im Stande ist, das Kanalwasser von den organischen Stoffen soweit zu befreien, dass es ohne Bedenken in die Flussläufe eingelassen werden dürfte.

Aufsteigende Filtration von Londoner Kanalwasser durch eine 4,57 m hohe Sandschicht, pro 1 cbm und 24 Stunden 21,5 l.

1 l enthielt in mg	Organischen Kohlenstoff	Organischen Stickstoff	Ammoniak	Stickstoff in Form von Nitraten und Nitriten
Vor der Filtration . .	43,8	24,8	55,6	0
Nach derselben 11. Oct. .	37,4	11,5	31,7	17,9
„ „ 19. „ .	31,6	8,6	40,8	2,4
„ „ 25. „ .	29,1	9,6	37,5	2,7
„ „ 1. Nov. .	43,6	20,2	52,8	0
„ „ 8. „ .	36,0	21,8	60,4	0

Auch das Kanalwasser von Ealing, welches von unten nach oben durch mehrere Filter von gebranntem Thon und Kohle hindurchgepresst wird, fliesst aus dem letzten Filter mit fast ebenso viel organischen Stoffen ab, als es vor der Filtration hatte. Am 24. April 1868 enthielt 1 l desselben an gelösten und suspendirten Stoffen zusammen:

	Vor der Filtration	Nach derselben
Organischer Kohlenstoff	278,48	60,93
Organischer Stickstoff	29,30	27,85
Ammoniak	70,00	42,50
Stickstoff als Nitrate und Nitrite .	0	0,76

Um eine wirksame Reinigung des Kanalwassers durch Filtration zu erreichen, ist es nothwendig, dass der Sauerstoff der Luft in das Innere der Filter gelangen kann, was bei der aufsteigenden Filtration ganz ausgeschlossen ist.

Die englische Commission liess nun Kanalwasser durch eine 4,57 m hohe Schicht von Sand, von Sand mit Kreide und von Torf in der Weise von oben nach unten filtriren, dass die Flüssigkeiten in kurzen Zwischenräumen aufgegeben wurden, so dass die atmosphärische Luft in die Poren des Filtermateriales eindringen konnte:

(Tabelle siehe S. 149.)

Einige in gleicher Weise untersuchte Bodenarten Englands verhielten sich wie Sand, andere hatten dagegen ein bedeutendes Absorptionsvermögen für organische Stoffe, ohne dass sie eine wesentliche Oxydation derselben zuliessen.

[1]) Reinigung Berlins, Anhang S. 117.

1 l enthielt in mg	Organischen Kohlenstoff	Organischen Stickstoff	Ammoniak	Stickstoff in Form von Nitraten und Nitriten	Gesammtgehalt an löslichen Stoffen
Vor der Filtration (Durchschnitt) . . .	43,86	24,84	55,57	0	645
Nach der Filtration durch Sand:					
Für 1 cbm und 24 Std. 16,6 l Flüssigkeit:					
21. Dec. 1868 . . .	9,93	1,87	0,30	32,27	828
28. „ 1868 . . .	8,49	1,66	0,22	44,68	881
4. Jan. 1869 . . .	8,93	1,40	0,13	44,89	852
11. „ 1869 . . .	10,13	1,10	0,20	48,30	911
Für 1 cbm und 24 Std. 33,2 l Flüssigkeit:					
22. Febr. 1869 . . .	8,27	1,10	0,15	36,17	699
1. März 1869 . . .	7,11	0,78	0,10	47,27	868
8. „ 1869 . . .	6,64	1,36	0,12	34,31	791
Durch Sand und Kreide:					
22. Febr. 1869 . . .	5,18	0,93	0,20	31,17	850
1. März 1869 . . .	6,87	1,03	0,17	35,85	1029
8. „ 1869 . . .	5,41	0,80	0,10	37,33	961
Vor der Filtration (Durchschnitt) . . .	43,86	24,84	55,57	0	645
Nach der Filtration durch Torferde:					
Für 1 cbm und 24 Std. 23,8 l Flüssigkeit:					
31. März 1869 . . .	25,17	22,24	92,50	6,94	1388
7. Juni 1869 . . .	25,57	—	66,67	12,25	1153
14. „ 1869 . . .	24,79	28,80	51,25	4,47	771
21. „ 1869 . . .	26,00	10,87	36,31	0	438
28. „ 1869 . . .	20,39	12,23	31,19	0	405
5. Juli 1869 . . .	21,50	9,26	42,25	20,88	455
2. Aug. 1869 . . .	22,92	11,72	40,42	48,84	917
6. Sept. 1869 . . .	18,58	1,83	25,87	39,26	575

Fernere Versuche zeigten, dass Torf nicht geeignet ist, als Filtermaterial aus den Kanalwässern die Stickstoffverbindungen zurückzuhalten. Bei der absteigenden intermittirenden Filtration durch Sand wird das Kanalwasser in befriedigender Weise gereinigt, wenn innerhalb 24 Stunden nicht mehr als 33 Liter Flüssigkeit für 1 cbm Filtermaterial aufgelassen wird. Die organischen Stoffe werden hierbei in Wasser, Kohlensäure und Salpetersäure übergeführt. Zur Reinigung des Kanalwassers einer mit Wasseraborten versehenen Stadt von 10000 Einwohnern würden hiernach etwa 2 ha Land genügen. Der Boden müsste in 2 m Tiefe gut drainirt, die Oberfläche geebnet und in vier gleiche Abschnitte getheilt werden, von denen einer nach dem anderen das Kanalwasser 6 Stunden aufnehmen würde, damit in der Zwischenzeit durch den Zutritt der atmosphärischen Luft die Verwesung der organischen Stoffe unterhalten werden könnte. Da bei diesem Reinigungsverfahren aber der gesammte Düngerwerth verloren geht, eine solche Fläche, da sie keine Vegetation zu tragen im Stande ist, jedenfalls auch unangenehme Gerüche entwickeln würde, so ist dasselbe nur dort zulässig, wo eben kein anderes Mittel angewendet werden kann.

Bei der Filtration durch Torf werden anfangs auch gelöste organische Stoffe zurückgehalten, bald aber bildet derselbe einen argen Fäulnissherd, so dass von einer Reinigung nicht mehr die Rede sein kann, wie auch Peschke[1]) u. A. gezeigt haben.

Nach Frank[2]) sind bis jetzt alle Versuche fehlgeschlagen, welche den Torf als Filtrirmittel für Kanalwasser benutzen wollten. Die Ursache dieses Misserfolges glaubt Frank darin erkannt zu haben, dass der ausgetrocknete Torf, wie er im Handel vorkommt, grosse Mengen Luft einschliesst, die den Filtrationsprocess hemmen und ihn nach kurzer Zeit unbrauchbar machen. Dieser Uebelstand soll dadurch beseitigt werden, dass der Torf unter Wasser verrieben und so die Luft aus demselben verdrängt wird. Versuche, die mit so bereitetem Torfe in kleinem Massstabe (an Glasröhren und einem Holzkasten, der etwa 200 l Flüssigkeiten fasste) angestellt wurden, ergaben, dass dem so präparirten Torf eine gute Filtrationsfähigkeit zukommt. Für die Ausführung im Grossen schlägt Frank vor, den so präparirten Torf in dünner Schicht auf einem Standfilter in ähnlicher Construction, wie er zur Filtration von Oberflächenwasser üblich ist, aufzutragen. Der Betrieb eines derartigen Torffilters würde sich gleichfalls dem eines Sandfilters vollständig anschliessen. Bei dem Durchgange der Kanalwässer durch die Torffilter werden die im Kanalwasser suspendirten Bestandtheile auf dem Torfe abgelagert. Ist das Filter verlegt, so wird die Torfschicht mit diesen abgelagerten Stoffen abgetragen. Diese Massen geben einen Dünger.

Nach Steuernagel nimmt die Filtrationsfähigkeit bei diesem Torfbreiverfahren wegen Bildung einer dichten fetten Schlammschicht auf der Oberfläche des Filters und wegen Verfilzung des letzteren schnell ab. Steuernagel berechnet, dass 1 qm Torffilterfläche bei einem Filtrationsüberdruck von 0,6 m im Filter und bei einem Kanalwasser mittlerer Verdünnung täglich nur 800 l Filtrat liefert bezw. Kanalwasser durchtreten lässt, dass somit für eine Stadt von 80000 Einwohnern mit einem Wasser-

---

1) Fischer's Jahresb., 1884, 1225.

2) Gesundheitsing., 1896, 345 u. 461.

verbrauch von 100 l für den Kopf und Tag eine Filterfläche von 1 ha nothwendig wäre.

Kohlebreiverfahren von P. Degener (D. R. P. No. 87417 und 107232) sucht die Zersetzung der organischen Stoffe thunlichst zu hindern, filtrirt sie vielmehr zum Theil durch eine nachgeahmte Bodenschicht ab, und entfernt sie (angeblich), soweit sie gelöst sind, durch das Absorptionsvermögen der Humussubstanz.

Der humose Stoff, z. B. Braunkohle, wird zu diesem Zwecke nass aufs Feinste gemahlen, weil anders fein gemahlene Braunkohle nicht oder doch nur schwer mit Wasser vermischt werden kann. Das Mahlproduct lässt man dann in Form eines dünnen Breies zu den zu reinigenden Abwässern zufliessen, sich damit (etwa durch ein Mischgefluder) innigst mischen und dann, nachdem die Einwirkung eine kurze Zeit stattgefunden hat, eine zur raschen Fällung der noch suspendirten Humusstoffe genügende, nicht aber überschüssige Menge lösslicher Salze des Eisens, Aluminiums und Magnesiums zutropfen. Den Schlamm kann man durch Absetzbassins, Pressen u. dergl., am besten aber mit Hülfe des Röckner-Rothe'schen Apparates beseitigen. Angeblich bewirkt die fein vertheilte Braunkohle schon eine Absorption der fäulnissfähigen Stoffe und bildet mit denselben einen Niederschlag, indem sich die feinen Kohletheilchen mit den fäulnissfähigen Stoffen gewissermassen umhüllen und zusammenballen. Jedoch ist diese Wirkung noch nicht vollständig, weil noch sehr viele der feinsten Theilchen wegen ihrer geringen Schwere sehr langsam sinken und beim geringsten Strom wieder emporsteigen. Zu diesem Zwecke findet der nachfolgende Zusatz von Eisenchlorid statt, welches Salz, indem es mit den Humusstoffen eine unlösliche Verbindung eingeht, die feinen Theilchen beschwert und sie zum raschen Niederfallen bringt[1]).

Das Verfahren wurde auf der Klärstation in Potsdam von Proskauer und Elsner[2]) geprüft. Zur Reinigung gelangen durchschnittlich täglich etwa 400 cbm Jauche. Die Abwässer vereinigen sich in der Klärstation zunächst in einem Brunnen, aus dem sie in eine Rinne gepumpt werden. Hier kommen sie in Berührung mit dem Kohlebrei, und zwar verwendet man Fürstenwalder Abfallkohle, die in lufttrockenem Zustande etwa 48 % Wassergehalt besitzt. In den ersten Monaten des Betriebes wurden 1,5 k der Kohle in Breiform 1 cbm Abwasser zugesetzt. Versuche ergaben aber, dass sich die Kohlenmenge auf 1 k pro cbm und noch weiter vermindern lässt, ohne dass dadurch die Reinigung verringert wird. In einzelnen Fällen, besonders wenn die Jauche durch Regenwasser sehr verdünnt war, lies sich die Menge der Kohle auf 0,8 k auf 1 cbm ebenfalls ohne Schaden herabsetzen.

---

1) Vgl. Gesundheitsing., 1899, 3; Gesundheit, 1899, 443; P. Degener, Das Kohlebreiverfahren (Leipzig, 1899).

2) Viertelj. gerichtl. Med. Suppl., 1898, 139.

Die innige Vermischung der Abwässer mit dem Kohlebrei wird dadurch bewerkstelligt, dass das Gemenge beider eine 10 m lange Rinne durchläuft. Am Ende dieser Rinne erfolgt der Zusatz der schwefelsauren Eisenoxydsalzlösung. Bald findet die Bildung grosser Flocken statt, die noch dadurch begünstigt wird, dass nunmehr die Flüssigkeit wiederum eine 3 m lange Rinne durchläuft und dann erst in die Tiefbrunnen gelangt, über welchen sich die Rothe-Röckner'schen Sedimentircylinder befinden. Auf 1,5 k Kohle wurden früher von dem in Potsdam verwendeten Eisenpräparat 210 g auf 1 cbm angewandt. Jetzt, wo nur mit 1 k Kohle gearbeitet wird, gelangen dementsprechend auch nur 170 g Eisensalz auf 1 cbm zur Verwendung. In den Sedimentircylindern verweilt die Flüssigkeit $1^1/_2$ bis 2 Stunden. Der sich am Boden der Cylinder absetzende Kohleschlamm wird durch Schlammpumpen in Entwässerungsapparate gebracht und hier möglichst entwässert, während die gereinigte Jauche durch ein Ueberlaufrohr in eine Rinne abfliesst und nunmehr desinficirt wird.

Die äussere Beschaffenheit der aus den Cylindern ablaufenden Jauche zeigt, dass die Klärung in physikalischer Beziehung befriedigend ist; zeitweise besitzt dieselbe durch mitgerissene feinste Kohletheilchen eine schwache Trübung, und zwar ist dies besonders dann der Fall, wenn bei Regengüssen eine Ueberlastung der Vacuumcylinder stattfindet. Hin und wieder war auch als Ursache der Trübung bezw. einer Nachtrübung der geklärten Jauche ein Gehalt an Eisenoxydulsalzen, welcher von überschüssig zugesetzter Eisenlösung herrührte, beobachtet worden. Zum Zurückhalten dieser, die gereinigte Jauche mitunter unansehnlich machenden Kohlebrei- und Eisentheilchen dienen jetzt kleine Filter, die mit Koks oder mit frischer Braunkohle beschickt sind. Durch dieselben fliesst das Wasser sehr schnell hindurch und erscheint schliesslich als sehr schwach gelblich gefärbte, sehr schwach opalescirende Flüssigkeit, die aber durchschnittlich ein besseres Aussehen besitzt als das Havelwasser selbst. Auf die Reinigung selbst wirken diese Filter nicht ein; sie könnten auch entbehrt werden; da sie aber noch den Zweck zu erfüllen haben, die letzten Spuren des jetzt in Potsdam verwendeten Desinfectionsmittels, des Chlorkalks, zurückzuhalten, so bilden auch sie einen wesentlichen Bestandtheil der Anlage.

Die Probeentnahme geschah derartig, dass den ganzen Tag hindurch in kurzen Zwischenräumen Rohjauche und geklärte Jauche entnommen und die Proben gut durchmischt wurden. Von diesen Mischungen wurden dann Durchschnittsproben gezogen. Nach der ausgeführten Analyse nahm bei Verwendung von 1,5 k Kohle und 210 g Eisen die Oxydirbarkeit um 70 bis 85 $^0/_0$ nach der Klärung ab; die Abnahme an organischen, stickstoffhaltigen Stoffen betrug zwischen 60 und 70 $^0/_0$. Bei geringeren Mengen von Kohle und Eisensalz (1 kg bezw. 170 g auf 1 cbm) lag die Abnahme der Oxydirbarkeit zwischen 65 und 80 $^0/_0$ und an organischen, stickstoffhaltigen Substanzen meist zwischen 60 und 80 % und nur in vereinzelten Fällen zwischen 50 und 60 %.

Die Reinigung der Abwässer in Potsdam ist durch behördliche Vorschrift mit einer Desinfection derselben verbunden. Es dürfen nur solche gereinigte Abwässer der Havel zugeführt werden, welche frei sind von etwaigen, hier in Betracht kommenden Infectionserregern.

Die bisherige Art und Weise, festzustellen, ob Abwässer genügend desinficirt sind oder nicht, muss schon deshalb als fehlerhaft bezeichnet werden, weil in den Abwässern sich viele gegen Chemikalien sehr widerstandsfähige, völlig harmlose Keime befinden, die sich auf der gewöhnlichen Nährgelatine auch dann noch entwickeln, wenn die wirklichen Infectionserreger bereits längst abgetödtet sind, und damit eine ungenügende Desinfection vortäuschen. Diesen Fehler kann man aber vermeiden, sobald man nicht auf die Gesammtmenge der Bacterien Rücksicht nimmt, sondern sich diejenige Art heraussucht, welche in ihrer Widerstandsfähigkeit gegen Desinfectionsmittel erfahrungsgemäss sich ähnlich verhält, wie die hier in Betracht kommenden Krankheitskeime, vor allen Dingen wie die Typhusbacillen. Eine solche Bacterienart sind die zur Gruppe der Colibacillen gehörigen Mikroben. Dieselben sind bedeutend widerstandsfähiger als die Cholerabacterien und mindestens ebenso widerstandsfähig wie die Typhusbacillen. Gelingt es also nachzuweisen, dass die immer im Abwasser vorhandenen Coliarten durch eine Desinfectionsmethode abgetödtet sind, so kann man daraus schliessen, dass etwa darin vorhanden gewesene Krankheitserreger genannter Arten ebenfalls vernichtet worden sind. Man kann sich also der Coliarten in ähnlicher Weise als Index für die gelungene Desinfection bedienen, wie man die Kohlensäure als Index für die Luftverunreinigung oder die Oxydirbarkeit als Maassstab für den Gehalt eines Wassers an organischen Stoffen annimmt.

Zum Nachweis etwa vorhandener Colibacterien kann man die von Elsner angegebene Jodkalikartoffelgelatine benutzen. Auf derselben kommen ausser den Coliarten nur einige verflüssigende und Hefecolonien zur Entwicklung. Schon nach 24 Stunden, bei etwa 21° gehalten, sind die gewachsenen Colicolonien von den fremden, die in der Regel auch in weitaus geringerer Menge vorhanden sind, leicht zu unterscheiden, besonders wenn die Untersuchung mittels Mikroskops bei schwacher Vergrösserung geschieht. Findet man also auf diese Weise keine coliartigen Colonien auf diesen Platten, so kann man das Abwasser als genügend desinficirt bezeichnen. Vielfache Controlversuche haben gezeigt, dass man auf gewöhnlicher Gelatine oft noch viele tausend Keime zur Entwicklung bringen konnte, wenn der Jodkali-Kartoffelnährboden überhaupt steril geblieben war.

Die ersten Desinfectionsversuche wurden mit Kalkmilch ausgeführt; es wurde eine Kalkmilch von bestimmtem Kalkgehalt hergestellt und die Menge der zulaufenden Masse durch einen mit Theilung versehenen Ausflusshahn so geregelt, dass die Mischung die gewünschte Menge Kalk enthielt. Die Mischung von gereinigter Jauche und Kalk floss durch ein langes Mischgerinne und brauchte 16 Minuten, um in die Havel zu gelangen. Am Ende dieses Mischgerinnes wurde die Alkalität nochmals mittels $^1/_{10}$ Normalsäure festgestellt. Der Zusatz von Kalk erzeugte in der geklärten Flüssigkeit von neuem einen Niederschlag, der hauptsächlich aus mineralischen Stoffen bestand und sich schnell zu Boden setzte; von der klaren Flüssigkeit wurden dann Proben für die bacteriologische Untersuchung entnommen. Dieselbe entstreckte sich auf die Keimzahl auf gewöhnlicher Gelatine und auf Jodkalikartoffelgelatine, sowohl in der ursprünglichen Jauche, in der geklärten Jauche vor der Desinfection und in der mit Desinfectionsmitteln versetzten Jauche am Ende des Mischgerinnes. Während die ursprüngliche Jauche stets viele Millionen von Keimen und mehrere Hunderttausend auf Jodkalikartoffelgelatine zur Entwickelung gebrachter Colicolonien lieferte, fand bereits durch den blossen Zusatz der Fällungsmittel auf dem Wege der einfachen Sedimentirung eine bedeutende Verminderung der Keime nach beiden Richtungen hin statt. Ein Kalkmilchzusatz, entsprechend einer Kalkmenge von 0,2 p. M. vermochte die geklärte Jauche noch nicht völlig innerhalb 16 Minuten zu desinficiren. Es wurden noch in 1 cbm einige Hundert Colicolonien gezählt; beim allmählichen Heraufgehen mit dem Kalkzusatz zeigte es sich, dass 0,025 $^0/_0$ Kalkzusatz innerhalb 16 Minuten den gewünschten Erfolg hervorgebracht hatte, die Jodkalikartoffelgelatineplatten alsdann steril blieben. Es wurden dann noch Versuche gemacht mit 0,03 und 0,05 $^0/_0$ Kalkzusatz mit dem gleichen Erfolg.

Da es bei Verwendung von Kalk zur Nachdesinfection erforderlich gewesen wäre, Absatzbehälter zu schaffen zur Zurückhaltung des von neuem erzeugten Niederschlages, auch die Filtration durch Koksfilter u. dergl. nicht rathsam erschien, so wurde nun zu solchen Desinfectionsmitteln gegriffen, deren Desinfectionskraft bekannt ist und die vor allen Dingen keine Niederschläge hervorrufen. Zu den Desinfectionsmitteln dieser Art gehört die Schwefelsäure, welche von Stutzer in starker Verdünnung zur Desinfection von inficirten Leitungsröhren empfohlen worden ist. Verff. benutzten die rohe concentrirte Schwefelsäure; es musste Sorge dafür getragen werden, dass die Flüssigkeit vor ihrem Eintritt in den Fluss von der Säure befreit wurde. Es sollte dies durch ein Filter aus Kalkstein geschehen. Abstufungen im Säuregehalt der Flüssigkeit, welche wiederum am Ende des Mischgefluders, also nach 16 Minuten langer Einwirkung, titrimetrisch controlirt wurden, schwankten zwischen 0,015 bis 0,05 %. Nur wenn man erreichen könnte, durch diese Mengen Desinfection zu erzeugen, würde die Anwendung der Schwefelsäure für die Desinfection verwerthbar gewesen sein. Es zeigte sich nun, dass selbst bei einem Gehalt der gereinigten Flüssigkeit von 0,5 p. M. hier noch keine vollständige Desinfection zu erzielen war. Da es ausserdem nicht gelang, durch ein vorgelegtes Kalksteinfilter die Säure vollständig abzustumpfen, so wurde von weiterer Prüfung der Schwefelsäure Abstand genommen.

Bei der Verwendung von Chlorkalk kam es darauf an, den Ueberschuss desselben zu entfernen, da er ein äusserst starkes Gift für die Fische vorstellt. Der Nachweis, ob noch überschüssiger Chlorkalk vorhanden ist, lässt sich aber leicht durch die Jodkaliumstärkereaction von dem Betriebsbeamten selbst führen. Es wurde nun durch den Regulirhahn so viel von einer Chlorkalklösung der geklärten Jauche zugeführt, dass dieselbe die gewünschte Chlorkalkmenge enthielt. Am Ende des Mischgefluders bezw. an dem Theile desselben, wo sich eine Chlorkalkreaction nicht mehr nachweisen liess, wurden dann Proben zur bakteriologischen Untersuchung entnommen. Dieselbe ergab, dass durch 0,0012 bis 0,0015 % Zusatz von Chlorkalk, der durchschnittlich 27 % Hypochlorit enthielt, eine vollständige Sterilisirung der gereinigten Jauche innerhalb 10 Minuten herbeigeführt werden konnte; sobald die Flüssigkeit in dem letzten Drittel des Mischgefluders angelangt war, war kein gelöster Chlorkalk mehr nachzuweisen, die Flüssigkeit war aber auch steril. Bei grösserer Menge von Chlorkalk war bereits nach 5 Minuten die Desinfection vollendet.

Bei dieser grossen Desinfectionskraft des Chlorkalks lag es nahe, daran zu denken, entweder die Rohjauche vor dem Zusatz des Kohlebreis und des Eisens damit zu desinficiren oder aber nach diesen Zusätzen vor dem Eintritt in den Cylinder. Dadurch würde sich der Betrieb noch ganz wesentlich vereinfacht haben. Die Versuche, auf diese Weise eine genügende Desinfection zu bewerkstelligen, waren insofern erfolglos, als sie ergaben, dass man hierzu Chlorkalkmengen brauchen würde, welche zu einer ganz bedeutenden Vertheuerung des Betriebes führen. Ebensowenig liess sich eine Desinfection von Jauche herbeiführen, wenn dieselbe ohne Zusatz von Kohlebrei und Eisensalzen, nur nach Sedimentirung in dem Rothe'schen Cylinder mit Chlorkalk versetzt worden war. Hierbei hat sich die Thatsache herausgestellt, dass die Chlorkalkreaction in der durch Sedimentirung möglichst von suspendirten Stoffen befreiten Jauche sich sehr lange hielt, mithin die Zerstörung des wirksamen Bestandtheiles, des Chlorkalks, weitaus langsamer verlief als bei Zusatz zum mit Kohlebrei geklärten Abwasser.

Aus diesen Gründen wurde beschlossen, für den Betrieb erst die geklärte Jauche mit Chlorkalk zu versetzen. Da der Chlorkalk die Eigenschaft besitzt, beim Vermengen mit Wasser kleine Klümpchen zu bilden, die noch hypochlorithaltig sind, so muss die Probe stets mit filtrirtem Wasser ausgeführt werden. Um aber auch sicher zu sein, dass diese Klümpchen von Chlorkalk nicht in den Fluss hineingelangen, wurde ein Filter vorgelegt. Die aus diesen Filtern abfliessende Flüssigkeit besitzt nur noch einen schwachen Geruch nach Chlorphenolen, welche durch die Einwirkung des Chlorkalks auf die noch in Lösung verbliebenen phenolartigen Verbindungen der ursprünglichen Jauche entstanden sind. Der in den Rothe'schen Vacuumcylindern abgeschiedene Kohleschlamm, welcher eine dünnbreiige Masse vorstellt, wird in Vacuumentwässerungsapparate gebracht und daselbst des grössten Theiles seines Wassers beraubt; das abgepresste Wasser fliesst in die Cylinder zurück, während die festen Bestandtheile in eine durch diese Art der Entwässerung abstechbare Form (Kuchenform mit 60 bis 65 $^0/_0$ Wassergehalt) gebracht worden sind. Beim Lagern dieses Schlammes haben sich keine Unzuträglichkeiten dadurch gezeigt, dass die Massen in stinkende Fäulniss übergingen; die Masse wird verbrannt. Die Stadt Potsdam zahlt für den Betrieb gegenwärtig 50 000 Mk. pro Jahr, bei einer Anzahl von 35 000 Seelen, welche angeschlossen sind; dies entspricht pro Kopf und Jahr etwa 1,40 Mk.

O. Kröhnke[1]) ist mit diesen Angaben nicht einverstanden. Seine Versuche ergaben, dass ein 1 k Freienwalder Braunkohle höchstens 2,5 g Humusstoffe enthält. Auf 1 cbm Abwasser wird 1 k Braunkohle mit 2,5 g Humusstoffen und 170 g Eisensalz zugesetzt. Angenommen nun, die Degener-Proskauer'sche Behauptung sei richtig, dass das Eisensalz mit den Humusstoffen grossflockige Niederschläge bildet, so kann hierfür doch nur ein ganz geringer Bruchtheil des Eisensalzes, etwa 1 bis 2 $^0/_0$, desselben in Frage kommen. Die so etwa entstehenden 3 bis 4 g grossflockigen Niederschlages sind für die 1 cbm Abwasser natürlich fast belanglos, und da, wie nachher gezeigt wird, die Flockenbildung zwischen den festen Braunkohlentheilchen und Eisensalz auch nur eine sehr geringe ist, so ist die Wirkung des Kohlebreiverfahrens nach dieser Richtung hin zu verneinen. Der lösliche Theil der Braunkohle soll aber auch noch bewirken, dass bei der Untersuchung des nach dem Kohlebreiverfahren gereinigten Abwassers der durch Glühverlust berechnete Erfolg und die Oxydirbarkeit durch Chamaeleontitrirung zu hoch ausfallen. Nach Kröhnke ist dieses nicht der Fall. Die Braunkohle vermag nur bis zu einem geringen Theil das zugesetzte Eisen zu corrigiren. Die Neigung der Braunkohle, mit Eisenoxyd Flocken zu bilden, ist sehr gering, wenn sie überhaupt vorhanden ist. Die im Abwasser beim Humusverfahren durch Zusatz von Eisen auftretenden Flocken werden hauptsächlich durch

[1]) O. Kröhnke, Entwicklung und Wesen des Kohlebreiverfahrens (Leipzig 1900).

Jauchestoffe hervorgerufen. Die Resultate der Oxydirbarkeit im geklärten Wasser werden durch das entstandene Eisenoxydul nur in geringem Maasse beeinflusst. Bei Anwendung von 2 g Braunkohle (Wilhelmsschacht) und 0,0594 g Eisen im Liter betrug der Verbrauch an Permanganat nach 18 Stunden nur 8,5 mg im Liter; bei geringeren Mengen Braunkohle und geringerem Eisengehalt fallen die Resultate noch niedriger aus.

Ferner wurde Braunkohle aufs feinste zermahlen und aufgeschlemmt dem Abwasser zugegeben. Die Proben wurden wiederholt 1 Stunde lang mit der Braunkohle gemischt, dann 3 Stunden stehen gelassen und sich selbst überlassen. Der Eisensalzzusatz zu dem mit Braunkohle versetzten Abwasser erfolgte erst 1 bis 2 Stunden nach dem Zusatze der aufgeschlemmten Braunkohle. Die Sedimentationsfähigkeit der behandelten Abwässer war sehr verschieden. Das mit Braunkohle versetzte Wasser klärte sich schlecht; die beiden anderen Proben (mit Braunkohle und Eisen und mit Eisen allein) klärten sich unter Bildung von grossen Flocken stets in gleicher Weise gut; manchmal blieben Kohletheilchen und Eisenflocken an der Oberfläche schwimmend. Die Proben wurden vor dem Analysiren durch Filterpapier filtrirt. Die Zahlenangaben (mg in Liter) beziehen sich auf filtrirtes Wasser; nur bei dem Verbrauch an Permanganat sind auch die Zahlen für unfiltrirtes Abwasser mit angegeben; die Angaben der Farbe im Rohwasser beziehen sich auf unfiltrirtes Rohwasser; das filtrirte zeigte durchweg dieselbe Farbe wie das mit Braunkohle allein behandelte und filtrirte Wasser. Der Eisenoxydsulfatzusatz ist auf metallisches Eisen berechnet.

(Tabelle siehe S. 158.)

Nach Wiebe[1]) hat die Stadt Essen im Jahre 1898 während 6 Monaten mit dem Degener'schen Kohlebreiverfahren einen Versuch gemacht. Die Stadt Essen klärt ihre Abwässer nach dem Röckner-Rothe'schen System (No. 1). Von den 4 dabei zur Verwendung kommenden Cylindern wird einer ausgeschaltet und für das Degener'sche Verfahren benutzt, indem statt des Kalkes fein gemahlene Braunkohle und schwefelsaures Eisenoxyd zugesetzt werden. Zunächst wurde festgestellt, dass für das Kohlebreiverfahren die Geschwindigkeit des aufsteigenden Abwassers ganz erheblich geringer sein musste, als beim Kalkverfahren, höchstens 2 mm pro Secunde gegen 4 bis 5 mm beim Kalkverfahren, woraus ohne Weiteres folgt, dass der Querschnitt des Cylinders für das Kohlebreiverfahren mindestens doppelt so gross sein muss, wie für das Kalkverfahren, dass also die Anlagekosten bezüglich der Cylinder und Brunnen erheblich grösser sein werden, als beim Kalkverfahren.

---

[1]) Das Kohlebreiverfahren (Flugschrift).

	Rohwasser	Nach Zusatz von 3 g Braunkohle	Nach Zusatz von 3 g Braunkohle und 0,0343 g Fe.	Nach Zusatz von 0,0343 g Fe.	Rohwasser	Nach Zusatz von 1,5 g Braunkohle	Nach Zusatz von 1,5 g Braunkohle und 0,0343 g Fe.	Nach Zusatz von 0,0343 g Fe.
Susp. Stoffe . . .	38,3	trüb	—	—	83,6	trüb	—	—
Trockenrückstand (b. 180°)	1110	1096	1060	1074	674	656	651	670
Glühverlust . . .	192	185	92	125	183	161	91	112
Glührückstand . .	918	911	968	949	491	495	559	558
Chlor	337	337	326,6	330	138,45	138,4	134,9	138,5
Verbrauch an Permanganat . . .	335	350,7	169	163	177	177	109	136
Ammoniak-Stickstoff	46	47	43	41	25	30	24	25
Salpeter-Stickstoff .	—	—	—	—	—	—	—	—
Organ. Stickstoff .	9	6	2	6	37	33	29	29
Geruch	schwach fäkalartig	fast geruchlos	geruchlos	geruchlos	geruchlos	geruchlos	geruchlos	geruchlos
Bemerkungen	Nach einem Tage stinkende Fäulniss.		Nach einem Tage klar, geruchlos.		Nach einem Tage schwacher Fäulnissgeruch.		Nach 2 Tagen klar und geruchlos.	

In einer Entgegnung[1]) gegen Kröhnke hält Degener daran fest, dass Braunkohle Absorptionswirkungen ausübe, nicht nur auf die unzersetzten Jauchestoffe, sondern auch auf die Producte der Fäulniss. Die Braunkohleklärung ist selbst bei frischen, wenig faulenden Jauchen der Eisenklärung überlegen und diese Ueberlegenheit steigt mit zunehmender Fäulniss. Ausserdem wirkt entgegen Kröhnkes Behauptung Braunkohle als eisenoxydbindend. Degener bemerkt ferner, dass man den Erfolg des Kohlebreiverfahrens nicht im Becherglase, sondern allein im Gross- und Volldauerbetriebe beurtheilen und ermitteln könne. Er habe lange geglaubt, die günstige Wirkung des Kohlebreiverfahrens grossentheils der Absorptionswirkung der Kohle gegenüber den unzersetzten Jauchestoffen zuschreiben zu müssen, erst weitere Untersuchungen hätten ihn überzeugt, dass mindestens dieselbe Rolle die Absorptionswirkung der Braunkohle gegen die Producte der Fäulniss und damit die Beförderung der letzteren spielt. — Damit nähert sich das Verfahren den sog. biologischen bez. Faulverfahren.

Biologische Verfahren. Al. Müller (D. R.-P. No. 9792) schlug vor, das Abwasser durchfaulen zu lassen, dann zu filtriren; das Verfahren wurde unter Mitwirkung von Schweder auf der Zuckerfabrik

[1]) Vierteljschr. f. öff. Gesundh., 1899, 206.

Gröbers theilweise ausgeführt. Dibdin sprach 1887 dieselbe Ansicht aus und begann 1892 mit seinen Versuchen bereits vorgeklärtes Abwasser durch Faulenlassen zu reinigen, während Cameron 1896 Versuche mit rohem Abwasser begann (Septictantverfahren).

Röchling[1]) beschreibt Dibdin'sche Anlagen in England. Die Anlage in Sutton besteht aus zwei Reihen von Becken, zwischen welchen der Höhenunterschied etwa 2,5 m beträgt. Die oberen Becken von Dibdin, auch „Bacterienbecken" genannt, dienen zur Verflüssigung der Sinkstoffe, worauf die Jauche in die unteren Becken oder Filter abgelassen wird, in welchen die Oxydirung oder Mineralisirung der aufgelösten Schmutzstoffe erfolgen soll. Die Verflüssigungsbecken sind offene Gruben, deren Boden und Seiten aus Mauerwerk hergestellt sind. Die Drainage liegt auf dem Boden und wird durch einen Absperrschieber controlirt. Als Füllungsmaterial sind hier gebrannte Thonstücke benutzt worden, deren Durchmesser nicht unter 13 mm herabgeht, seine Stärke beträgt etwa 1 m. Die gröbsten Stücke sind auf dem Boden und die feineren in die Nähe der Oberfläche verlegt worden.

Der Betrieb der Verflüssigungsbecken war intermittirend und wurde auf folgende Weise geregelt:

Füllung	— Std.	45 Min.
Vollstehen	2 „	— „
Entleerung	1 „	15 „
Leerstehen	2 „	— „
Turnus	6 Std.	0 Min.

Das Leerstehen folgte hier unmittelbar nach jeder Entleerung. Die biologische Reife der Verflüssigungsbecken trat auch erst nach einiger Zeit ein. Die Füllung der Becken geschah nur bis auf einige Centimeter unter der Oberfläche, weil auf diese Weise bessere Resultate erhalten wurden.

Die Filtrationsgeschwindigkeit darf nach der gemachten etwas willkürlichen Bestimmung wohl auf 40 mm die Stunde angeschlagen werden.

Die schwebenden Stoffe sollen ebenfalls im Verflüssigungsbecken verschwunden sein, doch ist das nicht ohne Weiteres anzunehmen. Erstlich muss die rohe Jauche ein Gitter durchfliessen, dessen Löcher einen Durchmesser von nur 13 mm haben, so dass thatsächlich der grösste Theil der suspendirten Stoffe hier abgefangen wird. Ferner hat es sich im Betriebe herausgestellt, dass der der Jauche im Becken zur Verfügung stehende Raum allmählich abnimmt, was doch wohl nur durch seine allmähliche Verschmutzung zu erklären ist; im Anfange nahm das Filtermaterial 62,6 % und die Jauche 37,4 % des Rauminhaltes des Beckens in Anspruch, doch

[1]) Viertelj. f. öff. Ges., 1899, 187; Vgl. Gesundheitsing., 1900, 352.

ist der für die Jauche disponible Rauminhalt allmählich zurückgegangen. Man wird daher auch hier auf eine Erneuerung des Filtermateriales rechnen und ferner die Beseitigung der am Gitter abgefangenen Stoffe ins Auge fassen müssen. Es soll bereits im Verflüssigungsbecken eine theilweise Mineralisirung der organischen Schmutzstoffe erfolgen, und als das Resultat des ganzen Processes wird eine Reducirung dieser Stoffe von ungefähr 80 % angegeben. Bei seinem zweimaligen Besuche der Anlage konnte Röchling einen starken Geruch im Abwasser aus den Verflüssigungsbecken und eine leicht gelbliche Färbung des schliesslichen Filtrates feststellen.

Bei Grosslichterfelde hat Schweder eine entsprechende Versuchsanlage (Fig. 8) eingerichtet; dieselbe wurde von Juli 1897 bis Januar 1898 von Schmidtmann, Proskauer, Usner, Wollny und Baier untersucht[1]). Dieselbe besteht aus 4 Abtheilungen: dem Schlammfang (I, Fig. 8) dem Faulraum (II), dem Lüftungsschacht (III), den Filtern (IV). Die beiden ersten Räume bilden zusammen einen 6: 6 m weiten und 2,6 m hohen Raum, mit einem Inhalt bis zum Ueberlauf von gegen 90 cbm.

In dem Lüftungsschacht ist eine Schrägwand angebracht, über welche die Flüssigkeit aus dem Faulraum abfliessen muss, um von da abwärts den Lüftungsraum zu durchrieseln. Diese Schrägwand soll ein constantes Wasserniveau in dem Schlammfange und in dem Faulraume bewirken, eine nach Angabe Schweders für den guten Hergang des Verfahrens wichtige Einrichtung. Als Luftschächte dienen schräg eingesetzte Röhren, welche dem die Lochbleche regenförmig durchlaufenden Wasser beständig frische Luft bezw. deren Sauerstoff zuführen sollen. Die Filterräume selbst sind je 4 : 8 m gross, bei einer lichten Tiefe von etwa 1,3 m. Die Fläche eines jeden Filters hat somit 32 qm, während der Raum etwa 40 cbm umfasst. Die Filterräume selbst sind schichtweise mit Kies und Koksklein beschüttet und auf ihrem Boden mit eng verlegten Drainagen versehen, die nach Bedarf durch Ventile zu sperren bez. in Thätigkeit zu setzen sind. Die Ventile bestehen aus gebranntem Thon; eiserne Schieber sind möglichst vermieden.

Der Betrieb in der Anlage war von den Erbauen in nachstehend beschriebener Weise gedacht und wurde auch mit Ausnahme der Tage, an welchen für die Untersuchungszwecke der Ministerialcommission eine anderweite Betriebsweise erforderlich wurde, in dieser Weise bis etwa Anfang December 1897 gehandhabt. Der Schlammfang und der Faulraum werden beim Beginn des Verfahrens mit Spüljauche angefüllt und zwar so hoch, dass die nach dem Lüftungsschacht ausfliessende Jauche fast die Schrägwand übersteigt; dann wird der Zufluss auf ca. 24 Stunden unter-

[1]) Viertelj. f. gerichtl. Med., 1898, Suppl. S. 100.

brochen und während dieser Zeit bleibt die in diesen Räumen befindliche Spüljauche sich selbst überlassen. In dieser Zeit sollen zunächst die Sinkstoffe, Sand, Gesteintrümmer, also Stoffe unorganischen Ursprungs, zu Boden fallen, während sich die Schwimmstoffe, Fette, Papierreste, Kothballen u. v. a., also vorwiegend organische Stoffe, an der Oberfläche ansammeln.

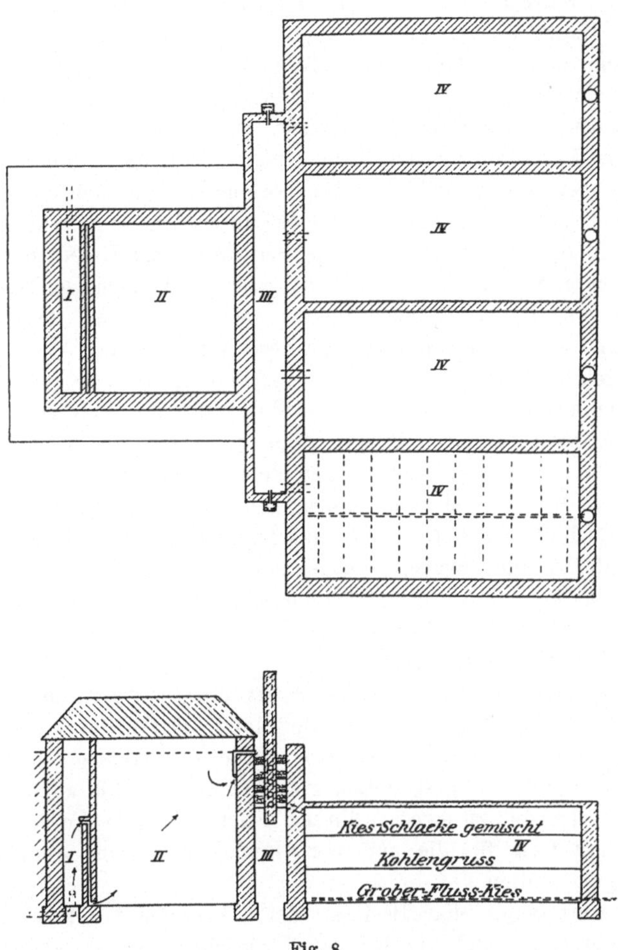

Fig. 8.

Der verbleibende Rest soll eine homogene, dünnflüssige Jauche sein, die bis auf ganz geringe Beimengungen an sich voluminös kleiner Schwimmstoffe, organische Stoffe in Lösung enthält. In den letzteren soll der in ihnen in procentisch nicht unbedeutenden Mengen enthaltene Urin unabhängig von dem oben erwähnten mechanischen Trennungsprocess das Faulen bezw.

eine faulige Gährung der organischen Stoffe einleiten und ihre Wandlung in Ammoniakstickstoff bewirken.

Nach Einleitung des Verfahrens wird der Spüljauchenzufluss continuirlich. Die zufliessende rohe Jauche soll von der in den Räumen befindlichen inficirt werden und der oben beschriebenen Umwandlung fortgesetzt unterworfen werden. Um nun die Schwimmstoffe an dem Ueberfliessen von einem Raum in den anderen zu behindern, ist der Abfluss aus dem Schlammfang zum Faulraum in halber Höhe der Trennwand zwischen beiden Räumen hergestellt. Dieser Abfluss vollzieht sich dergestalt, dass die Jauche den Hohlraum der Trennwand von oben nach unten durchfliesst, also in dem Faulraum an der Sohle eintritt und diesen von unten nach oben füllt, bezw. ihn durchläuft. Die Verbindung aus dem Faulraum nach dem Lüftungsschacht ist ungefähr 50 cm unter dem Wasserniveau vorgesehen, damit aus beiden Räumen keine Schwimm- und Sinkstoffe von einem zum anderen und zum Lüftungsschacht gelangen können, sondern nur die homogene und leichtflüssige Jauche ab- und überfliessen kann. Die Zersetzung wird als eine annährend vollkommene geschildert, so dass die Rückstände in den einzelnen Räumen nur äusserst geringe seien. Sie sollen sich auf die „Zersetzungsaschen" und auf die Sinkstoffe, die sich schon in dem Schlammfang absetzen, beschränken. Den die Anlage umgebenden Mauern, sowie ihrer aus einer Balkenlage gebildeten Decke wird der Schutz vor dem Einfluss der wechselnden Aussentemperatur zugetheilt, der an der Oberfläche befindlichen Fettschicht die Verhinderung einer Einwirkung der frischen Luft auf die Jauche, wodurch die Grundlage einer stetig gleichbleibenden fauligen Gährung geschaffen sein soll. Die Durchlüftung der Jauche wurde als nothwendige Vorbereitung für die weitere Oxydation der Jauche in den Filtern dargestellt[1]).

Der Betrieb in den Filtern war als ein intermittirender gedacht. Bei gesperrter Drainage geschah die Befüllung eines Filterabtheils in etwa 6 Stunden; nach weiteren 2 Stunden wurde der Abfluss bewirkt. Die vorhandenen vier Filter gestatteten, zwischen je zwei Füllungen 18 bis 20 Stunden Zwischenzeit zu legen, während welcher sich die Poren des Filters aufs neue mit Luft für die auf acht Stunden bemessene Abgabe an die Filterflüssigkeit füllen.

Die Auffassung der Besitzer der Versuchskläranlage über die Wirkung derselben und die bei der beabsichtigten Reinigung der Abwässer sich abspielenden Vorgänge erhellt am deutlichsten aus dem am 4. März 1897 von ihnen angemeldeten und am 13. Juni 1898 ausgelegten Patentanspruch und seiner Erläuterung.

[1]) Dieser Theil der Anlage ist später als unwesentlich von Schweder erachtet und ausser Benutzung gestellt, auch der Betrieb in den Filtern ist inszwischen geändert worden.

Patentanspruch. Reinigungsverfahren für Spüljauche auf physiologischem Wege mit Ausschluss aller chemischen Fällungs- oder Oxydationsmittel durch Gährung und nachfolgende Behandlung in Filter-Oxydationsanlagen durch aerobische Mikroorganismen, dadurch gekennzeichnet, dass die Gährung unter Abschluss von Licht und Luft erfolgt.

Erläuterung. Die gesammten Abwässermengen werden in der Weise behandelt, dass die vorhandenen organischen Verbindungen durch einen Gährungsprocess in einfachere organische Körper und theilweise sogar in Wasser, Kohlensäure und Ammoniak zerlegt werden, worauf die einfachen organischen Verbindungen der Oxydation und dadurch einer vollständigen Mineralisirung unterworfen werden, wobei das Ammoniak in Salpetersäure übergeht.

Die Zersetzungsvorgänge, welche hierbei ausschlaggebend erscheinen, sind Arbeitsleistungen von Mikroorganismen verschiedener Art, von denen eine Art vorbereitend arbeitet, indem sie die organischen Körper spaltet, während die andere Art die von der ersteren begonnene Arbeit dahin fortführt, dass sie den Stickstoff in Salpetersäure oxydirt, also die vorhandenen Reste der organischen Materie abschliessend mineralisirt. Die erste Mikrobenart, die nur im Dunkeln und unter Luftabschluss arbeitet, nennt man aus diesem Grunde die anaerobische, die andere, die aerobische, verlangt reichliche Luft- resp. Sauerstoffzufuhr.

Man sammelt, um möglichst unter gleichen Bedingungen arbeiten zu können, die Spüljauche zunächst während einer gewissen Zeit, am besten eine Tagesproduction, und zwar in einem Raum, der zur Durchführung des geplanten Gährungsprocesses gegen Luft und Licht so gut wie möglich abgeschlossen ist. In ihm verbleibt die Masse während der Sammelzeit vorerst in Ruhe, während welcher der Fäulniss- bez. Gährungsprocess eingeleitet und abgeschlossen wird.

Auf der gährenden bez. vergohrenen Flüssigkeit bleiben die leichten Stoffe schwimmend, in Sonderheit das Fett. Dies überzieht die Oberfläche der Flüssigkeit mit einer den Luftzutritt hindernden isolirenden Haut, und da diese Haut Verdunstung und Ausdünstung hindert, ist wichtig, die Fettschicht im Gährungsraum dadurch zu erhalten, dass man den Abfluss der weiter gehenden Flüssigkeit unterhalb dieser Fettschicht verlegt.

Die vergohrene und während der Ruhe noch weiter entschlammte oder geklärte Jauche leitet man aus der Gährstation durch einen sogen. Schlammfang, um die noch vorhandenen Schwimmstoffe abzufangen; frei von Schwimm- und Sinkstoffen tritt dann die Jauche homogen und dünnflüssig in die zweite, die Oxydationsstation der Reinigungsanlage ein. Diese besteht aus grossen Filterräumen, welche am Boden mit Drainröhren belegt sind. Zur Durchführung des geschilderten Reinigungsverfahrens dient eine bauliche Anlage, die in beiliegender Zeichnung schematisch veranschaulicht ist.

Die zu reinigenden Abwässer treten am Boden in den Gährbehälter I, der nach dem Eingangs Gesagten für Aufnahme einer Tagesproduction geeignet ist. Durch ein Dach ist dieses grosse Bassin gegen Luft und Licht abgeschlossen. Das Dach trägt an seinen Bindern ausserdem ein über den ganzen Raum ausgespanntes feinmaschiges Drahtnetz und auf demselben ein genügend hohes Lager von Torfmüll, welches die aufsteigenden Ausdünstungen auffängt und desodorisirt. Da ausserdem Torfmüll ein schlechter Wärmeleiter ist, wird durch dieselbe Decke die Erhaltung der für den Gährungsprocess nothwendigen constanten Temperatur sehr gesichert. Der continuirliche Betrieb der Anlage beginnt nach der erstmaligen Füllung des Behälters I sofort. Die durch die Gährung sich mehr und mehr klärenden Abwässermengen steigen wegen ihres geringeren specifischen Gewichtes nach oben und werden in dem Grade, wie sie aufsteigen, wenn nach Beendigung der ersten Füllung frische, d. h. schwerere Spüljauche am Boden des Behälters I eintritt, nach einer zweiten, der ersten conform eingerichteten Abtheilung hinübergedrückt, während im ersten Raum die hinzutretenden frischen Wasser inficirt und unmittelbar zur Gährung gebracht werden.

In der Abtheilung II, in welche die gährende Flüssigkeit durch einen Ueberfall in der Trennungswand wieder unmittelbar am Boden eintritt, geht der Gährungsprocess der Masse weiter bis zur Vollendung. Die ganz langsam, der fortschreitenden Reinigung entsprechend, aufsteigende Flüssigkeit hat Zeit genug, die Schwimmstoffe zumeist abzusetzen.

Die Flüssigkeit verliert die letzten Reste der Schwimmstoffe nach ihrem Austritt aus dem Behälter in einen Schlammfang, aus dem die Flüssigkeit nunmehr in die erste Abtheilung des dreitheilig gezeichneten Oxydationsraumes tritt. Die Flüssigkeit wird intermittirend in je eine der drei Abtheilungen des genannten Behälters geleitet.

Während der Befüllung wird die Drainage abgesperrt, auch nachher bleibt sie noch etwas geschlossen, so dass die in dem Abtheil befindliche Flüssigkeit längere Zeit dem Angriff der Salpeter-bildenden Mikroben ausgesetzt bleibt, welche gerade hier der unendlich vielen fein vertheilten Luftbläschen wegen das beste Feld der Wirksamkeit finden. Dann wird der Drainverschluss geöffnet und ihm entfliesst geklärtes, geruchloses und zu Nachzersetzungen nicht mehr fähiges, nur Salpeter-haltiges Wasser."

Die zu reinigende Rohjauche tritt von dem Druckrohre aus in den Klär- und Faulraum, aus welchem sie durch die nachströmende Rohjauche verdrängt werden soll und auf den Lüftungsraum gelangt. Die Analyse derselben ergab Milligramm im Liter:

	Chlor	Ammoniak	Stickstoff-haltige Substanz	Erforderlich. Sauerstoff	Trocken-rückstand	Glühverlust	Nitrate und Nitrite
Minimum	135	54	74	25	760	300	0
Maximum	240	100	83	57	1000	480	0

Das aus dem Faulraum fliessende Wasser zeigte einen fauligen Geruch, aber kaum analytisch nachweisbare Aenderungen:

Bezeichnung	Chlor	Ammoniak	Ammoniak u. organischer Stickstoff	Erforderlicher Sauerstoff	Trocken-rückstand	Glüh-rückstand	Glühverlust	Nitrate
Rohjauche:								
Minimum	135	54	74	25	760	450	300	0
Maximum	240	100	83	57	1000	610	480	0
Gefaulte Jauche:								
Minimum	149	53	66	30	650	355	120	0
Maximum	178	100	79	46	820	680	440	0

Der Lüftungsraum erscheint nach den Versuchen jedenfalls in der primitiven und unvollkommenen Form, wie bei der Lichterfelder Anlage, ziemlich wirkungslos und überflüssig. Die Zusammensetzung des geklärten Wassers bewegte sich innerhalb folgender Grenzen (mg im Liter):

	Chlor	Ammoniak	Ammoniak u. organischer Stickstoff	Erforderlicher Sauerstoff	Trocken-rückstand	Glühverlust	Nitrate und Nitrite
Minimum	149	12	11	10	880	100	vorhanden
Maximum	200	22	24	19	1030	380	

In der ursprünglichen Jauche waren stets mehrere Millionen von Keimen in 1 cc vorhanden, darunter 260000 bis 920000 Coliarten. Die Bacterienanzahl einer 24 Stunden im Faulraum verbliebenen Jauche war in den weitaus meisten Fällen eine geringere als in der ursprünglichen Rohjauche. Die Abnahme von Keimen fiel stets auch mit einer solchen an Fäcalbacterien zusammen. Im Schlamm dagegen fanden sich stets unzählige Keime im cc, sowohl in den Kulturen auf gewöhnlicher, als auf Jodkali-Kartoffelgelatine. Darnach tritt im Faulraum hauptsächlich eine Sedimentirwirkung der in ihm enthaltenen Jauche in Folge der Ruhe ein. Von einem Ausfaulen der Jauche in ihm, d. h. von einer vollständigen Zerstörung der gelösten Stoffe durch Bacterienthätigkeit kann schon deswegen nicht die Rede sein, da erfahrungsgemäss jede faulende Flüssigkeit an Bacterien reicher wird. Hier jedoch geht ein grosser Theil auch der Fäulniss-erregenden Bacterien in den Schlamm über, ein anderer Theil ist natürlich noch suspendirt geblieben. Die Menge dieser letzteren hängt zusammen mit der Gegenwart von mehr oder weniger schnell sedimentirbaren Bestandtheilen: je grösser deren Menge ist und je schneller sie sich zu Boden setzen, um so reicher muss der Schlamm und um so ärmer die darüber stehende Flüssigkeit an Keimen werden.

In dieser Weise hat man sich auch den bacteriologischen Befund im sog. Faulraum zu erklären. Die Vorstellung, dass im Faulraum eine Gährung unter anaeroben Bedingungen vor sich geht, muss als nicht zutreffend bezeichnet werden, da zu diesem Raume die Luft immer Zutritt hat. Allenfalls könnte es in einer gewissen Tiefe und im Schlamm zum Wachsthum von anäroben Bacterien kommen. Bei der Natur aber der in dieser Anlage und auch in der Jauche vieler anderer Städte abgelagerten Schlammmengen wird es doch einer sehr langen Zeit bedürfen, bis auf diese Weise eine nennenswerthe Beseitigung des Schlammes im Faulraum erfolgt ist; ob es aber in der Praxis möglich sein wird, den Schlamm im Faulraume so lange zu lassen, bis die Bacterienthätigkeit die Schlammmasse bewältigt hat, dürfte doch sehr zweifelhaft sein.

Derartige Fäulnissvorgänge würden überdies zur Folge haben, dass von dem abgesetzten Schlamme bei längerem Verweilen desselben im Faulraume schliesslich durch die stets dabei stattfindende Gasentwickelung Theilchen mit an die Oberfläche geschleudert werden, wie man dies häufig an offenen Sedimentirbecken beobachten kann. Es nimmt also dadurch allmählich die Menge des Schlammes ab und diejenige der Schwebestoffe zu. Hieraus würde sich vielleicht der Umstand erklären, wenn man nach dem Aufdecken des Faulraumes in der Lichterfelder Anlage in demselben schliesslich relativ weniger Schlammbestandtheile, aber desto mehr Schwebestoffe finden würde. In dem sogenannten Schlammfang wenigstens konnte ein derartiges Verhalten der suspendirten Bestandtheile bereits festgestellt werden.

Ueber das zahlenmässige Verhalten der Bacterien in den sog. Filter- oder, wie sie später von den Unternehmern genannt wurden, „Oxydationsräumen“ geben die folgenden Mittelzahlen Aufschluss.

Es wurden gefunden nach 24 stündigem Aufenthalt im Faulraum und 8 stündigem Verweilen im Filter:

auf gewöhnlicher Gelatine	auf Jodkalikartoffelgelatine
750000 bis 2070000	von 210000 bis 438000.

Es fand also stets in den Filtern im Verhältniss zum Faulraume eine Abnahme der Keime statt. Bei anders gehandhabtem Betrieb, wie z. B. beim schnelleren Durchlaufenlassen der Jauche durch die Filter oder 12- bezw. 24 stündigem Verweilen in denselben, war in vielen Fällen kein nennenswerther Einfluss auf die Anzahl der Bacterien zu erkennen. Höchstens war eine geringe Abnahme beim längeren Verweilen zu bemerken (in einem Versuch von 210 000 auf 160 000 innerhalb 12 Stunden).

Aus dieser steten Abnahme der Bacterien in den Filtern gegenüber dem Faulraum und besonders beim längeren Verweilen in demselben ist zu schliessen, dass auch in diesen Räumen in erster Linie eine Sedimentirwirkung vor sich geht. Keinesfalls verliess die Jauche auch die sog. Oxydationsräume vollständig ausgefault, d. h. so, dass nur Mineralsubstanzen übrig geblieben wären, wie dies die Unternehmer anzunehmen scheinen. Dies ergiebt sich aus den Tabellen über die an dem geklärten Abwasser angestellten Fäulnissversuche, welche zeigen, dass in den ersten Tagen beim Stehen der Flüssigkeit immer noch eine Vermehrung der Bacterien stattfindet. Allerdings ist diese Fäulniss keine stinkende, letztere ist aber nur an die Gegenwart bestimmter Stoffe gebunden und zwar an solche, die sich zum Theil in der Jauche von vornherein nicht in Lösung befinden, sondern in gequollenem oder suspendirtem Zustande vorhanden waren. Diese waren jedoch durch die Sedimentirwirkung der verschiedenen Theile der Anlage theilweise bereits entfernt, theilweise hatten sie wohl auch schon auf dem langen Wege, den die Jauche bis zur Kläranlage durchzumachen hatte (10 km), eine chemische Veränderung erfahren, d. h. die zur Klärung gelangende Flüssigkeit war nicht mehr frisch, sondern befand sich bereits im fauligen Zustande.

Ein Analogon zu diesen beiden Arten von Fäulniss, der stinkenden und derjenigen, welche ohne Geruch vor sich geht, finden wir in dem Verhalten der Bacterien auf Eiweiss-haltigen und nicht Eiweiss-haltigen Nährböden; auf ersteren entstehen immer riechende Stoffe, auf letzteren nicht oder nur in den seltensten Fällen.

Was den Nitratgehalt des geklärten Abwassers anbetrifft, welcher von den Unternehmern aus der Wirkung von Salpeterpilzen während des Aufenthalts der Jauche in den Filtern erklärt wird, so wurden solche Nitrat-bildenden Bacterien in den untersuchten Proben zwar nicht nachgewiesen, auch haben Infectionen von Jauche mit Material aus den Dibdin'schen Filtern in England, in denen dasselbe ein Nitrat-reiches gereinigtes Abwasser ergab, ebenfalls zu keinem positiven Resultat geführt; jedoch beweisen frühere Versuche, von Fodor u. A. ebenso wie die von der Commission an dem Probefilter in Charlottenburg angestellten, dass eine Nitratbildung nur dann stattfindet, wenn gewisse im Boden vorhandene, organische Stickstoff-haltige Stoffe unter dem Einfluss von Luft durch Mikroorganismen nitrificirt werden. Dieser Einfluss ist aber in der hier in Betracht kommenden Anlage nur dann vorhanden, wenn die Filter in Ruhe sich befinden. Von einer Thätigkeit der Nitratbacterien während die Filter gefüllt sind, kann nicht die Rede sein, denn die Jauche in den Zwischenräumen des gefüllten Filters befindet sich unter den gleichen bacteriologischen Bedingungen, wie in dem sogenannten Faulraum.

Die Schlussfolgerungen, dass die Reinigungswirkung in erster Linie einer durchgreifenden Sedimentirung zuzuschreiben ist, und dass die Nitrification in den sog. Oxydationsräumen in den Ruhepausen eintritt und die gebildeten Nitrate und Nitrite durch die neu hinzugelassene Flüssigkeit ausgelaugt werden, findet auch darin eine Stütze, dass bei dem jetzigen Betriebe fast der gleiche Reinigungseffect erzielt worden ist, wie i. J. 1897. Jetzt aber verweilt die Jauche nur 6 Stunden in der Anlage, gegen 24 bis 32 Stunden im vorigen Jahre. Innerhalb dieser kurzen Zeit aber können die durch biologische Vorgänge hervorgerufenen Erfolge doch nur äusserst gering sein, jedenfalls sehr erheblich geringer, als die in der 5- bis 6mal längeren Zeit hervorgebrachten. Auch der Umstand, dass die Salpetersäure einige Male aus der undesinficirten geklärten Jauche nach längerem Stehen verschwand, während sie sich in der mit Chloroform versetzten dauernd erhielt, spricht für die Richtigkeit dieser Anschauung.

Das äussere Aussehen der Jauche in Bezug auf Trübung, Farbe und Geruch zeigt fortwährend die grössten Verschiedenheiten; auch bestand zwischen dem Concentrationsgrade (Gesammt-Trockenrückstand) und den einzelnen Bestandtheilen keine feste Beziehung, so dass von einer auch nur einigermassen gleichmässigen Beschaffenheit der Jauche auch keine Rede sein konnte. Die angeführten Umstände weisen auch darauf hin, mit Bezug auf die allgemeine Anwendbarkeit der bei der Lichterfelder Anlage gewonnenen Versuchsresultate die grösste Vorsicht walten zu lassen, da die Jauche, welche bei derselben zur Verarbeitung gelangt, keineswegs dem Durchschnitt frischer städtischer Spüljauche entspricht, weil dieselbe auf ihrem Wege und bei unterbrochenem Pumpen des Nachts in der etwa 10 km langen Druckrohrleitung häufig längere Zeit verweilt, sich darin zum Theil schon vorklären und in faulige Zersetzung übergehen kann.

Die quantitative Leistung der Anlage war gering, täglich nur 0,3 bis 0,32 cbm auf 1 qm Filterfläche; für grössere Städte würden also colossale Anlagen erforderlich sein.

J. König[1]) bemerkt über dieselbe Anlage, es werde auch bei diesem Verfahren keine vollständige Befreiung von organischen Stoffen erzielt und eine nachträgliche Reinigung durch Rieselfelder bleibe wünschenswerth. Bei grossen Mengen von Abwässern, von 30 bis 50000 Einwohnern und mehr, dürfte eine solche kaum zu umgehen sein. Wenn auch die Rieselfläche mit Voroxydation wesentlich kleiner und billiger auszuführen ist, als ohne solche, so ist doch die Voroxydation selbst ziemlich theuer, denn sie kostet für 100 Einwohner 600 Mk. Anlagekosten und 50 Mk. jährliche Unterhaltungskosten.

---

[1]) Zeitschr. Unters. v. Nahrung, 1898, 171.

Nach Dunbar[1]) unterscheidet sich das Verfahren von Dibdin[2]) nicht principiell von der Frankland'schen intermittirenden Filtration (S. 148). Die Hamburger Versuchsanlage (Fig. 9) hat 3 Klärbecken von je 64 qm Grundfläche, deren Lage so angeordnet ist, dass sich der Inhalt des ersten Beckens ohne Anwendung von Pumpen vollständig in das zweite Becken und von hier aus weiter in das dritte Becken entleeren lässt. Diese Entleerung kann geschehen erstens durch ein in einer Stopfbüchse drehbares Rohr mit Siebkopf. Bei Anwendung dieses Rohres kann der Inhalt des höher gelegenen Beckens allmählich von der Oberfläche her in vorsichtiger Weise abgesogen werden, wodurch verhindert wird, dass der sedimentirte Schlamm mitgerissen wird. Zweitens kann die Entleerung der Becken erfolgen durch ein nahe dem Boden befindliches Schieberschoss. Der Inhalt des zweiten Bassins lässt sich in derselben Weise in das dritte

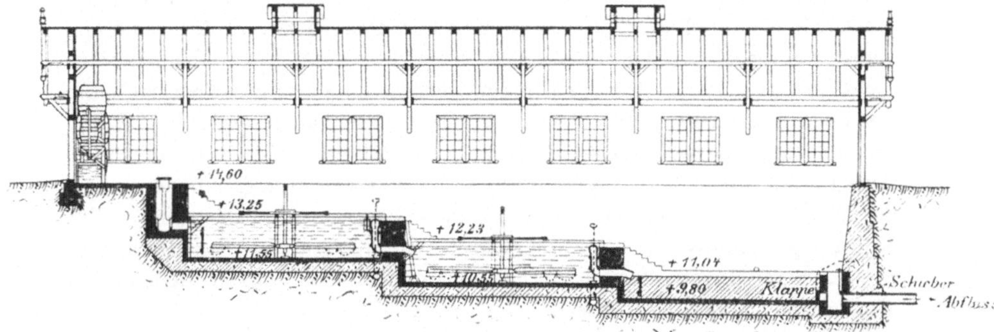

Fig. 9.

Becken entweder durch ein drehbares Rohr oder durch ein am Boden befindliches Schieberschoss entleeren. Ferner kann sowohl der Inhalt des ersten Beckens in das zweite, als auch der Inhalt des zweiten Bassins in

---

[1]) Viertelj. f. öff. Gesundh., 1899, 625.

[2]) Dunbar erhielt s. Z. die Aufklärung, das eigentlich Neue an diesem Verfahren sei nur, dass Dibdin Reinkulturen geeigneter Mikroorganismen anwendete, um die schnelle Zersetzung der Schmutzstoffe in den Abwässern zu bewirken. Diese Behauptungen interessirten ihn um so mehr, als er sich schon seit Jahren mit der Idee beschäftigte, aus Sielwässern Bacterien zu züchten, welche die sogenannte Selbstreinigung der Abwässer schneller und gründlicher besorgen würden, als es durch das in den Abwässern enthaltene natürliche Gemisch von Mikroorganismen geschieht. Alle in dieser Richtung eingeleiteten Versuche waren ohne den geringsten Erfolg geblieben, und nicht gering war seine Enttäuschung, als er von Dibdin persönlich erfuhr, dass auch seine einschläglichen Versuche sämmtlich ergebnisslos gewesen wären.

das dritte über die dazwischen befindliche Trennungsmauer hinweg geleitet werden, was bei Versuchen mit continuirlichem Betriebe geschieht. Viertens sind die beiden ersten Bassins schliesslich noch mit je einem directen Grundablass in das Siel versehen.

Die Klärversuchsanlage liegt etwa 0,25 km von dem Eppendorfer Krankenhause entfernt, aus welchem die Abwässer durch eigenes Gefälle in völlig frischem Zustande zufliessen. Vor der Klärhalle liegt ein Einsteigeschacht mit Schieberschoss. Wenn dieses Schoss geschlossen wird, so fliessen die Abwässer des Krankenhauses in das Hauptsiel der Martinistrasse ab. Nach Eintritt in die Klärhalle gelangen die Schmutzwässer zunächst in einen Sandfang (3,7 bei 2,0 m Grundfläche). In der Mitte dieses Sandfanges befindet sich ein senkrecht stehendes Gitter, dessen Stäbe etwa 1 cm Zwischenraum haben. Von dem Sandfang aus gelangen die Abwässer in einen 60 cm breiten, oben offenen Kanal, damit etwa anzuwendende Chemikalien gleich hinter dem Sandfang, bezw. in dem Sandfang selbst zugesetzt werden und schon beim Durchlaufen des Kanals eine möglichst gute Vertheilung und innige Vermischung erfahren könnten. Bei gewissen Versuchen wurden in diesem sog. Mischkanale besondere Rührvorrichtungen bezw. Schosse eingebaut. Der Mischkanal hat einen directen Anschluss an das städtische Sielnetz; dadurch ist es ermöglicht, den Inhalt des Sandfanges direct in die Siele zu entleeren, oder die ganzen der Kläranlage zufliessenden Abwässer durch den Sandfang und den Mischkanal zu schicken, davon aber etwa nur einen bestimmten Bruchtheil in die Klärbecken gelangen zu lassen.

Nachdem die ungereinigten Abwässer in dem ersten Bassin angesammelt waren, wurden sie durch ein Rührwerk in Bewegung gesetzt. Dadurch gelang es, alle inzwischen sedimentirten Stoffe aufzuwirbeln und gut durchzumischen. Nunmehr wurden an verschiedenen Punkten des Bassins Proben entnommen und zu einer Durchschnittsprobe zusammengegossen, während gleichzeitig das Schoss nach dem zweiten Bassin, also nach dem Oxydationskörper, geöffnet wurde. Bei der Wahl des Materials zur Herstellung des Oxydationskörpers war zu berücksichtigen, dass es sich um die Abwässer eines Krankenhauses handelt, mit einer grossen chirurgischen Station, wo Desinfectionsmittel in erheblichen Mengen zur Anwendung kommen. Thatsächlich rochen auch die Abwässer gelegentlich, wenn auch sehr selten, deutlich nach Carbol. Wenn nun auch der Keimgehalt dieser Abwässer in der Regel etwa eine oder mehrere Millionen pro Cubikcentimeter betrug, so war es doch als eine offene Frage zu betrachten, ob sich eine genügende Entwickelung von Mikroorganismen im Oxydationskörper ergeben würde, oder ob die Desinficientien nicht möglicher Weise eine zu stark schädigende Wirkung gerade auf diejenigen Kleinlebewesen ausüben würden, die am wirksamsten zu den angestrebten Zersetzungsprocessen beitragen. Um über diese Frage Klarheit zu schaffen, wurde davon abgesehen, Koks zur Anwendung zu bringen, der derzeit allgemein als das beste Material für den Aufbau des Oxydationskörpers angesehen wurde, und anstatt desselben die Schlacke der Hamburger Müllverbrennungsanstalt verwendet. Hiervon wurde der Grus gesiebt und die Stückchen, welche durch 7 mm weite Siebmaschen hindurchfielen und auf 3 mm weiten Siebmaschen liegen blieben, zum Aufbau des Oxydationskörpers benutzt. Von dieser Masse blieben etwa $^2/_3$ auf einem 5 mm weiten Siebe liegen, der Rest besteht aus kleinkörnigerem Material (also 3 bis 5 mm). Auf dem Boden des zweiten Bassins wurden Ziegelsteine lose zu Kanälen zusammengestellt, wodurch eine energischere Drainirung des Körpers erzielt werden sollte. Bei dieser ersten Versuchsreihe wurden diese Kanäle in 1 m weiten Abständen aufgebaut. Die Ziegelsteine lagen auf der Längskante und wurden so gestellt, dass in der Längsrichtung des Kanals zwischen je zwei Ziegelsteinen eine fingerbreite Oeffnung blieb, während das Lumen des Kanales selbst 8 cm weit war. Der so gebildete Kanal wurde mit losen Ziegelsteinen dicht zugedeckt. Dann wurde der Boden des Beckens bis zur Oberkante dieser Kanäle mit wallnussgrossen Schlackestückchen aufgefüllt. Hierauf wurden feine Schlacken in einer Höhe von 1,25 m aufgetragen. Die Gesammthöhe des Oxydationskörpers betrug 1,42 m.

In dem dritten Bassin wurde ein Sandfilter untergebracht und verschiedenartige Materialien in grossen, mit Zink ausgeschlagenen Holzkästen, später auch in Gährbottichen auf ihre Brauchbarkeit als Oxydationskörper geprüft. Für die zweite Versuchsreihe wurde der Oxydationskörper in das erste Becken eingebaut. Die Ziegelsteinkanäle wurden in Abständen von etwa 2 m aufgestellt. Als Schlackenmaterial kam dieselbe Schlacke zur Verwendung, welche zum ersten Versuch gedient hatte. Nur wurde sie durch Abspülung vorher von dem anhaftenden Schlamm befreit. Die Höhe des Oxydationskörpers betrug in diesem Falle nur etwa 1 m.

Das Krankenhaus kann als ein grosser Haushalt von etwa 2000 Köpfen angesehen werden. Seine Abwässer setzen sich zusammen aus den Abflüssen der Wasserclosets, den Scheuerwässern, den Wirthschafts-, Küchen- und Spülwässern, den Abflüssen der Wäscherei und der Badeanstalt. Die Abwässer der Epidemieabtheilung auf dem Terrain des Krankenhauses werden in besonderen Gruben gesammelt und mit Kalk desinficirt und gesondert abgelassen. In schwemmkanalisirten Städten, welche wenig Industrie haben, sind die Abwässer gleicher Herkunft und Natur, wie diejenigen des Krankenhauses. Als Unterschiede sind aber hervorzuheben, dass in dem Krankenhause ein weit grösserer Wasserverbrauch herrscht, als in den meisten Städten, nähmlich etwa 400 l pro Kopf, und dass bei Städten mit Sammelkanalsystem an Regentagen mehr Pferdemist in die Kanäle gelangt, als in sie. Die reinsten Abwässer finden sich Nachts zwischen 12 und 3 Uhr. Um diese Zeit sind dieselben fast klar, geruchlos und frei von schwebenden Schmutzstoffen. Gegen 6 Uhr Morgens haben sie bereits ein opalescirendes Aussehen und beginnen sie einen fäcalartigen Geruch zu zeigen. Zwischen 6 bis 9 Uhr erreicht die sogenannte Frühstückswelle mit zahlreichen Fäcalbestandtheilen die Kläranlage. In den darauf folgenden Stunden nimmt die Concentration der Abwässer ab; gegen 12 Uhr Mittags beginnt sich der Küchen- und Wäschebetrieb geltend zu machen, nach 1 Uhr zeigen sich die Spülwässer der Küche mit reichlichem Fettgehalt u. dergl. Man hat es hiernach in der Hand, die Zeit der Versuche so zu regeln, dass man Abwasserproben verwendet, die entweder relativ concentrirten städtischen Abwässern gleichen, oder auch solche, die einen geringen Schmutzgehalt zeigen. Bei den Versuchen wurde die Füllung des Körpers so vorgenommen, dass man, sofern eine tägliche einmalige Füllung in Frage kam, die Zeit der sog. Frühstückswelle benutzte. Auf diese Weise erhielt man ein Abwasser, deren Schmutzgehalt ein grösserer war, als z. B. derjenige in dem Inhalt des grössten Hamburgischen städtischen Sieles zu sein pflegt.

Bei der zweiten Versuchsperiode, welche hier besprochen werden soll, wurde der Körper nur einmal täglich gefüllt und zwar zu der Zeit, wo die Abwässer den grössten Schmutzgehalt aufweisen. Die Krankenhausabwässer erreichen die Kläranlage in einem völlig frischen Zustande. Papierfetzen, insbesondere Closetpapier, gelangen in völlig intacter Form in die Kläranlage, was bei Städten, wo die Abwässer oft stundenlang unterwegs sind, in der Regel nicht der Fall zu sein pflegt. Erwähnt wird, dass das Eppendorfer Krankenhaus ausschliesslich mit filtrirtem Elbwasser versorgt wird, dessen Oxydirbarkeit nach den Untersuchungen gelegentlich bis zu 40 mg Permanganatverbrauch pro Liter entspricht. Der Gehalt an Kochsalz, der in den Chloranalysen zum Ausdruck kommt, ist in dem Elbwasser so hoch, wie er sich an anderen Orten in ziemlich concentrirten Abwässern kaum findet. Während der zu beschreibenden Versuchsperiode (17. August 1898 bis 20. Mai 1899) schwankte der Chlorgehalt des Leitungswassers zwischen 102 und 384 mg im Liter.

Nach angestellten Messungen lagern sich in dem Sandfange innerhalb 24 Stunden etwa 100 bis 300 Liter Sedimente ab, die sich nach dem Aussehen zum grössten Theil aus Kothballen, Papier- und Zeugfetzen, Gemüseabfällen, Fruchtschalen u. dergl. zusammensetzen, neben einer grossen Menge schlickigen Materials und Sand. Diese Masse hat einen ausgesprochen fäcalartigen, nicht fauligen Geruch. Lässt man aber die Abwässer nur etwa zwei Tage durch den Sandfang hindurchpassiren, ohne den letzteren inzwischen gründlich zu reinigen, so zeigen sich schon innerhalb dieser kurzen Frist die Anzeichen eingetretener stinkender

Fäulniss. Die abgelagerten Sedimente steigen in Ballen in die Höhe, die das Aussehen von Kuhfladen haben. Bei näherer Ansicht findet man eine schwammige, mit Gasblasen durchsetzte Masse, die in faustgrossen Stücken hoch steigt. In den vom Luftsauerstoff abgeschlossenen Sedimenten entwickeln sich durch die Thätigkeit der anaeroben Bacterien so erhebliche Gasmengen, dass die Sedimente einen schwammigen Charakter annehmen, specifisch leichter werden und aufsteigen. Nach Abgabe des Gases sinkt ein Theil dieser Fladen wieder zu Boden, um dann in abwechselndem Spiel auf und ab zu steigen, bis sie gelegentlich durch das durchfliessende Wasser unter dem Tauchbrett mitgerissen werden. Trotz der erwähnten Frische der angeschwemmten Massen und trotz der Anwesenheit gewisser Mengen von Desinfectionsmitteln ist also der hier erzielte Erfolg mechanischer Sedimentirung ein höchst ungünstiger, wenn man nicht in Perioden von längstens 2 Tagen eine gründliche Reinigung des Sandfanges vornimmt. Solche Fäulniss stellt sich naturgemäss im Sommer früher ein als im Winter. Um die schwimmenden Schmutzstoffe einschliesslich der aufgetriebenen Schlammmassen zurückzuhalten, ist am Ende des Sandfanges ein in Schienen laufendes, senkrecht zum Wasserspiegel stehendes Tauchbrett angebracht, das durch eigene Schwere 28 cm tief in das Wasser eintaucht und sich selbstthätig auf die verschiedenen Wasserstände einstellt. Die Abwässer treten unter diesem Tauchbrett durch in den erwähnten Mischkanal ein, in welchen zwei Stauwände eingebaut sind, um die etwa mit fortgeschwemmten Sedimente zurückzuhalten.

Trotz der geringen Dimensionen des Sandfanges gelingt es doch, in demselben mittelst der beschriebenen einfachen Vorrichtungen die Gesammtabwässer des Krankenhauses, also etwa 800 cbm pro Tag, für das Oxydationsverfahren genügend vorzubereiten, d. h. die gröberen schwimmenden Schmutzstoffe fast völlig zurückzuhalten. Die Dauer der hier in Frage kommenden Sedimentation betrug zu der Tageszeit, wo der Oxydationskörper gefüllt wurde, nicht mehr als 5 bis 12 Minuten! Trotzdem belief sich der Gehalt der aus dem Sandfang austretenden Abwässer an suspendirten Stoffen auf nur etwa 200 mg pro Liter (Trockensubstanz, bei 110^{0} getrocknet).

Die Beschickung des Oxydationskörpers mit Abwasser erfolgte so schnell, dass die Füllung innerhalb etwa 20 Minuten beendigt war. Gelegentlich ist allerdings der Zufluss der Abwässer zur Kläranlage ein geringerer, so dass die Füllung dann bis zu 25 Minuten in Anspruch nimmt. Vor der Beschickung des Schlackenkörpers wird dessen Abflussschoss geschlossen, so dass die Abwässer wie in einem Bassin aufgestaut werden. In diesem Punkte weicht die Handhabung des Oxydationsverfahrens von der intermittirenden Filtration ab, bei der jederzeit ein freier Abfluss für das durch den Oxydationskörper hindurchtretende Abwasser vorhanden ist.

Die eingeleiteten Abwässer liess man bei der zweiten Versuchsperiode regelmässig 4 Stunden im Schlackenkörper stehen. Nach Ablauf der 4 Stunden wurde das Abflussschoss so weit geöffnet, dass sich der Körper innerhalb 10 bis 15 Minuten entleerte, später erfolgte nur noch geringes Nachsickern. Nach Entleerung der Abwässer bleibt der Oxydationskörper eine gewisse Zeit lang leer stehen. Die im Oxydationskörper wegsickernde Abwasserschicht hat Luft nachgesogen, so dass die von Abwässern entleerten Poren des Körpers nachher völlig mit Luft angefüllt sind. Nach Ablauf der Ruhepause wird der Körper wieder in regelmässigem Turnus mit Abwässern gefüllt und 4 Stunden später entleert.

Es wurde schon gezeigt,[1]) dass schon innerhalb der ersten Stunde der Einwirkung des Oxydationskörpers auf die Abwässer ein grosser Bruchtheil desjenigen Reinigungserfolges bewirkt wird, der bei vier- bis sechsstündiger Einwirkungsdauer beobachtet wurde. Es wurde daher die Füllung, anstatt täglich einmal, zwei-, drei- und sechsmal vorgenommen, so dass schliesslich die Abwässer von mehr als 60 000 Personen pro Hectar in dem Oxydationskörper behandelt wurden. Dieser Rechnung ist der thatsächliche, grosse Wasserverbrauch des Krankenhauses, nämlich 0,4 cbm pro Kopf und Tag, zu Grunde gelegt. Der Schlackenkörper nahm bei einmaliger Füllung etwa 30 cbm Abwasser auf, also bei sechsmaliger Füllung täglich 180 cbm. Da die Grundfläche 64 qm beträgt, also der 156. Theil eines Hectars ist, so würden auf 1 ha täglich 28 080 cbm Abwässer entfallen, also bei Annahme eines Wasserconsums von 400 Litern pro Kopf und Tag die Abwässer von 70 200 Personen pro Hectar. Wegen gewisser Schwankungen in der Aufnahmefähigkeit des Oxydationskörpers wurden nur etwa 60 000 Personen angegeben. Bei der zweiten Versuchsperiode entspricht die quantitative Leistung einer Reinigung der Abwässer von rund 25 000 bis 30 000 Personen pro Hectar, eine Leistung, die sich wesentlich vergrössern lässt durch Anwendung eines Oxydationskörpers von grösserer Höhe.

Die zweite Versuchsperiode sollte zeigen, ob bei schwächerer Inanspruchnahme des Oxydationskörpers die Verstopfung des letzteren sich würde länger hintanhalten lassen, als bei forcirtem Betriebe. Nach mehr als $^3/_4$jähriger Betriebsdauer, d. h. nachdem der Körper an 240 Tagen täglich einmal mit Abwässern gefüllt worden war (Sonntags unterblieb die Füllung), hatte die Aufnahmefähigkeit dieses Oxydationskörpers nicht in nennenswerther Weise abgenommen, wogegen zu der Zeit, als der Körper täglich sechsmal gefüllt wurde, die Aufnahmefähigkeit nach der 150. Füllung bereits um 50 $^0/_0$ zurückgegangen war.

---

[1]) Vierteljahrschr. f. öffentl. Gesundh., Bd. 31, Heft 1.

In Bezug auf Verbesserung der für das Auge erkennbaren Eigenschaften der Schmutzwässer hat Koks von gleicher Korngrösse eine durchgreifendere Wirkung, als das verwendete Schlackenmaterial. Es mag das mit der geringeren Festigkeit der Kokstheilchen zusammenhängen, die im feuchten Zustande stärker zerbröckeln und dadurch eine Zusammensinterung des Körpers bedingen, wodurch eine bessere Filterung, allerdings auch eine grössere Herabsetzung der Aufnahmefähigkeit erfolgt, als bei der Schlacke. Zur Bestimmung der äusseren Eigenschaften wurden Durchschnittsproben des verwendeten ungereinigten Abwassers, die hier der Kürze halber nachstehend als „Rohwasser“ bezeichnet werden, täglich in Cylindern aufgestellt und 10 Tage in Beobachtung gehalten, ebenso Proben des im Schlackenkörper behandelten Wassers. Die Rohwasserproben zeigen von Anfang an eine starke Trübung, die während der 10tägigen Beobachtungsdauer nur wenig abnimmt. Das Abflusswasser aus dem Schlackenkörper — das nachstehend als „Schlackenabfluss“ bezeichnet wird —, zeigt sich zunächst nur leicht getrübt, so dass die Bezeichnung „opalescirend“ eher zutrifft, als „getrübt“. Nach vier- bis siebentägigem Stehen klärt sich der Schlackenabfluss fast vollständig, unter Abscheidung eines sehr geringen, in der Regel bräunlich gefärbten Bodensatzes.

Infolge des starken Gehaltes des Rohwassers an Fäcalstoffen zeigen diese einen widerlichen, ausgesprochen fäcalischen Geruch, der in der Regel als stark fäcalisch bezeichnet wurde. Die Schlackenabflüsse zeigen keinen unangenehmen Geruch. Zumeist wurden sie kurz nach der Entnahme als moderig riechend bezeichnet. Beim Stehen im Cylinder nehmen die Schlackenabflüsse alsbald einen erdigen Geruch an, d. h. einen Geruch, der an denjenigen frisch umgestochener Gartenerde erinnert und übereinstimmt mit dem Geruch von Streptothrixkulturen. Versuche, Streptothrix aus dem Schlackenkörper zu isoliren, sind negativ verlaufen. Sehr häufig hatten die Abflüsse aus dem Schlackenkörper von vornherein den Erdgeruch, was als ein Zeichen ausgiebiger Reinigung angesehen werden konnte. Gelegentlich hatten die Schlackenabflüsse einen ausgesprochen kohlartigen Geruch. Nicht etwa daher rührend, dass im Rohwasser viel Kohl oder Kohlbrühe vorhanden gewesen wäre, sondern es handelt sich ohne Zweifel um intermediäre, für die vorhandene Bacterienflora charakteristische Stoffwechselproducte, welche diesen eigenthümlichen Geruch besitzen. Aus dem Auftreten dieses kohlartigen Geruches kann man stets darauf schliessen, dass die Reinigung des Wassers bei der betreffenden Operation weniger günstig verlaufen war, als bei den Operationen, wo die Abflüsse erdig oder moderig rochen. Die kohlartig riechenden Proben nehmen beim Stehen an der Luft zunächst einen moderigen, dann einen erdigen Geruch an, woran man die in den Proben weiter fortschreitenden

Zersetzungsprocesse verfolgen kann. Die beschriebenen Geruchsveränderungen beziehen sich auf Proben, die unter Glasstöpselverschluss aufbewahrt wurden. Lässt man die Schlackenabflüsse in offenen Gylindern, also unter freiem Luftzutritt stehen, so verlieren sie innerhalb kurzer Zeit jede Andeutung von Geruch.

Die Menge der suspendirten Stoffe des Rohwassers, wie es auf den Schlackenkörper aufgebracht wird, belief sich, ausgedrückt als Trockenrückstand (Trocknung bei 110^0) auf 148 bis 312 mg im Liter. Die Schlackenabflüsse enthielten durchschnittlich 34 mg. Hieraus ergiebt sich, dass dem Schlackenkörper eine durchgreifende Filterwirkung nicht zukommt, wie es bei dem schnellen Versickern der Abwässer in ihm auch nicht anders zu erwarten war. Uebrigens filtriren die Schlackenabflüsse ebensowenig wie das Rohwasser vollständig klar durch Filtrirpapier. Ein gewisser, wenn auch geringer Theil der suspendirten Substanzen erscheint deshalb bei beiden im Abdampfrückstande des filtrirten Wassers.

Es sind während der $^3/_4$jährigen Versuchsperiode niemals Schlackenabflüsse zur Beobachtung gekommen, die, selbst in verschlossenen Flaschen aufbewahrt, auch nur andeutungsweise stinkende Fäulniss durch ihren Geruch erkennen liessen. Die ebenso aufbewahrten Rohwässer rochen je nach der herrschenden Temperatur schon nach 3 bis 7 Tagen intensiv nach Schwefelwasserstoff, vorher faulig. Durch das kurze Stehen im Schlackenkörper sind also dem Abwasser diejenigen Eigenschaften genommen, welche es zur stinkenden Fäulniss befähigen.

Bekanntlich ist es schwierig, die hier in Frage kommenden Vorgänge analytisch sicher nachzuweisen und zu definiren. Wo Schmutzstoffe heterogenster Herkunft und Zusammensetzung in ständig wechselndem Mengenverhältniss der Zersetzung anheimfallen, da sind weder durch Bestimmung des organischen Kohlenstoffs im Roh- und Reinwasser, noch durch Untersuchung auf organisch gebundenen Stickstoff, noch auch durch ähnliche Analysen sichere Aufschlüsse in der fraglichen Richtung zu erzielen. Die Bestimmung der Oxydirbarkeit der gereinigten Abwässer im Vergleich zu derjenigen des Rohwassers, eine Untersuchungsmethode, mit der man sich angesichts der Sachlage sogar bei andersartigen Reinigungsmethoden behilft, scheint gerade bei diesem Abwasserreinigungsverfahren sehr wichtig zu sein, denn sie gestattet zu erkennen, inwieweit das Bestreben, eine möglichst weitgehende Sättigung der in den Abwässern enthaltenen Substanzen mit Sauerstoff, von Erfolg gewesen ist.

Thatsächlich schienen denn auch die jeweiligen Ergebnisse der Oxydirbarkeitsbestimmungen brauchbare Anhaltspunkte dafür zu bieten, ob die Schlackenabflüsse noch im Stande waren, der fauligen Zersetzung anheimzufallen oder nicht. Die Analysen zeigen, dass die durch das

Oxydationsverfahren bewirkte Herabsetzung der Oxydirbarkeit sich zwischen etwa 56 und 80 % bewegt und in der Regel der letzteren Grenze näher liegt, als der ersteren. Die Oxydirbarkeit (ausgeführt in Milligrammen Permanganatverbrauch im Liter) lag beim Rohwasser achtmal zwischen 400 und 500, die Oxydirbarkeit der dazu gehörigen Schlackenabflüsse schwankte zwischen 86 und 134; in Procenten ausgedrückt betrug die Herabsetzung der Oxydirbarkeit in diesen acht Fällen 73,2 bis 80,4 %. In 19 Fällen lag die Oxydirbarkeit des Rohwassers zwischen 300 und 400, die Oxydirbarkeit der dazu gehörigen Schlackenabflüsse zwischen 89 und 145; die Herabsetzung in Procenten betrug 61,1 bis 76,5 %. In 15 Fällen lag die Oxydirbarkeit des Rohwassers zwischen 200 und 300, die Oxydirbarkeit des dazu gehörigen Schlackenwassers zwischen 49 und 123; die Abnahme betrug 56,1 bis 77,6 %.

Verschiedene Abwasserproben zeigen 1 bis 4 cc absorbirten Sauerstoff im Liter. Lässt man diese Proben ruhig stehen, so verschwindet der Sauerstoff in ihnen in der Regel schon innerhalb einer Stunde. Solange in diesen Abwasserproben absorbirter Sauerstoff vorhanden ist, und eine gewisse Zeit darüber hinaus, kommt es nicht zur stinkenden Fäulniss. Nachdem aber der absorbirte Sauerstoff verzehrt ist, sind den aeroben Bacterien, bez. der sonstigen in Frage kommenden aeroben Flora und Fauna nicht mehr so günstige Existenzbedingungen geboten. Die in den Abwässern stets vorhandenen anaeroben bezw. facultativ anaeroben Bacterien beginnen nunmehr das Uebergewicht zu bekommen, und indem sie den für ihren Stoffwechsel nothwendigen Sauerstoff aus den Sulfaten, Nitraten, Carbonaten u. dgl. entziehen, leiten sie die Reduction dieser Schwefel-, Stickstoff- und Kohlenstoff-haltigen Verbindungen ein. Es kommt zur Bildung der stinkenden Kohlenwasserstoffe, der Sulfide und der ihnen entsprechenden Stickstoffverbindungen. Wenn nun durch die Behandlung der Abwässer im Schlackenkörper ihnen die Eigenschaften genommen sind, die sie zur stinkenden Fäulniss befähigen, so sind dafür verschiedene Erklärungen möglich. Unter anderem werden den Abwässern durch die besprochene Behandlung die fäulnissfähigen schwimmenden Stoffe entzogen, wie unsere oben mitgetheilten Ergebnisse, betreffend Gehalt an suspendirten Stoffen, zeigen. Die Rohwässer verfallen der stinkenden Fäulniss aber auch, wenn ihnen die suspendirten Stoffe durch Papierfilterung entzogen sind. Es muss also im Oxydationskörper auch an den gelösten Bestandtheilen der Abwässer eine eingreifende Veränderung vor sich gegangen sein. Ein nicht geringer Theil der gelösten fäulnissfähigen Substanzen wird den Abwässern im Oxydationskörper durch Absorptionswirkung entzogen. Ein weiterer Theil dieser Substanzen wird durch Mikroorganismen abgebaut und in Bestandtheile zerlegt, welche sofort oxydirt und in Verbindungen übergeführt werden, aus denen selbst bei Anwesenheit anaerober

Bacterien sich stinkende Verbindungen nicht mehr bilden. Die Schlackenabflüsse fallen selbst unter dichtem Korkverschluss der stinkenden Fäulniss nicht mehr anheim, obgleich der Gehalt dieser Schlackenabflüsse an absorbirtem Sauerstoff geringer war, als derjenige des Inhalts der Hauptsiele. Während in diesen etwa 1 bis 3 oder 4 cc freier Sauerstoff im Liter gefunden wurde, konnte nach der Winkler'schen Methode unter Anwendung der für Schmutzwässser vorgeschriebenen Correctur in den Schlackenabflüssen nur etwa $^1/_5$ bis 1 cc Sauerstoff nachgewiesen werden.

In den Schlackenabflüssen müssen die complicirten Verbindungen des Kohlenstoffs, Stickstoffs und Schwefels so weit zerlegt und ihre Componenten so weit mit Sauerstoff beladen sein, dass die Zersetzungen, die in den in Flaschen aufgehobenen Proben durch die vorhandenen Mikroorganismen weiter bewirkt werden, nicht mehr zur Bildung stinkender Gase, d. h. zur völligen Reduction der oben erwähnten Verbindungen führen können, selbst wenn der Zutritt der atmosphärischen Luft durch Glasstöpsel oder noch dichteren Verschluss verhindert wird. Trifft das aber zu — und nach dem heutigen Stande unserer Kenntnisse über die einschlägigen Vorgänge dürfen wir das annehmen —, so braucht man in den betreffenden Proben stinkende Fäulniss nicht zu erwarten, selbst in dem Falle, dass die ganze Menge derjenigen Elemente in den Proben verbleibt, die stinkende Verbindungen eingehen können. Wo man Abwässer von der Eigenschaft der Fäulnissfähigkeit zu befreien hat, kommt es also nicht so sehr auf die Entfernung oder Herabminderung der ursprünglich vorhandenen Mengen bestimmter Elemente oder Verbindungen derselben an, als vielmehr darauf, dass das Eiweiss und die übrigen complicirten organischen Substanzen abgebaut und ihre Componenten ausgiebig oxydirt werden.

Die Abwässer enthalten grosse Mengen fäulnissfähiger Substanzen, die Stickstoff gar nicht oder nur in sehr geringen Mengen aufweisen, wie z. B. die grossen Mengen von Kohlehydraten und Fetten der Küchenabfälle. Es lag der Gesammtstickstoffgehalt des Rohwassers (bestimmt nach Kjeldahl-Jodlbauer) zwischen 30 und 74 mg im Liter, derjenige des Abflusses aus dem Schlackenkörper zwischen 24 und 44 mg. Procentual ausgedrückt, lag die Abnahme zwischen 24 % und 52 %. Es fanden sich in dem Schlackenabfluss im Liter bis zu 36 mg Gesammtstickstoff weniger, als in dem Rohwasser. Die durchschnittliche Abnahme betrug 35 %.

Ein Theil des Stickstoffs ist durch die Behandlung im Schlackenkörper mineralisirt, d. h. in salpetrige Säure und Salpetersäure übergeführt worden. Diese Oxydationsproducte traten während der ersten Versuchsperiode im Schlackenkörper überhaupt nie auf. Auch während der ersten Monate der zweiten Versuchsperiode ist Salpetersäure in den Abflüssen des Schlackenkörpers in nur geringen Mengen nachgewiesen worden.

Bei mehreren Bestimmungen fanden sich geringe Spuren, einmal 3,5, später 13 mg.

In welcher Form zu dieser Zeit die entsprechenden Mengen von Stickstoff den Körper verlassen haben mögen, ob in gasförmiger Gestalt oder eventuell als Ammoniumcarbonat, was bei den grossen Mengen freier Kohlensäure, die sich stets in dem Schlackenkörper fand, annehmbar wäre, lässt sich nicht mit Sicherheit sagen. Erst nach Ablauf der ersten sechs Monate der zweiten Versuchsperiode stieg der Gehalt des Schlackenabwassers an Salpetersäure auf 31, 49, 56 mg, während in den entsprechenden Rohwasserproben gar keine, bezw. nicht messbare Spuren von Salpetersäure vorhanden waren. Die in der Schlacke enthaltenen Eisenstückchen sind mit der Zeit verrostet, d. h. es hat sich aus ihnen Eisenhydroxyd gebildet, welches die Salpetersäurebildung nicht beeinträchtigt.

Das Auftreten grosser Mengen von Ammoniak in den Schlackenwässern zeigt, dass das Absorptionsvermögen des Oxydationskörpers den grossen Ansprüchen, die in dieser Richtung an ihn gestellt werden, nicht gewachsen ist. In den ersten Monaten der zweiten Versuchsperiode entfielen etwa 80 bis 90, ja in einem Falle 98 % des im Schlackenwasser gefundenen Gesammtstickstoffs auf den nachgewiesenen Ammoniakstickstoff. Später, wo die Salpetersäure aufzutreten begann, fiel dieses Verhältniss wesentlich, so dass nunmehr nur noch 40 bis 60 % des im Schlackenwasser gefundenen Gesammtstickstoffs auf den gefundenen Ammoniakstickstoff entfielen, während etwa 35 % in Form von Salpetersäure und etwa 4 % in Form von salpetriger Säure vorhanden waren. Der Ammoniakgehalt der Schlackenabflüsse lässt sich bis auf einen sehr geringen Rest entfernen durch Sandfiltration.

Freie Kohlensäure fand sich im Rohwasser in der Regel nur in sehr geringen Mengen, zweimal fehlte sie gänzlich, öfter fanden sich 3 bis 4 mg, gelegentlich 10 bis 20 mg und ein Mal 42 mg im Liter. In dem Abfluss aus dem Schlackenkörper fand sich stets ein beträchtlicher Gehalt an freier Kohlensäure, nämlich etwa 70 bis 100 mg im Liter. Es wurde am 2. September 1898, d. h. bei der 24. Füllung des Körpers, zunächst festgestellt, dass das zufliessende Rohwasser freie Kohlensäure nicht enthielt. Während der ganzen Dauer der Füllung des Schlackenkörpers lief ein kleiner Bruchtheil des Rohwassers in ein Gefäss. Die so gesammelte Probe zeigte keine Reaction auf freie Kohlensäure. Ausserdem wurden 10, 15 und 30 Minuten nach Beginn der Füllung des Schlackenkörpers Stichproben des zu behandelnden Rohwassers auf Kohlensäure untersucht. Sie zeigten sich alle frei davon. 10 Minuten nach erfolgter Füllung des Schlackenkörpers wurde 50 cm unter der Oberfläche mittelst Hebers eine Probe entnommen. Diese wies bereits 63,8 mg freie Kohlensäure auf. Die Erklärung hierfür ist darin zu suchen, dass sich in dem entleerten Schlackenkörper Verwesungsprocesse in intensivem Grade abspielen, unter Bildung freier Kohlensäure, die zum Theil in dem Wasser gelöst bleibt, das an der Schlacke haftet. Diese während der Ruheperiode gebildete freie Kohlensäure theilt sich sofort nach der Füllung dem zugeleiteten Abwasser mit. Ein anderer und zwar recht erheblicher Theil der freien Kohlensäure entweicht in die umgebende Atmosphäre. Ueber das Fortschreiten der Kohlensäurebildung während der Zeit, wo der Körper gefüllt ist, giebt die nachstehende Tabelle Aufschlüsse:

Kohlensäuregehalt des Rohwassers, sowie des Schlacken- und Sandabflusses. 2. September 1898.

		Zeit nach Beginn der Füllung des Körpers								Durchschnittsprobe, während des Abfliessens entnommen
		Minuten				Stunden				
		5	10	15	30[1]	1	1½	3½	4½	
		Milligramm im Liter								
Freie Kohlensäure	Rohwasser	0		0	0					0
	Schlackenabfluss		63,8		67,4	73,3	94,6	111,3	115,1	90,2
	Sandabfluss									89,4
Freie + halbgebundene Kohlensäure	Rohwasser	123,2		129,0	105,6					123,2
	Schlackenabfluss		193,6		199,4	205,3	228,8	252,1	258,1	211,2
	Sandabfluss									146,6
Gebundene Kohlensäure	Rohwasser	129,8		136,4	143,0					140,8
	Schlackenabfluss		129,8		132,0	132,0	134,2	140,8	143,0	121,0
	Sandabfluss									57,2

Der erwähnte, 10 Minuten nach Beginn der Füllung gefundene Gehalt an freier Kohlensäure stieg während der 4 Stunden langen Einwirkungsdauer von 63,8 auf 115,1 mg im Liter. Nach Ablauf einer halben Stunde betrug er 73,3, nach $^3/_4$ Stunden 90,9 u. s. w. Auffallend ist, dass im Laufe der ersten Stunde nach beendigter Füllung des Körpers der Gehalt an freier Kohlensäure um rund 30 % stieg, während der zweiten Stunde aber nur um 1,5 %, während der zweiten bis dritten Stunde um 15 % und während der dritten bis vierten Stunde um etwa 4 %. Die Bildung freier Kohlensäure war während der Zeit die energischste, wo auch die Abnahme der Oxydirbarkeit am schnellsten vor sich geht. Die Zunahme des Gehaltes der Abwässer an halbgebundener sowie gebundener Kohlensäure war bei weitem nicht so stark, wie diejenige an freier Kohlensäure. Gelegentlich wurde sogar eine geringe Abnahme der gebundenen Kohlensäure beobachtet.

[1]) Füllung des Körpers beendet.

Aus dem Schlackenkörper entnommene Proben zeigten innerhalb der ersten Stunde eine Abnahme der Oxydirbarkeit von etwa 40 bis 50 %, und zwar wurde ein grosser Theil der Abnahme sofort nach der Füllung festgestellt, analog der Veränderung, die während dieser Zeit bei der Kohlensäure gefunden worden war.

Im Laufe der zweiten Stunde betrug die Abnahme der Oxydirbarkeit bei den verschiedenen Versuchen nur 7,2, bezw. 5,1, 7,4, 11,0 und 13,6 %. Sie war also in der Regel geringer, als die Abnahme, die im Laufe der ersten Stunde festgesetzt wurde, nämlich in einem Falle nur $^1/_4$, in einem anderen $^1/_3$ davon. Im Ganzen ist in der Regel $^2/_3$ der Gesammtabnahme der Oxydirbarkeit bis gegen Ende der ersten Stunde erreicht.

In der Mitte des entleerten Schlackenkörpers fanden sich während der Ruheperiode 17,8 Vol.-Proc. Sauerstoff, also nur einige Procente weniger, als in normaler Luft. Die Luft direct über dem Körper enthielt 20,8 Vol.-Proc. Sauerstoff. Füllt man den Schlackenkörper mit Abwässern, so entweicht ein grosser Theil der Luft, die in den Poren enthalten war, ein gewisser Theil davon wird aber in den Poren bleiben und dazu beitragen, den Luftgehalt des Abwassers zu erhöhen. Wie schon erwähnt wurde, zeigen die in den Kanälen fliessenden Abwässer einen gewissen Gehalt an Sauerstoff, den sie mit in den Oxydationskörper bringen. Die ungereinigten Abwässer der Kläranlage hatten einen Sauertoffgehalt bis zu 3,5 cc. Nach ein- bezw. zweistündigem Stehen in dem Oxydationskörper zeigte sich der Sauerstoffgehalt in den mittelst Heber entnommenen Wasserproben um etwa 50 % geringer, als in den zufliessenden Kanalwässern.

Diese Umsetzungen, welche sich in dem Schlackenkörper abspielen, lassen sich unter dem Namen Verwesung zusammenfassen. Sie sind eine langsame Verbrennung, die mit Wärmeentwickelung einhergeht. Ein Vergleich der Temperatur des Abwassers beim Eintritt in den Schlackenkörper und beim Austritt aus demselben zeigte regelmässig eine Temperaturerhöhung des Abwassers in Folge des Stehens im Schlackenkörper. Je nach den Jahreszeiten und nach der Intensität des Verwesungsprocesses schwankt diese Zunahme zwischen Bruchtheilen eines Grades und bis zu 9° oder 10°.

30. November 1898. Mittags:

Temperatur der Luft in der Klärhalle . . .	8,5°
„ des Schlackenabflusses	11,0°

1. December, Morgens:

Temperatur der Luft in der Klärhalle . . .	8,0°
„ des Schlackenkörpers	16,0°
„ des einfliessenden Rohwassers . .	10,0°
Temperatur des Abwassers nach vierstündigem Stehen in der Schlacke.	15,5°
Gleichzeitige Temperatur in der Klärhalle . .	8,0°

Dieses Beispiel zeigt deutlich, wie in dem entleerten Schlackenkörper trotz der erwähnten energischen Ventilation und Abkühlung, der er ausgesetzt ist, die Temperatur um 5° steigt, so dass sie schliesslich um 8° höher ist, als die Temperatur der umgebenden Luft. Nun wird der Schlackenkörper mit einem Abwasser gefüllt, dessen Temperatur 6° niedriger liegt, als diejenige des Körpers. Die Temperatur dieses Abwassers steigt beim Stehen im Schlackenkörper allmählich um 5,5°, obgleich die Temperatur der umgebenden Luft 7,5° niedriger liegt. Ueberlässt man den Schlackenkörper längere Zeit der Ruhe, ohne ihn zu füllen, so steigt die Temperatur in ihm noch um ein Beträchtliches weiter. Im September 1898 z. B. zeigte bei einer Lufttemperatur von 17,9° die Mitte des Schlackenkörpers eine Temperatur von 27,2°, also eine Zunahme von 9,3°. Selbst im Winter stieg die Temperatur im entleerten Schlackenkörper während einer fünftägigen Beobachtungsdauer von 14,2 auf 19,5°, obgleich die Temperatur der umgebenden Luft zwischen 2° bis 6° schwankte und deshalb eine sehr beträchtliche Wärmeabgabe statt hatte.

Während der neunmonatlichen Betriebsperiode hat die Aufnahmefähigkeit des Schlackenkörpers geringe Schwankungen gezeigt, und zwar ist das Porenvolumen zeitweilig auf etwas unter 30 % gesunken, dann wieder bis auf 32,5 bezw. 31 % gestiegen. Die Aufnahmefähigkeit des Schlackenkörpers ist also innerhalb eines neunmonatlichen regelmässigen Betriebes, innerhalb welcher Zeit der Schlackenkörper 240 mal gefüllt wurde, um nicht mehr als etwa 3 % zurückgegangen. Es liegt deshalb begründete Hoffnung vor, dass sich eine Reinigung dieses Körpers innerhalb einer geraumen Zeit nicht nothwendig erweisen wird. Der aus dem Oxydationskörper gewonnene Schlamm zeigt selbst bei längerem Stehen an der Luft keine Zeichen stinkender Zersetzung, sondern er behält seinen charakteristischen erdigen Geruch bei, selbst wenn er nicht getrocknet, sondern in Wasser aufgeschwemmt stehen bleibt. Giesst man diesen Schlamm durch ein feines Haarsieb, so findet man vereinzelte schleimige Flocken darin, die letzten Reste der aufgebrachten zahlreichen Stücke organischer Gewebe. Betrachtet man diese Bestandtheile unter dem Mikroskop, so erhält man den Eindruck, dass auch diese übrig gebliebenen Theilchen der widerstandsfähigsten Gewebe nahe vor der völligen Auflösung stehen. An jedem einzelnen Faden hängen Infusorien, Pilze, Hefen und Bacteriengruppen, die die Elemente der organischen Gewebe schliesslich zur völligen Auflösung bringen. Der Schlamm hat einen Wassergehalt von etwa 85 %. Bringt man ihn in nicht zu hoher Schicht auf trockenen Sand, so gibt er innerhalb 24 Stunden etwa 50 % seines Wassergehaltes ab. Man behält dann eine feste, schwarze, lehmartige Masse. Trocknet man diese bei 110°, um alsdann den erhaltenen Trockenrückstand zu veraschen, so verbleiben etwa 70 % des ursprünglichen Gewichtes als Glührückstand. Bei der Veraschung zeigt dieser Schlamm nur einen wenig ausgesprochenen Geruch nach verbrannten organischen Materien. Man darf annehmen, dass ein grosser Theil der brennbaren Substanzen des Schlammes verwitterte Kohletheile sind, die aus der Schlacke stammen.

Bei dem beschriebenen zweiten Versuch wurde in das mittlere Klärbecken eine 40 cm hohe Schicht von Filtersand eingebracht, welche von einer 30 cm hohen Kies- und Steinschicht getragen und durch Kanäle drainirt wird, die aus locker zusammengestellten Ziegelsteinen hergestellt sind. Seit dem 17. Februar 1899 wurde der Sandkörper als ein einfaches Filter behandelt, durch welches die gesammten Abflüsse des Schlackenkörpers ohne Unterbrechung hindurchgeschickt wurden. Selbst durch eine schnelle Filtration des Schlackenabflusses wurde ein sehr bemerkenswerther Erfolg auf das Aussehen der Abwässer erzielt. Das aus dem Sandkörper abfliessende Wasser war stets klar.

Die Abflüsse aus dem Sande waren in der Regel farblos und geruchlos, oder rochen schwach erdig, in Ausnahmefällen schwach moderig. Suspendirte Stoffe fehlten völlig. Der Abdampfrückstand der Sandabflüsse war ebenso gross bezw. grösser, als derjenige im Rohwasser und Schlackenabfluss. Auch der Glühverlust ist ebenso gross und grösser, selten geringer, als derjenige des Rohwassers bezw. Schlackenabflusses. Der Gehalt an freier Kohlensäure zeigt sich in dem Abflusse aus dem Sandkörper zeitweise geringer, zeitweise höher, als in dem Schlackenabfluss. Der Gehalt an gebundener Kohlensäure zeigte in der Regel eine Abnahme und zwar bis zu etwa 50 %. Die Oxydirbarkeit des Abflusses aus dem Sande war noch wesentlich reducirt gegenüber dem Abfluss aus der Schlacke, und zwar war dies auch dann der Fall, als die Filtration continuirlich vorgenommen wurde. Der Gehalt an Gesammtstickstoff nahm durch die Sandnachbehandlung in der Regel ebenfalls ab, ganz bedeutend sank der Gehalt an Ammoniak, nämlich von etwa 30 auf 6 bis 7 mg im Liter. Auch der Gehalt an Albuminoid-Ammoniak sank um 50 bis 80 % und mehr. Der Gehalt an salpetriger Säure erfuhr durch die Sandnachbehandlung im Beginn des Versuchs eine grössere Zunahme als später. Am beträchtlichsten war die Einwirkung auf die Salpetersäurebildung, und zwar ist dieselbe mit der Dauer des Betriebes gestiegen. Im 8. und 9. Monat der in Rede stehenden Versuchsperiode stieg der Gehalt des Sandabflusses an Salpetersäure bis auf 185 bezw. 194 mg im Liter.

Durch die Sandfiltration wird also einerseits ein vollständiges Zurückhalten der noch in dem Schlackenabfluss enthaltenen festen Körperchen, andererseits aber auch — falls der Sandkörper Ruheperioden hat — eine energische Weiterentwickelung der Oxydation erreicht, die in der Herabsetzung der Oxydirbarkeit, in der Abnahme des freien Ammoniaks unter Bildung beträchtlicher Mengen von Salpetersäure zum Ausdruck kommt.

Auch die charakteristisch erdig riechenden Stoffe, welche den Schlackenabflüssen anhaften, werden durch die Sandfiltration zurückgehalten. Die Abflüsse aus dem Sandkörper haben sogar einen auffallend frischen Geruch. Naturreines Flusswasser Hamburger Gegend riecht weniger frisch, als die nur vier Stunden im Oxydationskörper behandelten und dann durch Sand filtrirten Abwässer. Trotz des neunmonatlichen Betriebes hat die Leistungsfähigkeit des Sandkörpers nicht abgenommen, so dass auch dieser ohne Reinigung voraussichtlich noch längere Zeit benutzt werden kann.

Die Versuche zeigen also, dass man Abwässer, die nach ihrer Herkunft und ihrem Schmutzgehalt, sowie ihrem ganzen Verhalten städtischen Abwässern vergleichbar sind, in Mengen, die den Abwässern von 25000 bis 30000 Personen auf 1 ha entsprechen, Monate lang und voraussichtlich noch länger ohne Anwendung von Chemikalien durch das in Rede stehende Oxydationsverfahren zu reinigen vermag.

Rein theoretisch betrachtet, scheint das Oxydationsverfahren vor dem Faulkammerverfahren ganz erhebliche Vorzüge zu haben: Es ist eine alte praktische Erfahrung, dass Schmutzwässer, die in frischem Zustande den Flussläufen zugeführt werden, dort weit weniger offensiv wirken und der sogenannten Selbstreinigung weit leichter anheimfallen, als die Schmutzwässer, die vorher in stinkende Fäulniss übergegangen waren. Auch ist es eine experimentell nachgewiesene Thatsache, dass organische Substanzen, die sich in stinkender Fäulniss befinden, eine höhere Oxydirbarkeit, d. h. ein grösseres Sauerstoffbedürfniss besitzen, als gleiche Mengen derselben Substanzen in frischem Zustande. Schliesslich kann es als Thatsache angesehen werden, dass aerobe, d. h. Sauerstoff-bedürftige Kleinlebewesen in einem Materiale weniger gut gedeihen, dem der Sauerstoff bis zu einem solchen Grade entzogen ist, dass selbst der chemisch fest gebundene Theil desselben aus seinen Verbindungen herausgerissen und entfernt worden ist, als in einem Materiale, das noch nicht in solchem Grade reducirenden Processen unterlegen hat. Diese Sauerstoff-bedürftigen Kleinlebewesen sind es aber, denen beim Faul- sowohl wie beim Oxydationsverfahren die Reinigung der Abwässer thatsächlich zugeschrieben wird.

In der Faulkammer findet sich eine gewisse, nicht sehr grosse Schicht von Sinkstoffen am Grunde und ausserdem eine schaumige Schicht an der Oberfläche. Diese Absätze gehen innerhalb kürzester Zeit in Gährung über unter Bildung erheblicher Gasmengen, die, zum grossen Theil in die Sedimente eingelagert, das spec. Gewicht derselben verringern, so dass diese in die Höhe steigen. Nach Abgabe gewisser Gasmengen sinken diese Sedimente wieder zu Boden. Der Schlamm, der sich bei Nachprüfung des Faulkammerverfahrens ergab, wurde in einen hohen Glascylinder gebracht, wo Monate lang dieses Aufsteigen und Wiederabsinken beobachtet wurde. Eine sehr erhebliche Abnahme dieser Schlammmassen trat dabei nicht ein. Freilich erscheint die Menge der Sinkstoffe geringer, weil ein grosser Theil des Schlammes in der darüber stehenden Flüssigkeitsschicht suspendirt ist. Man findet solche Schlammschichten abwechselnd mit Wasserschichten in der ganzen Höhe des Gefässes vertheilt, theils in aufsteigender, theils in absteigender Bewegung begriffen. Dieser Zustand bedingt eine nicht unerhebliche Gefahr für den Oxydationskörper, denn bei der Ueberheberung des Inhaltes der Faulkammer auf die Oxydationskörper wird man stets damit zu rechnen haben, dass gelegentlich grosse Massen des Schlammes plötzlich auf den Oxydationskörper gelangen und diesen stellenweise unwirksam machen. Bei derartigen Störungen werden die Sedimente nicht, wie es erwünscht ist, fein vertheilt über den Oxydationskörper ausgebreitet, sondern sie lagern sich in dichten Massen ab, die der endgültigen Zersetzung grosse Schwierigkeiten entgegenstellen. Ganz abgesehen von all diesen Bedenken sprechen die bisherigen Ergebnisse gegen die Auffassung, als ob das Faulkammerverfahren als gleichwerthig mit dem Oxydationsverfahren angesehen werden könnte.

Bei dem Faulkammerverfahren sollen die Abwässer ein bis zwei Tage in der Faulkammer aufgestaut und erst dann in den Oxydationskörper geschickt werden. Diese Aufstauung setzt natürlich besondere bauliche Anlagen voraus, die in der Regel sehr kostspielig sein werden und deren Anwendung sich nur rechtfertigen lässt in solchen Fällen, wo sich durch das Faulkammerverfahren erheblich günstigere Ergebnisse erzielen lassen, als durch das Oxydationsverfahren, bei dem ein Sandfang von ausserordentlich geringen Dimensionen an die Stelle der Faulkammer treten kann, oder aber es müssen Gründe, wie die weiter unten angeführten, vorliegen, die das Faulkammerverfahren in besonderen Fällen geeigneter erscheinen lassen, als das Oxydationsverfahren. Bei dem Oxydationsverfahren bleiben die Abwässer nur etwa 4 bis 5 Stunden in der Reinigungsanlage. Daraus ergiebt sich ohne Weiteres, dass diese kleiner und billiger ausfallen muss, als eine nach dem Principe des Faulkammerverfahrens gebaute Anlage.

In der Praxis wird sich zwar eine reinliche Trennung zwischen dem Oxydationsverfahren und dem Faulkammerverfahren kaum immer aufrecht erhalten lassen. Hat man eine Reinigungsanlage für industrielle Abwässer herzustellen, die nicht regelmässig, sondern stossweise abfliessen, so wird man stets vor den Oxydationskörper eine Sammelgrube zu legen haben, um die regelmässige Füllung und Entleerung des Oxydationskörpers erfüllen zu können. In diesem Sammelbecken werden, selbst wenn es offen ist, alsbald faulige Zersetzungen auftreten, und man wird sich dann gelegentlich dazu entschliessen müssen, die Becken zu überdachen, um Belästigungen zu verhindern. So wäre denn in diesem Falle aus dem ursprünglichen Oxydationsverfahren ein Faulkammerverfahren geworden.

Bei Behandlung städtischer Abwässer genügt meist ein Sandfang von geringer Grösse, um die Abwässer für das Oxydationsverfahren vorzubereiten. Wo diese Vorbereitung, d. h. die Ausscheidung der gröberen Schwimm- und Sinkstoffe, sich aber schwieriger gestaltet, da wird man den Sandfang grösser bauen müssen, und es würde wieder ein Mittelding zwischen Faulkammer- und Oxydationsverfahren entstehen, falls nicht innerhalb sehr kurzer Zeiträume die Ausräumung und Säuberung des Sandfanges sich ermöglichen lässt. Solche und ähnliche Rücksichten werden in der Praxis voraussichtlich nicht selten Anlass dazu geben, dass Anlagen entstehen, die zwischen dem reinen Oxydations- und dem Faulkammerverfahren rangiren. Auch in solchen Fällen, wo eine genügende Reinigung der Abwässer durch einen Oxydationskörper nicht zu erzielen ist, wo man also gezwungen sein würde, zwei Oxydationskörper hinter einander anzubringen — ein grobkörniges Material als ersten und ein feinkörniges Material als zweiten Körper —, wird man gelegentlich das Faulkammerverfahren dem reinen Oxydationsverfahren vorziehen, um sich der Nothwendigkeit eines Pumpbetriebes zu entziehen. Für den Betrieb mit zwei Oxydationskörpern ist nämlich ein grösseres Gefälle erforderlich, als für eine Anlage, wo anstatt des ersten Körpers ein grosses Sedimentirbecken oder eine Faulkammer tritt. Dunbar hält daher das Oxydationsverfahren für mindestens gleichwerthig, jedoch rationeller und in der Regel weniger kostspielig, als das Faulkammerverfahren. Unter Umständen wird wegen localer Eigenthümlichkeit trotzdem die Anwendung des Faulkammerverfahrens vorzuziehen sein.

Nach W. H. Harrison[1]) reduciren Faulräume die Menge des zu bewältigenden Schlammes um etwa 50 %, und die Kosten für die Fortschaffung des Restes sind wesentlich geringer, als diejenigen für die Erneuerung des Materials bei einem Oxydations-Filterraum. Faulräume liefern selbst bei Verarbeitung ganz verschiedenartig zusammengesetzter Abwässer eine Flüssigkeit von ziemlich gleichmässiger Beschaffenheit. Oxydationsfilterräume, in denen Abwässer mit vielen festen Stoffen verarbeitet werden, müssen in Folge der eintretenden Verschlammung alle paar Jahre erneuert werden. Es ist vortheilhaft, für continuirliche Filter grobes Material zu verwenden, in welchem Falle die suspendirten Stoffe aus dem Filtrate vor Einleitung in einen Fluss noch zu entfernen sind. Diese suspendirten Stoffe sind nicht fäulnissfähig.

Den Faulraum hält O. Kröhnke[2]) für wichtig. Er stützt sich wesentlich auf das für Manchester erstattete Gutachten von B. Lathan,

[1]) J. Soc. Chem. Ind., 1900, 511.

[2]) Gesundheitsing., 1901, 1.

P. F. Frankland und W. H. Perkin jr. („Report of the Rivers Comitee of the 22. January 1900, with appendices"). Diese bringen ein Aufmaass von 60 Acres für die Oxydationsanlage als reichlich bemessen in Vorschlag. Nach Vorlagerung von Faulräumen und nachdem die Oxydationsbeete mit geeigneterem Material aufgefüllt worden seien, hätten sich durchaus befriedigende Resultate der Ausflüsse auch dann beobachten lassen, wenn die Filtergeschwindigkeit in der zweiten Gruppe der Oxydationsbeete gegen früher um ein Bedeutendes beschleunigt worden sei. Sie bleiben deshalb dabei, dass namentlich bei der jetzt beabsichtigten Verbindung mit Faulräumen die von ihnen früher bestimmten 60 Acres Land für die Oxydationsbeete vollständig ausreichend sind. Zu diesem Gutachten ist ein Betriebsbericht hinzugefügt über die Resultate, welche bei der combinirten anaerobischen und aerobischen Behandlung der Abwasser in den Davyhulmeworks (Manchester) erzielt worden sind.

Auf Seite 35 sagen die Experten zur Erläuterung ihrer Untersuchungen und Experimente:

„Als wir zuerst mit dem Problem der Behandlung der Manchester-Abwässer betraut wurden, erkannten wir sofort die Möglichkeit, hierzu in brauchbarer Weise die grossen und kostspieligen Tanksysteme zu benutzen, die bereits in Davyhulme existiren. Es wollte uns scheinen, als liessen sich diese Tanks mit Vortheil verwenden für folgende Zwecke:

a) Die Oxydationsbeete nicht allein vor der Aufnahme der mineralischen Rückstände aus der Rohjauche, sondern auch so viel wie möglich vor den suspendirten organischen Bestandtheilen in dieser zu schützen.
b) Dass ein guter Theil der suspendirten organischen Substanz aus der Rohjauche in diesen Tanks sich ausscheidet, um dann durch die wohlbekannten anaerobischen Bacterien zerstört zu werden, wie der gleiche Process in Abortgruben u. dergl. stattzufinden pflegt.
c) Dass die Rohjauche, wenn sie die Bacterienbeete erreicht, durch diese Tanks nicht allein frei von suspendirten Stoffen ist, sondern auch einen gleichförmigen Charakter trägt und dadurch eine gleichmässige Belastung der Oxydationsbeete gesichert wird.
d) Dass unter dem Einflusse der Anaerobenarbeit die Rohjauche in den Tanks besser verarbeitet wird und dadurch die Arbeit der Oxydationsbeete erleichtert."

Versuche, wie weit sich diese Voraussetzungen in den Faulräumen erfüllen würden, begannen am 16. Februar 1899 und endigten am 13. December 1899. Mit Beginn der Versuche wurde ein Theil der Manchester-Jauche durch einen Beipass von der Hauptleitung abgenommen und nach einem vorhandenen grossen Vorklärbehälter geleitet. Durch diesen ist die Jauche mit nur wenigen kurzen Unterbrechungen bis jetzt geflossen. Während der ersten Periode der Versuche flossen durch die Versuchsanlage 7724 cbm in 24 Std. Bei dieser Durchflussmenge wurde der Inhalt des Behälters sehr bald schwarz und Gasblasen stiegen auf, oft begleitet von Schlammmassen vom Boden her, wodurch sich an ruhigen Tagen auf dem Wasser ein Schaum bildete, der vollständig die Oberfläche der Flüssigkeit bedeckte. Bis jetzt ist der einzig bemerkbare Schlamm, welcher ausserdem nachzuweisen war, unmittelbar hinter dem Haupteinfluss gefunden worden und liegt dort nicht höher als 0,3 m, so dass die Commission glaubt, dass eine grosse Menge des Schlammes, welcher sonst sich aufzuhäufen pflegt, hier auf diesem Wege vernichtet wird. Das entwickelte Gas hat sich meist als Sumpfgas erwiesen. Am 18. Oct. 1899 wurde das Sieb am Eingange des Beipasses weggenommen, um hierdurch einen grösseren Zufluss und auch Durchfluss durch den Tank zu erhalten; Messungen am 19. Oct. 1899 zeigten, dass dadurch der Ausfluss bis zu 11359 cbm in 24 Std. gesteigert wurde. Vom 4. bis 31. Oct. 1899 wurde versucht, die Rückstände in den Behälter zu führen, die von den mechanischen Sieben der Hauptsielleitung abgefangen wurden. 279 t wurden so nach und nach in den offenen Klärbehälter hineingestürzt, dann zeigte es sich, dass man mit weiterem Zugeben aufhören musste, weil die Zerstörung nicht mehr schnell genug vor sich ging. Seit dieser Zeit ist ein grosser Theil dieser Abfälle verschwunden, nur eine Anzahl von Korken ist auf der Oberfläche des Wassers zurückgeblieben; die zunehmende Zerstörung von Holz, Papier u. s. w. ist dagegen zu erkennen. Es sind Aufzeichnungen gemacht worden über die Menge der suspendirten Stoffe, welche mit durch den Behälter flossen; zehn Bestimmungen an verschiedenen Tagen, während einer 14tägigen Periode und während der Zeit des grössten Zuflusses genommen, zeigen, dass diese Schwebestoffe wechseln zwischen 11,6 und 4,9 grains pro Gallone. Sie sind in einem ziemlich feinen Zustand und enthalten 50% mineralische Bestandtheile, die sich später häufig auf den Oberflächen der anschliessenden Oxydationsbeete angesammelt fanden. Hierbei ist zu bemerken, dass die Filtereinrichtungen, welche früher den Ausfluss aus den Tanks der chemischen Vorbehandlung mit 1,35 bis 4 grains Schwebstoffe empfingen, wovon 60% mineralischer Art, in vier Jahren nicht unter eine bald angenommene constante Leistung zurückgegangen sind und sonach auch die Oxydationsbeete so leicht nicht verschlammen werden. Ebenso wird auch die Nothwendigkeit der Reinigung des Faulraumes selten zu erwarten sein, dieses aber auch ohne Betriebsstörung bleiben, weil anderweitige Versuche gezeigt haben, dass es möglich ist, die septische Wirkung in einem neuen Tank in ein paar Tagen wieder zu erlangen, wenn man den Schaum des zu reinigenden Tanks von diesem auf den frisch in Angriff genommenen Behälter überträgt.

Vom Faulraum wird das Abwasser nacheinander zwei stufenförmig untereinander liegenden intermittirend arbeitenden Oxydationsbeeten zugeführt, mit bestimmter Ruhezeit in jedem Beete. In allen Fällen war der Abfluss vom zweiten Filter nicht mehr fäulnissfähig, enthielt einen hohen Procentsatz von Nitraten und blieb reichlich unterhalb dem, was die Regierung als Gehalt im Abfluss erlaubt, nämlich Sauerstoffabsorption und Albuminammoniak je 1 grain pro Gallone.

Bestätigung dieser sehr optimistischen Ansicht bleibt abzuwarten.

Eine Anzahl neuer Patente sucht diese Vorgänge in verschiedener Weise zu verwerthen.

Nach R. E. v. Lengerke (D. R.-P. No. 96388) sind mehrere Filterbetten derart mit einander verbunden, dass das zulaufende Rohwasser das eine Filterbett überschwemmt, während das Filtrat aus einem andern abläuft, dass in einem Filter Filtration stattfindet, während das andere gelüftet wird. Das dazu nothwendige Oeffnen und Schliessen der Zulauf- und Ablaufventile wird durch entsprechend mit einander verbundene Schwimmer selbstthätig bewirkt.

Nach P. Ehestaedt (D. R.-P. No. 112493) wird das Abwasser in Absatzbehälter geleitet, dort zur Gährung gebracht, der sich an der Oberfläche abscheidende Schlamm wird dauernd, d. h. ohne Unterbrechung, durch mechanische Hülfsmittel sofort nach seiner Bildung abgeschöpft, während der niedersinkende Schlamm ebenfalls dauernd auf mechanischem Wege entfernt wird, so dass nie älterer Schlamm mit der Jauche in Berührung bleibt.

Das Reinigungsverfahren für Spüljauche von P. Ehestaedt (D. R.-P. No. 114281) beruht auf der Beobachtung, dass bei Einleitung einer Gährung unter erhöhter Temperatur, etwa bei 25 bis 45°, der in den Spüljauchen enthaltene Schlamm sich in zwei Theile spaltet, wovon der eine, und zwar der weitaus geringere, zu Boden sinkt, während der andere, der Menge nach weitaus vorherrschende, an die Oberfläche steigt und hier eine dichte, voluminöse und ziemlich fest zusammenhängende Masse bildet, so dass in den betreffenden Behältern auf der Oberfläche der Flüssigkeit eine dicke, ziemlich widerstandsfähige Schlammschicht schwimmt. Es wird der zu Boden gesunkene Schlamm durch Pumpwerke von dort entfernt und auf die an der Oberfläche schwimmende Schlammdecke aufgebracht. Es entsteht hierdurch nicht die Gefahr, dass diese Schlammdecke zerreisst, denn einmal ist der schwimmende Schlamm durch die in ihm eingeschlossenen Gase und Fasertheilchen so leicht, dass er bedeutende Tragfähigkeit hat, anderentheils ist er aber von genügender Consistenz, um nicht nach der Seite hin auszuweichen und den aufgepumpten flüssigen Schlamm durchfliessen zu lassen. Selbstverständlich hat man dafür zu sorgen, dass kein scharfer Strahl die Schlammdecke trifft, vielmehr muss man den flüssigen Schlamm in ruhigem Strom, etwa durch ein breites Gefluder, langsam auf ihn auffliessen lassen. Der schwimmende poröse Schlamm bildet hierbei ein gutes Filter für den flüssigen aufgepumpten Schlamm. Diese Schlammdecke kann nun von der Oberfläche der Flüssigkeit in leichter Weise entfernt werden. Als einfachstes Mittel genügt eine Schaufel, um ihn in compacten Stücken abzustechen und abzuheben. Er braucht dann nur in durchlochten Wagen kurze Zeit über der Grube zu stehen, um abzutropfen, und kann dann in irgend einer Weise verwendet bezw. an geeigneten Orten getrocknet werden.

Das Verfahren zur biologischen Wasserreinigung von C. Pieper (D. R.-P. No. 117272) ist dadurch gekennzeichnet, dass das Filtermaterial mit mineralischen Sauerstoffträgern durchsetzt ist, die, wie Mangan- und andere Oxyde, Sauerstoff leicht abgeben und wieder aufnehmen. Es soll also dem Mangel des Filters an Sauerstoff dadurch in billigerer, einfacher und wirksamer Weise abgeholfen werden, dass das Filtrirmaterial mit mineralischen Sauerstoffträgern versetzt wird, welche fähig sind, einerseits Sauerstoff leicht abzugeben, und zwar in den Mengen, als sie zur vollständigen Oxydation des organischen und Ammoniakstickstoffes erforderlich werden, andererseits sich durch Luftberührung leicht wieder mit Sauerstoff zu sättigen. Da der Bewässerungszeit eines Filters, die ungefähr täglich 6 Stunden in Anspruch nimmt, eine Ruhe, d. i. eine Durchlüftungszeit von 18 Stunden folgt, so hat das in Rede stehende Material ausreichend Zeit, sich den Sauerstoffverlust wieder anzueignen. Es wird also beabsichtigt, die aerobische Behandlung der Abwässer auszuführen vermittelst Filter, deren filtrirende Substanz (Koks, Bimsstein, Tuffstein u. dergl.) durchsetzt ist mit Manganoxyden, bezw. sich ähnlich verhaltenden Oxyden.

Commin und Martin (D. R.-P. No. 122638) wollen die Eigenschaft der Abwasser, durch Zersetzung brennbare Gase zu erzeugen, welche in Blasenform aus der Flüssigkeit aufsteigen, dazu ausnutzen, die brennbaren Gase in möglichst grosser Menge zu gewinnen und für Heiz-, Leucht- und motorische Zwecke aufzuspeichern. Der Vorschlag ist nicht ernst zu nehmen.

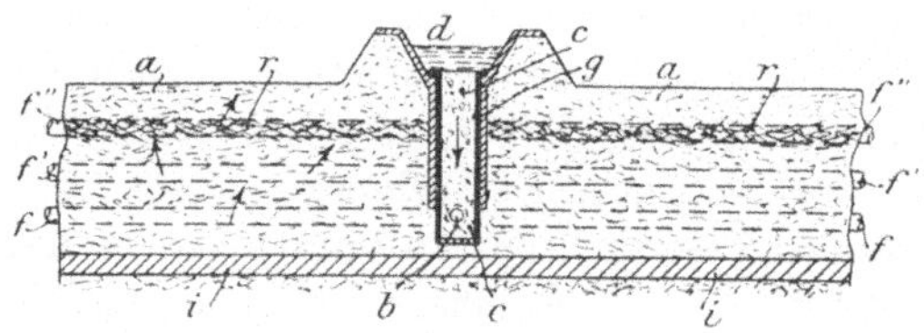

Fig. 10.

Nach R. Claus (D. R.-P. No. 116363) werden die Abwasser nach voraufgegangener Trennung von den darin schwebenden festen Körpern durch Senkschächte tief unter die Oberfläche geleitet und dort durch Rohrstränge unterirdisch vertheilt und durch Ueberdruck zum Auftrieb an die Oberfläche veranlasst. Der Gährboden *a* (Fig. 10), welcher nach unten hin entweder durch eine wasserundurchlässige Schicht *i* abgeschlossen oder durch den Grundwasserspiegel abgesperrt ist, wird oberhalb und in seiner Längsrichtung von Zuführungskanälen *d* durchzogen, in denen Schächte *c* angeordnet sind, welche Einsätze *g* haben, deren Boden wasserdurchlässig ist, welche Eigenschaft die Seitenwandungen gegebenenfalls auch haben können. Diese Einsätze *g* sind mit Coks oder anderem zum Abfangen mechanischer Beimengungen des Wassers geeigneten Material beschickt. Die Schächte *c* sind durch Hauptdrains *b* mit einander verbunden und die letzteren stehen mit den zu unterst liegenden Vertheilungsdrains *f* in Zusammenhang. Die Sohle der Zuleitungskanäle *d* liegt höher als die Oberfläche des drainirten Feldes *a*, so dass das Wasser aus den Kanälen *d* durch die Schächte *c* bis in die Hauptdrains *b* fällt und von hier im Verhältniss des Druckgefälles *d b* und des dadurch bedingten Auftriebes von untenher aus den Vertheilungsdrains *f* aufsteigt und in dem darüber entstehenden Erdboden aufwärts dringt, von wo aus es abgeleitet wird.

Nach dem ferneren Vorschlage desselben (D. R.-P. No. 116623) wird das Abwasser durch einen Absatzbehälter, dann auf ein Stück Land geleitet. Dieses ist mit einer Tiefdrainage versehen, deren einzelne Stränge mit Kies umhüllt sind, um eine bessere Filtrationswirkung zu erzielen und das Verschlicken der Drains zu verhindern. Die Drains münden in einen Sammelbassinbrunnen. Das Wasser aus den Klärgruben tritt oben auf das Land filtrirt durch den Boden und geht durch die Drains nach dem Sammelbrunnen, von wo es zur Behandlung von Kalk und Aluminiumsalz der Endstation zugeführt wird.

Das Verfahren von A. Proskowetz (D. R.-P. No. 114812) unterscheidet sich von den bekannten Verfahren wesentlich dadurch, dass man die Abfallwässer nur in einen Theil des zur Verfügung stehenden Terrains einsinken lässt, durch Drainröhren in einen Sammelbrunnen leitet und sie sodann in auf einander folgenden, gesonderten Terrainparzellen vermittelst eines Netzes von in zwei verschiedenen Tiefen verlegten und durch Sammelbrunnen in Verbindung stehenden Drainrohrsystemen zwingt, auf einem nach einer Schlangenlinie gekrümmten Wege immer neue Erdschichten zu durchdringen, deren Dicke von dem Abstand zwischen dem oberen und unteren Drainrohrnetze jeder Parzelle abhängt. Der principielle Unterschied dieses Verfahrens von den früheren besteht darin, dass das Abwasser, nachdem es ein primäres Drainfeld *a* (Fig. 11) überflutet hat, nie wieder an die Oberfläche des Terrains kommt, die folgenden Parzellen *f* also nicht überflutet und erst nach vollends beendeter Vergährung zum Ablauf gelangt.

Eine zur Durchführung dieses Verfahrens geeignete Anlage ist in der Fig. 11 im Längsschnitt und Draufsicht dargestellt. Diese Anlage besteht aus mehreren, durch Erddämme von einander getrennten Parzellen, von denen die erste *a* nur ein unteres Drainröhrennetz *b* besitzt, während in alle folgenden Parzellen *f* je ein oberes Drainröhrennetz *g* und ein unteres Drainröhrennetz *h* verlegt sind. *c* sind die zwischen den Drainageparzellen angeordneten Sammelbrunnen. *d* ist die zu einer Pumpe führende Saugleitung, welche es ermöglicht, den letzten Sammelbrunnen *c* zu entleeren. Das bei *a* zuströmende Abfallwasser durchsickert das Erdreich, wird von dem Drainröhrennetz *b* abgezogen und in den Brunnen *c* geleitet; von da gelangt dieses Wasser, wenn das Ventil *i* des unteren Röhrennetzes *h* der zweiten Parzelle geschlossen ist, in das obere Röhrennetz *g* der Nachbarparzelle *f*, durchsickert die zwischen den Röhrennetzen *g* und *h* befindliche Erdschichte und wird von dem Röhrennetz *h* in den zweiten Sammelbrunnen *c* geleitet. Dieser Vorgang wiederholt sich so oft, bis das Wasser in den letzten Sammelbrunnen *c* gelangt. Die Ventile *i* dienen zum vollständigen Ablassen des Sumpfwassers bei von Zoit zu Zeit vorzunehmender Entwässerung des gesammten für die Reinigung benutzten Erdkörpers. Auf diese Weise soll es möglich sein, den Erdkörper des zur

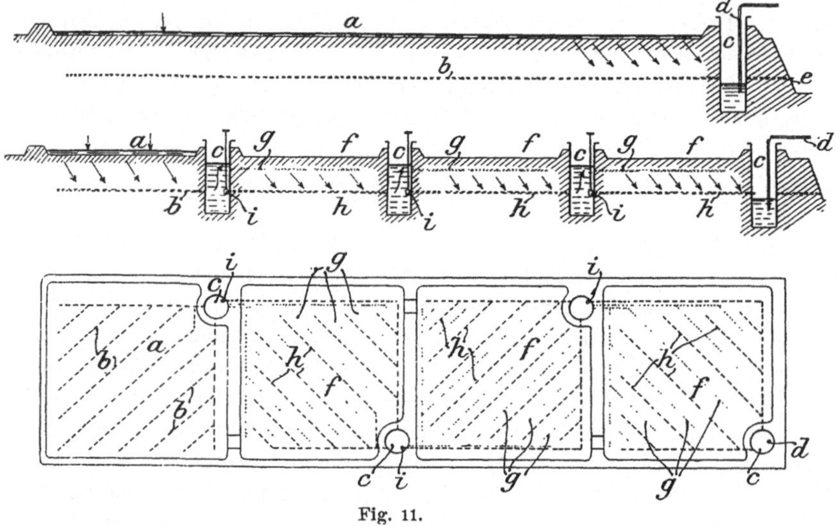

Fig. 11.

Verfügung stehenden Terrains in vollständigster Weise für die Vergährung der in den zu reinigenden Abfallwässern enthaltenen organischen Stoffe auszunutzen.

Das Proskowetz'sches Abwässerreinigungsverfahren haben von Rosnowski und Proskauer[1]) in der Zuckerfabrik zu Sadowa beobachtet. Darnach bestand dort das Reinigungsverfahren in: 1. Versetzen der Abwässer mit Kalkmilch und daran anschliessend Sedimentirung der suspendirten festen Bestandtheile in Klärbehältern. — 2. Berieselung des inzwischen schwach alkalisch gewordenen, aber klaren Wassers auf einem „hoch drainirten" Rieselfelde, dessen Drainstränge an ihren Endpunkten offen zu Tage liegen, also den Luftzutritt gestatten sollen. — 3. Berieselung des

[1]) Viertelj. f. gerichtl. Med., Suppl., 1898, 54.

nunmehr neutral oder sogar schon sauer gewordenen Wassers auf einem zweiten „tief drainirten“ Rieselfelde und demnächst Sammlung des Rieselwassers in einem Sammelbrunnen. Die unter 2 und 3 bezeichneten Rieselflächen bestehen nicht aus Wiese, sondern aus Ackerland, welches im Sommer bepflanzt wird. — 4. Abermaliger Kalkzusatz zu dem (u. U. sauer gewordenen) Wasser im Sammelbrunnen. Die durch die unter 2 und 3 genannten vorhergehenden Berieselungen in ihrer chemischen Zusammensetzung veränderten organischen Substanzen sollen jetzt durch den Kalkzusatz fast gänzlich ausfällbar geworden sein. — 5. Abermalige Klärung des Wassers auf mechanischem Wege, entweder durch Absitzenlassen in verschiedenen Bassins oder durch Filtration. — Der Grundgedanke des Verfahrens beruht mithin auf dem Principe, die fäulnissfähigen organischen Stoffe in den Abwässern durch intensive Fäulniss innerhalb des Bodens zu spalten, um sie sodann durch Kalkzusatz völlig auszufällen, bevor die Abwässer den öffentlichen Flussläufen zugeführt werden. Als neu war bezeichnet die Einschaltung des unter 2 genannten hoch drainirten Rieselfeldes, in dem das Abwasser, nachdem es vorher schwach alkalisch geworden war, durch die offen liegenden Drainstränge in gewissem Grade durchlüftet und in dem auch die Fäulniss schon eingeleitet wird (Proskowetz beabsichtigt durch diese Art der Drainirung eine Oxydation der organischen Stoffe der Abwässer); ferner der unter 4 genannte abermalige Kalkzusatz nach der Berieselung und die abermalige Klärung der Abwässer. — Diese letzte Behandlung erscheint als die wichtigste des ganzen Verfahrens. Analysen von Wasserproben ergaben:

Bezeichnung der Probe	Temperatur bei der Entnahme	Reaction gegen Lackmus	Salpetersäure	Titrirung der organischen Stoffe (Oxydirbarkeit), Verbrauch an übermangansaurem Kalium mg i. l	Stickstoffhaltige Substanzen: durch Magnesia austreibbarer Stickstoff mg i. l	Stickstoffhaltige Substanzen: durch Magnesia nicht austreibbarer Stickstoff mg i. l	Reaction auf Zucker fiel aus
Abwasser nach dem Austritt aus der Fabrik	36°	sehr schwach sauer	sehr schwache Reaction	430,3	13	43	vorher
Hinter Klärbassin und Kühlteich	26°	etwas stärker sauer	Spur	99,8	25	25	0
Aus Drainröhren des oberen Rieselfeldes	17°	noch etwas stärker sauer	desgl.	89,4	28	22	0
Wasser aus dem unteren Rieselfeld	13°	sehr schwach sauer	desgl.	83,1	8	11	0
Aus mehreren Drainröhren des Kalkrieselfeldes	9°	deutlich alkalisch	fehlt	33,3	15	1	0

Das ursprüngliche Abwasser hatte das Aussehen aller Zuckerfabrikabwässer und zeichnete sich, wie diese, durch den unangenehmen Rübengeruch aus. Das Abwasser hinterm Kühlteich war bedeutend schwächer getrübt, besass aber noch Rübengeruch, daneben roch es zugleich etwas faulig-säuerlich. Die Probe aus dem „oberen" Rieselfelde war noch trübe (stark opalescirend) und von dunkelgrauer Farbe; Rübengeruch war daneben noch schwach wahrnehmbar, aber kein fauliger Geruch. Die Probe aus dem Sammelbrunnen des „unteren" Rieselfeldes roch faulig-fäcalartig; hier war Schwefelwasserstoff in Spuren durch Bleipapier nachweisbar. Das Wasser opalescirte und war gelblich gefärbt. Das endgültig gereinigte Wasser war klar, roch etwas nach Ammoniak und reagirte deutlich alkalisch: im Schaurohr bei 30 cm langer Schicht erschien es ganz schwach gelblich gefärbt. Diese Probe setzte, beim Stehen unter Luftzutritt, geringe Mengen von Flocken ab, die sich in Salzsäure unter Kohlensäureentwickelung wieder lösten und aus kohlensaurem Kalk bestanden. — Darnach beginnt die Reinigung der Abwässer bereits in den Klärbehältern und dem Kühlteiche der Sadowaer Anlage und beruht hier zum Theil auf Sedimentirung, zum Theil auch auf Fäulniss- und Gährungsprocessen, welche sich bei der günstigen chemischen Zusammensetzung der Abwässer und deren für das Zustandekommen genannter Vorgänge äusserst günstigen Temperatur in umfangreicher Weise vollziehen können. Verhindert wird hier dieses Ausfaulen, sobald man dem Abwasser gleich von vornherein grosse Mengen Kalk zusetzt. In den beiden Rieselfeldern setzt sich die Zerstörung der organischen Stoffe unter dem in Sadowa innegehaltenen Bedingungen nur durch Fäulniss fort. Das Drainwasser, welches vom zweiten, tiefer drainirten „unteren" Rieselfelde geliefert wird, enthält die organischen Stoffe in einer derartig veränderten Form, dass sie durch Kalkzusatz zu beseitigen sind. Von den noch im Drainwasser verbliebenen stickstoffhaltigen faulbaren Stoffen werden jetzt durch den Kalkzusatz und die nachfolgende Bodenfiltration 87,5 % beseitigt und die Oxydirbarkeit wird um etwa 60 % vermindert. Das gereinigte Abwasser ist klar und farblos, besitzt jedoch in Folge des starken Kalkzusatzes und in Folge der mangelhaften Beschaffenheit des für Entfernung des Kalkes bestimmten Rieselfeldes eine alkalische Reaction und noch Geruch nach Ammoniak. Das gereinigte Abwasser geht beim Stehen in unverdünntem Zustande und in verschiedener Verdünnung mit Flusswasser nicht in „stinkende Fäulniss" über. Eine zweite Anlage in Sokolniz arbeitete mit weniger Kalk ebenfalls günstig.

Das Verfahren von G. Oesten (D. R.-P. No. 101706), zur Nutzbarmachung der in Kanalisations- und ähnlichen Abwässern enthaltenen organischen Stoffe zur Fischzucht, soll bestehen: a) in der

Züchtung von Mikroorganismen in dem zunächst für jedes höhere Lebewesen völlig ungeeigneten städtischen Abwasser und der Ernährung der ersteren durch die in demselben enthaltenen organischen Stoffe; b) in der Ernährung von Crustaceen in diesem durch die Lebensthätigkeit der Bacterien umgewandelten Wasser durch diese selbst; c) in der Ernährung von Fischen durch die erzeugten Crustaceen. Das Verfahren soll mithin durch die Aufeinanderfolge der bezeichneten biologischen Vorgänge auf dem kürzesten Wege die in einem durch menschliche Abgänge verunreinigten und für thierisches Leben unbrauchbar gewordenen Wasser enthaltenen organischen Stoffe in Fischfleisch umsetzen. In Fig. 12 und 13 stellt *a*

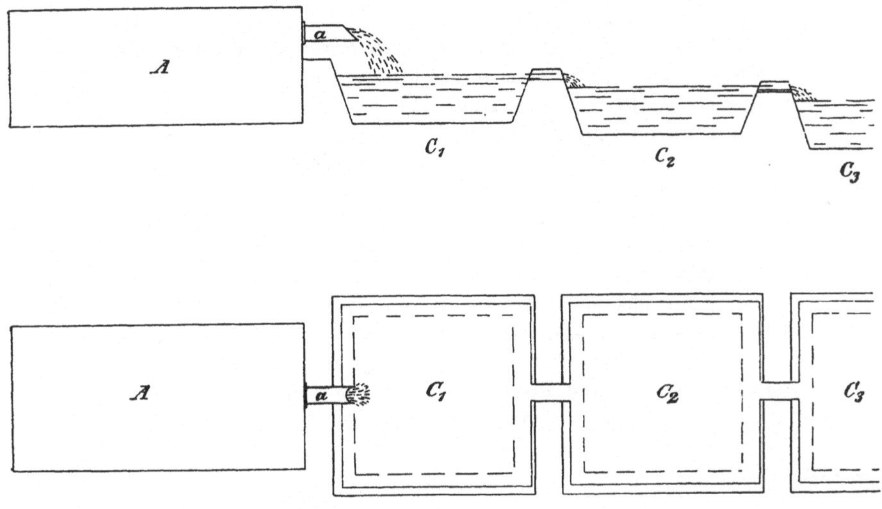

Fig. 12 und 13.

den Zufluss des Abwassers aus dem Behälter *A* einer Vorreinigungsanlage dar. Das Wasser fliesst zunächst in den Teich C_1, in den Bacterienteich. Derselbe dient zur Züchtung der Mikroorganismen. Aus dem Teich C_1 fliesst das Wasser in den Teich C_2, den Crustaceenteich. In diesem Teich findet die Züchtung der Crustaceen und die Ernährung derselben durch Bacterien statt. Aus dem Teich C_2 fliesst das Wasser in den Teich C_3 über, in welchem die Crustaceen zur Ernährung von Fischen dienen.

Die Durchführung des Verfahrens wird zunächst noch manche praktische Schwierigkeiten zu überwinden haben; theoretisch ist die Idee vorzüglich.

Berieselung. Es ist hier nicht der Ort, auf die Technik der Berieselung[1]) ausführlicher einzugehen, da diese Sache des Kulturingenieurs und des Landwirthes ist; es muss daher jeder, der sich über dieselbe genauer unterrichten will, auf die Arbeiten von Dünkelberg,[2]) Fegebeutel,[3]) Ronna[4]) u. A.[5]) verwiesen werden.

Die Berieselung mit städtischen Abwässern ist besonders in England verbreitet.[6]) Die Ergebnisse derselben, soweit sie durch die mehrfach erwähnte Commission festgestellt wurden, hat Verf. in der Tabelle auf S. 198 u. 199 kurz zusammengestellt. Auf schwerem Thon- oder Lehmboden, entweder theilweise oder gänzlich, liegen folgende englische Rieselfelder:

1. Das Rieselfeld von Croyden zu South Norwood, welches beinahe auf allen Seiten von Häusern eingeschlossen ist.
2. Das Rieselfeld von Cheltenham.
3. Das Rieselfeld von Blackburn.
4. Das nördliche Rieselfeld von Tunbridge Wells.
5. Das Rieselfeld von Warwick.
6. Das Rieselfeld von Crewe.
7. Das Rieselfeld von Wolverhampton.
8. Das Rieselfeld von Wimbledon, dicht bei London. Auch dieses ist in der unmittelbaren Nachbarschaft von Häusern.
9. Das Rieselfeld von Leicester.

Bemerkenswerth sind die Untersuchungen der Commission über die Wirkung der Berieselung zu den verschiedenen Jahreszeiten:

---

[1]) Vergl. Dingler (1824) 13, 410; (1829) 34, 162; (1835) 57, 320; (1852) 124, 306; (1859) 152, 220.

[2]) Vierteljahrsschr. f. öffentl. Gesundheitspfl. 1870, 437; 1875, 250; Correspondenzbl. d. niederrhein. Vereins f. öffentl. Gesundheitspfl. 1873, 1 u. 125. — F. W. Dünkelberg, Die Technik der Reinigung städtischer und industrieller Abwasser (Braunschweig 1900).

[3]) Fegebeutel, Die Kanalwasserbewässerung in England und in Deutschland.

[4]) Ronna, Egouts et irrigations (Paris, 1872).

[5]) Vierteljahrsschr. f. öffentl. Gesundheitspfl. 1869, 65 u. 223; 1872, 527; 1875, 263; Reinigung Berlins, Heft IV—X u. Anhang von Reich.

[6]) A. Bürkli-Ziegler und A. Hafter, Bericht über den Besuch einer Anzahl Berieselungsanlagen in England und Paris (Zürich 1875). Fegebeutel, Die Kanalwasserbewässerung in England (Danzig 1870). Reinigung und Bewässerung Berlins, Anhang S. 137. Project für eine Berieselungsanlage bei Zürich, Actenstücke (Zürich 1876); Fischer's Jahresb. 1880, 743; 1885, 1191.

Durchschnittswerthe (Milligramm im Liter)	Gesammtgehalt an löslichen Stoffen	Org. Kohlenstoff	Org. Stickstoff	Ammoniak	Stickstoff als Nitrate und Nitrite	Gesammtstickstoff	Chlor
Norwood vor der Berieselung	949	39,7	15,9	60,3	0	65,5	86,6
„ nach „ „ Frühling .	881	15,0	3,0	8,2	2,2	11,9	83,7
„ „ „ „ Sommer .	886	18,8	3,1	4,6	6,6	13,6	110,3
„ „ „ „ Herbst .	870	13,5	2,0	8,4	7,3	16,3	89,4
„ „ „ „ Winter .	870	12,7	2,7	8,8	3,1	12,6	77,1
„ „ sieben Nächten Frost . .	888	13,6	4,1	11,5	1,6	15,3	88,4
Croydon vor der Berieselung	457	25,1	10,5	30,1	0	35,3	42,3
„ nach „ „ Frühling .	354	5,9	1,0	0,7	2,3	3,9	23,2
„ „ „ „ Sommer .	354	6,1	1,3	0,7	1,6	3,0	25,7
„ „ „ „ Herbst .	431	6,9	1,4	1,9	5,9	7,9	32,3
„ „ „ „ Winter .	406	6,1	1,5	2,0	5,3	8,5	27,2
„ „ sieben Nächten Frost . .	456	5,9	2,4	3,7	4,5	9,9	28,8

Darnach beeinflusste weniger die Jahreszeit als die Concentration des Kanalwassers seine Reinigung.

Eine Braunschweiger Commission hat im September 1879 die Rieselfelder von Croydon, Leamington und Abingdon besucht; der Bericht[1]) ist günstig. Die Ausdünstung der Rieselfelder war beim Besuche der Braunschweiger Commission nur in unmittelbarer Nähe unter Rieselwasser stehender Ländereien oder eben leer gewordener Gräben bemerkbar, sonst war die Luft rein und geruchlos und hielt die Einwohner Croydons nicht ab, ihre Spazierfahrten durch die Anlagen zu machen. Unmittelbar an die Farm angrenzend sind Villen gebaut, auch liegt neben derselben ein Waisenhaus mit 200 Kindern, in welchem seit drei Jahren kein Kind gestorben ist.

Grössere Rieselanlagen haben in Deutschland zuerst die Städte Danzig, Breslau und besonders Berlin angelegt, denen dann andere folgten.

In Danzig[2]) wird seit 1872 das Kanalwasser durch ein 3170 m langes eisernes Rohr nach dem Dünengebiet bei Weichselmünde gepumpt. Bei dem Besuche des Verf. in Danzig (23. Juli 1874) waren etwa 130 ha geebnet und mit Rüben, Hafer, Raps, Tabak, Hanf, Mais, Buchweizen,

(Fortsetzung auf S. 200.)

[1]) Mitgau, Bericht über Städtereinigung S. 31. Ferd. Fischer, Die menschlichen Abfallstoffe S. 136.

[2]) Wiebe, Die Reinigung und Entwässerung der Stadt Danzig (Berlin 1865). Wasserleitung, Kanalisation und Rieselfelder von Danzig (Danzig 1874). Ferd. Fischer, Die menschlichen Abfallstoffe S. 148.

	Einwohner, deren Abwasser zur Berieselung verwendet wird	Fläche, die berieselt wird, in ha	Menge des jährlichen Rieselwassers cbm	Jährl. Rieselhöhe m	Ertrag für 1 ha	Beschaffenheit des Rieselfeldes	Bewachsen mit	Durch die Berieselung werden entfernt Proc. Durchschnitt organ. Kohlenst.	organ. Stickstoff	susp. org. Stoffe
Edinburgh	80 000	92	—	4 und darüber	bis 2093 M.	Sand- und Thonboden	Raygras	45	81	85
Lodge-Farm bei Barking	—	22,7	300 430	1,32	155 Tonnen Raygras	Kiesboden	Gras, etwas Weizen, Gemüse	66	86	100
Aldershot-Lager	7 000 Erwachsene	33	255 500	0,8 für die Wiesen	1000 M.	unfruchtbarer Sand	Gras und Gemüse	81	85	94
Carlisle	—	40	—	—	—	leichter Lehmboden	Gras	78	60	100
Penrith	8 000	32	—	—	—	desgl.	Gras	75	77	100
Rugby	8 000	26	328 000	1,2	500 M.	sandiger Bod. auf zähem Thonboden	italien. Raygras	72	93	96
Banbury	11 000	54	—	1	500 M.	dichter Thonboden	italien. Raygras	76	86	93
Warwick	9 500	40	1 000 000	2,5	—	desgl.	Raygras	72	90	100
Worthing	7 600	40	635 000	1,5	—	lockerer Lehmboden	Raygras und Getreide	43	84	100
Bedford	15 000	20	900 000	4,5	—	leichter Kiesboden	Raygras und Gemüse	72	81	100
Norwood	4 000	12	—	—	1250 M.	tief lieg. Thonboden	Raygras	65	75	100
Croydon	30 000 bis 40 000	104	6 000 000	—	1500 bis 2000 M.	Kiesboden	Raygras und Gemüse	67	92	100

Datum	organ. Kohlenstoff	organ. Stickst.	Ammon	Stickst. als Nitrat und Nitrite	Ges.-Stickst.	Gesammt	organ. Stoffe	Bemerkungen.
	Gelöst					Suspendirt		
16. April 1869 (I)	61	36	95	0	114	394	281	Trotz der mangelhaften Anlage hoher Geldertrag.
(II)	33	7	20	0	23	55	42	
23. Juni 1869 (I)	26	17	40	0	51	463	278	Von der Metropolis-Sewage-Company zur Verwerthung von Londoner Kanalwasser im Jahre 1866 angelegt. Beetsystem. Drainirt.
(II)	9	2	4	25	31	Spur	Spur	
16. Juli 1869 (I)	59	21	90	0	95	210	143	Blackburn hat das Kanalwasser des Aldershot-Lagers gepachtet. Einzelne Theile des Rieselfeldes sind an benachbarte Landwirthe zu 1000 M. für 1 ha verpachtet.
(II)	7	1	5	12	17	13	7	
1. Mai 1868 (I)	163	27	130	0	134	232	179	
(II)	5	1	6	13	20	4	0	
23. Sept. 1868 (I)	27	5	19	0	21	99	46	Nicht drainirt, mangelhafte Anlage.
(II)	6	2	0	0	2	0	0	
24. Sept. 1868 (I)	51	19	104	0	105	178	119	Drainirt. Abflusswasser durch Grundwasser verdünnt.
(II)	3	1	0	0	1	0	0	
13. Juli 1869 (I)	55	23	73	0	83	124	90	Vom Gesundheitsamt gepachtet. Eine Fläche davon ist zu 500 M. für 1 ha wieder verpachtet.
(II)	15	2	4	0	5	12	4	
14. Juli 1869 (I)	83	24	67	0	79	297	201	Zu 225 M. für 1 ha gepachtet. Gesammteinnahme für 1869: 26470 M.; Gesammtausgabe 24614 M.
(II)	10	2	7	7	15	17	8	
14. Juli 1869 (I)	51	17	24	0	37	60	34	Das Wasser fliesst nur über die Oberfläche.
(II)	15	2	8	1	10	Spur	Spur	
15. Juli 1869 (I)	23	20	37	0	51	66	47	1869 betrugen die Einnahmen 37360 M., die Ausgaben 21610 M. Das Wasser fliesst oberflächlich ab.
(II)	13	3	6	2	11	Spur	Spur	
24. Juli 1869 (I)	23	13	31	0	39	218	137	Das Kanalwasser ist stark durch Grundwasser aus Bedford verdünnt. Gesammteinnahme für 1869: 13386 M.; Ausgabe 11994 M.
(II)	6	0	1	5	6	0	0	
12. März 1869 (I)	54	23	90	0	97	190	150	Vor der Berieselung war 1 ha zu 45 M. verpachtet. Drainirt.
(II)	13	2	10	4	14	Spur	Spur	
30. Dec. 1869 (I)	29	13	27	0	35	146	109	
(II)	8	1	5	7	12	Spur	Spur	

Zusammensetzung des Kanalwassers vor (I) und nach der Berieselung (II). 1 Liter enthält Milligramm.

Kümmel, eine kleinere Fläche mit Erbsen, Gurken, Kohl und anderen Gemüsen bepflanzt. Alles stand vortrefflich; von einem fauligen Cloakengeruch war, trotz der Julihitze und obgleich nur die Furchenbewässerung und Einstauung angewendet werden, nichts zu bemerken. In gleicher Weise sprechen sich E. Reichardt,[1]) eine städtische Commission von Breslau,[2]) München[3]) und Frankfurt,[4]) Dünkelberg,[5]) Lissauer[6]) aus.

Nach O. Helm[7]) enthielt eine an sieben hintereinander folgenden Tagen (Juli 1875) aus den Kanälen geschöpfte Durchschnittsprobe des Kanalwassers (mg im Liter):

	Kanalwasser	
	gelöst	suspendirt
Gesammtgehalt	683	582
Organisches	161	356
Kieselsäure	18	128
Kalk	111	27
Magnesia	14	1
Kali	44	—
Natron	88	—
Schwefelsäure	24	—
Chlor	70	—
Phosphorsäure	3	17
Stickstoff als Ammoniak	53	—
„ „ Salpetersäure	0	—
„ organisch	11,6	
Gesammtstickstoff	64,8	

Das abfliessende Rieselwasser enthielt am 5. und 18. Juli 1875 10,7 und 11,9 mg Ammoniak, 86 und 84 mg organische Stoffe, aber keine Salpetersäure und Salpetrigsäure und nur Spuren von Phosphorsäure. Das Wasser setzt einen feinen, braunrothen Schlamm ab, welcher enthält:

Organische Stoffe	59,1
Eisenoxyd	23,3
Kieselerde und Sand	15,4
Calciumcarbonat	0,9
Thonerde	1,3

---

[1]) Arch. d. Pharm. 207, S. 530.

[2]) Bericht der städtischen Commission von Breslau über die Kanalisation der Stadt Danzig (Juni 1874).

[3]) Bericht der Münchener Commission über die Besichtigung der Kanalisations- und Berieselungsanlagen (München 1879) S. 55.

[4]) Die Rieselfelderanlagen in Danzig, Berlin und Paris (Frankfurt a. M. 1879).

[5]) Vierteljahrsschr. f. öffentl. Gesundheitspflege 1875, S. 39.

[6]) Ebendas. 1875, S. 87; 1876, S. 569.

[7]) Arch. d. Pharm. 207, S. 513; Viertelj. f. öff. Gesundheitspflege 1875, S. 721.

Unter den organischen Stoffen fanden sich namentlich die weit verbreitete Alge Leptothrix ochracea und braune Fäden, welche unter dem Namen Stereonema als Alge beschrieben wurden, thatsächlich aber die Stiele eines geselligen Infusoriums, Anthophysa Mülleri, darstellen. Die braune Trübung des abfliessenden Wassers ist eine Folge des Fuchssandes. Neuere Analysen fehlen leider. Die selbstverständlich auch von diesen Anlagen gemachten Behauptungen, dass sie Krankheiten verbreiten, sind von Lissauer u. A.[1]) widerlegt.

Die Rieselanlagen der Stadt Breslau[2]) zu Oswitz und Ransern umfassen 1276 ha, wovon etwa 689 ha berieselbar sind. Das Wasser wird durch ein 1400 m langes und 0,9 m weites Rohr nach den Rieselfeldern gepumpt. Die Pumpstation mit 2 je 60 pferd. Dampfmaschinen wäre auch erforderlich, wenn das Kanalwasser nicht zur Berieselung verwendet, sondern in den Strom geleitet werden sollte, weil bei Hochwasser einige Stadttheile, welche nur durch Dämme gegen Ueberfluthung geschützt sind, durch den Rückstau des Wassers überschwemmt werden würden. Die Rieselfelder umfassen jetzt etwa 660 ha.[3]) Nach den Analysen von B. Fischer enthielt das Wasser aus dem Sandfange der Pumpstation am Zehndelberge (I) und das gleichzeitig aus dem Hauptentwässerungsgraben der Rieselfelder entnommene gereinigte Wasser mg im Liter:

[1]) Viertelj. f. öff. Gesundheitspflege, 1875, S. 736; Berichte der Choleracommission des deutschen Reichs. Das Auftreten und der Verlauf der Cholera in den preussischen Provinzen Posen und Preussen, Mai bis September 1873. Dr. A. Hirsch, Verbreitung durch Trinkwasser, S. 41.

[2]) Ferd. Fischer, Die menschlichen Abfallstoffe, S. 152; Festschrift zur Feier der 29. Hauptversammlung des Vereins deutscher Ingenieure 1888 in Breslau. Zeitschr. f. angew. Chem., 1889, 154. Dingl., 247, 460.

[3]) Ueber die Kosten machte Kaumann in der Versammlung des Deutschen Vereins für öffentliche Gesundheitspflege in Breslau 1886 folgende Angaben: Die Kosten der Kanalisation Breslaus einschl. der Aptirung der Rieselfelder bis zur vollständigen Fertigstellung dieser Anlagen werden die Höhe von 6000000 M. kaum erreichen, das ergibt für den Einwohner 20 M., davon 6 % für Verzinsung und Amortisation gibt 1,2 M., dazu die Unterhaltungskosten mit 0,3 M. erfordert für den Kopf jährlich für Verzinsung, Amortisationen und Betrieb der ganzen Anlage 1,5 M., also für 400 Einwohner, die hier etwa auf 1 ha zu rechnen sind, 600 M., wovon schon jetzt mindestens 100 M. durch die Verpachtung der Rieselfelder gedeckt werden, so dass für Einwohner und Jahr höchstens 1,25 M. verbleiben für alle übrigen Vortheile, die ihm die Schwemmkanalisation bietet.

mg im Liter:	9. April 1889		11. Juni 1889		9. Juli 1889		13. Aug. 1889		17. Sept. 1889		8. Oct. 1889		12. Nov. 1889		10. Dec. 1889		14. Jan. 1890		11. Feb. 1890		11. März 1890	
	I	II	I	II	I	II	I	II	I	II	I	II	I	II	I	II	I	II	I	II	I	II
Suspend. Stoffe bei 100°	357	17	255	18	437	9	375	12	968	15	499	9	464	12	142	40	532	16	973	15	522	19
Organische . . .	257	—	176	—	324	—	264	—	387	—	236	—	432	—	843	—	492	—	732	—	414	—
Gelöste Stoffe bei 180°	709	430	741	475	890	467	784	495	343	469	522	471	733	451	896	456	741	497	863	498	876	482
Organische . . .	243	63	280	71	338	122	268	90	103	61	172	76	176	122	212	47	219	98	357	68	288	50
Ammoniak	100	4	92	3	137	3	82	5	27	3	100	3	112	1	137	2	102	2	107	2	137	5
Chlor	132	72	156	87	171	88	166	92	53	94	103	90	152	80	188	85	169	87	167	94	185	89
Schwefelsäure . .	94	104	44	103	42	105	61	104	26	93	38	97	86	108	90	115	98	112	78	112	81	107
Phosphorsäure . .	23	—	25	—	31	—	21	—	12	—	11	—	28	—	28	—	9	—	38	—	36	—
Kalk	84	94	85	78	87	92	75	85	63	92	64	76	113	92	102	87	112	103	70	85	70	88
Magnesia	14	13	15	18	13	19	21	19	13	19	12	19	24	20	27	48	21	23	20	13	37	21
Permanganat-verbrauch . . .	189	8	189	12	185	138	189	19	10	19	132	15	219	15	259	9	183	9	241	14	241	17
Salpetersäure . . .	0	0	0	Spur	0	Spur	0	Spur	0	Spur	—	20	—	21	0	14	0	18	0	13	0	4
Salpetrigsäure . .	0	Spur	0	Spur	0	Spur	0	0	0	Spur	—	—	—	0	0	0	0	Spur	0	Spur	0	Spur

Spätere Analysen von B. Fischer[1]) ergaben für Breslauer Kanalwasser bei der Pumpstation am Zehndelberge entnommen (I), dasselbe nach der Berieselung aus den Hauptentwässerungsgräben oberhalb Ransern (II) und an der Oswitz-Ransener Grenze (III) folgende Zusammensetzung (mg im Liter):

(Tabelle siehe S. 204.)

R. Klopsch[2]) fand im Jahre 1884 im Liter:

	Spül-jauche mg	Drain-wasser mg
Eindampfrückstand	1161,5	561,5
Glührückstand	650,6	461,4
Glühverlust	510,9	100,1
Stickstoff als Ammoniak	56,6	3,0
Stickstoff als Albuminoidammoniak	38,0	0,8
Stickstoff als Salpetersäure	0,0	24,8
Stickstoff als Salpetrigsäure	0,0	1,8
Gesammtstickstoff	94,6	30,5
Zur Oxydation der organischen Substanz verbrauchter Sauerstoff	—	29,4
Schwefelsäure	67,4	80,8
Chlor	130,7	97,3
Phosphorsäure	23,1	Spur
Kali	60,4	15,8
Natron	115,6	95,6
Kalk	77,8	102,7
Magnesia	21,8	19,1

Die Rieselfelder Berlins[3]) sind die bedeutendsten der Welt. Im Jahre 1889 waren:[4])

(Fortsetzung auf S. 205.)

[1]) Jahresb. d. chem. Unters. Breslau; vergl. Fischer's Jahresb., 1898, 479.

[2]) Landw. Jahrb., 1885, 109.

[3]) Reinigung und Entwässerung Berlins (Berlin, Hirschwald). Heft I bis III: Bericht über das Süvern'sche und Lenk'sche Desinfectionsmittel. Heft IV: Düngungs- und Berieselungsversuche. Heft V: Berliner Grundwasserverhältnisse. Heft VI: Berieselungsversuche. Heft VII: Berieselungsversuche. Heft VIII: Berieselungsversuche. Heft IX: Trockenclosets Heft X: Berieselungsversuche. Heft XI: Geognostische Verhältnisse. Reinigung und Entwässerung Berlins, Generalbericht von Virchow, 1873.

[4]) Bericht der Deputation für die Verwaltung der Kanalisationswerke für 1. April 1889 bis 31. März 1890 (Berlin 1890).

	April 1897			Mai 1897			Juni 1897			Juli 1897			August 1897			Sept. 1897		
	I	II	III	I	II	III	I	II	III	I	II	III	I	II	III	I	II	III
Suspendirte Stoffe	317	21	8	565	57	35	285	49	21	271	24	6	279	5	4	243	34	24
Organische	216	—	—	399	—	—	199	—	—	176	—	—	201	—	—	173	—	—
Gelöste Stoffe	970	543	555	914	536	573	622	542	420	585	586	580	681	483	523	746	525	534
Chlor	259	100	105	175	110	110	101	94	94	86	107	110	101	87	87	124	92	95
Kieselsäure	12	13	13	12	24	12	14	15	11	16	18	23	15	24	9	75	23	20
Schwefelsäure	72	82	93	92	84	96	63	92	64	72	81	99	68	88	101	93	81	89
Salpetersäure	—	—	15	—	2	6	—	3	11	—	—	25	—	6	19	fehlt	20	23
Phosphorsäure	17	—	—	20	—	—	9	—	—	11	—	—	10	—	—	14	—	—
Ammoniak	50	13	3	86	5	3	51	5	1	47	16	2	36	3	1	46	5	39
Gesammtstickstoff	57	11	8	72	8	4	58	11	11	56	24	15	46	4	6	50	13	42
Calciumoxyd	87	91	85	70	58	63	81	88	91	86	85	90	88	89	88	105	85	90
Magnesiumoxyd	21	20	19	25	37	40	23	20	20	21	19	20	19	19	22	24	19	19
$KMnO_4$-Verbr.	266	38	33	425	38	38	297	39	47	404	79	42	242	30	30	227	29	25

	October 1897			Nov. 1897			Dec. 1897			Januar 1898			Febr. 1898			März 1898		
	I	II	III	I	II	III	I	II	III	I	II	III	I	II	III	I	II	III
Suspendirte Stoffe	363	13	15	271	49	40	461	65	42	468	51	43	309	7	4	429	15	50
Organische	239	—	—	173	—	—	327	—	—	344	—	—	228	—	—	313	—	—
Gelöste Stoffe	673	546	565	598	589	554	980	553	573	708	538	556	797	573	560	668	565	532
Chlor	142	105	106	117	106	99	268	105	97	129	107	103	166	105	102	123	84	97
Kieselsäure	26	17	25	9	6	10	64	39	55	32	36	19	20	14	20	16	14	11
Schwefelsäure	88	86	92	91	71	83	90	92	101	102	95	100	90	99	93	100	99	95
Salpetersäure	fehlt	12	18	fehlt	fehlt	1	—	—	26	—	—	24	—	Sp.	25	—	20	20
Phosphorsäure	24	—	—	5	—	—	20	—	—	19	—	—	21	—	—	19	—	—
Ammoniak	60	5	3	25	13	10	93	13	5	75	6	4	76	6	7	82	5	6
Gesammtstickstoff	55	9	11	54	47	31	92	16	5	81	12	11	93	17	18	80	10	10
Calciumoxyd	84	89	88	104	95	96	58	94	94	82	95	93	84	113	123	83	95	91
Magnesiumoxyd	22	20	21	17	21	21	24	21	22	23	20	21	22	20	18	22	21	21
$KMnO_4$-Verbr.	221	31	31	234	38	33	262	45	41	227	24	28	256	31	35	239	24	24

b) Genaue Darlegung der gegen die verschiedenen Arten der Beeinträchtigung wirksamsten chemischen Mittel, maschinellen Einrichtungen und baulichen Vorkehrungen, unter Nachweis der technischen und ökonomischen Ausführbarkeit der gemachten Vorschläge. Zur Erläuterung sind Zeichnungen, Modelle, Präparate erwünscht.

Das Preisgericht (bestehend aus den Herren Proff. DDr.: R. Virchow-Berlin, P. Börner-Berlin, C. Flügge-Breslau [damals Göttingen], Günther-Dresden und G. Wolffhügel-Göttingen [damals Berlin]) erkannte mit allerhöchster Genehmigung Sr. Majestät des Königs Albert von Sachsen der ersten Auflage dieses Werkes den Preis zu.

Seit der Zeit ist viel auf diesem Gebiete gearbeitet worden und konnten für manche Abfallstoffe und Abgänge die obigen Fragen nicht nur erweitert, sondern auch genauer beantwortet werden.

Die wichtige Frage der Selbstreinigung der Flüsse, welche der allgemeinen und völligen Verunreinigung derselben entgegenarbeitet, hat auf Grund der vielen neueren Untersuchungen eine eingehende Berücksichtigung in einem besonderen Abschnitt gefunden.

Auch der Reinigung von Trinkwasser habe ich einen besonderen Abschnitt zugewiesen, weil dieselbe einerseits eine grosse Bedeutung angenommen, andererseits erhebliche Fortschritte aufzuweisen hat und auch manche Beziehungen zu der Reinigung von den eigentlichen Schmutzwässern besitzt.

Diese Umstände haben eine wesentliche Vermehrung des Inhaltes der Schrift verursacht, wesshalb ich mich entschlossen habe, dieselbe in zwei Bänden herauszugeben; der I. Band behandelt die gestellte Aufgabe, die Schädlichkeit und Reinigung von verunreinigtem Wasser im allgemeinen, der II. Band dagegen legt die Zusammensetzung, Schädlichkeit und Reinigung der einzelnen Abwässer und Abfallstoffe, soweit darüber bis jetzt Untersuchungen vorliegen, im besonderen dar.

Im übrigen habe ich die ursprünglichen, in der Preisaufgabe festgelegten Gesichtspunkte der Bearbeitung genau innegehalten.

Wie in der ersten Auflage, so muss ich auch jetzt wiederholt betonen, dass der Inhalt der Schrift nicht gegen die Industrie gerichtet ist; ich habe meinen Standpunkt in dieser Hinsicht genügend auf S. 49 und 94 im I. Bande dargelegt. Ich hoffe vielmehr, dass durch den Nachweis, wie die verschiedenen Abgänge schädlich wirken und bis zu welcher Grenze sie unschädlich gemacht werden können, der Industrie ein nicht minder grosser Dienst erwiesen wird, als den Anliegern und Berechtigten an den Gewässern.

Verschiedene Erfahrungen seit dem Erscheinen der ersten Auflage dieser Schrift haben nämlich gezeigt, dass dieses von der Schrift verfolgte Ziel vielfach ein friedliches Uebereinkommen zwischen Industrie und Grund- bezw. Hausbesitzern an fliessenden Gewässern herbeigeführt hat.

Vereinzelt sind auch Vorschläge bezw. Verfahren für die Reinigung von Schmutzwässern beschrieben worden, die kaum eine praktische Anwendung gefunden haben oder bereits wieder aufgegeben worden sind. Ich glaubte sie aber dennoch aufnehmen zu sollen, um nicht nur ein Gesammtbild von dem Stande der Frage zu geben, sondern auch um vor weiteren überflüssigen Arbeiten zu schützen, bezw. zu neuen Forschungen anzuregen.

Die Neubearbeitung der bereits mehrere Jahre vergriffenen ersten Auflage dieses Werkes ist leider infolge vielfacher dienstlicher Verpflichtungen des Verfassers verzögert worden.

Auszug aus dem Inhaltsverzeichniss.

Erster Band.

Einleitung.

Reinigung des Wassers.

Reinigung des Trinkwassers.

Reinigung der Schmutzwässer.

Zweiter Band.

I. Theil.

Schmutzwässer mit vorwiegend organischen und zwar grösstentheils stickstoffhaltigen Stoffen.

II. Theil.

Schmutzwässer mit vorwiegend unorganischen Bestandtheilen.

---

33. 10. 99. 000.

	In Selbstbewirthschaftung	Verpachtet	Ertraglos[1])
Aptirtes Land	2401,21	764,90	47,80
Nicht aptirt	347,92	134.98	761,05
	2749,13	899,88	808,85.

Die 764,9 ha aptirtes und berieseltes Land waren an 526 Pächter zu durchschnittlich 212,95 M. für 1 ha verpachtet, während das nichtaptirte Land nur 87 M. für Pacht jede ha einbrachte. Ausserdem bezahlten 70 Besitzer benachbarter Ländereien für die Ueberlassung von Rieselwasser 4878 M., wohl der beste Beweis, dass das Land durch Berieselung nicht verschlechtert wird.

Von den Pumpstationen wurden nach den Rieselgütern folgende Abwassermengen gefördert:

Geförderte Wassermenge		Zur Berieselung geeignete Flächen	Auf die berieselte Fläche kamen	
nach	cbm	ha	für Jahr und ha cbm	für Tag und qm l
Osdorf	16 280 064	887	18 363	5,03
Grossbeeren	12 617 691	789	16 000	4,38
Falkenberg	9 883 314	736	13 428	3,68
Malchow	10 330 892	1016	10 168	2,78
	49 111 961	3428	14 327	3,92

Die tägliche Rieselhöhe betrug somit im letzten Jahre 3,92 mm, gegen 3,84 mm im Jahre 1888/89.[2]) Die den vorhandenen 7 Radialsystemen angeschlossenen Grundstücke hatten 1 230 737 Einwohner, so dass auf jeden Einwohner täglich 109 l kamen und 1 ha Rieselfläche das Abwasser von 360 Personen (gegen 370 im Vorjahre) aufnahm.

Zu den nachfolgenden Analysen ist zu bemerken, dass das Admiralitätsgartenbad jährlich etwa 2 000 000 k Chlornatrium in das nach Osdorf entwässernde Radialsystem III lieferte. Das Drainwasser von Bassin IV in Osdorf erinnerte an verdünntes Abwasser der Anilinfabrik, welche hierher entwässerte.[3]) Das nach den Rieselgütern geförderte Kanalwasser (Spüljauche) hatte 1888/89[4]) folgende Zusammensetzung (mg im Liter):

---

[1]) Wege, Gräben, Gärten, Unland, in Bearbeitung begr. u. dergl.

[2]) Zeitschr. f. angew. Chem., 1890, 380.

[3]) Zeitschr. f. angew. Chem., 1889, 124.

[4]) Die Analysen für 1887/88 finden sich in der Zeitschr. f. angew. Chem., 1889, 125.

	Osdorf		Grossbeeren	Falkenberg		
	14. 6. 88	14. 1. 89	18. 12. 88.	17. 7. 88	5. 12. 88	3. 1. 89
Suspendirt:						
Trockenrückstand	444	1019	974	1237	1141	1082
Glühverlust desselben	279	830	719	901	759	720
Phosphorsäure	9	18	14	16	25	7
Gelöst:						
Trockenrückstand	1246	1058	959	1257	1369	1262
Glühverlust desselben	219	304	209	418	413	491
Uebermangans. Kali erfordert	278	332	343	328	453	480
Ammoniak u. organ. geb. Ammoniak	78	196	109	92	179	131
Salpetrigsäure	0	0	0	0	0	0
Salpetersäure	0	0	0	0	0	0
Schwefelsäure	101	86	71	57	71	94
Phosphorsäure	22	43	25	22	33	24
Chlor	391	230	210	289	336	209
Kali	54	61	69	79	77	92
Natron	349	203	214	304	291	233

Im nächsten Jahre ergaben die Analysen des Kanalwassers:

	Grossbeeren	Osdorf	Osdorf	Malchow	Malchow	Falkenberg	
	1. 10. 89	30. 9. 89	30. 9. 89	30. 10. 89	1. 2. 90	1. 10. 89	3. 2. 90.
Suspendirt:							
Trockenrückstand	865	1866	1283	918	925	6883	925
Glühverlust	542	1063	874	762	673	4466	673
Phosphorsäure	25	36	12	10	15	9	15
Gelöst:							
Trockenrückstand	1007	1058	971	1346	1265	1198	1482
Glühverlust desselben	311	349	286	263	377	405	430
Uebermang. Kali erf.	281	307	291	354	458	408	569
Ammoniak Organ. gebund. Ammoniak	96	137	116	129	90	140	163
Salpetrigsäure	0	0	0	0	0	0	0
Salpetersäure	0	Spur	0	0	0	Spur	0
Schwefelsäure	50	30	84	119	168	45	60
Phosphorsäure	21	37	37	27	22	34	33
Chlor	244	261	198	191	233	195	385
Kali	54	91	59	71	66	74	87
Natron	239	412	230	399	210	256	323

Darnach ergeben sich im Mittel an düngenden Bestandtheilen im Liter:

	1888/89	1889/90
Phosphorsäure	42 mg	48 mg.
Kali	68 „	71 „
Ammoniak	131 „	124 „

Zu berücksichtigen ist, dass der Stickstoff der suspendirten Stoffe gar nicht, der der gelösten nicht völlig bestimmt ist. Legt man aber diese Zahlen zu Grunde, so wurden im Jahre 1889/90 mit dem Abwasser auf die Rieselgüter geschafft (abgerundet):

Ammoniak	6150 t.
Phosphorsäure	2500 „
Kali	3500 „

In Wirklichkeit ist dieser Betrag jedenfalls wesentlich niedriger, da die Proben lediglich dem stark verunreinigten Tagesabwasser entnommen sind, ohne Rücksicht auf das Nachtwasser, wie S. 111 gezeigt wurde.

Die Untersuchung der Drainwässer ergab (mg im Liter):

	Wiesen					
	Falkenberg		Osdorf	Osdorf	Grossbeeren	Osdorf
	15. 4. 89	15. 7. 89	30. 4. 89	30. 6. 89	15. 7. 89	6. 9. 89
Trockenrückstand	1090	1346	1017	1441	722	1241
Glühverlust desselben . .	108	234	139	243	130	151
Uebermang. Kali erford. . .	19	42	27	22	33	32
Ammoniak	0,9	6,4	0,8	0,4	0,9	0,8
Organ geb. Ammoniak . .	0,6	0,8	0,4	Spur	0,3	0,4
Salpetrigsäure	4	5	0	0	0	7
Salpetersäure	88	228	180	231	81	146
Phosphorsäure	3	4	2	4	3	Spur
Chlor	186	223	206	278	189	301
Kali	—	—	—	—	19	—
Natron	—	—	—	—	178	—
Keime in 1 cc	960	9900	14400	2040	297000	24200

	Beetanlagen						
	Malchow	Malchow	Grossbeeren	Falkenberg	Blankenburg	Falkenberg	Osdorf
	15. 4. 89	1. 5. 89	15. 5. 89	15. 5. 89	3. 6. 89	15. 6. 89	8. 7. 89
Trockenrückstand	1001	1053	1260	1089	1441	1442	1114
Glühverlust desselben . .	116	114	190	121	243	178	171
Uebermang. Kali erford. . .	14	16	75	38	22	23	15
Ammoniak	0,3	0,1	12,8	3,6	0,4	3,2	0,3
Organ. geb. Ammoniak . .	0,4	Spur	2,0	0,8	Spur	0,3	Spur
Salpetrigsäure	0	0	28	7	0	0	0
Salpetersäure	130	136	118	109	231	215	174
Phosphorsäure	2	3	3	3	4	Spur	4
Chlor	158	158	187	189	278	214	197
Kali	—	11	—	—	—	—	—
Natron	—	184	—	—	—	—	—
Keime in 1 cc	1096	260	43200	10080	2040	3680	780

	Beetanlagen							
	Falkenberg 18. 9. 89	Osdorf 1. 10. 89	Malchow 15. 10. 89	Falkenberg 15. 11. 89	Osdorf 18. 11. 89	Osdorf 2. 12. 89	Wartenberg 2. 12. 89	Malchow 2. 12. 89
Trockenrückstand . .	1387	1425	1245	1113	1134	1130	938	896
Glühverlust dess. . .	147	230	106	110	122	105	74	90
Uebermang. Kali erf.	19	43	20	32	36	19	22	24
Ammoniak	1,1	3,6	0,5	2,8	11,2	0,8	2,8	5,6
Organ. geb. Ammoniak	0,3	1,1	0,4	0,4	1,2	0,3	0,4	0,6
Salpetrigsäure . . .	3	15	0	2	9	3	0	4
Salpetersäure . . .	222	238	176	103	54	115	61	53
Phosphorsäure . . .	3	3	4	3	4	4	3	4
Chlor	218	283	214	206	277	280	214	217
Kali	—	—	—	—	—	—	14	—
Natron	—	—	—	—	—	—	227	—
Keime in 1 cc	3200	69120	206	460	6720	4080	82	1760

Diese Analysen, sowie die in anderen Jahren ausgeführten[1]) bestätigen, dass das Wasser viel besser gereinigt wird, als durch irgend ein Fällungsverfahren.

Der durchschnittliche Ernteertrag der berieselten Flächen war 1889/90:

Fruchtart	Bestellte Fläche	Gesammt-Durchschnitt				Gesammt-Durchschnittsertrag für 1 ha
		Ernte auf 1 ha		Verkaufs- bezw. Verbrauchswerth für 1 hk		
		Körner oder Wurzel	Stroh	Körner oder Wurzel	Stroh	
	ha	k	k	M.	M.	M.
Winterweizen . .	108	1 546	2 210	18,71	3,74	372,06
Winterroggen . .	321	1 862	2 812	17,02	4,36	437,31
Sommerweizen . .	267	1 148	2 075	18,27	4,26	295,99
Sommerroggen . .	14	900	2 180	13,79	4,05	212,40
Gerste	47	1 296	2 170	14,10	4,04	269,50
Hafer	391	1 299	2 662	15,93	3,92	309,66
Winterraps . . .	23	1 050	4 350	28,72	1,00	345,06
Winterrübsen . .	44	844	997	27,97	1,18	247,83
Sommerraps . . .	25	377	1 802	26,38	1,00	116,25
Senf	4	260	1 250	20,34	1,00	65,38
Futterrüben . . .	266	40 523	—	1,20	—	486.57
Möhren	23	39 305	—	1,81	—	697,52
Kartoffeln . . .	67	15 518	—	2,27	—	346,53
Kohl	$40^1/_2$	14 738	—	2,49	—	367,70
Wiesen (Gras) . .	665	—	58 069	—	0,504	294,41

[1]) Zeitschr. f. angew. Chem., 1889, 124; 1890, 381; 1892, 200; Dingl., 240, 460; 247, 460.

Früher wurden auch Gemüse gebaut. Der Durchschnittsertrag stellte sich für 1880 auf:

Fruchtart	Ar	Gewonnen wurden in Centnern zu 50 k		Durchschnittspreis		Durchschnittseinnahme für 1 a	
		Gesammt	für 1 a	M.	Pf.	M.	Pf.
Weisskohl . . .	3013,8	24 078	7,98	1	4	8	32
Rothkohl	1233,9	4 699	3,80	1	27	4	84
Wirsing	632,4	3 818	6,03	1	7	6	43
Kohlrabi	198,0	2 042	10,32	—	95	6	42
Karotten	564,2	3 028	6,56	1	—	6	56
Pferderüben . . .	2946,3	17 339	5,88	1	—	5	88
Runkeln	5199,32	22 063	4,24	1	—	4	24
Zuckerrüben . .	504,6	4 000	7,32	1	—	7	32
Cichorien	172,4	676	3,91	1	46	5	69
Sellerie	710,7	2 001	2,81	3	47	9	79
Kohlrüben . . .	550,6	2 078	3,77	—	99	3	76
Erdbeeren . . .	103,2	7,3	0,70	30	—	2	12
Himbeeren . . .	326,0	53,6	0,10	17	72	2	85
Johannisbeeren . .	38,2	7	0,18	15	31	2	80

Im Jahre 1890 war das Ernteergebniss der aptirten Flächen in Osdorf und Grossbeeren:

	Fläche ha	Frucht-Gattung	Für je 1 ha			
			Frucht k	Stroh k	Brutto-Ertrag M.	Rein-Ertrag M.
Osdorf	8,18	W.-Weizen	2 000	3 600	465,04	350,70
	123,35	S.-Weizen	1 753	2 960	339,68	233,45
	33,32	Gerste	1 200	3 200	213,60	114,27
	177,56	Hafer	1 090	3 300	191,21	85,32
	49,90	Runkeln	26 435	—	343,86	179,48
	9,58	Möhren	39 100	—	782,00	533,20
	19,00	Kohl	1 200	—	192,00	— 4,99
Grossbeeren	24,84	W.-Raps	2 229	6 039	587,00	447,34
	17,06	W.-Rübsen	1 652	5 862	434,92	307,17
	30,41	W.-Weizen	2 332	5 363	433,77	320,28
	109,59	W.-Roggen	1 720	4 732	438,69	309,87
	20,85	S.-Weizen	1 914	4 220	345,51	241,62
	8,57	S.-Roggen	973	2 986	312,52	190,36
	27,68	Gerste	2 168	5 179	397,33	277,48
	98,78	Hafer	1 399	5 870	163,01	46,43
	8,93	Kartoffel	18 897	—	451,22	206,22
	4,91	Möhren	13 014	—	265,38	50,17
	49,75	Rüben	45 721	—	918,29	671,26

Im Rechnungsjahre 1899/1900 wurden folgende Mengen Kanalwasser auf die Rieselfelder gepumpt:

	Im Monat cbm	Durchschnittlich für den Tag cbm
1899: April	6 142 683	204 756
Mai	7 035 908	226 965
Juni	6 747 808	224 927
Juli	7 395 414	238 562
August	6 956 725	224 410
September	7 148 415	238 281
October	6 247 783	201 541
November	6 130 742	204 358
December	6 008 147	193 811
1900: Januar	6 228 359	200 915
Februar	5 742 025	205 072
März	6 228 861	200 931
Summe 1899	78 012 870	213 734
Dagegen 1898	75 609 709	207 150

Im letzten Jahre waren in den an die Kanalisation angeschlossenen Häusern 1 787 356 Bewohner.

Die Vertheilung dieser Abwässermengen auf die verschiedenen Rieselzeiten ergibt sich aus folgender Zusammenstellung:

Kanalwasser zusammen 1899/1900	Kanalwasser gefördert nach dem Administrationsbezirk	Grösse der berieselten Flächen dieser Administrationsbezirke ha	Zur Berieselung von Privatland ist abgegeben worden: Zahl der Abnehmer	Zur Berieselung von Privatland ist abgegeben worden: ha	Von den Abwässermengen entfallen auf den ha: für das Jahr cbm	auf den ha: für den Tag cbm	auf 1 qm für den Tag: 1898 l	auf 1 qm für den Tag: 1899 l
9 286 736	Osdorf	780	15	74,58	11 906	32,62	3,12	3,26
12 780 207	Grossbeeren	1 058	9	17,31	11 809	32,35	3,18	3,23
13 647 583	Sputendorf	887	30	44,29	15 386	42,15	3,85	4,21
16 243 464	Falkenberg	1 238	28	149,00	13 121	35,95	3,85	3,59
14 496 653	Malchow	1 022	3	11,81	14 184	38,86	3,86	3,88
11 558 227	Blankenfelde	1 015	—	—	11 387	31,20	3,04	3,12
78 012 870		6 000	85	296,98	13 002	35,62	3,55	3,56

Die 1379 ha Rieselwiesen lieferten in 2 bis 7 Schnitten für 1 ha 39 462 bis 54 554 k Gras mit einem Reinertrag von 46,75 bis 138,42 M. Die Ernte von den Beeten und Bassins ergab:

Administrationsbezirk	Fläche ha	Fruchtgattung	Ernte 1899 Frucht für 1 ha k	Ernte 1899 Stroh für 1 ha k	Bruttoertrag für 1 ha M.	Reinertrag Nutzen für 1 ha	Reinertrag Verlust für 1 ha
Osdorf	8,75	Winterrübsen . .	1 145	2 423	227,40	91,67	—
	15,03	Sommerrübsen . .	625	2 187	136,02	—	15,88
	6,84	Senf	727	1 455	138,19	—	9,87
	27,05	Winterweizen . .	2 158	4 626	375,53	210,41	—
	48,46	Sommerweizen . .	1 648	2 263	263,84	107,87	—
	149,07	Winterroggen . .	1 834	2 520	287,27	149,63	—
	49,25	Gerste	1 324	1 497	170,90	22,53	—
	83,63	Hafer	1 590	1 596	224,07	106,68	—
	32,54	Pferdebohnen . .	839	1 401	105,53	—	44,44
	5,74	Erbsen	1 481	2 625	251,38	91,40	—
	12,76	Gemenge	6 415	—	256,58	108,26	—
	31,85	Runkeln	22 214	—	269,64	8,75	—
	9,64	Möhren	34 388	—	687,76	142,85	—
	38,67	Kartoffeln	7 742	—	200,04	—	36,64
Grossbeeren	53,91	Winterraps . . .	1 709	5 016	375,31	178,39	—
	76,98	Winterweizen . .	2 076	3 400	275,84	144,82	—
	98,85	Sommerweizen . .	1 932	3 460	362,72	238,36	—
	200,09	Winterroggen . .	1 920	3 864	297,12	167,59	—
	57,68	Gerste	1 570	2 780	218,94	101,00	—
	165,46	Hafer	2 169	3 780	305,03	179,91	—
	31,40	Bohnen	685	1 240	107,96	2,02	—
	113,07	Runkeln	27 593	—	331,12	87,39	—
	11,60	Möhren	29 577	—	443,33	55,18	—
	40,23	Kartoffeln	13 600	—	287,35	35,55	—
	6,26	Plantagenweiden	18 251	—	292,01	153,20	—
	60,68	Verp. Runkelland	—	—	240,00	189,93	—
Sputendorf	35,02	Winterrübsen . .	1 120	1 681	217,36	123,60	—
	26,00	Senf	773	1 159	134,74	39,47	—
	22,54	Winterweizen . .	1 746	3 491	251,31	140,89	—
	15,76	Sommerweizen . .	1 803	3 605	266,92	162,23	—
	284,83	Winterroggen . .	1 557	3 115	254,20	158,20	—
	19,90	Sommerroggen . .	1 250	2 500	201,58	117,07	—
	15,42	Gerste	2 346	3 519	313,23	219,91	—
	166,45	Hafer	2 074	3 112	287,85	185,36	—
	21,74	Bohnen	2 248	3 372	332,33	96,10	—
	11,54	Gemenge	4 407	6 611	519,25	403,77	—
	67,84	Runkeln	25 085	—	348,38	83,09	—

Administrationsbezirk	Fläche ha	Fruchtgattung	Ernte 1899 Frucht für 1 ha k	Stroh für 1 ha k	Bruttoertrag für 1 ha M.	Reinertrag Nutzen für 1 ha	Reinertrag Verlust für 1 ha
Noch Sputendorf	7,08	Möhren	13 166	—	215,86	—	34,98
	17,89	Kartoffeln	9 516	—	308,56	79,65	—
	1,19	Weiden	15 126	—	252,10	122,99	—
	51,07	Verp. Runkeln . .	—	—	200,00	149,76	—
Falkenberg	49,92	Winterrübsen . .	1 366	5 713	337,40	200,39	—
	50,52	Winterweizen . .	2 134	3 200	329,96	168,03	—
	43,42	Sommerweizen . .	1 301	1 953	213,56	66,77	—
	164,53	Winterroggen . .	2 207	3 316	338,05	157,07	—
	79,98	Hafer	2 476	3 711	390,21	236,88	—
	58,56	Runkeln	29 790	—	376,61	97,73	—
	8,28	Möhren	32 094	—	603,50	264,26	—
	13,79	Zuckerrüben . . .	17 119	—	253,02	92,66	—
	7,79	Kartoffeln	6 180	—	185,30	9,63	—
	8,02	Weiden	—	—	787,59	510,27	—
	0,86	Wintergerste . .	5 093	7 674	681,63	289,43	—
Malchow	33,50	Winterrübsen . .	1 476	1 492	310,97	126,02	—
	38,85	Winterweizen . .	1 982	5 169	393,68	191,38	—
	38,87	Sommerweizen . .	1 964	2 759	331,36	167,83	—
	105,08	Winterroggen . .	2 095	4 890	381,77	179,35	—
	26,60	Gerste	2 035	2 003	262,10	134,62	—
	78,86	Hafer	2 049	2 871	277,10	135,04	—
	—	Weisskohl	—	—	—	—	—
	86,57	Runkeln	31 777	—	399,72	136,55	—
	4,28	Möhren	33 177	—	579,28	176,82	—
	18,96	Kartoffeln	12 543	—	408,47	134,02	—
	1,37	Samenrüben . . .	839	—	486,35	16,28	—
Blankenfelde	43,89	Winterrübsen . .	1 173	2 275	255,08	154,34	—
	253,03	Winterroggen . .	1 695	3 070	296,45	181,19	—
	10,45	Gerste	1 675	1 770	237,27	120,75	—
	87,74	Hafer	2 054	1 486	285,25	187,72	—
	94,13	Gemenge	1 442	1 782	206,59	50,65	—
	78,01	Runkeln	25 740	—	385,95	178,91	—
	2,49	Möhren	23 373	—	404,36	32,40	—
	13,89	Kartoffeln	8 700	—	249,70	81,03	—

Die im Jahre 1899 erfolgten Untersuchungen des Wassers der Brunnen auf den Rieselgütern ergaben (mg im Liter):

Bezeichnung des Rieselgutes	No. des Brunnens	Wasserprobe entnommen am	Uebermangans. Kali erfordert	Kalk	Magnesia	Ammoniak	Halbgebundene Kohlensäure	Salpetrige Säure	Salpetersäure	Phosphorsäure	Schwefelsäure	Chlor
Osdorf	2	19. 5.	5	195	24	0	153	0	0	Sp.	97	81
Heinersdorf	6a	27. 6.	4	96	3	Sp.	97	0	Sp.	„	17	7
Sputendorf	2	26. 5.	9	84	15	0	62	0	88	„	27	50
„	6	6. 7.	3	135	15	0	83	0	0	„	38	21
Schenkendorf . . .	1	16. 6.	3	150	14	0	158	0	Sp.	„	30	78
Falkenberg	1	11. 4.	13	—	—	3	—	0	116	„	—	193
Blankenfelde . . .	20	19. 4.	8	277	25	Sp.	200	0	130	„	86	104
„ . . .	17	17. 5.	7	177	15	0	94	0	71	3	55	35
Rosenthal	5	8. 6.	12	—	—	0	—	0	231	Sp.	221	256
„	5	3. 10.	10	—	—	0	—	0	223	„	—	270
Lindenhof	3	29. 5.	10	210	14	0	95	0	70	„	50	122
Buch	11	12. 6.	9	115	20	Sp.	154	0	18	„	23	23
„	1	3. 10.	8	113	9	„	70	0	73	„	34	46
„	3	10. 10.	32	193	45	3	317	0	54	11	95	33
„	4	24. 10.	7	182	24	0	197	0	87	4	48	50
„	5	31. 10.	16	297	47	Sp.	274	Sp.	158	8	124	141
„	6	7. 11.	16	252	40	„	303	0	215	4	130	174
„	14	15. 11.	21	144	9	„	141	0	3	Sp.	42	29

Die Untersuchung des Kanalwassers ergab, dass die suspendirten Theile wesentlich organischer Natur waren. Gelöst waren im Liter mg:

	Osdorf 18. 10. 99	Grossbeeren 9. 3. 00	Sputendorf 21. 7. 99	Malchow 23. 9. 99	Falkenberg 10. 3. 00	Sputendorf 18. 9. 99	Blankenfeld 18. 10. 99
Trockenrückstand	1399	1579	794	1043	1080	750	1029
$KMnO_4$ erfordert	379	490	300	344	477	288	385
Ammoniak	85	88	85	90	85	88	102
Salpetrige Säure	0	0	0	0	0	0	0
Salpetersäure	0	0	0	0	0	0	0
Phosphorsäure	14	16	18	7	13	9	19
Schwefelsäure	97	131	17	49	84	12	60
Chlor	380	506	178	199	268	166	214
Kali	64	64	41	63	63	50	77
Natron	376	454	182	222	213	134	227

Die Untersuchung der Drainwasserproben ergab (mg im Liter):

Osdorf.

	Drain-wasser Wiese 10. 5. 99	Drain-wasser Wiese 8. 9. 99	Drain-wasser Beet 19. 6. 99	Drain-wasser Beet 9. 9. 99	Drain-wasser Beet 2. 10. 99
Trockenrückstand	1306	1414	1411	1469	1264
Glühverlust desselben	130	129	172	168	98
Uebermangans Kali erfordert	30	27	39	44	39
Ammoniak	0,5	0,3	3,6	1,6	0,8
Organ. gebund. Ammoniak	Spur	Spur	0,5	0,8	0,4
Salpetrige Säure	2,6	0	5,5	4,8	0
Salpetersäure	117	156	263	200	66
Phosphorsäure	Spur	Spur	Spur	Spur	Spur
Schwefelsäure	—	130	—	—	—
Chlor	320	380	271	362	421
Kali	—	30	—	—	—
Natron	—	512	—	—	—
Keime in 1 cc	1875	5760	6860	61 920	32 000

Grossbeeren.

	Drain-wasser Beet 22. 6. 99	Drain-wasser Beet 18. 7. 99	Drain-wasser Beet 9. 9. 99	Drain-wasser Beet 23. 9. 99	Drain-wasser Wiese 12. 5. 99	Drain-wasser Wiese 3. 7. 99	Drain-wasser Wiese 16. 10. 99
Trockenrückstand	1438	1162	1107	943	1138	1197	956
Glühverlust desselben	156	104	169	139	152	141	104
Uebermangans. Kali erf.	37	48	85	66	47	51	56
Ammoniak	1,7	1,7	2,4	1,5	1,7	0,3	1,1
Organ. geb. Ammoniak	0,5	0,8	1,2	1,1	0,9	Spur	0,8
Salpetrige Säure	7,8	5,1	13,1	6,3	7,7	5,8	5,9
Salpetersäure	280	135	89	83	229	99	21
Phosphorsäure	Spur	Spur	Spur	Spur	Spur	Spur	Spur
Schwefelsäure	—	—	106	—	—	—	—
Chlor	355	326	356	252	154	438	309
Kali	—	—	43	—	—	—	—
Natron	—	—	275	—	—	—	—
Keime in 1 cc	4104	5760	92 160	47 040	9720	39 680	13 600

Sputendorf.

	Drain-wasser Wiese 25. 4. 99	Drain-wasser Wiese 13. 5. 99	Drain-wasser Wiese 19. 5. 99	Drain-wasser Wiese 23. 6. 99.
Trockenrückstand	623	452	754	775
Glühverlust desselben	89	124	119	120
Uebermangans. Kali erfordert	33	108	47	34
Ammoniak	2,6	4,9	3,2	0,2
Organ. gebund. Ammoniak	0,5	1,3	0,6	Spur
Salpetrige Säure	0	11,8	10,3	4,2
Salpetersäure	104	0	93	101
Phosphorsäure	Spur	2,6	Spur	Spur
Schwefelsäure	50	—	—	—
Chlor	141	84	153	179
Kali	27	—	—	—
Natron	151	—	—	—
Keime in 1 cc	8960	291 000	68 820	18 200

Sputendorf.

	Drain-wasser Wiese 12. 7. 99	Drain-wasser Wiese 12. 9. 99	Drain-wasser Beet 9. 6. 99	Drain-wasser Beet 22. 7. 99	Drain-wasser Beet 25. 9. 99
Trockenrückstand	648	610	990	803	560
Glühverlust desselben	95	86	127	120	93
Uebermangans. Kali erfordert	48	24	26	32	44
Ammoniak	1,6	0,3	0,8	0,1	4,3
Organ. gebund. Ammoniak	1,2	Spur	0,3	Spur	1,0
Salpetrige Säure	3,2	0	5,5	5,5	9,5
Salpetersäure	21	106	292	155	14
Phosphorsäure	Spur	Spur	Spur	Spur	Spur
Chlor	170	128	145	115	155
Keime in 1 cc	518 400	2736	23 520	5670	4560

Malchow, Blankenburg, Wartenberg.

	Drain-wasser Beet 19. 5. 99	Drain-wasser Beet 10. 6. 99	Drain-wasser Beet 28. 6. 99	Drain-wasser Beet 14. 7. 99	Drain-wasser Beet 13. 9. 99	Drain-wasser Beet 26. 9. 99	Drain-wasser Wiese 12. 4. 99
Trockenrückstand	1043	1096	1092	887	1202	1079	1051
Glühverlust desselben	100	128	90	109	125	86	106
Uebermangans. Kali erf.	52	36	44	33	31	20	18
Ammoniak	4,6	1,5	3,8	1,8	0,3	0,3	0,8
Organ. geb Ammoniak	0,6	0,5	0,6	0,4	Spur	Spur	Spur
Salpetrige Säure	0	2,9	0	2,3	0	0	0
Salpetersäure	63	156	81	65	184	70	79
Phosphorsäure	Spur	Spur	Spur	Spur	Spur	Spur	Spur
Schwefelsäure	—	—	—	—	96	—	—
Chlor	193	140	185	152	208	196	184
Kali	—	—	—	—	46	—	—
Natron	—	—	—	—	215	—	—
Keime in 1 cc	560	512	135	420	280	384	2520

Falkenberg, Bürknersfelde.

	Drain-wasser Wiese 26. 4. 99	Drain-wasser Wiese 2. 5. 99	Drain-wasser Wiese 5. 6. 99	Drain-wasser Wiese 11. 9. 99	Drain-wasser Beet 8. 5. 99	Drain-wasser Beet 6. 6. 99
Trockenrückstand	1033	1050	1007	1246	1084	550
Glühverlust desselben	86	96	88	143	97	97
Uebermangans. Kali erf.	22	31	23	29	40	9
Ammoniak	0,3	0,6	0,2	Spur	2,0	0,3
Organ. geb. Ammoniak	Spur	0,2	Spur	„	0,4	Spur
Salpetrige Säure	0	0	0	0	0	0
Salpetersäure	200	156	149	174	125	50
Phosphorsäure	Spur	3	Spur	Spur	Spur	Spur
Schwefelsäure	—	100	—	—	—	—
Chlor	232	204	216	208	196	107
Kali	—	29	—	—	—	—
Natron	—	205	—	—	—	—
Keime in 1 cc	1156	4095	900	312	620	4570

Blankenfelde, Rosenthal.

	Drainwasser Wiese 10. 5. 99	Drainwasser Wiese 13. 6. 99	Drainwasser Wiese 15. 7. 99	Drainwasser Wiese 21. 9. 99	Drainwasser Beet 15. 4. 99
Trockenrückstand	745	1009	887	1109	665
Glühverlust desselben . . .	83	101	110	79	75
Uebermangans. Kali erf. . .	35	22	33	20	31
Ammoniak	4,5	0,5	1,8	0,2	2,3
Organ. geb. Ammoniak . . .	0,5	0,2	0,4	Spur	0,6
Salpetrige Säure	0	0	2,3	0	0
Salpetersäure	58	169	65	159	17
Phosphorsäure	Spur	Spur	Spur	Spur	Spur
Schwefelsäure	—	—	—	70	—
Chlor	175	164	152	175	98
Kali	—	-	—	26	—
Natron	—	—	—	198	—
Keime in 1 cc	1290	3780	420	86	6480

Blankenfelde, Rosenthal.

	Drainwasser Beet 26. 5. 99	Drainwasser Beet 21. 6. 99	Drainwasser Beet 26. 6. 99	Drainwasser Beet 7. 7. 99	Drainwasser Beet 18. 7. 99	Drainwasser Beet 15. 9. 99
Trockenrückstand	994	981	1171	541	1056	1 301
Glühverlust desselben . .	98	85	129	41	139	210
Uebermangans. Kali erf. .	27	24	26	17	10	73
Ammoniak	1,5	0,2	0,6	0,7	Spur	3,6
Organ. geb. Ammoniak . .	0,3	Spur	Spur	0,1	"	1,0
Salpetrige Säure	0	2	3	0	0	13
Salpetersäure	140	143	141	18	79	268
Phosphorsäure	Spur	Spur	Spur	Spur	Spur	Spur
Chlor	187	123	159	65	125	169
Keime in 1 cc	140	37 440	6240	2240	1820	78 120

Das Radialsystem I, von welchem die Spüljauche nach Osdorf, zum Theil auch nach Grossbeeren gelangt, nimmt die Abwässer der Anilinfabrik vor dem Schlesischen Thore auf, welche grosse Mengen von Kochsalz und etwas Chlorkalcium enthalten. Nach einer Analyse vom 28. Nov. 1888 betrug der Kochsalzgehalt dieser Abwässer (das Chlorkalcium gleichfalls auf Chlornatrium umgerechnet) 4,86 $^0/_0$, nach einer Analyse vom 11. März 1896 4,42 $^0/_0$, 1 cbm enthält also 48,6 bezw. 44,2 k Salz. In den Betriebsjahren 1891/92, 1892/93, 1893/94 lieferte die Anilinfabrik durchschnittlich 86 832 cbm Abwässer und damit 4 220 035 bezw. 3 837 974, also rund 4 Millionen Kilo Salz jährlich. Seitdem ist die Fabrik noch erweitert und am 20. Januar 1896 ist der Erweiterungsbau der Fabrik an die Kanalisation angeschlossen worden. Der Nachweis eines erheblichen Gehaltes der nach Osdorf gelangenden Spüljauche an Abwasser der Anilinfabrik lässt sich auch direkt führen. Wenn man die Osdorfer Spüljauche durch Zusatz von Eisenammoniakalaun klärt und filtriert, so erhält man nicht, wie bei den anderen Spüljauchen, ein klares, farbloses Filtrat, sondern ein mehr oder weniger roth gefärbtes. Dieser rothe Farbstoff ist nicht selten sogar im Drainwasser anzutreffen. Dasselbe gibt dann beim Verdampfen von 250 cc zur Trockne einen roth gefärbten Rückstand. Fällt man das etwas eingedampfte Wasser mit Barytwasser aus und filtrirt, so zeigt das Filtrat eine zwar schwache, aber deutlich wahrnehmbare grünliche Fluorescenz.

Als zweite abnorme Quelle des Kochsalzes kommen die Soolbäder in Betracht, jedoch ist der Salzzuwachs von dieser Seite verhältnissmässig unbedeutend, wie nachfolgende Zusammenstellung zeigt, welche aus dem Salzgehalt der Soole und ihrer Menge berechnet ist.

Rieselfeld	Soolbäder	Salzmenge pro Jahr k
Osdorf Grossbeeren	Friedrichstrasse 8 Louisen-Ufer 22	173 475
Sputendorf	Lützowstrasse 74 Friedrichstrasse 102	226 008
Malchow	Reinickendorferstrasse 2a	21 418
Falkenberg	Alexanderplatz 3	71 584
Blankenfelde	Paulstrasse 6	34 991

Unter Zugrundelegung der in dem Verwaltungsbericht für 1896/97 mitgetheilten Zahlen für die Quantität der auf die einzelnen Rieselfelder pro Jahr entfallenden Spüljauchemenge, sowie der aptirten Flächen, nämlich:

		Aptirte Fläche
Osdorf	8 977 265 cbm	772 ha,
Grossbeeren	11 428 662 „	1 048 „
Sputendorf	13 017 042 „	832 „
Falkenberg	13 981 602 „	1 090 „
Malchow	14 942 936 „	1 016 „
Blankenfelde	9 239 905 „	703 „

ergibt sich bezüglich der Vertheilung der Salzmenge für die einzelnen Rieselgüter Folgendes: Es gelangen pro **Jahr** Salz (die Zahlen sind abgerundet) nach:

	im Ganzen	auf 1 ha
Osdorf	6 113 500 k	7 919 k,
Grossbeeren	6 091 500 „	5 813 „
Sputendorf	3 827 000 „	4 600 „
Falkenberg	5 061 340 „	4 643 „
Malchow	6 754 200 „	6 648 „
Blankenfelde	3 095 400 „	4 403 „

pro **Tag** nach:

	im Ganzen	auf 1 ha
Osdorf	16 749 k	21,70 k.
Grossbeeren	16 689 „	15,92 „
Sputendorf	10 485 „	12,60 „
Falkenberg	13 867 „	12,72 „
Malchow	18 505 „	18,21 „
Blankenfelde	8 481 „	12,07 „

Einem der letzten Berichte beigelegten Gutachten von A. Herzfeld seien folgende Angaben entnommen.

Die zahlreichen Forscher, welche sich mit der Wirkung des Kochsalzes auf das Pflanzenwachsthum beschäftigt haben, sind allgemein der Ansicht, dass geringe Kochsalzgaben fördernd auf die Vegetation wirken, während angenommen wird, dass stärkere schädigend wirken müssen. A. Mayer erklärt, dass eine Düngung bis 500 k Kochsalz auf 1 ha fast auf alle Kulturpflanzen vortheilhaft wirke, insbesondere auf Hanf, Futterrüben und auf Wiesengräser, welche letzteren zwar ebenso wie die Rüben dadurch salzhaltiger, aber gerade deshalb vom Vieh lieber genossen werden. Die Grenze von 500 k Kochsalz bezieht der Genannte jedoch auf die Düngung mit festem Kochsalz. Es ist klar, dass dies für Kochsalzlösung nicht zutrifft. Wäre dieses der Fall, so könnte überhaupt auf den Rieselfeldern der Stadt Berlin in Folge der zugeführten Kochsalzmengen nichts wachsen, denn dieselben erhalten pro Hektar zwischen 4403 bis 7919 k Kochsalz jährlich, also 9- bis 16 mal so viel, als nach A. Mayer die höchst zulässige Kochsalzdüngung beträgt. (Vergl. S. 37.)

Ebensowenig massgebend wie die Mayer'sche Darlegung können für die Verhältnisse der städtischen Rieselfelder die ausgedehnten Versuche von König (S. 38) gelten, in welchen er zu dem Schluss gelangte, dass salzhaltiges Wasser für Rieselwiesen bereits bedenklich werde, wenn es

0,5 g Kochsalz im Liter enthalte. 1 g Kochsalz pro Liter sage den Pflanzen überhaupt nicht mehr zu. Die städtischen Spüljauchen enthalten aber nach der Zusammenstellung Seite 206 und 213 des erwähnten Kanalisationsberichts häufig mehr als 0,5 g Kochsalz im Liter, zuweilen auch über 1 g. Das ungünstige Resultat König's, welches er an Topfversuchen mit 5 k Erdfüllung pro Topf erhielt, erklärt der Versuchsansteller selbst daraus, dass er absichtlich seine Versuchstöpfe von Zeit zu Zeit austrocknen liess, wodurch sich wegen Mangel an Wasser in denselben eine sehr concentrirte Kochsalzlösung bildete, welche alsdann schädlich auf die Pflanzen wirkte. In der That kommt es zur Hervorrufung einer schädigenden Wirkung auf die Pflanzen nicht sowohl darauf an, dass dem Boden absolut grosse Kochsalzmengen zugeführt werden, sondern vielmehr lediglich darauf, in welcher Concentration, also in welchem Verhältniss von Wasser zu Salz sich das Kochsalz im Boden gelöst befindet. In dieser Beziehung ist übereinstimmend festgestellt worden, dass Lösungen von 0,2 bis 0,4 % Kochsalz, also 2 bis 4 g im Liter, im Allgemeinen sowohl auf die Keimung als auf die Entwickelung der Feldpflanzen günstig einwirken.

Indessen sind alle diese Versuche nicht eingehend genug durchgeführt, um als vollständig schlüssig betrachtet zu werden. In denjenigen Fällen, wo schliesslich Absterben der Pflanzen beobachtet wurde, ist dasselbe vermuthlich darauf zurückzuführen, dass eine Austrocknung stattgefunden hat und dadurch die Kochsalzlösung zu concentrirt geworden ist. In der Praxis wird man deshalb überhaupt niemals mit Sicherheit einen Grenzwerth für den Kochsalzgehalt des Rieselwassers finden können. Die Menge desselben, welche man einer bestimmten Feldfläche ohne Schaden zuführen kann, wird vielmehr um so grösser sein, je stärker die Rieselwässer durch atmosphärische Niederschläge verdünnt werden und je lebhafter der Austausch mit dem Grundwasser vor sich geht, also auch von der Durchlässigkeit des Bodens, von seiner Kapillarität und anderen Eigenschaften abhängen.

Der Kochsalzlösung wird die Eigenschaft zugeschrieben, die Nährstoffe aus dem Ackerboden auszulaugen. Die Versuchsresultate der einzelnen Forscher sind in dieser Beziehung jedoch ziemlich widersprechend (vergl. S. 40). Für die städtischen Rieselfelder kommt eine Auslaugung der sonst so geschätzten Pflanzennährstoffe: Phosphorsäure, Kali und Stickstoffverbindungen nicht in Betracht, da dieselben in den Spüljauchen in solchem Ueberschuss zugeführt werden müssen, dass es angenehm sein könnte, wenn ein grösserer Theil dieser Stoffe wieder entfernt wird. Anders liegen die Verhältnisse bezüglich des kohlensauren Kalkes, an welchem die Rieselfelder im Allgemeinen Mangel leiden, und welcher für die Nitrification der denselben zugeführten Stickstoffmengen unentbehrlich ist.

Alles in Allem gehalten ist die Literatur über unseren Gegenstand widerspruchsvoll und keinesfalls geeignet, die vorgelegten Fragen zu beantworten. Als allgemeine Folgerung lässt sich nur daraus ableiten, dass von Fall zu Fall entschieden werden muss, welche Höchstkochsalzmengen in den Rieselfeldern als zulässig gelten können.

Die am 5. bis 12. Juli 1899 entnommene Probe Abwasser der Anilinfabrik hatte folgende Zusammensetzung:

Trockenrückstand	38 05 g im Liter.
Kieselsäure	0,44 „ „ „
Kalk	1,34 „ „ „
Magnesia	0,05 „ „ „
Natron	21,38 „ „ „
Kali	0,26 „ „ „
Schwefelsäure	1,93 „ „ „
Chlor	20,19 „ „ „
KMn-Verbrauch	1,48 „ „ „

Die Bodenproben der Rieselfelder enthielten 3 bis 21 % Wasser. Der Kochsalzgehalt derselben war so gering, dass auf 1 l Wasser höchstens 0,06 g Salz kamen. Es kommt eben für die schädigende Wirkung des Kochsalzes durchaus nicht die absolute Menge in Betracht, sondern es handelt sich lediglich darum, in wie concentrirter Lösung dasselbe vorhanden ist. Man muss also das Verhältniss von dem in der Ackererde vorhandenen Wasser zum Kochsalz in Betracht ziehen. Vergleicht man die erhaltenen Zahlen für die kranken und gesunden Feldstellen, so findet man, dass absolut keine Beziehung zwischen dem Kochsalzgehalt der Ackererde und dem Gesundheitszustand der Feldfrüchte vorhanden ist. Bald ist an den kranken, bald an den gesunden Stellen der Kochsalzgehalt etwas grösser.

Die Untersuchung der Feldfrüchte ergab, dass diese keine abnormen Kochsalzmengen aufgenommen haben. Die Drainwässer enthalten wesentlich weniger Salz als das zugeführte Kanalwasser (vergl. S. 216). Da auch die Verdünnung durch Regenwasser zur Erklärung hierfür nicht ausreicht, so stellt Herzfeld folgende Hypothese auf: Dass so ausserordentlich viel weniger Salz in Wirklichkeit in der Erde vorhanden ist, „kann nur dadurch gekommen sein, dass das aufströmende Grundwasser auf das Wasser in den oberen Ackerschichten einerseits stark verdünnend gewirkt hat, andererseits die Tagewässer in den Grundwasserstrom übergegangen sind. Die Wirkung des Grundwassers in dieser Beziehung muss eine ausserordentlich energische sein, anders könnte eine so hohe Verdünnung nicht erzielt worden sein. In der That steht fest, dass Salze, in unserem Falle also Kochsalz, den sog. osmotischen Druck in Flüssigkeiten ausserordentlich erhöhen. Salzlösung bewirkt, wenn sie über reines Wasser strömt, nach dem Gesetz vom osmotischen Druck, dass das reine Wasser mit einer gewissen Kraft in die Salzlösung strömt, sodass diese, wenn eine durchlässige Scheidewand vorhanden ist, bedeutend mehr Wasser aufnimmt, als umgekehrt das Wasser von der Salzlösung. Es wird also durch den Kochsalzgehalt der Rieselwässer zweifellos das Aufströmen des Grundwassers in den Rieselfeldern beschleunigt, eine Wirkung, welche vermuthlich unter den abnormen Wirthschaftsverhältnissen der Rieselgüter nicht als schädlich, sondern vielmehr als segensreich betrachtet werden muss. Denn ebenso wie der Kochsalzgehalt, wird dadurch auch der Gehalt an den übrigen Pflanzennährstoffen verringert und damit die wohlthätige Wirkung erzielt, dass die üblen Folgen des in der Einleitung gekennzeichneten Nährstoffüberschusses, welcher in den städtischen Spüljauchen zugeführt wird, gemildert werden."[1])

Herzfeld gelangt zu dem Ergebniss, dass sich in keinem einzigen Falle bei den in Osdorf ausgeführten Feldversuchen eine Schädigung des Bodens sowie der darauf geernteten Feldfrüchte durch das Kochsalz hat beweisen lassen, und zwar ist eine solche Schädigung nicht vorhanden sowohl bei Feldern, welche in früheren Jahren stark mit den Abwässern der Anilinfabrik berieselt wurden, als bei solchen, welche im laufenden Jahre berieselt wurden. Die auf den gedachten Flächen geernteten Feldfrüchte zeigen bezüglich ihres Kochsalzgehaltes normale Beschaffenheit. Daraus ergibt sich, dass die zulässigen höchsten Kochsalzmengen in der städtischen Leitung zur Zeit keineswegs erreicht sind. Inwieweit der Kochsalzgehalt der Spüljauchen weiterhin erhöht werden darf, ohne dass Schädigungen der Rieselgüter eintreten, lässt sich von vornherein nicht genau feststellen. Es erscheint aber unbedenklich, eine mässige Erhöhung dieses Kochsalzgehaltes, etwa um weitere 20 Theile auf 100000 Theile Wasser, eintreten zu lassen. Im Falle einer Vermehrung der Anilinabwässer wird es zweckmässig sein, nach einiger Zeit nochmals Beobachtungen anzustellen, um sicher zu gehen, dass nicht Schädigungen eintreten. Es lässt sich annehmen, dass, sofern diese stattfinden, sie zunächst immer nur vorübergehender und nicht dauernder Natur sein werden, da nachgewiesen ist, dass das Kochsalz nicht längere Zeit in der Ackererde verbleibt, sondern alsbald zu dem bei Weitem grössten Theile in das Grundwasser übergeht.

Die Untersuchung von Erdproben anderer Rieselgüter ergab:

---

[1]) M. E. erklärt sich dieser Salzmangel einfach durch das verdünntere Nacht-Kanalwasser (vergl. S. 109). F.

Tiefe m	Bohrloch	Rieselfeld in	Die frische Probe enthielt Trockensubstanz Proc.	Die mechanische Bodenanalyse ergab für Trockensubstanzen: Feinerde (Sand + Thon)	Rückstand auf dem 3 mm Sieb	Auf 1 k Erde kommen mg: Phosphorsäure	Stickstoff	Kali	Kohlensaurer Kalk	Chlornatrium
0,4	I zwischen zwei Drains	Kleinbeeren	89,0	100	—	170	3	127	300	160
0,7			85,0	100	—	130	17	196	60	96
1,0			90,6	100	—	200	3	351	80	144
1,4			90,5	100	—	290	3	404	130	48
0,4	II über	Kleinbeeren	92,2	96,5	3,5	560	10	270	100	112
0,7	"		88,5	98,0	2,0	360	29	260	80	112
1,0	auf		90,7	98,8	1,2	310	3	179	30	112
1,4	unter dem Drainrohr		86,0	100	—	110	3	54	40	48
0,4	III zwischen zwei Drains	Grossbeeren	89,5	97,3	2,7	900	676	290	80	80
0,7			93,5	96,0	4,0	530	2	150	60	112
1,0			89,5	97,5	2,5	270	2	140	10	80
1,4			90,0	95,5	4,5	320	3	100	50	80
0,4	IV über	Grossbeeren	92,2	98,2	1,8	1450	521	500	60	16
0,7	"		95,0	95,6	4,4	820	29	120	100	32
1,0	auf		95,2	97,4	2,6	610	42	140	70	32
1,4	unter dem Drainrohr		95,5	95,0	5,0	230	17	82	40	16
0,4	V zwischen zwei Drains	Schenkendorf	94,1	99,3	0,7	360	100	61	50	10
0,7			92,2	100	—	60	3	45	30	32
1,0			87,2	100	—	100	3	34	60	16
1,4			85,7	100	—	60	3	45	70	80
0,4	VI über	Schenkendorf	92,7	99,7	0,3	680	237	35	40	48
0,7	"		94,0	99,8	0,2	240	158	25	70	32
1,0	auf		85,7	99,2	0,8	290	158	27	60	48
1,4	unter dem Drainrohr		85,7	99,6	0,4	80	10	25	50	64

Auf sämmtlichen drei untersuchten Schlägen hat demnach die Rieselung unregelmässig gewirkt. Es hat eine Ansammlung der wichtigsten Pflanzennährstoffe, nämlich der Phosphorsäure- und Stickstoffverbindungen, nur in denjenigen Ackertheilen stattgefunden, welche unmittelbar über den Drainröhren entnommen wurden. Die Ackererde zwischen zwei Drains ist bedeutend nährstoffärmer. Die Rieselung hat bei keiner einzigen der untersuchten Proben den Erfolg gehabt, dass die Erde den Nährstoffreichthum einer guten Ackererde erlangt hat. Es erscheint vielmehr in allen Fällen wünschenswerth, den Phosphorsäure-, Stickstoff- und Kaligehalt der Ackererde weiter zu erhöhen. Die Proben von den drei in Untersuchung genommenen Schlägen zeigen im Vergleich mit den früher untersuchten Osdorfer Erden einen auffallend hohen Kochsalzgehalt. Die Ursache dieser Abweichung lässt sich nicht angeben und wird nur durch weitere Untersuchungen ausfindig zu machen sein. Sämmtliche Erden leiden in hervorragendem Maasse Mangel an kohlensaurem Kalk. Es ist auffallend, dass bisher die Ackererde so nährstoffarm geblieben ist. Es lässt sich dies nur dadurch erklären, dass gerade wie im Osdorfer Fall das Chlornatrium, so auch andere werthvollere Stoffe von den Rieselfeldern nicht dauernd festgehalten worden sind, sondern, sei es in den Drainwässern, sei es durch den natürlichen Wasseraustausch im Boden, nach dem Untergrund abgeführt worden sind. — Soweit Herzfeld.

Die Anlagekosten der Rieselfelder bis zum Schlusse des Etatsjahres 1899 (1. 4. 1900) betrugen:

Administrations-bezirk	Grösse	Summe	Auf 1 ha entfallen			
			von den Kaufgeldern	von den Drainirungs- u. Aptirungskosten	von den Neubauten und verschiedenen Ausgaben	zusammen
	ha	M.	M.	M.	M.	M.
Osdorf	1 229	4 753 839	1881,11	1670,88	315,88	3867,87
Grossbeeren	1 767	6 669 919	1525,63	1710,99	538,78	3775,40
Sputendorf	2 082	5 634 310	1314,11	1106,47	284,88	2705,46
Falkenberg	1 626	7 172 778	2212,29	1977,58	221,49	4411,36
Malchow	1 583	7 477 929	3076,84	1399,42	247,75	4724,01
Blankenfelde	1 956	7 589 295	2155,25	1350,60	373,14	3878,99
Buch	1 259	3 539 919	2774,16	0,30	37,19	2811,65
Summe:	11 502	42 837 989	2079,60	1343,52	301,02	3724,14

(Hierher die Tabelle S. 226 u. 227.)

Versuchsweise auf den Berliner Rieselwiesen angebaute narcotische Pflanzen (Bilsenkraut, Belladonna u. s. w.) untersuchte Schweissinger; er fand, dass der Alkaloidgehalt von auf Rieselfeldern cultivirten Kräutern nicht erheblich geringer ist, als derjenige der wilden; es ist sogar wahrscheinlich, dass die cultivierten Kräuter sich constanter in ihrem Gehalt bleiben, daher zuverlässiger in der Wirkung sind; Belladonna macht hiervon jedoch eine Ausnahme. Das Aussehen der cultivirten Kräuter ist in allen Fällen ein bei weitem besseres; während die untersuchten wilden Kräuter ziemlich unansehnlich waren, stellten sich die cultivirten als eine Waare von frischer Farbe und bestem Aussehen ohne Bruch dar. —

Die Behauptung, dass Rieselfelder ansteckende Krankheiten verbreiten, ist falsch. Nach Weyl[1]) war die Sterblichkeit aller Altersklassen, wie auch die der Kinder von 0 bis 14 Jahren in den 10 Jahren 1884 bis 1894 auf den Rieselfeldern geringer, als in Berlin selbst. In den 10 Jahren kamen im Ganzen nur 15 Erkrankungen an Abdominaltyphus mit nur einem tödtlichen Ausgang (1886/87) vor, obschon während dieser Zeit (besonders 1888 bis 1898) in Berlin umfangreiche Typhusepidemieen geherrscht hatten. Dasselbe günstige Ergebniss wird für die letzten Jahre bestätigt. (Vergl. S. 201.)

Charlottenburg. Nach dem Rechenschaftsbericht für 1897/98 wurden 7 901 628 cbm Kanalwasser nach den Rieselfeldern gepumpt. Die aptirten Flächen der Rieselfelder sind namentlich in den Wintermonaten ausserordentlich stark in Anspruch genommen worden, so dass sie zur ordnungsmässigen Aufnahme der ihnen zugewiesenen Wassermassen kaum noch genügten. Es entfielen rund 48 180 cbm Wasser auf je 1 ha und Jahr oder rund 13 Liter auf je 1 qm und Tag. Die im Rieselbetrieb befindlichen Flächen, welche aus 362 einzelnen Rieselstücken bestehen, sind während des Berichtsjahres 18 746 Mal in rund 190 604 Stunden berieselt worden. Auf jedem Rieselstück ist demnach im Durchschnitt 52 Mal je durchschnittlich 10,2 Stunden lang gerieselt worden. 60,45 ha waren mit Futterrüben, 88,26 mit Gras, 2,37 mit Körnerfrucht, 5,29 mit Gemüse, 6,22 mit Kartoffeln bestellt. Der Ausfall der Ernte war zufriedenstellend.

Steglitz mit 18 500 Einwohnern hat seit 1896 die Schwemmkanalisation mit Rieselfelder unter Ausschluss des Regenwassers. Das Druckrohr ist 11,5 km lang. Die Gesammtfläche des Rieselfeldes Klein-Ziethen beträgt 509 ha, wovon zunächst 40 ha für die Berieselung aptirt sind und sich bisher als ausreichend erwiesen haben. Die jährlich nach dem Rieselfeld geförderte Wassermenge beträgt rund 300 000 cbm, so dass auf 1 ha Rieselfläche jährlich 7500 cbm kommen. Auf dem Rieselfelde von Steglitz sind 3 Absatzbehälter von je 25 m im Quadrat Fläche bei 1,0 bis 1,5 m Tiefe angelegt, welche wechselweise benutzt werden. Die gewonnenen festen Massen werden noch vortheilhaft zur Verbesserung der unaptirten Flächen verwandt bezw. als Dünger verkauft. Das so vorgeklärte Wasser gelangt auf die Felder.

Freiburg i. B., mit etwa 55 000 Einwohnern, hat seit 1889 Rieselfelder eingerichtet.[2]) In der Richtung nach Opfingen, 3 km von der Stadt, wurden 500 ha Land angekauft, von denen jetzt die Hälfte berieselt wird.

---

[1]) Berl. klin. Wochenschr., 1896, Nr. 1.

[2]) Gesundheitsing., 1892, 657; Lubberger, Das Rieselfeld von Freiburg.

Wirthschaftsergebniss

(+ ist Ueberschuss, — ist Zuschuss,

Rechnungsjahr	Osdorf		Grossbeeren		Sputendorf		Falkenberg	
	M.	%	M.	%	M.	%	M.	%
1884	— 7 095		— 13 657				+ 38 649	
1885	— 5 070		+ 8 440				+ 32 440	
1886	— 13 633	— 0,32	+ 21 048	+ 0,96			+ 70 738	+ 1,96
1887	+ 32 754	+ 0,77	+ 15 044	+ 0,67			+ 90 006	+ 2,42
1888	+ 44 767	+ 1,05	+ 20 857	+ 0,91			+ 108 501	+ 2,88
1889	— 15 864	— 0,37	+ 9 693	+ 0,42			+ 118 726	+ 3,15
1890	+ 17 471	+ 0,40	+ 61 523	+ 2,62			+ 120 193	+ 3,18
1891	+ 17 222	+ 0,37	+ 45 970	+ 1,61			+ 96 171	+ 2,54
1892	— 9 555	— 0,21	— 23 183	— 0,80			+ 86 290	+ 2,26
			mit Kleinbeeren und Ruhlsdorf					
1893	— 65 815	— 1,43	— 78 941	— 1,23			+ 104 647	+ 2,76
1894	— 56 466	— 1,21	— 13 013	— 0,20			— 9 951	— 0,18
1895	— 38 005	— 0,82	— 29 358	— 0,46			+ 88 223	+ 1,55
1896	+ 3 362	+ 0,07	+ 26 105	+ 0,40	— 15 302	— 0,29	+ 85 338	+ 1,36
1897	— 39 828	— 0,84	+ 22 406	+ 0,34	— 11 472	— 0,21	+ 64 598	+ 1,00
1898	— 14 659	— 0,31	+ 56 387	+ 0,86	+ 36 890	+ 0,66	+ 77 844	+ 1,14
1899	— 27 427	— 0,58	+ 24 324	+ 0,36	+ 44 432	+ 0,79	+ 59 138	+ 0,82
Summe	— 177 841		+ 153 645		+ 54 548		+ 1 231 551	

Günstige Gefällverhältnisse gestatten die Ableitung der Spüljauche der ganzen Stadt auch nach ihrer weitest gedachten Entwickelung, nachdem auf den Zwischenstrecken durch Regenauslässe in die Dreisam für Entlastung der Kanäle bei Regengüssen gesorgt ist, in einem einzigen Rohr nach jener Richtung, ohne dass eine künstliche Hebung des Wassers nöthig wäre, und ebenso wieder die Weiterführung der Drainagewässer in die Dreisam. Der Boden ist, wenn auch wechselnd, im Ganzen durchlässig, Kies, Sand mit stellenweise zwischengelagerten Lettschichten, ausschliesslich Urgebirgsschutt. Das von der Stadt kommende Kanalwasser durchfliesst Absatzbehälter, welche am höchsten Punkt der Rieselfelder liegen. Die Bewässerungsgraben durchziehen von den Absatzbecken an in Richtung des stärksten Gefälles die Fläche. Da letzteres beträchtlich ist, 7 bis 8 pro Mille, erhalten sie verhältnismässig nur kleine Profile (vergl. Fig. 14, S. 228). Die Entwässerung geschieht durch Drainirung. Mit Ausnahme des Getreides wird alles andere, Gras, Rüben, Kohl, Welschkorn u. s. w. regelmässig gerieselt. Während die mit Gras bestellten oder gerade unbestellten Flächen ohne Zwischenrinnen unmittelbar überrieselt werden, baut man die letztgenannten Pflanzen auf schmalen 1 bis 1,2 m breiten Beeten der Rieselgüter.

%, ist Procentsatz des Anlagekapitals.)

Malchow		Blankenfelde		Buch		Zusammen	
M.	%	M.	%	M.	%	M.	%
— 49 933						— 32 036	
+ 9 080						+ 44 890	+ 0,29
+ 75 261	+ 1,37					+ 153 414	+ 0,98
+ 72 047	+ 1,27					+ 209 851	+ 1,25
+ 63 865	+ 1,11					+ 237 990	+ 1,48
+ 82 995	+ 1,43					+ 195 550	+ 1,17
+ 134 798	+ 2,32					+ 333 985	+ 2,05
+ 78 042	+ 1,34					+ 237 405	+ 1,39
+ 53 445	+ 0,92	— 121 482	— 2,73			— 14 485	— 0,07
+ 49 764	+ 0,86	— 177 310	— 3,87			— 167 655	— 0,67
+ 32 303	+ 0,56	— 70 313	— 1,44			— 117 440	— 0,43
+ 68 716	+ 1,19	— 38 127	— 0,75			+ 51 449	+ 0,19
+ 92 296	+ 1,59	— 7 414	— 0,13			+ 184 385	+ 0,54
+ 42 664	+ 0,73	— 9 594	— 0,14			+ 68 774	+ 0,19
+ 51 357	+ 0,74	+ 37 256	+ 0,52	— 25 057	— 0,71	+ 220 018	+ 0,53
+ 62 183	+ 0,83	+ 41 964	+ 0,55	+ 12 394	+ 0,35	+ 217 008	+ 0,51
+ 918 883		— 345 020		— 12 663		+ 1 823 103	

Dieselben werden durch mit einem besonderen Pfluge gezogene Rinnen gebildet. Das Wasser muss in diesen Rinnen serpentiren und kann sich darum nur seitlich zu den Pflanzenwurzeln versetzen. Man erreicht damit, dass die Pflanzen nicht direkt mit der Jauche in Berührung kommen, was bei Gemüse einen gewissen Werth hat, und dass die Bodenoberfläche nicht verschlicken und reiner gehalten werden kann.

Analysen ergaben für das Abflusswasser aus der Drainage nach zeitweisem Rieseln einer frisch drainirten und nicht bestellten Fläche (I), nach anhaltender Rieselung einer grossen, nicht drainirten und nicht bestellten Fläche (II) und aus dem Abzug von nicht drainirten Rieselwiesen nach längerer Berieselung (III) als Höchst- (h) und Niedrigstwerthe (n) (mg im Liter):

		Organisch	Salpetersäure	Ammoniak	Phosphorsäure	Kali
I.	h	9	14	4	10	15
	n	5	2	3	3	6
II.	h u. n	37	1	3	8	0
III.	h	8	24	2	12	9
	n	2	5	2	2	1

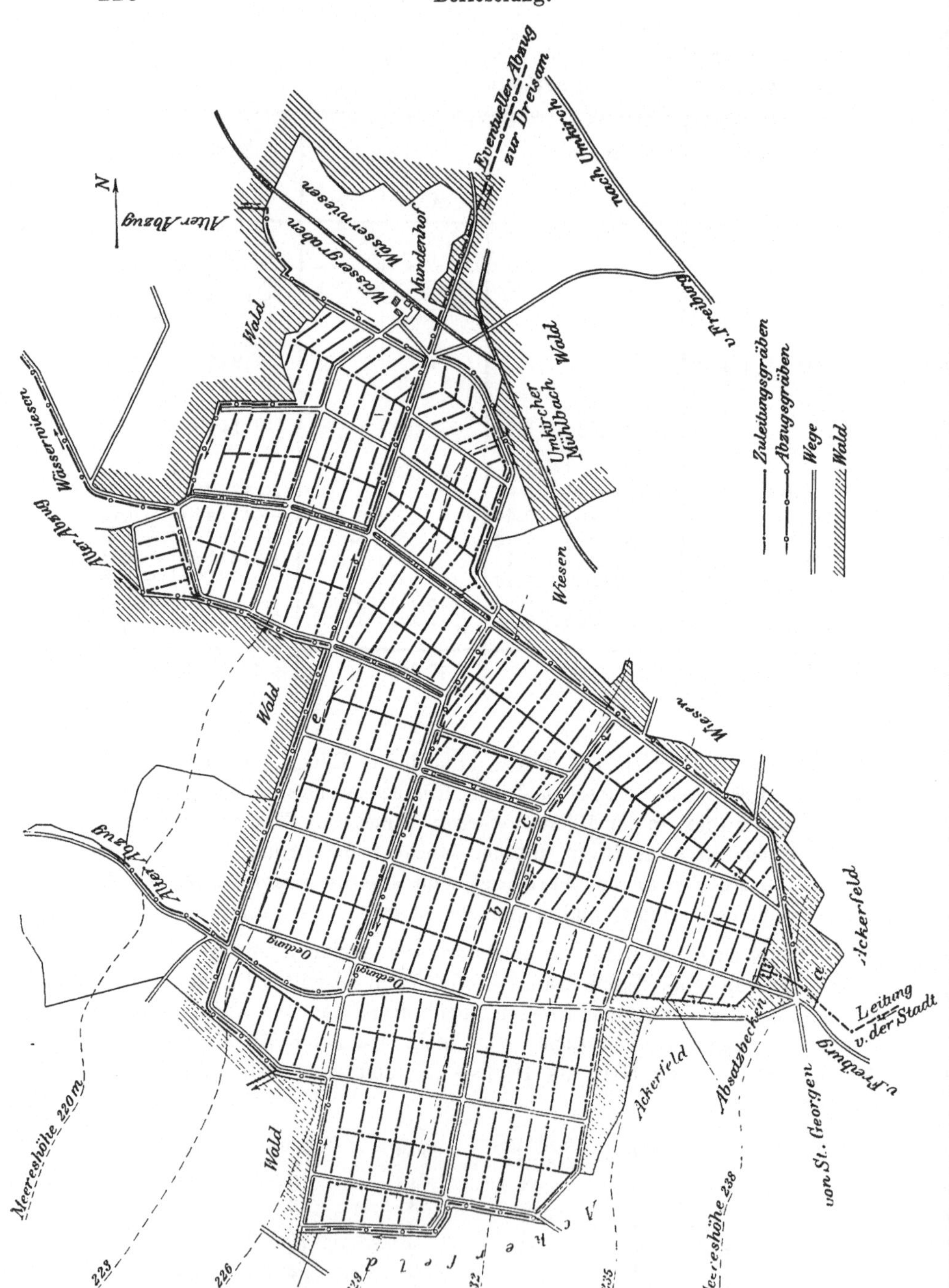
Zuleitungsgräben
Abzugsgräben
Wege
Wald
Eventueller Abzug zur Dreisam
nach Umkirch
v. Freiburg
Mundenhof
Wassergraben
Wässerwiesen
Alter Abzug
Wald
Umkircher Mühlbach
Wiesen
Ackerfeld
Absatzbecken
Leitung v. der Stadt
v. Freiburg
von St. Georgen
Meereshöhe 238
Meereshöhe 220 m
Oedung
228
226
229
232
235

Die geringe Concentration der Wässer erklärt sich daraus, dass 250 l Wasser täglich auf jeden Einwohner kommen. — Die bacteriologische Untersuchung der Wässer durch Schottelius ergab einen noch weit auffallenderen Grad der Reinigung auf den endgültig fertiggestellten Flächen. In 0,01 cc waren enthalten:

Probe entnommen von	12 Uhr Nachts	4 Uhr Vorm.	8 Uhr Vorm.	12 Uhr Mittags	4 Uhr Nachm.	8 Uhr Abends
Spüljauche	1130	4107	6105	13 000	1107	4235
Drainage wie in I . . .	475	1140	1635	2 492	760	1330
Rieselwiesenabwasser wie in III	44	6	9	31	25	9

Dazu bemerkt das hygienische Institut, dass die Verunreinigung der Spüljauche mit Spaltpilzen, im Maximum 1 300 000 und im Minimum 110 700 in 1 cc, noch nicht als eine grosse zu betrachten sei. Es müsse berücksichtigt werden, dass eine grosse Menge von Darmbacterien darin enthalten seien, welche weder auf und im Wasser der Rieselfelder, noch auf den zur Untersuchung verwendeten Nährböden wachsen, während andererseits eine Anzahl ebenfalls in der Kanaljauche befindlicher Keime zu den gewöhnlich im Wasser und Boden vorkommenden Spaltpilzen gehören und durch den einfachen Berieselungsprocess (Drainage I) keine Einbusse ihrer Menge erfahren. Qualitativ seien diese Bacterien des bei letzterem abfliessenden Wassers noch beträchtlicher als quantitativ von denen des Zuflusses unterschieden und bestünden ausschliesslich aus den gewöhnlich im Wasser und Boden vorkommenden Arten. Dieses günstige Urtheil gilt natürlich in noch weit höherem Maasse von den Wasserproben aus dem Untergrunde der Rieselwiesen, hier findet eine fast absolute Reinigung statt; die Pflanzendecke einerseits und das Durchfliessen des theilweise ziemlich feinkörnigen Sandbodens auf eine grössere Strecke bewirken dies.

O. Korn[1]) fand im Mittel (mg im Liter):

Art des Wassers	Anzahl der Proben	Gesammtrückstand	Glührückstand	Verbrauch an Kaliumpermanganat	Ammoniak	Salpetersäure	Salpetrige Säure	Schwefelsäure	Phosphorsäure	Kali	Chlor	Härte	Anzahl der Keime in 1 cc
Ungereinigte Kanalflüssigkeit	12	350	156	146	67	—	—	Sp.	15	20	43	18	726 267
Drainwasser: 1896	57	101	65	12	12	6	0,9	—	5	5	16	17	25 341
1897	108	122	89	13	1	9	Sp. bis 0,04	Sp.	Sp.	Sp.	21	23	20 326

1) Arch. Hyg., 32, 173.

Der Chlorgehalt zeigt, dass die Proben einander nicht entsprechen (vergl. S. 109). Korn schliesst: 1. Die durch Berieselung erzielte Reinigung der Freiburger Abwässer ist eine durchaus gute, so dass ohne Bedenken die Drainwässer dem Flusslaufe zugeführt werden können. 2. Eine Wechselwirkung zwischen den vorhandenen chemischen Substanzen und den gleichzeitig anwesenden Bacteriengemengen findet nur in der Kanalflüssigkeit selbst statt, nicht aber in den Drainwässern, bei denen der Gehalt an chemischen Substanzen und an Bacterien voneinander unabhängig sind. 3. Aeussere Einflüsse, wie Regenmenge, Temperatur, Wechsel der Jahreszeiten, sind bei dem Reinigungsprocess nur von untergeordneter Bedeutung. 4. Eine Abnahme der filtrirenden und chemisch wirkenden Kraft des Bodens in den alten Gewannen gegenüber den neu angelegten kann nicht constatirt werden.

Rieselfelder von Zoppot. Die Abwässer des Oberdorfes werden mit eigenem Gefälle nach dem Rieselfelde befördert, die des Unterdorfes mit Hülfe einer Pumpe, nachdem sie vorher in einem Sammelbrunnen vereinigt sind. Die Kanalwässer gelangen zunächst in ein Vertheilungsbecken und von dort durch ein Gerinne auf die Felder, die 5 ha umfassen. Für Erweiterungen sind 7,5 ha vorgesehen.[1])

Rieselfeldanlage der Stadt Brandenburg a. H. Nach Bernhard[2]) werden die Abwässer der Stadt in einen Sammelbrunnen geführt und von hier durch ein 6 km langes gusseisernes Druckrohr von 600 mm Durchmesser nach einem Rieselfelde von 108 ha Oberfläche geleitet.

Rieselfelder der Stadt Braunschweig. Nach Mitgau[3]) 498 ha Sand und lehmiger Sand, wovon aber erst die grössere Hälfte aptirt ist, so dass auf 1 ha das Abwasser von etwa 250 Einwohnern kommt; die Erfolge sind befriedigend.

Rieselfelder der Stadt Magdeburg. Mit der Anlage wurde 1894 begonnen. 1000 ha Sandboden und sandiger Lehmboden, von denen erst etwa die Hälfte aptirt ist.

Dortmund und Bremen legen ebenfalls Rieselfelder an. Auch auf die kleineren Anlagen vor Bunzlau, Darmstadt u. a. sei verwiesen.[4])

Rieselfelder vor Paris.[5]) Auf Veranlassung von Mille wurden in den Jahren 1867 und 1868 auf einem kleinen Felde bei Clichy Ver-

---

1) Zeitschr. Bauw., 1899, 211.

2) Gesundheitsing., 1900, 88.

3) Viertelj. öffentl. Ges., 1893, 161.

4) Fischer's Jahresber., 1883, 1188; Fischer, Die menschlichen Abfallstoffe, S. 165.

5) Epuration et utilisation des eaux d'égout de la ville de Paris (Paris 1880). Assainissement de la Seine épouration et utilisation des eaux d'égout,

suche gemacht, das Kanalwasser durch Berieselung zu reinigen. Im Juni 1869 wurden diese Versuche ausgedehnt urd wurde mittels Centrifugalpumpen ein Theil des Kanalwassers von Clichy 11 m hoch durch eiserne Leitungen in die Ebene von Gennevilliers gepumpt. Während im Jahre 1869 nur 650000, im Jahre 1872 1500000, 1874 schon 8000000 cbm zugeführt wurden, betrug die im Jahre 1876 zur Berieselung verwendete Menge bereits 10653420 cbm Kanalwasser. Die Grösse der berieselten Fläche betrug im Jahre 1869 6,4 ha, trotz der Unterbrechung durch Krieg und Commune im November 1872 schon 51,2, im August 1874 115,5 und 1877 bereits 330 ha, welche 11756953 cbm aufnahmen. Nach A. Foy[1]) wurden 1888 auf 700 ha Rieselfläche jährlich 26000000 cbm Abwasser gereinigt. Die Reinigung ist, obwohl etwa 3800 cbm auf 1 ha kommen, so vollständig, dass die Abflusswässer kaum bestimmbare Mengen von Sticksoff enthalten (Analysen sind leider nicht angegeben). Eine Zunahme von Infectionskrankheiten zu Gennevilliers hat während der 18 Jahre in keiner Weise stattgefunden.[2]) Fig. 15 zeigt die Anordnung der bewässerten Ländereien.[3]) Während 1 ha der nicht berieselten Fläche 90 bis 100 Frcs. Pacht bringt, werden für 1 ha Rieselfläche 400 bis 500 Frcs. bezahlt. 1 ha bringt 60 bis 120 t Luzerne, 100 bis 130 t Gras, 100 t Rüben, 90 t Kohl, 50 bis 100 t Carotten, 250 bis 300 hl Kartoffeln, 60000 Köpfe Artischocken, 75 t Wermuth oder 40 t Pfefferminze u. s. w. Die Gemüse werden auf Märkten, von Gasthöfen und Krankenhäusern gern gekauft, Pfefferminze und Wermuth von Destillateuren verarbeitet. Der Werth der auf 1 ha gewonnenen Producte beläuft sich auf 1500 bis 3000, in einzelnen Fällen selbst 10000 Frcs. Dementsprechend empfiehlt auch

---

Commission d'études (Paris 1878). Rapport fait au nom de la commission chargée de proposer les mesures à prendre pour remédier à l'infection de la Seine aux abord de Paris, par Durand Claye (Paris 1875). Project für eine Berieselungsanlage bei Zürich, Actenstücke S. 28. — Bulletin de la Société d'Encouragement, October 1874, S. 539; Sept. 1875, S. 510; Oct. 1875, S. 567; Januar 1878, S. 61. Comptes rendus, S. 82, 1087; 84, 617. Société des ingén. civ. séance du 18 Mars 1881. Scient. Americ., 1877, p. 367. Gesundheitsingenieur, 1881, 134. Engineering, Juni 1878, S. 455. Deutsche Viertelj. f. öff. Gesundheitspflege, 1875, 25; 1876, 500; 1877, 434; 1878, 14, 341, 589, 802; 1880, 782. Wochenschrift des österr. Ingenieur- und Architektenvereins, 1881, 44.

[1]) Ann. industr., 1889, 91.

[2]) Vergl. Project für eine Berieselungsanlage bei Zürich, S. 36; Deutsche Vierteljahrsschrift f. öff. Gesundheitspflege, 1876, 512; Eulenburg's Zeitschr., 1878, 167; Deutsche Vierteljahrsschrift f. öff. Gesundheitspflege, 1877, 464; Die Rieselfelderanlagen in Danzig, Berlin und Paris; Reisebericht (Frankfurt a. M. 1879).

[3]) Zeitschr. d. Arch. Ing.-Ver., Hannover 1886, 631.

die Gartenbaucommission[1]) die Berieselung wegen der Menge und Güte der erhaltenen Producte, deren zuträglichen Beschaffenheit und des hohen Geldertrages. Hervorgehoben werden namentlich Kohl, Sellerie, Spinat, Salat, Cichorie, Pfefferminze und Wermuth als vorzüglich geeignet zur

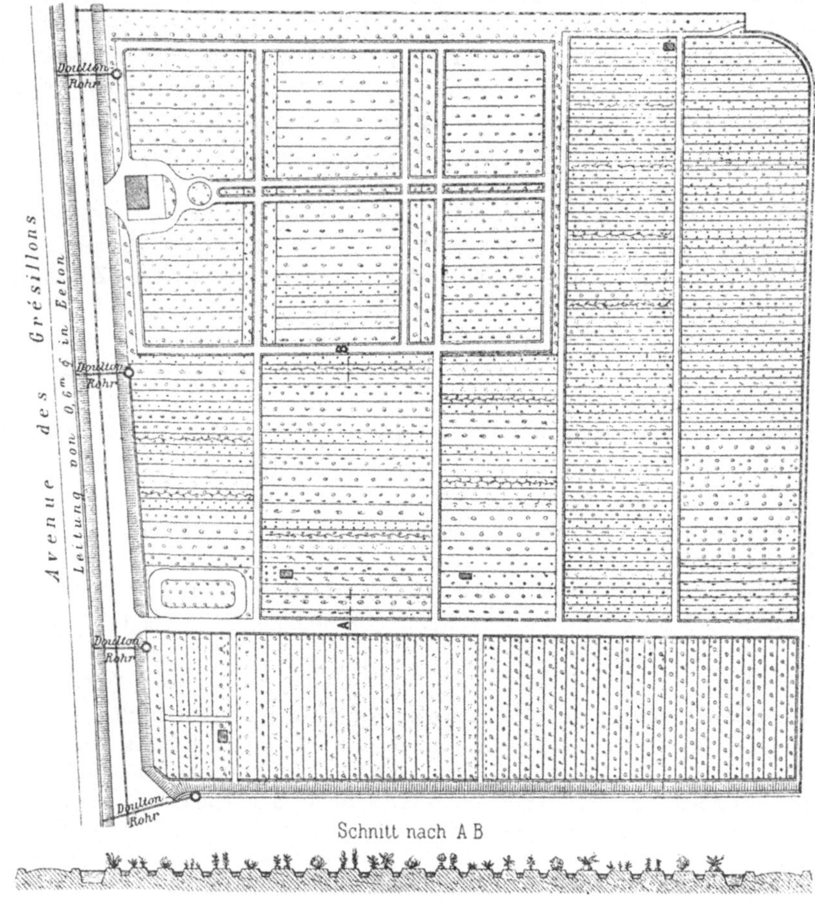

Fig. 15.

Ausnutzung der Kanalwässer. Dabei entzieht Kohl einem Hektar Boden 127, Pastinaken 153 und Runkelrüben 175 k Stickstoff.

---

[1]) Assainissement de la Seine. Rapport de la première sous-commission chargée d'étudier les procédés de culture horticole à l'aide des eaux d'égout (Paris 1878); Société des ingén. civils; séance du 1. avril 1881; Zft. d. Hannov. Architektenver., 1886, 631.

Nach neueren Angaben[1]) betrug die Rieselfläche zu Gennevilliers 790 ha, die von Achères etwa 1000 ha. Die Landflächen sind von Furchen durchzogen, in welche Abwässer eingeleitet werden, so dass nur die Wurzeln der Pflanzen, nicht das Laub derselben, bewässert werden und auch die Wässer selbst nicht auf das Land treten. Die Querleitungen sind in Abständen von etwa 400 m angeordnet und die Lage ihrer Ausgüsse den Terrainverhältnissen angepasst; die Ausgüsse liegen etwa 77 bis 100 m von einander entfernt. Nach dem Projecte sollten pro Tag nicht über 110 cbm Abwässer auf 1 ha Landfläche vertheilt werden. Von Juli bis einschliesslich December 1895 betrug die auf die Felder geleitete Wassermenge noch 4600000 cbm, während in der correspondirenden Zeitperiode des Jahres 1896 jene Menge sich auf 16000000 cbm gesteigert hatte. Die Anlagen, deren Herstellung einen Kostenaufwand von 11650000 M. beanspruchte, sollen nach dem Urtheile der Experten in jeder Beziehung zufriedenstellende Ergebnisse liefern. Eine neue Druckleitung führt das Kanalwasser nach Méry und Gresillons, zusammen 2400 ha, und nach benachbarten 2000 ha Privatländereien; die Gesammtfläche der Pariser Rieselfelder beträgt also etwa 6000 ha.

J. A. Barral[2]) untersuchte Hafer von Gennevilliers von nicht berieselten und berieselten Flächen:

	Nicht berieselt	Berieselt
Rispengewicht	0,46	1,60 g
Körnerzahl für 1 Rispe	17	64
Gewicht von 100 Körnern	1,90	2.60 g
Gewicht eines mittleren Stengels ohne Rispe .	0,736	5,616 „
Gewicht eines mittleren Stengels mit Rispe . .	1,196	7,216 „

Die Bewässerung hat demnach die Stengelhöhe des Hafers verdoppelt, die Körnerzahl nahezu vervierfacht, das Strohgewicht verachtfacht und das Gewicht jedes Kornes fast um ein Drittel erhöht. —

Bemerkenswerth sind noch folgende Versuche über die Wirkung der Berieselung auf die Bestandtheile des Kanalwassers. A. Leplay[3]) hat die Flüssigkeit aus einer grossen Jauchegrube, welche die Abgänge dreier Haushaltungen, die flüssigen Excremente von 60 Stück Hornvieh, todte Thiere, Regenwasser u. dergl. aufnimmt, auf eine Wiese geleitet und an verschiedenen Stellen untersucht. Nachfolgende analytische Tabelle zeigt die Zusammensetzung dieser Flüssigkeit, wie sie aus der Grube kommt und nachdem sie 35, 80, 95 und 125 m auf der Wiese zurückgelegt hat. 1 cbm derselben enthält in Grammen:

---

[1]) Engineering News v. 17. März 1898.

[2]) Journ. de l'agric., 1876, 264.

[3]) Compt. rend., 83, 1242.

	Ursprüngliche Flüssigkeit	Dieselbe nach der Bewässerung von			
		35 m	80 m	95 m	125 m
Trockenrückstand bei 109° .	2070	910	658	514	439
Glührückstand	1312	559	360	308	286
Flüchtige Stoffe	758	351	298	206	153
Unlöslich in Königswasser .	163	88	59	39	46
Phosphorsäure	61	16	9	10	6
Eisen, Thonerde	188	64	59	45	33
Kalk	62	45	49	45	38
Magnesia	60	22	20	22	27
Kali	523	157	82	64	59
Nicht bestimmt	255	167	82	83	77
Ammoniak	272	74	26	23	13
Organischer Stickstoff . . .	39	9	8	7	6

Nach den Versuchen von A. Fadejeff und P. A. Gregorieff[1]) wird in den 7 Sommermonaten eine Flüssigkeitsschicht von 3,21 m völlig unschädlich gemacht, im Winter 0,54 bis 0,75 m, zusammen also fast 4 m. Zahlreiche Analysen des zum Berieseln von 6 Versuchsflächen verwendeten Schmutzwassers und des Drainagewassers ergaben folgende höchste und niedrigste Werthe (mg im Liter):

	Abdampf-rückstand	Chlor	Ammoniak	Salpeter-säure	Organ. Stickstoff	Verbr. Chamäleon
Kloakenflüssigkeit {	333 1008	66 136	17 139	4 31	4 27	153 370
Drainagewasser. . {	202 785	8 108	0 12	17 205	0 3	7 101

Bei Besprechung der Abwässer von Stärkefabriken, Zuckerfabriken u. dergl. wird noch mehrfach von Berieselung die Rede sein.

Zusatz von Chemikalien.

Chemikalien wirken auf gewisse Bestandtheile des Schmutzwassers theils chemisch ein, indem sie mit einigen derselben Niederschläge bilden, andere zersetzen, theils befördern sie nur das Absetzen der suspendirten Stoffe.

---

[1]) Fadejeff, Die Unschädlichmachung der städtischen Kloakenauswürfe; übers. v. P. O. J. Menzel (Leipzig 1886).

Der Zusatz dieser Chemikalien geschieht meist ununterbrochen, indem die Lösung in gleichmässigem Strome zufliesst, oder durch Schöpfwerke, welche durch das Abwasser selbst bewegt werden, zugeführt wird. Bei der überaus wechselnden Zusammensetzung des Wassers (S. 109) wird sehr oft zu viel oder zu wenig Reagens zugesetzt, wodurch die gleichmässige Wirkung der Mittel schon von vornherein fraglich wird. Besser, aber lästiger ist es, wenn das Abwasser in einem grossen Behälter gesammelt wird, dem nun die erforderliche Menge Fällungs- bez. Desinfektionsmittel zugesetzt wird. Das am häufigsten verwandte Mittel ist Kalk.

Kalk. Das Kanalwasser wird mit gebranntem Kalk oder Kalkmilch vermischt und in Klärbehälter geleitet. Es setzt sich ein stark fäulnissfähiger Schlamm ab, welcher durch ein Hebewerk in Gruben befördert wird, dort theils durch Verdunstung, theils durch Einsickerung in den Boden langsam trocknet. Dieses Verfahren ist in grossem Maassstabe bei Tottenham zur Gewinnung von Dünger (Tottenham Sewage-Guano), in Blackburn und Leicester (Leicester bricks), ferner in Salford und Bradford angewendet.[1]) Wie folgende Analysen zeigen:

Kanalwässer und deren Reinigung.	Gelöst mg im Liter						Suspendirt	
	Organischer Kohlenstoff	Organischer Stickstoff	Ammoniak	Stickstoff als Nitrate und Nitrite	Gesammtstickstoff	Gesammtgehalt	Gesammtgehalt	Darin organische Stoffe
Kanalwasser von Blackburn	41	5	14	0	16	597	411	283
Dasselbe nach der Behandlung mit Kalk	26	4	19	0	20	660	133	70
Kanalwasser von Leicester	35	7	18	0	22	1120	481	296
Dasselbe nach der Behandlung mit Kalk	26	3	18	0	18	900	28	9
Desgleichen mit der Sillar'schen ABC-Mischung	23	4	25	0	24	1250	44	31

verminderte Kalk zwar den Gesammtgehalt an löslichen Stoffen, der organische Stickstoff wurde aber nicht zur Hälfte entfernt, der Ammoniakgehalt durch Zersetzung der organischen Stoffe sogar vermehrt. Der in Leicester erhaltene trockene Niederschlag hatte folgende Zusammensetzung:

Unorganische Stoffe	37,41 %
Organische und andere flüchtige Stoffe . .	62,59 „
Kohlenstoff	18,86 „
Phosphorsäure	0,15 „
Gesammtstickstoff	0,85 „
Ammoniak	0,09 „

[1]) Reinigung Berlins, Anhang S. 91; Dingl., 143, 150; 156, 54; Engineer. (1883) 56, 16 u. 34

100 k dieses Niederschlages haben hiernach einen theoretischen Düngerwerth von etwa 0,5 Mark, in Wirklichkeit wird aber höchstens 0,1 Mark bezahlt.

Abwasser der Stadt Bradford wurde Mitte der 80er Jahre mit Kalk gereinigt (0,2 k Kalk auf 1 cbm);[1]) dasselbe hatte folgende Zusammensetzung (mg im Liter):

Kanalwasser	Suspendirt			Gelöst					
	gesammt	organisch	in letzteren Stickstoff	gesammt	organisch	organischer Stickstoff	Ammoniak	Chlor	Freier Kalk
Ungereinigt. . . .	16610	9049	265	5700	3454	16	133	100	—
Gereinigt und filtrirt	57	—	—	872	106	1	6	52	211

Der Chlorgehalt zeigt, dass die Proben gar nicht einander entsprechen.

F. Zajicek[2]) will das durch Siebe geleitete Abwasser mit gepulvertem Kalk mischen, dann filtriren. Die von ihm empfohlenen Vorrichtungen werden kaum Beifall finden. J. Grossmann[3]) empfiehlt Fällung mit Kalk; der Niederschlag wird in Retorten erhitzt zur Gewinnung von Leuchtgas und Ammoniak, der Rückstand soll zum Düngen verwendet werden.

Kohlmann[4]) meint, dass, wenn man mit einer Kalkmilch von 1 Th. Kalk zu 15 bis 20 Th. Wasser arbeitet, 97 % des verwendeten Kalkes verloren gehen. Er empfiehlt daher statt dessen Kalkwasser und meint, wie Schreib,[5]) dass durch Kalk auch gelöste organische Stoffe gefällt werden, obgleich auch suspendirte theilweise in Lösung gehen.

K. und Th. Möller (D. R.-P. No. 7014) machen den Vorschlag, Abwässer mit überschüssiger Kalkmilch zu versetzen, nach dem Absitzen des Niederschlages die geklärte Flüssigkeit in einen zweiten Behälter abzulassen und nun kohlensäurehaltige Luft hindurchzupressen. Der dadurch gebildete kohlensaure Kalk soll den Rest der organischen Stoffe mit niederreissen.

König[6]) versetzte Jauchewasser mit Kalk, bez. mit Kalk und Eisenvitriol bez. Aluminiumsulfat; das Filtrat enthielt (mg im Liter):

---

[1]) Vergl. Eulenburg's Viertelj., 39, No. 1.

[2]) Allg. Z. Bierbr., 1893, 847.

[3]) Journ. Soc. Chem. Ind., 1898, 421.

[4]) Zeitschr. öffentl. Chem., 1899, 224.

[5]) Zeitschr. f. angew. Chem., 1890, 167; 1894, 233; Chem. Ztg., 1891, 669.

[6]) König, Verunreinigung der Gewässer, S. 57.

	Ohne Zusatz	Mit 2,0 g CaO auf 1 l versetzt	Mit 2,0 g CaO · 0,5 g Eisenvitriol versetzt	Mit 2,0 g CaO + 0,5 g Aluminiumsulfat nebst löslicher SiO_2 auf 1 l
Mineralstoffe (Glührückstand) . .	2434	2586	2526	2601
Organische Stoffe + Wasser (Glühverlust)	1716	1843	1809	1704
Zur Oxydation der gelösten organischen Stoffe erforderl. Sauerstoff .	360	332	268	288
Organischer + Ammoniak-Stickstoff	272	210	210	199
Kalk (in Lösung)	264	504	549	618

Hier wurden also durch Lösung der suspendirten, die gelösten organischen Stoffe vermehrt. Ferner leitete er durch die mit überschüssigem Kalk versetzten und stark alkalischen Schmutzwässer einige Minuten einen Strom von Kohlensäure, so dass die Filtrate noch mehr oder weniger alkalisch reagirten; es wurde im Liter der filtrirten Wasser gefunden:

	mit 2,0 g CaO auf 1 l		mit 2,0 g CaO + 0,5 g Eisenvitriol auf 1 l		Mit 2,0 g CaO + 0,5 g Aluminiumsulfat nebst löslicher SiO_2 auf 1 l	
	ohne	mit	ohne	mit	ohne	mit
	Kohlensäure theilweise gesättigt					
Mineralstoffe (Glührückstand) . .	2586	1717	2526	1896	2601	1683
Organische Stoffe + Wasser (Glühverlust	1843	1479	1809	1684	1704	1440
Zur Oxydation der gelösten organischen Stoffe erforderl. Sauerstoff	332	248	268	232	288	244
Stickstoff	210	234	210	223	199	223
Kalk (in Lösung)	503	197	549	211	618	176

Nach dem Amines-Verfahren[1]) soll 1 cbm Abwasser mit 324 g Kalk und 57 g Heringslake versetzt werden; es soll sich dabei ein stark desinficirendes Gas, „Aminol", bilden, welches nur in der Phantasie des „Erfinders" existirt.

H. Gerson will das Abwasser mit Kalk, Magnesia- und Thonerdeverbindungen mischen, dann durch Torf filtriren; besondere Erfolge sind nicht zu erwarten (vergl. S. 150).

Scott (Engl. P., 26. Aug. 1871) versetzt die Abwässer mit Kalk, glüht den Niederschlag und fällt mit demselben neue Abwässermassen, um den erhaltenen Dünger reicher an Phosphorsäure zu machen. Die von dem Niederschlage abgelassene Flüssigkeit soll nach einem anderen Patente (11. Dec. 1872) zum Spülen der Wasserclosette verwendet werden. Später

[1]) The Amines-Proces, Darling & Son, 1891.

(Pat. 25. April 1873) macht derselbe Vorschläge zur Gewinnung des beim Erhitzen des Niederschlages entweichenden Ammoniaks, sowie zur vollständigeren Fällung des Ammoniaks durch Dolomit und Magnesiumphosphat (Engl. Pat. 26. Aug. 1872 und 15. Febr. 1873). — Nenerdings will Scott[1]) Londoner Canalwasser mit $^3/_4$ % Kalkmilch fällen, um den Niederschlag unter Zusatz von Thon zu Portland-Cement zu brennen oder nach dem Brennen zu neuen Fällungen zu benutzen, um ihn schliesslich als Düngemittel verwenden zu können. Auf die gelösten Stoffe des Canalwassers verzichtet er von vornherein. Völker, B. Latham u. A. zeigen dagegen in der sich an den Scott'schen Vortrag in der Society of Arts (Nov. 1879) anschliessenden Verhandlung, dass wegen des hohen Wassergehaltes und geringen Düngerwerthes dieses Schlammes derartige Fällungsmethoden unpraktisch sind. Welch unsinnige Vorschläge zuweilen patentirt werden, möge folgendes Beispiel zeigen: Smith (Engl. Pat. 7. Nov. 1871) fällt mit Kalk, Lehm u. s. w., kühlt nach dem Absetzen des Niederschlages die erhaltenen Wässer mit flüssiger Kohlensäure (!), damit die durch chemische Mittel nicht fällbaren Stoffe in eine niedrigere Schicht sinken(?), worauf die oberflächliche Schicht abfliesst.

Von Krüger[2]) wurde je 1 l Wasser mit 0,2 g Kalk gemischt und oben, mitten und am Boden des Versuchsgefässes die Anzahl der Bakterien bestimmt; ein Controlgefäss blieb ohne Kalkzusatz. Die Bakterienzählung (in 1 cc) ergab:

	Controlgefäss			Versuchsgefäss		
Vor Zusatz	4978 Bakt.			59 576 Bakt.		
Zusatz	0			0,2 g CaO		
Entnahme	Oben	Mitte	Boden	Oben	Mitte	Boden
Sofort	5 128	984	45 315	878	763	346
Nach 67 Stunden	20 521	19 577	23 603	634	1684	153
Nach 23 Tagen	11 002	12 320	23 820	2729	836	1176

Weigmann fand in einem mit Kalk gereinigten, stark alkalisch reagirenden Wasser beim Aufbewahren in geschlossener Flasche nach 3 Wochen 0 Bakterien, in einer mit Kohlensäure neutralisirten und unter Luftzutritt aufbewahrten Probe aber 25 Millionen.

Untersuchungen von Proskauer (S. 154) bestätigen, dass nur durch langdauernde Wirkung des Kalkes die Bakterien getödtet werden, so dass die Neutralisation mit Kohlensäure doch auch ihre Bedenken hat. Ob andererseits ein mit überschüssigem Kalk gereinigtes Abwasser so ohne Weiteres in einen Fluss gelassen werden kann, ist eine andere Frage.

[1]) Journ. Soc. of Arts, 28. Nov. 1879, 19.

[2]) Zeitschr. f. Hyg., 1889, 86.

Nach Versuchen von Pfuhl[1]) ist ein Zusatz von mindestens 0,1 % Kalkhydrat nothwendig, um frisches Kanalwasser in 1 oder 1½ Stunden von Cholera- oder Typhuskeimen zu befreien; unbedingt nothwendig ist, dass das Kanalwasser mit dem Kalk fortwährend in Bewegung ist.

Nach Liborius[2]) sind 0,25 g CaO auf 1 l Abwasser zum Abtödten der Cholerabacillen nöthig. Nach Grether[3]) reicht selbst 1 g Kalk nicht aus, Abwasser steril zu machen; nach Dunbar und Zirn[4]) sind selbst 2 g Kalkhydrat nicht immer ausreichend zur Abtödtung der Krankheitskeime; ihre Versuche ergaben, dass ein Zusatz von 1 Th. Kalkhydrat auf 1000 Th. Abwässer nicht genügt, um eine sichere Abtödtung der Choleravibrionen innerhalb 6 bis 12 Stunden zu bewirken und dass unter Umständen selbst bei Anwendung von 1 Th. Kalkhydrat auf 500 Th. Abwässer eine Abtödtung der Choleravibrionen innerhalb der genannten Zeit nicht erfolgt. Dagegen ergaben Versuche mit Chlorkalk, dass bei Zusatz von 1 Th. Chlorkalk auf 5000 Th. Abwässer schon nach ¼stündiger Einwirkung sämmtliche Vibrionen in den Abwässern abgetödtet waren, d. h. in Peptonlösung nicht mehr zur Entwickelung kamen. Beim Zusatz von 1 Th. Chlorkalk auf 10 000 Th. Abwässer zeigten sich die Vibrionen siebenmal nach ¼stündiger, zweimal nach ½stündiger und einmal nach 1stündiger Einwirkung abgetödtet.

H. Oppermann (D. R.-P. 31312) empfiehlt kohlensaures Magnesium und Kalk. Vergleichende Versuche von König[5]) ergaben:

(Tabelle siehe S. 240.)

Süvern's Desinfectionsmittel besteht aus 100 Th. Kalk, 8 Th. Theer und 33 Th. Chlormagnesium mit 859 Th. Wasser[6]). Die damit bewirkte Reinigung ist mangelhaft. Fast genau dieselbe Mischung empfiehlt Röber.[7])

Die unter der Leitung von Virchow über die Wirkung der Bestandtheile dieses Mittels angestellten Versuche zeigten, dass der Zusatz von Kalk allein eine vollkommene Klärung bewirkt, jede Art organischen Lebens tödtet und seine Entwickelung auf eine Zeit von etwa 10 Tagen verhindert. Der beim Gebrauch von Kalk auftretende Geruch nach Am-

---

[1]) Zeitschr. f. Hyg., 1889, 12, S. 509.

[2]) Desgl. 1887, 15.

[3]) Arch. f. Hyg., 1896, 189.

[4]) Viertelj. f. gerichtl. Med. 16, Suppl. S. 138.

[5]) König, Verunreinigung der Gewässer, S. 154. Die höheren Zusätze wurden für das stark verunreinigte Wasser verwendet.

[6]) Grouven, Kanalisation und Abfuhr (Glogau 1867); Fischer, Die menschlichen Abfallstoffe, S. 125; Ann. Landwirthsch., 1869, 403.

[7]) D. R.-P. No. 15392; Fischer's Jahresb., 1881, 969.

moniak wird durch Zusatz von Chlormagnesium vermieden. Der Theer bewirkt, dass die Entwickelung von Fäulnissorganismen auf verhältnissmässig längere Zeit verhindert wird. Der Zusatz von 10 Th. Süvern'scher Masse genügte zur Reinigung von 1000 Th. Kanalwasser.

Zusätze auf 1 l	Weniger verunreinigtes städtisches Abgangswasser					Stark verunreinigtes städtisches Abgangswasser			
	Mineralstoffe (Glührückstand)	Glühverlust (organ. Stoffe u. s. w.)	Stickstoff	Zur Oxydation erforderlicher Sauerstoff nach einigen Stunden	Zur Oxydation erforderlicher Sauerstoff nach mehreren Tagen	Glühverlust	Stickstoff	Zur Oxydation erforderlicher Sauerstoff	Kalk
a) Filtrirtes Schmutzwasser	316	241	20	98	73	852	36	474	32
b) mit 0,56 bez. 0,84 g CaO gefällt . . .	406	152	16	75	64	869	33	390	98
c) mit desgl. wie b + 0,84 bez. 1,26 g $MgCO_3$ gefällt	?	157	16	67	58	811	31	384	79
d) mit desgl. wie c + 0,15 g Eisenvitriol .	420	154	11	67	52	710	24	352	78
e) mit desgl. wie bei b + 0,3 g bez. 0,4 g Aluminiumsulfat gefällt	473	158	18	70	64	710	32	346	90
f) mit 0,3 g bez. 0,4 g Aluminiumsulfat + 0,25 bez. 0,34 g Natriumaluminat gefällt	566	142	9	62	49	805	25	371	30

In Berlin wurden im Sommer 1867 in 18 Tagen fast 9000 cbm Kanalwasser mit der Süvern'schen Mischung desinficirt. Nach dem Berichte der Commission ging die Mischung mit dem Kanalwasser leicht vor sich, die Niederschläge setzten sich rasch ab, das abfliessende, alkalisch reagirende Wasser war fast frei von Organismen. Nach längerem Stehen entwickelten sich dieselben jedoch von Neuem, sobald der Kalk durch Aufnahme von Kohlensäure ausgeschieden war; die Fäulniss wird also nur verzögert, nicht verhindert. 1 l des abfliessenden Wassers enthielt noch 2,8 bis 6 mg organischen Stickstoff; dasselbe sollte demnach nicht in die Flüsse abgeleitet werden. Der trockene Niederschlag enthielt 21,1 bis 36,2 % organische Stoffe, 0,7 bis 1 % Stickstoff und 1,2 bis 1,5 % Phosphorsäure. Als Düngemittel ist derselbe daher fast werthlos.

Nach F. Eichen (D. R.-P. No. 119263) wird das Abwasser zunächst mit Aetzkalk, am zweckmässigsten in Form von Kalkmilch, in solch geringer Menge versetzt, dass ausser der Fällung der vorhandenen Phosphorsäure (als phosphorsaurer Kalk) nur ein Theil des vorhandenen kohlensauren Ammoniums unter Freiwerden von Ammoniak und Bildung von kohlensaurem Kalk zerlegt wird. Bei Spüljauche, welche Regenwasser nicht oder doch nur in geringen Mengen enthält, sind unter normalen Verhältnissen hierzu 1 Th. Aetzkalk auf 10000 bis 12000 Th. Spüljauche erforderlich. Ein Ueberschuss von Aetzkalk schadet, da er organische Substanzen auflösen und zu viel freies Ammoniak bilden würde, und muss deshalb vermieden werden. Nach dem Zusatze des Aetzkalkes lässt man kurze Zeit ruhen, da die Umsetzungen erst im Verlaufe mehrerer Minuten in wünschenswerther Weise stattfinden. Dabei setzen sich das gebildete Calciumphosphat und Calciumcarbonat mit einem Theil der Schwebestoffe nieder. In der so vorbehandelten Spüljauche ist nun ein Theil des Ammoniaks im freien Zustande vorhanden. Das freie Ammoniak soll die leichte und sichere Klärung der Spüljauche mit den bekannten Fällungsmitteln, z. B. schwefelsaurer Thonerde, ermöglichen, während andererseits die vorhergehende Entfernung der Phosphorsäure gestattet, mit geringeren Mengen des Fällungsmittels auszukommen, da ein Theil desselben sonst stets zur Ausfällung der Phosphorsäure, z. B. als Aluminiumphosphat verbraucht wird. Der Zusatz des chemischen Klärmittels erfolgt in üblicher Weise. Die völlig geklärte Spüljauche kann hinterher noch in bekannter Weise mittels Kalkmilch keimfrei gemacht werden. — Ob die Ergebnisse dieses Verfahrens die erforderliche Mehrarbeit lohnen, ist doch fraglich.

Das Verfahren von A. L. G. Dehne (D. R.-P. No. 117695) besteht darin, dass man den Schlamm, der nach dem gewöhnlichen Zusatz von Aetzkalk und schwefelsaurer Thonerde zum Schmutzwasser als Bodensatz entsteht, zunächst von der über ihm durch Stehenlassen sich bildenden klaren Wasserschicht befreit, dann diesem Schlamm vor seiner Filtration wiederum geringere Mengen schwefelsaurer Thonerde und Aetzkalk zusetzt und dann erst die Filtration des Schlammes mittels Filterpressen vornimmt. Auf diese Weise entsteht ein Schlamm, der in kurzer Zeit bei der Filtration in Filterpressen feste Kuchen in den Kammern ergibt, welche Kuchen sich gut von den Tüchern lösen und die Bedienungsarbeit der Filterpressen bedeutend ermässigen.

Nach A. Bayer und H. Herzfelder (D. R.-P. No. 117151) wird der durch Versetzen der Abwässer mit Kohle, Kalkmilch und Zinkstaub gebildete Niederschlag getrocknet und unter Luftabschluss erhitzt bez. der trockenen Destillation unterworfen, wobei neben Ammoniakwasser, Leuchtgas und Theer ein kohliger Rückstand erhalten wird, welcher nunmehr das zur Reinigung oder Ausfällung weiterer Mengen von Abwässern dienende Material bildet, sowie als Filtermaterial zur ergänzungsweisen Reinigung der bereits durch Ausfällen vorgereinigten Abwässer verwendet wird. Das abwechselnde Ausfällen der Abwässer und das Erhitzen bez. Entgasen des erhaltenen Niederschlages mit darauffolgender Ausfällung neuer Mengen von Abwässern mittels des kohligen Rückstandes kann öfters wiederholt werden, so dass das zur Durchführung der Reinigungsoperationen erforderliche Material regenerirt wird. — Zur praktischen Durchführung des Verfahrens versetzt man zunächst je 1 cbm der zu reinigenden Abwässer mit durch Erhitzen organischer Abfallstoffe in bekannter Weise gewonnener Kohle in feingemahlenem Zustande, sowie mit Kalkmilch und Zinkstaub in den nachfolgenden, — je nach dem Grade der Verunreinigung der Abwässer mit 1 bis 5 k Kohle, 0,1 bis 1 k trockenem Kalk bez. die entsprechende Menge Kalkhydrat und 0,005 bis 0,1 k Zinkstaub. Der durch den Zusatz dieser Stoffe zu den Abwässern entstehende Niederschlag wird mittels Filterpressen abgepresst, getrocknet und der trockenen Destillation unterworfen. Die sich hierbei ergebenden Producte (Ammoniakwasser, Leuchtgas und Theer) können in bekannter Weise gereinigt und der gewerblichen Verwerthung zugeführt werden, während der kohlige Rückstand fein gemahlen und aufs Neue mit oder ohne Zusatz neuer Mengen von Kalk und Zinkstaub zur Ausfällung weiterer Mengen von Abwässern verwendet wird. Zwecks ergänzender Reinigung der in angegebener Weise durch Ausfällung vorgereinigten Abwässer lässt man diese letzteren noch durch ein Filter laufen. — Erfolg fraglich.

Zu Northampton wird das Kanalwasser von 40 000 Personen mit Kalkmilch, dann mit Eisenchlorürchlorid versetzt und nach dem Absetzen durch eine Schicht Eisenerz filtrirt. Das Wasser fliesst zwar klar ab, enthält aber, wie Analyse 9 und 10 (S. 245) zeigen, noch so viel organische Stoffe, dass es in kurzer Zeit wieder in Fäulniss übergeht. Das fernere Einführen dieses Abwassers in den Nenfluss ist daher verboten. Auch zur Reinigung von Fabrikabwasser ist das Verfahren ungenügend (Analyse 11 und 12).

Das Kanalwasser von Bradford wird theilweise, unter der Leitung von Holden, mit Eisenvitriol, Kalk, Kohlenstaub versetzt und durch eine Reihe von Klärbehälter fliessen gelassen. Analysen 1 und 2 (S. 245) zeigen, dass die Menge der gelösten stickstoffhaltigen Bestandtheile sogar noch vermehrt ist, da ein Theil der suspendirten Stoffe in Lösung geht. Der lufttrockene Niederschlag enthält nur 0,5 % Stickstoff und 0,3 % Phosphorsäure, ist daher werthlos.

Die Abwässer der Städte Kingston und Surbiton werden mit Holzkohle, Thon und Blut versetzt.[1])

A. W. Hofmann und Frankland empfahlen bereits zur Reinigung des Londoner Kanalwassers das auch von Dales vorgeschlagene Eisenchlorid.

Das Eisenchloridverfahren ist auf Vorschlag von E. Hofmann zur Reinigung des Kanalwassers in Leipzig eingeführt.[2]) Die Lösung wird

[1]) Journ. Soc. Chem. Ind., 1889, 516; Zft. f. angew. Chem., 1889, 498.

[2]) Centr. f. Bauverwalt., 1897, 92; Viertelj. öffentl. Ges., 1899, 204.

durch Behandlung von Raseneisenstein mit Salzsäure erhalten. 50 g Eisenchlorid-Lösung sind durchschnittlich ausreichend gewesen für Klärung von 1 cbm Schleusenwasser; nur an Schlachttagen und Sonnabends hat man diese Menge auf 60 bis 70 g erhöhen müssen. Da an Kalk durchschnittlich 120 bis 150 g auf 1 cbm Schleusenwasser erforderlich sind, so ergibt sich bei Verwendung des Eisenchlorids als Klärmittel eine bedeutende Verminderung an Klärschlammmenge. Die Anzahl der Keime wurde dabei auf $^1/_{15}$ bis $^1/_{20}$ vermindert, von 1,5 bis 2 Millionen in 1 cc auf 120000 herabgebracht, ferner werden bei Eisenklärung auch die gelösten Eiweisskörper mit gefällt; die Phosphorsäure wird als phosphorsaures Eisen gefällt. Ausserdem wird ein Ueberschuss von Eisenchlorid in den Klärbecken mit zersetzt und kann daher nicht mit in den Fluss gelangen. Schliesslich benimmt das Eisenchlorid nicht nur den Schleusenwässern den üblen Geruch, sondern wirkt auch schnell und erzeugt einen Niederschlag, der sich sicher zu Boden setzt. Dieser Schlamm trocknet schnell aus; er wird zu Aufschüttungen verwendet, so dass Leipzig demnächst einen „Schlammberg“ bekommt.

Buisine[1]) empfiehlt Pariser Kanalwasser durch Eisenvitriol zu klären, auf 1 cbm Abwasser 0,1 k $FeSO_4$.

Zur Reinigung der Abwässer werden dieselben nach C. Liesenberg in Münsterberg (D. R.-P. No. 37882) zunächst mit einem Hydrat oder Chlorid der alkalischen Erden und sodann mit Alkaliferrit bez. Alkaliferritaluminat versetzt.

Ferrozone-Polarite-Verfahren wurde in England sehr gelobt.[2]) Nach J. König[3]) bietet das Ferrozone-Polarite-Verfahren, bei welchem die Schwebestoffe zunächst durch Ferrozone, d. h. schwefelsaure Thonerde und schwefelsaures Eisenoxyd in wechselnden Mengen, gefällt und das Wasser dann durch ein Sand-Polaritefilter (Polarite ist im Wesentlichen Eisenoxyd) filtrirt wird, wodurch eine starke Oxydation bewirkt werden soll, wenigstens was die Filtration durch Polarite betrifft, keine Vorzüge; der gebundene Sauerstoff des Eisenoxyds hat keinen Einfluss auf die Grösse der Nitrification; in einem Filter aus Boden oder Koks ist dieselbe ebenso gross oder noch grösser. — Nach Gebek[4]) ist das von einer englischen Gesellschaft (Internationale Reinigungsgesellschaft) in den Handel gebrachte „Ferrozon“ lediglich unreines Aluminiumsulfat mit 15 % Sand. Polarit, anscheinend gerösteter Eisenstein, besteht aus 58 bis 67 % Eisenoxyd, 5 bis 11 % Magnesiumcarbonat und 3 bis 6 % Calciumcarbonat, 18 bis

[1]) Bull. chim. 9, 542.

[2]) Vgl. Gesundheitsing., 1892, 585; 1897, 1; Chem. Centralbl., 1894, 1086.

[3]) Zft. Unters. Nahrung, 1898, 171.

[4]) Zft. öffentl. Chem., 1899, 354.

28 % Sand und dgl. Die damit behandelten Abwässer ergaben selbstverständlich mangelhafte Reinigung.

In Salford wurde das „Ozonine“-Verfahren versucht, welches darin besteht, dass man die Abwässer mit basisch-schwefelsaurem Eisenoxyd (d. h. Ferrisulfat unter Zusatz von Eisenoxyd) entweder für sich allein oder unter gleichzeitiger Anwendung von etwas Kalk fällt. Hierdurch sollen 55 %, oder wenn man gleichzeitig durch Kies und Sand filtrirt 68 %, oder wenn durch ein Ozonine-Filter filtrirt wird, 73 % des Albuminoidammoniaks beseitigt werden.[1]) — Anscheinend Schwindel.

Zu Stroud in Gloucestershire werden 100 cbm Kanalwasser mit etwa 40 k Thon, der einige Tage mit 7 k Schwefelsäure behandelt ist (also rohes schwefelsaures Aluminium), versetzt und nach dem Klären durch Koks filtrirt. Das abfliessende Wasser ist, wie Analysen 3 und 4 (S. 245) zeigen, sehr unvollkommen gereinigt, geht deshalb auch schon nach wenig Tagen in Fäulniss über. Auch in Asnières bei Paris war durch Dumas eine grössere Versuchsanstalt zur Reinigung des Kloakenwassers mit eisenhaltigem Aluminiumsulfat eingerichtet. Nach Grouven wurde zwar sämmtliche Phosphorsäure, aber nur 30 bis 33 % Stickstoff gefällt. Mit der von Lenk vorgeschlagenen rohen schwefelsauren Thonerde, der bisweilen auch Zinkchlorid, Eisenchlorid oder Soda zugesetzt wurde, hat die Berliner Commission[2]) ebenfalls durchaus ungenügende Resultate erhalten.

Der ABC-Process (Alum, Blood and Charcoal oder Clay). Sillar und Wigner[3]) versetzen das Kanalwasser mit einer aus folgenden Bestandtheilen zusammengesetzten Mischung: Alaun, Blut, Thon, Magnesia, mangansaures Kalium, gebrannter Thon, Kohle und Dolomit in wechselnden Verhältnissen. Die Analysen 5 bis 8 (S. 245) zeigen, dass zwar die suspendirten Stoffe entfernt werden, der Gesammtgehalt an löslichen Stoffen aber vermehrt, der Stickstoff nur wenig vermindert ist. Der in Leamington erhaltene Schlamm bestand lufttrocken aus:

Organische Stoffe (darin 1,55 Stickstoff)	34,27
Ammoniak	0,16
Phosphorsäure	1,98
Thon und andere werthlose Stoffe	56,13
Wasser	7,46

Der von der englischen Commission im Laboratorium ausgeführte Versuch mit Londoner Kanalwasser (Analysen 7 und 8) zeigt, dass der

[1]) Gesundheitsing., 1894, 9.

[2]) Reinigung und Entwässerung Berlins, Generalbericht S. 93 u. 239. Annal. d. Landw., 1869. 403.

[3]) Engineering, März 1876, S. 263; October 1877, S. 290; März 1878, S. 166; December 1880, S. 519; D. R.-P. No. 2956.

organische Stickstoff nicht ausgefällt wird, dass somit der erhaltene Dünger werthlos sein muss.

Nummer	Chemische Reinigung	Gelöst						Suspendirt	
		Organischer Kohlenstoff	Organischer Stickstoff	Ammoniak	Stickstoff als Nitrate u. Nitrite	Chlor	Gesammtgehalt	Gesammtgehalt	Darin organische Stoffe
1	Kanalwasser von Bradford . . .	63,0	5,8	18,4	0,1	65	799	510	361
2	Dass. n. d. Process Holden . . .	35,8	8,7	15,2	3,7	68	1704	0	0
3	Kanalwasser von Stroud	22,9	13,3	31,5	0,4	—	485	430	279
4	Dass. n. d. Behandl. m. Aluminiumsulfat	22,0	6,9	22,7	0,3	—	535	41	22
5	Kanalw. v. Leamington (Durchsch.)	66,6	19,5	99,9	0	153	1257	508	331
6	Dass. n. d. Behandl. m. der ABC-Mischung (Durchsch.)	61,3	19,3	110,2	0	153	1346	88	48
7	Londoner Kanalwasser	36,1	18,9	54,2	0	102	673	283	180
8	Dass n. d. Behandl. m. d. Mischung	22,6	18,8	60,9	0	102	805	Sp.	Sp.
9	Kanalwasser von Northampton .	37,0	28,6	60,0	0	—	880	831	164
10	Dass. n. d. Behandl. mit Kalk und Eisenchlorid	18,4	17,8	50,0	0	—	885	10	—
11	Abwasser einer Druckerei . . .	513,0	28,6	2,4	0	63	1630	—	—
12	Dass. n. d. Behandl. mit Kalk und Eisenchlorid und Filtration . .	445,7	35,4	4,5	0	—	2085	—	—

Sekurin oder Sulfatasche nach L. Tralls ist Haus- und Strassenmüll, versetzt mit Schwefelsäure, dessen Wirkung auf Abwasser natürlich sehr gering ist.

Nach C. G. Gsell (D. R.-P. No. 124374) wird der durch Lösungen von Eisenoxydsulfat, Eisenoxydulsulfat oder Aluminiumsulfat aus den Schmutzwässern erhaltene Niederschlag nach Neutralisirung der in ihm vorhandenen Metalloxyde durch Schwefelsäure zur Reinigung weiterer Schmutzwassermengen benutzt. Nachdem in einem geeigneten Behälter Schmutzwasser durch Zusatz von Thonerdesulfat oder Eisenoxyd- bez. Eisenoxydulsulfat gefällt worden ist, lässt man das geklärte Wasser aus demselben ab, setzt darauf dem in dem Behälter zurückgebliebenen Niederschlagsschlamm so viel freie Schwefelsäure zu, als zur Umwandlung der in dem Schlamm enthaltenen Basen zu Sulfaten erforderlich ist, lässt dann den Behälter wiederum mit Schmutzwasser volllaufen und rührt gut um, worauf alsbald der Fällungsprocess in dem neuen Schmutzwasser eintritt; dies macht sich durch Bildung von Flocken bemerkbar, welche nach und nach niedersinken, während die darüber stehende Flüssigkeit mehr und mehr eine klare durchsichtige Färbung annimmt. Alsdann lässt man das geklärte Wasser wieder ab und verfährt mit einer neuen Menge Schmutzwasser in derselben Weise wie oben beschrieben u. s. w. (?)

Phosphate wurden bereits mehrfach angewendet.[1] Wolff[2]) empfiehlt sodann eine Lösung von phosphorsäurehaltiger Schlacke, M. v. Maltzan (D. R.-P. No. 39177) sog. Thomasschlacke.

Zum Reinigen von Abwasser empfehlen C. Liesenberg und F. Staudinger (D. R.-P. No. 55281) eine Lösung von Phosphaten in Schwefligsäure:

$$Ca_3(PO_4)_2 + 4\,SO_2 + 4\,H_2O = CaH_4(PO_4)_2 + 2\,CaH_2(SO_3)_2$$

oder

$$Ca_3(PO_4)_2 + 2\,SO_2 + 2\,H_2O + x\,H_2SO_3 = CaH_4(PO_4)_2 + 2\,CaSO_3 + x\,H_2SO_3.$$

Versetzt man nun die zu reinigende Flüssigkeit mit einer derartigen Lösung, so soll man durch die vorhandenen alkalischen Erden, Metalloxyde, deren Mengen man behufs stärkerer Wirkung noch künstlich erhöhen kann, voluminöse, leicht filtrirbare Niederschläge erhalten, welche noch mit niedergerissene Farbstoffe und organische Stoffe enthalten. Das saure Phosphat soll sich in unlösliches, gesättigtes, dreibasisches Phosphat und das saure Sulfit nebst der Schwefligsäure in unlösliches Calciummonosulfit verwandeln:

$$CaH_4(PO_4)_2 + CaH_2(SO_3)_2 + 3\,Ca(OH)_2 = Ca_3(PO_4)_2 + 2\,CaSO_3 + 6\,H_2O.$$

Prange und Witthread (Engl. Pat. 6. Febr. 1872) wollen die Kanalwässer durch Zusatz von saurem Calciumphosphat und Kalkmilch reinigen.

Nach Versuchen von A. Petermann[3]) hatte Kanalwasser vor (I) und nach der Reinigung (II) nach diesem Vorschlage folgende Zusammensetzung:

	Suspendirt			Auflösung								
	Organische Substanzen	Mineral-Substanzen	Gesammt	Organische Substanzen	Mineral-Substanzen	Gesammt	Organischer Kohlenstoff	Organischer Stickstoff	Stickstoff als Ammoniak	Salpetersäure	Phosphorsäure	Chlor
I.	262	256	519	439	484	923	108	14	39	0	8	133
II.	15	42	57	175	594	769	69	9	42	0	Sp.	135

Ausserdem enthielt das geklärte Wasser 68 mg Kali. Der bei 100° getrocknete Niederschlag enthielt:

---

1) Fischer, Die menschlichen Abfallstoffe, S. 129.

2) Zeitschr. d. Ver. deutsch. Ing., 1887, 100.

3) Bulletin de la station agricole de Gembloux. No. 11.

Wasser	2,27
Organische Stoffe (mit 0,6 Stickstoff)	23,31
Sand und Thon	18,28
Mineralsubstanz (mit 4,87 in Citrat löslicher und 4,77 in Salzsäure löslicher Phosphorsäure)	56,14

Von den 52,4 mg Gesammtstickstoff wurden demnach nur 1,9 mg oder nur 3 % gefällt.

P. Beuster (D. R.-P. No. 55149) will das Abwasser mit Schwefeleisen und Magnesia versetzen.

F. Hulwa (D. R.-P. No. 56782) empfiehlt Fällung unreiner Wässer oder Abwässer mittels basischer Alkalischmelzen. Die letzteren werden erhalten durch Zusammenschmelzen von Alkalien (Soda, Ätznatron, Potasche, Ätzkali) mit Phosphorit, Feldspath, Zeolith, Schlacken, Thomasschlacken, Manganerzen oder Manganverbindungen. — Hulwa wendet ferner ein Salzgemisch von Eisen-, Thonerde- und Magnesia-Präparaten an, dessen Zusammensetzung je nach dem Wasser verschieden ist, dazu Kalk und besonders präparirte Zellfaser. Unter Umständen wird der überschüssige Kalk durch Saturation mit Kohlensäure entfernt und schliesslich Schwefligsäure in das noch schwach alkalische Wasser geleitet.[1])

K. Stammer[2]) lobt gewaltig ein von ihm, Bock und Hulwa angegebenes Verfahren, ohne aber irgend wie zu verrathen, worin dasselbe besteht; vielleicht meint er das oder vielmehr die obigen nach Hulwa.

Oppermann[3]) will das Abwasser mit ozonisirtem Dolomit versetzen; die Behauptung, dass dadurch die organischen Stoffe zersetzt würden, ist unglaublich.

Das von Dronke (D. R.-P. No. 5907) u. A. empfohlene Einpressen von Luft in das Wasser ist unbrauchbar. Auch der frühere Vorschlag von König, das Schmutzwasser über Drahtnetz rieseln zu lassen, erscheint nicht besonders empfehlenswerth. Nach Coleman[4]) ist das Lüften nur auf bereits gefaulte Stoffe von Wirkung; dann ist aber eine schwere Belästigung der Umgebung kaum zu vermeiden. Die von mehreren Seiten empfohlene Behandlung der Abwässer mit Schornsteingasen, welche gleichzeitig desinficirend und conservirend wirken sollen, wird jedem Feuerungskundigen sonderbar erscheinen.

Desinfection von Abwasser mit Chlor. M. Muspratt und E. S. Smith[5]) fanden, dass eine Lösung von Natriumhypochlorit mit

---

[1]) Hulwa und Hosemann (D. R.-P. No. 48846; Fischer's Jahresb., 1889, 555) empfehlen ferner Rührvorrichtungen zum Mischen des Abwassers mit dem Fällungsmittel.

[2]) K. Stammer, Die Reinigung der städtischen Abwässer (Breslau 1885)

[3]) Papierztg., 1889, 1512.

[4]) J. Soc. Chem Ind., 1886, 650.

[5]) J. Soc. Chem. Ind., 1898, 529.

10% wirksamem Chlor im Verhältniss 1:100 zu Abwasser gemischt, noch nach 4 Stunden mehr als 50% des ursprünglich vorhandenen Chlors enthält, und dass die Wirkung auf organische Substanzen relativ langsam erfolgt, während pathogene Keime bereits in 15 Min. getödtet werden. (Vgl. S. 155.)

Wenn man vorgeklärte Schmutzwässer, denen also bereits der grösste Theil ihrer Verunreinigungen entzogen ist, mittels Chlorkalk desinficiren will, so zeigt sich nach R. Wagnitz (D. R.-P. No. 105317), dass, falls nicht ganz frischer Chlorkalk verwendet wird, wenn jene Wasser Kohlensäure, Carbonate oder Salze des Aluminiums, Eisens, Mangans u. dgl. enthalten, selbst durch eine Filtration schwer zu beseitigende Trübungen eintreten. Diese Trübungen kann man verhüten, wenn man gleichzeitig mit oder getrennt vom Chlorkalk ganz geringe Mengen Kalk zusetzt, doch ohne das Wasser alkalisch zu machen. Nimmt man z. B. auf 100 k Chlorkalk 10 bis 20 k Aetzkalk, so entsteht kohlensaurer Kalk, sowie Hydroxydule und Hydroxyde des Eisens, der Thonerde u. dgl. von grosser Filtrationsfähigkeit, welche jene schwer abscheidbaren Trübungen umhüllen und mit niederreissen.

Wenn man Schmutzwässer, geklärt oder ungeklärt, mit Chlor oder Chlorkalk desinficirt, so kann es leicht vorkommen, dass überschüssiges Chlor in den Wässern zurückbleibt, welches dieselben ungeeignet macht, in Flussläufe entlassen zu werden. Nach P. Degener (D. R.-P. No. 107232) bringt man Torf oder Braunkohle in klein- bis grobstückigen, nicht aber pulverigen Massen in einen geeigneten Behälter und lässt die chlorhaltigen Wässer in auf- und absteigender Filtration dieses Filter passiren (vgl. S. 151).

Diese Desinfection erscheint nur bei Choleraepidemien u. dgl. wünschenswerth.

Die Reinigung des Abwassers durch Elektricität ist mehrfach empfohlen,[1] neuerdings besonders von H. Fewson (D. R.-P. No. 40427), Paterson und Cooper[2] und Webster.[3]

Nach A. Röchling[4] wurden in Salford 1383 cbm Spüljauche in 132 Stunden elektrolytisch gereinigt, was ungefähr 10,5 cbm in einer Stunde entspricht.

---

[1]) Nach einer Angabe im Génie civil (1885) 6, 227 sollen die Bacillen der Cholera und des Typhus getödtet werden, wenn durch das betreffende Wasser der Strom eines Leclanché'schen Elementes hindurchgeleitet wird, während es durch Kohle oder Eisenschwamm filtrirt; recht zweifelhaft.

[2]) D. R.-P. No. 46197; Fischer's Jahresb., 1889, 555.

[3]) Engl. Pat. 1887 No 1333; Journ. Soc. Chem. Ind., 1890, 1093 u. 1101.

[4]) Gesundheitsing., 1892, 178.

Eine kleine Compound-Dampfmaschine, mit 600 Umdrehungen und unter einem Dampfdruck von 6,8 Atm. arbeitend, war direct an den Dynamo gekuppelt, welcher eine Leistungsfähigkeit von 50 A. und 50 V. besass. Der elektrische Strom wurde vom Dynamo aus durch kupferne Streifen, auf kleinen Gerüsten ruhend, nach den Enden eines gemauerten Kanals geleitet und hier mit den gusseisernen Platten, die als Elektroden wirkten, verbunden; in diesem Kanal, welcher schlechthin der „elektrolytische Kanal" genannt wird, fand die Behandlung der Spüljauche statt. Derselbe hatte einen rechteckigen Querschnitt, war oben offen und aus Ziegelmauerwerk mit Cementverputz hergestellt. Seine Länge betrug 27,43 m, seine Tiefe 1,45 m und seine Weite, im Lichten gemessen, 0,39 m. Transversal war er in 28 Zellen eingetheilt, von denen jede 13 Platten enthielt, welche parallel mit seinen Seitenwänden in einem Abstand von 16 mm aufgehängt waren. Das Gewicht einer Platte war 96 k im Durchschnitt, die Länge 1,22 m, die Breite 0,81 m und die Dicke 12,7 mm. Sämmtliche Platten wogen 35 058 k. Das absolute Gefälle des elektrolytischen Kanals betrug 0,91 m. Die Zellen waren reihenweise verbunden, so dass der ganze Strom eine jede passirte. Die Platten waren gerade so wie in einem Accumulator vereinigt, nämlich positive und negative, Anoden und Kathoden, abwechselnd und durch hölzerne Einlagen getrennt, um kurze Schlüsse zu verhindern. In Zwischenräumen von 8 bis 10 Stunden wurde die Stromrichtung geändert, damit die gegen-elektromotorische Kraft in den Zellen nicht zu gross werde. Die Spüljauche floss durch den „elektrolytischen Kanal" hindurch in verschiedene Klärbecken und von hier durch Filter oder direct in den Fluss. Analysen ergaben (mg in Liter):

Art der Spüljauche	Mittelwerthe aus Analyse	Ammoniak	Organisch gebundenes Ammoniak	Sauerstoffverbrauch nach drei Stunden	Gelöste Stoffe		Suspendirte Stoffe	
					Glühverlust	Glührückstand	Glühverlust	Glührückstand
Ungereinigte Spüljauche . . .	70	15	7	53	308	1103	368	144
Gereinigte Spüljauche vor der Filtration	100	15	4	23	199	935	77	44
Gereinigte Spüljauche nach der Filtration	80	10	3	14	160	1044	7	3

Nach Fermi[1]) werden durch die Fällung des Eisenoxydhydrates und durch die Gasentwickelung die Schwebestoffe theils niedergeschlagen, theils an der Oberfläche der Flüssigkeit angesammelt und es entstehen

[1]) Arch. f. Hyg., (1891) 13, 207.

durch die Wirkung des elektrischen Stromes selbst mannigfaltige Zersetzungen, bei welchen Ammoniak, Sauerstoff und Chlor gebildet werden. Durch den Sauerstoff und das Chlor können leicht oxydirbare organische Stoffe oxydirt werden. Die Keime werden durch die Einwirkung des elektrischen Stromes, wie alle anderen Schwebestoffe, bloss niedergeschlagen.

Nach J. König und C. Remelé[1]) bilden sich beim Webster'schen Verfahren wesentlich Ferrohydrat und theilweise Ferrihydrat.

Das elektrische Reinigungsverfahren unter Anwendung von Eisen- oder Zink-Elektroden nach Webster ist daher nichts anderes, als ein chemisches Reinigungsverfahren und unterscheidet sich von letzterem nur dadurch, dass die fällenden chemischen Verbindungen erst durch den elektrischen Strom erzeugt werden, wobei, weil die Umsetzung stöchiometrisch verläuft, die Flüssigkeit, wenn sie ursprünglich neutral war, stets neutral bleibt.

Hermite u. Gen. wollen Meerwasser oder Chlormagnesiumlösung elektrolysiren und die Chlor-haltige Flüssigkeit dem Kanalwasser u. dgl. zusetzen. Das Verfahren ist aussichtslos.[2])

Schliesslich möge noch folgender Vorschlag erwähnt werden.

Nach H. Stitz (D. R.-P. No. 102527) wird das Kanalwasser in geschlossenen Kammern aus Stampfbeton unter Luftverdünnung durch Dampfheizung in Gasform übergeführt und der verringerte Luftdruck durch einen Dampfstrahl-Saugeapparat erzeugt, welcher gleichzeitig den entstehenden Dampf absaugt, wobei sich der abgesaugte Dampf mit dem dem Strahlapparate zugeführten Dampf mischt. Diese Dämpfe werden in einer Rohrleitung den Heizkörpern, Rippenheizrohren, zugeführt und in denselben wieder zu Wasser verdichtet. Die Rippenheizrohre vermitteln die Abgabe der Wärme des entstandenen und zugeführten Dampfes an das zu verarbeitende Wasser, und die verdichteten Dämpfe fliessen aus den Rippenheizrohren als gereinigtes destillirtes Wasser aus. Mit 1 k Dampf mittlerer Spannung soll es nach diesem Verfahren möglich sein, etwa 140 k Wasser zu verdampfen. — Wer's glaubt!

In Deutschland sind folgende grössere derartige Reinigungsanlagen ausgeführt.

Die Kläranlage für Wiesbaden (Fig. 15 bis 18) besteht aus 3 offenen Becken von je 30 m Länge, 10 m Breite und 2,3 m mittlerer Tiefe.[3]) Vor den Klärbecken befinden sich noch 3,7 m tiefe Absatz-

---

[1]) Arch. f. Hyg. (1897), 186.

[2]) Hyg. Rundsch., 1894, 337; Elektr. Zeitschr., 1894, 84; Bull. Soc. chim., 1894, 650.

[3]) Verh. d. deutsch. Ver. f. öffentl. Ges. in Frankfurt a. M. 1888.

Grundriss.
Zufluss- kanal
Siebe
Schütz
Überfall
Sand-fang
Misch- -räume
Vorkammern
Schlamm- -fänge
Klär- -becken
Umlaufkanal
Abfluss- -kanal
A
B
C
D

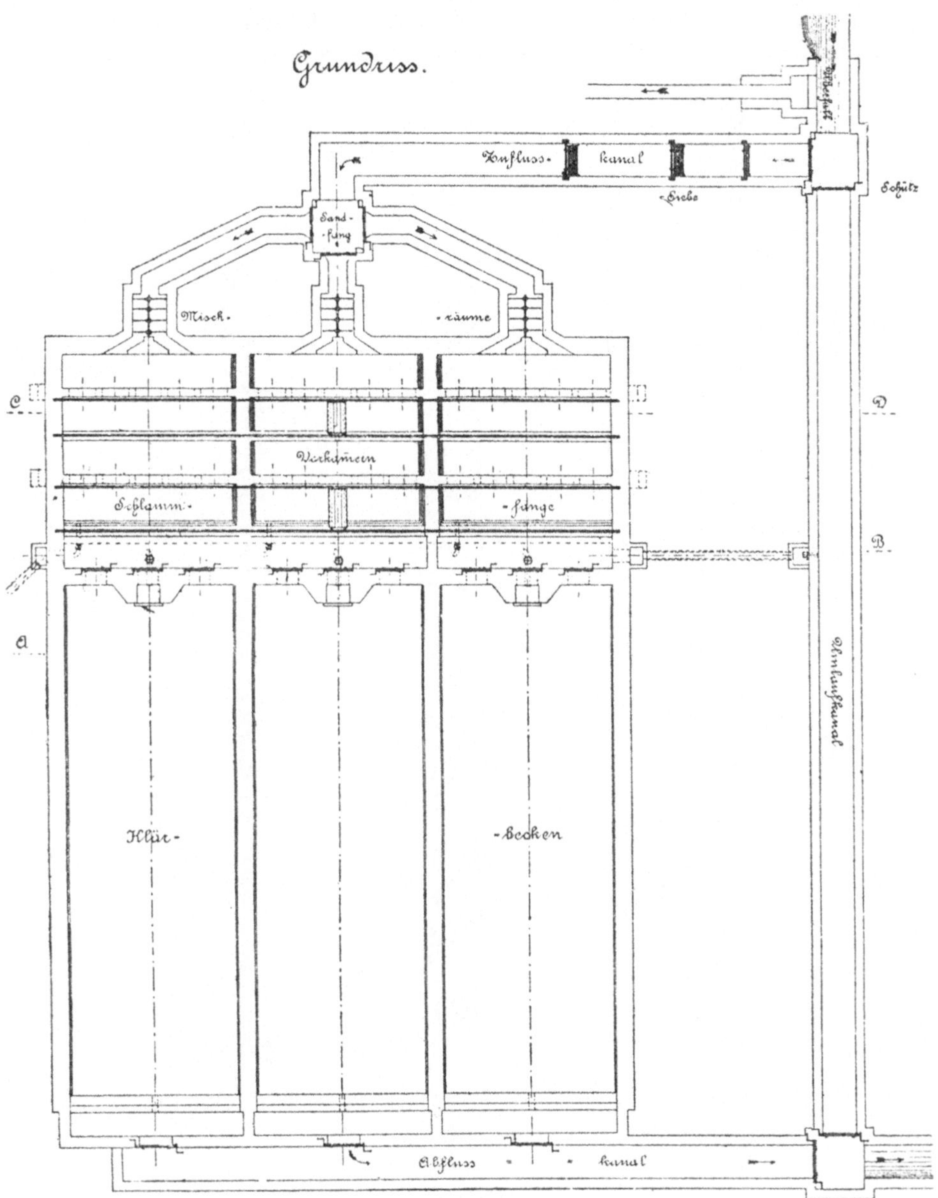

Fig. 15.

behälter. Die Grössenverhältnisse wurden darnach bemessen, dass auch bei Benutzung von nur zwei solcher Abtheilungen schon eine ausreichende

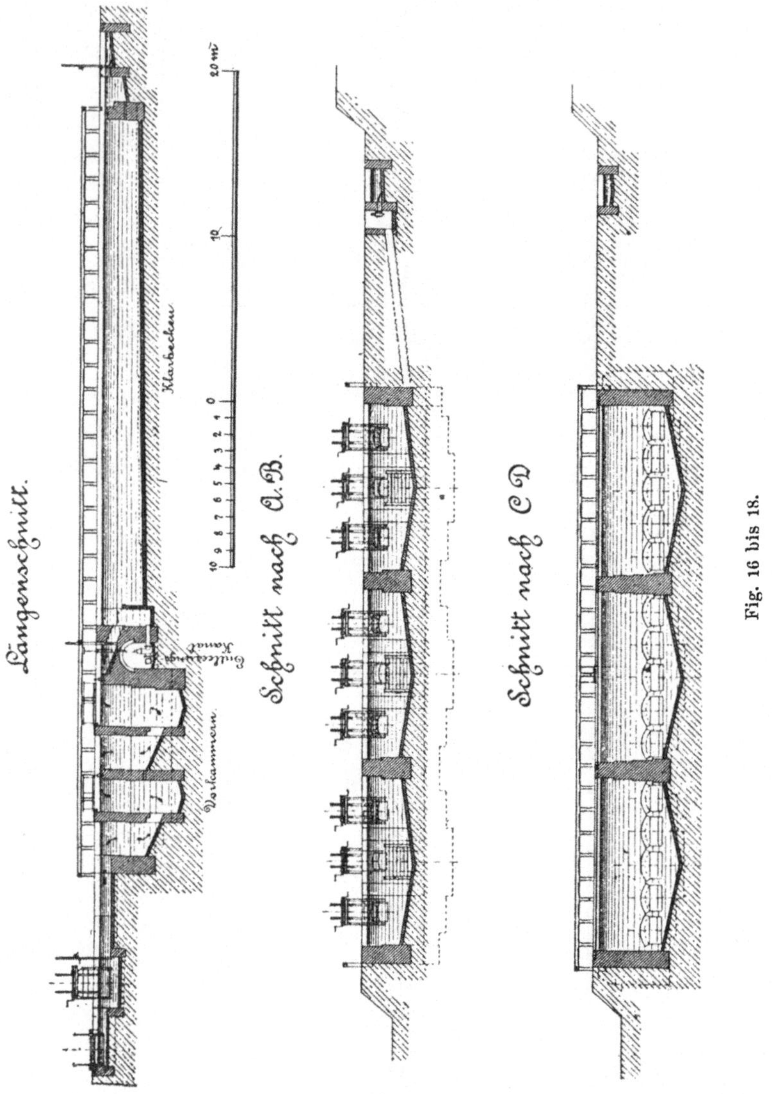

Fig. 16 bis 18.

Klärung eintritt. Die Querschnitte, welche die Wässer in jeder Abtheilung zu durchfliessen haben, sind 10 m × 2 m = 20 qm, sowohl in den Vorkammern wie in den Becken; in den ersteren wird der Querschnitt lothrecht, in den letzteren wagrecht durchflossen. Die Menge des in trockenen Zeiten abfliessenden Kanalwassers beträgt etwa 7500 cbm in 24 Stunden. Die Regenauslässe der Kanalisation sind so eingerichtet, dass am unteren Ende des Hauptsammelkanals, also in die Kläranlage, nicht mehr als das Doppelte der obigen Menge, also 15 000 cbm in 24 Stunden = etwa 173 l in der Secunde einfliessen werden. Nimmt man an, dass diese Höchstmenge durch nur zwei Abtheilungen geklärt werden soll, so würde sich bei voller Ausnutzung des Querschnittes von $2 \times 20 = 40$ qm eine mittlere Geschwindigkeit des Wassers von 4,3 mm ergeben. Bei Trockenwetter wird die Geschwindigkeit mit der Tageszeit, dem Wasserverbrauche entsprechend, wechseln und im Mittel nur 2,2 mm betragen; aber selbst wenn die Durchlaufquerschnitte nicht vollständig ausgenutzt würden, dürfte die Geschwindigkeit doch wohl 3,5 mm kaum übersteigen.

Die Länge des durchlaufenen Weges beträgt in den lothrechten Vorkammern je etwa $4 \times 3{,}7 = 14{,}8$ m, in den wagrechten Becken je 30 m, also im Ganzen je 45 m. Hiernach wird das Wasser bei Trockenwetter im Mittel 6 Stunden, bei Regenwetter 3 Stunden in der Kläranlage verweilen. Wegen des wechselnden Wasserverbrauches wird aber auch bei Trockenheit das Wasser am Tage nur etwa 4 bis 5 Stunden in der Kläranlage bleiben, während in der Nacht diese Zeit auf wenigstens 10 Stunden steigt. Die Gesammtanlagekosten belaufen sich, einschliesslich Landerwerb, auf etwa 200 000 M.

Das Kanalwasser wird in den Mischkammern mit Kalkmilch versetzt und dann ein kräftiger Luftstrom hindurchgeblasen. Es werden täglich etwa 2400 k Kalk gebraucht. Am Ausfluss wird nochmals Luft durch das Wasser geblasen.

Die Entfernung des Schlammes geschieht durch Pumpen, nachdem zuvor das über dem Schlamme stehende Wasser abgelassen worden ist. Die früher angestellten Versuche, in den lothrechten Abtheilungen den Schlamm unter Wasser zu pumpen, gelangen nur unvollkommen, da der Schlamm in diesen Abtheilungen verhältnissmässig steif und seifig war, also dem Saugkorb nicht gut zufloss; es trat vielmehr Wasser zu letzterem und verdünnte den Schlamm in zu starkem Maasse, so dass man bis zum Gelingen der dermaligen Versuche es vorläufig vorzieht, das Pumpen, wie auch aus den Becken, vorzunehmen, nachdem das überstehende Wasser abgelassen ist. Die Pumpen sind nur zum Transport von dünnflüssigem Schlamm geeignet und dies auch dann nur, wenn keine gröberen Theile, wie z. B. Kartoffelschalen, Holztheile, Lederabfälle u. dgl. in demselben enthalten sind; die letzteren gaben im Betrieb häufig zu Störungen Veranlassung, indem diese Theile sich in die Ventile der Pumpen setzten und damit deren Wirksamkeit aufhoben; ein in die Saugleitung eingesetzter Steinfang hatte keine wesentliche Besserung herbeigeführt. Zur Vermeidung dieser Missstände hat man dann von dieser Art der Saug- und Druckpumpen fast abgesehen und letztere durch einen sog. pneumatischen Apparat ersetzt. Ein eiserner Kessel von 4 cbm Inhalt wird mittels einer Luftpumpe luftleer gepumpt; in Folge dessen wird Schlamm angesogen, und nach vollständiger Füllung des Kessels wird der Schlamm durch Luft wieder aus demselben herausgedrückt und zwar nach den sogenannten Schlammfiltern. Diese befinden sich dicht neben der Kläranlage; ihr Boden besteht aus losen, groben Steinen und Kies, in welchen Sickerbohlen eingelegt sind; durch letztere wird das abfiltrirte Wasser wieder nach dem oberen Theile der Kläranlage hingeleitet, um einer nochmaligen Klärung unterzogen zu werden. Die Seitenwände der Schlammfilter bestehen vorläufig noch aus Holzbohlen, sollen aber später durch Mauern ersetzt werden Die Schlammfilter sind gewöhnlich offen, doch kann zur Abhaltung des Regens jederzeit ein leichtes Dach über dieselben gefahren werden. Jedes der 4 Filter ist 15 m lang, 10 m breit, 0,9 m hoch und ist zur Aufnahme des Schlammes aus je einer Klärabtheilung bestimmt. Die Menge der letzteren beträgt in dünnflüssigem Zustande, wie es die Pumpen liefern, etwa 250 cbm. Davon versickert und verdunstet aber sehr bald ein Theil des Wassers schon während des Pumpens, und nach Verlauf von zwei Wochen ist der Schlamm stichfest und hat nur noch einen Rauminhalt von etwa 125 cbm, also etwa der Hälfte des gepumpten Schlammes. Da sich sehr wenig Abnehmer für den Schlamm finden, so wird er in der nächsten Umgebung der Kläranlage zur Erhöhung des Platzes benutzt! (Vgl. S. 243.)

Die jährlichen Betriebskosten betragen für

Kalk	13 000 M.
Arbeitslöhne	11 000 „
Reparatur- und Unterhaltungsarbeiten .	5 000 „
Insgemein	4 000 „
Summe	33 000 M.

Dieses beträgt für Kopf und Jahr 55 Pf. Rechnet man 4 % Zinsen des Anlagecapitals von 200 000 M. und weitere 10 % Amortisation des für bauliche und maschinelle Anlagen aufgewendeten Capitals von 60 000 M., sowie 1 % des Grund und Bodens in Höhe von 140 000 M. und zieht davon ab den Erlös für verpachtete Ländereien (1000 M.), so bleibt eine Jahresausgabe von 8000 + 6000 + 1400 — 1000 = 14 400 M. oder 24 Pf. für Einwohner und Jahr. Die Gesammtausgaben, welche der Stadt Wiesbaden mithin aus der Anlage und dem Betrieb der Kläranlage erwachsen, betragen zunächst 55 + 24 = 79 Pf. für Kopf und Jahr oder bei 60 000 Einwohnern im Ganzen etwa 47 000 M.

Vom Stadtbauamt in Wiesbaden im April 1895 bewirkte Proben ergaben (für 1 l) nach J. König:[1])

Abwasser	Schwebestoffe			Gelöste Stoffe												Keime von Mikrophyten für 1 cc
						Zur Oxydation erf. Sauerstoff		Stickstoff								
	Unorganische	Organische	Stickstoff	Unorganische (Glührückstand)	Organische (Glühverlust)	in alkal. Lösung	in saurer Lösung	Gesammt-	als Ammoniak	Kalk	Magnesia	Kali	Phosphorsäure	Chlor	Schwefelsäure	
1. Ungereinigt	1710	471	23	1054	153	39	40	40	37	145	39	72	17	350	92	2610000
2. Gereinigt: a) beim Ausfluss aus den Klärteichen	26	13	1	1662	210	43	45	40	31	133	19	78	Sp.	859	61	378000
b) aus dem Mühlengraben, 400 m unterhalb . .	116	38	2	1208	170	29	31	25	23	136	31	62	3	626	41	630000

Diese Proben gehören offenbar gar nicht zusammen (vgl. S. 263).

Die Reinigungsanlage für das Abwasser von Frankfurt a. M. wurde eingerichtet, nachdem der Stadt die fernere Einführung des ungereinigten Wassers in den Main untersagt war.[2]) Das Schmutzwasser gelangt aus dem städtischen Entwässerungskanal in die sog. Zuleitungsgallerie der von Lindley[3]) erbauten Kläranlage (vgl. Fig. 19 bis 22). Diese ist so erweitert, dass sie als Sandfang dient; am Ende des Sandfanges verwehrt eine die Gallerie quer absperrende Eintauchplatte auf etwa 0,4 m Tiefe den Oberflächenabfluss, damit die schwimmenden Theile zurückgehalten werden. Die nun folgende Siebkammer ist viertheilig und durch schräggestellte Siebe abgeschlossen, durch welche die Schmutzwässer durchgeseiht und die schwebenden Stoffe zurückgehalten werden. Damit sich die Siebe nicht verstopfen und nach Bedarf gereinigt werden können, ist jede Abtheilung für sich absperrbar eingerichtet, so dass jedes Sieb einzeln gehoben und für kurze Zeit ausgeschaltet werden kann, während die anderen in Wirksamkeit bleiben. Die derartig gereinigten Schmutzwässer treten nun in die Mischkammer, in der sie mit den zugeführten Chemikalien, Kalk und schwefelsaure Thonerde, durch Mischvorrichtungen und Rührwerke innig vermengt werden. Dann fliessen die Wässer in den

[1]) König, Verunreinigung der Gewässer, 2. Aufl., S. 92.

[2]) Vgl. F. Fischer, Die menschlichen Abfallstoffe, ihre praktische Beseitigung und landwirthschaftliche Verwerthung (Braunschweig 1882), S. 85.

[3]) Verh. d. deutschen Vereins für öffentliche Gesundheitspflege in Breslau 1886 und Frankfurt a. M. 1888.

Grundriss
Pumpen-schächte
Wasser
Entleerungsrohre
Schlammrohr
Entleerungs Kanal
Ableitungs-Gallerie
Zuleitungs-Gallerie
Mischkamer
Siebe
Eingang
Eintauchplatte
Sandfang
Zufluss-Kanäle
Thonerde Leitung
Kalkmilch Leitung
Abfluss Kanal
0 5 0 10 20 30m

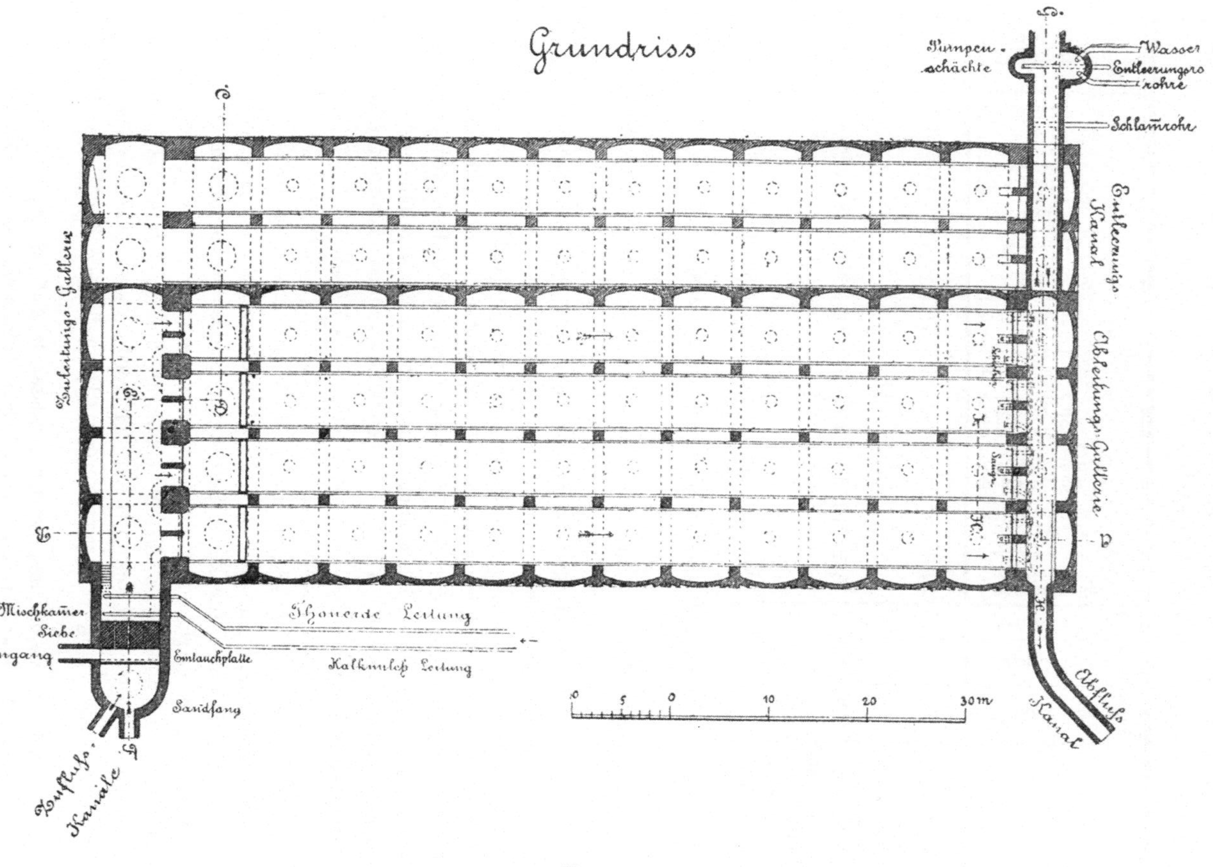

Fig. 19.

Zuleitungskanal, durch dessen Querschnittsvergrösserung sie abermals eine Geschwindigkeitsverminderung erfahren, also den durch die chemische Fällung erzeugten gröberen Schlamm daselbst zum Theil absetzen, der

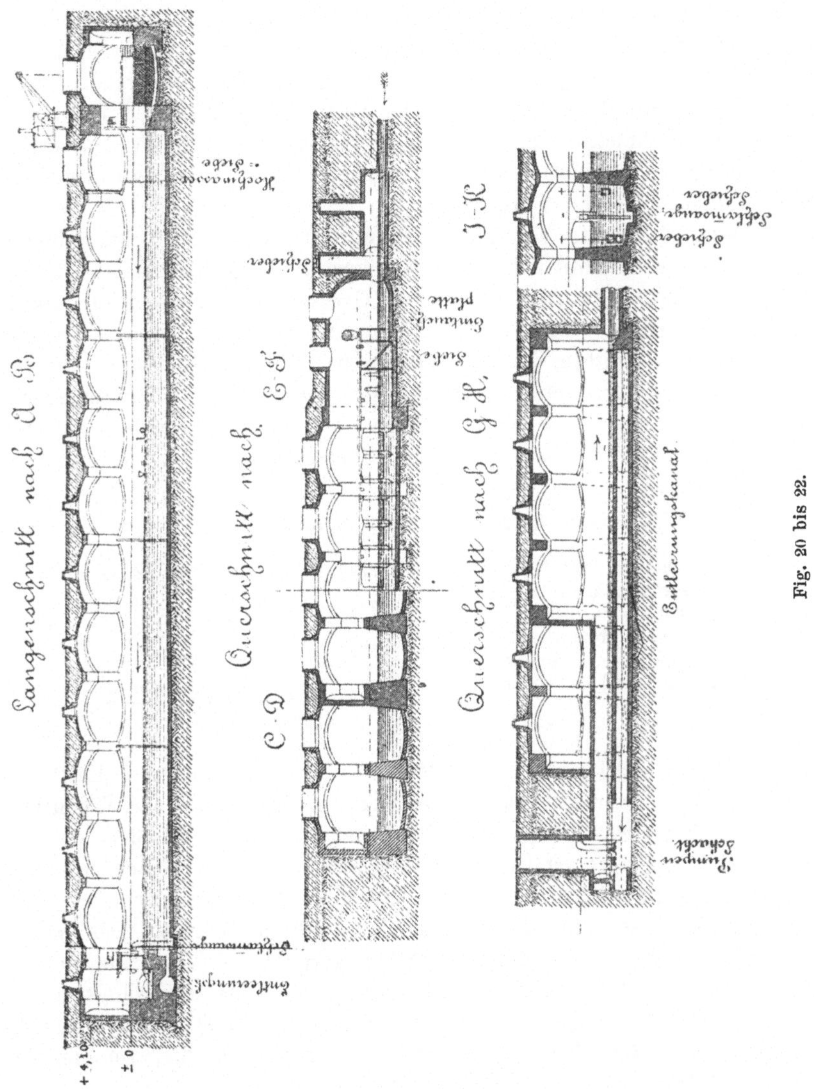

Fig. 20 bis 22.

hier mittels Baggerung zeitweilig entfernt wird. Aus diesem Kanal tritt das roh geklärte Wasser durch 2 m breite und 0,2 m hohe verstellbare Schützenöffnungen, 5 cm unter Wasserspiegel, in die eigentlichen, 6 m breiten und 80 m langen Klärbecken über. Dieselben haben eine gleichmässig geneigte Sohle, derart, dass die Wassertiefe am Einlaufe 2 m und am Auslaufe 3 m beträgt, und demnach die Durchströmungsgeschwindigkeit sich von etwa 5 mm am oberen Ende allmählich bis auf etwa 3 mm am unteren Ende des Beckens verlangsamt und so bemessen ist, dass auch die feineren Stoffe sich niederschlagen und absetzen können. Das am unteren Beckenende nun völlig geklärte Wasser fällt alsdann im regelmässigen Betriebe mit nur 3 cm Strahldicke über den festen Rücken der Ausflusswehre in die Ableitungsgallerie und wird aus dieser durch den Ablaufkanal dem Main zugeführt, woselbst die Ausmündung unter dem niedrigsten Wasserstande erfolgt. (Vgl. S. 141.)

Jedes Becken ist für die Reinigung von täglich 4500 cbm Schmutzwasser bei durchschnittlich sechsstündigem Aufenthalt desselben in der Anlage berechnet, so dass die jetzige Grösse mit 4 Becken für täglich 18000 cbm genügt. Die ganze Reinigungsanlage ist als Tiefbau ausgeführt und überwölbt, mithin den Einflüssen von Wind und Wetter und der Betriebsstörung durch den Frost entzogen. Zur Beseitigung des Schlammes, als Lichtluken und auch zur Lüftung, sind in den Gewölben Schächte angeordnet, welche bis zur Krone der Überschüttung ragen und daselbst abgedeckt sind.

Die Anlagekosten betragen, ausser Landerwerb:

Klärbecken mit Zu- und Ableitungsgallerie	435 512	M.
Maschinenhaus	73 795	„
Maschinelle Anlage	28 818	„
Betriebsmaterial	6 599	„
Düker unter dem Main	76 530	„
Bureau und Inventar	47 582	„
Zusammen	668 836	M.

Die zur Fällung verwendeten Chemikalien, Thonerdesulfatlösung und Kalkmilch, werden vom Maschinenhause aus durch eine Thonrohrleitung dem Sielwasser in der Mischkammer alsbald, nachdem dasselbe durch die Siebe gezogen ist, zugeführt und dort durch einen besonders hierfür angelegten Mischapparat mit demselben innig vermischt.

In der Regel sind alle 4 Becken zugleich im Betrieb. Das Wasser fliesst am oberen Ende, durch Schieber geregelt, ein und am unteren hinaus. Jedes Becken ist für sich unabhängig; die Trennungsmauern, welche die Pfeiler tragen, reichen über den Wasserspiegel hinaus und die Becken sind an den Enden von der Zuleitungsgallerie und von der Ableitungsgallerie durch Schieber absperrbar.

Ist ein Becken so lange im Betrieb gewesen, dass der auf dem Boden niedergeschlagene Schlamm das hierfür festgesetzte Maass erreicht hat, so wird das Becken durch diese Schieber ausgeschaltet. Nach kurzer

Ruhe wird sodann der Ablass für das Oberwasser geöffnet, wodurch die oberste Wasserschicht unmittelbar in die Ableitungsgallerie und somit in den Main abgelassen wird. Für das übrige im Becken enthaltene Wasser ist die Anwendung der künstlichen Entleerungsmittel nöthig. Zu dem Zweck befindet sich unter der Ableitungsgallerie eine Entleerungsgallerie, welche im entgegengesetzten Sinne, d. h. landeinwärts, ihr Gefälle hat und in einen in der Symmetrieaxe der Anlage angelegten Pumpbrunnen mündet. Aus diesem schöpfen die in dem Maschinenhause aufgestellten Entleerungspumpen.

In diese Entleerungsgallerie wird das Wasser aus jedem Becken durch einen Etagenablass eingeliefert. Derselbe gestattet, das Wasser, von oben anfangend, in drei Schichten nacheinander abzulassen. Man ist dadurch in der Lage, den Schlamm durch allmähliches Abzapfen des darüber stehenden Wassers soweit wie irgend möglich von Wasser zu befreien und auf diese Weise in seinem Volumen zu vermindern. Das dergestalt in den Entleerungsbrunnen eingeleitete Wasser wird durch die Entleerungspumpe in das nach dem Main führende Ausmündungssiel gepumpt. Eine Controlvorrichtung, im Maschinenhause angebracht, gestattet es, zu bestimmen, wenn dieses Wasser aufhört klar abzufliessen. Das letzte von der Schlammfläche im Becken abgezogene Wasser führt Schlammtheilchen mit sich, die eine Trübung veranlassen. Damit man nicht gezwungen sei, sofort bei Auftritt jener Trübung mit Rücksicht auf die Reinhaltung des Maines die „Wasserentleerung" einzustellen und die „Schlammentleerung" anzufangen, ist eine Anordnung getroffen, um das Wasser, welches die Entleerungspumpe herausbefördert, in diejenigen Röhren einzuleiten, welche die chemischen Fällungsmittel nach der Mischkammer führen; auf diese Art kann das mit den obersten leichtesten Schlammtheilchen getrübte Wasser abgezogen und wieder in die Zuleitungsgallerie gebracht werden.

Ist ein Becken auf diese Art von Wasser entleert, dann findet die Entleerung von Schlamm statt. Eine Schlammpumpe, im Maschinenhause aufgestellt, schöpft durch das Schlammsaugrohr, welches durch einen Saugrüssel mit einem Pumpensumpf in jedem Becken verbunden ist, den flüssigen Schlamm unmittelbar aus dem Becken und fördert ihn auf die Schlammlager.

Diese Ausschaltung und Reinigung eines jeden Beckens findet alle 8 Tage statt, so dass an jedem zweiten Tage eines von den 4 Becken gereinigt wird. Der Schlamm im Becken ist derart dünnflüssig, dass das Gefälle von 1 m auf die Länge des Beckens mit sehr geringer Nachhülfe genügt, um denselben zum Abfluss nach dem Pumpensumpf zu bringen, so dass die Beseitigung des Schlammes aus den Becken wenig kostet.

Ausser der Entleerungs- und der Schlammpumpe sind in dem Maschinenhause zwei grosse Centrifugalpumpen angebracht, welche dazu dienen, das Wasser in den Klärbecken bei Hochwasser im Main 2 bis 3 m tiefer wie letzteres zu halten, um die Entwässerung der Stadt zu solchen Zeiten vorteilhafter zu gestalten. Diese sämmtlichen Pumpen werden durch die im Maschinenhause aufgestellte Locomobile von 40 Pferdekräften betrieben. Dieselbe betreibt zugleich die Vorrichtung zur Bereitung der Fällungsmittel. Diese sind in den zwei nördlich an das Maschinenhaus angebauten Räumen untergebracht.

Es wird eine schwefelsaure Thonerde verwendet, welche 14% reine Thonerde enthält; durch in der Thonerde enthaltenes Kieselsäurehydrat wird eine Beschleunigung in der Fällung und ein leichter zu behandelnder Schlamm erzielt. Die Thonerde wird in 4 grossen, mit Blei ausgeschlagenen Bottichen durch ein Dampfrührwerk gemischt, die Kalkmilch durch zwei Kollergänge, welche selbstthätig durch ein Paternosterwerk gespeist werden, angerührt.

Es ist Werth darauf gelegt, die Beimengung zum Sielwasser soweit wie möglich dem Bedarf anzupassen. Dieser wechselt sowohl nach der Menge des in die Klärbecken jeweils einfliessenden Wassers, wie nach seiner Qualität. Es hat sich gezeigt, dass die rasche Ableitungsfähigkeit des Sielnetzes einerseits und dessen Selbstreinigung andererseits ein ausserordentlich rasches Wechseln in Menge und Beschaffenheit des Wassers je nach den Tagesstunden herbeiführt. Es sind zwei Steigerungen in dem Schmutzgehalt und in der Menge des Sielwassers, Vormittags und Nachmittags, deutlich erkennbar, während Nachts das Abflusswasser verhältnissmässig klar ist. Die Abflusszeit aus der Stadt nach den Klärbecken ist 3 bis 4 Stunden im Mittel. So kennzeichnet sich jeder Vorgang in der Stadt, in dem Abfluss am Klärbecken markirt, 3 bis 4 Stunden später. (Vgl. S. 111.)

Um die Beimengung diesem Wechsel anzupassen, wird zunächst durch eine Schwimmervorrichtung die in den beiden Hauptsielen abfliessende Wassermenge fortdauernd durch elektrische Uebertragung am Klärbecken angezeigt, die Beschaffenheit des Abwassers wird durch Proben am Einlauf nach 8 Stufen bestimmt und danach die beizumischende Menge der Chemikalien festgestellt. Aus dem Auflöse- und Rührbottiche fliesst die aufgelöste Thonerde in ein Gefäss, aus welchem dieselbe durch 12 verschiedene Aichöffnungen, wovon jede 5 l der Lösung die Minute liefert, in die Leitung nach der Mischkammer fliesst. Nach Menge und Beschaffenheit des Schmutzwassers wird im Klärbecken die Anzahl der Aichöffnungen bestimmt, welche fliessen müssen, um die erforderliche Menge an Chemikalien zu geben, und dieses wird im Maschinenhause telegraphisch angezeigt. Diese Bestimmung findet jede halbe Stunde statt. Im Durchschnitt werden auf je 6000 cbm Sielwasser 1 t schwefelsaure Thonerde zugesetzt; die zugesetzte Kalkmenge verhält sich zu jener der Thonerde wie 1 zu 4.

Westlich des Maschinenhauses liegen die Schlammbehälter, in der Erde eingegrabene und eingedämmte Behälter, in welche der flüssige Schlamm gepumpt wird, um dort durch Entwässerung und Verdunstung einen Theil seines Wassergehaltes zu verlieren.

Die Betriebskosten sind veranschlagt:

Gegenstand	Betrag	
	jährlich Mark	für 1 cbm Pfennige
Löhne	50 000	0,5
Maschinenbetrieb	10 000	0,1
Füllungsmittel	84 000	0,84
Werkzeuge u. Verschied.	6 000	0,06
	150 000	1,5

Dies entsprach den thatsächlichen Ausgaben des ersten Betriebshalbjahres; seitdem ist es möglich gewesen, Verminderungen namentlich in der Verwendung der Chemikalien eintreten zu lassen in Folge der vorher beschriebenen Einrichtungen, durch welche der Zusatz genau nach dem Bedarf geregelt wird, so dass man hofft, mit 1 Mark auf den Kopf der Bevölkerung (150 000) die Anlage auch verzinsen zu können.

Die Untersuchungen des zu- und abfliessenden Wassers wurden von Lepsius ausgeführt (s. Tabelle S. 262). Die von Libbertz ausgeführte bakteriologische Untersuchung ergab in 1 cc Kanalwasser 3 000 000 entwicklungsfähige Keime, am Auslauf aus den Klärbecken bei der mechanischen Klärung (4) rund 3 350 000, bei der Thonerdeklärung 380 000 und bei der Kalkklärung 17 500 Keime. Bei der rein mechanischen Klärung sowohl wie auch bei Kalk allein machte sich ein starker Geruch im Absatzbecken und des Schlammes sehr bemerkbar. —

Die zu den von B. Lepsius ausgeführten Analysen (Tabelle S. 262) dienenden Wasserproben wurden (mit Ausnahme von Vers. 6) gleichzeitig vom zufliessenden Sielwasser (S), bei der Einlaufgallerie nach Zufluss der Chemikalien (E) und beim Abfluss (A) Mittags 12 Uhr genommen, ohne Rücksicht darauf zu nehmen, dass das in die Kläranlage einfliessende Wasser erst 6 Stunden später abfliesst. Berücksichtigt man ferner, dass die Abflusszeit aus der Stadt nach dem Klärbecken 3 bis 4 Stunden im Mittel ist (S. 260), so ist das um 12 Uhr Mittags aus der Kläranlage abfliessende Wasser um 4 bis 5 Uhr Morgens in die Kanäle gelangt, d. h. zu einer Zeit, wo eine Verunreinigung des Abwassers kaum statt findet. Das um 12 Uhr zufliessende Wasser ist aber etwa um 8 Uhr in die Kanäle gelangt, d. h. zu einer bez. Verunreinigung mit Abortstoffen u. dgl. recht kritischen Zeit. (Vgl. S. 111.)

	Suspendirt:					Gelöst:									
			Organ. Stoffe				Mineralstoffe					Organische Stoffe			
													Stickstoff		
	Summe	Glührückstand	Summe Glühverlust	organ. Stickstoff	oxydirbar durch Sauerstoff	Summe	Summe Glührückst.	Thonerde und Eisenoxyd	Kalk	Schwefelsäure	Chlor	Glühverlust	organisch	Ammoniak	oxydirbar durch Sauerstoff
	mg	mg	mg	mg	mg	mg	mg	mg	mg	mg	mg	mg	mg	mg	mg
1. S	623	232	390	30	50	961	365	77	32	59	192	596	2,4	110,2	28,1
1. E	642	276	366	25	46	752	503	29	100	149	177	249	3,9	114,7	18,5
1. A	212	80	132	10	4	747	519	32	102	199	135	228	0	59,0	19,2
2. S	1658	505	1153	115	183	1522	460	7	17	53	—	1062	25,2	42,0	24,2
2. E	3520	1597	1923	90	118	1015	550	5	93	219	—	465	0	57,1	13,4
2. A	110	44	66	0	17	1118	759	6	185	220	—	259	21,2	44,9	15,3
3. S	1490	510	980	55	90	420	40	24	105	82	—	380	10,0	45,9	10,2
3. E	1150	440	710	30	162	775	485	8	180	220	—	290	8,4	51,5	14,7
3. A	119	20	99	4	33	836	503	7	208	223	—	333	23,2	45,1	3,7
4. S	864	220	644	41	106	831	515	2	138	155	—	316	2,3	28,3	12,4
4. E	929	434	495	16	71	831	492	2	131	151	—	339	7,7	32,0	2,7
4. A	155	63	92	10	24	683	375	8	121	120	—	308	3,9	30,3	9,5
5. S	486	66	420	16	164	768	384	25	87	60	—	384	12,1	80,1	18,7
5. E	487	100	387	—	5	967	490	113	50	20	—	477	—	176,0	2,7
5. A	140	98	42	3	5	920	470	90	84	22	—	450	11,9	119,4	2,3
6. S	588	238	350	15	127	774	350	19	102	10	—	424	14,1	77,0	12,8
6. A	93	54	37	0	12	1095	700	82	62	23	—	395	4,7	70,3	16,6
7. S	1121	471	650	41	47	727	415	60	56	57	31[1])	312	8,0	78,7	20,9
7. E	855	570	285	25	29	687	515	68	39	65	7	173	16,0	63,4	12,3
7. A	79	69	10	10	12	675	335	72	69	75	20	340	0	35,2	10,7

1. Auf 1 l Sielwasser 180 mg Thonerdesulfat und 37 mg Kalk.
2. „ 1 „ „ 160 „ „ „ 40 „ „
3. „ 1 „ „ 214 „ Kalk.
4. Ohne Zusatz.
5. Mit Eisenvitriol und Kalk, auf 100 Th. Vitriol 35 Th. Kalk; Probenahme Mittags 12 Uhr.
6. Desgl., Durchschnittsprobe.
7. Auf 1 l Sielwasser 17,6 mg Phosphorsäure und 110 mg Kalk; Probenahme Mittags 12 Uhr.

Dass thatsächlich die Analysen der einzelnen Versuchsreihen nicht unter sich vergleichbar sind, bestätigen für die erste Versuchsreihe die

[1]) Phosphorsäure.

Chlorbestimmungen, welche leider bei den übrigen Analysen nicht angegeben werden, obgleich gerade diese für die vorliegende Frage die Vergleichbarkeit der Proben hätte erkennen lassen, da durch die Reinigung der Chlorgehalt nicht geändert werden kann. Wie ist es ferner möglich, dass bei der 2. Versuchsreihe der Kalkgehalt von 17 auf 185 mg, oder in der 3. Versuchsreihe mit ausschliesslicher Kalkreinigung der Schwefelsäuregehalt von 82 auf 224 mg steigen, im 5. Versuch trotz Zusatz von Eisenvitriol von 60 auf 20 mg fallen, in der ersten Reihe aber der Ammoniakgehalt von 115 auf 59 mg fallen soll?

Für die Beurtheilung der vorliegenden Frage über die Wirksamkeit dieser Reinigungsverfahren sind diese Analysen somit keinesfalls verwendbar. Hierfür wäre erforderlich gewesen, dass die Probe des abfliessenden Wassers 6 Stunden später genommen wäre, oder besser, dass beim Einlauf während 24 Stunden stündlich eine Probe genommen wäre, um diese gemischt zu untersuchen, desgl. beim Auslauf, nur dass hier die Probenahme 6 Stunden später beginnen bez. aufhören müsste (S. 111). Eine ähnliche Probenahme hat nur bei dem später[1]) veröffentlichten Versuch 6 stattgefunden. Dieser zeigt aber auch, dass der Gehalt an gelösten organischen Stoffen und Ammoniak nicht nennenswerth vermindert, die Oxydirbarkeit sogar erhöht ist. Die Zusammensetzung des mechanisch abgesonderten (1) und des durch den Eisensulfat- und Kalkzusatz erzeugten (2) Schlammes bestätigt die geringe Wirkung.

1 l Schlamm enthält g:	Vers. 6		Vers. 7
	1. Am Sandfang abgesiebt	2. Von der Schlammpumpe	3. Schlamm m. Phosphorsäure
Feste Stoffe	190,36	33,43	177,90
Mineralstoffe (Glührückst.)	57,32	15,35	112,90
Eisen und Thonerde	7,00	5,98	11,50
Magnesia	Sp.	0,22	0,24
Kalk	3,26	5,52	3,80
Schwefelsäure	0,44	0,72	0,30
Kali	0,08	0,06	1,76
Phosphorsäure	1,30	0,21	2,94
Organ. Stoffe	133,04	18,08	65,00
„ Stickstoff	—	0,67	0,66
Ammoniakstickstoff	0,08	0,32	0,32

[1]) Jahresb. d. Physikal. Ver. zu Frankfurt, 1890, S. 62. Lepsius (das. 83) meint, dass mit den Frankfurter langen Klärbecken auf rein mechanichem Wege mindestens dasselbe erreicht werde, als in kürzeren Klärbecken mit Hülfe eines Zusatzes von Chemikalien.

Selbst bei Mitverwendung von Phosphorsäure (3) ist der Düngerwerth sehr gering.[1])

Nach Bechhold[2]) vereinigen sich die Sielwässer von Frankfurt und Sachsenhausen in einem Bassin und werden, nachdem sie zur Entfernung der gröberen Bestandtheile einen Sandfang, Eintauchplatten und grobmaschige Siebe passirt haben, in der Mischkammer mit einer Lösung von schwefelsaurer Thonerde, dann mit Kalkmilch versetzt. (S. 258.) Das Wasser durchfliesst nun von einer gemeinsamen Einlaufgallerie aus 4 Klärkammern mit einer Durchschnittsgeschwindigkeit von 6 bis 8 mm für 1 Secunde, wobei sich die schwebenden Bestandtheile am Boden absetzen. Das geklärte Wasser fliesst in den Main. Der in der Einlaufgallerie und den Kammern sich ansammelnde Schlamm wird von Zeit zu Zeit in benachbarte Schlammbecken gepumpt.

Der Klärbeckenschlamm enthält ein leicht verseifbares Gemisch von Fetten und freien Fettsäuren; ein Theil der letzteren ist an Basen gebunden. Abgelagerte Schlammproben aus dem Schlammbecken hatten einen Fettgehalt von 2,27 %, von denen 27,8 % an Basen gebundene Fettsäuren waren. Der frische, den Kammern entnommene Schlamm zeigte einen Gesammtfettgehalt (einschl. gebundener Fettsäuren), der je nach der Entnahmestelle und der Zeit der Entnahme 3,38 bis 26,79 % beträgt. Der an der Wasseroberfläche der Kammern flottirende Schaum enthält bis 80,29 % Fett (einschl. gebundener Fettsäuren). Die grösste Menge des von den Sielwässern mitgeführten Fettes setzt sich von der Mitte bis zum Ende der Klärkammern nieder, während der Schlamm der Einlaufgallerie einen relativ geringen Fettgehalt aufweist. Unter Zugrundelegung der Probenahmeergebnisse von Mai bis Juli 1893 wurden im Jahre 1893 etwa 698 476 k Fett von den Frankfurter Sielwässern weggeschwemmt; das ergiebt auf den Kopf der Bevölkerung etwa 3,58 k pro Jahr (aus Seife, unverdautem Fett, Spülicht u. s. w.). Die an Basen gebundenen Fettsäuren werden allmählich und erst bei Zusatz grösserer Säuremengen (35 bis 50 Gewichtsproc.) vollständig frei. Die zugesetzte Schwefelsäure dürfte sich zunächst mit dem Kalk, weitere Mengen mit Aluminium und Eisen

---

[1]) In Frankfurt finden die Ablagerungen der Klärbecken keinen Absatz; auch London und Edinburg sind in arger Verlegenheit, trotz gegentheiliger Versicherungen, die zuweilen über die Verwerthung der Abfälle in der Landwirthschaft gemacht werden. — Die Stadt Edinburg hat kürzlich 1520 Rundschreiben an die Landwirthe verschickt und Angebote auf 51 900 T. städtischer Abfälle und Dünger eingefordert. Die eingegangenen 47 Angebote verlangten sämmtlich, dass die Stadt auch die Transportkosten tragen solle, einzelne Landwirthe verlangten sogar noch ausser freier Lieferung aufs Land auch noch einen Zuschuss für jede Tonne Dünger. (Centr. f. Bauverwalt., 1892, No. 22.)

[2]) Fischer's Jahresber., 1899, 476.

verbinden. Das in dem Klärbeckenschlamm aufgehäufte Fett wird binnen wenigen Monaten bis auf einen kleinen Bruchtheil durch die Thätigkeit von Mikroorganismen vernichtet (wahrscheinlich zu Kohlensäure oxydirt), und zwar findet diese Aufzehrung vollständiger im Dunkeln und bei Sommertemperatur als im Hellen und bei Wintertemperatur statt.

M. Nahnsen[1]) verwendet Aluminiumsulfat, lösliche Kieselsäure und Kalkmilch. Das Verfahren wird von R. Müller & Co. ausgeführt.

Bei der für täglich 3000 cbm bestimmten Anlage in Halle a. S.[2]) wird das Schmutzwasser selbstthätig mit den Reagentien versetzt,[3]) durch Räder gemischt, durch brunnenartige Klärbehälter (Fig. 23 u. 24) geleitet;

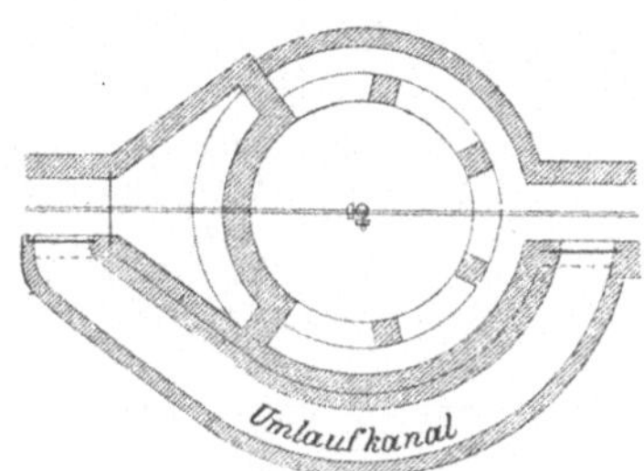

Fig. 23.

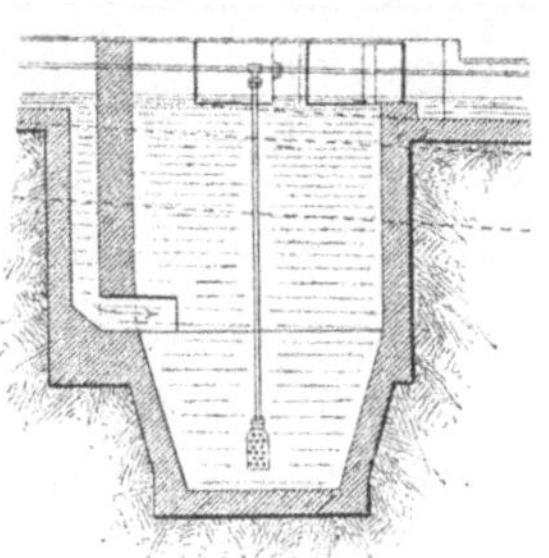

Fig. 24.

der abgesetzte Niederschlag wird ausgepumpt und in Filterpressen entwässert. Die Gebäude und Brunnen kosten 25000 M., die Maschinen 10000, zusammen 35000 M. Die Kosten des täglichen Betriebes stellen sich folgendermassen:

Zwei Arbeiter	5,00 M.
43,3 k Müller-Nahnsen'sches Präparat	4,33 „
230,5 k Kalk (100 k 2 M.)	4,61 „
10 cbm Gas à 13,5 Pf. (Selbstkostenpreis der Stadt)	1,35 „
7 cbm Wasser à $7^1/_2$ Pf.	0,53 „
Für Filtertücher täglich	1,00 „
Für Koks zum Verbrennungsofen	0,65 „
Für Oel, Putzwolle u. dgl.	0,53 „
Summe der täglichen Betriebskosten:	18,00 M.

Auf das Jahr berechnet, würde das ergeben 6570 M. bei einer Einwohnerzahl von 10000, welche sich auf dem bis jetzt bebauten Theil dieses südlichen Kanalgebietes befindet.

[1]) D. R.-P. No. 31864 und 32638; Fischer's Jahresb., 1885, 1193.

[2]) Verh. d. deutsch. Ver. f. öffentl. Gesundheitspflege in Breslau 1886 und Frankfurt 1888.

[3]) Derartige Vorrichtungen wurden angegeben von Müller & Co. (D. R.-P. No. 33831), R. Reckleben (D. R.-P. No. 46196), Froitzheim (D. R.-P. No. 44799; Zft. f. ang. Chem., 1888, 669) u. A. (vgl. S. 144).

J. König fand in dem so behandelten Kanalwasser aus Dortmund vor (I a) und nach der Reinigung (I b), in entsprechenden, von der Firma eingesandten Proben aus Ottensen vor (II a) und nach der Reinigung (II b) und in den vom Magistrat in Halle eingesandten Proben (III a bez. III b) mg im Liter:

	Suspendirt:			Gelöst:								
	Mineralstoffe	Organische Stoffe	Stickstoff darin	Mineralstoffe	Organische Stoffe (Glühverlust)	Zur Oxydation erforderlicher Sauerstoff	Organischer Stickstoff	Ammoniakstickstoff	Phosphorsäure	Kali	Kalk	Chlor
I a	296	371	37	—	—	103	15	21	—	—	124	114
b	73	Sp.	0	—	—	146	12	18	—	—	354	117
II a	219	442	24	1450	367	115	21	47	23	81	147	628
b	19	Sp.	0	1204	471	146	20	42	1	77	388	355
III a	612	405	41	2829	546	169	6	58	36	99	277	1136
b	0	0	0	1835	368	210	18	49	Sp.	90	302	604

Die Chlorgehalte der vier letzten Analysen zeigen, dass diese Proben einander jedenfalls nicht entsprechen. Schlammproben aus Ottensen enthielten:

	I	II
Wasser	68,91	67,68
Organische Stoffe	8,77	10,91
In letzteren: Stickstoff	0,309	0,346
Mineralstoffe	22,32	21,41
In letzteren: Phosphorsäure	0,398	0,411
Kalk	10,62	9,60
Unlöslicher Rückstand	4,04	5,64

Der Düngerwerth desselben ist somit gering.

B. Drenckmann theilt in einem Gutachten an den Magistrat der Stadt Halle verschiedene Analysen von Kanalwasser vor und nach der Reinigung durch dieses Verfahren mit, von denen folgender — ausdrücklich als normal bezeichneter — Versuch angeführt werden möge.

(Tabelle siehe S. 267.)

Die Gehalte an Chlor und Alkalien zeigen, dass die Proben gar nicht zusammengehören können; alle diese Analysen beweisen somit für das Verfahren gar nichts. —

In Dortmund werden nach Reichling[1]) täglich etwa 11000 cbm Abwasser gereinigt durch Zusatz von 300 g Aetzkalk und 30 g

[1]) Zeitschr. d. Ver. deutsch. Ing., 1890, 1115.

(Tabelle zu S. 266.)

Halle	Kanalwasser gelöst	Kanalwasser suspendirt	Gereinigt
Gesammtgehalt	5308	1405	1701
Glühverlust	1276	1149	271
Schwefelwasserstoff	6	—	0
Gesammtstickstoff	98	51	25
Phosphorsäure	59	52	10
Sauerstoff z. Oxyd. erford. . .	676	234	165
Chlor	1598	—	305
Natron	598	—	499
Kali	221	—	190

schwefelsaurer Thonerde auf 1 cbm zu reinigenden Wassers. Es sind 6 Stück Senkbrunnen im Betriebe von je 6,5 m Durchmesser und der grössten Tiefe von 12 m. Das klare Wasser fliesst oben ab, während die Senkstoffe aus dem unteren spitzen Theile des Brunnens mittels eines luftleer gemachten Behälters gleich so hoch angesogen werden, dass sie selbstthätig nach den Schlammlagerplätzen abfliessen. Das im Schlamm noch enthaltene Wasser wird durch Drainröhren abgeleitet, während der festwerdende Schlamm als Dünger abgefahren wird. Die Kosten belaufen sich monatlich auf 2700 M. und stellen sich wie folgt zusammen:

Arbeitslöhne	650 M.
Chemikalien	1580 „
Kohlen, Schmiermaterialien, Pumpenreparaturen u. s. w.	400 „
Herrichten der Schlammlagerplätze, Dainiren, Anfahren von Asche u. s. w.	70 „
Zusammen rund . .	2700 M.

Die Abwässer der Arbeitercolonie von Fr. Krupp in Essen werden mit Kalkmilch versetzt, dann mit Eisenvitriol. Von F. Salomon entnommene Durchschnittsproben hatten nach König (a. a. O. S. 168) folgende Zusammensetzung:

	Suspendirt: Unorganische	Suspendirt: Organische	Suspendirt: Stickstoff in letzteren	Gelöst: Mineralstoffe	Gelöst: Organische Stoffe (Glühverlust)	Gelöst: Zur Oxydation erforderlicher Sauerstoff	Gelöst: Organischer Stickstoff	Gelöst: Ammoniakstickstoff	Gelöst: Phosphorsäure	Gelöst: Kali	Gelöst: Chlor	Gelöst: Kalk	Gelöst: Schwefelsäure
Ungereinigt	1540	2709	67	584	344	208	28	25	28	105	170	74	44
Gereinigt .	171	14	Sp.	855	338	182	29	21	Sp.	84	178	236	131
Ungereinigt	1931	1152	35	492	310	82	13	26	26	52	149	88	32
Gereinigt .	28	26	Sp.	566	227	99	17	16	Sp.	42	149	168	89

Probe I hatte $1^1/_2$ Millionen Keime, nach der Reinigung nur 200. Die Stadt Essen[1]) verwendet die Heberkessel von Röckner-Rothe. Das mit Kalkmilch und Aluminiumsulfat versetzte Wasser gelangt in

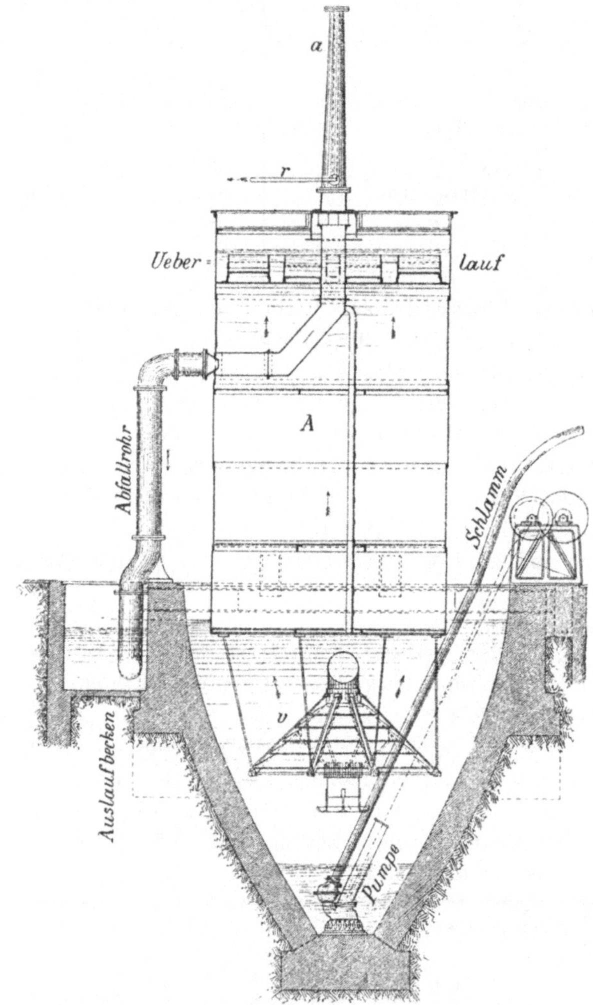

Fig. 25.

eine Vertiefung, steigt durch einen sog. Stromvertheiler v (Fig. 25) in einem etwa 8 m hohen Kessel A auf, weil durch Rohr r aus der Spitze

1) Verh. d. deutsch. Ver. f. öffentl. Gesundheitspfl. in Breslau 1886 und Frankfurt 1888.

der Verlängerung *a* die Luft abgesaugt wird, bis das Wasser den Ueberlauf erreicht und nun durch das Abfallrohr abfliesst. Das geklärte Wasser fliesst somit durch Heberwirkung ununterbrochen ab; der Schlamm wird durch eine Pumpe herausgeholt.

Nach erfolgter Abrechnung haben die Kosten für die Herstellung der ganzen Kläranlage, also für den Grunderwerb, für den Bau des Wehres, der Rinnen und der 5 Brunnen, für die Lieferung und Aufstellung der 4 Cylinder, für den Bau des Betriebsgebäudes und der Dienstwohnungen, für Lieferung und Aufstellung der Kessel, Maschinen, Pumpen, Rührbottiche, Mischpfannen, des Aufzuges, der Transportwagen, der Transmissionen, Riemen, für den Bau der Ablagerungsbecken, der Rohrleitungen, für Herstellung des gepflasterten Zufuhrweges, der Befestigung des Platzes, der Gas- und Wasserleitungen, kurz für die vollständig fertige, betriebsfähige Reinigungsanlage 228 573 M. betragen. Von diesen Kosten kommen auf den Grunderwerb 11 200 M., welche mit 4 % verzinst werden müssen, auf die 4 Cylinder 82 000 M., die 6 % Verzinsung, Amortisation und Unterhaltung erfordern, auf Maschinen, Kessel, Transmissionen, Pumpen, Aufzug, Kalkpfannen 22 800 M., welche jährlich 12 % erfordern, auf Gebäude 34 000 M. mit jährlich 6 %, auf das Wehr, die 5 Brunnen, 4 Schlammbecken, Wegeanlagen, Löhne, insgemein 44 400 M., wofür ebenfalls 6 % genügen. Für Verzinsung, Amortisation und Unterhaltung der Reinigungsanlage sind daher zu berechnen:

11 200	M. zu	4 %	. . . .	448 M.
82 200	„ „	6 „	. . . .	4 920 „
22 800	„ „	12 „	. . . .	2 736 „
34 000	„ „	6 „	. . . .	2 040 „
44 400	„ „	6 „	. . . .	2 664 „
			Zusammen	12 808 M.

Die jährliche Gesammtlast, welche der Stadt Essen durch die Reinigung ihrer Abwässer erwächst, beträgt 42 058 M.; auf den Kopf der Bevölkerung kommen daher 4 205 800 : 68 000 = 62 Pf.

König (a. a. O. S. 188) fand in dem Abwasser vor und nach der Reinigung:

	Suspendirt:			Gelöst:								
							Stickstoff					
	Unorganische	Organische	in letzteren Stickstoff	Mineralstoffe	Organische Stoffe (Glühverlust)	Zur Oxydation erforderlicher Stickstoff	als Ammoniak	in organischer Verbindung	Kalk	Kali	Phosphorsäure	Chlor
Ungereinigt .	105	213	19	614	229	87	31	19	77	65	13	234
Gereinigt . .	96	6	Sp.	713	289	118	25	22	201	60	2	?

Zweie Schlammproben hatten folgende procent. Zusammensetzung:

	I	II
Wasser	72,65	76,74
Organisch	7,03	5,36
Stickstoff	0,24	0,22
Phosphorsäure	0,40	0,22
Kalk	4,23	3,72
Fe_2O_3 und Al_2O_3	2,46	2,68

Die Röckner-Rothe'sche Kläranlage in Potsdam ist nach B. Proskauer und Nocht[1]) für die Abwässer von 2300 Einwohnern bestimmt. Zur Untersuchung wurden folgende Proben genommen:

1. Die zu reinigende Jauche aus dem sogenannten Tiefbrunnen, bevor dieselbe mit den Chemikalien zusammenkommt.

2. Die mit Chemikalien vermischte Jauche aus dem Mischkanal kurz vor ihrem Eintritt in den Klärbrunnen.

3. Geklärte Jauche unmittelbar nach ihrem Austritt aus dem Thurm und vor ihrem Eintritt in den Abflusskanal nach der Havel.

4. Geklärte Jauche am Ende dieses Kanals vor ihrem Eintritt in die Havel.

5. Havelwasser, gemischt mit geklärter Jauche. Bei der ersten Entnahme am 30. October 1889 wurde diese Mischung in etwa 1 m Entfernung, bei der zweiten Entnahme am 4. December 1889 in etwa 0,5 m Entfernung von der Einmündungsstelle des Abflusskanals geschöpft.

6. Havelwasser 10 m unterhalb der Einmündungsstelle der Probe No. 4 in die Havel.

7. Wasser aus der Mitte der Havel, oberhalb und unterhalb der Mündungsstelle des Abflusskanals.

(Tabelle siehe S. 271.)

Bei der zweiten Versuchsreihe (4. Dec. 1889) wurde das Kanalwasser zu Beginn (1a) und gegen Ende des Pumpens (1b) untersucht; während einer Versuchsreihe schwankte darnach besonders der Stickstoffgehalt des Abwassers bedeutend. Bei dieser zweiten Versuchsreihe wurde auch das Havelwasser 100 m oberhalb des Ablaufes (7b) untersucht; durch den Eintritt der geklärten Flüssigkeit stieg somit der Keimgehalt des Havelwassers von 1800 auf 6500. Auch diese Analysen sind — wie der Chlorgehalt zeigt — nicht vergleichbar.

Der hier gebräuchliche Kalkzusatz von 0,6 k Kalk auf 1 cbm Abwasser erscheint zu gering, da noch ein Theil desselben von den anderen (geheim gehaltenen) Zusätzen neutralisirt wird. Wie nachfolgende Zu-

---

[1]) Zeitschr. f. Hygiene (1891), 10, 70.

(Tabelle zu S. 270.)

	Decantirte Flüssigkeiten (mg im Liter):							Suspend. Stoffe (mg im Liter):				Anzahl der Keime in 1 cc
	Abdampf-rückstand	Glühverlust	Kalk	Chlor	Oxydirbarkeit (ausgedrückt als Kalium-permanganat)	Gesammtstickstoff	Stickstoff in Form flücht. Verbindungen (Ammoniak u. s. w.)	Gesammt	Glühverlust	Gesammtstickstoff	Stickstoff als Ammoniak u. s. w.	
1	1839	532	62	110	414	204	110	143	62	17	—	257 Millionen
2	1868	374	177	312	364	196	83	2831	1181	28	5	340 000
3	1600	341	108	238	276	210	146	—	—	—	—	3 000
4	1586	390	106	75	251	196	92	—	—	—	—	3 000
5	283	71	34	43	29	20	1	—	—	—	—	3 000
6	240	66	30	33	26	5	Sp.	—	—	—	—	3 000
7	258	68	32	32	21	4	Sp.	—	—	—	—	1 500
1 a	2203	664	69	263	1064	225	164	787	674	37	13	160 Millionen
1 b	2272	819	180	332	975	262	66	3319	2437	83	12	108 Millionen
2	3402	439	1065	376	606	173	141	7748	2882	175	6	577 000—117 000
3	1845	444	225	354	547	169	87	—	—	—	—	4 450
4	1731	329	189	175	455	186	125	—	—	—	—	9 500
5	1420	290	197	128	411	152	83	—	—	—	—	22 500
6	205	45	45	25	46	9	1	—	—	—	—	7 000
7 a	202	35	45	25	45	8	1	—	—	—	—	6 500
7 b	203	43	40	24	47	9	1	—	—	—	—	1 800

sammenstellung zeigt, würde selbst die dreifache Kalkmenge nicht genügen, in diese Schmutzwässer gelangte Krankheitskeime selbst bei 24 stündiger Einwirkung zu vernichten; erst die vierfache Menge (2,4 k) bringt dieses fertig.

Menge des Kalkzusatzes	Potsdamer Jauche, Dauer der Einwirkung:						Berliner Kanalwasser, Dauer der Einwirkung:					
in Potsdam	Typhus	Cholera	Typhus	Cholera	Typhus	Cholera	Typhus	Cholera	Typhus	Cholera	Typhus	Cholera
	½ Std.		3 Std.		24 Std.		2 Std.		5 Std.		24 Std.	
Uebliche Menge	+	+	+	+	+	+	+	+	+	+	+	+
Doppelte „	+	+	+	+	+	+	+	+	+	+	0	+
Dreifache „	+	+	+	+	+ 0	+ 0	+	+	+	+	0	? Verungl.
Vierfache „	+	+	+	+	0	0						
Fünffache „	+	+			0	0						

Bei der **Schwarzkopff'schen** Anlage in Berlin[1]), in welche die Abgänge von 700 Arbeitern gelangen, werden von den Sammelgruben der

[1]) D. Viertelj. f. öffentl. Ges., 19, S. 92; Zft. f. Hygiene (1891), 10, 52.

Closets die Fäcalien zunächst in ein „Mischgefäss" gehoben, in welchem sich eine Zerkleinerungsvorrichtung für die den Fäcalien beigemengten festen Stoffe befindet. Die in eine Flüssigkeit von ziemlich gleichmässiger Beschaffenheit verwandelten Massen erhalten alsdann mit Hilfe von mechanisch bewegten, becherartigen Messgefässen folgende Zusätze: 1. Kalkmilch, 2. Magnesiumsulfatlösung, 3. eine Lösung von sogen. Lahnphosphat (mit Schwefelsäure aufgeschlossener Phosphorit), 4. Magnesiumchloridlösung in bestimmten Mengenverhältnissen.

Die Mischung der Jauche mit den einzelnen Chemikalien geschieht in besonderen, mit Rührwerken versehenen Behältern, den „Chemikalien-Mischgefässen", welche miteinander durch eine geschlossene Rinne verbunden sind. Erst nach dem Zusatz aller Chemikalien kommt die Flüssigkeit in einer „offenen Rinne" zum Vorschein und fliesst in einen der drei vorhandenen „Absitzkästen", um in diesen den gebildeten Niederschlag absitzen zu lassen.

Nach geschehener Klärung der Flüssigkeit wird die obenstehende klare Flüssigkeit abgelassen und durch einen mit Torf gefüllten Behälter, das „Torffilter", geleitet; der abgesetzte Schlamm wird ebenfalls in einen Behälter, den „Schlammkaten", gebracht, dessen Boden mit einer Torfschicht bedeckt ist und nur das Abfliessen der aus dem Schlamm sickernden, durch den Torf filtrirten Flüssigkeit gestattet. Der stichfähig gewordene Schlamm nebst Torf wird dann mit dem Torf, welcher zur Filtration des geklärten Wassers gedient hat, gemengt, in einem besonderen Apparat bei einer Temperatur von etwa 70° getrocknet, zerkleinert und so in Poudrette verwandelt. Die aus dem Torffilter und dem Schlammkasten abfliessenden filtrirten Flüssigkeiten gehen in die städtischen Kanäle.

An 2 Tagen von B. Proskauer entnommene Proben enthielten:

mg im Liter	Rückstand	Glühverlust	Gesammtstickstoff	Ammoniakstickstoff
Am 6. Juni:				
Flüssigkeit aus dem Mischgefäss . .	2745	1467	451	257
Dieselbe Flüssigkeit decantirt . . .	1620	458	264	165
Flüssigkeit aus der offenen Rinne (nach Zus. d. Chemik.)	6072	2468	423	199
Dieselbe Flüssigkeit decantirt . . .	2429	40	236	157
Gekl. Flüssigk. a. d. Absitzkast. No. 2	1895	52	232	118
Aus d. Torffilter abfliessende Flüssigk.	1408	248	186	151
Am 4. Juni:				
Gekl. Flüssigk. a. d. Absitzkast. No. 3	2078	88	309	122
Aus d. Schlammkast. abfliess. Flüssigk.	2757	615	321	112

Feste Producte von der am 4. und 6. Juni verarbeiteten Jauche:

	Wasser Proc.	Glüh-verlust Proc.	Gesammt-stickstoff Proc.	Ammoniak-stickstoff Proc.
Schlamm aus dem Absitzkasten No. 2.	70,79	49,75	4,91	0,62
Schlamm aus dem Schlammkasten . .	69,53	43,19	7,16	0,64
Gemisch von Schlamm und Torf aus dem Schlammkasten	78,66	70,71	5,15	0,72
Torf aus dem Torffilter	72,15	90,83	5,19	0,25
Poudrette	32,39	56,01	5,57	0,21
Ungebrauchter Torf	16,65	90,89	3,09	0,06

Dabei war auf 1 cbm Abwasser verwendet:

2,25 k Kalk in 101 l Wasser vertheilt.
0,225 „ Magnesiumsulfat in 24 l Wasser gelöst.
1,00 „ Lahnphosphat „ 48 „ „ „
0,45 „ Chlormagnesium „ 24 „ „ „

Es wurde besonders Werth darauf gelegt, dass das Verhältniss zwischen Kalk, Magnesiumchlorid und Magnesiumsulfat wie 10 : 2 : 1 betrage, und dass, wenn wegen grösserer Concentration der Jauche eine concentrirtere Kalkmilch (bis 2,5 k auf 1 cbm) zugesetzt werden musste, auch der Zusatz der beiden Magnesiumsalze in den angegebenen Verhältnissen zu erhöhen sei, während der Phosphatzusatz unverändert bleiben könne.

Die Mischung der Jauche mit diesen Chemikalien geschah nun in der Weise, dass ein Messgefäss (Schwinghahn), welches bei jeder Entleerung 1,04 l Jauche aus dem grossen Mischbehälter lieferte, in vier Entleerungen 4,16 l Jauche in die erste Abtheilung der geschlossenen Rinne ergoss, während durch gleichzeitig nur einmal in Bewegung gesetzte Schöpfbecher aus den Chemikalienbehältern der Reihe nach:

0,42 l der Kalkmilch mit etwa 9 g Kalk,
0,10 „ Magnesiumsulfatlösung mit 0,9 g Magnesiumsulfat,
0,20 „ Phosphatlösung mit etwa 4 g Phosphat,
0,10 „ Magnesiumchloridlösung mit 1,8 g Magnesiumchlorid

hinzugefügt wurden. Die Dauer der Mischung betrug nach den erhaltenen Angaben für die:

Kalkmilch . . . . 23 Secunden.
Magnesiumsulfatlösung . . . . 21 „
Phosphatlösung . . . . 19 „
Chlormagnesiumlösung . . . . 17 „

Das Volumen der ursprünglichen Flüssigkeit erfährt durch den Zusatz der Chemikalien eine Zunahme im Verhältniss von 100 : 120.

Die bakteriologische Untersuchung ergab in 1 cc entwickelungsfähige Keime:

Am 6. Juni verarbeitete Jauche:

Flüssigkeit aus dem Spülcloset	15 Millionen
Flüssigkeit aus dem Mischgefäss . . .	25 „
Flüssigkeit aus der offenen Rinne (nach Zusatz der Chemikalien)	36 000 bis 600 000
Geklärte Flüssigkeit aus dem Absitzkasten No. 2	500
Aus dem Torffilter abfliessende Flüssigkeit	120 000

Am 4. Juni verarbeitete Jauche:

Aus dem Schlammkasten abfliessende Flüssigkeit	130 000

Feste Producte von der am 4. und 6. Juni verarbeiteten Jauche:

Schlamm aus dem Absitzkasten No. 2 . .	450 000
Schlamm aus dem Schlammkasten . . .	60 000
Gemisch von Schlamm und Torf aus dem Schlammkasten (in 1 g)	15 Millionen
Torf aus dem Torffilter (in 1 g) . . .	70 bis 400 Millionen
Poudrette (in 1 g)	2 Millionen
Ungebrauchter Torf (in 1 g)	20 „

Die mit dem Schlamm niedergeschlagenen Bakterien sind also nur theilweise getödtet, auch durch Trocknen der Poudrette wird nur ein Theil getödtet; das Torffilter ist ein böser Fäulnissherd.

Eine zweite Versuchsreihe, bei welcher die Flüssigkeit nach jedem Zusatz untersucht wurde, ergab:

	Nicht decantirte Flüssigkeit:				Decantirte Flüssigkeit:				
	Rückstand	Glühverlust	Gesammtstickstoff	Ammoniakstickstoff	Rückstand	Glühverlust	Gesammtstickstoff	Ammoniakstickstoff	Chlorgehalt
1	4517	2669	708	319	2408	1067	508	67	262
2	6565	2270	549	132	2726	574	428	127	—
3	7702	2681	586	146	2727	665	418	115	—
4	7575	3364	535	188	2429	212	428	77	—
5	8601	3410	514	175	2444	290	379	45	—
6	4498	2660	643	310	2410	1001	415	59	250

1. Jauche aus dem Mischgefäss bei Beginn des Versuches.
2. Nach Zusatz von Kalk.
3. Nach Zusatz von Kalk und Magnesiumsulfat.
4. Nach Zusatz von Kalk, Magnesiumsulfat und Phosphat.
5. Nach Zusatz von Kalk, Magnesiumsulfat, Phosphat und Magnesiumchlorid.
6. Jauche aus dem Mischgefäss am Ende des Versuches.

Hier, wie auch bei dem vorigen Versuch (S. 272), ist der Glühverlust nicht zuverlässig, da grosse Mengen flüchtiger Stoffe beim Abdampfen entwichen. Beachtenswerth ist das Anwachsen des Ammoniaks aufs Doppelte durch Zusatz von Kalk. Berücksichtigt man die Verdünnung durch die Reagentien, so ist die — übrigens nicht bedeutende — Abscheidung der stickstoffhaltigen Stoffe wesentlich dem Kalk zuzuschreiben; die übrigen Zusätze befördern nur das Absitzen des Niederschlages. Da die Endflüssigkeit noch ziemlich viel freien Kalk enthielt, so kann sich wohl kein Ammoniummagnesiumphosphat ausgeschieden haben; die Ammoniakabnahme ist daher nicht aufgeklärt. Entwicklungsfähige Keime enthielt je 1 cc:

	Klare, obenstehende Flüssigkeit	Umgeschüttelte Gesammtflüssigkeit
a) Ursprüngliche Jauche	—	15 000 000
b) Nach Zusatz von Kalk	180 000	350 000
c) Nach Zusatz b und Magnesiumsulfat	90 000	1 500 000
d) Nach Zusatz c und Phosphat . . .	60 000	4 500 000
e) Nach Zusatz d und Magnesiumchlorid	1 200	4 500 000

Die geklärte Flüssigkeit enthielt also um so weniger Keime, je mehr Reagentien zugesetzt waren, die gefällten Keime waren aber nur theilweise abgetödtet, und zwar um so weniger, je mehr der überschüssige Kalk durch Magnesiasalze und Phosphat abgestumpft und so an der allmählichen Abtödtung der Bakterien im Niederschlage gehindert wurde.

Beim Aufbewahren der Flüssigkeiten in verschlossener Flasche enthielten sie entwicklungsfähige Keime:

Keimgehalt in 1 cc nach	1 Tag	6 Tagen	20 Tagen
Flüssigkeit aus der offenen Rinne	36 000	200	1 500
Flüssigkeit a. d. Absitzkast. (vollkommen klar)	500	34	15
Flüssigkeit aus einem anderen Absitzkasten (noch nicht vollkommen abgesetzt) . . .	66 000	900	15
Flüssigkeit aus dem Torffilter abfliessend . .	120 000	30 000 000	12 000 000
Flüssigkeit aus dem Schlammkasten abfliessend	130 000	240 000	1 225 000

In offenen Schalen bei 15° aufgestellt, enthielt die Klärflüssigkeit aus einem Absitzkasten und die aus dem Torffilter abfliessende für sich, 10fach und 10 000fach verdünnt:

Keimgehalt in 1 cc nach	1 Tag	2 Tagen	6 Tagen	24 Tagen
Aus dem Absitzkasten . .	60	2 400	12 000 000	1 500 000
10fach verdünnt . . .	120 000	2 000 000	10 000 000	250 000
10000fach verdünnt . .	140 000	zerfl.	50 000	120 000
Aus dem Torffilter . . .	120 000	6 000 000	22 500 000	7 500 000
10fach verdünnt . . .	40 000	600 000	3 000 000	135 500
10000fach verdünnt . .	24 000	36 000	30 000	

Sobald also der freie Kalk durch atmosphärische Kohlensäure oder durch Verdünnung in seiner Wirkung geschwächt wird, tritt die Bakterienentwicklung wieder ein, bis endlich die Nährstoffe erschöpft sind.

Es wurde nun noch eine Versuchsreihe mit Jauche in möglichst frischem Zustande ausgeführt:

Flüssigkeiten	Rückstand	Glüh-verlust	Asche	Gesammt-stickstoff	Ammoniak-stickstoff	Kalk
Flüssigkeit aus dem Mischgefäss	3144	1866	1278	490	70	140
Dieselbe decantirt	2045	1403	642	355	61	118
Flüssigkeit aus der offenen Rinne (nach Zusammens. d. Chem.)	6351	2144	4207	494	73	1822
Dieselbe decantirt	2358	532	1826	240	48	617
Geklärte Flüssigkeit aus dem Absitzkasten	2264	505	1759	284	58	617
Aus dem Torffilter abfliessende Flüssigkeit .	1849	473	1376	226	43	356
Aus d. Schlammkasten abfliessende Flüssigk.	1972	608	1364	226	40	273

Feste Producte	Wasser-gehalt	Berechnet in Proc. d. Trockensubst.:				
	Proc.	Glüh-verlust	Asche	Gesammt-stickstoff	Ammoniak-stickstoff	Kalk
Schlamm aus dem Absitzkasten . . .	57,2	47,9	52,0	1,44	0,35	25,5
Schlamm aus dem Schlammkasten . .	82,3	45,7	54,2	2,56	0,51	25,9
Torf aus dem Torffilter	73,4	83,4	16,5	5,19	0,24	8,0
Poudrette	12,6	64,7	35,3	2.58	0,08	18,5
Ungebrauchter Torf	20,9	90,9	9,0	3,27	0,07	4,9

Die Bestimmung der entwicklungsfähigen Keime in 1 cc ergab:

Flüssigkeit aus dem Mischgefäss	20 Millionen
Flüssigkeit aus der offenen Rinne (nach dem Chemikalienzusatz)	6 "
Geklärte Flüssigkeit aus dem Absitzkasten . . .	100
Aus dem Torffilter abfliessende Flüssigkeit . . .	120 000
Aus dem Schlammkasten abfliessende Flüssigkeit .	115 000
Schlamm aus dem Absitzkasten	30 000
Schlamm aus dem Schlammkasten	500 000
Torf aus dem Torffilter	30 Millionen
Poudrette	12 "
Ungebrauchter Torf	90 000

Die gleichzeitig ausgeführte Untersuchung der Jaucheflüssigkeit nach jedem einzelnen Zusatz ergab für die Gesammtflüssigkeit und nach dem Absetzen folgende Gehalte:

	Nicht decantirte Flüssigkeit:						Decantirte Flüssigkeit:					
	Rückstand	Glüh-verlust	Asche	Gesammt-stickstoff	Ammoniak-stickstoff	Kalk	Rückstand	Glüh-verlust	Asche	Gesammt-stickstoff	Ammoniak-stickstoff	Kalk
1	3144	1866	1278	490	70	140	2045	1403	642	355	61	118
2	7027	2325	4702	391	52	3294	2265	593	1672	257	41	613
3	7073	2692	4381	386	46	3309	2135	686	1449	259	37	534
4	6735	2490	4245	390	46	3877	2288	791	1497	241	23	559
5	8060	2638	5422	389	47	3889	2368	816	1552	231	26	509
6	3290	1902	1388	510	77	125	2120	1440	680	405	68	111

1. Jauche aus dem Mischgefäss bei Beginn des Versuchs.
2. Nach Zusatz von Kalk.
3. Nach Zusatz von Kalk und Magnesiumsulfat.
4. Nach Zusatz von Kalk, Magnesiumsulfat und Phosphat.
5. Nach Zusatz von Kalk, Magnesiumsulfat, Phosphat und Magnesiumchlorid.
6. Jauche aus dem Mischgefäss am Ende des Versuches.

Darnach war auch bei dieser Versuchsreihe die Zusammensetzung der Flüssigkeit nicht gleichbleibend; soviel geht aber doch daraus hervor, dass die Verminderung der organischen Stoffe bez. des Gesammtstickstoffes lediglich durch den Kalk bewirkt wird; die übrigen Stoffe beschleunigen nur die Klärung. Dieses bestätigt auch die Keimzählung in sofort untersuchten Proben:

Jaucheflüssigkeit	20 Millionen
Nach Zusatz von Kalk	5 „
Kalk und Magnesiumsulfat .	6 „
desgl. und Phosphat . . .	6 „
sämmtl. Chemikalien (entspr. Inhalt der offnen Rinne) .	6 „

Proben sofort und nach einigem Stehen untersucht ergaben:

	Keimgehalt in 1 cc			
	sofort nach der Entnahme Millionen	nach 10 Minuten	nach $1^1/_2$ Stunden	nach 24 Stunden
Ursprüngliche Jauche	20	—	—	—
Nach Zusatz von:				
Kalk	9	700 000	60 000	1 000
Kalk und Magnesiumsulfat	9	1 000 000	75 000	3 000
Kalk, Magnesiumsulfat und Phosphat	9	1 500 000	75 000	zerflossen
Kalk, Magnesiumsulfat, Phosphat und Magnesiumchlorid	9	1 000 000	500 000	120 000

Letztere Probe enthielt nach 10 Tagen wieder unzählige Keime. Die Magnesiumverbindungen vermindern also die bakterientödtende Wirkung des Kalkes. Weitere Versuche mit Jaucheflüssigkeit, welche 9 Millionen Keime enthielt, ergaben bei Zusatz von 0,1 % Kalk nach 10 Minuten 4 Millionen, nach 1 Stunde 300 Keime, bei 1 % Kalk nach 10 Minuten keimfrei. Magnesiumsalze allein zeigten selbst bei Verwendung von 5 % keinerlei Wirkung auf den Keimgehalt. —

Die Reinigung des Abwassers nach Röckner-Rothe war für Braunschweig ungeeignet.[1])

Bei der Kläranlage von F. Eichen (D. R.-P. No. 119543) geschieht, nach Entfernung der groben mechanischen Beimengungen, die chemische Reinigung der Wässer durch bekannte Chemikalien, worauf nun die Keimtödtung und Ausfällung der in den vorgeklärten Wässern verbliebenen Stoffe in den Klärbecken in ununterbrochenem Betriebe erfolgt. Die Klärbehälter sind von einander getrennt durch die an die Abdachung zwischen beiden Sohlen sich lehnenden Stromführungswände c. (Fig. 26.)

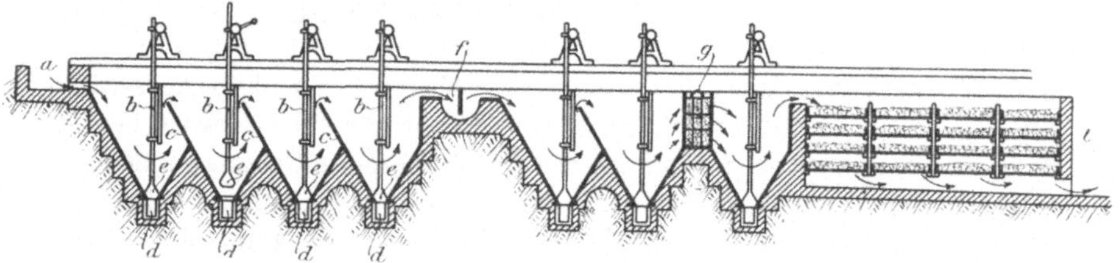

Fig. 26.

Diese Stromführungswände sind schräg ansteigend angeordnet und mit in die Becken gehängten Stauwänden b verbunden, so dass die Abwässer nur aus dem Austrittsschlitz zwischen diesen beiden Wänden in das nächste Becken bezw. den Ablaufskanal übergehen können. Dadurch soll eine eigenthümliche Führung der Wassermassen bedingt werden, welche ein überraschend gutes Abscheiden der mitgeführten Verunreinigungen zur Folge haben soll. Die in das erste Becken eintretende Wassermenge wird durch die Stauwand gezwungen, abwärts zu strömen. Sobald aber das Wasser die Stauwand umflossen hat, findet dasselbe in dem Winkel, der von der schräg abfallenden Beckenwand f und der schräg ansteigenden Stromzuführungswand c gebildet wird, einen Raum, der gerade am Wendepunkte der Stromrichtung des Wassers den grössten Querschnitt bildet. Hierdurch wird zur Beruhigung des Wasserstromes wesentlich beigetragen und dadurch die Tendenz des Ausfallens der Verunreinigungen erheblich gesteigert. Das aufsteigende Wasser hingegen wird infolge der Schräg-

[1]) Viertelj. öff. Ges., 1893, 161.

lage der Führungswand, da es im Allgemeinen senkrecht aufsteigt, dauernd an der Wand entlang streichen und dadurch weiter mitgeführte Sinkstoffe abgeben. Beim Ueberlauf in das zweite bez. die folgenden Becken wird nun durch die Schräglage der ersten Stromführungswand c zur zweiten Stauwand ein grösserer Raum im Becken erzeugt, der vermöge seiner günstigen Form am Einlauf den Verunreinigungen gestattet, aus der sehr ruhig bleibenden oberen Wasserschicht abzufallen. Da das Wasser aber auch nach der Unterkante der nächsten Stauwand strömt, streicht es mehr an der niedergehenden Stromführungswand entlang und findet dabei durch Adhäsion und Flächenattraction ein ganz wesentlicher unmittelbarer Schlammabsatz statt. Schliesslich wird das Wasser noch durch ein Nachfilter geführt.

Ueber eine Versuchsanlage in Pankow berichten J. Brix,[1]) sowie Proskauer und Elsner.[2]) Das Abwasser wird mit einem „Chemikalienzusatz", dessen Zusammensetzung geheim gehalten wird, vermischt, durchfliesst die ersten Absatzbehälter und ein Schnellfilter, erhält dann einen Zusatz von Kalkmilch (auf 1 cbm 0,44 k CaO), durchfliesst die weiteren Absatzbehälter und schliesslich das letzte Filter. Bei den Versuchen der letzteren wurde auf je 1 cbm Jauche 0,2 k des „chemischen Fällungsmittels" zugesetzt. Durch dasselbe wird in dem Wasser ein ziemlich starker, flockiger Niederschlag erzeugt, der sich beim Durchfliessen der Absitzabtheilungen nur theilweise absetzt, so dass die Mischung aus dem Sedimentirtrichter vor dem ersten Filter noch als trübe Flüssigkeit erscheint, in der sich beim Stehen in der beobachteten Probe bei verschlossener Flasche ein Bodensatz gebildet hatte. Man muss dies als einen Beweis auffassen, dass die Zeit, in der die sogen. Chemikalien mit dem Abwasser in Berührung sind, nicht ausreicht, um ihre volle Wirkung zu entfalten, und dass daher noch eine Nachwirkung stattfindet. Selbst nach dem Durchfliessen des ersten Filters besassen die entnommenen Proben noch immer eine mehr oder minder starke Trübung und verursachten auch beim Stehen die Bildung eines Bodensatzes. Während die ursprüngliche Jauche gewöhnlich schwach alkalisch erschien, zeigte die Probe nach dem ersten Filter eine neutrale, und nur bei einer Untersuchung eine ganz schwach saure Reaction gegen Lackmus. Nach Zusatz von Kalkmilch entsteht von Neuem in der vom ersten Filter abgegebenen Flüssigkeit ein Niederschlag, der in den Absitztrichtern ziemlich schnell zu Boden sinkt, so dass die Flüssigkeit nur opalescirend auf die letzten Filter gelangt und diese, stark gelblich gefärbt, von sehr kräftiger alkalischer Reaction und nach Ammoniak riechend, verlässt. Analysen ergaben:

---

[1]) Viertelj. f. gerichtl. Med., 1898, Suppl. S. 21.

[2]) Desgl. S. 183.

Bezeichnung der Proben	Abdampfrückstand	Glühverlust	Glührückstand	Stickstoff			Oxydirbarkeit KMnO₄
				Gesammtstickstoff	Ammoniakstickstoff	organischer Stickstoff	
Rohjauche	1600,0	590,0	1010,0	162	98	64,4	482
Hinter dem ersten Filter .	1405,0	352,5	1052,5	76	59	17	207
Hinter dem letzten Filter .	1765,0	465,0	1300,0	67	62	6	166
Rohjauche	1620,0	655,0	965,0	155	59	96	380
Nach dem ersten Filter .	1307,5	347,5	960,0	101	59	42	143
Nach dem letzten Filter .	1880,0	362,5	1517,5	98	84	14	128

Der getrocknete Schlamm enthielt 3,1 % Stickstoff.

Der Zusatz von Kalk nach Absonderung der suspendirten Stoffe ist schon oft vorgeschlagen, das „Geheimmittel“ ist verdächtig, der Apparat schwerfällig. (Vgl. S. 141.)

7. Verunreinigung des Wassers durch Industrie-Abwasser.

Sehr oft wird behauptet, die Verunreinigung der Wasserläufe, besonders die Schädigung der — übrigens unbedeutenden (S. 66) — Fischerei, werde durch die Industrie verschuldet (S. 64). Wie übertrieben diese Beschuldigung, ist ergibt folgende Uebersicht.

Bergbau.

Abwasser aus Steinkohlengruben enthält zuweilen erhebliche Mengen Kochsalz und kann dadurch lästig werden, wenn es in kleine Bäche abgelassen wird.

Poleck[1]) hat gezeigt, dass die Abwässer einer Anzahl von Steinkohlengruben bei Orzesche in Oberschlesien dem kleinen Birawkaflusse freie Schwefelsäure, Ferri- und Ferrosulfat, Spuren von Nickelsulfat und andere Verbindungen zuführten. In dem Flusse und in zwei grossen Teichen, welche von demselben durchflossen werden, bildete sich ein

[1]) Poleck, Beiträge zur Kenntniss der chemischen Veränderung fliessender Gewässer.

starker Absatz von Eisenoxyd mit etwas Nickel und Mangan. Das Wasser des Flusses und der Teiche reagirte sauer und war weder zum Trinken noch zum Kochen und Waschen verwendbar; sämmtliche Fische starben und alle Versuche, aufs Neue Fische in den Teichen anzusiedeln, schlugen fehl. · 1 l dieser Wässer enthielt mg:

	Orzescher Gruben-wasser	Birawkawasser	
		vor dem Einfluss der Grubenwasser	nach dem Einfluss der Grubenwasser
Schwefelsäure (SO_3)	1278	5	209
Chlor	4	8	—
Kieselsäure	46	—	19
Kali	16	1	2
Natron	18	5	8
Kalk	256	29	79
Magnesia	119	5	25
Eisenoxydul	10[1]	—	11
Eisenoxyd	229	3	6
Manganoxyd, Thonerde	102	1	—
Freie Schwefelsäure	152	—	29

Abwasser aus Steinkohlenwäschen enthält ebenfalls zuweilen Schwefelsäure bez. schwefelsaures Eisen, gebildet durch Oxydation von Schwefelkies:

$$FeS_2 + 7\,O + H_2O = FeSO_4 + H_2SO_4,$$

besonders aber Kohlenschlamm, von welchem es durch Absetzenlassen getrennt werden muss.

Baker[2]) fand in einem Kohlengrubenwasser:

$FeSO_4$	19	mg.
$Fe_2(SO_4)_3$	435	„
$Al_2(SO_4)_3$	787	„
$CaSO_4$	449	„
$MgSO_4$	49	„
H_2SO_4 (frei)	335	„
HCl (frei)	0,4	„

Bedson[3]) fand im Kohlengrubenwasser neben 6 % Chlornatrium erhebliche Mengen Chlorcalcium, Chlorbaryum und Chlormagnesium, Koninck mehrfach Natriumbicarbonat.

Auch nach J. König[4]) enthalten Steinkohlengrubenwässer zuweilen Baryt; 3 Proben enthielten g im Liter:

[1]) An Ort und Stelle 441 mg Ferrosulfat ($FeSO_4$).

[2]) Eng. Min. Journ., 1875, 387.

[3]) Fischers Jahresber., 1888, 557.

[4]) Zeitsch. f. angew. Chem., 1894, 389.

	I	II	III
Chlor	43,6128	19,8240	61,5960
Gesammt-Kohlensäure	0,2448	0,2518	0,1506
An Alkalien gebundene Kohlensäure	0,0412	0,0297	0,0112
Baryum	0,9562	0,0175	0,6915
Strontium	0,5034	0,1629	0,4163
Calcium	4,6886	0,8557	3,9474
Magnesium	0,4004	0,2494	0,7555
Kalium	0,9427	0,4348	0,8827

Das den Kohlengruben entnommene Wasser enthält besonders oft Chlornatrium. Je nach den Mengenverhältnissen dieses Grubenwassers und des Baches bez. Flusses, in welchen sich das Grubenwasser ergiesst, wird das Flusswasser mehr oder weniger versalzen. Nach den im Herbst 1895 vom Georgs-Marien-Verein ausgeführten Untersuchungen enthielten die Grubenwasser des Piesberges im Durchschnitt:

Kalk	1,530 g.
Magnesia	0,406 „
Kalium	1,230 „
Natrium	13,304 „
Eisenoxyd	0,017 „
Thonerde	0,012 „
Kieselsäure	0,014 „
Chlor	21,825 „
Schwefelsäure	1,610 „
Kohlensäure, freie	0,206 „
Kohlensäure, geb.	0,143 „

Abflusswässer von Schutthalden der Steinkohlengruben können ebenfalls wesentliche Mengen Thonerdesulfat und Eisenvitriol enthalten.

Wie verhängnissvoll dieses salzige Grubenwasser für die Grube werden kann, zeigt die Einstellung des Kohlenbergwerks am Piesberge bei Osnabrück.[1]) Einem im Juni 1896 vom Verf. erstatteten Gutachten seien folgende Angaben entnommen.

Vor etwa 40 Jahren lieferte die Grube nur 1,8 cbm Wasser in der Minute mit:

Kalk	229 mg im Liter.
Schwefelsäure	2763 „ „ „
Eisenoxyd	1432 „ „ „

Dann trat Kochsalz hinzu, dem Zechstein entstammend, so dass der Kochsalzgehalt des Grubenwassers 1892 etwa 1 $^0/_0$ betrug; gleichzeitig stieg die Wassermenge. Zur Abscheidung des Ferrihydrates und zur Aufspeicherung des salzigen Wassers, um es nur zeitweilig in die Hase abzuleiten, wurden 4 sehr grosse Klärteiche und 2 Sammelteiche angelegt.

[1]) Das Steinkohlenwerk Piesberg ist schon vor d. J. 1300 von der Stadt Osnabrück betrieben, welche es am 22. Aug. 1889 an den Georgs-Marien-Bergwerk- und Hüttenverein verkaufte. In Folge eines Prozesses mit den Wiesenbesitzern an der Hase und eines Arbeitsausstandes wurde am 8. Juni 1899 der Betrieb eingestellt, entsprechend einem Capitalverlust von über 2 Millionen Mark.

Im August und September 1895 vom Verf. entnommenen Proben des Grubenwassers, wie es in die Klärteiche kam, enthielten (mg im Liter):

	Chlor	Schwefel-säure	Salpeter-säure	Salpetrig-säure	Ammoniak	Kalk	Magnesia	Eisenoxyd suspendirt	Phosphor-säure
Grubenwasser 13. 8. . . .	20160	1668	Sp.	stark	0	1526	432	164	Sp.
„ 4. 9. . . .	22420	1706	„	„	0	1705	418	Sp.	„
4. Klärteich 5 9.	21840	1709	„	„	Sp.	1582	419	0	„
2. Sammelteich 5. 9. . . .	21680	1754	„	s. st.	0	1492	401	—	„
Sickerwasser 5. 9.	24600	1896	„	0	0	1340	631	5	„

Das Grubenwasser enthält Ferrobicarbonat gelöst; durch den Einfluss der atmosphärischen Luft wird aber theilweise schon in der Zuleitung, so gut wie vollständig in den Teichen das Eisen als Ferrihydrat, als braunrother Schlamm gefällt, welches auch fast alle Phosphorsäure mitfällt. Da dieser Schlamm in den Teichen völlig zurückbleibt, so ist das abfliessende Wasser frei davon.

Die den Klärteichen zugeführte Wassermenge beträgt minutlich 22 cbm,[1]) somit täglich rund 31000 cbm. Diese enthalten rund:

Schwefelsaures Calcium (als Gips) . . .	87 000 k.
Chlorkalium	9 000 „
Chlormagnesium	32 000 „
Chlornatirum	959 000 „

Ausserdem (nachdem fast alle Phosphorsäure mit dem Eisenoxyd und Thonerde in den Schlamm übergegangen ist) etwa 100 k Phosphorsäure und 150 k Stickstoff (als Nitrate und Nitrit). Das in den Absatzbehältern geklärte Wasser wurde etwa alle 3 bis 4 Wochen in die Hase abgelassen.

Nach Angaben der Meliorations-Bauinspection beträgt die Wassermenge

Sommer: niedrigste cbm	mittlere cbm	höchste cbm	Winter: niedrigste cbm	mittlere cbm	höchste cbm
der Hase oberhalb der Düteeinmündung:					
0,3	1,75	28	0,5	3,4	65
der Düte an der Eisenbahnbrücke:					
0,7	1,7	9	1,1	2,6	4,3

Vom Verf. im September 1895 entnommenen Proben enthielten (mg im Liter):

---

[1]) In Folge mehrer Durchbrüche im Sommer 1897 stieg die Wassermasse auf 47 cbm mit 4,3 % Salz (Zeitsch. angew. Ch. 1899, 80).

	Probe-nahme	Chlor	Schwefel-säure (SO_3)	Kalk	Magnesia	Organisch	Ammoniak	Salpetrig-säure	Eisenoxyd
Landwehrbach in die Düte fliessend	22. 8.	64	7	13	2	305	s. st.	Sp.	4
Düte bei Wergen	22. 8.	130	93	102	36	28	0	0	—
„ vor Einfluss in die Hase .	7. 9.	150	86	105	28	19	Sp.	Sp.	—
Hase vor Klärteicheinfluss . . .	3. 9.	200	154	91	47	49	s. st.	stark	—
„ nach „ . . .	3. 9.	3580	378	267	121	41	stark	„	—
„ „ „ . . .	5. 9.	690	134	164	54	32	Sp.	Sp.	—
„ „ Einfluss der Düte . .	7. 9.	550	124	150	40	28	„	stark	—
„ oberhalb Bramsche . . .	19. 8.	340	83	116	25	51	„	Sp.	—
„ unterhalb „ . . .	19. 8.	346	91	105	29	62	stark	„	—
„ oberhalb „ . . .	30. 8.	820	120	138	150	33	0	„	—
„ „ „ . . .	31. 8.	7356	601	587	155	47	Sp.	0	1,7
„ „ „ . . .	31. 8.	8440	659	648	171	52	stark	stark	2,2
„ „ „ . . .	1. 9.	13540	1074	797	382	59	Sp.	„	—
„ „ „ . . .	5. 9.	690	124	188	42	33	„	„	—
„ bei Bersenbrück	4. 9.	2590	250	236	76	45	„	Sp.	—

In Folge des nur zeitweiligen Ablassens der Klärteiche und verschiedener Stauvorrichtungen wechselte die Zusammensetzung des Hasewassers selbst noch bei Bramsche sehr, z. B.:

30. Aug.	4 U. 40 = 0,60 g Chlor	
	6 „ 50 = 1,206 „ „	
	7 „ — = 1,333 (G) g Chlor	
	7 „ 30 = 0,80 g Chlor	
	8 „ 15 = 0,587 „ „	
	9 „ 15 = 0,515 „ „	
	10 „ 10 = 0,587 „ „	
	11 „ 10 = 0,636 „ „	
31. Aug.	6 „ 30 = 1,345 „ „	
	7 „ 30 = 5,250 „ „	
	8 „ — = 6,02 „ „	
	9 „ 20 = 7,16 „ „	
	9 „ 50 = 7,16 „ „	
	10 „ 20 = 7,23 „ „	
	11 „ 10 = 7,80 „ „	
	11 „ 55 = 8,435 „ „	
	12 „ 55 = 8.29 „ „	
31. Aug.	2 U. 20 = 6,66 g Chlor	
	3 „ 30 = 5,74 „ „	
	4 „ 40 = 5,60 „ „	
	5 „ 30 = 6,02 „ „	
	6 „ 30 = 7,37 „ „	
	7 „ 15 = 7,87 „ „	
	7 „ 45 = 9,50 „ „	
	9 „ 30 = 10,00 „ „	
	11 „ — = 12,19 „ „	
1. Sept.	6 „ 40 = 6,81 „ „	
	9 „ 10 = 12,05 „ „	
	10 „ 15 = 13,19 „ „	
	11 „ 15 = 12,76 „ „	
3. Sept.	5 „ 30 = 2,38 „ „	
4. „	7 „ 30 = 0,64 „ „	
7. „	11 „ — = 0,46 „ „	

Die Behauptung, dass durch das Grubenwasser das Wasser der Hase für Trinkwasser unbrauchbar wird, war hinfällig, da dieses schon vorher der Fall war. In den Dörfern und den einzelnen Gehöften befindet sich die Düngerstätte — meist in Verbindung mit dem Abort — durchweg unbedeckt auf dem Hofe, so dass das Regenwasser ungehindert Zutritt hat und beladen mit den widerlichsten, ja u. U. bedenklichsten Stoffen verunreinigt dem nächsten Bache oder Flusse, hier also der Hase zufliesst. Das Wasser der Hase ist also — und zwar wesentlich durch die landwirthschaftlichen Betriebe — bereits stark verunreinigt, wenn es die Stadt Osnabrück erreicht. In Osnabrück kommen zunächst in Betracht die Schmutzwässer, welche die Strassengossen und Kanäle der Stadt Osnabrück liefern, um so mehr letztere auch die Abgänge aus dem Krankenhause aufnehmen. Dass das Hasewasser schon oberhalb Osnabrück, mehr noch unterhalb (vor Einfl. d. Piesbergw.) durch thierische bez. menschliche Industrie-Abfälle stark verunreinigt ist, bestätigte die schwärzliche Färbung und besonders der analytische Befund.

Die Klage legte das Hauptgewicht auf die Schädigung der landwirthschaftlichen Betriebe, indem durch den vermehrten Salzgehalt des Wassers das Ufer der Hase beschädigt, das Wasser selbst zum Tränken des Viehes und zum Bewässern der Wiesen unbrauchbar werden solle. Diese Frage wurde schon S. 38 u. 219 besprochen.

Zur Behauptung, dass das zufliessende Grubenwasser die Flussufer beschädige und das Flussbett vertiefe, schrieb Prof. Wohltmann in seinen beiden Gutachten:

„Dazu trägt nun besonders die ätzende Kraft und die specifische Schwere des salzreichen Wassers (bis zu 17 g Kochsalz pro Liter Wasser) bei, welches sowohl die Ausspülungen befördert, als die Fortschwemmung der angeätzten uud gelockerten Sohle erleichtert. Letzterer Umstand ist namentlich sehr beachtenswerth, denn Flusswasser mit 17 g Kochsalz im Liter hat ein spec. Gewicht von mindestens 1,01 und staubfeine Sandtheile und Glimmerblättchen schwimmen sehr gut darin, Thontheile natürlich steigen darin sofort hoch und diese Körper werden demnach in solchem Wasser weit leichter und weiter transportirt, als in reinem Flusswasser.“

Verf. entgegnete: „Zunächst ist nicht gesagt, worin die „ätzende Kraft“ einer 1,5 $^0/_0$ Salzlösung auf den Flussboden bestehen soll. Zu der Behauptung, dass die Erhöhung des spec. Gewichtes des Wassers von 1 auf 1,01 so verderblich wirken soll, ist zu bemerken, dass Quarz ein spec. Gewicht von 2,5 bis 2,8 hat, Kalkspath 2,6 bis 2,8, Glimmer 2,8 bis 3,1. Nehmen wir daher für Flusssand ein mittleres spec. Gewicht von 2,60 an, so ist Sand 2,60 mal so schwer wie Wasser und 2,57 mal so schwer als eine Salzlösung von 1,01 spec. Gewichte; dass diese geringe Differenz in den gegenseitigen Gewichtsverhältnissen von irgend welchem Einfluss sein soll, wird kein Fachmann ernstlich behaupten wollen. Sand und Glimmerblättchen schwimmen auch im Hasewasser nicht länger, als sie durch die Bewegung des Wassers getragen werden.

Thonerde hat ein spec. Gewicht von 2,2; dass Thontheile in einem Salzwasser von 1,01 „natürlich sofort hochsteigen sollen“, ist von vorne herein mindestens sehr unwahrscheinlich. Der bestimmten Behauptung des Prof. Wohltmann gegenüber hielt ich aber doch einen directen Versuch für nöthig.

Etwa 30 g Thon aus einer hiesigen Thongrube wurden mit etwa $1^1/_2$ l destillirtem Wasser aufgeschlämmt. Hiervon wurden je 500 cc in 2 Glascylinder so eingefüllt, dass beide Proben gleich waren. Die eine Probe wurde nun mit

7,5 g Salz versetzt; darauf wurden beide Cylinder noch $^1/_2$ Minute lang geschüttelt, dann ruhig hingestellt. Die nicht mit Kochsalz versetzte Probe klärte sich sehr langsam; erst nach 20 Stunden war die obere, etwa 5 mm dicke Schicht einigermassen klar; selbst nach 4 Tagen war die Klärung noch nicht so gut, als bei der salzigen Probe nach 4 Minuten. In dem Cylinder mit Kochsalzzusatz dagegen klärte sich die Flüssigkeit sehr rasch; schon nach 10 Minuten hatte sich der Thon gesondert und ganz normal am Boden abgesetzt; von einem Hochsteigen desselben war gar keine Rede. Uebrigens müsste, wenn die Behauptung von Prof. Wohltmann richtig wäre, der Thonschlamm — wie der Rahm auf der Milch — auf dem Hasewasser schwimmen; bei meinen Besichtigungen der Hase habe ich nichts davon bemerkt. Diese Angaben des Prof. Wohltmann sind also falsch! —

Nach J. König (Gewässer, 1899, 390) muss auf die lösende Wirkung von kochsalzhaltigem Wasser, besonders auch auf Calciumcarbonat, ohne Zweifel zurückgeführt werden, dass bei einem Bach oder Fluss, wenn deren Wasser grössere oder geringere Mengen Kochsalz mit sich führen, die Uferränder, welche mehr oder weniger Calciumcarbonat enthalten, mitunter stark angefressen werden und einstürzen. — Also hier lockern, und dort (S. 38) dicht schlämmen? Uebrigens ist die theilweise Zerstörung der Haseufer auf die zeitweise wesentlich grösseren Wassermassen und die dadurch und durch Begradigungen veranlasste grössere Stromgeschwindigkeit, also auf rein mechanische Wirkungen zurückzuführen, die mit dem Salzgehalte nichts zu thun hatten.

Orth[1]) bestätigt, dass das Salzwasser je nach seiner Concentration auf den thonigen Schlick auch beim Haasethalboden einen niederschlagenden Einfluss äussert, bez. diesen Niederschlag beschleunigt.

Je 50 g des vom Wiesenbautechniker Schöne-Warnefeld eingesandten „besten“ Wiesenbodens der Bersenbrücker Wiesenbaugenossenschaft (lehmiger Sandboden) wurden mit 200 cc destillirtem Wasser bez. von Kochsalzlösungen, deren Gehalt (II bis VI) entsprechend 0,5, 1, 2, 4 und 8 pro Mille an Chlornatrium betrug, in gleicher Weise durchgeschüttelt und nach Verlauf einer halben Stunde 100 cc in einer Entfernung von 2 (nur! F.) cm von der abgesetzten Bodenoberfläche abpipettirt. Das gleiche Verfahren wurde noch zweimal wiederholt, nachdem wieder zu den einzelnen Flaschen 100 cc der entsprechenden gleichen Kochsalzlösungen resp. in Flasche I destillirtes Wasser hinzugesetzt worden war. Die Versuchsergebnisse sind folgende: Es wurden abpipettirt an thonigen festen Bestandtheilen (nach Ahzug der hinzugefügten Chlornatrium-Mengen):

---

1) Arb. a. d. K. Gesundheitsamt, 1900, 258.

	a) beim 1. Male thoniger Schlick mg	b) beim 2. Male thoniger Schlick mg	c) beim 3. Male thoniger Schlick mg
Destill. Wasser I	418,6	547,2	307,4
0,5 ⁰/₀₀ Kochsalz II	251,2	328,0	219,6
1,0 „ „ III	213,8	323,0	246,8
2,0 „ „ IV	192,5	311,8	254,6
4,0 „ „ V	181,8	261,6	212,8
8,0 „ „ VI	181,0	250,5	214,8

Die unter I mit destillirtem Wasser abgeheberten Mengen gleich 100 gesetzt, ergeben sich folgende relative Mengen:

I.	100,0	100,0	100,0
II.	60,0	60,0	68,2
III.	50,9	59,0	80,3
IV.	46,0	57,0	80,0
V.	43,4	47,8	69,2
VI.	43,2	45,8	69,9

Bez. der Frage der „Auslaugung" (vgl. S. 38) bemerkt er:

„Wenn es richtig ist, was Apotheker König sagt, dass im Frühjahr 1899 nach dem Aufgeben des Bergwerks eine sehr üppige Grasvegetation auf den Wiesen gewesen ist, kann der Factor der Auslaugung von Pflanzennährstoffen in der jahrelangen Salzfluthperiode kein erheblicher gewesen sein." — Die Angriffe auf das Bergwerk waren also grossentheils unbegründet. (Vgl. S. 66.) —

Noch grössere Salzmengen liefern die Mansfelder Kupferschiefergruben. Die Gewerkschaft führt ihre gesammten Grubenwasser dem 1808 bis 1810 angelegten, 1879 bis Eisleben verlängerten Schlüsselstollen zu. 1897 lieferte der Ottoschacht in der Minute 10 cbm, 19,5 proc. Soole, der Ernstschacht 21 cbm 16,5 proc., der Niewandtschacht 5,5 cbm 2 proc. Soole, dazu kamen noch 13 cbm Süsswasser.

Eine Messung des aus dem Mundloch des Stollens bei Friedeburg austretenden Wassers ergab am 13. Juli 55 cbm. Das ungemein stark schäumende Wasser enthielt nach Untersuchung des Verf. im Liter:

Chlor	86,50
Schwefelsäure	3,77
Kalk	2,04
Magnesia	0,76

Es wurden somit der Saale zugeführt:

	In 1 Secunde
Chlor	79,23 k.
Schwefelsäure	3,45 „
Kalk	1,87 „
Magnesia	0,69 „

Um auch den unteren Theil der Gruben wieder frei zu legen, welcher beim Einbruch des salzigen Sees „versoffen“ war, wurden im Segengottesschacht grosse unterirdische Wasserhaltungsmaschinen angelegt. Die Wassermenge ermässigte sich nun von 74,8 cbm auf 47,6 cbm.

Die am Stollenmundloch genommenen wöchentlichen Durchschnittsproben enthielten nach Analysen des Hüttenlaboratoriums (die Angaben beziehen sich auf die Durchschnittsprobe der ersten Woche eines jeden Monats) Gramm im Liter:

Monat	Kalk	Magnesia	Kali	Schwefelsäure	Chlor	Ausflussquantum pro Min. cbm
1898 Januar	2,28	0,70	—	3,66	60,88	74,83
„ Februar	2,32	0,68	—	3,74	62,56	65,70
„ März	2,33	0,69	—	3,78	62,76	77,46
„ April	2,15	0,66	—	3,49	59,10	76,25
„ Mai	1,94	0,62	—	3,29	54,89	67,77
„ Juni	1,93	0,66	—	3,33	56,82	70,07
„ Juli	2,09	0,82	—	3,69	66,06	68,87
„ August	1,98	0,81	—	3,76	67,60	59,49
„ September	2,10	0,82	—	3,63	68,21	61,78
„ October	2,00	0,78	—	3,65	67,43	59,57
„ November	2,07	0,80	0,59	3,81	70,89	61,21
„ December	2,10	0,81	0,55	3,87	71,64	62,35
1899 Januar	2,05	0,73	0,45	3,55	63,35	55,89
„ Februar	1,91	0,70	0,57	3,39	61,26	49,06
„ März	2,04	0,80	0,54	3,73	70,15	47,86
„ April	2,07	0,81	0,54	3,81	73,15	46,72
„ Mai	2,19	0,81	0,62	3,78	74,18	47,58

Die am 19. Juli 1899 vom Verf. entnommene und untersuchte Probe enthielt im Liter:

Chlor	75,10 g.
Schwefelsäure (SO_3)	3,61 „
Kalk (CaO)	2,21 „
Magnesia (MgO)	0,62 „
Strontian (SrO)	0,03 „
Kali (K_2O)	0,61 „

Somit wurde — bei 0,8 cbm in der Secunde — durch den Schlüsselstollen der Schlenze bew. Saale und Elbe secundlich zugeführt:

Chlor	60,08 k.
Schwefelsäure	2,89 „
Kalk	1,77 „
Magnesia	0,49 „
Strontian	0,02 „
Kali	0,49 „

Bei normaler Wassermenge (400 cbm) wird dadurch der Gehalt eines Liters Elbwassers erhöht um:

Chlor	150	mg.
Schwefelsäure	7,2	„
Kalk	4,4	„
Magnesia	1,2	„
Strontian	0,05	„
Kali	1,2	„

1886 enthielt 1 l Schlüsselstollenwasser 20 bis 40 g Chlor, 1892 schon 65 g, 1893 etwa 59 g Chlor.[1]) Die secundliche Wassermenge betrug 1880 0,36 cbm, 1889 0,58 cbm, dann nach Einbruch des salzigen Sees:

1892, Januar	0,968	cbm.
April	1,019	„
Juli	1,405	„
October	1,326	„
1893, Januar	1,553	„
Juni	1,483	„
1897, Juli	0,916	„

Das Wasser des Schlüsselstollens ergiesst sich bei Friedeburg in die Schlenze und wenige hundert Schritt weiter durch dieselbe in die Saale.

Dass sich das salzige Stollen- bez. Schlenzewasser dem Saalewasser unterschichtet, kann man besonders schön bei der Mündung der Schlenze in die Saale beobachten. Am 13. Juli 1897 z. B. zeigte sich etwa 200 m von der Mündung in der Schlenze eine strudelförmige Bewegung an der Oberfläche des Wassers. Bis hierher floss Saalewasser ziemlich rasch in der Schlenze aufwärts, führte Blätter, Zweige und kleinere Fische mit sich, bis es eben von dem salzigen Wasser aufgenommen war, welches mit etwa derselben Schnelligkeit unter dem Saalewasser der Saale zueilte, wie aus den auf dem Salzwasser schwimmenden Holzstücken (welche schwerer waren als Saalewasser) zu ersehen war. Beide Wasserströmungen bewegten sich also in Folge des verschiedenen specifischen Gewichtes übereinander in entgegengesetzter Richtung. Zweifellos setzt sich diese Gegenströmung am Flussboden fort, wie ja auch analytisch festgestellt wurde.

Durch die eigenthümlichen Stauverhältnisse vor dem Rothenburger Wehr, bez. den ungleichmässigen Abfluss des salzigen Wassers treten natürlich bedeutende Ungleichmässigkeiten im Salzgehalt des Saalewassers ein. Noch erheblicher ist der Einfluss der von der Saale geführten Wassermenge. So enthielt z. B. nach den im Reichsgesundheitsamt ausgeführten Untersuchungen und nach Renk bez. dem Verf. das Saalewasser:

---

[1]) Arb. a. d. K. Gesundh. 6, 319; 8, 421; 12, 289.

	Chlor	Schwefelsäure	Kalk	Magnesia	Wassermenge
Saale vor Einfluss der Schlenze:					
(Renk) 22. 3. 92	54	106	75	26	
(R. G.) 1. 6. 93	145	187	141	31	
Saale unterhalb Rothenburg:					
(Renk) 22. 3. 92	769	141	107	33	
(R. G.) 1. 6. 93	2530	312	233	42	
(F. Fischer) 13. 7. 97	2065	310	308	59	
„ 25. 8. 98	1893	—	—	—	
Saale vor Einfluss in die Elbe:					
(R. G.) 22. 6. 89	398	162	146	53	95 cbm
„ „ 18. 8. 91	1106	213	169	88	65 „
„ „ 10. 11. 91	1302	268	190	98	36 „
(Renk) 22. 3. 92	865	136	121	35	—

Hellriegel fand im Wasser der Saale bei Bernburg im August 1892 2,6 bis 4,3 g Chlor, vom 1. bis 17. Juni 1893 2,0 bis 4,1 g Chlor.

Rubner[1]) erinnert an den Salzgehalt des Grundwassers im Saale- und Elbgebiet. Das Wasser der Bruuen von Schönebeck enthält darnach 224 bis 536 mg Chlor und 56 bis 97 mg Magnesia. „Aus artesischen Brunnen wurde in der Nähe der Saalemündung in die Elbe Wasser mit 1400 bis 1500 Th. (auf 100 000) Rückstand, 600 bis 620 Chlor, 69 bis 86 MgO und 204 bis 260 Härtegraden erbohrt. Wir haben es also im Saalegebiet von Halle bis Calbe mit einer kochsalzreichen geologischen Formation zu thun, die bis zu einem gewissen Grade auch auf den Fluss ihren Einfluss übt. Die Saale ist aus natürlichen Gründen, wie auch durch industrielle Vorgänge aller Art zu einem für die Allgemeinheit nicht mehr benutzbaren Wasser geworden. Natur und Industrie haben sich vereinigt, um dieses Product zu erzeugen."

Auch die Abwässer verschiedener Braunkohlengruben liefern erhebliche Salzmengen. Von chemischen Fabriken liefern ferner Salze in die Saale die Ammoniaksodafabriken in Trotha, Bernburg (Solvay)[2]) und Stassfurt und die Kalifabriken.

Ohlmüller[3]) gibt folgende Berechnung (abgerundet):

---

[1]) Preussischer Medicinalbeamten-Verein; off. Bericht über die 12. Hauptversammlung zu Berlin am 26. und 27. April 1895, S. 17.

[2]) Der Solway'sche Laugenkanal lieferte im Juni 1893 (Arb. Ges., 12, 301) täglich 750 cbm Abwässer, führte damit der Saale secundlich 0,45 k Chlor und 0,124 k Magnesia zu.

[3]) Arb. K. Gesundheitsamt, 8, 421.

Herkunft des Wassers	Tag der Entnahme	1 Liter enthielt mg				Wassermenge in 1 Sec.	Es wurden in 1 Sec. geführt kg			
		Chlor	Schwefelsäure	Kalk	Magnesia		Chlor	Schwefelsäure	Kalk	Magnesia
Saale 1 km oberhalb ihrer Einmündung in die Elbe am	26. 6. 89	399	160	146	53	95	37,9	15,2	13,9	5,1
	22. 10. 89	315	138	81	46	150	47,3	20,8	12,1	7,0
	18. 8. 91	1106	213	169	88	65	71,9	13,9	10,0	5,7
	10. 11. 91	1302	268	180	98	36	46,9	9,7	6,8	3,5
Salza	22. 3. 92	127	426	223	80	0,454	0,1	0,2	0,1	0,1
Mansfelder Schlüsselstollen	3. 11. 89	52590	2430	1413	665	0,577	30,4	1,4	0,8	0,4
	22. 3. 92	65640	3780	3284	1742	0,577	37,9	2,2	1,9	1,0
Riesche bei Gnölbzig	23. 3. 92	20470	1349	6088	655	0,075	1,5	0,1	0,5	0,6
Durch die tägliche Verarbeitung von 2364 t Rohproducten in den Kaliwerken entstanden je 1 Secunde							4,23	0,4	—	2,5

Zuverlässige Ermittlungen der Abgänge von Salzen in die Bode bez. Flussläufe des Elbstromgebietes ergaben für 1897 als Durchschnitt auf den Kalendertag (365 Tage) für Kgl. Berginspection, Westeregeln, Neustassfurt, Aschersleben, Solwaywerke, Wilhelmshall, Stassfurter chem. Fabr., Berk, Rob. Müller, Fr. Müller, Ver. chem. Fabr., Concordia, Maigatter Green & Co., Schachnow & Wolff, Chem. Fabr. Kalk, Beit & Co., Chem. Fabr. Harb.-Stassf. für 1894 (in hk = à 100 k):

	$MgCl_2$	NaCl	$CaCl_2$	$MgSO_4$
Carnallitverarb.	3396	2331	147	368 hk
Sonst. Rohsalze	262	1282	1490	41 „
	3658	3613	1637	409 hk.

An Schachtlauge lieferte die Kgl. Berginspection, Ludwig II., Neustassfurt, Aschersleben und Solwaywerke täglich

$MgCl_2$	NaCl	$MgSO_4$
92	2008	21 hk.

Ausserdem liefert Leopoldshall verhältnissmässig viel Lauge.

Rechnet man dazu die Abläufe alter Halden ($MgSO_4$) u. dgl., so wird man doch nur etwa rechnen dürfen:

Chlormagnesium . . . . 4090 hk,
Chlornatrium . . . . 6000 „
Chlorcalcium . . . . 2000 „
Magnesiumsulfat . . . . 900 „

entsprechend etwa

Chlor . . . . 8000 hk,
Magnesia . . . . 2000 „

oder secundlich

Chlor	9,2 k.
Magnesia	2,4 „

Die Chloride werden daher wesentlich durch den Mansfelder Bergbau, Magnesia durch die Kaliindustrie geliefert.

Nach ferneren Ermittlungen des Kaiserl. Gesundheitsamtes (a. a. O.) enthält das Wasser der Elbe vor und nach Einmündung der Saale folgende Salzmengen:

		Chlor	Schwefelsäure	Kalk	Magnesia	Wassermenge cbm
Elbe vor Einmündung der Saale:						
(Tochheim)	26. 6. 89	12	14	31	8	313
	18. 8. 91	11	73	29	—	361
	10. 11. 91	16	41	23	13	183
Elbe bei Barby:	26. 6. 89 l. U.	264	111	100	41	
	M.	90	46	46	21	
	r. U.	14	16	23	Sp.	
	18. 8. 91 l. U.	362	148	72	30	
	M.	162	51	49	25	
	r. U.	14	27	30	—	
	10. 11. 91 l. U.	460	116	82	29	
	M.	234	101	56	21	
	r. U.	19	45	34	14	
Elbe bei Magdeburg:	26. 6. 89 l. U.	180	73	76	28	
	M.	130	59	61	23	
	r. U.	84	45	46	15	
	18. 8. 91 l. U.	283	96	57	—	
	M.	220	76	65	39	
	r. U.	240	60	45	—	
	10. 11. 91 l. U.	452	116	74	28	
	M.	352	101	74	24	
	r. U.	226	76	52	20	

Das salzige Wasser der Saale mischt sich nur langsam mit dem Wasser der Elbe, so dass selbst noch bei Magdeburg das Wasser am linken Ufer (l. U.) mehr Salze enthält als in der Mitte (M.) und am rechten Ufer (r. U.), wie schon anderweitig nachgewiesen war (S. 299).

Nach Angabe der Elbstrom-Bauverwaltung in Magdeburg führt die Elbe bei gewöhnlichem Wasserstande, welcher vom wirklichen Wasserstand an 182 Tagen des Jahres überschritten und 182 Tagen nicht erreicht wird, secundlich 405 cbm Wasser. Bei diesen normalen Wassermengen von 400 cbm wird nach Untersuchung des Verf. der Gehalt von 1 l Elbwasser durch die Abläufe des Schlüsselstollens erhöht um

	1897
Chlor	198,1 mg.
Schwefelsäure	8,6 „
Kalk	4,7 „
Magnesia	1,7 „

Das Magdeburger Leitungswasser erinnerte nach Rubner (a. a. O. S. 24) im Juni 1893 am meisten noch an Chlormagnesiumhaltiges Wasser. Die Klageschrift bezeichnet den Geschmack als ekelerregend, salzigbitter, hauptsächlich durch Chlormagnesium. Nach der von Rubner angeführten Analyse des Elbwassers vom 12. Januar 1893 ist ein „ekelerregender" Geschmack weniger durch den nachgewiesenen Salzgehalt, als durch die 127 mg organischer Stoffe (Abflüsse aus Dörfern, Städten, Zuckerfabriken u. dgl.) zu erklären. Dazu kommt die alkalische Reaction des Elbwassers und das Fehlen jeder Spur Kohlensäure, welche zusammen allein schon hinreichen, den faden, laugenhaften Geschmack zu ertheilen. Die Elbe ist eben ein Strom, der überhaupt nicht rein gehalten werden kann.[1])

Veranlassung zu dem Process der Stadt Magdeburg gegen die Mansfelder Gewerkschaft war das Zusammentreffen ungünstiger Umstände: gewaltiger Andrang von Grubenwasser in Folge des Einbruches des „salzigen Sees" und niedriger Wasserstand der Elbe. Schon der Sommer 1892 war sehr trocken. Am 12. December 1892 sank der Elbestand auf 0,5 Magdeburger Pegel und der Chlorgehalt stieg auf 600 mg pro Liter. Am 2. Januar sank der Wasserstand auf 0,4 und am 7. Januar auf 0,24, was seit 1817 nie beobachtet worden war. . . . Nach Schwankungen zwischen 350 bis 669 mg Cl im Liter (Juni bis December) änderte sich der Chlorgehalt vom 2. Januar 1893 an:

am	2. Januar	1893:	765	mg
„	7. „	1893:	1600	„
„	12. „	1893:	1540	„
„	18. „	1893:	894	„
„	23. „	1893:	934	„
„	10. Februar	1893:	373	„

= 2,7 ‰ Kochsalz im Maximum.

21 Tage war das Wasser stark versalzen. Die eingehendere Analyse zeigt für den 7. und 12. Januar 1893 pro Liter berechnet:

[1]) Rubner (a. a. O.) bemerkt, „dass ein gewisser Mangel an Reinlichkeitssinn dazu gehört, das Flusswasser zu Trinkzwecken zu gebrauchen". . . . „Ein Strom, der so weite Strecken durchwandert und Wasser aus einem so ungeheuren Niederschlagsgebiet aufgenommen, ein Strom, der vielen Hunderten deutschen und österreichischen Fabriken als Abzugskanal ihrer Effluvien gedient hat, führt kein ganz einwandfreies Wasser". — Das ist richtig; aber mindestens ebenso bedenklich sind Abflüsse der zahlreichen landwirthschaftlichen Betriebe und der Dörfer und Städte.

Rückstand	Kalk	Magnes.	Härte	Chlor	Organisch
3140	176	71,4	27,6	1506	122
3279	185	73,5	28,8	1614	127

Da der Process noch nicht entschieden ist, so möge nur Folgendes aus den Gutachten des Verf.[1]) erwähnt werden, als Beispiel, was alles in sog. Sachverständigengutachten vorkommen kann.

Der städtische Chemiker Pfeiffer sieht in dem Strontiumsulfatgehalt des Stollenwassers eine Gefahr, da Strontiumsulfat Gift sei. Auch das Chlorkalium im Magdeburger Leitungswasser (am 1. 2. 97 angeblich 119 mg, am 26. 3. 97 nur 15 mg KCl) hält er für giftig. Verf. bemerkte dazu in seinem ersten Gutachten:

„Zunächst wird sehr wahrscheinlich wenigstens der grösste Theil des Strontiumsulfats bald abgeschieden, erreicht also Magdeburg gar nicht. Aber selbst wenn das durch den Schlüsselstollen abgeführte Strontiumsulfat gelöst bliebe, würde auf 1 l Elbwasser nur etwa 0,1 mg kommen, während die bekannten Genusswässer Selters und Seltzer 3 bis 4 mg enthalten. Von einer Giftwirkung desselben zu sprechen ist daher geradezu lächerlich."

Statt nun, wie man hätte erwarten sollen, durch sorgfältige Analysen des Magdeburger Leitungswassers festzustellen, ob dieses $^1/_{10}$ mg Strontiumsulfat überhaupt dorthin gelangt, verlangte Pfeiffer in einem späteren Schriftstück ein ärztliches Gutachten über die Wirkung dieses „Giftes".

Kalisalze liefert der Schlüsselstollen auf je 1 l Elbwasser etwa 2 mg. Thatsächlich enthalten unsere Gemüse, Kartoffeln u. dergl. sehr viel mehr Kalisalze. Nach den zahlreichen Analysen, welche in dem grossen Werke von Stohmann zusammengestellt sind, enthält die Kuhmilch 0,5 bis 0,7 % Asche und darin im Mittel 25 % Kali, Frauenmilch 0,2 bis 4,2 % Asche mit etwa 35 % Kali; 1 l Kuhmilch enthält demnach etwa 1,5 g Kali, Frauenmilch noch mehr.

Magnesia liefert der Schlüsselstollen auf 1 l Elbwasser 1,2 mg. Göttinger Leitungswasser enthält 70 bis 75 mg, Magdeburger Brunnenwasser bis 300 mg Magnesia.[2]) Wenn daher Magdeburger Aerzte über Diarrhoe der Kinder klagen, so thäten sie gut, für Schliessung der Brunnen zu sorgen, da das der Elbe entnommene Leitungswasser Magdeburgs 1897/98 im Mittel nur 26 mg Magnesia enthielt (vergl. S. 292). Das der Elbe entnommene Leitungswasser enthielt aber keine Spur Kohlensäure, auch reagirt es alkalisch, wodurch das Wasser einen faden, laugenhaften Geschmack erhält, dazu kommt, dass das Brunnenwasser im Sommer kühler ist. Das viel salzigere Brunnenwasser wird daher noch jetzt vielfach dem Leitungswasser vorgezogen. — Der weitere Verlauf des Processes bleibt abzuwarten.

---

[1]) Gutachten v. Sept. 1897 u. Aug. 1899 in Sachen Magdeburg-Mansfeld.

[2]) Nach dem Berichte des Magdeburger Wasserwerkes für 1899/1900 enthielt das Wasser eines Brunnens im Liter 896 mg SO_3, 485 mg Cl, 697 mg CaO, 304 mg MgO, ein anderer 40 mg NH_3 und 12 mg N_2O_3, andere bis 900 mg N_2O_5 und 800 mg Chlor.

Nach dem Berichte des Magdeburger Wasserwerkes für 1899/1900 zeigte das durch Sandfiltration gewonnene Leitungswasser am 25. August 1899 bez. 22. März 1900 die folgende Zusammensetzung (mg im Liter):

	Rückstand	Glühverlust	Oxydirbarkeit
a)	1000	136	44
b)	455	67	29

	Na_2O	K_2O	CaO	MgO	Fe_2O_3, Al_2O_3	SiO_2	Cl	SO_3	CO_2
a)	333	19	86	41	1	6	421	85	86
b)	107	10	63	20	1	6	146	60	56

Die Kohlensäure fand sich stets nur in gebundenem und halbgebundenem, nicht also in gasförmig gelöstem Zustand; desgleichen erwiesen sich beide Proben als frei von Salpetersäure, salpetriger Säure und Ammoniak. Zu gewissen anderen Zeiten jedoch, namentlich bei niedrigem Wasserstand im Winter und offenbar im Zusammenhang mit der Campagne der Zuckerfabriken zeigten sich gut nachweisbare Mengen von Ammoniak, dessen Gehalt z. B. am 28. December auf 0,74 mg angestiegen war. Gleichzeitig machte sich eine ausserordentliche Zunahme der Oxydirbarkeit bemerklich.

Aus den 36 Jahresuntersuchungen des Elbwassers lassen sich die folgenden Durchschnittszahlen, sowie die höchsten und niedrigsten Einzelwerthe zusammenfassen:

	Rückst.	Glühverl.	Chlor	Kalk	Magnesia	Härte	Oxydirb.	Pegel
Maximum	1413	213	61	113	59	18	99	7
Mittel	753	116	29	77	32	12	66	20
Minimum	283	56	9	34	11	5	52	419

Der höchste Gehalt wurde am 20. December beobachtet, der niedrigste am 20. September. Die Durchschnittszahlen stehen den vorjährigen um etwa $^1/_4$ nach, sie zeigen aber grosse Aehnlichkeit mit denjenigen des Berichtsjahres 1897/98, mit welchen sie namentlich wegen der nahezu übereinstimmenden Wasserstände direct verglichen werden dürfen, und es ist daraus zu schliessen, dass eine absolute Zunahme der salinischen Verunreinigung des Elbwassers während der letzten Jahre kaum stattgefunden haben dürfte.

Altonaer Leitungswasser (filtrirtes Elbwasser) enthielt nach A. Reinsch (Altona. J. Unters.) mg im Liter:

(Tabelle siehe S. 296.)

Der Salzgehalt der Saale ist also bis Altona bemerklich.

Wasser aus einem Braunkohlenschacht (I) und dem Freiberger Silberbergbau (II) enthielt nach H. Fleck[1]):

---

[1]) Fleck, Jahresb. d. Centralst. f. öffentl. Gesundheitspfl. in Dresden, 1884, S. 21.

	I	II
Schwefelsaures Calcium	302	260
„ Eisenoxydul	262	6
„ Zink	—	24
„ Mangan	5	—
„ Magnesium	173	60
„ Natrium	22	—
„ Ammonium	18	—
Kieselsaures Natrium	42	47
Chlornatrium	327	36
Chlorkalium	82	—

Bei einer täglichen Wasserabgabe des Freiberger Stollens von 52000 cbm werden somit dem Tribischbach 560 k Eisenvitriol und 2280 k Zinkvitriol zugeführt.

(Tabelle zu S. 295.)

Datum der Probenahme in Altona	Gesammtrückstand (bei 100° getrocknet)	Chlor	Kieselsäure	Schwefelsäure	Salpetersäure	Calciumoxyd	Magnesiumoxyd	Verbrauch an $KMnO_4$ für 1 Liter
30. April 1897	354	101	2	39	geringe Spuren	69	14	14,8
31. Mai „	269	78	5	26	„	49	9	13,0
29. Juni „	414	142	3	33	„	67	14	15,5
30. Juli „	598	233	2	48	„	74	20	14,9
24. August „	267	76	4	26	„	45	10	19,8
30. September „	454	145	3	36	„	54	15	17,0
16. October „	460	156	6	41	„	63	17	16,5
29. November „	680	258	6	56	„	82	24	18,9
30. December „	477	163	6	47	„	72	15	17,6
30. Januar 1898	563	207	6	51	„	72	16	16,8
24. Februar „	333	94	6	38	„	57	14	14,6
31. März „	312	90	5	36	„	54	13	15,8

Salpetrigsäure und Ammoniak fehlten.

Nach Jones[1]) wurden Pumpen und andere Eisentheile von Grubenwasser folgender Zusammensetzung (mg im Liter) stark angegriffen:

$Fe_2(SO_4)_3$	603
$FeSO_4$	9
$CuSO_4$	191
$MnSO_4$	427
$ZnSO_4$	122
$CaSO_4$	636
$MgSO_4$	467
$Al_2(SO_4)_3$	19
K_2SO_4	155
Na_2SO_4	311
$NaCl$	13
SiO_2	43

[1]) Berg- u. Hüttenm. Ztg., 1898, 169.

Freie Schwefelsäure war nicht vorhanden. Die corrodirende Wirkung auf Eisen wurde theils durch Kupfersulfat, theils durch Ferrisulfat veranlasst. Bronzerohre wurden in der Grube selbst nach zwei Jahren nicht von dem Wasser angegriffen.

Abwasser von Zinkblendegruben und deren Pochwerke enthält Zinksulfat.

Das Abwasser einer Blendeschlämme wird von der chemischen Fabrik vorm. Hofmann & Schötensack durch Fällen mit Kalkmilch auf Eisenfarbe verabeitet.

Abflusswasser der Schwefelkiesgruben enthält Eisenvitriol und meist auch suspendirtes Ferrihydrat, zuweilen auch etwas Zinkvitriol, welche in grösseren Mengen für Pflanzen (S. 38) und Fische (S. 45) nachtheilig werden können. Wo eine Reinigung erforderlich ist, empfiehlt es sich, das Wasser über Kalksteine rieseln zu lassen und dann durch einen Absatzbehälter zu leiten.

Abwasser aus Strontianitgruben Westfalens enthielt kohlensaures Calcium, Thon, kohlensaures Strontium, welche den dieses Wasser aufnehmenden Bächen ein schlammiges Aussehen, aber keine besonders schädliche Beschaffenheit ertheilen.

Das bei der Aufarbeitung von Braunstein abfliessende Schmutzwasser ist nach R. Leuckart[1]) den Fischen schädlich.

Salinen, Kaliindustrie.

Soolen und gewisse Mineralquellen (vgl. S. 218) führen den Bächen und Flüssen zuweilen erhebliche Mengen von Chlornatrium zu, die Mutterlaugen der Salinen auch noch Chlorcalcium, Chlormagnesium und Gyps. (Vgl. S. 42.)

Chloride, besonders Chlormagnesium, befördern das Rosten aller Eisentheile;[2]) eine Turbinenanlage und ein Dampfkessel wurden z. B. stark geschädigt, als durch den Einlass einer Salzquelle der Chlorgehalt des Bachwassers von 60 auf 600 mg erhöht wurde.

Chlorkaliumfabriken lassen besonders grosse Mengen Chlormagnesium abfliessen, da von den in den Rohsalzen enthaltenen 20 % Chlormagnesium erst ein kleiner Theil verarbeitet wird. (Vgl. S. 291.)

Das Bodewasser vor und nach dem Einflusse der Abwässer des Kaliwerkes Douglashall hatte nach Ziurek und H. Focke[3]) folgende Zusammensetzung:

---

[1]) Gutachten über die Verunreinignng von Fischwässern (Cassel, 1886).

[2]) Vgl. F. Fischer, Chemische Technologie des Wassers, S. 212.

[3]) Repert., 1887, 285.

	Oberhalb mg	Unterhalb mg
Trockenrückstand (bei 120°) . . .	390	752
Glühverlust (organisch)	27	152
Chlor	49	161
Schwefelsäure	42	132
Kalk	92	130
Magnesia	17	58
Kali	7	15
Natron	43	106

Wittjen[1]) entnahm der Bode bei Hohenerxleben am 8. Mai (secundl. Wassermenge 13 cbm) und im Juni 1882 (Wasserm. 6 cbm) Proben; ferner am 19. Juli Saalewasser bei Bernburg, 7 km oberhalb der Mündung der Bode in die Saale, und bei Calbe, 8 km unterhalb der Bodemündung:

	Bode bei Hohenerxleben		Saale bei	
	Mai	Juni	Bernburg	Calbe
Chlornatrium	144	224	230	326
Chlorkalium	20	34	14	26
Chlormagnesium	47	154	0	56
Kohlensaures Magnesium	14	21	43	65
" Calcium	—	—	52	35
Schwefelsaures Calcium	40	41	137	166
" Magnesium	15	46	—	—
Eisenoxyd	—	—	—	1
Kohlensaures Natron	—	—	17	0

Elbwasser enthielt bei Tochheim oberhalb der Einmündung der Saale und unterhalb derselben bei Barby:

	Tochheim		Barby
	22. Juni	19. Juli	19. Juli
Chlornatrium	5	10	105
Chlorkalium	7	11	17
Chlormagnesium	0	0	2
Kohlensaure Magnesia	15	17	24
Kohlensauren Kalk	37	50	43
Schwefelsauren Kalk	22	11	65
Kieselsäure	8	} 6	7
Eisenoxyd	1	}	10
Kohlensaures Natron	13	18	—
Gesammtchlor	7	11	73
Magnesia im Ganzen	7	8	12

Einzelproben bei Barby am linken Ufer, in der Mitte und am rechten Ufer enthielten:

[1]) Chem. Ind., 1883, 367.

	Links	Mitte	Rechts
Glührückstand . . .	491	95	115
Glühverlust	136	31	29
Abdampfrückstand . .	627	126	144
Gesammtchlor . . .	190	11	17

Am 18. Juli entnommene Elbwasserproben ergaben nach Precht und Spiegelberg:

	Schönebeck		Buckau	
	links	rechts	links	rechts
Chlornatrium	315	25	221	31
Chlorkalium	22	9	16	8
Chlormagnesium	14	0	13	0
Kohlensaure Magnesia	42	20	48	23
Kohlensauren Kalk	34	41	39	44
Schwefelsauren Kalk	108	28	103	39
Kieselsäure	5	7	8	3
Eisenoxyd und Thonerde	2	3	1	1
Kohlensaures Natron	0	8	0	8
Glührückstand	529	129	422	140
Glühverlust	84	35	74	36
Gesammtchlor	212	19	152	23
Magnesia im Ganzen	25	9	28	11

Das mit „Buckau links“ bezeichnete Wasser war nahe der Stelle geschöpft, an welcher die Magdeburger Wasserleitung ihr Wasser der Elbe entnimmt; „Buckau rechts“ vom rechten Ufer, oberhalb der Abzweigung der alten Elbe. Zwei andere Proben, zugleich mit den obigen in $^1/_3$ Entfernung vom linken und $^1/_3$ Entfernung vom rechten Elbufer geschöpft, ergaben:

Buckau:	Links	$^1/_3$ Links	$^1/_3$ Rechts	Rechts
Glührückstand . . .	422	296	140	140
Glühverlust	74	71	63	36
Gesammtchlor . . .	152	86	28	23

Selbst bei Magdeburg war somit das Wasser noch nicht gemischt, was die S. 292 besprochenen Versuche bestätigen.

Nach H. Beckurts[1]) würden sich durch die Abwässer der Chlorkaliumfabrik Thiede (täglich 200 t Carnallit) bei Annahme einer Wasserführung der Oker von 1,9 cbm in der Secunde die Mineralbestandtheile in 1 l des Okerwassers rechnungsmässig folgendermassen erhöhen:

für Chlor	von	59,5	auf	252,5	mg
„ Magnesia	„	9,6	„	121,4	„
„ Schwefelsäure . . .	„	89,8	„	107,6	„
„ Mineralsubstanzen .	„	402	„	692,8	„
„ Härte	„	9,4	„	25	Härtegrade.

[1]) Chem. Industrie, 1898, 79.

Eine solche Zunahme der Bestandtheile hat Beckurts bei 3 Analysen nicht nachweisen können, er meint daher, dass sich die in den Abwässern der Thieder Chlorkaliumfabrik enthaltenen Salze nicht unverändert in dem Okerwasser erhalten, sondern theilweise durch die im Flusswasser gelösten und suspendirten Substanzen unter Bildung unlöslicher Verbindungen Umsetzungen erfahren.[1])

Fabriken chemischer Producte.

Kiesabbrände können Veranlassung geben zur Verunreinigung von Wasser mit schwefelsaurem Eisen bez. Zinksulfat, wenn die Kiese blendehaltig waren. Durch Verwendung von zinkhaltigen Abbränden[2]) zu Wegeaufschüttungen können die benachbarten Brunnen selbst 100 mg Zinksulfat im Liter Wasser enthalten, wie Verf. in Lehrte, Rapmund[3]) für Nienburg, List[4]) in Hagen beobachtete. (Vgl. S. 297.)

Nach Mylius[5]) ist das Wasser aus einem Gemeindebrunnen zu Wittendorf mit einem Gehalt von 7 mg Zinkoxyd im Liter seit etwa 100 Jahren ohne bemerkbare Nachtheile von Menschen und Thieren genossen. Das gleiche berichtet C. Th. Morner[6]) von einem Trinkwasser, welches 8 mg Zink oder 15 mg Zinkcarbonat enthielt.

Beachtenswerth sind die Berichte[7]) der i. J. 1868 auf Befehl der Königin von England ernannten Commission (Denison, Frankland, John, Morton), welche beauftragt wurde, die Ursachen, denen die Verunreinigung der englischen Flüsse zuzuschreiben ist, und die Mittel und Wege zu erforschen, wie diese Verunreinigungen zu vermeiden sind.

Nach der Untersuchung der englischen Commission sind in den 400000 t Schwefelkies, die jährlich in England zur Darstellung von Schwefelsäure gebraucht werden, etwa 1600 t Arsenik enthalten. Dieses geht in die Schwefelsäure über und von dieser in die Salzsäure, in das Glaubersalz, selbst in die Soda, so dass von 12 Proben gewöhnlicher Soda 11 stark arsenikhaltig waren; von 9 Proben krystallisirter Soda waren 2,

(Fortsetzung auf S. 302.)

---

[1]) In welcher Form Chlor unlöslich gefällt werden soll, ist nicht ersichtlich; hier ist wohl die Probenahme nicht sachgemäss gewesen.

[2]) Die Verarbeitung derselben s. Fischer's Jahresb., 1887, 510.

[3]) Tagebl. d. Naturf., 1884, 277.

[4]) Dingl., **215**, 250.

[5]) Zeitschr. f. analyt. Cemie, **19**, 101.

[6]) Archiv f. Hygiene, 1898, **33**, 160.

[7]) First report of the Commissioners appointed in 1868 to inquire into the best means of preventing the pollution of rivers. Vol. I. Report and plans (London 1870). — Vol. II. Evidence. — Second report. The ABC process of treating Sewage (London 1870). — Third report (London 1871).

Nummer	Abwässer chemischer Fabriken	Gelöst (mg im Liter):								Suspendirt	Bemerkungen.
		Organischer Kohlenstoff	Organischer Stickstoff	Ammoniak	Stickstoff als Nitrate und Nitrite	Chlor	Freie Salzsäure	Arsen	Gesammtgehalt		
1	Kanalwasser der chemischen Fabrik zu Widnes, wie es sich in den Mersey ergiesst	205,1	7,6	6,4	0,2	6993	0	15,0	18900	310	
2	Kanalwasser der Seifen- und Sodafabrik zu Runcorn . .	—	—	—	1,2	6379	5882	2,0	3258	—	151 mg Eisen- u. Manganoxyd.
3	Honeypot-Bach, durch Abwasser aus Sodafabriken verunreinigt	24,4	10,8	16,2	7,0	993	274	0,32	2342	26	
4	Sankey-Bach vor seinem Eintritt in St. Helens	11,7	0,8	0,1	1,2	31	0	0,05	308	21	Härte 15,9° (engl.).
5	Ders. nach seinem Austritt aus St. Helens	14,4	2,2	3,5	1,0	1962	685	—	4072	191	
6	Ders. vor seiner Vereinigung mit d. Sankey- (Schifffahrts)-Kanal	11,1	2,1	2,7	1,0	764	220	0	2145	—	131° Härte; 99 mg Eisen- und Manganoxyd.
7	Der Sankey-Kanal bei St. Helens	5,3	0,6	2,7	3,8	2159	184	Spur	2392	—	192° Härte; 444 mg Eisen- und Manganoxyd.
8	Ders. bei Warrington . . .	8,5	0,9	2,0	1,3	549	306	0	1792	—	80° Härte; 205 mg Mangan- und Eisenoxyd.
9	Ders. nach seiner Vereinigung mit dem Sankey-Bach . .	4,0	1,5	3,0	1,8	539	26	0	1890	—	89° Härte; 124 mg Mangan- und Eisenoxyd.
10	Purpurflüssigkeit der Anilinfabrik	23,3	9,7	34,3	3,7	—	—	0,40	3480	—	

von 7 Seifenproben 3 arsenhaltig. Schon hierdurch werden also den englischen Flüssen jährlich etwa 1500000 k Arsenik zugeführt (Analyse 1, 2 u. 10, S. 301); dasselbe ist denn auch selbst in den Filtern und dem Wasser der Wasserleitungsgesellschaft von Stockport nachgewiesen (vgl. Analyse 3, 4 u. 7).

Nach den zahlreichen Untersuchungen von Smith[1]) enthält im Durchschnitt:

	Arsen %
Schwefelkies vor dem Rösten	1,649
Kies nach dem Rösten	0,465
Schwefelsäure	1,051
Absatz in dem vom Kiesofen zur Bleikammer führenden Kanal	46,360
Absatz auf der Sohle der Bleikammer	1,855
Salzsäure	0,691
Schwefelsaures Natrium	0,029
Sodarückstände	0,442

Manganrückstände. Die bei der Chlorkalkdarstellung[2]) in grossen Massen erhaltenen Chlormanganflüssigkeiten bestehen im Durchschnitt aus:

Manganchlorür ($MnCl_2$)	22,00
Eisenchlorid (Fe_2Cl_6)	5,50
Chlorbaryum ($BaCl_2$)	1,06
freiem Chlor	0,09
Chlorwasserstoffsäure	6,80
Wasser	64,55

nebst Chlorcalcium, Chlormagnesium, Chloraluminium, Chlornickel, Chlorkobalt und nach dem Bericht der englischen Commission mit 150 mg Arsenik im Liter.

Nach Angabe eines Beamten, der die Sodafabriken in gesundheitlicher Beziehung überwacht, gehen mit diesen sauren Manganflüssigkeiten, sowie mit der verdünnten Salzsäure, welche die Fabriken den Flüssen übergeben, in England 47,5%, nach andern Angaben sogar mehr als die Hälfte der gesammten producirten Salzsäure verloren. Bäche, Schifffahrtskanäle werden dadurch so stark sauer, dass die Schleusen u. s. w. ganz aus Holz construirt werden müssen (vgl. Analyse 2 bis 9, S. 301).

In Deutschland sind derartige Zustände unbekannt; die Laugen werden zur Wiedergewinnung des Mangans verarbeitet, vielfach auch die erhaltenen Chlorcalciumlösungen verwerthet.

Sodarückstände. Bei der Herstellung von Soda nach dem Leblanc'schen Verfahren werden für jede Tonne Alkali etwa 1,5 t Rück-

---

[1]) Dingler, **201**, 415; **207**, 141.

[2]) Ferd Fischer, Handbuch der chemischen Technologie (Leipzig 1900), S. 505.

stände erhalten, welche wesentlich aus Schwefelcalcium nebst kohlensaurem Calcium, überschüssigem Kalk u. dgl. bestehen.[1]) Werden diese aufgehäuft, so entwickeln sie bei feuchtem Wetter Schwefelwasserstoff, oft auch nach erfolgter Selbstentzündung Schwefligsäure; bei nassem Wetter fliesst eine tief gelb gefärbte Flüssigkeit ab, welche Calcium- und Natriumpolysulfuret enthält. Kommen diese Massen mit den vorhin erwähnten sauren Flüssigkeiten zusammen, so wird Chlorcalcium gebildet, welches die Härte des Flusswassers selbst auf 192° bringt (Analyse 7); grosse Mengen Schwefelwasserstoff werden entwickelt, welches die in der Nähe Wohnenden in hohem Grade belästigt und schädigt. Ausserdem wird theils direct, theils durch Oxydation des Schwefelwasserstoffes Schwefel abgeschieden; eine Schlammprobe aus dem Sankey-Schifffahrtskanal enthielt dementsprechend 22,75 % freien Schwefel. — Durch die Ausbreitung des Chance'schen Verfahrens werden diese Zustände wohl etwas gebessert.

Das Abwasser der Sodafabrik in Dieuze, welche die Sodarückstände oxydirt und die gelben Laugen mit den Chlormanganlaugen fällt, enthielt nach L. Grandeau[2]) mg im Liter:

Schwefelcalcium	101	mg.
Calciumhyposulfit	2 516	„
Schwefels. Calcium	2 527	„
„ Natrium	8 219	„
„ Magnesium	3 215	„
Chlorcalcium	20 584	„
Chlormangan	17 542	„
Chlornatrum	11 120	„

In Deutschland werden die Sodarückstände aufgearbeitet,[3]) ernstliche Verunreinigungen der öffentlichen Wasserläufe kommen wohl kaum noch vor.

Die Sodafabrik an der Landsbergerstrasse in München hatte mit Sodarückständen ausgebeutete Sandgruben gefüllt. Eine Untersuchung im Jahre 1874 von G. Wolffhügel[4]) ergab, dass die benachbarten Brunnen sämmtlich durch die Auslaugestoffe dieser Rückstände verunreinigt wurden. In Folge dessen wurde die Fabrik geschlossen; lange ruhten die Klagen, bis sie 1880 und 1881 wieder erhoben wurden; die dann von E. Egger vorgenommene Untersuchung ergab, dass die Verunreinigung einen weiteren Umfang angenommen hatte. Analysen der am stärksten verunreinigten Brunnenwässer ergaben (mg im Liter):

---

[1]) Vgl. Ferd. Fischer, Handbuch der chemischen Technologie (Leipzig 1900), S. 474.

[2]) L. Grandeau, La soudière de Dieuze (Paris 1872).

[3]) F. Fischer, Handbuch der chemischen Technologie (Leipzig 1900), S. 474.

[4]) Bericht d. Untersuchungsstat. d. hygien. Instit. in München, 1882, 53.

1 l Brunnenwasser enthielt:	Abdampf-rückstand	Zur Oxydation erforderlicher Sauerstoff	Chlor	Salpetersäure	Schwefelsäure	Kalk
1874:						
In der Fabrik	3230	5,7	229	56	1398	—
Desgl. nach dem Ausschöpfen desselben	3800	2,8	270	113	1567	—
Friedenheim, Bahnwärterkaserne . .	1630	2,4	219	190	249	—
Landsbergerstrasse No. 7	900	2,6	57	189	172	—
1880/81:						
Ligsalzstrasse No. 1a	918	2,8	44	117	221	192
Schwanthalerhöhe No. 35	1120	8,5	94	186	154	180

Der Gehalt an Salpetersäure zeigt, dass hier auch Abortgruben u. dgl. zur Verunreinigung beigetragen hatten, bei den beiden letzten Analysen vielleicht sogar ausschliesslich.

Die Rückstände der nach dem Leblanc'schen Verfahren arbeitenden Potaschefabriken unterscheiden sich nur dadurch, dass sie Kali statt Natron enthalten.

Abwasser aus den nach dem Ammoniaksodaverfahren arbeitenden Sodafabriken[1]) enthält viel Chlorcalcium und Chlornatrium.

Dynamitfabriken[2]) lassen zuweilen stark saures Abwasser abfliessen; solche für rauchloses Pulver können Pikrinsäure enthalten.

Farbenfabriken. Die Abwässer der Farbenfabriken sind meist stark gefärbt und enthalten oft viel organische Stoffe gelöst und suspendirt, nicht selten auch Metallsalze. Die Abwässer der Ultramarinfabriken enthalten viel Natriumsulfat, die der Urangelfabriken Soda und Aetznatron.

Anilin- bez. Theerfarbenfabriken (S. 221) liefern Chlornatriumhaltige Abwässer und sind im Allgemeinen wenig bedenklich (Analyse 10, S. 301). Die wenigen Fabriken, welche noch mit Arsen arbeiten, sind weit strenger zu behandeln. Nach C. Nienhaus Meinau[3]) lässt die Fuchsinfabrik zu Schweizerhalle ein tief fuchsinroth gefärbtes saures Abwasser ab, welches im Liter 18,8 g Arsensäure und 29,45 g Arsenigsäure enthält, was doch unzulässig erscheint, um so mehr die Verwendung von Arsen vermeidbar ist.[4])

[1]) Zeitsch. f. angew. Ch., 1894, III; 1898, 130, 273, 318, 363, 488, 528 und 628.

[2]) F. Fischer, Handbuch der chemischen Technologie (Leipzig 1900), Bd. 1, S. 586.

[3]) Bericht über die Verunreinigung des Rheins (Basel 1883), S. 9.

[4]) Vergl. Dingl., 226, 317.

Holzessigfabriken lassen zuweilen Kresol- bez. Theer-haltiges Wasser abfliessen, ferner Chlorcalcium.

Abwasser einer Vanilinfabrik enthielt nach Ohlmüller[1]) wesentlich Chloride und konnte unbedenklich abgelassen werden.

Die Jahresberichte d. K. Preuss. Gewerberäthe für 1889 enthalten folgende Concessionsbedingungen bez. Abwasser:

Für eine Salmiakgeistfabrik: „Die Abwässer dürfen ohne polizeiliche Genehmigung und ohne vorhergegangene Reinigung weder in die städtischen Kanäle noch in die öffentlichen Wasserläufe abgeleitet werden, anderenfalls müssen sie durch Abfuhr beseitigt werden".

Natriumchromatfabrik: „Die Abwässer dürfen nicht versumpft werden und müssen in undurchlässigen Klärgruben abgeklärt und dürfen nur frei von suspendirten und gelösten nachtheiligen Stoffen abgelassen werden. Dieselben dürfen weder freie Säuren noch andere schädliche Stoffe, insbesondere keine Verbindungen der Schwefel- bez. Chromsäure enthalten.[2])

Fabrik zur Herstellung von Quecksilberpräparaten: Fabrikationsabfälle dürfen weder versenkt noch vergraben werden, dieselben sind in dichten Behältern zu sammeln und unschädlich zu beseitigen. Abwässer dürfen nur dann versenkt oder abgelassen werden, wenn sie durch die Fabrikation nicht verunreinigt sind.[3]) Sie sind vor dem Versenken oder Ablassen in dichten Rinnen oder Rohrleitungen durch ein Bassin zu führen, dessen Inhalt leicht controlirt werden kann.

Fabrik für Zinn- und Zinksalze: Ausser neutralen Chlorcalciumlösungen dürfen anderweitige verunreinigte Abwässer nicht zum Ablauf aus der Fabrik gelangen.

Leuchtgasfabriken, Kokereien, Theerverarbeitung.

Gaswasser enthält Ammoniumcarbonat, Ammoniumhyposulfit, Schwefelammonium, Rhodanammonium, Chlorammonium, theerige Stoffe und dergl.[4]) Es wird jetzt — mit Ausnahme einiger kleiner Gasanstalten — überall mit Kalk destillirt, um das Ammoniak zu gewinnen. Das nun noch abfliessende Wasser enthält noch Rhodancalcium und Schwefelcalcium nebst theerigen Stoffen.[5]) Das Gleiche gilt für die Kokereien mit Gewinnung der Nebenproducte.[6])

[1]) Arbeiten a. d. K. Gesundheitsamt, 6, 305; Zeitsch. f. angew. Chemie, 1891, 686.

[2]) Ein Abwasser ohne Schwefelsäureverbindungen?

[3]) Dann sind's doch wohl keine Abwässer? Vergl. Zeitsch. f. angew. Chemie, 1890, 536.

[4]) F. Fischer, Handlung d. chem. Technologie, Bd. 1 (Leipzig 1900), S. 428.

[5]) Vergl. Dingl., 211, 139; 214, 85; 125, 129; 231, 84.

[6]) F. Fischer, Chemische Technologie der Brennstoffe, Bd. 2 (Braunschweig 1901), S. 150.

Gassperrwasser ist ähnlich zusammengesetzt; seine schädliche Wirkung auf Fische vermindert sich nach Kämmerer[1]) durch Destillation derart, dass es nun ohne Gefahr in Flussläufe abgelassen werden kann.

Dass durch Lagern grosser Mengen Gaskalk und undichte Gasometerbehälter das Grundwasser auf grosse Entfernungen hin verunreinigt werden kann, bestätigte eine vom Verf.[2]) ausgeführte Untersuchung des Wassers eines 300 m von der Gasanstalt entfernten Brunnens. Dasselbe war weisslich trübe, roch eigenthümlich nach Leuchtgas und hatte einen sehr unangenehmen Geschmack. 1 l desselben enthielt:

Organische Stoffe	4198	mg,
Chlor	440	"
Schwefelsäure	992	"
Salpetersäure	2	"
Ammoniak	82	"
Kalk	906	"
Magnesia	136	"
Härte 109,7°.		

Ferner etwa 300 mg Rhodanammonium; später fand auch F. Adam[3]) Rhodanammonium im Brunnenwasser einer Gasanstalt.

Nach Fronmüller[4]) zeigte das durch eine Gasanstalt verunreinigte Brunnenwasser Gasgeruch und hohen Ammoniakgehalt.

Gaskalk enthält als lästige Bestandtheile etwas Rhodancalcium und Schwefelcalcium; nach fast allgemeiner Einführung der Eisenoxydreinigung und theilweiser Ammoniakreinigung haben in Deutschland jetzt fast alle Leuchtgasanstalten die Kalkreinigung aufgegeben.[5])

Abwasser einer Mischgasanlage enthielt nach Hundeshagen und Philip:[6])

	Vorlage		Scrubber		Wascher	
	I	II	I	II	I	II
Ammoniak	25,76	20,40	9,24	13,30	1,26	3,40
Kohlensäure	?	39,20	?	39,00	?	21,82
Cyanwasserstoff	Spur	0,27	1,46	1,24	0,60	0,72
Rhodanwasserstoff	—	—	Spur	Spur	—	—
Schwefelwasserstoff	1,25	0,83	2,20	2,54	Spur	1,06
Schwefelsaures Ammon	1,08	1,09	Spur	Spur	—	—
Unterschwefligsaures Ammon	2,13	1,60	2,61	1,40	1,56	Spur
Chlorammonium	Spur	Spur	Spur	Spur	—	—
Kohlenwasserstoffe, Phenole u. dergl.	Spur	Spur	Spur	Spur	Spur	Spur.

---

[1]) Zeitsch. f. angew. Chem., 1889, S. 686.

[2]) Dingl., 211, 139; 214, 85.

[3]) Oesterr. Chem.-Ztg., 1898, 93.

[4]) Viertelj. f. öffentl. Ges., 1876, 205.

[5]) Ferd. Fischer, Handbuch der chemischen Technologie (Leipzig 1901). Bd. 1, S. 88.

[6]) Zeitsch. f. angew. Chemie, 1894, 80.

Ablaufwasser eines Wassergasscrubbers enthielt nach Klaudy[1]) 37 mg Cyanwasserstoff und 13 mg Schwefelwasserstoff. Abwasser von Braunkohlenschweelereien enthält empyreumatische ölige Stoffe; zur Klärung desselben bleibt wohl nur Filtration durch Braunkohlenkoks und dergl. übrig. Das bei der trockenen Destillation der Braunkohlen gewonnene Schweelwasser enthält nach Th. Rosenthal[2]) besonders Aldehyde, gesättigte und ungesättigte; von den ersteren wurde der Acetaldehyd isolirt; Ketone, von denen das Aceton und das Methyläthylketon isolirt und untersucht wurden; Methylalkohol und Acetonitril.

Paraffinfabriken liefern nach Macadam[3]) in das Abflusswasser aus den Rohölfässern auslaufendes Oel, das meist Paraffinöl enthaltende Cendensationswasser, die von der Behandlung des Rohparaffins mit Schwefelsäure abfallende schwarze, theerartige, stark saure Masse und dann die bei der Behandlung mit Natron abfallende stark alkalische Flüssigkeit.

Das Abwasser einer Erdöldestillation bespricht Gintl.[4]) Die Verunreinigung des Flusswassers durch Erdölproducte ist in Russland bedeutend.[5]) Nach Kupzi werden Fische von 9 bis 15 g von den wasserlöslichen Bestandtheilen der Naphta getödtet, wenn dieselben in Mengen vorhanden sind, die 0,004 bis 0,006 g Sauerstoff in 1 l zur Oxydation brauchen. Doch nicht alle Naphtaproducte haben giftige Eigenschaften. Werden 50 g Substanz mit 5 l Wasser (nicht destillirtes) geschüttelt, so werden giftige Lösungen erhalten, von der Bibi-Eybat'schen Rohnaphta (spec. Gew. 0,872), Masut (spec. Gew. 0,916) und Solaröl (spec. Gew. 0,880 bis 0,891); nicht giftige Lösungen geben dagegen Spindelöle (spec. Gew. 0,895), Maschinenöl (spec. Gew. 0,905), Cylinderöl (spec. Gew. 0,911), Pyronapht (spec. Gew. 0,858) und Kerosin (spec. Gew. 0,825). 50 g Kerosin in 5 l Wasser gegossen machen die Lösung erst in 14 Tagen giftig. Nicht alle Fische sind gleich empfindlich, an der Spitze stehen Weissfisch und Kaulbarsch, widerstandsfähiger sind Brachse und Rothfische. Wurde dieselbe Menge Masut wiederholte Male mit Wasser geschüttelt, so ergaben sich Lösungen, die weniger Sauerstoff zur Oxydation erforderten und somit auch weniger giftig waren; ein fünfter Auszug hatte 2,96 mg Sauerstoff aus 1 l nöthig, und in ihm blieben Weissfische 6 Tage lang gesund. Masut ist in gewöhnlichem Wasser löslicher als in destillirtem, was auf die Anwesenheit von Salzen zurückgeführt wurde. So ergab ein fünfter Auszug mit destillirtem Wasser 3,2 bis 2,8 mg

---

1) Mitth. d. technol. Gew.-Mus. Wien, 1892, S. 290.
2) Zeitschr. f. angew. Chem, 1901, 666.
3) Chem. News, 14, 110; Wagner's Jahresb., 1865, 713.
4) Zeitschr. f. angew. Chem., 1889, 714.
5) Fischer's Jahresber., 1900, 522.

Sauerstoff im Liter und war nicht giftig, ein sechster Auszug aber, mit gewöhnlichem Wasser hergestellt, gab 7,12 mg Sauerstoff und tödtete Weissfische in 14 Stunden. Das Naphtagift, mittels Alkalien erhalten, besteht zum grössten Theil aus sog. „Naphtasäuren“ mit geringen Mengen Phenol und flüchtigen Säuren. Erhalten wurden:

aus Rohnaphta	0,83 %
„ Masut	1,12 „
„ Solaröl (spec. Gew. 0,880)	2,82 „
„ Solaröl (spec. Gew. 0,891)	3,20 „

Das nicht giftig erscheinende Kerosin, Pyronapht und Spindeöl, welche bei der Fabrikation mit Alkalien behandelt werden, oxydirten sich unter dem Einfluss von Sonnenstrahlen und Luft, besonders leicht bei Gegenwart von Wasser und gaben giftige Säuren (0,81 bis 1,41 %). Masut und Cylinderöl oxydiren sich unter gleichen Bedingungen in 3 Wochen noch nicht. Calcium-, Natrium- und Magnesiumkarbonat vergrössern die Löslichkeit und damit auch die Giftigkeit der Naphtaproducte, Chloride dagegen setzen die Löslichkeit herab. Die isolirten Naphtasäuren lösen sich in Wasser schwer, leicht aber, wenn ein gleiches Quantum Soda zugegeben wird. Auch Krebse im Gewicht von 35 bis 38 g werden in 18 bis 60 Stunden durch Lösungen von 5 bis 50 mg im Liter getödtet. Bei Fröschen stellen sich in Lösungen von 50 mg im Liter schon in 2 Stunden Symptone der Vergiftung und nach 10 Stunden der Tod ein. Auch für Warmblüter ist die Naphtasäure ein Gift.

Hüttenwesen, Metallwaarenfabriken.

Hüttenwerke mit Erzwäschen liefern schlammiges Wasser (von Eisenerzen), welches bei Zink- und Bleierzen auch giftige Eigenschaften haben kann (S. 300).

Hochofenwerke liefern das Condensations- bez. Waschwasser der Hochofengase[1]) und fettiges Wasser der Dampfmaschinen. Von Schlackenhalden abfliessendes Wasser kann Schwefelcalcium, Schwefelkalium u. dergl. enthalten. Werden Kiesabbrände (S. 300) auf Eisen und Kupfer verarbeitet, so fliesst Eisenvitriol-haltiges Wasser ab.

Kupferhütten lassen zuweilen freie Säuren, Vitriol- oder auch Chlorcalcium-haltiges Wasser abfliessen.

Abwässer aus Drahtziehereien enthalten je nach Verwendung von Schwefelsäure oder Salzsäure zum Beizen erhebliche Mengen von schwefelsaurem Eisen oder Eisenchlorür und Gyps bez. Eisenchlorid und Chlorcalcium. Bei richtiger Leitung der Beize kann die Flüssigkeit vortheilhaft zur Gewinnung von Eisensalzen verwendet werden. Dasselbe gilt für die

[1]) F. Fischer, Handbuch der chem. Techn. (Leipzig 1900), Bd. 1, S. 178.

ausgenutzte Beizflüssigkeit von Verzinkereien und Verzinnereien. Die Ablauge einer englischen Verzinkerei wird vortheilhaft auf Salzsäure und Eisenoxyd verarbeitet.[1])

Beizwasser von Email-Blechgeschirrfabriken enthält freie Säuren und Eisenchlorür. Messinghütten geben zuweilen Kupfersulfat- und Zinksulfat-haltiges Abwasser.

Abwasser einer Silberbeizerei enthält zuweilen freie Schwefelsäure und Kupfersulfat; Abwasser einer Kupferauslaugerei wesentlich nur Chlorcalcium.

Abwasser von Neusilberfabriken enthält viel Calcium-, Magnesium- und Natriumverbindungen und selbst 1 Proc. freie Säure.

Kanalwasser der Galvanisirwerke ist durch Calcium-, Magnesium-, Eisen- und Zinksalze verunreinigt und enthält bis 2 Proc. freie Säure. Galvanisiranstalten lassen zuweilen Cyankalium-haltige Flüssigkeiten abfliessen.

Saures Wasser wird am bequemsten durch Kalkstein entsäuert, dabei werden gleichzeitig die Eisensalze gefällt. Kupfervitriol-haltiges Abwasser lässt man vorher über Eisenabfälle fliessen, um das Kupfer zu gewinnen.

Stärkefabriken.

Kartoffelstärkefabriken lassen Kartoffelwaschwasser und Fruchtwasser abfliessen.[2]) Das Waschwasser enthält die anhaftenden Bodentheile, kleine Kartoffeln, abgeschlagene Kartoffelstücke, Keime u. dgl. Die Stoffe setzen sich in Absatzbehältern leicht zu Boden, das abfliessende Wasser ist aber in Folge gelöster Eiweissstoffe u. dgl. leicht zu stinkender Fäulniss geneigt.

Das Fruchtwasser enthält die löslichen Bestandtheile der Kartoffeln, Stärke, Fasertheile u. dgl. Nach den vorliegenden Analysen über die Bestandtheile der Kartoffeln wird — bei Verwendung von 6 l Wasser für je 1 k Kartoffeln — 1 l Fruchtwasser enthalten:

Eiweissstoffe	1,56 g.
Amide (Asparagin u. dgl.)	1,25 „
Zucker, Dextrin	1,25 „
Gummiartige Stoffe, Säuren u. dgl.	0,87 „
Aschenbestandtheile	0,65 „

Ein Theil der Eiweissstoffe scheidet sich schon beim Stehen an der Luft aus; durch Erhitzen oder Zusatz von Schwefelsäure wird der grösste Theil derselben ausgeschieden, doch stösst eine vortheilhafte Gewinnung derselben für Futterzwecke bis jetzt noch auf grosse Schwierigkeiten.

[1]) Zeitschr. f. angew. Chem., 1890, 181; vgl. Wagner's Jahresb., 1859, 71, 105 u. 106; 1872, 354; Dingl., 201, 245; 202, 304; 212, 486.

[2]) Vgl. Ferd. Fischer, Handbuch der chemischen Technologie, organischer Theil (Leipzig, 1902).

An düngenden Stoffen enthält das Abwasser von je 1000 k Kartoffeln in löslicher Form:

Kali	6,5 k.
Phosphorsäure	1,9 „
Stickstoff	1,9 „

Gaultier de Claubry fällt die Abwässer der Stärkefabriken mit einer Lohabkochung und Kalkmilch und verwendet den Niederschlag zum Düngen; Markl fällt nur mit Kalk. Von anderer Seite wurde vorgeschlagen, diese Abwässer mit Soda zu neutralisiren und abzudampfen, oder mit Kalk, oder aber mit Soda und Alaun zu fällen. Burggraf machte bereits erfolgreiche Versuche über die Verwendung dieser Wässer zum Berieseln von Wiesen und Ackerland.[1])

Nach M. Märcker[2]) wird das Abwasser der Kartoffelstärkefabrik Hohenziatz zur Wiesenberieselung verwendet. Nachfolgende Analysen zeigen die Zusammensetzung des unvermischten Abflusswassers (I), des mit Quellwasser vermischten (II), des von der ersten (III) und von der zweiten (IV) Wiese abfliessenden Wassers. 1 l enthielt:

	I	II	III	IV
Feste Bestandtheile im Ganzen . .	1858	324	323	262
Organische Stoffe	1134	102	38	79
Anorganische Stoffe	724	222	385	183
Kali	213	55	41	8
Phosphorsäure	57	6	Sp.	Sp.
Stickstoff	141	12	4	9
Ammoniak	37	0	0	0
Salpetersäure	4	Sp.	Sp.	Sp.

Das völlige Verschwinden des Ammoniaks beim Verdünnen mit dem Quellwasser wird durch Bildung von phosphorsaurer Ammoniakmagnesia zu erklären sein, veranlasst durch den Magnesiumgehalt des Wassers. Schon bei der Berieselung der ersten Wiese wird, wie Analyse III zeigt, die Phosphorsäure fast völlig, der Stickstoff grösstentheils zurückgehalten; es würde sich daher empfehlen, auch den folgenden Wiesen direct Abwasser zuzuführen. Auf der zweiten Wiese wurde namentlich das Kali absorbirt: der grössere Stickstoffgehalt bedarf noch der weitern Untersuchung.

Die Ernteergebnisse waren vorzüglich, auf 1 ha der ersten Wiese waren vor der Berieselung 2400 k, nach der Berieselung aber 4000 k Heu geerntet, obgleich der erste Schnitt durch zu langes Ueberstauen mit dem Rieselwasser verdorben war. Dazu kommt noch, dass die Qualität

[1]) Dingl., 56, 464; 63, 465; 68, 406; 80, 399; 214, 225.

[2]) Zft. d. landw. Centralver. d. Prov. Sachsen, 1876 No. 7; vgl. Fischer's Jahresb., 1883, 670.

des erhaltenen Heues wesentlich besser geworden war, wie nachfolgende Analysen desselben vor (I) und nach (II) der Berieselung zeigen.

	I	II
Feuchtigkeit	15,00	15,00
Holzfaser	22,67	22,82
Mineralstoffe	7,64	8,69
Aetherextract	2,00	2,30
Eiweissstoffe	10,79	15,85
Stickstofffreie Extractstoffe .	41,81	35,34

Die Kartoffelstärkefabrik in Wittingen, Provinz Hannover, verwendet das Abwasser ebenfalls mit bestem Erfolg zur Berieselung.[1])

Nach dem Jahresberichte der preussischen Gewerberäthe für 1889 verwendet die Stärkefabrik in Klein-Raudgen das Abwasser vortheilhaft zur Wiesenberieselung. Nach Räther (Minden) wird das Abwasser einer grossen Stärkefabrik in einer grossen wasserdichten und überwölbten Grube gesammelt, um mittels Druckrohrleitung auf eine zur Wiese umgewandelte Haidefläche gepumpt zu werden.

Eine Stärkefabrik bei Reppen, welche stündlich 40 bis 45 hk Kartoffeln verarbeitet und dazu 70 bis 80 cbm Wasser gebraucht, leitet das Abwasser aus der Kartoffelwäsche und einen Theil der Albumin-haltigen Fruchtwässer auf 20 ha Wiesen; der grösste Theil dieser Fruchtwässer wird auf eine andere, etwa 100 ha grosse Fläche geleitet. In Folge dieser Berieselung liefern die Wiesen etwa viermal soviel und ein wesentlich besseres Gras bez. Heu als früher.

Abwasser aus Weizenstärkefabriken ist reich an Kali, Phosphorsäure und Stickstoffverbindungen (Albuminaten u. dgl.); nach R. Hoffmann enthielt das zum Einquellen des Weizens verwendete Wasser bis 0,75 % org. Stickstoff. König[2]) gibt folgende Analyse des Abwassers einer Weizenstärkefabrik (mg im Liter):

Art des Abwassers	Schwebestoffe			Gelöste Stoffe						
	unorganische	organische	Stickstoff	unorganische	organische	Stickstoff	zur Oxydation erforderlicher Sauerstoff in alkal. Lösung	zur Oxydation erforderlicher Sauerstoff in saurer Lösung	Kali	Phosphorsäure
Einquellwasser d. Fabrik	3	57	2	286	265	15	80	76	107	8
Sauerwasser	66	2580	49	2615	19537	2108	2265	3161	908	621
Kleberwasser (noch nicht abgesetzt)	204	6118	65	637	3420	431	825	902	123	241
Vereinigtes Abwasser .	—	505	5	1682	3623	737	1497	1357	518	465

[1]) Centralbl. f. Agric.-Chem., 1886, 285.

[2]) König, Verunreinigung der Gewässer, 2. Aufl.

Das Wasser wurde mit grossem Erfolge zur Berieselung von Wiesen auf sonst unfruchtbarem Haideboden benutzt.

Diese Abwässer gehen daher sehr leicht in Fäulniss über unter Bildung von Ammoniak, Essigsäure, Propionsäure, Buttersäure, Milchsäure und übelriechenden Gasen.[1]) Beim sog. Sauerverfahren ist das Abwasser schon stark in Zersetzung begriffen. R. Schütze[2]) empfiehlt, dieses Sauerwasser auf 60 bis 70° zu erwärmen und mit Kalkmilch zu fällen. Das abfliessende Wasser hatte folgende Zusammensetzung:

	I.	V.
Abdampfrückstand . . .	2,0085 %	3,1805 %.
Darin:		
Mineralstoffe	0,4265 %	0,5436 %.
Organische Stoffe . . .	1,5820 „	2,6369 „
In letzteren:		
Rohprotein	—	1,1675 „
Oder Stickstoff	—	0,1868 „

Das Wasser hatte einen Geruch nach frisch gebackenem Brot, war klar und von gelblicher Farbe. Die erhaltenen Niederschläge hatten folgende Zusammensetzung:

	Von Probe		
	I.	II.	V.
Gesammtmenge des aus 1 l gefällten Niederschlages	8,5 g	—	7,25 g.
Proc. Zusammensetzung desselben:			
Wasser	—	9,88 %	6,96 %.
Kalkphosphat ($Ca_3P_2O_8$)	26,61 %	35,09 „	34,28 „
Oder Phosphorsäure	12,09 „	15,95 „	15,58 „
Rohprotein	18,50 „	8,69 „	33,85 „
Oder Stickstoff	2,96 „	1,39 „	5,42 „
N-freie organische Stoffe	—	33,08 „	5,87 „
Asche nach Abzug des Kalkphosphats	—	8,56 „	19,04 „

Diese Kalkniederschläge können an Schweine verfüttert werden.

Das Abwasser der Reisstärkefabrik in Salzuflen hat zu einem sehr lebhaften Streit geführt; wegen des allgemeinen Aufsehens, welches derselbe erregt hat, soll näher darauf eingegangen werden.

König (1. Aufl., S. 242) bespricht das Abwasser vor und nach der Reinigung mit Kalkmich und Wasserglas; auf 1 hl Abwasser wurden 50 g Kalk und 10 g Wasserglas von 38° B. verwendet, nach dem Absetzen des Niederschlages wurde das Wasser an einem Drahtnetz gelüftet (vgl. S. 247). Probe 1 (ungereinigtes Abgangwasser) der ersten Probenahme wurde künstlich in dem Verhältniss gemischt, wie die einzelnen

---

[1]) Dingl., 80, 399; 92, 123; 141, 455; 182, 326; 214, 225.

[2]) Landw. Versuchs-Stat., 33, 197

Fabrikabgänge abzufliessen pflegen; Probe 3 (gereinigtes Wasser von den Klärteichen) wurde während des ganzen Tages geschöpft, enthielt aber am Tage der Probenahme weniger Wasser der Stärkefabrik, als an anderen Tagen, während Probe 2 im Kleinen mit den Fällungsmitteln eigens gereinigt wurde; zu diesem Versuch wurden auf 1 hl Abgangwasser 8,5 g Kalk und 18 g Wasserglas verwendet. Bei der zweiten Probenahme wurde das von den Klärteichen abfliessende und gelüftete Wasser während des ganzen Tages geschöpft. Die Untersuchung ergab (im Liter mg):

	Suspendirt			Gelöst								
	unorganisch	organisch	Stickstoff	unorganisch (Glührückstand)	Glühverlust (organische Stoffe u. s. w.)	zur Oxydation erforderlicher Sauerstoff	Sauerstoff	Kalk	Schwefelsäure	Kali	Natron	Phosphorsäure
I. Probe:												
1.	68	230	15	1966	904	147	23	294	135	90	652	19
2.	Sp.	0	0	3046	1125	218	19	876	131	102	686	Sp.
3.	Sp.	Sp.	Sp.	3339	856	176	19	846	332	102	777	3
II. Probe:												
4. Ungereinigt .	41	137	—	2928	1021	228	50	408	120	470	788	35
5. Gereinigt. .	Sp.	Sp.	0	2976	1010	264	36	628	322	462	682	9

Das ungereinigte Wasser war thonig trübe und schwach sauer, die gereinigten Proben waren bis auf einzelne Flocken von Calciumkarbonat klar und reagirten stark alkalisch. Das ungereinigte Abgangwasser geht sehr schnell in Fäulniss über und nimmt alsdann einen äusserst intensiven Geruch nach Schwefelwasserstoff an; das gereinigte hält sich längere Zeit, ohne in Fäulniss überzugehen.

Besonders bedeutungsvoll ist das Gutachten des Kaiserl. Gesundheitsamtes, erstattet von Renk[1]) über die Verunreinigung der Werre bei Herford durch die Abwässer derselben Reisstärkefabrik in Salzuflen. Die Fabrik, welche i. J. 1885 14 447 t Reis verarbeitete, liegt in einem von zwei sich in nächster Nähe vereinigenden Flüsschen gebildeten Winkel zwischen Salze und Bega, in welche die Abwässer abgelassen wurden. In kurzer Entfernung von der Fabrik mündet dann die Bega in die Werre, welche etwa 9 km unterhalb Salzuflen die Stadt Herford durchfliesst. Letztere Stadt beschwerte sich nun darüber, dass das Wasser der Werre weder zum Baden, noch zum Bleichen oder Viehtränken verwendbar sei,

---

[1]) Arbeiten aus dem Kaiserl. Gesundheitsamte (Berlin, Julius Springer), 5. Band, 2. und 3. Heft.

und dass die Schlammablagerungen einen unerträglichen Gestank entwickelten.

Unterhalb der Fabrik war das Wasser zuweilen mit Schaum bedeckt und zeigte zahlreiche Beggiatoa. Die im K. Ges.-Amt (G.), von M. Poppe in Bielefeld (P.) und von Prof. König (K.) ausgeführte Untersuchung von Wasserproben ergab in der Salze oberhalb der Fabrik (Analyse 1 bis 7) und unterhalb der Fabrik (Analyse 8 bis 10):

	Untersucht von	Rückstand bei 110° mg	Glühverlust mg	Chamäleonverbrauch zur Oxydation mg	Chlor mg	Schwefelsäure mg	Salpetersäure mg	Ammon mg	Kalk mg	Zahl der entwickelungsfähigen Keime in 1 cc Wasser
1.	G.	1065	185	4 5	360	120	Sp.	0,2	153	—
2.	„	1052	—	7,3	340	—	0	Sp.	—	—
3.	„	1135	172	3,4	402	80	Sp.	„	139	8540—10080
4.	P.	869	106	3,5	252	105	0	0	126	—
5.	„	995	182	5,0	319	111	—	0	131	—
6.	K.	—	—	12,0	252	68	14	—	141	1100
7.	„	1009	74	13,6	312	114	21	—	141	90000
8.	G.	1010	220	2,6	340	114	Sp.	Sp.	149	—
9.	„	1002	187	3,1	340	89	0	„	139	13250—14400
10.	„	1140	142	4,4	394	114	Sp.	„	144	—
11.	„	497	130	4,4	88	74	„	0	115	7040—9400

Proben 1 u. 8 wurden Dec. 1886, 4 u. 6 im März 1887, 2, 5 u. 7 im April 1897, 3, 9 u. 11 Juni und 10 im Juli entnommen.

Die sog. alte Bega (Analyse 11), welche bei der Fabrik in die Salze fliesst, führt das Condensationswasser der Dampfmaschine zu.[2])

Für die weitere Beurtheilung werden daher nur die Analysen 1 und 8, 2 und 9 bez. 11 verwerthet. Die Untersuchung des Wassers der Bega oberhalb und unterhalb der Fabrik (12 bis 20), der Werre oberhalb und unterhalb der Begamündung (21 bis 27) bis Herford (28 bis 30, 33 und 35) gab die in folgender Tabelle zusammengestellten Ergebnisse (im Auszuge; mg im Liter):

---

[2]) Der Bericht bemerkt zu obiger Zusammenstellung: „Die in Tabelle 1 enthaltenen Versuchsergebnisse können nicht als durchweg gleichwerthig angesehen werden. Die Zahlen, welche Professor Dr. König für einzelne Stoffe, z. B. Glühverlust, Chamäleonverbrauch, Salpetersäure fand, weichen von den Zahlen des Chemikers Poppe, obwohl beide Sachverständige ihre Proben am gleichen Tage entnommen hatten, so weit ab, dass wenigstens bezüglich dieser Stoffe ein Vergleich der beiderseitigen Resultate kaum möglich ist.“

Ort der Entnahme	Untersucht von	Rückstand	Glühverlust	Chamäleon-verbrauch	Chlor	Schwefelsäure	Salpetersäure	Ammon	Kalk
Bega:									
12. oberh. d. Fabrik . . .	G.	425	107	4,5	47	65	Sp.	Sp.	115
13. „ „ „ . . .	„	457	145	5,7	58	75	0	0	104
14. „ „ „ . . .	„	438	131	10,1	60	—	0	2,2	108
15. „ „ „ . . .	P.	403	87	7,6	41	72	0	Sp.	90
16. „ „ „ . . .	„	376	93	8,3	39	66	0	„	97
17. „ „ „ . . .	K.	414	66	13,6	49	102	12	—	111
18. „ „ „ . . .	„	331	47	12,8	39	65	18	—	104
19. unterh. d. Fabrik . .	G.	465	160	4,7	80	68	Sp.	Sp.	117
20. „ „ „ . .	„	519	137	6,7	82	79	0	0	112
Werre:									
21. oberh. d. Begamündung	G.	505	182	5,8	80	63	0	0,1	140
22. unterh. „ „	„	600	142	5,8	160	72	4	0,2	131
23. bei Herford v. d. Stadt	„	545	125	5,5	130	69	Sp.	0,7	125
24. „ „ in „ „	„	540	157	5,5	130	62	„	0,2	126
25. oberh. d. Begamündung	„	435	122	4,7	50	68	0	0	136
26. unterh. „ „	„	597	125	5,2	150	73	0	Sp.	140
27. „ „ „	„	567	142	4,1	106	72	0	„	123
28. vor Herford	„	722	165	5,4	178	84	0	1,7	155
29. in „	„	567	242	3,9	116	75	0	Sp.	130
30. vor „	„	562	137	4,4	114	66	0	„	131
31. in „	„	552	137	4,1	114	68	0	„	123
32. oberh. Salzuflen . . .	P.	423	97	5,8	44	74	0	„	129
33. vor Herford	„	598	117	5,8	126	79	0	„	127
34. oberh. Salzuflen . . .	K.	428	54	15,6	46	70	12	—	137
35. vor Herford	„	598	63	15,2	135	77	16	—	136

Entwickelungsfähige Keime in 1 cc:

Probe 13 . . .	12 000 bis	15 000
„ 17 . . .	2 800	
„ 18 . . .	3 400	
„ 20 . . .	13 500 bis	15 800
„ 25 . . .	2 700 „	3 300
„ 27 . . .	27 200 „	29 750
„ 29 . . .	150 000 „	176 000
„ 34 . . .	12 500 „	13 860
„ 35 . . .	9 000 „	9 800

Die Proben 12, 19 und 21 waren am 3. Dec. 1886, Proben 15, 17, 32 bis 35 am 15. März 1887, Probe 16 am 15. April, 27, 28 am 27. Juni, 30 und 31 am 2. Juli, Proben 13, 20, 25, 26 am 13. Juli, 14 am 21. Juli entnommen.

Nach den Analysen 12 bis 20 gelangt der Bericht zu dem Resultat: „Dass die Fabrikwässer unbestreitbar einen Einfluss auf die Beschaffenheit des Wassers sowie auch des Bettes der Bega ausüben. Derselbe kommt hauptsächlich in der Erhöhung der Menge der gelösten Stoffe, speciell der organischen Substanzen und des Chlors, sowie bezüglich des Flussbettes in der Ablagerung von Schlamm und der Entwickelung von niederen Organismen (Beggiatoa) zum Ausdrucke".

Und bez. der Werre: „Hält man übrigens das Ergebniss der äusseren Besichtigung des Werreflusses und die Resultate der Untersuchungen über den Einfluss der Fabrikabwässer auf die Salze und Bega mit dem Resultate der chemischen Untersuchung des Werrewassers zusammen, so kann man nicht im Zweifel bleiben, dass ausser dem hohen Salzgehalte der Salze auch die Fabrikabwässer einen Einfluss auf die Beschaffenheit des Werreflusses ausüben. Da sich nach Einmündung der Bega wesentlich nur eine Erhöhung des Rückstandes und des Chlorgehaltes im Wasser der Werre, wie solche durch das Hinzukommen des Salzewassers allein erklärt werden kann, und keine solche für die organischen Substanzen ergeben hat, ist man sogar zu der Annahme gezwungen, dass durch die Vereinigung von Werre und Bega, wenn letztere nicht durch Fabrikabwässer verunreinigt wäre, das Wasser der Werre in Folge der Verdünnung mit reinerem Wasser selbst reiner geworden sein müsste, dass also z. B. der Glühverlust und Chamäleonverbrauch eine entschiedene Abnahme hätte erfahren müssen. Das Ausschlaggebende bleibt daher immer der makroskopische Befund. Salze und Bega führten oberhalb der Fabrik reines Wasser; wenigstens war in beiden sandiger Grund zu sehen. Von der Einmündung der Fabrikabwässer veränderte sich die Beschaffenheit des Grundes und die Klarheit des Wassers, und das Gleiche wurde in der ebenfalls vorher viel reiner aussehenden Werre unterhalb der Einmündung der Bega beobachtet. Es kann daher der Anschauung des früheren Referenten nur beigepflichtet werden, wenn er es ablehnte, nur an der Hand chemischer Analysen ein endgültiges Urtheil in der bestehenden Streitfrage abzugeben."

Bei Besprechung der durch die Verunreinigung des Werrewassers begründeten sanitären Missstände und Gefahren wird hervorgehoben, dass nach Zeugenaussagen die Fabrik zeitweilig grössere Mengen ungereinigten Wassers abfliessen lasse. Besonders beachtenswerth sind dann folgende Schlüsse:

„Dauert die Verunreinigung des Flusses mit Schmutzwässern längere Zeit an, so werden die Anwohner im Gebrauche des Wassers für häusliche Zwecke behindert, das Baden wird unmöglich gemacht, gewisse Gewerbe, welche ihren Wasserbedarf aus dem Flusse befriedigen, z. B. die Bleichereien, Färbereien u. dgl., werden geschädigt. Endlich entstehen Ablagerungen schmutsig aussehender Massen im Flussbette und an den Ufern, besonders an Stellen mit verlangsamter Strömung. Werden diese Stellen zeitweise freigelegt, so zersetzen sich die abgelagerten Schlammmassen an der Luft und verderben diese durch Entwickelung übler Gerüche; dies kann unter Umständen so weit gehen, wie es in Herford i. J. 1885 der Fall war, dass die Anwohner verhindert werden, ihre

Fenster zu öffnen. Dadurch wird besonders im Sommer die Ventilation der Wohnräume sehr vermindert. Es musste damals sogar wegen des üblen Geruches der Werre eine Schule geschlossen werden.

Als ein sanitärer Nachtheil ist es ferner anzusehen, wenn Oertlichkeiten, welche zum Aufenthalte in freier Luft dienen sollen, wie Gärten, öffentliche Plätze, durch die üblen Gerüche so verpestet werden, dass der Aufenthalt daselbst unmöglich wird.

Ganz besonders muss sich die Entwickelung stinkender Gase, wie dies auch thatsächlich der Fall war, in den Räumen von Mühlen bemerklich machen, wenn solche an einem hochgradig verunreinigten Wasserlaufe liegen und dessen Kraft als Motor benutzen. Der vom Wasser mitgebrachte Schlamm bleibt zum Theil an den Mühlrädern hängen, verspritzt wohl auch in deren Umgebung und verpestet alsdann die Luft. Dies kann so arg werden, dass der Aufenthalt in solchen Räumen fast zur Unmöglichkeit wird und Personen, welche gezwungen sind, dort zeitweise sich aufzuhalten, erkranken. Es kann sich hierbei jedoch nur um leichte Formen von Unwohlsein, bedingt durch die Einathmung von Schwefelwasserstoff, handeln, die durch die Rückkehr an die frische Luft bald behoben werden. Eine specifische Erkrankung, z. B. an typhösem Fieber oder Wechselfieber, auf die Einwirkung der übelriechenden Gase zurückzuführen, muss bei dem heutigen Stande der Krankheitsätiologie zum mindesten als sehr gewagt bezeichnet werden; dass aus den schmutzigen Abwässern von Fabriken die specifischen pathogenen Pilze von Wechselfieber und Typhus entstehen sollten, kann nicht angenommen werden.“

Das Abwasser der Stärkefabrik und der dazu gehörenden Pappefabrik und Ammoniaksodafabrik, dessen Zusammensetzung folgende Analysen zeigen, werden gemeinschaftlich mit dem Abwasser der Arbeiterwohnungen durch Zusatz von Kieserit und Kalkmilch gereinigt; nach dem Absetzen floss das Wasser noch über Reisigbündel und Metallgitter, um ozonisirt zu werden. Wie die Analysen (11 bis 17, S. 318) des so gereinigten Wassers ergeben, werden die schwebenden Theile — welche als besonders bedenklich bezeichnet werden — in der Regel völlig entfernt. Die Analysen 16 und 17 zeigen, dass das L ü f t e n d e s A b w a s s e r s durch Ueberrieseln über die Metallsiebe wirkungslos ist (vgl. S. 247). Zum Schluss werden folgende Forderungen gestellt:

1. Die Abwässer der Fabrik dürfen nie ungereinigt in die Flussläufe abgelassen werden; eine Ausnahme kann nur bezüglich des in die Salze durch Vermittelung der alten Bega eingeleiteten Condenswassers und bezüglich des bei grossen Regengüssen anfallenden Regenwassers gemacht werden.

2. Die Auswahl der Reinigungsart kann der Fabrik überlassen bleiben; unter allen Umständen aber hat dieselbe mindestens ebensoviel zu leisten, als die gegenwärtig angewendete Methode bei zweckentsprechenden Einrichtungen und bei regelrechtem Betriebe zu leisten vermag.

3. An Stelle der bestehenden, als Klärbecken dienenden Gruben sind regelrechte gemauerte Klärbassins zu errichten, genügend gross, um die ganze Menge der Abwässer zu klären.

4. Bei diesen Klärbassins sind technische Vorkehrungen zu treffen, welche es ermöglichen, dieselben im Bedarfsfalle zu entleeren, ohne dem Flusse grössere Mengen von Schlamm zuzuführen. Diese Vorrichtungen müssen einer behördlichen Controle zugängig sein.

5. Die jetzt bestehenden unterirdischen Ablasskanäle aus den Klärbassins sind zu beseitigen.

6. Die Gradirwerke und Metallgitter sind als wirkungslos zu beseitigen oder durch wirksamere derartige Apparate zu ersetzen.

7. Der sogenannte alte Kanal auf dem rechten Begaufer ist so umzubauen, dass ein Ausfliessen ungereinigter Abwässer aus der Stärkefabrik nicht mehr möglich ist und nur bei Regengüssen überschüssiges Regenwasser abfliessen kann.

8. Die Rieselfelder sind als in ihrer gegenwärtigen Form ungeeignet aufzugeben.

(Tabelle zu S. 317.)

Bezeichnung der Probe	Zeit der Entnahme 1887	Untersucht von	Suspendirte Stoffe	Rückstand	Glühverlust	Chamäleon-verbrauch	Chlor	Schwefelsäure	Ammon	Kalk
1. Abwasser der Stärkefabrik	15. 3.	K.	225	1 065	176	409?	284	279	—	112
2. „	15. 4.	„	127	2 775	1242	3200?	383	219	—	109
3. „	28. 6.	G.	70	2 175	375	109	604	200	0,7	115
4. Abwasser der Pappefabrik.	15. 3.	P.	357	1 128	330	445	75	301	—	264
5. „	15. 4.	„	—	2 375	538	532	731	216	—	241
6. „	15. 3.	K.	593	984	302	589	71	239	—	253
7. „	15. 4.	„	362	1 964	416	800	596	233	—	289
8. „	13. 7.	G.	500	952	360	202	80	134	—	200
9. Abwasser der Sodafabrik. .	15. 3	K.	—	109 550	—	—	63 900	700	—	25 520
10. „	15. 4.	„	—	118 690	—	—	70 290	570	—	22 860
11. Abfluss der Klärbecken .	15. 3.	P.	0	4 429	660	456	1 549	248	—	871
12. „	15. 3.	K.	0	4 556	614	846	1 783	242	—	959
13. „	· 2.	G.	337	4 092	577	168	1 810	229	—	564
14. „	11. 6.	„	13	4 315	783	580	1 570	247	1,3	612
15. „	28. 6.	„	0	4 517	665	150	1 720	277	3,3	710
16. desgl. vor den Sieben	13. 7.	„	0	4 145	840	471	1 354	280	2,5	480
17. desgl. nach d. Sieben	13. 7.	„	0	4 105	1150	440	1 380	231	1,5	480

Probe 15 enthielt 20000, Probe 17 aber 309000 entwickelungsfähige Keime.

Wie wenig zulässig es ist, den oberflächlichen „makroskopischen Befund“ als „das Ausschlaggebende“ zu bezeichnen, bestätigt das Gutachten des (algenkundigen) Prof. Buchenau, dem folgende Ausführungen entnommen sind:

„Für die Belästigung der Stadt Herford könnten zwei verschiedene, in den Flüssen entstehende Bildungen in Betracht kommen, welche besonders besprochen werden müssen: A. die schwarzgrünen Algenmassen, B. die Spaltpilze von heller Farbe (Beggiatoa u. s. w.).

A. Die schwarzgrünen Algenmassen. Die kleinen, bei Salzuflen sich vereinigenden Flüsse haben oberhalb Salzuflens auf weite Strecken hin einen feinen, lehmigsandigen Untergrund. Derselbe zeigt sich dem Botaniker sogleich an durch das massenhafte Auftreten der graugrünen Binse „Juncus glaucus *Ehrh.*“ an manchen Uferstellen. Dieser Untergrund gewährt, begünstigt durch die langsame Bewegung des Wassers, einen vortrefflichen Nährboden für sehr grosse Mengen mikroskopischer, kieselschaliger Algen aus der Familie der Diatomaceen, zwischen denen sich in geringerer Menge die spangrünen, im Leben eigenthümlich zuckenden Fäden von Oscillarien finden. Sehr sparsam sind Desmidiaceen, (Closterium) und Fäden Chlorophyll-führender Algen (Ulothrix). Die Diatomaceen gehören vorzugsweise folgenden Gattungen an: Navicula, Nitzschia, Synedra, ferner Meridion, Surirella, Amphora, zwischen denen natürlich noch manche Infusorien, wie Paramecium, Stentor und Amöben, leben.

Die Strömung der kleinen Flüsse ist an vielen Stellen nicht stark genug, um diese mehr oder weniger schleimigen Algenmassen zu entfernen; vielmehr bilden die letzteren eine bei klarem Wasser an vielen Stellen (namentlich oberhalb der Stauwerke) leicht erkennbare gelbbraune Schicht auf dem Boden. Bei Sonnenschein tritt nun lebhafte Gasentwickelung in diesen Massen ein; dieselben reissen sich in Stücken bis 10 cm Durchmesser und darüber vom Boden los, steigen auf und schwimmen langsam mit dem Strome fort, um sich vor dem nächsten Stauwerke anzusammeln. Der Boden des Flusses zeigt dann höchst auffallende helle Flecke auf gelbbraunem Grunde. Die fortschwimmenden „Fladen“ von gelbbrauner Farbe sind weich und schleimig anzufühlen und besitzen einen schwachen, faden, aber nicht eigentlich unangenehmen Geruch. Sehr bald ändert sich aber ihre Beschaffenheit. Unter der Einwirkung des Sauerstoffes der Luft beginnen die Oscillarien ihre schnelle und enorme Vermehrung; die Farbe der Massen geht dadurch rasch in Dunkelgrün und zuletzt in Schwarzgrün über; der für die Oscillarien so charakteristische, höchst unangenehme Geruch tritt verbunden mit lebhafter Gasentwickelung auf; zugleich vermehren sich die schon vorher in geringerer Zahl vorhandenen Thiere (namentlich Infusorien, Räderthiere und Würmer) sehr stark. Sammeln sich nun diese gährenden Massen vor irgend einem Stauwerke oder in einem todten Nebenarme an, so bilden sie bald eine so dicke zusammenhängende Schlammmasse, dass die Enten nicht hindurch können, und verpesten die Luft auf eine wahrhaft unerträgliche Weise. Dies ist z. B. der Fall an der an der Werre, etwa eine halbe Stunde oberhalb Salzuflen, gelegenen Heersemühle (einem der besten Beobachtungspunkte), wo sie zuletzt 50 bis 60 m weit den Fluss oberhalb des Stauwerkes mit einer stagnirenden, gährenden Schicht bedecken. Ganz Aehnliches kann man auch bei Volland's Mühle, bei der Aufstauung der Salze oberhalb der Kuranlagen von Salzuflen und in den beiden durch Wehre abgeschlossenen Armen der Werre am Bergerthore zu Herford wahrnehmen. Die Bildung der Diatomaceen und Oscillarien zeigt sich übrigens nicht allein in den Flussbetten, sondern auch in den Gräben der anliegenden Wiesen und erhält von daher immer neue Zufuhr. In den Flussbetten selbst ist sie aber naturgemäss auf weite Strecken vor den Stauwerken am stärksten, weil hier der immer langsamer werdende Strom den Boden nicht rein zu halten vermag.

Zu bemerken ist noch, dass das Vorkommen der Diatomaceen und Oscillarien keineswegs ein auf die fragliche Gegend beschränktes, sondern ein weit über Deutschland ausgedehntes ist, dass mir aber kein Flussgebiet bekannt geworden ist, in welchem die Verhältnisse für ihre Vermehrung und massenhafte Ansammlung so günstig liegen, wie in dem Flussgebiete der Werre. In ihm treffen eben die für die Vermehrung besonders günstigen Umstände zusammen: langsame Bewegung und thonig-schlammiger Boden.

Aus dem Vorstehenden geht hervor, dass die Belästigung einiger Stellen von Herford mit dem Fabrikbetriebe von Salzuflen bez. mit den Abflüssen der Fabrik absolut nicht in Verbindung steht. Da jene übelriechenden schwarzgrünen Algenmassen weit oberhalb der Stärkefabrik massenhaft auftreten, so können sie nicht durch den Fabrikbetrieb hervorgerufen oder befördert sein.

Muss ich so einen Zusammenhang zwischen dem Fabrikbetrieb und der Belästigung, welche die beiden Badeanstalten zu Herford erfahren, durchaus und entschieden in Abrede stellen, so ist doch die Frage aufzuwerfen und womöglich zu beantworten, wie es kommt, dass die früher nur in geringem Maasse vorhandene Plage jetzt viel häufiger und stärker auftritt als früher (wodurch eben die erregte Bevölkerung verleitet wird, sie der Fabrik zuzuschreiben). Es unterliegt nun keinem Zweifel, dass die seit 20 Jahren sehr vermehrte Anzahl von Stauwerken in den Flüssen Werre, Salze und Bega, sowie der veränderte Mühlenbetrieb daran schuld sind. Die zahlreichen Stauwerke verlangsamen den Abfluss des Wassers immer mehr; es entstehen vor den Wehren lange, ruhige Wasserbecken, welche zu wahren Brutstätten für die Diatomaceen werden, deren ungeheure Vermehrungsfähigkeit ja von jeher das Erstaunen der Naturforscher erregt hat. Hierzu kommt der veränderte Mühlenbetrieb. Früher waren nur unterschlächtige Mühlräder vorhanden; jetzt finden sich in den neuen Werken und auch in den älteren ganz überwiegend oberschlächtige Mühlräder oder Turbinen, welche beide das Wasser von oben erhalten. Früher besassen die Wehre obere Schützen (Stauschützen) und untere Schützen (Grundschützen). Der Mühlenbetrieb verlangte früher das Aufziehen der Grundschützen; damit war für den Grund der Staubassins eine sehr kräftige Spülung gegeben, welche die meisten Diatomaceenmassen hinwegführte; jetzt sind keine Grundschützen vorhanden; der Grund des Beckens wird nicht gespült; der Mühlenbetrieb entführt wohl einen Theil der oben schwimmenden schwarzgrünen, stinkenden Algenmassen, aber das Grundübel, die Diatomaceenmassen, bleibt unberührt. Führt nun ein heftiger Gewitterregen die Algen in grossen Mengen herbei (wie es in der Nacht vom 13. zum 14. Juni 1888 der Fall gewesen war), oder zwingt der Gestank der Algen den Müller, die Stauschützen stärker aufzuziehen, so schwimmen die Algen in Unmasse davon und die Badeanstalten in Herford werden in unerträglicher Weise davon belästigt. Mit jedem neu angelegten Stauwerke, mit jeder beseitigten Grundschütze muss die Menge der auf dem Thonboden vegetirenden Diatomaceen und Oscillarien sich vermehren. — Aus dem Dargelegten erklärt sich zugleich, warum die Algenplage in Herford intermittirend auftritt, was dann von der erregten Bevölkerung dem Ablassen von Fabrikwasser zugeschrieben wird....

B. Wasserpilze. Ein von dem vorstehenden völlig verschiedenes Bild gewähren die durch verschiedene Wasserpilze aus der Gruppe der Spaltpilze in vielen Gewässern bedingten Uebelstände. Von ihnen ist durch das Reichsgesundheitsamt das Vorkommen von Beggiatoa alba an einem Punkte oberhalb der Salzufler Fabrik an der Mündung einer in Röhren gefassten Quelle, welche das Himmel- und Spülwasser einiger Wohnhäuser abführt, constatirt worden. Eine von mir an derselben Stelle entnommene Probe, über deren Bestimmung ich in Zweifel blieb, wurde von mir einem der hervorragendsten Kenner der Wasserpilze, Cohn in Breslau, eingeschickt und von diesem als Sphaerotilus natans bestimmt. Es ist recht wohl möglich, dass weitere Nachforschung noch andere Formen ergibt.

Die Wasserpilze sind in den Wasserläufen sehr weit verbreitet und soll z. B. glaubwürdigem Vernehmen nach die Beggiatoa bei Lage an der oberen Werre häufig sein. Die genannten Arten bilden fluthende, lappige, schleimige, ursprünglich weisse, später gelbe oder durch Auflagerung von Schlamm dunkler gefärbte Massen, welche bei ihrer Zersetzung sowohl durch ihre fauligen Massen als durch ihren höchst unangenehmen Geruch sehr lästig werden. Trotzdem, dass nach vielen Beobachtungen die Wasserpilze sich in langsam fliessenden oder stagnirenden Gewässern, welche Fabrikwässer aufnehmen, oft in erstaunlicher Weise vermehren und die Gewässer erfüllen, so ist doch ihr massenhaftes Auftreten bei Salzuflen unterhalb der Stärkefabrik nicht beobachtet worden. Ebenso liegen keinerlei Klagen aus Herford vor, welche auf Anspülung von Beggiatoa und anderen Wasserpilzen schliessen lassen. Alle Klagen beziehen sich vielmehr nur auf die übelriechenden, schwarzgrünen, zuletzt fast schaumigen Algenmassen, wegen deren ich mich auf das unter A. Gesagte beziehen kann." (Bremen 30. Juni 1888.)

Nach Schreib[1]) werden die beobachteten Uebelstände wesentlich durch Stauwerke verschuldet; dieselben haben folgende Uebelstände: 1. Begünstigung einer massenhaften Bildung von Algen, welche in Fäulniss übergehen und durch Gestank Belästigung erregen. 2. Fischsterben und Verringerung der Fischbestände.

Ueber die von dieser Stärkefabrik gemachten Versuche zur Reinigung des Abwassers berichtet Schreib.[2]) Das Abwasser der Stärke- und Pappefabrik läuft ununterbrochen ab, das der Ammoniak-Sodafabrik wird nur zeitweilig abgelassen. Analysen ergaben:

---

1) Zft. f. angewandte Chem., 1890, 191, 255, 620, 672 u. 675.

2) Zft. f. angewandte Chem., 1890, 167 u. 543.

Abwasser der	Gesammt-rückstand	Organische Stoffe	Sauerstoff zur Oxydation	Gesammt-stickstoff	Schwefelsäure SO_3	Phosphor-säure	Chlor	Kalk	Ammoniak
Stärkefabrik	2 353	770	127	67	257	38	462	114	Sp.
Pappefabrik	1 736	643	119	20	207	14	170	220	Sp.
Sodafabrik	144 000	—	—	—	740	—	89 400	35 200	100

Die Bestimmung der organischen Stoffe ist nicht ganz zuverlässig, da sie nicht unmittelbar nach der Probenahme erfolgte; wie schnell aber die Zersetzung eines Abwassers erfolgt, zeigen folgende Analysen:

	Glühverlust	Sauerstoffverbr.
Am 1. Tage	1030	273
„ 2. „	942	231
„ 3. „	645	125

Die Reinigung der Abwässer geschah zuerst mit Kalk und Wasserglas. Sodann wurde nach einander längere Zeit hindurch mit Kalk und Eisenvitriol, Kalk und Kieserit, Kalk und schwefelsaurer Thonerde und schliesslich mit Kalk allein gereinigt. Die Versuche im Kleinen, wie auch Beobachtungen im Grossen ergaben, dass die Reinigung mit Kalk allein so gut wirkte wie mit Kalk und Zusätzen. Die i. J. 1885 eingerichtete Kläranlage der Fabrik bestand aus vier einfachen Teichen, welche der Reihe nach vom Abwasser durchlaufen wurden. Die Wirkung der zugesetzten Chemikalien war stets eine so schnelle, dass das Wasser aus dem ersten Teiche klar abfloss. Die übrigen Teiche dienten zur Reserve und um noch eine weitere Reinigung durch Gährung zu erreichen.

Die Analysen zeigten, dass das Stärkeabwasser schnell die organische Substanz verlor, so wurde die Einrichtung getroffen, dass dieses langsam einen grossen Teich durchlief, wobei es stark in Fäulniss kam, und dann in einem andern Teich mit dem Pappwasser zusammentraf, welches die Chemikalien enthielt. Das gemischte Wasser klärte sich dann wie gewöhnlich ab. Dies Verfahren musste aber wegen des zu grossen Gestankes, der die Umgegend belästigte, aufgegeben werden. Benutzt wird seitdem nur noch die verhältnissmässig geringe Gährung, die in dem gereinigten Wasser sich trotz des Gehalts an Aetzkalk fortsetzt. Das geklärte Wasser, welches durchschnittlich einen Gehalt von etwa 200 mg CaO im Liter zeigt, verbleibt so lange in den Teichen, bis es nahezu neutral reagirt. Die Wirkung ist längere Zeit hindurch gemessen und ergab im Mittel zahlreicher Analysen folgende Gehalte an organischen Stoffen:

	Ungereinigtes Wasser, Zulauf		Geklärtes Wasser			Teich 5 und 6, Ablauf
	gesammt	gelöst	Teich 1 bez. 2	Teich 3	Teich 4	
Höchst . . .	1110	695	720	655	605	535
Niedrigst . .	480	305	250	328	281	170
Mittel . . .	664	578	472	447	421	366

Reinigungsversuche im Kleinen mit Kalk allein ergaben:

	Anorganische Stoffe			Organische Stoffe		
	unfiltrirt	filtrirt	gereinigt	unfiltrirt	filtrirt	gereinigt
Stärke-Abwasser. 10 Versuche.						
Höchst . . .	4615	4540	5546	1280	1084	1050
Niedrigst . .	1180	1220	1380	480	320	270
Mittel . . .	2258	2224	2473	877	641	560
Pappefabrik-Abwasser. 5 Versuche.						
Höchst . . .	1470	1415	1710	2456	1765	1385
Niedrigst . .	800	670	730	429	280	219
Mittel . . .	1018	859	1061	916	612	460
Gemischtes Gesammtabwasser. 9 Versuche.						
Höchst . . .	2940	2860	3290	1160	855	714
Niedrigst . .	1184	1086	1180	620	440	310
Mittel . . .	1866	1796	2006	809	583	510

Der dabei erhaltene Schlamm enthielt (wasserfrei):

	Anorganische Stoffe	Organische Stoffe	P_2O_5	Stickstoff
Abwasser der Stärkefabrik	51,0	49,0	1,81	2,69
„ „ „	39,7	60,3	1,15	1,21
„ „ „	—	—	—	2,25 u. 1,79
Im Mittel	45	55	1,48	1,99
Abwasser der Pappefabrik	50,2	49,8	—	1,12
„ „ „	52,9	47,1	—	1,52
„ „ „	54,3	45,7	0,45	1,40
Im Mittel	52,5	47,5	0,45	1,35

	Anorganische Stoffe	Organische Stoffe	P_2O_5	Stickstoff
Gemischtes Abwasser . .	53,6	46,4	1,69	2,87
" " . .	53,9	46,1	1,21	1,95
" " . .	54,0	46,0	—	1,57
" " . .	53,2	46,8	—	1,98
" " . .	46,1	53,0	—	1,49
Im Mittel	52,2	47,8	1,47	1,97

Der wasserfreie Schlamm der Klärteiche enthält durchschnittlich:

Anorganische Stoffe	85 %
Organische Stoffe	15 "
Stickstoff	0,3 "
Phosphorsäure	0,2 "

Jetzt dient das Abwasser grösstentheils zur Berieselung von 48 ha Wiesen. In 271 Tagen wurden 504000 cbm Abwasser aufgeleitet, entsprechend einer Rieselhöhe von 3,9 mm. Das Wasser enthält im Mittel 40 mg Stickstoff, 20 mg Phosphorsäure und 15 mg Kali.

Gesammtmenge täglich = 2000 cbm.
Darin sind enthalten:

		Werth von 1 hk	
Stickstoff.	80 k	140 M. =	112 M.
Phosphorsäure	40 "	40 " =	16 "
Kali	30 "	20 " =	6 "
			134 M.

Wenn auf 1 ha 10500 cbm Abwasser entfielen, so waren darin enthalten:

Stickstoff	420 k entspr.	588 M.
Phosphorsäure	210 " "	84 "
Kali	157 " "	31,4 "
	also für Jahr und ha	703,4 M.

Wie vorauszusehen war, hat sich der Ertrag auf den berieselten Wiesen ganz ungemein erhöht; es konnte durchschnittlich viermal geschnitten werden. Der Heuertrag schwankte zwischen 120 bis 200 hk für 1 ha. Diese grosse Verschiedenheit ist zum Theil durch die Bodenbeschaffenheit und die Art der Gräser begründet; am meisten fällt jedoch der Umstand in's Gewicht, dass auf den weniger tragenden Flächen die Heuwerbung zu ungleichmässig vorgenommen wurde, so dass daselbst die wiederholte systematische Berieselung nicht möglich war. Auf einigen Grundstücken waren ferner die Gräben noch nicht genügend eingerichtet, so dass das Wasser nicht gleichmässig vertheilt werden konnte; einige hochgelegene kleine Flächen erhielten auf diese Art fast gar kein Wasser und drückten in Folge dessen den Gesammtertrag. Die höchsten Erträge lieferte englisches Ray-Gras auf leichtem Boden.

Auf den schon vor Einführung der Berieselung vorhandenen Wiesen, bei denen also ein Vergleich gegen früher möglich ist, erhöhte sich der Heuertrag von 90 auf 160 hk, also um 70 hk. Bei einem Preise von 5 M. für 1 hk ergibt das eine Mehreinnahme von 350 M. für 1 ha. Noch bedeutender erscheint der Nutzen auf einigen sterilen, sandigen Grundstücken; dieselben brachten früher so gut wie nichts auf und ergeben jetzt etwa 400 M. für 1 ha.

Die Pachtpreise für einzelne Wiesen sind von 192 M. auf 288 M. gestiegen und steigen noch weiter. Neu angelegte Wiesen, deren Lage günstig ist, sind in grösseren Flächen als Weiden mit 330 M. und in kleineren Stücken mit 390 M. für 1 ha verpachtet. Wenn man die durchschnittliche Erhöhung der Pachtpreise auf 120 M. für 1 ha annimmt, so ergeben sich für die vorhandenen 48 ha 5760 M. Diese Summe bedeutet jedoch nur die Wertherhöhung für den Verpächter. Die durchschnittliche Vermehrung des Ertrages kann in Geldwerth zu 250 M. für 1 ha angenommen werden, beträgt also in Summa 12000 M.

Der Einführung der Berieselung stand auch anfangs vielfach im Wege, dass befürchtet wurde, das Vieh würde das auf den Rieselwiesen wachsende Gras nicht fressen und letzteres würde nur geringen Nährwerth besitzen. Die erste Befürchtung hat sich als völlig grundlos erwiesen, denn sämmtliches Vieh frisst sowohl Gras wie Heu ungemein gern, und die Frage hinsichtlich des Nährwerthes ist schon durch die bei Milch- und Mastvieh erhaltenen Resultate zu Gunsten des Rieselgrases entschieden. Zur weiteren Entscheidung dieser Frage wurden verschiedene Proben Heu von den Rieselwiesen untersucht und ebenso zum Vergleich einige Sorten Heu von nicht berieselten Wiesen. Die Resultate zeigt folgende Tabelle; die Zahlen sind auf Trockensubstanz umgerechnet. Bei der Berechnung der Futterwertheinheiten sind Protein und Fett = 5, Kohlehydrate = 1 gesetzt.

Heu	Rohprotein Proc.	Aetherextract Proc.	Kohlehydrate Proc.	Rohfaser Proc.	Rohasche Proc.	Futterwertheinheiten
Rieselwiesen	20,00	3,77	42,07	23,56	10,60	161
desgl.	18,94	3,27	39,92	26,15	11,72	151
desgl.	18,93	2,66	37,55	30,35	10,51	146
desgl.	15,04	2,31	44,26	30,07	8,32	131
desgl.	14,51	4,71	37,14	32,41	11,23	133
desgl.	22,30	3,20	34,99	28,47	10,54	162
nicht berieselt	12,51	2,26	50,81	26,31	8,11	125
desgl.	14,38	4,13	39,40	31,38	10,71	132
desgl.	11,68	2,77	48,18	30,07	7,30	120
desgl.	10,51	2,47	47,54	31,66	7,32	115
desgl.	10,22	3,08	46,67	31,46	8,57	113

Der Nährwerth des Rieselheues ist ein höherer, als der der andern hiesigen Sorten. Besonders in's Auge fallend ist der hohe Proteïngehalt, der sich durch die starke Stickstoffzufuhr erklärt. (Vgl. S. 311.)

Oben ist berechnet, dass 1 ha durchschnittlich erhalten hat 420 k Stickstoff. Beträgt der Heuertrag für 1 ha jährlich 150 hk Heu mit 2,4 % Stickstoff (16 % Proteïn), so werden dadurch 360 k Stickstoff, also über 80 % der Zufuhr dem Boden entzogen.

Die durch Berieselung von Gemüseland erhaltenen Resultate sind ebenfalls ganz ausgezeichnet.

Zuckerfabriken.

Rübenzuckerfabriken liefern folgende verschiedene Abwässer:

1. Wasser aus der Rübenwäsche und Schwemme enthält Erde, Rübentheile, Blätter u. dgl., sowie gelöste pflanzliche Bestandtheile verschiedener Art. Nach H. Claassen[1]) hängt die Grösse des Zuckerverlustes in den Schwemmen wesentlich von den Verletzungen ab. Frostrüben verlieren bei Verwendung von warmem Wasser in den Schwemmen bis 0,5 % Zucker.

2. Abflusswasser von der Diffusion enthält geringe Mengen Zucker. Das Abflusswasser von den Schnitzelpressen enthält Zucker und Saftbestandtheile (Pflanzeneiweiss, Zwischenzellstoff u. s. w.) gelöst und Schnitzeltheile, sowie auch etwas Erde aufgeschwemmt.

3. Spülwasser aus dem Scheideraum und der Schlammstation enthält die gelösten Bestandtheile des Saftes nebst Kalk u. dgl.

4. Wasser von der Filtration und Knochenkohlewiederbelebung enthält neben Zucker und dessen Zersetzungsproducten organische und unorganische Stoffe in grossen Mengen, meist in starker Fäulniss begriffen. Fast alle Zuckerfabriken arbeiten jetzt ohne Knochenkohle.

5. Fallwasser von den Luftpumpen ist wenig verunreinigt, da die geringe Menge von Zucker meist vernachlässigt werden kann; es ist 50 bis 60° warm.

6. Verschiedene Spül- und Reinigungswässer mit geringem Gehalt an löslichen Bestandtheilen, worunter Zucker, und mit Keimen und Sporen in wechselndem Verhältniss.[2])

Nach den Untersuchungen von Knapp[3]) führten die Abwässer von drei Zuckerfabriken dem Stadtgraben von Braunschweig innerhalb 24 Stunden etwa 1600 k organische Stoffe mit 30 k Stickstoff, 360 k unorganische Substanzen und 180 k Knochenkohle zu.

---

[1]) Zft. d. deutsch. Ver. f. Rübenz., 1891, 111.

[2]) F. Fischer: Handbuch der chemischen Technologie, 2. Bd. (Leipzig 1902).

[3]) Viertelj. f. öffentl. Ges., 1870, 1.

Nach A. Bodenbender[1]) liefert eine Zuckerfabrik für täglich 2000 hk Rüben soviel organische Stoffe im Abwasser als eine Stadt von 50000 Einwohnern. Breitenlohner[2]) fand im Liter des aus dem Klärteiche einer Zuckerfabrik abfliessenden Wassers 102 mg Stickstoff, 8 mg Phosphorsäure und 54 mg Kali.

W. Demel[3]) fand (im Liter mg):

		Glühverlust	Glührückstand	Summa beider	Ammoniak	Zur Oxydation erford. Kaliumpermanganat	Reaction
Rübenwaschwasser	suspendirt	346	504	539	2,4	20,0	neutral
	gelöst	16	12	28			
Knochenkohlewaschwasser, gelöst		380	2736	3116	1,8	196,6	sauer
Osmosewasser, gelöst		1130	428	1558	0,4	3706,2	basisch
Gesammtabflusswasser	suspendirt	9	58	67	1,5	24,6	neutral
	gelöst	21	16	37			

Danach enthält das Abwasser, ausser Zucker und den übrigen löslichen Bestandtheilen des Rübensaftes (Kalisalze organischer Säuren, besonders essigsaures, buttersaures und milchsaures Kali, sowie Asparagin, Glutamin, Albumosen und Zersetzungsproducte des Eiweisses), gelöste und suspendirte Pectinstoffe. Dass sich die Zuckerfabrikabwässer bedeutend langsamer zersetzen, als die städtischen Abwässer, beruht zum Theil auf dem Gehalt der Zuckerfabrikabwässer an diesen Pectinstoffen, welche von Bacterien viel schwerer verarbeitet werden, als die Kohlenhydrate, wodurch auch die Fäulniss der Eiweissstoffe verzögert wird. Die schwierigere Reinigung der Zuckerfabrikabwässer rührt aber besonders daher, dass die Selbstgährung der Kohlenhydrate, also besonders des Zuckers und des Invertzuckers, in den Abwässern zunächst zur Entstehung von Milch-, Butter- und Essigsäure führt, unter Bildung der Nebenproducte dieser Bacteriengährungen. Die Salze dieser Säuren zusammen mit diesen Nebenproducten bilden ein geeignetes Nährmittel für das Gedeihen gewisser chlorophyllfreier Pflanzen, wie z. B. Beggiatoa alba, Leptomitus lacteus u. a. Dadurch erklärt es sich, dass in den öffentlichen Wasserläufen, welche die Zuckerfabrikabwässer aufnehmen, sich nach einiger Zeit jene Pflanzen sehr rasch vermehren. Nach dem Bericht[4]) der staatlichen Abwasser-

[1]) Braunschw. landw. Ztg., 52, 61.

[2]) Centralbl. Landesk. Böhmen, 1869, 294.

[3]) Zft. d. deutsch. Ver. f. Rübenz., 1884, 11.

[4]) Zft. f. Ver. d. deutsch. Zuckerind., 1899, 674; Deutsche Zuckerind. 1899, 1034.

commission (vergl. S. 354) soll daher das erste Postulat für ein gutes Reinigungsverfahren für Zuckerfabrikabwässer darin bestehen müssen, dass das gereinigte Abwasser die Fähigkeit verloren habe, eine massenhafte Vermehrung der sog. Zuckeralgen in den Flüssen hervorzurufen.

Nach Mez[1]) sind die wichtigsten Abwasserpilze Sphaerotilus, Beggiatoa und Leptomitus. Sphaerotilus und Leptomitus, welche die bekannten wollartigen Schleimflocken bilden, Beggiatoa dagegen feine weisslichgraue Beläge. Die Organismen aller fäulnissfähigen Abwässer sind die gleichen; auch Leptomitus, welcher vielfach als für Zuckerfabriksabwässer characteristisch angesehen wird, ist in anderen Abwässern massenhaft gefunden. — Die Verpilzungen der Bäche sind wesentlich auf den Winter beschränkt. Bei mehrfacher Wasserverunreinigung (also z. B. durch Ortschaften und Fabriken) heisst es immer, die Zuckerfabrik sei schuld, denn von der (zufällig mit Beginn der kalten Jahreszeit anfangenden) Campagne ab sei die Verpilzung zu beobachten. Dieser Schluss ist aber nach Mez nicht statthaft, da im Sommer Verpilzung überhaupt unmöglich ist. Die genannten Organismen verhalten sich derart verschieden, dass in stinkend faulem Wasser Beggiatoa (zugleich mit Bacterien-Zoogloeen) Characterpflanze ist; dass in sehr stark verunreinigtem (aber nicht stinkend faulem) Wasser Sphaerotilus vorkommt, während Leptomitus erst in beträchtlich reinerem Wasser auftritt. Durch diese drei Pilze will Mez verschieden starke Wasserverunreinigung definiren. Sonach soll Abwasser von Zuckerfabriken nur keine Beggiatoa und Sphaerotilus hervorbringen. Mez meint, nur mit der Fischerei könne die Zuckerindustrie nicht in Frieden leben.[2]) (Vergl. S. 65.)

Diese rein botanische Beurtheilung des Abwassers ist doch durchaus ungenügend; es ist doch zweifellos, dass besonders die chemischen Bestandtheile der Zuckerfabriksabwässer bei der Verunreinigung von Wasser in Frage kommen, z. B. für Haushaltszwecke (S. 24), Gährungsgewerbe (S. 31) u. s. w. (Vergl. S. 33).

So hatte nach B. Fischer (1898) eine Weissgerberei einen Schadensersatzanspruch gegen eine oberhalb liegende Zuckerfabrik geltend gemacht, weil deren Abwässer i. J. 1891 ihren Betrieb dadurch geschädigt hätten, dass auf den Fellen blaue Flecke entstanden waren. Festgestellt war, dass diese Flecke aus Schwefeleisen bestanden und auf den Fellen dann sichtbar wurden, wenn diese mit der Calciumsulfidsalbe zum Zwecke

---

[1]) Zft. f. Ver. d. deutsch. Zuckerind., 1899, 674; Deutsche Zuckerind. 1899, 1034.

[2]) Auch neuerdings wurde von verschiedenen Seiten berichtet, dass Zuckerfabriken gezwungen wurden Mühlen, Wiesen u. dergl. zu kaufen, um Ruhe zu bekommen. (Zft. Zucker, 1899, 1013.)

der Enthaarung behandelt worden waren. Alle Sachverständigen waren darüber einig, dass die Beschädigung durch eine lösliche Eisenverbindung hervorgerufen werde. In Folge des Einleitens der übrigens gerieselten Abwässer der Zuckerfabrik in den betr. Bach trat oberhalb der Weissgerberei reichliche Wucherung von Leptomitus lacteus auf. Ausserdem wurden dem Bache durch Drainagen grosse Mengen Eisenhydrat zugeführt. Letzteres wurde, wenn die Leptomitus-Rasen in Fäulniss geriethen, in Schwefeleisen übergeführt, und dieses lagerte sich an der Weissgerberei als dicker, schwarzer Schlamm ab. Wurden nun die Felle in dem Bache geweicht, so lagerten sich Theilchen von Schwefeleisen auf den Wollhaaren ab und waren auch durch das darauf folgende Schweifen nicht gänzlich zu entfernen. Beim Abtropfen der Felle an der Luft entstand durch Oxydation des Schwefeleisens schwefelsaures Eisen, welches in die Felle eindrang und durch die Einwirkung des Schwefelcalciums wieder in Schwefeleisen zurückverwandelt wurde. — Die Frage des Zulässigen kann auch hier nur von Fall zu Fall entschieden werden, nicht nach einem Schema.

Denkschriften über die vergleichende Prüfung verschiedener Verfahren zur Reinigung der Abflüsse aus Rohzuckerfabriken. In Rücksicht auf den bedeutenden Arbeitsaufwand, welchen die in den beiden Denkschriften[1]) besprochenen Untersuchungen erforderten und die Bedeutung, welche denselben beigelegt wird, mögen dieselben im Zusammenhange besprochen werden.

Die Versuche im Betriebsjahr 1879/80 führten zu dem Bericht vom 19. April 1880, dass das Knauer'sche Verfahren das wirksamste sei, während eine Commission des Vereins für Rübenzuckerindustrie (dessen Zeitschr. 1880, 567) gerade dieses Verfahren verwarf. Die Versuche

---

[1]) Die erste Denkschrift ist abgedruckt in den Verhandl. d. Ver. z. Beförderung d. Gewerbefl. 1884, Hft. 8, die zweite als Beilage z. Novemberh. 1887 d. Zft. f. Rübenz. erschienen.

Der Handelsminister veranlasste Ende Dec. 1878 den Oberpräsidenten der Prov. Sachsen bez. vergleichende Versuche anstellen zu lassen; die Reg. von Braunschweig und Anhalt schlossen sich an. Nachdem das von dem damaligen Oberpräsidenten von Platow vorgelegte Programm für die Untersuchungen im Allgemeinen die Billigung der Minister gefunden hatte, wurden Regierungsassessor Schow und der Gewerberath Dr. Süssenguth zu Magdeburg als Mitglieder in die Commission berufen, während die Braunschweig-Lüneburgische Kreisdirection zu Wolfenbüttel den Kreisassessor Schulz ebendort und den Fabrikeninspector Spamann zu Braunschweig, und die Herzogl. Anhaltische Regierung zu Dessau den Bergrath Lehmer als Mitglieder in die Commission entsandten. Als gemeinschaftlicher Commissar trat Julius Engel aus Halle a. S. in die Commission ein.

wurden daher unter Mitwirkung von Gewerberath Neubert und Dr. Sickel wieder aufgenommen. Als Versuchsstationen wurden in Betracht gezogen:

I. bezüglich des Systems Elsässer:
1. die Zuckerfabrik Roitzsch,
2. „ „ Landsberg,
beide im Regierungsbezirk Merseburg,

II. bezüglich des Verfahrens von Knauer:
1. die Zuckerfabrik von Rudolph & Comp. in Magdeburg, Stadtfeld,
2. „ „ Altenau bei Schöppenstedt,
3. „ „ Schackensleben,
4. „ Actienzuckerfabrik Oschersleben,

III. bezüglich des Verfahrens von Müller-Schweder:
die Zuckerfabrik Gröbers im Regierungsbezirk Merseburg,

IV. bezüglich fernerer abweichender Verfahren:
1. die Zuckerfabrik Stöbnitz,
2. „ „ Körbisdorf,
beide im Regierungsbezirk Merseburg.

I. 1. Auf der Zuckerfabrik Roitzsch vereinigen sich sämmtliche abgehenden Fabrikwässer mit Ausnahme des grössten Theils des aus der Condensation (von dem Vacuum und den Verdampfapparaten) herrührenden sogenannten Condensations- oder Fallwasser unweit der Fabrik in zwei grossen Sammel- oder Gährbassins, von welchen jedes etwa 50 m lang, 20 m breit und 2 m tief ist. Wenn das erste Bassin gefüllt ist, treten die Wässer, nachdem sie sich abgesetzt haben, durch eine seitliche Oeffnung in das zweite Bassin über, wobei der bei der Gährung nach oben steigende, mit Schmutz vermischte Schaum u. dgl. durch eine Bohlenvorrichtung zurückgehalten wird. Im zweiten Bassin befindet sich das Saugrohr zu einer Pumpe, welche die abgegohrenen Wässer so hoch hebt, dass sie dem Rieselterrain zulaufen können. Die gehobenen Wässer fliessen alsdann zunächst durch einen Kasten, in welchen mittels einer Luftpumpe ununterbrochen Luft gepumpt wird, um angeblich eine Oxydation der im Wasser noch vorhandenen, schädlichen Stoffe herbeizuführen, und hierauf in ein Gefluder ab, um durch dasselbe der drainirten, in abgedämmte Parzellen eingetheilten Rieselfläche wechselweise zugeführt zu werden.

Von dem Fallwasser fliesst das von der nassen Luftpumpe des Kochvacuums kommende nach dem Gährbehälter. Im Uebrigen wird das Fallwasser zur Abkühlung über ein Gradirwerk geleitet und alsdann einem Abzugsgraben zugeführt. In diesem Abzugsgraben vereinigt sich das Fallwasser mit dem aus den Drains des Rieselterrains abfliessenden Wasser und fliesst mit letzterem vereint in den Strengbach.

Zur Berieselung dienten im Betriebsjahr 1880/81 etwa 10 ha Wiesenland und $1^1/_2$ bis 2 ha Ackerland, durchweg schwerer lehmiger Boden. An Rüben wurden in 24 Stunden 2250 hk verarbeitet.

2. Die Zuckerfabrik Landsberg ist mit Rücksicht auf die schlechte Qualität, namentlich den reichlichen Kalkgehalt des ihr zur Verfügung stehenden Brunnenwassers genöthigt, das Fallwasser zu Betriebszwecken mit heranzuziehen. Ein

Theil wird zum Kesselspeisen und zur Rübenwäsche, ein Theil dagegen nach vorheriger Abkühlung mit Brunnenwasser vermischt zur Condensation verwendet. Der Rest des Fallwassers fliesst mit sämmtlichen Schmutzwässern zur Berieselung. Die gesammten Wässer sammeln sich in einiger Entfernung von der Fabrik in drei nebeneinander liegenden Behältern von zusammen 556 cbm Inhalt an und fliessen von hier, nachdem sich im Wesentlichen die mitgeführten Rübentheile, Schlämme u. dgl. abgeschieden haben, in einer offenen Rösche nach dem Rieselfeld. Zur Berieselung dient bei einer täglichen Verarbeitung von 1500 hk Rüben eine 6,5 ha grosse drainirte Fläche leichterer Bodenqualität, von welcher 1,5 ha alte, 5 ha neugelegte Drainagen in einer Tiefe von durchschnittlich 1 m

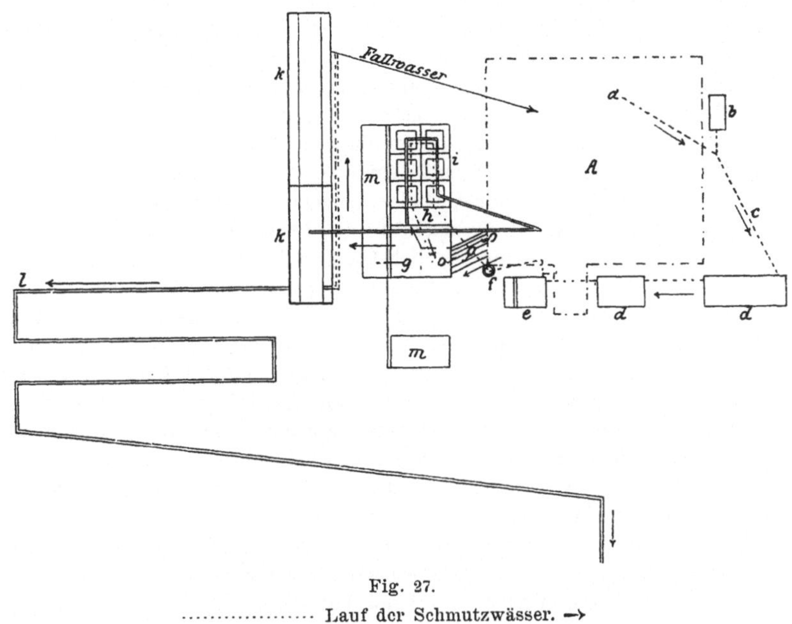

Fig. 27.

.... Lauf der Schmutzwässer. →

══════════ Lauf der gereinigten Wässer →

A Fabrikgebäude. *a* Rübenwäsche. *b* Schnitzelfänger. *l* Abflussgräben.

enthalten. Die ganze Fläche ist in 5 Systeme abgetheilt, welche wechselweise bespeist werden, und von denen jedes seinen besonderen Ausfluss in den an dem Rieselterrain vorbeifliessenden Strengbach hat.

II. 1. Auf der Zuckerfabrik von Rudolph & Comp. in Magdeburg (Stadtfeldt) fliessen die Rübenwaschwässer und die mittels geeigneter Vorrichtungen von Schnitzeln und Schaum befreiten Wässer der Schnitzelpressen in einer gemauerten Rösche *a c* (Fig. 27) in ein System von 6 Absatzbehältern *d* zur Ausscheidung der Rüben- und Schlammbeimengungen. Der Zufluss und Ablauf ist derart durch Schieber geregelt, dass das Reinigen der einzelnen Behälter von den angesammelten mechanischen Verunreinigungen ohne Unterbrechung des Betriebes erfolgen kann. In einem weiteren Behälter *e* mit drei unter einander verbundenen Abtheilungen vereinigen sich die geklärten Wässer mit den Abwässern des Knochenkohlenhauses und werden von hier aus nach dem Hochbehälter *f* gehoben, um alsdann durch eine Rohrleitung den Gegenstromapparaten *i* zur Vorwärmung zuzufliessen und hiernächst in den Anwärmebehälter *g* überzutreten.

Zur Erzielung eines möglichst hohen Wärmegrades sind in dieses Anwärmebassin besondere Rohrleitungen *o*: von den Filterabdampfrohren, von den Kesselabblaserohren, von der Bodenheizung, von dem Retour d'eau, von Eisfeldtschen Apparaten und von den Montejus eingeführt.

Mittels einer weiteren Rohrleitung *o* fliesst dem Anwärmehälter ununterbrochen Kalkmilch zu. (Täglicher Verbrauch an Kalk angeblich 600 k.) Aus diesem Behälter *g* tritt das angewärmte Wasser in einen Behälter *h* ein und erhält hier einen tropfenweisen Zusatz von Manganchlorür. Die durch die Scheidung mittels Kalkmilch und Manganchlorür entstehenden Schlämme werden in zwei Bassins *m* gesammelt und von dort zur Düngung abgefahren. Nach der stattgehabten Scheidung treten die gereinigten Wässer wieder in die Gegenstromapparate *i* zu deren Umspülung behufs Vorwärmung der Schmutzwässer ein und werden demnächst in ein Gefluder gehoben und über das Gradirwerk *k* geleitet, um hierdurch auf die Temperatur der Luft abgekühlt zu werden und die noch vorhandenen Kalktheile thunlichst auszuscheiden. Das Gradirwerk ist etwa 40 m lang, 10 m hoch und hat etwa 40 qm nutzbare Dornenwandfläche. Von letzterer wird etwa ein Drittel zur Abkühlung der gereinigten Wässer, der übrige Theil zur Abkühlung des einem Reinigungsverfahren nicht unterworfenen Fallwassers benutzt. Letzteres geht nach der Abkühlung zur Wiederbenutzung in die Fabrik zurück, während die gereinigten und abgekühlten Wässer behufs weiterer Ausscheidung von Kalktheilen in einem System von flachen Gräben nach kurzem Lauf dem Schrotebach zufliessen oder nach Bedarf aus dem am Fuss des Gradirwerks befindlichen Bassin mit dem Fallwasser der Fabrik zur Wiederverwendung zugeleitet werden.

2. Die Reinigungsanlagen und der Reinigungsbetrieb auf den Zuckerfabriken Altenau, Schackensleben und Oschersleben entsprechen im Wesentlichen der Einrichtung und dem Verfahren auf der Fabrik von Rudolph & Comp.

III. Auf der Zuckerfabrik Gröbers (Zeising & Comp.) werden die aus der benachbarten Braunkohlengrube gehobenen Grubenwässer und die auf einem Gradirwerk abgekühlten Fallwässer zu Betriebszwecken benutzt. Die Fabrik verarbeitete täglich 1200 hk Rüben. Die von der Rübenwäsche, dem Knochenkohlenhause und der Diffusion kommenden Abwässer werden jedes für sich in besondere gemauerte Behälter geleitet, in welchen die anhaftenden Rübentheile, Schlämme und sonstige mechanische Verunreinigungen sich absetzen sollen. Die Rübenwaschwasserbehälter liegen unmittelbar an der Waschtrommel; der eine derselben ist zum Zurückhalten der Rübenschwänze u. dergl. mit einem engen Holzsiebe überdeckt. Die Schnitzelbehälter können behufs Ausräumung der angesammelten Rückstände wechselweise an- und abgestellt werden. Die Knochenkohlenwässer fliessen nach dem Austreten aus den Schlammbehältern unter den Aborten hindurch und nehmen dort die Excremente der Fabrikarbeiter (etwa 150) auf. Sämmtliche Schmutzwässer vereinigen sich alsdann mit den Spülwässern der Fabrik innerhalb des Fabrikhofes in einer Rösche und erhalten nunmehr einen Zusatz von Kalk (angeblich 600 k in 12 Stunden). Die Wässer fliessen hiernächst aus der Rösche wechselweise in zwei neben einander liegende Vorgräben, und dann in 4 Behälter von zusammen 1580 qm Flächeninhalt und einer durchschnittlichen Tiefe von 2 m. Dann fliessen die Wässer in einer Rösche, nachdem ihnen nochmals geringe Mengen Kalkmilch zugesetzt sind, nach dem Berieselungsfelde. Dasselbe umfasst im Ganzen eine Ackerfläche von 10,5 ha, von welchen zur Zeit der Besichtigung und Probenahme jedoch nur 8 ha benutzt wurden. Die Berieselungsfläche, insgesammt Ackerland, ist in neun Abtheilungen eingetheilt, deren Oberfläche im Durchschnitt 2,83 m über dem die Drainabflusswässer aufnehmenden Abflussgraben liegt. Die Drainröhren sind in einer Tiefe von 1 m gelegt und haben im Ganzen drei Abflüsse nach dem allgemeinen Abzugsgraben. Der Berieselungsbetrieb ist derartig geregelt, dass unter dreistündigem Wechsel jedesmal zwei Abtheilungen gleichmässig bewässert werden.

IV. 1. Auf der Zuckerfabrik Stöbnitz werden die Abwässer von den Schnitzelpressen in einen hochliegenden Oberflächencondensator gepumpt, dort durch den aus dem Vacuum abziehenden Brüden vorgewärmt, sodann abwechselnd nach zwei eisernen Kasten geleitet und darin mittels directen Dampfs unter Zusatz von 0,5 % Kalk auf 80° angewärmt. Die angewärmten Wässer fliessen demnächst mit den von Rübentheilen befreiten Rübenwaschwässern, dem Diffusions- und Spülwasser in ein System von 15 Absatz- und Klärbehältern und vereinigen sich dort mit den Knochenkohlenhaus- und Kesselabblasewässern, welche schon vorher zum Absetzen von Kohlentheilchen und Schlämmen durch vier besondere Absatzbehälter geleitet worden sind. Die gesammten Schmutzwässer werden nach dem Absetzen und Klären in den gedachten 15 Bassins aus dem letzten Bassin mittels einer Centrifugalpumpe in einen Hochbehälter gehoben, fliessen von dort auf ein Gradirwerk und werden nach der Gradirung in einem Abzugsgraben nach längerem, etwa $^1/_4$ stündigem Lauf auf eine etwa $4^1/_2$ ha grosse drainirte Wiese in wilder Berieselung (ohne wechselnde Anstauvorrichtungen) geleitet. Die in einer offenen Rösche angesammelten Drainabflüsse fliessen alsdann in den Klingebach und demnächst in die Geisel.

Das eigentliche Betriebswasser bildet das Wasser aus einer benachbarten Braunkohlengrube, nachdem es in einem flachen Teich möglichst geklärt worden ist. Ausserdem wird das über ein besonderes Gradirwerk geleitete Fallwasser theilweise zu Betriebszwecken, insbesondere zur Rübenwäsche und zur Diffusion sowie zur Kesselspeisung, wieder verwendet, und zwar zu letzterem Zwecke, nachdem es wegen seiner Neigung zur Kesselsteinbildung vor dem Speisen in Bottichen unter Anwärmung durch Dampf mit Kalk und Soda behandelt worden ist.

2. Auf der Zuckerfabrik Körbisdorf werden die von der Diffussion und den Schnitzelpressen kommenden Wässer und der Rest der Filtrirabsüsser abwechselnd in zwei eisernen Kasten unter Zusatz von 0,5 % Kalk mittels Retourdampfs und directen Dampfs auf 80° angewärmt und laufen alsdann im Verein mit dem Rübenwaschwasser durch 11 unter zweckmässiger Ausnutzung der günstigen Höhenverhältnisse des Bodens angelegte Absatzbehälter (je 4,5 m lang,

3 m breit und 2 m tief). Das geklärte Wasser fliesst durch einen Fluder ab, während der abgesetzte Schlamm in einen neben den Absatzbehältern befindlichen grossen Sammelbehälter abgelassen wird, welcher keinen Abfluss hat und erst am Schlusse des Betriebsjahres entleert wird.

Aus dem Fluder tritt das geklärte Wasser nach Aufnahme des überschüssigen Betriebswassers (Braunkohlengrubenwasser) zunächst behufs weiterer Absetzung in zwei in der Nähe des Gradirwerks befindliche Behälter und vereinigt sich dann noch mit dem durch Ueberleitung über das Gradirwerk abgekühlten Fallwasser, soweit letzteres nicht in den Betrieb zurückgeht. Die vereinigten Wässer fliessen alsdann mit einer durchschnittlichen Temperatur von 25° in den Geiselbach. Die Kohlenhauswässer werden dagegen zunächst in mehrere kleine Behälter zum Ausscheiden der mitgeführten Kohlentheilchen und anderer mechanischer Verunreinigungen geleitet und laufen alsdann durch einen Kanal unter dem Geiselbach hindurch in einen Brunnen, aus welchem sie auf eine längs des rechten Ufers der Geisel sich hinziehende Wiesenfläche austreten. Nach der Angabe der Fabrikdirection ist von diesen etwa 75 ha grossen Wiesen der obere Theil, auf welchem der Brunnen sich befindet, drainirt.

Die genommenen Proben wurden von Degener und von M. Maercker untersucht; die Analysen des letzteren sind mit einem * versehen. Die Hauptergebnisse dieser Untersuchungen finden sich in der Tabelle S. 335.

Name und nähere Bezeichnung der einzelnen Wässer.

1. Altenau I. Gereinigtes ungradirtes Abwasser. Temperatur bei der Entnahme 70°.
2. Altenau II. Gereinigtes und gradirtes Abwasser mit ungereinigtem Fallwasser, Temperatur 20°.
3. Oschersleben I. Gereinigtes Abwasser vor Umspülung der Kühler, T. 71°.
4. Oschersleben II. Wasser vom Abflussgraben beim Gradirwerk, Temp. 20°.
5. Brunnenwasser für den Betrieb Oschersleben III.
6. Magdeburg A. I. Gereinigtes Abwasser vor Umspülung der Gegenstromkühler. Die Temperatur zu Beginn der in vier halbstündlichen Zwischenpausen erfolgten Probenahme betrug 70° und stieg bis auf 90°.
7. Magdeburg A. II. Gereinigtes Abwasser vom Gradirwerk, ohne Fallwasser. Temperatur, anfänglich 13°, sank bis auf 7°, offenbar, weil in der Fabrik viel Wasser gebraucht wird.
8. Magdeburg A. III. Gereinigtes Abwasser einschl. Fallwasser vor der Einleitung in den Schrotebach. Temperatur gleichmässig 0°.
9. Magdeburg B. I. Knochenkohlegährwasser, Temperatur 26°.
10. Magdeburg B. II. Gereinigtes Abwasser vor der Einleitung in die Gegenstromkühler, Temperatur 84 bis 85°.
11. Magdeburg B. III. Gereinigtes Abwasser nach Ueberleitung über das Gradirwerk, Temperatur 9°.
12. Schackensleben Ia. Gereinigtes Abwasser vor der Einleitung in die Gegenstrom-Apparate, Temperatur 72°.
13. Schackensleben Ib. Dasselbe, Temperatur 88°.
14. Schackensleben Ic. Dasselbe. Temperatur 89°.

	Organische Substanz					Gelöster Stickstoff			Gesammtstickstoff	Schwefelsäure	Schwefelwasserstoff	Alkalität CaO	Eindampfrückstand	Suspendirte unorganische Stoffe	Proteïnsubstanzen
	Suspendirt	gelöst: Kohlens. aus ihr mittels CaO_2	gelöst: zur Oxydation nöthig. Sauerst.	gelöst: Verhältn. von C:O, O = 1	Rohrzucker	Ammoniak	Salpetrige Säure	Stickst. d. Verbrenn. mit Natronkalk							
1.	40	1900	1154	2,3	420	88,3	0,9	54,3	126,4	128	0	1065	5825	455	0
*	52					42			166,8	151	0	979	5370	173	
2.	191	994	642	2,9		11,9	1,8	59,0	65,6	22	0	132	2440	555	0
*	94					7,2			35,7	127	0	198	2673	447	
3.	3	956	492	1,28	76	80,9	0,2	8,2	75,2	121	0	458	2303	69	0
*	12					39,9			47,6	148	0	588	2205	28	
4.	85	765	358	1,06	1004	64,2	0,2	7	60	53	Sp.	0	1595	87	0
*	42					44,6			51,2	130	0	12	1595	20	
5.	1	30	1			5	0	3,6	8,6	230	0	0	1002	3	0
6.	16	894	170	0,52	640	21,5	0,1	11,7	29,7	0	0	588	3287	21	0
7.	26	1126	211	0,50	84	5,3	0,1	13,2	17,6	131	0	274	3200	96	0
*	14					17,8			27,6	139	0	575	3300	8	
8.	28	1074			740	7,7	0,1	15,3	21,6	137	0	229	3101	66	0
*	18					4,9			16,0	172	0	318	3345	26	
9.	242	359	189	1,3		34	0	26,5	54,5	142	Sp.	0	1598	95	0
10.	4	4026	478	0,45	64	21,4	0,3	25,4	42,4	153	0	496	6065	7	0
*	8					13,9			37,9	225	0	551	5785	7	
11.	35	2521	472	0,50	1280	—	1	25,4		155	0	152	6345	75	0
*	17					8,2			35,5	180	0	175	5020	42	
12.	81	804	45	0,41	0	42	1,4	16,3	55,2	41	0	429	3860	162	0
*	46					19,5			38,3	41	0	416	3770	40	
13.	30	1632	423	0,60	0	58	0,4	14,0	62,0	41	0	449	3630	75	0
*	19					18			36,1	47	0	424	3658	14	
14.	28	1655	1439	0,57	232	69	0,6	14,0	71,0	36	0	568	3608	76	0
*	15					40			56,9	36	0	575	3303	27	
15.	79	1551	400	0,58	0	Sp.	0,8	13,6	13,6	0	0	28	4782	167	0
*	50					7,7			30,7	81	0	171	4750	82	
16.	48	1026	349	0,70	64	Sp.	0,8	20,2	20,2	29	0	208	2941	100	0
*	23					9,2			27,9		0	237	3875	23	
17.	66	217	79	0,82	0	30,2	1,5	8	23,7	5	Sp.	128	1506	47	0
18.	62	22	4	0,49	0	Sp.	2,1	2,3	2,3	118	0	132	709	14	0
19.	16	512	141	0,38	0	4,1	1,8	15,0	18,5	17	0	42	1113	104	?
*	15					4,1			10,8	13	0				
20.	354	96	38	0,82	0	101	1	4,2	93,2	80	stark	176	2973	627	0
*												163	1185	53	
21.	92	165	26	0,48	Sp.	42,5	Sp.	7,4	42,4	95	stark	0	690	201	Sp.
22.	7	172	14	0,44	344	12	Sp.	3,9	13,9	56	Sp.	0	1243	12	0
*	7					6,8			13,8			0	1324	6	
23.	6	40	5	0,46	0	—	2,3	1,7		159	0	95	1082	19	0
24.	9	57	6	0,44	0	Sp.	2,7	2,2	2,2	254	0	120	600	4	0
*	6					9,2			12,7			0	815	2	
25.	31	37	19	1,20	Sp.	7,7	0,6	2,6	8,9	54	0	0	562	201	0
26	14	28	9	0,76	Sp.	5,4	0,1	2,8	7,2	39	Sp.	0	506	31	0
*	6					3,5			6,2			0	718	9	
27.	1	15	1	0,38	0	1,3	0	1,4	2,7	47	0	0	1252	2	0
28.	87	131	67	1,3	0	16	0,1	1,3	14,9	0	Sp.	28	1173	129	?
29.	5	29	4	0,42	Sp.	9.8	0	2,3	10,4	43	Sp.	0	486	27	0
*	3					4,0			6,7			0	666	2	

15. Schackensleben IIa. Gereinigtes Abwasser nach Ueberleitung über ein Gradirwerk, correspondirend mit Probe Ia, Lufttemperatur.
16. Schackensleben IIb. Dasselbe, correspondirend mit Probe Ib und Ic. Lufttemperatur.
17. Schackensleben III. Teichwasser, enthaltend gereinigtes Abwasser und ungereinigtes Fallwasser.
18. Körbisdorf I. Betriebswasser (Grubenwasser), Temperatur 12°.
19. Körbisdorf II. Gereinigtes Abwasser ohne Fall- und Kohlenhauswasser, Temperatur 26°.
20. Körbisdorf III. Vereinigte Kohlenhauswässer (nach Gährung), Temp. 45°.
21. Gröbers I. Schmutzwasser nach Ablauf aus den Gährbassins und Kalkzusatz vor Ablauf auf die Rieselfelder ohne Fallwasser, Temperatur 5°.
22. Gröbers II. Abflusswasser aus den Drains, Temperatur 3°.
23. Stöbnitz I. Betriebswasser (Grubenwasser), Temperatur 8°.
24. Stöbnitz III. Gereinigtes Abwasser nach der Berieselung ohne Fallwasser, Temperatur 6°.
25. Landsberg I. Schmutzwasser vor Ablauf auf die Rieselfelder, Temp. 9°.
26. Landsberg II. Abflusswasser aus den Drains, Temperatur 4 bis 5°.
27. Roitzsch. Betriebswasser.
28. Desgl. Schmutzwasser vor Einfluss in die Gährbehälter, Temperatur 30,5°.
29. Desgl. Abflusswasser aus den Drains, Temperatur 3°.

Die mikroskopische Untersuchung der Abwässer wurde von Prof. F. Cohn in folgender Weise ausgeführt:

Die verschiedenen Proben, welche in grossen, mit eingeschliffenem Glasstöpsel verschlossenen Glasgefässen ankamen, wurden eine Zeit lang, in der Regel 24 Stunden, ruhig sich selbst überlassen, wobei gröbere Verunreinigungen des Wassers sich absetzten und sodann chemische Reacktion, Farbe, Durchsichtigkeit, Geruch des Wassers, Menge, Farbe, Beschaffenheit des Absatzes notirt, endlich Wasser und Absatz mikroskopisch analysirt. Mit letzterer Untersuchung wurde durch mehrere Wochen, bei den zuerst Anfang Januar angekommenen Proben $2^1/_2$ Monate, fortgefahren, zuerst meist täglich, dann in mehr oder minder langen Zwischenräumen, und auf diese Weise die Veränderungen ermittelt, welche das Wasser von selbst (durch sogenannte Selbstreinigung) in seinem makroskopischen und mikroskopischen Verhalten erleidet. Hierbei kamen zur Beobachtung nicht blos diejenigen Organismen, welche beim Empfang des Wassers in solcher Menge entwickelt waren, dass sie der Wahrnehmung nicht entgehen konnten, sondern auch diejenigen, welche nur spärlich oder nur als Keime vorhanden waren, nachträglich aber, nachdem das Wasser sich in Bezug auf die Menge der Nährstoffe oder in seinem sonstigen chemischen Verhalten verändert hat, zu massenhafter Vermehrung gelangen. Ein Theil der Organismen sammelt sich allmählich an der Oberfläche des Wassers und bildet schwimmende Häutchen, ein anderer Theil mit gesteigertem specifischen Gewicht, insbesondere Sporen und Dauerzellen, setzt sich am Boden ab, während das Wasser selbst sich allmählich mehr oder minder vollständig von Organismen reinigt.

Da durch die blosse mikroskopische Beobachtung sich nicht immer erkennen lässt, ob die im Wasser vorkommenden Organismen noch lebens- und entwickelungsfähig sind, so wurde das Experiment zu Hülfe genommen. Eine erprobte mineralische Bakteriennährlösung, der mit Rücksicht auf Hefepilze Zucker zugefügt wurde (Pasteur'sche Nährlösung), wurde in ausgeglühte Reagenscylinder derart vertheilt, dass ein jeder etwa 10 g Lösung erhielt, hierauf wurden die Cylinder im Papin'schen Topf $^1/_2$ Stunde lang gekocht, um früher vorhandene Keime zu tödten, ihre Öffnungen sodann mit desinficirter Watte verstopft und die Cylinder in einem Brutkasten bei 25 bis 30^0 3 bis 4 Tage belassen, innerhalb welcher Zeit diejenigen Cylinder, in denen noch entwickelungsfähige Keime vorhanden waren, sich trübten und beseitigt werden konnten. In die übrigen, vollständig sterilisirten Cylinder wurden mit ausgeglühter Pipette (für jeden Versuch eine besondere) aus den Wasserproben je 5 Tropfen zur Nährlösung zugefügt, der Watteverschluss wieder angebracht und die inficirten Cylinder in den Brutkasten zurückgestellt. Blieb die Nährflüssigkeit klar, so war der Beweis geliefert, dass die zugefügten Tropfen aus betreffender Wasserprobe keine entwickelungsfähigen Keime enthielten; im entgegengesetzten Fall trübte sich die Nährlösung und zwar um so rascher, je reicher an Keimen die zugefügten Wassertropfen gewesen, in der Regel nach 48, einige schon nach 24 Stunden, andere erst nach 3 und mehr Tagen; die Trübung nahm von Tag zu Tag zu, an der Oberfläche bildete sich eine grünliche Schleimschicht oder eine dicke, oft gekräuselte Kahmhaut, in einzelnen Fällen trat Entwickelung von Gasblasen ein, zum Theil sehr energische, und die Flüssigkeit nahm prägnanten Butter- oder Milchgeruch an (in Folge von Buttersäuregährung).

Ausser der mineralischen (Pasteur'schen) Nährlösung wurde auch eine Lösung von Malzextract in destill. Wasser (1 : 10) in derselben Weise angewendet; doch ist Malzextract schwieriger und nur durch längeres Kochen unter erhöhtem Dampfdruck zu sterilisiren und oft entwickeln sich Heubacillen und Schimmelpilze noch nach mehreren Tagen in gekochter Malzextractlösung. Mit Rücksicht darauf, dass der Absatz der Wasserproben oft Keime von Organismen enthält, welche im Wasser selbst gar nicht oder nur sehr spärlich vorkommen, wurden für jede Probe die zur Infection der Nährlösungen dienenden Tropfen theils aus dem Wasser nahe der Oberfläche, theils aus dem Niederschlag entnommen, wobei sich in der That oft herausstellte, dass die mit ersterem inficirten Reagenscylinder klar blieben, die mit dem Absatz inficirten sich trübten. Im Allgemeinen wurden von jeder Wasserprobe zum mindesten 8 Versuche (gleich viele mit Pasteur'scher und Malzextractlösung, von jeder zur Hälfte mit dem Wasser und dem Niederschlag) angestellt, bei zweifelhaftem Resultate aber die doppelte bis 4fache Zahl.

Die Wiedergabe der so erhaltenen Resultate hat keine praktische Bedeutung, da die Wasserproben erst 3 bis 4 Tage nach der Entnahme ankamen, also vor der eigentlichen Untersuchung mindestens 4 bis 5 Tage in verschlossener Flasche gehalten wurden, während sie in Wirklichkeit stets der Einwirkung des atmosphärischen Sauerstoffes u. dgl. ausgesetzt sind. Diese grundverschiedenen Verhältnisse sind aber von gewaltigem Einfluss auf die Lebensfähigkeit der niederen Organismen. Es genüge daher, die Angaben über die **Wirkung des Kalkes** anzuführen:

1. Durch den Zusatz der Base werden die meisten in Fäulnissprocessen sich entwickelnden Organismen, insbesondere Micelpilze und Infusorien dauernd beseitigt, weil vollständig getödtet; sie entwickelten sich daher auch nicht in dem neutral gewordenen Abwasser.

2. Bakterien dagegen werden durch den Zusatz der Base nicht oder doch nicht vollständig getödtet, sondern nur ihre Vermehrung in dem alkalischen Wasser unmöglich gemacht; auch nachdem das Wasser neutral geworden, findet in ihm selbst nur eine geringe Vermehrung der Bakterien, kein intensiver, mit Fäulnissgeruch u. s. w. verbundener Fäulnissprocess statt; in Nährlösungen jedoch bewirkt das neutrale Wasser Bakterientrübung.

3. Dagegen enthält der Absatz auch im alkalischen Wasser entwicklungsfähige Keime von Bakterien, welche in Nährlösungen sich sofort reichlich vermehren; sobald das Wasser neutral geworden, vermehren sich die Keime im Absatz selbst sehr reichlich, so dass dieser eine ergiebige Quelle für Fäulnisserregung abgibt.

4. Auch an der Oberfläche des Wassers in dem krystallinischen Häutchen vermehren sich die Bakterien, sobald das Wasser neutral reagirt, wenn es auch nie zur Bildung eigentlicher Bakterienschleimhäute kommt.

5. Die im Wasser enthaltenen fäulnissfähigen organischen Stoffe werden durch den Zusatz der Base nicht derart verändert, dass dieselben zu späterer Zersetzung durch Fäulniss unfähig gemacht würden; vielmehr können dieselben im weiteren Verlauf des Reinigungsverfahrens in solche Verhältnisse gelangen, wo dieselben der intensivsten Fäulniss unterliegen.

Die Commission hat sich nun in dem den betr. Ministern eingereichten Commissionsbericht vom $\frac{\text{19. October 1881}}{\text{4. Februar 1882}}$ zunächst in folgender Weise ausgesprochen:

Ein Reinigungsverfahren kann — wie sie als leitenden Gesichtspunkt für die Beurtheilung der einzelnen Verfahren voranstellt – einmal aus allgemeinen Gründen nur dann als praktisch brauchbar bezeichnet werden, wenn es unter gewöhnlichen Verhältnissen, d. h. ohne Aufwendung unverhältnissmässig grosser Kosten in Ansehung der Herrichtung und des Betriebes und ohne peinliche Controle über die gehörige Functionirung des Reinigungsapparates gegenüber einem beträchtlichen Abwasserquantum, anwendbar erscheint. Abgesehen hiervon muss es ferner selbstverständlich eine genügende Garantie für eine ausreichende Reinigung oder Unschädlichmachung des Abwassers darbieten, um empfohlen werden zu können. In letzterer Beziehung wird davon ausgegangen werden dürfen, dass die Abflusswässer aus Rohzuckerfabriken, wie anderes unreines Wasser, hauptsächlich deshalb auf die Umgebung und namentlich die Wasserläufe belästigend einwirken, weil sie regelmässig sowohl fäulnisserregende mikroskopische Organismen, als auch namentlich gewisse organisch-chemische Körper enthalten, welche nicht allein den ersteren, sondern auch sonst in der Luft, bez. im Wasser vorhandenen Mikroorganismen das Material zur Ernährung und Fortpflanzung gewähren. Es wird daher ein Reinigungsverfahren nach beiden Richtungen hin reagiren müssen und nur dann als vollkommen bezeichnet werden können, wenn es danach gelingt, nicht allein die im Abwasser enthaltenen belebten oder lebensfähigen Mikroorganismen zu vernichten, sondern auch die für ihre Ernährung und Fortpflanzung diensame organisch-chemische Substanz im Wesentlichen zu beseitigen oder in ihrer Wirksamkeit dauernd zu binden. Jedes Reinigungsverfahren dagegen, welches diesen Erfolg überhaupt nicht oder nur einseitig bezüglich der im Abwasser befindlichen Mikroorganismen oder der ihnen diensamen Nährlösung erreicht, ist als mehr oder minder unvollkommen zu erachten. Sofern endlich keinem der geprüften Reinigungsverfahren ein absoluter Erfolg beiwohnen sollte, wird ferner dasjenige Verfahren vor den anderen den Vorzug verdienen, welches bei möglichst einfachen Mitteln zum mindesten einen bleibenden Erfolg hinsichtlich der Beseitigung oder wesentlichen Verminderung der als Nährlösung der Mikroorganismen diensamen organischen Substanz erzielt, weil mit deren Beseitigung oder Verminderung die Möglichkeit der Fortdauer der inficirenden Organismen selbst aufgehoben, bez. vermindert und danach weiteren Fäulnissprocessen mehr oder minder vorgebeugt wird.

Von diesen Gesichtspunkten ausgehend, hat nun die Commission, nach näherer Beleuchtung der Vorzüge und Mängel der einzelnen Verfahren in ihrem Berichte, ihr Schlussgutachten auf Grund eigener Beobachtungen und der Gutachten der drei Sachverständigen dahin zusammengefasst:

1. Von keinem der geprüften Reinigungsverfahren ist eine absolute Reinigung oder Unschädlichmachung der Abwässer aus Rohzuckerfabriken zu gewärtigen.

2. Relativ verdient ein rationell eingerichtetes und betriebenes Überrieselungs- oder Aufstauverfahren nach vorgängiger natürlicher Abgährung der Abwässer, wie solches nach dem System des Kulturingenieurs Elsässer auf den Zuckerfabriken Roitzsch und Landsberg eingerichtet ist, am meisten empfohlen zu werden, sofern dazu geeignete Ländereien zu Gebote stehen, weil durch ein derartiges Verfahren bei verhältnissmässiger Einfachheit des Betriebes und in Anbetracht der nicht erheblichen Kosten der ersten Einrichtung und der geringen Kosten des Betriebes ein günstiger Reinigungseffect namentlich in Ansehung der organisch-chemischen Substanz erzielt worden.

3. Ein noch höherer Reinigungseffect ist voraussichtlich durch das combinirte, hinsichtlich der Einrichtungs- und Betriebskosten aber weit theurere Verfahren der Zuckerfabrik Stöbnitz zu erwarten. Da dasselbe indessen bisher nur auf dieser Fabrik zur Durchführung gelangt ist, so wird es sich empfehlen, hierüber noch weitere Erfahrungen zu sammeln.

4. Auf das W. Knauer'sche Reinigungsverfahren kann erst in zweiter Linie nächst dem zu 2 erwähnten Verfahren hingewiesen werden, weil gegenüber dem weit grösseren Aufwande an Anlage- und Betriebskosten, sowie in Anbetracht der erschwerten Handhabung des Betriebes

selbst und der darüber zu führenden Controle nach den Erhebungen der chemischen Sachverständigen der Reinigungseffect hinsichtlich der organisch-chemischen, fäulnissfähigen Substanz hinter dem ersteren Verfahren zurücksteht.

Ob die dauernde uneingeschränkte Wiederverwendung des nach dem System von W. Knauer gereinigten Wassers im Fabrikbetriebe für einzelne Zweige des Fabrikbetriebes ohne Nachtheil zu ermöglichen ist, erscheint nach den bisherigen Erfahrungen zweifelhaft.

5. Die Reinigungsverfahren, welche in Gröbers in theilweiser Anlehnung an das System des Prof. A. Müller und in Körbisdorf verfolgt werden, stehen in der Wirkung hinter den vorerwähnten Verfahren zurück und können schon deshalb nicht empfohlen werden. —

Von der Königlichen technischen Deputation für Gewerbe in Berlin, welcher die Minister das gesammte Untersuchungsmaterial zur Begutachtung haben zugehen lassen, ist folgendes Gutachten abgegeben worden.

Der von der Commission ad 1 geäusserten Auffassung, dass eine absolute Reinigung des Wassers durch keins der in Rede stehenden Verfahren erreicht wird, können wir uns anschliessen. Dadurch ist jedoch u. E. nicht ausgeschlossen, dass ein den Verhältnissen entsprechendes Resultat erzielt werden kann.

Was die weiteren Schlüsse der Commission betrifft, so glauben wir die Erwägung der grösseren oder geringeren Kosten, welche das eine oder das andere Verfahren verursachen wird, vor der Hand bei Seite lassen zu sollen und kommen, indem wir nur die Wirksamkeit der befolgten Reinigungsmethoden vergleichen, zu anderen Resultaten als die Commission.

Das ad 2 in den Vordergrund gestellte Elsässer'sche Verfahren, welches auf Abgährung der Wasser und sogenannter Berieselung beruht, hat, wie die chemischen Untersuchungen zeigen, den Erfolg, eine verhältnissmässig grosse Menge der organischen und unorganischen Bestandtheile aus den Abflüssen der Zuckerfabriken zu entfernen. Die Ueberleitung der in Gährung versetzten Abwässer über dazu bestimmte Bodenflächen verdient aber, wie der Mikroskopiker richtig hervorhebt, nicht als „Berieselung“ bezeichnet zu werden. Denn bei der letzteren ist die Mitwirkung einer lebenden Vegetation vorausgesetzt, und diese findet in dem gegebenen Falle kaum statt, weil der Betrieb der Zuckerfabriken wesentlich in die Winterzeit fällt. Die Folge der Ueberleitung ist also nur eine Absorption der in den Abflüssen befindlichen Stoffe und diese ist, wie die Zahlen erweisen eine nicht unbedeutende. Dabei wird jedoch das in den Flüssigkeiten anzunehmende und durch mikroskopische Untersuchung nachgewiesene organische Leben nicht zerstört, sondern nur dem Umfange nach vermindert. Das so behandelte Wasser fliesst daher im Zustande der Fäulniss ab; es enthält Pilze und Keime der verschiedensten Art und erregt Fäulnisserscheinungen in anderen Flüssigkeiten.

Durch die allgemeine Einführung eines solchen Verfahrens würde man also den Bezirk der Zuckerfabriken mit einer grösseren Zahl von Flächen durchziehen, auf welchen ein vom sanitären Standpunkte aus nicht unbedenklich erscheinendes organisches Leben fortdauert, sowie Abflüsse erhalten, welche zwar verhältnissmässig arm an organischen Stoffen sind, aber leicht wieder Fäulnisserscheinungen zeigen, bez. hervorrufen.

Dieses Resultat ist u. E. so unerwünscht, dass wir das Elsässer'sche Verfahren unter Berücksichtigung der thatsächlichen Verhältnisse trotz seiner angenommenen Billigkeit nicht empfehlen können.

Das ad 3 von der Commission erwähnte, bisher nur auf der Zuckerfabrik Stöbnitz beobachtete Verfahren beruht auf Behandlung der Abflüsse mit Kalk bei 80^0 und nachheriger Ueberleitung auf Bodenflächen.

Da die erstere Behandlung das Wesen des Knauer'schen Verfahrens ausmacht, so dürfte diese Modification im Zusammenhange mit dem letzteren Verfahren selbst zu betrachten sein, welches nun folgend ad 4 von der Commission besprochen wird.

Die von Knauer angegebene Behandlung der Abflüsse mit kaustischem Kalk bei höherer Temperatur hat, wie a priori anzunehmen war und durch sämmtliche Untersuchungen bestätigt wird, die Wirkung, alle lebenden Organismen zu zerstören. Man hat also nach dieser eingreifenden Behandlung mit wesentlich anders beschaffenen Flüssigkeiten zu rechnen und nur zu bedenken, dass die in denselben, wie zahlenmässig bewiesen, noch in erheblicher Menge vorhandene organische Substanz unter Umständen die Trägerin neuen Lebens werden kann, welches die aus der Luft oder anders woher stammenden Keime etwa hervorrufen.

Die Untersuchungen haben nun ferner klargestellt, dass die so veränderten Flüssigkeiten sich weiter so passiv verhalten, so lange denselben die alkalische Reaction erhalten bleibt, und die auf der Zuckerfabrik Stöbnitz mit besonders gutem Erfolge versuchte Modification des Knauer'schen Verfahrens lehrt ausserdem, dass auch eine blosse Absorption durch Bodenflächen für die in bezeichneter Weise ihres gefährlichen Characters beraubte organische Substanz genügt.

In jedem einzelnen Falle wird also eine befriedigende Lösung der Aufgabe erzielt werden, wenn die nach Knauer's Angabe zersetzten Flüssigkeiten entweder grösseren Wasserläufen zugeführt werden können, bevor sie die erhaltene alkalische Reaction wieder gänzlich verlieren — was event. durch die allmähliche Einwirkung der Kohlensäure der Luft geschieht — oder wenn denselben die Bodenflächen für einfache Absorption der grössten Menge organischer Substanz zu bieten sind, oder endlich, wenn die gereinigten Wässer, wie es im Laufe der Untersuchungen zuweilen mit Erfolg geschehen ist, im Betriebe wieder zu benutzen sind.

Zu einer von Staats wegen zu erlassenden Vorschrift ist freilich die nöthige Klarheit noch nicht vorhanden. Auch ist zuzugeben, dass grössere Kosten mit solchen Modificationen des in Rede stehenden Verfahrens verknüpft sein können. Dabei eröffnet sich jedoch andererseits die Aussicht, dass eine Ersparniss insofern möglich wird, als die bisher angenommene Temperatur von 80^0 nicht unbedingt erforderlich bleibt. Denn die theoretischen Erörterungen und mitgetheilten Erfahrungen des Professors Dr. Cohn, nach welchen bei Mitwirkung des kaustischen Kalkes auch schon geringere Hitzegrade den beabsichtigten Erfolg herbeiführen, werden dadurch bestätigt, dass thatsächlich zuweilen durch Nachlässigkeit bei niederen Temperaturen gearbeitet worden ist, ohne dass dies im Resultate bemerklich geworden wäre.

Was endlich die ad 5 geäusserte Ansicht der Commission betreffs anderer Verfahren betrifft, so können wir dieser nur beitreten.

Demnach scheint uns durch das Knauer'sche Verfahren diejenige Grundlage gewonnen zu sein, auf welcher weiter zu arbeiten ist. —

Die zweite Denkschrift berichtet über die Ergebnisse der im Betriebsjahr 1884/85 angestellten amtlichen Versuche über die Verfahren von Nahnsen, Oppermann, Röckner-Rothe, Hulwa und Elsässer; das Verfahren von Al. Müller war bereits allgemein verlassen, das von Knauer wurde nur noch vereinzelt verwendet. Die Ortsbesichtigung seitens der erwähnten Commission erstreckte sich für das Verfahren von Nahnsen auf folgende 5 Zuckerfabriken:

Die Zuckerfabrik Schöppenstedt verarbeitet täglich 3150 hk Rüben nach dem Diffusionsverfahren und täglich 100 hk Melasse mittels 5 Osmogenen. Die Reinigung der Säfte geschieht mit Knochenkohle (täglicher Verbrauch von 140 hk) und deren Regenerirung durch Gährung. Als Betriebswasser dient das Wasser des Flüsschens Altenau, minutlich etwa 3,64 cbm; zur Reinigung gelangen die sämmtlichen Schmutzwässer: Rübenwaschwasser nach Abscheidung grober Rübentheile durch ein Gitter, Abpresswasser, Knochenkohlenhauswasser, Osmosewasser u. dergl. Auf 1000 hk verarbeitete Rüben sind ursprünglich 40 k des Müller-Nahnsen'schen Präparats und 40 k Kalk, also täglich je 120 hk gerechnet; es hat sich aber herausgestellt, dass zur Erzielung einer hinreichenden Klärung des Wassers die 4fache Menge Kalk angewendet werden musste.

Die mit den Fällungsmitteln versetzten Schmutzwässer durchfliessen eine Reihe von 3 grösseren und 11 kleineren Absatzbehältern, von welchen je ein grösserer und 5 kleinere regelmässig behufs Aushebung der in ihnen niedergeschlagenen Schlämme ausgeschaltet werden, und fliessen durch einen etwa 1 km langen Graben nach der Altenau ab.

Die Zuckerfabrik Wendessen verarbeitet täglich 1150 hk Rüben nach dem Macerationsverfahren; die Säfte werden über Knochenkohle (täglich etwa 115 hk) filtrit und diese auf gewöhnliche Weise durch Gährung gereinigt. Das Betriebswasser von minutlich 1,79 cbm wird aus der Altenau und aus Brunnen entnommen. Die Reinigung erstreckt sich auf sämmtliche Schmutzwässer mit Ausnahme der Fallwässer, welche zu etwa $^2/_3$ nach der Abkühlung direct in die Altenau abgeführt und zu $^1/_3$ wieder im Betrieb verwendet werden. Nachdem die Schmutzwässer zur Abscheidung der Schlammtheilchen u. dergl. einen gemauerten Behälter von 5 Abtheilungen von je 3,5 m Länge, 1,5 m Breite und 1,75 m Tiefe durchflossen haben, werden dieselben mit dem Präparat und Kalkmilch versetzt und gelangen in 4 Behälter von zusammen 260 cbm, von denen regelmässig nur die Hälfte in Benutzung ist; aus dem letzten derselben fliesst das Wasser in einem offenen, 200 m langen Graben nach der Altenau. Auch hier sollten anfänglich auf je 1000 hk Rüben 40 k Kalk verwendet werden, jedoch hat sich hier herausgestellt, dass für die Klärung die sechsfache Menge Kalk erforderlich war, so dass täglich etwa 2 hk Präparat und 6 hk Kalk zur Verwendung gelangten.

Die Zuckerfabrik Cochstedt verarbeitet täglich 1000 hk Rüben nach dem Diffusionsverfahren und annähernd 75 hk Melasse nach dem Steffen'schen Abscheideverfahren. An Stelle der Filtration der Säfte über Knochenkohle ist Schwefelung eingeführt. Die Laugen der Melasseverarbeitung betragen angeblich täglich 60 cbm, ihr Ablauf erfolgt je nach der Entleerung der Sammelkästen. Sämmtliche Schmutzwässer erhalten hier den Zusatz der Reinigungsmittel kurz nach ihrer Vereinigung vor Abscheidung der Schlämme aus Bottichen ohne mechanische Rührvorrichtung. Zur Fällung werden täglich benutzt 50 k Präparat und 560 k Kalk. Die Abscheidung des Schlammes geschieht in 7 Absatzbehältern.

Die Zuckerfabrik Irxleben verarbeitet täglich 1750 hk Rüben nach dem Diffusionsverfahren und 50 hk Melasse in 5 Osmogenen. Die Säfte werden durch Schwefelung gereinigt. Die Wässer von der Rübenwäsche, den Schnitzelpressen, den Spülungen und der Osmose fliessen vereinigt, ohne dass die grösseren Rübentheile zurückgehalten werden, in einen sehr grossen Behälter, gerathen hier in starke Zersetzung und Fäulniss und erst dann werden in 24 Stunden 72 k Präparat und 700 k Kalk zugesetzt. In 5 in das Schlammbassin eingemauerten kleinen Behältern erfolgt das Absetzen der Niederschläge, welche von Zeit zu Zeit durch ein Baggerwerk in das grosse Bassin zurückgeschöpft werden.

Das so gereinigte und geklärte Wasser wird durch einen offenen gemauerten Kanal in die hier noch wenig Wasser führende Schrote geleitet. Während das Schmutzwasser vor dem Eintritt in die Reinigungsstation sich in intensivster Fäulniss befindet, ist das gereinigte im Kanal klar, gelb gefärbt und stark alkalisch, was wiederum bei dem Eintritt in die Schrote eine starke Ausscheidung von kohlensaurem Calcium zur Folge hat. Die Schrote, etwa 4 km weiter abwärts, unmittelbar oberhalb des Dorfes Niederndodeleben, zeigte sich vollständig algenfrei, reagirte neutral und überhaupt zufriedenstellend, wobei allerdings berücksichtigt werden muss, dass sie während ihres Laufes von Irxleben aus reichliche natürliche Zuflüsse erhalten hat.

Die Zuckerfabrik Schackensleben hatte früher das Knauer'sche Verfahren. Sie verarbeitet jetzt 2100 hk Rüben in 24 Stunden, hat aber keine Melasseentzuckerung. Zur Reinigung der Säfte wird Knochenkohle (7 bis 8 %) verwandt, deren Wiederbelebung durch Gährung, aber ohne Salzsäure erfolgt.

Die sämmtlichen Schmutzwässer (mit Ausnahme der Fallwässer, welche direct auf das Gradirwerk geleitet werden) gehen zur Schlammabsonderung abwechselnd in die tiefliegenden, vom Knauer'schen Verfahren her vorhandenen 4 Behälter, dann werden 3 bis 4 hk Kalk und 80 k Präparat zugesetzt.

Für das Oppermann'sche Verfahren wurden folgende drei Fabriken gewählt:

Die Zuckerfabrik Minsleben verarbeitet in 24 Stunden 2750 hk Rüben im Diffusionsverfahren. Die Säfte werden über Knochenkohle filtrirt, deren Wiederbelebung ohne Gährung durch Kochen unter Zusatz von Salzsäure erfolgt. Die Rübenwaschwässer, Diffusions- und Schnitzelpresswässer erhalten nach ihrer Vereinigung mit einem Theile der Knochenhauswässer und dem grössten Theil des Fallwassers vom Vacuum Zusatz von Eisenchlorür, welches an Ort und Stelle aus Eisenspähnen und Salzsäure hergestellt wird, ferner Kalk: für 1000 hk Rüben 10 bis 15 k Eisenspähne zur Bildung von Chlorür und 2 bis 3 hk Kalk.

So behandelt fliessen die Wässer mit einer durchschnittlichen Temperatur von 31° (wegen des ungradirt hinzugekommenen Fallwassers) in einem unterirdischen Kanale nach den Schlammstationen, welche aus 2 gleichen Systemen von je 3 Behältern und einer Schlammpumpe bestehen.

Der 2. Reinigungsabtheilung werden vorwiegend die Ammoniak-haltenden Wässer aus dem Kohlenhause, die Kühlwässer von der Sostmann'schen Elution und die übrigen Spül- und Tageswässer der Fabrik zugeführt. Hier besteht der Zusatz aus Kalk und 2,5 bis 5 k Chlormagnesium und soll damit ein Niederschlag von phosphorsaurem Ammoniummagnesium erzielt werden. Von dem letzteren aus fliessen endlich sämmtliche Wässer vereinigt nach einem nochmaligen Zusatz von Eisenchlorür nach 3 Klärbehältern und in den Mühlbach ab.

Die Zuckerfabrik Aderstedt verarbeitet täglich 3000 hk Rüben im Diffusionsverfahren und 100 bis 110 hk Melasse im verbesserten Substitutionsverfahren. Die Säfte werden über Knochenkohle filtrirt, die durch Gährung mit nachfolgendem Waschen mit Salzsäure regenerirt wird. Der Gesammtverbrauch an Knochenkohle beträgt 9 % des Rübengewichtes. Sämmtliche Schmutzwässer der Rohzuckerfabrik vereinigen sich mit den Substitutionslaugen in einer Rösche und erhalten zunächst einen Zusatz von Kalkmilch. Zur Regelung desselben im Verhältniss zu den Wasserquanten sowohl, als zur Erzielung einer innigen Mischung derselben, ist in der Rösche ein leichtes eisernes Schaufelrad eingehängt, welches durch einen Krummzapfen mit einem Strahlapparate verbunden ist, welcher die Kalkmilch einspritzt. Unmittelbar hinter dieser Stelle mündet ein zweiter Kanal, in welchem mit dem Ablauf von den Laveurs gelöste schwefelsaure Thonerde zufliesst, und endlich erfolgt hiernach noch ein Zusatz einer gemischten Lösung von schwefelsaurem Magnesium mit Silicaten, und zwar in 24 Stunden für je 1000 hk Rüben 2 bis 3 hk gebrannter Kalk, 20 k schwefelsaures Magnesium, 16 k schwefelsaure Thonerde und 35 bis 40 k Kieselerdehydrat. Die so behandelten Schmutzwässer fliessen in ein grosses Schlammbecken und von hier in den Bach.

Die Zuckerfabrik Stössen verarbeitet in 24 Stunden 1800 hk Rüben mit Diffusion. Zur Filtration der Säfte wird Knochenkohle verwendet: 234 hk täglich oder 13 % des Rübengewichtes; die Wiederbelebung derselben geschieht durch Gährung und nachfolgende Wäsche unter Zusatz von Salzsäure. Zum Abfluss kommen täglich 2 Gährbehälter von zusammen 304 hk Inhalt einschliesslich etwa 1 hk Salzsäure. Die Reinigung erstreckt sich auf alle Schmutzwässer ausschliesslich der Fallwässer.

Nach den ursprünglichen Angaben Oppermann's sollten unter Berücksichtigung der Zusammensetzung des zu dem Zwecke voruntersuchten Betriebswassers und der Betriebsart als Desinfectionsmittel neben Kalk und schwefelsaurem Magnesium auch schwefelsaures Eisenoxydul, schwefelsaure Thonerde und Silicate zur Verwendung kommen. Es ist hiervon abgewichen worden und wurden bei Besichtigung nur Kalkmilch, ein Gemisch von Kieserit und Eisenvitriol zugesetzt. Die Rübenwaschwässer fliessen zur Schlammabscheidung durch mehrere gemauerte Behälter, ohne einen Zusatz zu erhalten. Die Diffusions- und Schnitzelwässer erhalten im Siedehause, die Kohlen-, Gähr- und Waschwässer im Knochenhause für sich den Zusatz von je 20 k schwefelsaurem Magnesium und 7,5 k Eisenvitriol. Alle drei Wasserläufe vereinigen sich in einem Kanale, wobei ihnen noch die Jauchewässer aus den Stallungen und Regenwässer des Oeconomiehofes zufliessen. Hiernach kommen sie zur Kalkstation, erhalten in 24 Stunden 200 k Kalk als Zusatz, dessen Regelung je nach der Menge des durchfliessenden Wassers durch einen Schwimmerapparat erfolgt, und fliessen so in den Schlammfänger.

Die Tageskosten der Reinigungen auf den 3 besuchten Fabriken stellen sich ohne Rücksicht auf die Unkosten für Beseitigung der Schlämme durchschnittlich in 24 Stunden für 1000 hk Rüben auf 8 Mark.

Für das Rothe-Röckner'sche Verfahren (vgl. S. 268) wurde die Zuckerfabrik Rossla besucht.

In derselben werden in 24 Stunden 1650 hk Rüben mit Diffusion und unter Schwefelung der Säfte verarbeitet. Ausnahmsweise kommt bei der Saftreinigung Knochenkohle zur Verwendung, dann jedoch nur etwa 1 % des Rübengewichtes, deren Regenerirung vorkommenden Falls durch Gährung und nachfolgende Waschung mit Salzsäure-haltigem Wasser geschieht. Die Diffuseure werden mit Wasser abgedrückt. Die sämmtlichen Gebrauchswässer — im Ganzen in 24 Stunden 3300 cbm — vereinigen sich unmittelbar vor der Fabrik in einem gemeinsamen Abflusskanale, fliessen mit einer Temperatur von 35° über einen in einer Erweiterung des letzteren eingelegten 7 mm maschigen eisernen Rost zum Abfangen der groben Rübentheile und erhalten dann einen Zusatz von einem wesentlich aus schwefelsaurem Magnesium bestehenden Präparate und von Kalk (nämlich täglich 4 hk schwefelsaures Magnesium und 12 hk Kalk), wonach sie in den Röckner'schen Apparat treten. Der Apparat hatte 8 m Höhe und nahezu 2 m Durchmesser und war mit ihm ein mechanisches Rührwerk zur Lösung der Chemikalien, sowie ein Paternosterwerk zum Heben der zu Boden gesunkenen

Niederschläge verbunden. Die gereinigten Wässer fliessen, da sie noch fein vertheilte Schlammtheile enthalten, vom Apparate in 2 Klärbehälter zum weiteren Abscheiden der letzteren und von hier durch den allgemeinen Abflussgraben nach dem Helme.

Die Reinigung der Fabrikabwässer durch Kalk allein geschieht in folgenden zwei Fabriken:

Die Zuckerfabrik Lützen verarbeitet in 24 Stunden gegen 4500 hk Rüben mit Diffusion und 275 hk Melasse nach dem Substitutionsverfahren. Die Reinigung der Säfte erfolgt durch Schwefelung, doch kommen bei der Filtration noch 2 bis 3 % des Rübengewichts Knochenkohle zur Anwendung. Als Schmutzwässer kommen in Betracht:

a) die Abflüsse von der Rübenwäsche, Diffusion und Knochenkohlenwäsche, welche in einem Gerinne vereinigt dem Schlammbassin zugehen,
b) die Fallwässer,
c) die Substitutionslaugen (annähernd 70 cbm in 24 Stunden) mit ungefähr 2 % Zucker, 2,3 % anorganischer und 1,9 % organischer Substanz.

Die Reinigung geschieht durch Zusatz überschiessender Mengen Kalk und Aufstauung des Wassers in sehr grossen Schlammbehältern, um das Schmutzwasser möglichst lange der Einwirkung des Kalkes auszusetzen. Die Behälter haben einen Fassungsraum von zusammen etwas über 40000 cbm und beträgt die tägliche Abführung an Schmutzwasser zur Reinigung mindestens 4000 cbm. Der tägliche Verbrauch an Kalk in der Fabrik beträgt 125 hk, hiervon in der Substitution zur Bildung des Saccharates 80 hk, während 7,5 hk als Zuckerkalk in die Lauge übergehen. Der nach Abrechnung der zur Saftscheidung erforderlichen Menge verbleibende Rest von 20 bis 22 hk befindet sich im Pressschlamme; dieser wird dem Fallwasser zugesetzt und mit demselben dem ersten Behälter zugeführt. Da diese Abtheilung im oberen Geschoss des Fabrikgebäudes liegt, so wird durch das Herabstürzen des Wassers in das Bassin eine innige Vermischung des Kalkes mit dem unreinen Wasser erzielt. Die Schlammabscheidung ist sehr rasch, so dass die Wässer beim Uebertritt in den zweiten Behälter schon vollständig klar sind. Aus diesem letzteren gelangt ein Theil des Wassers nach einer Schleuse, von welcher aus die Rübenschwemme gespeist wird. Der übrige Theil des gereinigten Wassers wird in einem offenen Graben dem Flossgraben oberhalb der Vereinigung mit den städtischen Abwässern zugeführt. In dem Flossgraben findet sehr bald nach Einfluss der Fabrikwässer eine reichliche Ausscheidung eines leichten Schlammes von kohlensaurem Calcium statt.

In der Zuckerfabrik Wendessen wurde die Fällung mit Kalk allein im Vergleich mit der durch das Müller-Nahnsen'sche Präparat + Kalk geprüft: anfänglich hatte man täglich 5 hk verwendet, jedoch stellte sich heraus, dass bei dieser Menge das Wasser milchig trübe abfloss; man nahm daher nur 4 hk. Ein unverkennbarer Uebelstand scheint der Commission bei diesem Verfahren darin zu liegen, dass die gereinigten Wässer mit einer übergrossen Alkalinität in die Bachläufe gelangen. Der Kalkzusatz betrug in Lützen in 24 Stunden für je 1000 hk verarbeiteter Rüben 4 bis 5 hk, in Wendessen 3 bis 4 hk, und hierin bestehen allerdings die einzigen Kosten des Verfahrens, die in

Lützen nicht einmal voll in Anrechnung gebracht werden dürfen, weil der überschüssige Kalkaufwand schon an und für sich Bedingung des Substitutionsverfahrens ist.

Die Reinigung der Fabrikabwässer durch das Elsässer'sche Verfahren kam zur nochmaligen Prüfung:

Zuckerfabrik Roitzsch (vergl. S. 330). In der Betriebsweise der Fabrik sind Aenderungen nicht eingetreten, nur die Menge der Rübenverarbeitung ist auf 2600 hk gestiegen und bei der Säftereinigung wird für den Dünnsaft die Schwefelung, bei dem Dicksaft Knochenkohle in Menge von 3 % des Rübengewichtes angewendet. Die Rieselanlage ist ebenfalls dieselbe geblieben. Statt dass aber früher die Abwässer in Bassins einer Vergährung unterworfen wurden, so fanden jetzt die Wässer auf ihrem Wege nach den Rieselflächen nicht Zeit, in Gährung oder Fäulniss überzugehen; die in den Behältern aufsteigenden Gasblasen entspringen den in den Behältern abgesetzten Schlämmen und nicht dem durchlaufenden Wasser.

Die Commission war daher nach der äusseren Besichtigung einstimmig der Ansicht, dass ein so gereinigtes Wasser ohne jedes Bedenken einem jeden, auch dem kleinsten Wasserlaufe übergeben werden könne und dass die seit der früheren Besichtigung stattgehabte 4jährige Benutzung der Rieselanlage ihre Wirksamkeit ganz bedeutend erhöht habe.

Als zweites Beispiel für das Elsässer'sche Berieselungsverfahren wählte die Commission die Zuckerfabrik Wahren & Co. in Querfurt, R.-B. Merseburg, wo zugleich eine Fölsche'sche Bassinanlage vorhanden ist. Die Fabrik verarbeitet in 24 Stunden gegen 2450 hk Rüben im Diffusionsverfahren mit Schwemmsystem. Die Säfte werden über Knochenkohle (Verbrauch 9 bis 10 %) filtrirt. Die Wiederbelebung der letzteren erfolgt mit Gährung unter Anwendung von Säure und Nachspülung mit Condenswasser.

Das Betriebswasser wird zu $^7/_{10}$ aus dem Querne-Bache entnommen und ist dasselbe sehr unrein. Den Rest des Betriebswassers liefern die Riesel- und Brunnenwässer. Die Fallwässer werden über ein Gradirwerk geführt und lediglich abgekühlt in den Querne-Bach abgegeben. Die übrigen Abwässer werden in einem Kanal vereinigt und durch 24 gemauerte Behälter geführt, deren jeder 3,5 m im Geviert misst. Die Behälter lassen sich einzeln ausschalten und durch Ziehen von am Boden angebrachten Schiebern in den Schlammsammelbehälter entleeren, aus welchem ein Baggerwerk den Schlamm in eine Rinne hebt, die ihn in den grossen Schlammteich befördert. Dieser letztere liegt hoch, so dass das noch mitgehobene Wasser zeitweise nach dem Behälter 17 abgelassen werden kann. Der Schlamm wird hierdurch gut entwässert, während die aus dem Erdbassin ablaufenden Wässer eine vollkommene Befreiung von suspendirten Stoffen noch nicht zeigten. Diese werden nun aus dem Brunnen unter dem Pumpenhaus mit Lufttemperatur auf den höchsten Punkt der Rieselanlage gedrückt.

Die Rieselanlage umfasst etwa 8,5 ha Wiesenland und ist jetzt 3 Jahre in Wirksamkeit. Die Bodenbeschaffenheit der ganzen Anlage ist nicht gleichartig; sandiger Lehm und thoniger Lehm sind unregelmässig von Streifen Kalksteinknack durchsetzt. Die Vegetation auf den Rieselfeldern war nicht unter brochen. Die Anlage hat 2 Drainmündungen, deren vereinigte Ausflüsse nach dem Betriebsbrunnen ablaufen, um in der Fabrik als Betriebswasser wieder benutzt zu werden. Der obere Abfluss zeigte sich geruchlos aber weisslich getrübt, während der untere vollkommene Klarheit und Farblosigkeit zeigte.

In den Fölsche'schen Bassins liegt nach dem Urtheile der Commission für eine nachfolgende Berieselung kein grosser Vortheil; im Uebrigen hält dieselbe die kreisrunde Anordnung um ein Centralbassin und zwar mit einem inneren und äusseren Polygone für practisch werthvoll. Die Schlammausscheidungsanlagen werden besonders da sehr gute Dienste leisten, wo es auf eine schnelle Entfernung des Schlammes ankommt, und haben neben geringen Betriebskosten den Vortheil, dass die Trennung des Schlammes auf verhältnissmässig kleinem Raume erzielt werden kann.

Die Commission ist weiter der Ansicht, dass eine Berieselungsanlage augenscheinlich einiger Jahre bedarf, um in den Zustand vollkommener Wirksamkeit zu gelangen, theils weil erst nach längerer Zeit die Benarbung der Flächen eine genügend dichte wird und theils weil die über den Drains liegende Erde ebenfalls längere Zeit bedarf, um die dichte Structur des gewachsenen Bodens wieder zu erhalten.

Was die Kosten der besichtigten Rieselanlagen betrifft, so werden die Zinsen des Anlagekapitals und die Instandhaltung der Anlage — in Querfurt zum Theil, in Roitzsch reichlich durch den erhöhten Ertrag der Wiesen gedeckt, während die Kosten des Betriebes sich auf den Tagelohn eines einzigen Rieselwärters beschränken.

Für die chemischen Untersuchungen hatten Al. Herzfeld und C. R. Teuchert folgende Methoden vereinbart:

1. Beobachtung des Aussehens, der Farbe und des Geruchs des Wassers direct nach Empfangnahme.

2. Beobachtung des Aussehens, der Farbe und des Geruchs nach einer Woche.

3. Bestimmung des Eindampfrückstandes im Liter. $^1/_4$ bis 1 l Wasser werden in einer Platinschale verdampft und der Rückstand nach dem Trocknen bei 120 bis 130^0 gewogen.

4. Bestimmung des Glühverlustes des Eindampfrückstandes. Der erhaltene Eindampfrückstand wird über einem Bunsen'schen Einbrenner ohne vorherige Anwendung von kohlensaurem Ammonium schwach geglüht und gewogen, alsdann der Glühverlust durch Abziehen des Glührückstandes vom Eindampfrückstand berechnet.

5. Suspendirte Substanz. 100 cc bis 1 l des Wassers werden durch ein gewogenes Filter filtrirt und bei 110^0 getrocknet und gewogen, das Filter wird verbrannt, die Asche nach Abzug der vom Papier herrührenden als

6. anorganische suspendirte Substanz, der Glühverlust als

7. organische suspendirte Substanz in Rechnung gestellt.

8. Kohlensäure, aus der organischen Substanz durch Oxydation mit chromsaurem Kalium und Schwefelsäure. Es wurde beschlossen, bei Bestimmung der-

selben genau nach der von Degener[1]) gegebenen Vorschrift zu verfahren.[2]) Daraus sollte berechnet werden:

9. Verhältniss von Sauerstoff und Kohlenstoff unter der Annahme, dass der Kohlenstoff als Rohrzucker vorhanden sei. Die Oxydation desselben würde alsdann nach der Gleichung $C_{12}H_{22}O_{11} + 24\,O = 12\,CO_2 + 11\,H_2O$ vor sich gehen und auf 1 Aeq. Kohlenstoff 2 Aeq. Sauerstoff gebraucht werden; aus derselben Gleichung ersieht man, dass 12 Aeq. Kohlensäure 1 Aeq. Rohrzucker entsprechen; mittels dieses Verhältnisses sollte

10. die entsprechende Menge Rohrzucker aus der durch Oxydation der organischen Substanz erhaltenen Kohlensäure berechnet werden.

11. Gesammtstickstoff mit Natronkalk. 2 l Wasser werden nach dem Ansäuern mit Salzsäure eingedampft, im Rückstand nach Will und Varrentrap der Stickstoff bestimmt.

12. Ammoniak. 1 bis 3 l des Wassers werden mit Salzsäure durch Eindampfen concentrirt, im Rückstand das Ammoniak durch Austreiben mit Kalilauge bestimmt.

13. Qualitative Prüfung auf Salpetrigsäure. Dieselbe wurde mit Jodkalium und Stärkekleister in der angesäuerten Flüssigkeit angestellt und dabei während 10 Minuten beobachtet, ob Reaction eintrat.

14. Schwefelsäure wurde in bekannter Weise in 200 cc des Wassers als schwefelsaures Baryum bestimmt.

15. Eine Kalkbestimmung in den Wässern lag nicht in dem ursprünglichen Versuchsplan. Derselbe wurde jedoch nachträglich in den ersten Proben durch directes Fällen in 200 cc des natürlichen Wassers, später in dem Glührückstand nach Entfernung des Eisens und der Thonerde bestimmt und seine Menge berechnet.

16. Das freie Alkali wurde bestimmt und als Kalkalkalinität in Rechnung gestellt.

17. Schwefelwasserstoff. 250 cc des Wassers wurden mit ammoniakalischer Silberlösung versetzt, um Schwefelwasserstoff als Schwefelsilber zu fällen, letzteres in Salpetersäure gelöst, in Chlorsilber übergeführt, dieses gewogen und daraus der vorhandene Schwefelwasserstoff berechnet.

18. Eiweiss. Auf Proteïnstoffe wurde mit Millon'schem Reagens geprüft und dazu 100 cc Wasser verwendet. Ausgeführt ist die Reaction in der Weise, dass man die Probe mit Schwefelsäure deutlich sauer machte, einige Tropfen des Reagens zusetzte, schwach erwärmte und 24 Stunden stehen liess.

---

[1]) Zft. d. Ver. f. Rübenzucker, 1882, 62.

[2]) Herzfeld bemerkt zu dieser Untersuchung, dass hierdurch auch die flüchtigen Fettsäuren oxydirt werden und dass besonders die Hälfte des vorhandenen Chlores als Kohlensäure mitgewogen wird. — Dass übrigens die Berechnung auf Rohrzucker zu widersinnigen Resultaten führt, geht daraus hervor, dass z. B. im Stössener Abwasser das gereinigte Wasser zwanzigmal mehr Zucker enthalten soll als das ungereinigte.

Die verwendeten Fällungsmittel hatten folgende Zusammensetzung

Nahnsen:

Wasser	31,40	bis	38,61 %
Thonerde und etwas Eisenoxyd	9,00	„	12,52 „
Kalk	0,05	„	1,65 „
Schwefelsäure	18,61	„	27,99 „
In Salzsäure unlöslich	20,95	„	38,06 „ .

	Oppermann:	Rothe-Röckner:
Wasser (und Verlust) . .	18,84 bis 31,65 %	23,26 %
Eisenoxyd + Thonerde .	Spur „ 0,73 „	0,45 „
Magnesia	19,63 „ 23,72 „	20,83 „
Kalk	2,67 „ 4,88 „	5,58 „
Schwefelsäure	40,65 „ 50,74 „	47,65 „
In Salzsäure unlöslich .	3,59 „ 4,96 „	2,23 „ .

Die Zuckerfabrik Aderstedt verwandte nach Oppermann's Verfahren noch

	schwefelsaure Thonerde	Kieselsäureabfall
Wasser	39,86 %	29,89 %
Thonerde + Eisenoxyd .	11,60 bis 12,11 „	1,55 bis 2,55 „
Kalk	0,37 „ 0,74 „	0,28 „ 2,31 „
Schwefelsäure	28,32 „ 30,34 „	1,84 „ 1,91 „
Kieselsäure	} 17,32 „ 20,38 „	58,47 „
In Salzsäure unlöslich .		8,07 „ .

Die bei der Untersuchung der Abwasserproben erhaltenen wesentlichen Ergebnisse sind in der Tabelle S. 352 u. 353 zusammengestellt; neben den von Herzfeld (H) erhaltenen wurden von den Teuchertschen (T) nur die bez. suspendirten Stoffe, des aus der durch Chromsäure erhaltenen Kohlensäure berechneten Zuckers und des Stickstoffes angeführt. (Ueberall mg im Liter; + bedeutet vorhanden.)

Wenn auch ein Theil der recht erheblichen Unterschiede in den Befunden der beiden Chemiker der Probenahme und der Methode zur Last gelegt werden mag, so wird doch der grösste Theil darauf zurückgeführt werden müssen, dass die Proben in den beiden Laboratorien ungleich lange Zeit aufbewahrt wurden, bevor sie untersucht wurden. Wenn dadurch schon die Ergebnisse beider Chemiker so gewaltig beeinflusst wurden, so verliert die ganze Arbeit jede Beweiskraft, da sämmtliche Proben erst nach längerem Stehen, somit besonders die ungereinigte in einem mehr oder weniger fortgeschrittenen Zersetzungszustande untersucht wurden. Die mitgetheilten Fischversuche sind daher von vornherein werthlos.

Die mikroskopische Untersuchung der Wasserproben wurde auch dieses Mal von F. Cohn ausgeführt. Dass derselbe in den Abwässern nur verhältnissmässig wenig verschiedene Arten von Mikroorganismen fand, diese aber in ungeheurer Anzahl, ist wohl dadurch zu erklären, dass während der mehrtägigen Aufbewahrung der Proben in geschlossener

Flasche die wenigen unter solchen Verhältnissen widerstandsfähigen Organismen die andern überwuchert bez. vernichtet haben. Diese Untersuchungen haben daher keine praktische Bedeutung. Bemerkt möge nur werden, dass Cohn vermuthet, dass die am meisten charakteristische Fermentation, welche bei der Fäulniss der Abwässer der Zuckerfabriken stattfindet, nicht wie bei anderen fauligen Wässern auf der Zersetzung der eiweissartigen, stickstoffhaltigen, sondern höchstwahrscheinlich auf der Gährung stickstofffreier Verbindungen, insbesondere der Kohlenhydrate beruht.

Für die Beurtheilung der Wirkung dieser Reinigungsverfahren verlieren diese Versuche noch mehr dadurch an Bedeutung, dass die Proben des ungereinigten und gereinigten Wassers nicht einander entsprachen, da keine Rücksicht darauf genommen ist, wie lange Zeit das Wasser zum Durchfliessen der Klärbehälter gebrauchte. Da nun leider das Chlor nicht bestimmt wurde, so fehlt auch jeder Anhaltspunkt zur Schätzung der Abweichung oder Uebereinstimmung der Proben. Schlüsse von Bedeutung können daher aus diesen Versuchen nicht gezogen werden. —

Von 1887 bis 1898 ruhten die amtlichen Prüfungen gänzlich, da von keiner Seite eine Anregung zur Fortsetzung derselben erfolgte. Wo sich die Einrichtung desselben durchführen liess, legten die Zuckerfabriken zumeist das Rieselverfahren für die Reinigung ihrer Abwässer an. Andernfalls begnügte man sich mit den genannten chemischen Verfahren, zu denen noch eines unter dem Namen Liesenberg'sches hinzugekommen war. Ein i. J. 1893 von A. Proskowetz in Deutschland patentirtes Verfahren behufs Wasserreinigung durch Drainage fand in Deutschland keine Beachtung, so dass der Inhaber das Patent nach einiger Zeit durch Nichtzahlung der Gebühren fallen liess. Sein Verfahren war aber inzwischen in den österreichischen Fabriken Sokolnitz und Sadowa eingerichtet worden, hatte dort die Aufmerksamkeit von Fachmännern erregt und wurde deshalb im Auftrage des Cultusministers, sowie des Ministers für Handel und Gewerbe von Rosnowski und Proskauer besichtigt und geprüft (S. 192). Diese gaben den Anlass dazu, dass die genannten Minister unter dem 16. Sept. 1898 die Gewerbeaufsichts- und Medicinal-Beamten ersuchten, die Errichtung von Versuchsanlagen nach dem Proskowetz-Verfahren in Deutschland anzuregen. Diese Verfügung gab wieder Veranlassung zu einer Eingabe des Vereins der Deutschen Zucker-Industrie, in welcher gebeten wurde, von vereinzelten Prüfungen neu aufgetauchter Zuckerfabrikabwässer-Reinigungsverfahren in Probeanlagen abzusehen und dafür eine staatliche Commission zu beauftragen, sämmtliche in Betracht kommende Reinigungsverfahren von neuem einer vergleichenden Prüfung zu unterziehen und dabei wieder wie früher dem Vereine zu gestatten, Mitglieder

(Fortsetzung des Textes s. S. 354.)

		Verdampfrückstand		Suspendirte Stoffe				Organisch mit CrO_3 als Kohlenst.
		Gesammt	Glüh-verlust	Gesammt		Glühverlust		
		H	H	H	T	H	T	H
Nahnsen	Schöppenstedt	2006	1210	13475	2356	1875	788	86
	„ ger. . .	2058	1350	181	175	52	62	314
	Wendessen	1230	584	1094	567	218	108	22
	„ ger. . . .	1583	890	119	170	40	57	67
	Cochstedt, ohne Endl. .	6612	4068	2224	857	186	174	431
	„ mit Endl. .	14670	8286	1478	1889	303	364	1504
	„ ger. . . .	7740	4952	96	171	35	83	676
	Irxleben	3066	1234	873	455	270	226	97
	„ ger.	3656	1048	200	152	74	62	60
	Schackensleben . . .	3098	1823	1825	1774	495	496	467
	„ ger. . .	4465	2370	76	140	4	68	416
Wendessen		701	258	364	155	88	52	18
„ nur Kalkrein. . .		916	488	146	110	44	42	157
Oppermann	Minsleben	542	314	2898	545	312	128	15
	„ ger.	665	290	162	91	39	21	10
	Aderstedt	1564	820	5550	1843	590	434	93
	„ ger.	1442	700	103	153	16	34	49
	Stössen	2440	1280	5225	1698	555	329	55
	„ ger.	5344	3570	183	150	95	89	1020
Rossla		444	100	950	979	45	154	12
„ ger.		902	290	36	71	4	15	63
Lützen		2036	1166	2510	328	300	94	334
„ ger.		2248	1172	151	0	51	0	282
Roitzsch		940	526	2910	1160	545	734	32
„ ger.		560	90	28	7	16	1	33

Desgl. berechnet als Zucker		Stickstoff mit Natronkalk		Stickstoff als NH_3		Salpetrigsäure	Schwefelsäure	Kalk	Alkalität	Schwefelwasserstoff	Eiweiss
H	T	H	T	H	T	H	H	H	H	H	H
204	500	25	47	9	39	0	115	395	s	+	+
745	720	45	30	15	19	0	145	185	0	+	+
52	88	32	10	13	16	0	96	203	s	+	+
160	617	22	29	13	18	+	143	300	123	0	+
1024	1138	206	183	16	29	0	118	623	4	+	+
3573	5252	570	581	55	30	0	116	1885	1758	3	+
1606	2450	242	232	23	28	+	107	555	310	+	0
229	169	93	13	56	60	+	27	385	56	4	+
143	304	47	19	25	46	0	95	973	728	+	0
1109	985	38	20	19	20	0	27	385	s	0	0
988	1592	55	13	43	38	0	77	1055	630	0	0
42	39	14	6	10	12	0	103	165	11	0	+
372	359	14	4	10	15	+	104	122	6	0	0
36	89	11	4	2	2	0	25	115	0	+	+
23	227	15	4	10	13	+	24	173	74	0	0
220	61	18	10	7	14	0	263	220	s	+	+
117	224	19	7	12	18	0	282	304	238	0	0
130	473	62	28	40	39	0	161	376	s	8	+
2423	2960	182	29	41	49	+	129	802	338	2	+
29	42	11	4	6	12	+	116	98	0	0	+
149	159	12	3	6	10	+	204	272	73	0	0
793	898	12	29	5	8	+	53	340	579	+	+
670	688	11	36	5	6	+	42	444	407	+	+
77	70	28	3	24	31	0	80	106	56	+	+
78	7	4	6	3	1	+	65	173	0	0	0

in die staatliche Commission zu entsenden, sowie auch seinerseits Sachverständige für die Commissionsarbeiten zu benennen.

Der Bericht dieser staatlichen Abwassercommission liegt vor.[1]) Sachverständige für die Commissionsarbeiten waren die Prof. Herzfeld und Proskauer und der Botaniker Lindau; Vorsitzender: Schmidtmann. Darnach lassen sich die Resultate der Commissionsarbeiten des vergangenen Betriebsjahres dahin zusammenfassen, dass die Resultate der Rieselung nach dem Elsässer'schen Verfahren in Rautheim als recht gute und auch in Roitzsch als beachtenswerthe bezeichnet werden müssen, wenn sie auch an letzteren Orten wiederum nicht völlig befriedigten. Die Verhältnisse in Roitzsch bedürfen indessen, auch bezüglich der behaupteten Verunreinigung des Vorfluthers durch andere Zuflüsse, noch der weiteren Klärung.

Bezüglich des Dibdin'schen Verfahrens in Marienwerder kam die Commission im Allgemeinen zu einem negativen Resultat, insbesondere herrschte die Ansicht vor, dass der erzielte, wenig befriedigende Erfolg des dortigen Abwasserverfahrens in keinem Verhältniss zu den ausserordentlich hohen Kosten stehe, welche die Herstellung und der Betrieb der Dibdin-Anlage verursacht hat.

Auch bezüglich des Heinold'schen Verfahrens in Wallwitz befriedigten die gemachten Wahrnehmungen wenig, doch soll das Verfahren im kommenden Betriebsjahre nochmals an einem anderen Orte, wo die Verhältnisse dafür günstiger liegen, als wie in Wallwitz, geprüft werden.

Bezüglich des Proskowetz-Verfahrens haben die Commissionsarbeiten leider wiederum noch nicht zu der erhofften Klärung führen können, da, wie aus dem Gutachten Pritzkow's (S. 357) hervorgeht, in Stössen abermals, wie zuvor in Wasserleben, thatsächlich nur ein Theil des Abwassers der Reinigung nach dem Proskowetz-Verfahren unterzogen wird, während der andere Theil ungereinigt dem Goetschebach übergeben wurde. In letzterem wurden zahlreiche weisse Algen, darunter besonders auch Beggiatoa alba, durch Lindau vorgefunden. Es bleibt im vorliegenden Falle unentschieden, ob die Entwickelung dieser Algen lediglich durch das ungereinigte Wasser, oder auch durch anderweite Verunreinigung, oder aber durch das nach Proskowetz gereinigte Wasser hervorgerufen worden ist.

Unzweifelhaft muss (nach Ansicht der Commission) es eines der ersten Erfordernisse sein, welches an jedes Zuckerfabrikabwässer-Reinigungsverfahren zu stellen ist, dass dasselbe das Abwasser in einen Zustand versetzt, in welchem letzteres die Fähigkeit verloren hat, die massenhafte Entwickelung der sogen. Zuckeralgen in den oft ungenügenden Vorfluthern hervorzurufen. Auch für die Beurtheilung des Proskowetz-Verfahrens wird

---

[1]) Zft. d. Ver. d. deutsch. Zuckerind., 1901. 393.

es schliesslich ausschlaggebend sein müssen, dass nach Einführung desselben die durch die weissen Algen hervorgerufenen Uebelstände in den Vorfluthern verschwinden. Leider haben in dieser Beziehung die Commissionsarbeiten bisher gar kein eindeutiges Resultat geben können, weil an allen Orten, an welchen die Commission bis jetzt gearbeitet hat, immer nur ein Theil der Abwässer nach Proskowetz gereinigt wurde, was in den vorangegangenen Mittheilungen der Interessenten nicht zum Ausdruck gelangt war. Um zu einem sicheren Urtheil über die Wirksamkeit des Proskowetz-Verfahrens zu gelangen, wird es vor allen Dingen nothwendig sein, eine Zuckerfabrik ausfindig zu machen, in welcher thatsächlich das gesammte Abwasser der Reinigung nach dem Proskowetz-Verfahren unterworfen wird. Auch für die Aufstellung eines Ueberschlags über die Kosten einer wirklich wirksamen Proskowetz-Anlage, sowie über die Dauerhaftigkeit einer solchen wird es unbedingte Voraussetzung sein, künftighin eine solche Fabrik als Versuchsstation ausfindig zu machen. Es können daher die Resultate der bisherigen Commissionsarbeiten nach keiner Richtung hin abschliessende sein.

Dass das Rieselverfahren, wo die nöthigen Vorbedingungen dafür vorhanden sind, gute Resultate liefern kann, beweisen die Beobachtungen in Rautheim. Doch ist bekannt, dass nur an wenigen Orten die Verhältnisse für dieses Verfahren derart günstige sind, wie hier, und dass deshalb seine Anwendung leider nur bei einer beschränkten Anzahl von Fabriken möglich ist.

Das ursprüngliche Proskowetz-Verfahren, wobei die gesammten Abwässer bereits vor der ersten Rieselung mit Kalk alkalisch gemacht wurden, hat sich, soweit sich dies bisher beurtheilen lässt, bei den geprüften Anlagen nirgend bewährt. Wenigstens ist der erste Kalkzusatz neuerdings überall weggelassen worden.

Sehr beachtenswerth erscheint die Arbeitsweise, wie sie in Stössen gehandhabt wird, bei der das Abwasser in den Teichen möglichst auf der für die Milch- und Buttersäuregährung günstigen Temperatur von nahe an 40^{0} gehalten wird, da dadurch die biologischen Vorgänge, welche durch den erstmaligen Kalkzusatz von Proskowetz unrichtigerweise gestört wurden, sehr beschleunigt werden. Die thunlichste Begünstigung dieser biologischen Vorgänge, nachdem die festen organischen Verunreinigungen möglichst durch sogen. Schwanzfänger vorher entfernt worden sind, dürfte als eine zweckdienliche Anordnung angesehen werden können. Die Resultate des biologischen Verfahrens werden muthmasslich um so bessere sein, je intensiver die Vergährung in den Teichen verläuft.

Im Uebrigen ergeben die Beobachtungen an den Proskowetz-Anlagen, dass es möglich ist, verhältnissmässig grosse Mengen von Zuckerfabrikabwässern durch Erdfilter während eines gewissen Zeitraumes hindurchzuschicken und dieselben dadurch dem Augenschein nach auch genügend zu klären. Offen bleibt bisher die Frage, ob die Abwässer damit in genügendem Maasse die Eigenschaft verloren haben, die Entwickelung der chlorophyllfreien Algen zu begünstigen.

Der Vorsitzende Schmidtmann gibt noch folgende Gesichtspunkte für Einrichtung von Abwasserreinigungsanlagen:

„Für die Praxis der Abwasserreinigung wird künftig besonders darauf Rücksicht zu nehmen sein, dass einerseits, wie in der Einleitung gezeigt wurde, die Menge des Abwassers, welches eine Zuckerfabrik während des kurzen Zeitraumes der 2- bis 3 monatlichen Campagne erzeugt, quantitativ eine ausserordentlich grosse ist, dass aber qualitativ das Abwasser in ganz verschieden zusammengesetzte einzelne Antheile zerfällt, welche sich sowohl bezüglich ihrer Schädlichkeit als auch gegenüber den einzelnen Reinigungsmethoden ganz verschieden verhalten. Es erscheint deshalb in jedem Fall von vornherein eine Trennung dieser Wässer angezeigt.

Verhältnissmässig am harmlosesten sind die Fallwässer, sowie die Condenswässer. Die geringen Spuren von Zucker oder Ammoniakverbindungen, welche diese Wässer enthalten, können kaum als schädlich gelten. Uebelstände werden zumeist nur dadurch verursacht werden, wenn diese Wässer mit zu hoher Temperatur in die Vorfluther gelangen. Im Allgemeinen wird es daher genügen, die Fall- und Condenswässer in geeigneter Weise abzukühlen, alsdann aber werden sie zumeist ohne jede weitere Reinigung abgelassen werden dürfen.

Bedeutend reicher an gähr- und fäulnissfähigen Bestandtheilen als die Condens- und Fallwässer sind die Rübenschwemm- und Waschwässer. Diese Wässer lassen sich indessen schon ganz erheblich reinigen, wenn die mechanischen Verunreinigungen, also insbesondere Rübenblatt-, -Schwanz- und -Wurzeltheile durch geeignete Fangvorrichtungen thunlichst sofort beseitigt werden, da eben diese festen Bestandtheile die Hauptquelle der Verunreinigung bilden, weil sie theils durch die langanhaltende Berührung mit Wasser, theils durch Fäulniss mit der Zeit zum grossen Theil gelöst werden.

Es empfiehlt sich deshalb überall, wo es möglich erscheint, Fangvorrichtungen für die genannten festen Bestandtheile anzubringen und dieselben möglichst schnell und gründlich auf diese Weise aus der Flüssigkeit zu entfernen. Die mechanisch ordnungsmässig gereinigten Waschwässer werden dann je nach örtlichen Verhältnissen einer weiteren Reinigung zu unterziehen sein oder beim Vorhandensein wasserreicher Vorfluther diesen ohne weiteres übergeben werden können.

Die schlimmsten Abwässer sind die Schnitzelpress- und -Schwemmwässer, beim Weisszuckerbetriebe auch die Knochenkohleabwässer, endlich die Tücherwaschwässer und Scheuerwässer. Für diese Wässer, deren Menge im Verhältniss zur gesammten Abwassermenge eine geringe ist, dürfte sich die Reinigung nach einem biologischen Verfahren empfehlen. Die biologische Reinigung kann bei ausreichenden Rieselflächen und wenn die Bodenverhältnisse dazu geeignet sind, lediglich durch Aufbringen der Abwässer auf Wiesen- oder Ackerflächen erfolgen, andernfalls wird die Reinigung nach dem Proskowetz-

oder einem anderen gleichwerthigen Verfahren behufs Erzielung ähnlicher Erfolge in Betracht zu ziehen sein. In allen Fällen, wo das erforderliche Terrain beschafft werden kann, wird es zweckmässig sein, die Wässer in Bassins oder Teichen nach Möglichkeit ausgähren zu lassen und sie alsdann erst der Reinigungsanlage zuzuführen.

Es liegt auf der Hand, dass bei einer derartigen Trennung der Abwässer nach ihrer Herkunft in drei ganz verschieden beschaffene Theile, von denen nur der letzte und kleinste der Reinigung nach einem biologischen Verfahren zu unterwerfen wäre, auch eine weit kleinere und deshalb auch billigere bezw. dauerhaftere Anlage für die biologische Reinigung Erfolge aufweisen wird, als wenn das gesammte Abwasser von einer solchen Anlage aufgenommen werden muss. Unter der Voraussetzung der Trennung der Abwässer erscheint daher auch die weitere Ausbildung der biologischen Verfahren praktisch weit aussichtsvoller, als ohne diese Trennung.

Schliesslich sei nochmals hervorgehoben, dass die Arbeiten der Commission keinesfalls als abgeschlossen gelten können, dass vielmehr die Beobachtungen an Ort und Stelle noch längere Zeit werden fortgesetzt werden müssen, um zu einem sicheren Urtheil zu gelangen. Demgemäss können auch obige Folgerungen aus den bisherigen Commissons-Arbeiten nur als vorläufige bezeichnet werden. Es wird unbedingt nöthig sein, sie weiterhin auf ihre Richtigkeit zu prüfen und zu erhärten und die vielen dunklen Punkte, welche die vorliegenden Untersuchungen noch belassen haben, aufzuhellen. Die bisherige Art des Zusammenwirkens der Vertreter der Staatsbehörde und derjenigen der Zuckerindustrie hat sich gut bewährt und wird deshalb auch fernerhin beizubehalten sein.

Von ganz besonderem Werthe ist es, dass in der Königl. Versuchs- und Prüfungsanstalt für Wasserversorgung und Abwasserbeseitigung nunmehr eine Centralstelle geschaffen ist, an welcher das Material, welches die Commission sammelt, in zweckentsprechender Weise verarbeitet werden kann, und welche über die erforderlichen Special-Sachverständigen verfügt, um die nothwendigen chemischen und mikroskopisch-biologischen Untersuchungen auszuführen.“ [1])

Dem als Anlage beigefügten Gutachten von Pritzkow seien, da die Theilanalysen nur beschränkten Werth haben (es fehlen wieder die Chlorbestimmungen), nur die Schlussfolgerungen entnommen:

1. Die Reinigung, die das Stössener Abwasser, soweit es der Behandlung nach Proskowetz unterliegt, erfährt, ist als eine gute zu bezeichnen.

   Die Oxydirbarkeit nimmt im Durchschnitt um etwa 93 % ab, die organischen Stickstoffverbindungen werden um etwa 79 % vermindert.

   Das gereinigte Wasser besitzt nur ganz schwach alkalische Reaction, ist farb- und fast geruchlos und geht nicht in stinkende Fäulniss über. Bei seiner Verwendung als Betriebswasser haben sich angeblich in Stössen bislang keine Missstände gezeigt.
2. In den Klärteichen findet ausser einer mechanischen Klärung auch schon eine weitgehende chemische Reinigung statt.

---

1) Vergl. S. 102; Vorsitz. dieser Anstalt ist Sch. selbst.

3. In den Rieselfeldern, von denen das zweite das erste an Wirkung übertrifft, ist die Abnahme der Oxydirbarkeit nicht bedeutend, dagegen findet in dem zweiten Rieselfeld eine beträchtliche Zerstörung der Stickstoffverbindungen statt.

   In den beiden Feldern spielen sich Fäulnissprozesse ab. Nitrificationsvorgänge sind nicht zu beobachten.

4. Der Kalkzusatz bewirkt eine weitere beträchtliche Abnahme der Oxydirbarkeit um 73 %, die durch die nachfolgende Bodenfiltration nicht erhöht wird. Durch die letztere wird nur die ursprünglich stark alkalische Reaction zum Verschwinden gebracht.

   Die Menge des zugesetzten Kalkes ist eine sehr wechselnde und könnte wahrscheinlich auf ein geringeres Maass beschränkt werden.

   Durchgreifende Aenderungen in dieser Beziehung lassen sich nur durch Anbringung einer automatischen Vorrichtung für den Kalkzusatz und eines mechanischen Antriebes des Rührwerkes herbeiführen.

5. Durch selbst längere Zeit anhaltenden strengen Frost wird bei ununterbrochener Rieselung die Betriebsfähigkeit der Anlage nicht gestört.

6. Ueber die Kosten einer dauernden Anlage für die Grössenverhältnisse der Stössener Fabrik konnte Genaues nicht ermittelt werden, da einerseits nicht sämmtliches Abwasser der Reinigung nach Proskowetz unterlag, sondern ein Theil direct dem Nautschkebach übergeben wurde, andererseits die Anlage noch zu neu ist.

7. Desgleichen muss unentschieden bleiben, ob die gereinigten Abwässer die Fähigkeit verloren haben, die Entwickelung der sogenannten Zucker-Algen zu begünstigen. Solche Algen, insbesondere Beggiatoa, wurden im Vorfluther massenhaft beobachtet; doch steht dahin, ob sie etwa durch die Abwässer der Ortschaften oder durch die ungereinigten oder die gereinigten Zuckerfabrik-Abwässer hervorgerufen worden sind.

Nach den Berichten der Gewerberäthe für 1888/1889 wird die Berieselung als das zuverlässigste Reinigungsverfahren für Zuckerfabrikabwässer empfohlen.[1])

Die Zuckerfabriken Neustadt, Oberglogau und Reinschdorf versetzen das Abwasser mit Kalk, dann mit Kieserit, und lassen absetzen. Die tägliche Reinigung von etwa 4000 cbm Abwasser der Zuckerfabrik Oberglogau kostet:

20 hk Kalk	20,00 M.
4 „ Kieserit	8,64 „
Arbeitslohn für 4 Arbeiter	7,00 „
	35,64 M.

1 cbm Wasser kostete somit 89 Pf.

Verwendet wurden ferner die Verfahren von Knauer[2]), Oppermann (vergl. S. 342) u. A.

[1]) Vgl. Neue Zft. f. Rübenz., 4, 138; Zft. d. deutsch. Ver. f. Rübenz., 1882, 59.

[2]) D. R.-P. No. 6211; Fischer's Jahresb., 1880, 741; ungünstig beurtheilt in Zft. d. deutsch. Ver. f. Rübenz., 1880, 569, 925 u. 1077.

Versuche von H. Bodenbender[1]) ergaben, dass der unzersetzte Zucker bei Gegenwart von etwas Aetzkalk viel leichter durch den Sauerstoff der Luft oxydirt wird, als die sich bei der fauligen Gährung aus dem Zucker bildende Milchsäure, Buttersäure u. dergl. Demnach sollte die sogen. Gährung der Knochenkohle behufs deren Wiederbelebung unterbleiben und an deren Stelle ein Auskochen und Abspülen mit Wasser treten. Ferner wäre (nach Bodenbender) darauf zu achten, dass die von den Rübenwäschen, der Diffusion, den Filterpressen abfliessenden, wie überhaupt die sämmtlichen Wässer, welche organische Stoffe und darunter hervorragend Zucker enthalten, nur kurze Zeit in den Absatzgruben verweilen, damit alle Gährungs- und Fäulnissprocesse möglichst vermieden werden. Das beste Mittel zur Reinigung dieser Abflüsse aus Zuckerfabriken ist die richtig ausgeführte Berieselung geeigneter Ackerflächen. Wo diese nicht ausführbar ist, sollte das sogen. Fallwasser, welches Spuren von Ammoniak und Zucker enthält und etwa 50° warm ist, über ein Gradirwerk geleitet werden, worauf man es ohne Schaden in den Fluss ablassen kann. Das Wasser aus der Rübenwäsche, der Saftstation, der Knochenkohlewäsche und sonstiges Spül- und Tagewasser wird gemeinschaftlich durch einige kleine Absatzbehälter geleitet. Von hier gelangt es in eine Grube, welche durch einen Lattenrost derart geschlossen ist, dass das Wasser von unten durch denselben aufsteigen muss, so dass die aufschwimmenden Theile zurückgehalten werden, worauf das Wasser noch zwei Behälter mit Reisern und Koks durchfliessen muss. Das so geklärte Wasser wird nun mit Kalkmilch in geringem Ueberschuss versetzt, absitzen gelassen, durch einige mit Koks gefüllte Behälter geführt und schliesslich auf ein Gradirwerk gepumpt. Nachfolgende Tabelle zeigt den Gehalt des Fallwassers und des Kühlwassers aus der Elution (I), der übrigen genannten gemischten Wässer vor der Kalkbehandlung (II) und beider Wässer gemischt vom Gradirwerk (III) (mg im Liter):

	I	II	III
Gesammtrückstand	303	795	310
Unorganische Stoffe	207	425	106
Kieselsäure	18	17	15
Kalk	93	587	69
Eisenoxyd und Thonerde	3	3	3
Schwefelsäure	34	42	33
Chlor	70	68	67
Alkalien als Chloralkalien gew.	150	207	130
Magnesia	13	13	15
Organische Stoffe	96	370	106

[1]) Zft. d. deutsch. Ver. f. Rübenz., 1881, 479; vgl. das. 1871, 604 u. 937; 1877, 51; Fischer's Jahresb., 1881, 969.

Nachfolgende Zusammenstellung zeigt den Gehalt von Wasser, welches dem Ilseflusse oberhalb der Zuckerfabrik Wasserleben entnommen war (I), von Wasser (II), welches dem Flusse entnommen war, nachdem demselben die gereinigten Abwässer der Fabrik zugeführt und das vermischte Wasser $^1/_2$ Stunde geflossen war, und von Wasser (III) unterhalb der Zuckerfabrik Osterwieck der Ilse entommen.

	I	II	III
Suspendirte Stoffe	31	21	21
Im filtrirten Wasser:			
Mineralische Stoffe	105	106	130
darin Kalk (CaO)	41	26	55
Glühverlust	36	15	35
Organische Stoffe, bestimmt durch übermangansaures Kali . .	169	184	192
Ammoniak	Sp.	Sp.	Sp.
Salpetrigsäure	Sp.	Sp.	Sp.
Salpetersäure	0	0	0
Gesammtstickstoff	0,6	1,5	1,8

König (1. Aufl., S. 279) untersuchte (eingesandte) Zuckerfabrikabwässer vor und nach der Reinigung nach Röckner-Rothe, Nahnsen und Hulwa[1]) (mg im Liter):

	Suspendirte Stoffe			Gelöste Stoffe							
	Organische	Unorganische	Stickstoff	Mineralstoffe	Organische Stoffe (Glühverlust)	Zur Oxydation erforderlicher Sauerstoff	Organischer Stickstoff	Ammoniak	Phosphorsäure	Kali	Kalk
Röckner											
Abw.	770	3663	40	553	355	115	15	5	10	34	198
Gerein.	Sp.	Sp.	0	657	367	150	21	Sp.	Sp.	22	271
Nahnsen											
Abw.	350	963	27	905	520	126	24	25	—	57	185
Gerein.	30	10	2	1525	328	264	28	18	—	—	—
Hulwa											
Abw.	735	1076	52	559	348	84	18	—	—	—	200
Gerein.	0	0	0	2059	1069	303	33	—	—	—	869

[1]) Zu dem Verfahren gehören nach Angaben Hulwa's drei in der Kälte sich vollziehende Operationen, und zwar:

1. eine Scheidung und Fällung des Schmutzwassers mittels eines Pulvers von neuer und eigenthümlicher Zusammenstellung (ein Salzgemisch von Eisen-, Thonerde- und Magnesiapräparaten, dazu Kalk mit besonders präparirter Zellfaser);

Ob die Proben einander entsprachen und in welchem Zustande der Zersetzung sie untersucht wurden, lässt sich nicht erkennen; jedenfalls ist der Erfolg gering.

Das Abwasser einer Zuckerfabrik verunreinigte nach F. Hueppe[1]) auch nach der Reinigung mit Kalk einen Schlossteich. Proben von dem Abwasser beim Austritt aus den Klärteichen, von dem Bachwasser vor und nach Aufnahme des geklärten Abwassers ergaben:

Wasser	Schwebestoffe		Gelöste Stoffe								Keime in 1 cc
					Stickstoff in Form v.						
	im ganzen mg	mit Stickstoff mg	Abdampfrückstand mg	Sauerstoff-Verbrauch mg	organ. Verbindungen mg	Ammoniak mg	Eisenoxyd mg	Kalk mg	Magnesia mg	Schwefelsäure mg	
Abfluss von den Klärteichen der Fabrik	89	14	515	28	7	8	16	76	17	10	160500
Bachwasser:											
Vor Aufnahme des Abwassers	0	0	135	7	0	0	0	33	14	29	615
Nach „ des Abwassers	64	8	416	23	7	5	51	33	16	13	185700

Auch bei genügend starkem Zusatze von Kalkmilch würde unter dem Einflusse der Kohlensäure bei langem Laufe des Abwassers sämmtlicher Kalk als kohlensaurer Kalk abgeschieden, so dass jede desinficirende Wirkung aufhört, im Gegentheil durch Erhalten einer neutralen Reaction die Fäulniss begünstigt wird. Eine vollkommene Bindung des Schwefelwasserstoffs wird durch Kalkmilch überhaupt nicht erreicht. Die Anwendung von Metallsalzen neben Kalkmilch verbessert das Resultat in Bezug auf die Klärung gar nicht, verschlechtert es aber noch bezüglich der Desinfectionswirkung.

Nach dem Rien'schen Verfahren[2]) fliesst das Abwasser in einen Kanal zuerst durch einen Grobrechen, der den Trommelrechen zum Auffangen von Schnitzeln ähnlich gebaut ist. Es folgt dann ein zweiter Rechen für die feineren Theile. Der Boden des Kanals trägt Platten, die

---

2. eine Saturation der geklärten, stark alkalischen Flüssigkeit mittels Kohlensäure;
3. der Zusatz von sehr geringen Mengen von Schwefligsäure zu der saturirten, schwach alkalischen bis neutralen Flüssigkeit behufs besserer Conservirung derselben (vgl. S. 247).

[1]) Arch. Hyg., 1899, 19.

[2]) Zft. f. Rübenz., 1877, 51; Deutsche Zuckerind., 1899, 202.

nach unten zu öffnen sind. Die Platten tragen Mittelrippen, um die Ablagerung der mitgeführten Sinkkörper zu begünstigen. Unter dem Kanal befinden sich gemauerte Behälter, deren Wände nach unten trichterförmig zulaufen. Die Platten werden von Zeit zu Zeit gekippt, so dass der Sand bez. Schlamm nach unten hindurchfallen kann. Im Kanal sind ausserdem schräg gegen die Flüssigkeitsrichtung Rechen-Rahmen aufgestellt, die harfenartig mit Metalldrähten überzogen und so aufgespannt sind, dass sich nur 1 mm oder noch weniger breite Schlitzöffnungen bilden. Zwei Rechen, die in Führungsschienen laufen, sind so montirt, dass sie sich abwechselnd und automatisch von den Schmutztheilchen reinigen. Um auch die allerfeinsten Theile aufzufangen, wird ein wenig Kalkmilch und Torfmull-Präparat hinzugesetzt, damit eine Flockenbildung hervorgerufen wird. Diese Fällmittel werden dem Abwasser vor Eintritt in die Bassins, welche die Schirmbatterie enthalten, zugemischt. Die Schirme sind an, einem Ueberlaufrohr übereinander lampenschirmartig derartig angeordnet dass das Wasser zwischen ihnen empor in das Rohr eintreten und in diesem in die Höhe steigen und überfliessen kann. Die Flocken streifen sich, die fein suspendirten Theile einhüllend, an den Schirmen ab und fallen nach unten. Die entstandenen Sinkkörper werden an verschiedenen Stellen des Systems durch geeignete Bagger abgeführt. Das Verfahren wurde in der Zuckerfabrik Stendal eingeführt.

Napravil[1]) fällte das Abwasser einer Zuckerfabrik mit Kalkmilch; der erhaltene Schlamm hatte im Durchschnitt folgende Zusammensetzung:

Wasser	67,8 %
Unlöslich	10,4 „
Calciumkarbonat	9,7 „
Phosphorsäure	0,6 „
Stickstoff	0,2 „
Organisch	4,7 „

Der aus dem Abwasser von 3 Zuckerfabriken nach dem Süvern'schen Verfahren (S. 239) erhaltene Schlamm enthielt nach Stohmann:

	I	II	III
Phosphorsäure	0,37	0,18	0,20
Stickstoff	0,12	0,16	0,09
Kali	0,23	0,21	0,06
Kalk	6,23	9,17	6,56
Thonerde und Eisenoxyd	2,64	2,40	1,37
Sand und Erde	26,05	24,29	10,64
Wasser	56,98	55,15	75,69
Organische Stoffe, Magnesium u. dgl.	7,38	8,44	5,39

[1]) Organ f. Rübenz., 1875, 503.

Der Stickstoffgehalt — und damit der Düngerwerth — dieser Niederschläge ist demnach sehr gering.

Lagrange[1]) verwendet, wie früher schon Dougall[2]), saures Calciumphosphat und Aetzkalk. Für täglich 2500 hk Rüben genügen zwei Coagulirbehälter von je 100 hl, welche abwechselnd in Verwendung stehen. Dieselben besitzen im Boden eine Ablassöffnung. Unter denselben stehen zwei gleich grosse Behälter (Niederschlagsbehälter). Die Coagulirung der stickstoffhaltigen organischen Stoffe, welche ein Niederreissen anderer gelösten und suspendirten Substanzen bewirkt, geschieht in den ersten Behältern mittels saueren Calciumphosphats. In Villeron war 1 k Phosphorsäure in der Form von Calciumphosphat für 1 cbm genügend, in Pithiviers waren 1,65 k und in Catillon-sur-Sambre (bei Verarbeitung von angefaulten Rüben) noch mehr nothwendig. Darauf wird decantirt und der Niederschlag in Filterpressen aufgefangen. Das Abflusswasser und das von den Filterpressen ablaufende Wasser werden in dem zweiten Paar Behälter mit Kalk neutralisirt. Der sich bildende gelatinöse Niederschlag reisst fast die organischen Stoffe nieder. Dieser Niederschlag enthält 47 % Kalkphosphat und 53 % organische Stoffe. Die Behandlung von Schnitzelwasser in Catillon-sur-Sambre hatte nach Vivien (28. Febr. 1891) folgendes Ergebniss (mg im Liter).

	Filtrirtes nicht gerein. Wasser	Gereinigtes Wasser
Kalk	189	49
Chlor	14	8
Schwefelsäure	13	9
Zucker	2,941	3,050
Organische Stoffe	1,926	116
Unbestimmtes	796	433

Menge der ausgeschiedenen organischen Stoffe 94,2 %.

Die Untersuchung der Niederschläge (Vivien) ergab:

Aus 1 cbm Wasser	Phosphatniederschlag	Kalkniederschlag
Trockenabsatz	7,050 k	12,37 k
Phosphorsäure	0,039 „	2,69 „
Stickstoff	0,116 „	0,00 „

A. Wendtland[3]) empfahl Ausscheidung des Pflanzeneiweisses mit Schwefelsäure. Es sollen zwei auswechselbare Bassins, die mit Steinkohlentheer überstrichen sind, von entsprechender Grösse angelegt werden, um ungefähr das Presswasser von einer Schicht zu fassen. Das Rohproteïn sinkt zu Boden und das klare Wasser fliesst ab in den gemeinschaftlichen Abflussgraben, um auf die Rieselfelder zu gelangen. Kurz vor dem Einfluss des Presswassers lässt man aus einem säurefesten Thon-

---

[1]) Bull. soc. chim., 1892, 403; Rev. chim. industr., 1893, 23.

[2]) Zft. f. Rübenz., 1871, 937.

[3]) Deutsche Zuckerind., 1898, 1370.

gefäss durch einen gut regulirbaren Hahn die nöthige Menge Schwefelsäure zufliessen und lässt dann das Wasser über zwei Stauwerke von Reisig laufen, wodurch eine genügende Mischung stattfindet. Das abfliessende Wasser kann man, wenn nöthig, noch über Kalksteine fliessen lassen, um dasselbe zu neutralisiren.

Nach A. Vivien[1]) sollen die Wässer von den Schnitzelpressen für sich gereinigt werden, ehe sie zum Waschen der Rüben verwendet werden können. Ferner behandelt man die anderen gesammelten Fabrikwässer entweder nur mit Kalk oder zuerst mit einem Eisen- oder Aluminiumsalz und macht sie dann mit Kalk alkalisch. Man kann dazu die aluminium-eisenhaltigen Wässer benutzen, welche als Rückstände bei der Alaun- und Vitriolfabrikation verbleiben, und setzt dieselben im Verhältniss von 1 k von 32° B. für 1000 k verarbeiteter Rüben zu. Nachdem man den Metallsalzen genügend Zeit gelassen hat, zu wirken, d. h. nach einem Durchlaufen der Wässer von etwa 10 m fügt man Kalkmilch von 10 bis 15° B. in genügender Menge bei, um eine vollständige Zersetzung der Eisen- und Aluminiumsalze herbeizuführen und eine schwache alkalische Reaction der ganzen Masse zu erhalten, wodurch sich ein flockiger Niederschlag bildet, der sich in der Flüssigkeit rasch absetzt. Die Alkalinität in Kalk ausgedrückt (CaO) muss für 1 cbm zwischen 100 und 200 g betragen. Die so behandelten Abwässer setzen leicht ab. Man leitet sie durch eine Rinne nach einer Reihe von Absatzbehälter.

Beachtenswerth sind die Mittheilungen von H. Schultze[2]) über Erfahrungen mit der Berieselung. Die Untersuchung verschiedener Zuckerfabrikabwässer vor und nach der Berieselung ergab (mg im Liter):

(Siehe Tabelle S. 365.)

Die Fabriken arbeiteten sämmtlich nach dem Diffusionsverfahren; mit Knochenkohle reinigten Mattierzoll 1889/90 und Hessen 1889/90 und 1890/91. Es verarbeiteten täglich Rüben: Mattierzoll 3600 bez. 3613 hk, Hessen 3917 bez. 4000 hk, Rühland und Uefingen je 2500 hk. Abflusswässer gaben stündlich ab: Mattierzoll 212 cbm, Hessen 208 cbm, Rühland & Co. 24 cbm und Uefingen 126 cbm. Sämmtliche Fabriken besassen Klärbassins, und dass eine leidliche Klärung erreicht wurde, zeigt der verhältnissmässig geringe Gehalt an suspendirten Stoffen in den Abflusswässern. Dieselben waren ausnahmslos sehr reich an Kali und Stickstoff, während der Gehalt an Phosphorsäure erheblich zurücktritt. Es berechnen sich so z. B. bei Rühland & Co. die täglich abfliessenden Mengen von Kali auf 53 k, von Stickstoff auf 22 k, von Phosphorsäure auf 7,5 k; bei Mattierzoll von Kali auf 252 k, von Stickstoff auf 123 k, von Phosphorsäure auf 41 k; bei Hessen von Kali auf 250 k, von Stick-

[1]) Bull. assoc. des Chimistes, 10, 6.

[2]) Magdeburgerztg., 1891.

	Datum der Probenahme	Trocken-rückstand	Glühverlust	Suspendirt	Gesammt-stickstoff	Ammoniak-stickstoff	Phosphor-säure	Kali	Kalk	Schwefel-wasserstoff
Hessen, vor der Berieselung	19./11. 89	1432	582	546	42,1	19,9	14	54	204	Vorh.
„ nach der Berieselung	19./11. 89	888	114	20	7,3	1,2	2	13	306	0
„ vor der Berieselung	3./12. 89	1490	748	553	47,4	25,3	11	56	189	Vorh.
„ nach der Berieselung	3./12. 89	857	117	22	5,8	1,3	3	14	275	0
„ vor der Berieselung	22./12. 90	1014	362	184	36,7	5,0	7	51	177	Vorh.
„ nach der Berieselung	22./12. 90	923	104	21	4,8	0,2	1	9	280	0
„ vor der Berieselung	15./1. 91	963	387	157	31,8	5,0	6	44	175	Vorh.
„ nach der Berieselung	15./1. 91	938	200	27	9,6	0,4	2	12	287	0
Mattierzoll, vor der Berieselung	3./12. 89	1131	420	150	23,6	12,2	9	44	280	Sp.
„ vor der Berieselung	23./12. 90	1279	581	152	24,9	2,5	7	55	180	0
„ nach der Berieselung	23./12. 90	924	110	20	6,3	0,8	2	19	272	0
Uefingen, vor der Berieselung	8./12. 90	13033	1681	11143	41,2	3,3	16	64	249	0
Rühland & Co., vor der Berieselung	31./1. 91	2390	1367	352	38,4	2,5	11	93	300	Vorh.
Hessen, Abfl. a. d. Absatzbehälter	15./1. 91	953	375	103	15,7	0,7	5	40	175	Erhebl.
dasselbe	22./1. 91	1001	412	86	17,2	0,7	5	41	179	desgl.
Hessen, Abfl. a. d. Kohlenwäsche	15./1. 91	979	412	241	50,3	13,2	16	42	169	0
dasselbe	22./1. 91	1128	461	241	47,4	13,2	10	47	186	0

Salpetersäure und Salpetrigsäure konnten nirgends nachgewiesen werden.

stoff auf 197 k, von Phosphorsäure auf 50 k. Das macht für die Betriebszeit gewaltige Mengen, welche bei einzelnen Fabriken ein Düngerkapital von 20 000 M. repräsentiren können. Zudem sind bei Fabriken, welche osmosiren, die Effluvien noch bedeutend gehaltreicher. Wenn daher die Abflusswässer unbenutzt abfliessen, so ist dies sicher ein grosser Fehler. Auch die meisten Fabriken, welche berieseln, haben zu kleine Flächen, um eine einigermassen befriedigende Ausnutzung der Pflanzennährstoffe erzielen zu können. Nach den Anforderungen der Gewerberäthe genügen 3 bis 4 ha für 500 hk täglich verarbeiteter Rüben, um die Abwässer derart zu reinigen, dass sie ohne Bedenken den öffentlichen Wässern wieder zugeführt werden können; zur Verwerthung der Düngestoffe in landwirthschaftlicher Beziehung könnte dagegen die Fläche vielfach verfünf- und versechsfacht werden. — Die meisten Fabriken lassen die Abwässer sich in einem sogen. Absatzbassin klären, in denen sich Erde von der Rübenschwemme, Rübenschwänze, Schnitzelstücke u. dergl. ablagern, und welche (nach Schultze) meistens durch mephitische Ausdünstungen von Schwefelwasserstoff die Umgebung belästigen. Die Gegenwart von reichlichen Mengen organischer, zuckerhaltiger Stoffe, sowie die stets warme Temperatur des Wassers in jenen Bassins befördern die Pilzbildungen in der ausgezeichnetsten Weise. Es ist anzunehmen, dass hierdurch die Wirkung der Rieselfelder beeinträchtigt wird. Man sollte darauf bedacht sein, die nicht gelösten organischen Substanzen möglichst rasch der Berührung mit dem sie auslaugenden Wasser zu entziehen. In durchaus befriedigender Weise wird dies in der Zuckerfabrik Stöbnitz erreicht, wo ein System von Behältern es ermöglicht, denjenigen, welcher sich mit dem Schlamm gefüllt hat, auszuschalten, um denselben darauf durch ein Baggerwerk zu reinigen, wobei der Schlamm zum raschen Abtrocknen in einen abgesonderten grossen Behälter übergeleitet wird.

Im Departement Nord wurden seitens der Präfectur folgende Vorschriften zur Ausführung der Berieselung an die Zuckerfabriken erlassen:[1])

1. Die Abwässer der Rübenwäsche dürfen erst nach genügender Absetzung in einer Reihe vorschriftsmässig angelegter Gruben den Wasserläufen zugeführt werden.

2. Die Diffusionsabwässer müssen in hölzernen oder gusseisernen Rinnen auf die zu bewässernden Landstriche geleitet werden.

3. Die letzteren müssen behufs gleichmässiger Vertheilung des Wassers mit Gräben und Furchen versehen sein, welche ein Netz über die ganze Oberfläche des Landstriches bilden. Die Gräben müssen wenigstens 50 cm breit und ebenso tief sein. Die von den Gräbern gespeisten Furchen müssen 30 cm breit und ebenso tief sein.

4 Die Furchen werden von den Gräben abgesperrt, sobald sie mit Wasser gefüllt sind, und werden erst nach vollständiger Austrocknung neuerdings gefüllt. In keinem Falle dürfen die Furchen überlaufen und die dieselben trennende Bodenfläche benetzen.

[1]) Bull. soc. chim., 1892, 403.

5. Wenn tiefere Gräben in der Nachbarschaft des berieselten Terrains sich befinden, so müssen die gezogenen Gräben und Furchen zwei Meter von dem Rand jener Gräben endigen.

Das bereits S. 192 und 354 besprochene Proskowetz'sche Verfahren untersuchte M. Hönig[1]) in der Zuckerfabrik Sokolnitz (Mähren). Jeden Sonnabend wurden in gleichmässigen Zeitabschnitten Einzelproben entnommen und gemischt, und zwar: I. Gesammtabwässer, wie sie vom Hubrad in den Ablaufkanal geschöpft werden; II. Ablaufwasser aus dem letzten Sedimentirbassin; III. Ablaufwasser der Drainröhren des ersten (oberen) Rieselfeldes; IV. Drainwasser vom zweiten (unteren) Rieselfelde aus dem Sammelbrunnen; V. Gereinigtes Wasser für den Betrieb. Von den ausgeführten Versuchsreihen mögen folgende angeführt werden:

Datum der Probenahme	Bezeichnung der Proben	Organische Substanz ausgedrückt durch Sauerstoffverbrauch	Gesammt-Stickstoff	Ammoniak-Stickstoff	Organischer Stickstoff	Organischer Kohlenstoff als flüchtige Fettsäuren	Organischer Kohlenstoff in anderer Form	Gesammt-organischer Kohlenstoff
1. 30/10.	I	581	14	6	8	228	119	348
	II	347	13	7	6	207	103	310
	III	156	9	5	5	240	58	298
	IV	39	3	Sp.	3	106	37	143
	V	4	19	16	3	109	6	116
2. 6/11.	I	557	12	6	6	175	118	293
	II	287	10	5	4	215	103	318
	III	113	10	5	4	251	61	311
	IV	11	2	Sp.	2	95	14	110
	V	1.	14	12	2	120	3	123
3. 13/11.	I	1102	14	7	7	209	204	413
	II	309	14	7	7	204	180	384
	III	162	13	4	9	150	90	241
	IV	28	3	—	3	77	34	112
	V	13	11	7	3	115	16	131
4. 20/11.	I	471	11	5	6	172	278	450
	II	451	16	7	9	144	257	401
	III	305	10	4	5	218	119	337
	IV	43	3	0	3	104	28	112
	V	21	15	11	4	109	13	122
5. 27/11.	I	957	17	5	11	172	300	472
	II	207	16	9	7	172	209	381
	III	82	10	5	5	242	110	352
	IV	28	4	2	2	121	24	145
	V	16	15	12	3	97	11	108

[1] Oesterr. Zft. Rübenz., 1899, 630.

Leider ist der Chlorgehalt der Proben nicht angegeben, so dass nicht festzustellen ist, wie weit die Proben einander entsprechen. Dieses aber angenommen, findet in den Absitz- und Klärbehältern nur eine weitgehende mechanische Klärung, dagegen gar keine chemische Reinigung statt; in vielen Fällen kann man vielmehr die Beobachtung machen, dass die Menge der in Lösung befindlichen organischen Substanzen in dem Wasser, das aus dem Klärbehälter zum Abfluss gelangt, grösser ist, als in den ursprünglich gesammelten Abfallwässern. Es ergibt sich dies deutlich aus dem Vergleich der Zahlen für den Sauerstoffverbrauch sowohl, wie auch für den gefundenen organischen Stickstoff und Gesammt-Kohlenstoff, und bestätigt nur die längst erkannte Thatsache, dass beim Stehenlassen der Abwässer in den Klärbehältern durch die beginnende Zersetzung der Schlammstoffe grössere Mengen an organischen Substanzen in Lösung gebracht werden. Eine besondere Aufmerksamkeit muss bei diesem wie allen ähnlichen Verfahren auf die mechanische Reinigung in den Kläranlagen verwendet werden, damit eine Verschlämmung der Rieselflächen thunlichst hintangehalten werden kann. In der Sokolnitzer Anlage, bei welcher die Klärvorrichtungen aus einem grossen Schlammteiche von 700 qm Oberfläche und 2 m Tiefe und fünf hintereinander liegenden Klärbehältern mit zusammen einer Oberfläche von 2300 qm und einer Tiefe von 1,5 m bestehen, wird dieser Forderung in weitgehender Richtung Rechnung getragen. Auf Grund von Versuchen, welche zur Feststellung dieser Verhältnisse i. J. 1896 durchgeführt und durch Stichproben auch bei den jetzigen Versuchen controlirt wurden, gelangen in der Kläranlage rund 96 % der Sinkstoffe zur Ablagerung. Die Schlammtheilchen, welche im geklärten Wasser noch vorhanden sind, enthalten nur noch 4 % an organischen Stoffen, während der Schlamm der Gesammtabwässer 14 % davon besitzt.

Die chemische Reinigung beginnt erst beim Passiren des ersten (oberen) Rieselfeldes und besteht im Wesentlichen in einem Zersetzungsvorgange, wie er durch die Fäulniss organischer Substanzen bedingt wird. Hierbei wird ein Theil der stickstoffhaltigen organischen Substanz zersetzt und es kennzeichnet sich dies nicht nur in der Abnahme des organischen Stickstoffes, sondern durch die auffällige Zunahme der flüchtigen organischen Säuren (Fettsäuren); ausnahmslos zeigen die Drainwässer des oberen Rieselfeldes (Probe III) einen grösseren Gehalt an flüchtigen Fettsäuren, als die Proben I und II. Dem Aeusseren nach zeigen auch diese Abwässer den typischen Charakter von in lebhafter Fäulniss befindlichen Lösungen stickstoffhaltiger organischer Stoffe: Geruch nach Schwefelwasserstoff, Abscheidung von Schwefeleisen, Auftreten der für die Fäulniss charakteristischen niederen Organismen u. s. w. Dieser Fäulnissprocess und der damit verbundene Zersetzungsvorgang setzen sich beim Durchgang durch das zweite (untere) Rieselfeld fort und es gelangen dabei im Durchschnitt der 11 Beobachtungsreihen 70 % des organischen Stickstoffes zur Zerstörung und nahezu der gesammte bei der Fäulniss gebildete Ammoniakstickstoff wird hier durch die Absorptionsthätigkeit des Bodens (durchschnittlich 89,3 %) zurückgehalten. Die Drainwässer dieses Rieselfeldes enthalten das Ammoniak in der Regel nur noch spurenweise. Durch die Zersetzung der Stickstoffsubstanz ist eine entsprechende Verminderung des organischen Kohlenstoffes bedingt und ebenso ist hier eine bedeutende Abnahme der flüchtigen Fettsäuren nachzuweisen, was darauf hindeutet, dass neben der Fäulniss hier auch noch andere Zersetzungsvorgänge (Oxydationsprocesse), die eine Zerstörung der flüchtigen organischen Säuren (Fettsäuren) im Gefolge haben, verlaufen.

Mit dem Verlassen des zweiten Rieselfeldes hat die Zerstörung der stickstoffhaltigen organischen Substanz ihr Ende erreicht, da in der Regel eine weitere Abnahme des organischen Stickstoffes nicht mehr nachzuweisen ist. Nicht selten wurde vielmehr im gereinigten Betriebswasser (Probe V) der Gehalt an organischem Stickstoff ein klein wenig höher gefunden, und findet diese Thatsache, sowie jene, dass der Ammoniakgehalt stets stark vermehrt erscheint und zuweilen auch die Menge der flüchtigen Fettsäuren eine Zunahme erfahren hat, in dem Umstande ihre einfache Erklärung, dass in Sokolnitz zum Löschen des Kalkes, welcher für die weitere Reinigung der Drainwässer des zweiten Rieselfeldes benützt wird, Brüdenwässer Verwendung finden, welche bekanntlich reich an Ammoniak sind und auch stets noch organische Verbindungen anderer Art in geringer Menge enthalten.

Dagegen findet noch durch die nachträgliche Behandlung der Drainwässer mit Kalkmilch eine nicht unerhebliche Verminderung des organischen Kohlenstoffes, welcher nicht in Form von flüchtigen Fettsäuren vorhanden ist, statt, indem ein Theil desselben als unlösliche Kalksalze zur Ausfällung gebracht wird. Durch die letzte Phase des Reinigungsprocesses wird demnach noch ein Theil der stickstofffreien organischen Substanz, wahrscheinlich jener Antheil, der sich bei der vorausgegangenen Fäulniss in Form von höher zusammengesetzten organischen Säuren abspaltet, entfernt; die Menge des organischen Kohlenstoffes, die auf diese Weise in Form von mit Wasserdämpfen nicht flüchtigen Verbindungen zur Abscheidung gebracht wird, beträgt 93,8 %. In den gereinigten Abwässern findet sich der organische Kohlenstoff fast nur noch in Form der Kalksalze von flüchtigen Fettsäuren, und von dem in den ursprünglichen Abwässern enthaltenen organischen Gesammtkohlenstoff erscheinen durchschnittlich 72,7 % vernichtet. Proskowetz legt auf die letzte Phase seines Reinigungsverfahrens ein besonderes Gewicht, sie bedeutet eine sehr wesentliche und werthvolle Ergänzung der Reinigung von Abwässern mittelst der Berieselung.

Das Endergebniss des Proskowetz'schen Reinigungsverfahrens wird dahin zusammengefasst, dass 70 bis 75 $^0/_0$ der gesammten organischen Substanz, sowie speciell der stickstoffhaltigen, fäulnissfähigen zur Zerstörung gelangt und dass Abwässer resultiren, die im Wesentlichen die Reste der organischen Substanz in Form von fettsauren Salzen enthalten, die einer weiteren Zersetzung durch Fäulniss nicht mehr unterworfen werden können, und die auch tage- und selbst wochenlang an der Luft aufbewahrt werden können, ohne in stinkende Fäulniss zu gerathen. Eine Anreicherung dieser als Restproducte bei dem Reinigungsvorgange zu betrachtenden fettsauren Salze bei dem continuirlichen Kreislauf, den sie in Sokolnitz während der ganzen Betriebszeit durchzumachen haben, ist nicht festzustellen. Bis zur 10. Betriebswoche bewegen sich die Werthe, die für Abdampf- und Glührückstand des gereinigten Wassers gefunden wurden, mit einer einzigen Ausnahme, innerhalb sehr wenig von einander abweichender Grenzzahlen, ohne jede Gesetzmässigkeit, und zwar 0,396 bis 0,489 g im Liter für den Abdampf- und 0,206 bis 0,283 g im Liter für den Glührückstand. Erst in der 10. und 11. Betriebswoche stellt sich ein deutlich wahrnehmbares Anwachsen der gelösten organischen Substanz ein, die aber ihre Erklärung in dem Umstande findet, dass sich zu dieser Zeit Störungen in der Wirkungsfähigkeit des oberen Rieselfeldes einstellten, die naturgemäss eine Herabminderung der Reinigungswirkung und damit verbunden eine Anreicherung der gelösten organischen Substanz im Gefolge haben mussten.

Es wird noch besonders darauf hingewiesen, dass der Verbrauch an Kaliumpermanganat oder der Sauerstoffverbrauch kein genügend verlässlicher Anhaltspunkt für die Menge an gelöster, oxydationsfähiger Substanz ist. Die beispielsweise bei der Fäulniss stets auftretenden Fettsäuren werden von Permanganat entweder gar nicht oder nur unvollständig oxydirt und ihre Gegenwart bedingt daher keinen entsprechend höheren Verbrauch an diesem Oxydationsmittel.

Der normale Verlauf des Reinigungsvorganges ist also zum nicht geringen Theil beinflusst von der Alkalität der Abwässer. Dies findet seine Erklärung in der Thatsache, dass der Reinigungsprocess im Wesentlichen auf eine Zerstörung der stickstoffhaltigen organischen Substanzen durch einen Fäulnissvorgang zurückzuführen ist. Jede Beeinträchtigung dieses Processes muss eine Verminderung der Reinigungswirkung logischerweise nach sich ziehen. Stark alkalisch reagirende Flüssigkeiten, welche bekanntlich für die Lebensthätigkeit der Fäulnissbacterien einen sehr ungeeigneten Nährboden abgeben, werden darum auch eine unzureichende Reinigung erfahren und man wird im Allgemeinen den Satz aufstellen können, dass die Reinigung der Abwässer sich umso leichter und besser wird vollziehen können, je schwächer ihre Alkalinität gehalten wird. Es wird sich daher empfehlen, den Kalkzusatz zu den zu reinigenden Abwässern möglichst zu beschränken, ihn thunlichst auf jene Minimalgabe hinabzudrücken, die zur Herbeiführung einer beschleunigten Sedimentirung in dem Klärbehälter unbedingt nothwendig erscheint. Nach den Beobachtungen, welche die Sokolnitzer Fabriksleitung über die Alkalinität ihrer Abwässer durch mehrere Wochen gewonnen hat, dürfte seine Alkalinität von 60 mg Kalk im Liter in den aus dem Klärbehälter abfliessenden Wässern noch ausreichen, um eine gute Sedimentirung zu ermöglichen, ohne auf die Lebensthätigkeit der Fäulnisserreger einen allzu nachtheiligen Einfluss auszuüben.

Schon früher war das Verfahren in Sokolnitz von E. Donath[1]) besprochen worden und von F. Strohmer und A. Stift[2]) untersucht; letztere fanden:

	Abwasser, noch nicht mit Kalk versetzt	Wasser nach dem Absetzen von dem ersten Rieselfeld	Wasser von dem ersten, blos oberirdisch drainirt. Felde	Gereinigtes Wasser
Aussehen und Geruch	Rübengeruch. Trübe, mit ziemlich starkem Bodensatz, gelblich gefärbt	Rübengeruch, dabei etwas kothartig. Weniger trübe wie I, geringer Bodensatz, schwach gelblich	Stark kothähnlich, ziemlicher Bodensatz, ziemlich braun aussehend	Sehr schwacher Rübengeruch. Klar und wasserhell
Reaction	schwach-alkalisch	alkalisch	alkalisch	alkalisch
Schwebestoffe anorgan.	18 024 mg	119 mg	1110 mg	1 mg
Schwebestoffe organ. .	316 „	16 „	313 „	19 „
Gelöste Stoffe anorgan.	876 „	865 „	835 „	323 „
Gelöste Stoffe organ. .	838 „	866 „	604 „	208 „
Chlor	31 „	35 „	28 „	23 „
Salpetersäure . . .	89 „	87 „	190 „	76 „
Salpetrige Säure .	nachweisbar	nachweisbar	stark	Sp.
Ammoniak	40 mg	13 mg	3 mg	24 mg
Stickstoff in der Schwebe	18 „	9 „	6 „	0 „
Schwefelwasserstoff .	schwach	stärker	stark	Sp.

Die Zuckerfabrik Steinitz verwendet das Condensationswasser wieder im Betriebe. Nach A. Stift[3]) betrug die tägliche Verarbeitung etwa 2500 hk Rüben mit einem Verbrauch von etwa 6000 hl Wasser Nach

[1]) Zft. angew. Chem., 1894, 713.

[2]) Oesterr. Zft. Zuckerind., 1896, 27.

[3]) Oesterr. Zft. Zuckerind., 1892, Sonderabdr.

dem Verlassen der Fabrik wird das Abwasser quer durch den Fabrikhof n einen Kanal bis zur Umfassungsmauer geführt. Hier befinden sich zwei Behälter, aus welchen ununterbrochen Eisenchloridlösung und Kalkmilch zugesetzt wird. In 24 Stunden werden etwa 400 k Aetzkalk und 4 k Eisenchlorid verbraucht. Nach dieser Reinigung gelangt das Wasser in eine Absatzgrube, welche etwa 430 cbm fasst. In den Sammelteich kommt auch das durch eine kleine Grube gesammelte Regenwasser vom Fabrikshofe. Durch natürliches Gefälle rinnt das Abwasser in einer kleinen Rinne der Reihe nach in 4 Klärteiche; der am meisten verunreinigte Klärteich wird abgestellt und geleert. Jeder Klärteich ist etwa 400 cbm gross, bei einer Tiefe von 1,15 m. Hier tritt eine Gährung des Abwassers ein, in Folge dessen der Ablauf einen stinkenden, fäcalienartigen Geruch annimmt. Die Klärteiche sind durch einen gemeinsamen Zufluss- und Abflusskanal mit einander verbunden, das Abwasser fliesst auf ein drainirtes Rieselfeld, versickert im Boden und rinnt durch Saugdrains Sammelröhren zu, um in den Ablaufgraben zu kommen. Die Saugdrains liegen 7 m entfernt und 1,1 bis 1,2 m unter dem Boden. Auf diesen Röhren befindet sich eine Schlackenschicht von 25 bis 30 cm und darüber bis zur Oberfläche Erde. Das gesammte Rieselfeld hat einen Flächeninhalt von 2,75 ha. Etwa 1,5 km unterhalb der Fabrik bekommt das so gereinigte Abwasser durch eine Mühle den ersten Zufluss, um dann in ihrem weiteren Verlauf verschiedene Ortschaften zu berühren. Um nun die Veränderung des Abwassers auch auf weitere Entfernungen kennen zu lernen, wurde noch 9 Kilometer von der Fabrik eine Probe gezogen. Das Abwasser mündet schliesslich in den kleinen Pulkaufluss.

(Siehe Tabelle S. 373.)

Nach dem Berichte der Gewerbeinspectionen für 1892 hat sich eine Zuckerfabrik, über welche seit Jahren Beschwerden eines Nachbars eingingen, die zu hohen Geldstrafen führten, entschlossen, ihre Abwässer bis auf die Elutionslauge und die Schnitzelpresswässer, die in zwei tiefen Senkbrunnen versickern, wieder in den Betrieb zurückzunehmen. Die chemische Reinigung besteht vornehmlich in einem reichlichen Zusatz von Kalk. Die auf einer grossen offenen Fläche abgekühlten Wässer werden danach direct wieder verwandt. In der letzten Zeit sind sogar die Schnitzelpresswässer wieder verbraucht worden. Dieser Versuch, welcher jetzt schon während der dritten Campagne durchgeführt worden ist, wird von der Fabrik als durchaus gelungen bezeichnet, und man will sogar einen finanziellen Vortheil dabei herausgefunden haben.

Dazu bemerkt die Deutsche Zuckerindustrie 1893, 1518: Versuche die in anderen Fabriken mit der Zurücknahme des Betriebswassers gemacht worden sind, haben erwiesen, dass sich in den Säften Alkalien anhäufen, die den Aschengehalt des Zuckers erhöhen und die Auslaugung

(Tabelle zu S. 272)

	Einlauf in die Fabrik. Betriebswasser	Ablauf aus der Fabrik. (Abflusskanal)	Nach der chemischen Reinigung	Vor der Berieselung	Aus den Drainröhren des Rieselfeldes	1,5 km unterhalb der Fabrik	9 km unterhalb der Fabrik
Aussehen und Geruch . .	klar geruchlos	schmutzig, starker Rübengeruch	schmutzig, schwacher Rübengeruch	schmutzig, schwarz, fäcalienähnlicher Geruch	ziemlich trüb, rübenähnlicher Geruch	schwach getrübt, Tümpelgeruch	schwach getrübt, Tümpel geruch
Reaction . .	neutral	sauer	sauer	sauer	neutral	neutral	neutral
Temperatur .	2°	26°	28°	23°	3°	2°	2°
Suspend. Stoffe	7	11 860	8519	5940	821	60	62
Darin:							
Organ. . . .	4	2 367	1486	1112	209	13	18
Stickstoff . .	1	480	388	337	32	3	3
Gelöste Stoffe .	653	7 303	7367	6304	5207	4024	4504
Darin:							
Organ. . . .	195	5 036	5152	4552	4002	3015	2699
Salpetersäure .	Sp.	103	119	201	43	38	38
Salpetrigsäure	0	137	151	243	5	5	6
Ammoiak . .	15	39	37	34	4	4	5
Schwefelwasserstoff .	0	0	schwach	stärker	0	0	0
Kalk	123	682	812	515	524	—	—
Kali	18	401	332	255	122	—	—
Schwefelsäure .	67	131	136	87	92	—	—
Phosphorsäure	Sp.	20	12	9	5	—	—

der Schnitzel verschlechtern. Es ist gefunden, dass die Auslaugung der Schnitzel um 0,5 % geringer geworden ist, woraus bei einer Rübenverarbeitung von 250 000 hk ein Verlust an Zucker von 1500 hk entsteht. Rechnet man dazu die aus der Erhöhung des Aschengehalts in der Bewerthung des gewonnenen Products entstehende Einbusse, die bei 0,2 mehr Asche schon 1 % Zucker, also einen Verlust von 40 Pf. für 1 hk austrägt, so entsteht durch dieses Verfahren für eine solche Fabrik ein Gesammtverlust von rund 150 000 M. in der Campagne. Es liegt auf der Hand, dass dieses Ergebniss das Arbeiten mit gebrauchtem Betriebswasser wirthschaftlich zur Unmöglichkeit macht, abgesehen davon, dass es auch technisch zu Störungen führt, wie sich in einer Fabrik, die es versucht, erwiesen hat, indem dort das Kochen der Säfte bei der Zurücknahme der Abwässer nahezu aufhörte und erst mit frischem Wasser weiter gearbeitet werden konnte. Einer Fabrik freilich, die mit „hohen Geldstrafen“ heimgesucht worden ist, mag irgend eine Manier, dieselben zu vermeiden, als ein „finanzieller Vortheil“ erscheinen; aber eine allgemeine Bedeutung wird man dieser Ansicht schwerlich beilegen dürfen.

Brauereien, Spiritusfabriken.

Abwasser einer Mälzerei enthielt nach O. Reinke[1]):

	gewöhnliches Ablaufwasser	geklärt durch Rieselwiesen nach dem Verfahren Elsasser, dem Bache zufliessend
Gesammtrückstand . .	2131	1606
Glührückstand . . .	1501	1261
Kieselsäure	15	7
Kalk	290	211
Magnesia	39	46
Kali, Natron	651	449
Ammoniak	19	15
Salpetrigsäure . . .	0	0
Salpetersäure	0	0
Phosphorsäure	44	11
Chlor	116	109
Schwefelsäure	147	119
Schwefelwasserstoff . .	deutlich	gering
Chamäleonverbrauch .	nicht zu bestimmen, da der Verbrauch zu hoch	
Mikroskopischer Befund	viel Gerinnsel, Pflanzenreste, Stäbchen, Coccen, Hefe	oft Gerinnsel. Hefe, Bacterien.

Abwasser von Brauereien, auch ohne Mälzerei, besteht wesentlich aus Spülwasser, fault leicht, enthält meist schon Milchsäure, Essigsäure u. dgl., welche angeblich den Cement der Kanäle angreifen[2]), ist aber meist ziemlich verdünnt. A. Müller[3]) fand:

[1]) Wochenschr. f. Brauer, 1889, 434.

[2]) Zft. f. Biolog., 3, 300.

[3]) Preuss. Landw. Jahrb., 1885, 300.

1 Liter enthält:	Hefenwasser	Gersteweichwasser
Gesammtabdampfrückstand	1432	2200
Glühverlust	771	808
Stickstoff in organischer Verbindung	17	13
Chlor	81	143
Phosphorsäure	14	43
Schwefelsäure	92	199
Kalk	226	200
Magnesia	30	83
Kali	25	439
In Säure unlöslich	16	34

Wiederholt ist beobachtet, dass Brauereiabwässer die Entwickelung von Leptomitus lacteus begünstigen. Nach Caspary[1]) wurden in den Bernsbach die Abflüsse einer Brauerei geleitet; das Wasser nahm einen widrigen Geruch an, schmeckte ekelhaft und die darin befindlichen Steine und Pflanzen wurden von Leptomitus lacteus überzogen; losgerissen schwamm die Masse im Bache weiter und trat derartig in Massen auf, dass sie die Rohre verstopfte, durch welche der Stadt das Wasser zugeführt wurde.

Nach K. B. Lehmann (a. a. O.) enthielten die Abwässer von 17 Brauereien 37 bis 39 mg Stickstoff und erforderten 47 bis 333 mg Permanganat; sie entwickelten nach wenigen Tagen einen fauligen Geruch. Das Wasser eines kleinen Baches, in welchen Brauereiabwasser eingelassen wurde reagirte nach H. Fleck (a. a. O.) sauer und war völlig trübe und schied, ohne sich zu klären, einen grauen schlammigen Bodensatz ab; das überstehende trübe Wasser hatte den Geruch von saurem Bier, der Bodensatz enthielt reichlich Rotatorien, Hefezellen, Fäulnissbacterien und entwickelte den Geruch nach Schwefelwasserstoff. Verschiedene Proben enthielten (mg. im Liter):

	I.	II.	III.	IV.	V.
Feste Bestandtheile	3206	920	1340	1696	1127
Organische Stoffe	2500	620	276	256	367
Ammoniak	3	8	150	159	48

25 cc von jeder Flüssigkeitsprobe mit je 50 cc einer 10 $^0/_0$ vorher gekochten Traubenzuckerlösung bei + 25 ^{0} sich selbst überlassen, ergab alkoholische Gährung, bei welcher entwickelt wurden:

	I.	II.	III.	IV.	V.
Kohlensäure mg	188	60	32	33	36

[1]) Norddeutsch. Brauerztg. 1884, 1219

Durch Behandlung der erzielten Verdampfungsrückstände mit Aether ergab sich eine gelblich gefärbte Auflösung, in welcher bitterschmeckendes Hopfenharz und Fetttheile nachweisbar waren, in dem alkoholischen Auszuge desselben Rückstandes zeigten sich, zumal in den 3 letzten Proben Abwasser, welche sich auch durch einen sehr hohen Ammoniakgehalt auszeichneten, Gallen- und Harnfarbstoffe in gleich starkem Grade. Beweis dafür, dass dieses Wasser gleichzeitig menschliche Auswürfe enthielt.

Nach Schwackhöfer[1]) hatte das Abwasser einer grösseren Brauerei vor und nach der Fällung mit Kalkmilch folgende Zusammensetzung (mg im Liter):

	Vor der Reinigung	Nach der Reinigung
Suspendirt	979	256
Davon Mineralsubstanz	196	66
Organische Substanz	783	190
Gelöst	2071	2415
Glührückstand	627	699
Glühverlust	1444	1716
Sauerstoff zur Oxydation erforderlich	195	146
Stickstoff in organischer Bindung	19	17
Ammoniak	5	4
Salpetersäure	0	0
Salpetrigsäure	24	20
Phosphorsäure (in unfiltrirtem Wasser)	41	0
Schwefelsäure	85	80
Schwefelwasserstoff	0	0
Kalk gebunden	242	195
Aetzkalk	0	111

Die Brauerei Hütteldorf bei Wien reinigt das Abwasser nach den Angaben von Luhe und Egernuss[2]) durch Mischen mit Kalk und aufsteigende Filtration.

Das Abwasser einer Hamburger Brauerei wurde nach B. Schneider[3]) mit Kalk, Eisenvitriol und Ammoniakwasser versetzt, dann auf Landflächen geleitet.

In der Nähe von Hannover war durch die Undichtigkeit eines Abdampfofens Schlempe einer Melassespiritusfabrik in den Boden gedrungen und hatte das Wasser eines benachbarten Brunnens völlig verdorben. Dasselbe war trübe, hatte einen unangenehmen fauligen Geruch, reagirte sauer und enthielt viel Ammoniak, Buttersäure und andere Fäulnissproducte.

[1]) Mitth. d. Österr. Vers.-Stat. f. Brauerei 1889, Hft. 2.

[2]) Dingl. 222, 493.

[3]) Bayerische Bierbr. 1877, 59.

Göppert beobachtete, dass sich in der Weistritz eine ungeheure Masse der kleinen Pilzalge Leptomitus lacteus entwickelte, nachdem die Abwässer einer Rübenspiritusfabrik in den Fluss abgelassen wurden. Das Wasser ging unter Entwickelung eines sehr ekelhaften Geruches in Fäulniss über und war zu jeder häuslichen und technischen Verwendung untauglich. Dieselbe Erscheinung zeigte sich in einem Bache, welcher das Abwasser einer Spiritusrectification aufgenommen hatte. Das Bachwasser entwickelte Schwefelwasserstoff und einen stark fauligen Geruch. Durch Behandlung mit Kalk wurde diese Erscheinung beseitigt.[1])

Nach König[2]) ergaben die einzelnen Abwässer aus einer Spiritusbrennerei und Hefefabrik (mg im Liter):

Art des Abwassers	Unorganische Stoffe	Organische Stoffe	Stickstoff	Zur Oxydation erforderlicher Sauerstoff in saurer Lösung	alkal. Lösung	Aussehen
Lutterwasser v. d. Maische	99	122	Spur	127	101	Schwach weisslich trübe.
Hefenwasser vom Waschen der Hefe	853	5919	296	2888	2304	Stark desgl.
Lutterwasser von der Destillation des Hefenwassers	60	63	Spur	67	49	Hell und klar.
Würzewasser nach d. Destillation (neues Verfahren)	1090	15698	478	5560	4000	Stark weisslich trübe.
Lutterwasser vom Würzewasser nach dem neuen Verfahren	81	55	0	109	118	Hell und klar.
Rückstand nach der Rectification	100	140	0	128	96	Schwach weisslich trübe.
Gesammt-Abwasser	353	338	21	142	123	

Nach Spindler[3]) enthielten Proben eines Branntwein-Brennerei-Abwassers:

Beschaffenheit	Gelöste, nicht flüchtige Stoffe		Oxydirbarkeit, Verbrauch an	
	Unorganische (Glührückstand)	Organische (Glühverlust)	Kaliumpermanganat	Sauerstoff
Probe, neutral	637,6	346,0	195,0	49,0
„ sauer	677,2	678,8	602,8	152,0
„ neutral	741,2	343,2	261,0	66,0

[1]) Nordd. Brauerztg., 1894, 1219; Dingl. pol. J. 127, 233; 146, 427; 222, 493.

[2]) Verunreinigung der Gewässer, 2. Aufl. S. 209.

[3]) Spindler: Die Unschädlichmachung d. Abwässer in Württemberg, S. 103.

Nach M. Glasenapp[1]) lieferte eine Fabrik, welche in ununterbrochener Arbeit jährlich etwa 6000 hk Presshefe darstellt, in 24 Stunden 210 cbm Abwässer, was für das Jahr 365 × 210 cbm = 76650 cbm ausmacht. Die Durchschnittsprobe für die chemische Untersuchung wurde hergestellt aus 48 kleineren, dem Abflusskanal der Fabrik in $^1/_2$stündigen Zwischenräumen während 24 Stunden entnommenen Proben. Das Wasser zeigt einen ausgesprochenen Hefegeruch und setzt bei ruhigem Stehen ein aus Getreidehülsen und -Fragmenten nebst wenig Hefe bestehendes schwaches Sediment ab.

	g
a) unfiltrirt:	
Verdampfungsrückstand	1,402
darin N-freie organische Stoffe	0,480
„ N-haltige „ „	0,401
„ Aschenbestandtheile	0,521
b) filtrirt:	
Verdampfungsrückstand	0,750
darin organische Stoffe	0,344
„ Aschenbestandtheile	0,406
c) unlösliche Bestandtheile	0,652

Aus der Zusammensetzung der Wässer und den producirten Mengen derselben stellen sich die im Laufe eines Jahres gelieferten Beiträge an Verunreinigungsstoffen wie folgt:

	Menge des Abwassers in cbm	N-freie organische Stoffe in k	N-haltige organische Stoffe in k	Zusammen organische Stoffe in k
Hefefabrik	76 650	36 792	30 736	67 528

Aus dem Verhältniss der producirten Hefe zu den im Abwasser derselben enthaltenen organischen, aus dem Getreide stammenden Stoffen ergibt sich, dass für je 100 k producirter Hefe 7 k stickstofffreie (in der Hauptsache Kohlehydrate) und 5,85 stickstoffhaltige (Proteïn-)Stoffe, zusammen 12,85 k organische Stoffe in den ungereinigten Abwässern fortgehen.

Nach W. Eitner ist vielfach bemerkt, dass Gerbereien, welche ihr Betriebswasser aus Gerinnen beziehen, an welchen oberhalb der Gerberei Bierbrauereien, Branntweinbrennereien, Presshefefabriken, insbesondere aber Stärkefabriken sich befinden, die ihre Abwässer in dieses Gerinne ablassen, mit unliebsamen Vorkommnissen, welche die Häute in

[1]) Riggaer Industrieztg., 1897.

[2]) Gerber, 1898, 204.

dem Betriebswasser erfahren, zu kämpfen haben. In solchen Wässern fand sich immer Bacillus megatherium in grossen Mengen und anderen Fermenten gegenüber als vorherrschend vor und welchem die Schuld zugeschrieben werden muss. Wird eine Kleienbeize mittels Abwassers aus einer der genannten Fabriken insbesondere einer Stärkefabrik angesetzt, so schlägt sie immer in obigem Sinne um. Periodisch erfolgt das Umschlagen, wenn die Entleerung der Abwässer oder die Entleerung der Schlammabsätze aus den Abfallwasserbassins, oder die Reinigung gewisser Geschirre in genannten Fabriken von Zeit zu Zeit erfolgt. Es haben sich in der Praxis demnach Brauereien, Malz-, Branntwein-, Presshefe- und Stärkefabriken als die ungünstigsten Mitbenützer von Wasserläufen für die Gerbereien erwiesen.

Das Abwasser von Spiritusbrennereien wird mit Erfolg zur Berieselung angewendet.[1]) Auch für Brauereiabwässer ist die Berieselung anzustreben, da chemische Fällmittel viel weniger gut wirken (vergl. S. 234 bis 272). Ob sich das Oxydationsverfahren (S. 176) hierfür eignet, ist des Versuchs werth.

Schlächtereien und Fettverarbeitung.

Schlächtereien geben sehr unreines Abwasser, da ein grosser Theil des Inhaltes der Eingeweide und des Blutes fortgespült wird. Grössere Städte haben jetzt allgemein Schlachthäuser, in welchen meist der grösste Theil des Blutes auf Albumin und Blutmehl verarbeitet wird. Die Zusammensetzung des Abwassers der Schlachthäuser schwankt demnach ganz bedeutend. Das Abwasser des Hannoverschen Schlachthauses ist oft nur wenig verunreinigt, an den Hauptschlachttagen, besonders wenn die Schlachthallen gespült werden, fliessen grosse Mengen eines durch Dünger, Blut u. dergl. sehr stark verunreinigten Wassers ab, welches durch die dunkelblutige Farbe und die zahllosen beigemengten Fett- und kleinen Fleischreste nur noch ekelhafter wird.[2])

Bei Schlachthausabfällen ist zu berücksichtigen, dass sie Milzbrandsporen enthalten können. Koch[3]) führt nun aus, dass ausser den von der Körperoberfläche vermittelten Infectionen die übergrosse Mehrzahl der Milzbrandfälle auf eine Infection durch das Wasser zurückzuführen ist. Koch hat festgestellt, dass die Milzbrandbacillen auch auf zahlreichen Pflanzenstoffen (z. B. Kartoffeln und Rübenarten) zur Entwickelung und zur Sporenbildung gelangen, dass die Milzbrandsporen durch mehrmonat-

---

[1]) Fischer's Jahresb. 1881, 969.

[2]) Vergl. Dingl. pol. J. 116, 80; Correspondenzbl. d. niederrhein. Viertelj. f. öffentl. Ges. 1872, 175; 1874, 173; Viertelj. j. öffentl. Ges. 1872, 333; 1874, 26.

[3]) Mitth. a. d. Kaiserl. Gesundheitsamt (1881), Bd. 1, 49.

liche Aufbewahrung in reinem Leitungswasser weder ihre Fortpflanzungsfähigkeit noch ihre Infectionskraft einbüssen. Man kann sich das Leben der Milzbrandbacillen so vorstellen, dass sie in sumpfigen Gegenden, an Flussufern u. dergl. sich alljährlich in den heissen Monaten auf ihnen zusagenden pflanzlichen Nährstoffen, aus den von jeher daselbst abgelagerten Keimen entwickeln, vermehren, zur Sprorenbildung kommen und so von neuem zahlreiche, die Witterungsverhältnisse und besonders den Winter überstehende Keime am Rande der Sümpfe und Flüsse bez. in deren Schlamm ablagern. Bei höherem Wasserstande und stärkerer Strömung des Wassers werden dieselben mit den Schlammmassen aufgewühlt, fortgeschwemmt und an den überflutheten Weideplätzen auf den Futterstoffen abgesetzt; sie werden hier mit dem Futter von dem Weidevieh aufgenommen und erzeugen dann die Milzbrandkrankheit.

Remele und König[1]) versuchten die Reinigung von Schlachthausabwasser mit Eisenvitriol und elektrisch nach Webster (vergl. S. 249):

Art der Behandlung	Bemerkung über Beschaffenheit des Wassers	Gelöste Stoffe					Alkalinität	Gebildetes Eisenoxydul (FeO)	Bakteriologischer Befund
		Unorganische (Glührückstand)	Organische (Glühverlust)	Zur Oxydation erforderl. Sauerstoff: in alkalischer Lösung	Zur Oxydation erforderl. Sauerstoff: in saurer Lösung	Stickstoff			
		mg	mg	mg	mg	mg	mg	mg	
1. Ungereinigt	Von Blut roth, trübe, alkalisch	482,5	1531,0	408,0	320,0	275,0	—	—	Alle Wässer enthielten mehrere Millionen Keime.
2. Gereinigt:									
a) 1 l + 1,2 g Ferrosulfat + 0,75 g CaO .	Roth, klar	801,5	1044,5	312,0	208,0	185,1	—	—	
b) 1 l + 1,2 g Ferrosulfat + 1,0 g NaOH	Desgl.	1176,5	966,0	304,0	200,0	179,7	21,7 (Na_2O)	563,0	
c) 1 l + 0,5 g NaCl u. elektrisch behand.	Desgl.	772,0	1051,0	304,0	200,0	185,1	—	378,0	

Nach einer Flugschrift von F. A. R. Müller & Co. schickte der Magistrat von Waldenburg zwei Proben Schlachthausabwasser vor und nach der Reinigung nach Pat. 31864 an Prof. J. König. Nach dem am 4. December 1889 erstatteten Gutachten enthielt 1 l Wasser mg:

[1]) Arch. f. Hyg. 1897, 185.

	Suspendirte Stoffe			Gelöste Stoffe								
							Zur Oxydation erforderlicher Sauerstoff					
	Unorganische	Organische	Darin Stickstoff	Unorganische (Glührückstand)	Organische (Glühverlust)	Darin Stickstoff	in alkalischer Lösung	in saurer Lösung	Kalk	Magnesia	Chlor	Schwefelsäure
Ungerein. .	475	697	75	577	757	135	179	205	105	58	106	271
Gereinigt .	Sp.	Sp.	—	95	45	21	17	17	24	18	35	34

Verfasser zeigte bereits früher,[1]) dass diese Proben einander gar nicht entsprechen können — denn wo soll Chlor und Schwefelsäure geblieben sein — dass somit die Analyse nichts beweist.

Oft ist mit den Schlachthäusern auch die Gewinnung von Fett aus Abfällen aller Art, krankem Vieh u. dergl. verbunden, indem diese Reste unter Dampfdruck ausgekocht werden. Die dabei erhaltene übelriechende Fleischbrühe ist stark fäulnissfähig.[2]) Sie wird am besten direct als Dünger aufs Land gebracht.

Das bei der Gewinnung von Knochenfett durch Dämpfen oder Auskochen erhaltene Abwasser ist ebenfalls stark fäulnissfähig. Viel weniger bedenklich ist das Abwasser aus Fabriken, welche mit Benzin entfetten.

Bei der Reinigung der Fette und Oele durch Behandeln mit Schwefelsäure u. dergl. entstehen ebenfalls sehr unreine Abwässer; die engl. Commission fand im Durchschnitt von 5 Analysen im Liter solcher Abwässer:

Organischen Kohlenstoff . . .	442	mg
„ Stickstoff	78	„
Ammoniak	195	„
Chlor	298	„
Suspendirt organische Stoffe . .	541	„
Arsen	0,5	„

[1]) Zft. f. angewandte Chem. 1890, 55 u. 64. Wenn z. B. in Hannover am Montag oder Donnerstag etwa um 5 Uhr nachmittags die Schlachthallen gespült werden, so strömt in wenigen Minuten eine so gewaltige Masse Blut, Koth u. dgl. zur Reinigungsanlage, dass hier gleichzeitig am Zu- und Abfluss genommene Proben gar nicht vergleichbar sind.

[2]) Dingl. 10, 282; 136, 225; 140, 232; 143, 217; Wagner's Jahresber. 1855. 392; 1856, 382; 1864, 627.

Abwässer aus Molkereien enthalten viele organische Stoffe; A. Böhmer fand (mg im Liter:)

Art des Abwassers	Organische Stoffe: Im ganzen schwebend	Organische Stoffe: Im ganzen gelöst	Stickstoff schwebend	Stickstoff gelöst	Fett	Milchzucker	Zur Oxydation erforderlicher Sauerstoff saurer Lösung	Zur Oxydation erforderlicher Sauerstoff alkal. Lösung	Mineralstoffe: Im ganzen schwebend	Im ganzen in Salzsäure unlöslich	Im ganzen gelöst	Kalk	Magnesia	Kali	Natron	Schwefelsäure	Phosphorsäure	Chlor
Abwässer der Molkerei D.																		
Milchablieferungsraum	2681	1719	143	89	—	56	592	336	1339	1141	723	250	37	107	74	63	111	71
Desgl.	490	155	43	25	—	—	88	88	555	390	388	278	66	14	57	98	20	35
Separatorenraum[1]) . .	7534	922	33	67	5665	353	160	152	350	197	1 609	245	30	102	596	453	52	47
Desgl.	3986	2707	47	209	3098	—	1384	976	35	11	1 662	157	50	93	719	106	108	157
Käserei	14 622		70	440	—	10 052	6240	5240	316	85	2 475	330	63	588	281	98	352	489
Desgl.	3224	8469	536	475	—	—	3968	3323	1348	730	22 313	435	145	797	9512	411	540	11 892
Abwässer aus dem Sammelkanal:																		
Molkerei D	2793		41	77	—	316	1032	776	58	—	889	270	46	141	135	142	83	121
Desgl.	369	123	18	40	—	—	156	116	196	101	712	183	45	68	188	133	17	157
Molkerei B.	908	1517	92	74	—	731	672	396	32	—	355	78	Spur	38	44	43	57	46
Molkerei E.	30	223	7		—	Spur	32	24	52	49	567	275	39	24	102	55	5	123

[1]) Zft. f. angew. Chemie, 1895, 194.

Derartige Abwässer faulen leicht und stinken dann abscheulich. Man verwendet sie — nach Abscheidung des Fettes — am Besten zur Berieselung.

Anhang: Zur Gewinnung von Milchsäure aus Abwässern von Conserven- und Sauerkrautfabriken werden dieselben nach W. Beckers (D.R.P. No. 104281) mit Kalk neutralisirt, aufgekocht und zur Abscheidung der Albuminate filtrirt. Dann wird die Flüssigkeit auf $^1/_{20}$ ihres Volumens eingedampft, worauf man die heisse Lauge in grosse Krystallisirpfannen bringt, in denen der milchsaure Kalk in Krystallkörnern mit 5 Mol. Krystallwasser auskrystallisirt. Da die abzugiessende Mutterlauge noch einen beträchtlichen Zusatz Kochsalz enthält, so ist der Krystallniederschlag auszuwaschen und unter Umständen nochmals umzukrystallisiren. Der entstandene milchsaure Kalk, welcher sich leicht in 9 Th. kalten Wassers auflöst, ist durch eine geeignete Säure, z. B. Schwefelsäure zu zersetzen. Die Milchsäure wird dann in der bekannten Weise gereinigt und in die handelsfertige Form gebracht. Die in den Städten Kempen und Neuss bestehenden 17 Sauerkrautfabriken liefern nach Beckers jährlich 5000 cbm Sauerkrautbrühe. Bei der Anlage eines „triple effet“ Vacuumverdampfers im Werthe von 1200 bis 1500 M. betragen die Kosten des Verdampfens von 10 cbm Wasser bei Benutzung von directem Dampf etwa 12 bis 13 M., bei Benutzung von Abdampf nur 7 bis 8 M. (einschliesslich Arbeitslohn, Verzinsung und Amortisation). Aus obigen 10 cbm Abwässern mit 0,8 % Milchsäuregehalt kann eine Ausbeute von mindestens 60 k Milchsäure erzielt werden; 60 k Milchsäure oder 120 k 50 % Handelswaare stellen aber einen Werth von mindestens 100 M. dar.

Gerbereien, Leim.

Nach K. B. Lehmann[1]) enthielt Abwasser aus Gerbereien (mg im Liter):

Art des Abwassers	Reaktion	Abdampf-Rückstand	Glühverlust	Sauerstoffverbrauch	Kalk	Schwefelsäure	Bemerkungen:
1. Weichwasser von frischen Häuten . .	neutral	4 360	2 202	636	—	33	Blutig braunroth gefärbt mit vielen Bakterien.
2. Lohbrühe .	sauer	4 870	4 195	—	163	—	—
3. Desgl. . .	sauer	6 500	—	—	—	—	Etwas Arsen enthaltend.
4. Erschöpfte Lohbrühe .	stark sauer	3 746	2 754	1486	—	36	Mit Gerbsäure, vielen Sprosspilzen u. Bakterien.
5. Inhalt eines Kalkäschers .	stark alkalisch	14 390	9 510	—	2860	645	Dunkler Bodensatz von organ Stoffen und kohlensaurem Kalk.
6. Dampfgerbereikalkäscher	—	14 105	10 470	—	1680	—	520 mg Arsen im Liter und noch mehr ungelöst.
7. Kalkäscher .	stark alkalisch	15 846	10 930	2130	—	373	Schwebestoffe = 10,150 g.

[1]) Lehmann, Verunreinigung der Saale bei Hof, 1895, 156.

Das Weichwasser hatte einen stark fauligen Geruch; No. 2, 3 und 4 (Lohbrühe) rochen naturgemäss nach Lohe, während die Kalkwasser No. 5 und 7 einen ammoniakalischen Geruch zeigten.

H. Spindler[1]) fand in 3 Proben eines Gerberei-Abwassers:

Allgemeine Beschaffenheit	Schwebestoffe		Gelöste, nicht flüchtige Stoffe		Oxydirbarkeit, Verbrauch an	
	Unorganische	Organische	Unorganische	Organische (Glühverlust)	Kaliumpermanganat	Sauerstoff
1. neutral, fäulnissartig	1415	4548	—	5501	3141	795
2. neutral, lohartig riechend	151	1200	1939	1510	3421	866
3. alkalisch, lohartig riechend . . .	408	955	1815	618	641	162

Nach dem preuss. Ministerialerlass vom 15. Mai 1895 sind Gerbereien und Fellzurichtereien concessionspflichtig:

Da Gerbereien meist an fliessenden Gewässern angelegt werden, so ist etwaige Verunreinigung des Wassers durch die flüssigen Abgänge der Gerbereien besonders zu beachten. Im allgemeinen wird nicht nur das Spülen der Felle in den Flussläufen, sondern auch das Ablassen der nicht gereinigten Spül- und Weichwässer in diese nicht gestattet werden dürfen. Für die Reinigung der Weich- und Spülwässer wird meist eine Filtration durch eine etwa $^3/_4$ m dicke, öfters zu erneuernde Loheschicht genügen. Das Versickernlassen der Abwässer im Erdboden ist wegen der davon zu befürchtenden Verseuchung des Bodens und des Wassers unzulässig.

Die Werkstättenräume müssen so eingerichtet sein, dass reger Luftwechsel in ihnen stattfinden kann. Ihre Wände müssen in Cement verputzt und bis zur Höhe von $1\,^1/_2$ m mit Oelfarbe gestrichen sein. Der Fussboden ist wasserdicht und mit Gefälle zum wasserdichten Kanal einzurichten. Alle Gruben sind wasserdicht und die im Freien befindlichen (mit Ausnahme der Spülgruben) dicht bedeckbar herzustellen.

Das Leimleder ist in mit Kalkmilch versetzten bedeckten Gruben aufzubewahren.

Die festen Abfälle sind ebenfalls in wasserdichten, bedeckten, mit Kalk versetzten Gruben anzusammeln.

Die Entleerung dieser Gruben, sowie der Weich- und Beizgruben muss in der Nacht erfolgen.

Die Anwendung der Arsenikalien ist nur zu gestatten, wenn diese arsenikhaltigen Abwässer nicht in Flussläufe gelangen können.

---

[1]) Spindler: Unschädlichmachung der Abwässer, 1896, 105.

Bei etwaiger Verwendung stinkender Beizen (Hundekoth) sind Vorrichtungen vorzuschreiben, die eine Belästigung der Umgegend auszuschliessen geeignet sind, wie beispielsweise Aufbewahrung der Beizen in bedeckten Gruben, nicht zu langes Lagernlassen der Beizen, das Arbeiten mit diesen Beizen in bedeckten Bottichen so, dass die Dämpfe entweder in einen hohen Schornstein abgesaugt oder durch eine Feuerung geleitet werden u. a. m.

Bei etwaiger Verwendung von Gaskalk[1]) ist darauf aufmerksam zu machen, dass dieser wegen der massenhaften Entwickelung von Schwefelwasserstoff nicht mit sauren Lohbrühen in Berührung kommen darf.

Im Genehmigungsgesuch ist zur Beurtheilung der Grösse des Betriebes die Zahl, die Grösse und die Art der Gruben anzugeben.

Abwasser der Gerbereien enthält meist grosse Mengen faulender Stoffe; die englische Commission fand z. B. in:

	Erschöpfte Gerbflüssigkeit mg	Kalkflüssigkeit einer Gerberei mg
Organ. Kohlenstoff . .	31 822	2059
„ Stickstoff . . .	363	534
Ammoniak	108	258
Gesammtstickstoff . .	452	746

Zum Enthaaren wird vielfach Schwefelnatrium, nur noch selten Auripigment[2]) mit Kalk angewendet, was bei Beurtheilung des Abwassers zu berücksichtigen ist. Nach W. Eitner[3]) ist die Verwendung von Auripigment durch das Schwefelnatrium entbehrlich geworden. Gefährlich sind dagegen die Häute von an Milzbrand, Rotz u. dergl. verendeten Thieren, da diese pathogenen Mikroorganismen gewöhnliche Aescherbrühen ohne Schaden vertragen. Lohgerbereien belästigen meist mehr als Weissgerbereien.[4])

Der Bericht für 1889 der preuss. Gewerberäthe enthält folgende bez. Mittheilungen: Nach Göbel (Schleswig) liessen Gerbereien, welche Operment verwenden, das stark arsenhaltige Abwasser einfach in die Strassengossen abfliessen. Jetzt müssen alle Gerbereien diese Abwässer mit Eisenvitriol versetzen und 24

[1]) Für Deutschland jetzt wohl ausgeschlossen. F.

[2]) Reichardt beobachtete, wie Rindvieh, Enten und Fische durch ein Bachwasser vergiftet wurden, welches die arsenhaltigen Abwässer einer Gerberei aufnahm. Der Schlamm des Baches enthielt bis 0,6 % Arsen; vgl. Reichardt: Grundlagen 1880 S. 110; Viertelj. f. öffentl. Ges. 1873, 160 u. 323; H. Fleck: 12. u. 13 Jahresb. 1884, 11.

[3]) Der Gerber 1890, 73; Fischer's Jahresb. 1890, 1182.

[4]) Vgl. Ferd. Fischer: Handbuch der chemischen Technologie, Bd. 2 (Leipzig 1902).

Stunden abklären lassen, den erhaltenen Niederschlag so vergraben, dass er das Grundwasser nicht verunreinigt. Nach v. Rüdiger (Frankfurt und Potsdam) wird die kleine Elster durch die 75 Gerbereien in Kirchhain, welche jährlich 573000 Schaffelle verarbeiten, stark verunreinigt, da der Fluss nur 0,5 cbm Wasser die Secunde führt, so dass die Anwohner bis zu der 4 k abwärts gelegenen Stadt Dobrilugk arg belästigt werden. Es ist nun den Gerbereien auferlegt, den Elsterfluss mindestens viermal jährlich gründlich zu reinigen. Die Verhandlungen über die Beseitigung der Gefahr, welche durch die Uebertragung der Milzbrandkeime aus den Fellen kranker Schafe für Menschen und Thiere in der Umgebung Kirchhains besteht, haben nur ergeben, dass praktisch durchführbare Mittel zur Beseitigung der Milzbrandansteckung noch nicht bekannt sind. —

Jäger[1]) konnte in dem Neckarwasser zwei Arten von pathogenen Bakterien nachweisen. Reisswänger hat durch eine Zusammenstellung der Milzbrandfälle in Württemberg und Vergleichung derselben mit der Ausbreitung des Gerbereigewerbes und der Richtung der Wasserläufe die Ausbreitung dieser Thierseuche durch die mit Gerbereiabwässern inficirten Gewässer beweisend dargethan.

Die Schädlichkeit arsenhaltiger Abwässer für den Pflanzenwuchs zeigte Nobbe[2]) (Vgl. Fische S. 48).

Der North-River nimmt das Abwasser von 62 Gerbereien auf; das Flusswasser enthielt nach Angabe des Gesundheitsrathes von Massachusetts im Liter:

Organische Stoffe	412 mg
Albuminoidammon	2 „
Ammoniak	6 „
Chlor	1080 „

Eine Glacélederfabrik lieferte nach M. Glasenapp[3]) täglich 2 cbm Abwässer (Weichwässer und verbrauchte Beizflüssigkeiten), was für 300 Arbeitstage 600 cbm beträgt. Es wurden jährlich etwa 200000 Lamm- und Zickelfelle verarbeitet. Das Wasser zeigte beim Stehen einen starken, schwarzen Absatz. Die überstehende klare Lösung war roth gefärbt, ihr Geruch intensiv faulig. Das Wasser enthielt (mg im Liter):

a) unfiltrirt:	Verdampfungsrückstand	17 309
	darin N-freie organische Stoffe . .	8 215
	„ N-haltige „ „ . .	2 995
	„ Aschenbestandtheile	6 099
b) filtrirt:	Verdampfungsrückstand	2 456
	darin organische Stoffe	1 403
	„ Aschenbestandtheile	1 053
c) unlösliche Bestandtheile	. . . .	14 853

[1]) Württ. med. Corr., 1896.

[2]) Landw. Versuchsstat. (1884) 30, 382.

[3]) Rigaer Industrieztg. 1897, Sonderabdr.

Somit ergaben sich für je 100 auf Glacéleder verarbeitete Lamm- und Zickelfelle 2,46 k stickstofffreie und 0,90 k stickstoffhaltige, zusammen 3,36 k organische Stoffe, welche in die Abwässer gelangen. — Derselbe filtrirte das Abwasser der Glacéledergerberei durch Torfmull (mg im Liter):

Bestandtheile	Vor der Filtration	Nach der Filtration
Schwebestoffe (organische und unorganische)	649	0
Gelöste Stoffe " " "	3540	2077
" organische Stoffe	1250	437
" unorganische Stoffe	2290	1640
Stickstoff in gelösten organischen Stoffen	205	68
" als Ammoniak	340	162
" Gesammt-	545	202
Phosphorsäure	523	312

Kratschmer[1]) will Gerbereiabwässer mit schwefelsaurer Thonerde versetzen, dann durch gebrauchte Lohe filtriren, welche auch Farbstoffe zurückhält; Calvert das mit Schwefelsäure angesäuerte Wasser über Sägemehl und Koks filtriren.[2])

Nach K. Möller (D. R.-P. No. 10642) werden arsenhaltige Gerbereiabwässer entweder durch Einleiten von kohlensäurehaltigen Verbrennungsgasen gereinigt, wobei Schwefelarsen und Calciumcarbonat niederfallen, oder es wird Salzsäure zugesetzt, wobei Schwefelarsen sich ausscheidet. Dann wird das Wasser zur Abstumpfung der Säure mit Kalk versetzt. Ein Ueberschuss von diesem wird durch Einleiten von kohlensäurehaltiger Luft entfernt, wobei neben dem Calciumcarbonat auch organische Stoffe und Arsen sich ausscheiden. Der entwickelte Schwefelwasserstoff wird in Kalkmilch geleitet. Die Lösung von Calciumsulfhydrat, mit dem erhaltenen Schwefelarsen vermischt, dient wieder zum Enthaaren der Häute in den Gerbereien. Wässer, welche arsenige Säure und Arsensäure enthalten, werden mit Calciumsulfhydrat oder Lauge von Sodarückständen versetzt und mit Salzsäure etc. wie vorhin behandelt. Das abfallende Schwefelarsen wird durch Rösten wieder in arsenige Säure verwandelt.

Vereinigen sich nach W. Eitner[3]) die Abfallwässer aus der Kalkwerkstätte mit jenen aus der Loh- und Zurichtwerkstätte in einem Gerinne, dann tritt die bekannte Reaction zwischen Kalk und Gerbstoff in den vereinigten Wässern ein und diese erhalten eine dunkle Farbe. Man thut gut, die Abwässer der Kalkwerkstätte und die gerbstoffhaltigen besonders

[1]) Hyg. Rundsch. 1896, 1227.

[2]) Chem. Centralbl. 1891, 501.

[3]) Gerber, 1893, 125.

in die Flussgerinne einzuleiten, da, wenn sich diese beiden Abwässer mit grösseren Wassermengen des Flusses mischen, die angegebene Farbenreaction sich nicht bemerkbar macht und damit auch der sichtbare Grund für Klagen und Belästigungen entfällt. Einen berechtigteren Grund als die besprochene Färbung der Abfallwässer, kann deren Geruch zu Beschwerden geben, besonders wenn Weichen oder Beizen entleert werden, weshalb es angezeigt erscheint, diese Flüssigkeiten zu desodorisiren, womit zugleich eine mehr oder weniger vollständige Desinfection derselben verbunden wird. Er empfiehlt dafür Saprol.

Leimfabriken.[1]) Bei Herstellung von Knochenleim aus mit Benzin entfetteten Knochen entsteht nur wenig fänlnissfähiges Abwasser, erheblich mehr bei dem alten Kochverfahren, noch mehr bei Herstellung von sogen. Lederleim. Auch hier ist Berieselung anzustreben.[2])

Verarbeitung der Faserstoffe.

Wollfabriken geben Massen von Schmutzwasser beim Waschen, Walken, Färben und Drucken.

Rohwolle enthält nach Schulze und Märcker[3]) 7,2 bis 14,7 % Wollfett, 2,9 bis 23,6 % Schmutz und 20,5 bis 23 % Wollschweiss. Der in kaltem Wasser lösliche Wollschweiss besteht vorzugsweise aus den Kaliseifen der Oel- und Stearinsäure, mit wenig Essigsäure, Baldriansäure, Schwefelsäure, Phosphorsäure, Chlorkalium, Ammoniumsalzen u. s. w. Die Trockensubstanz der wässerigen Auszüge enthält 58,9 bis 61,9 % organische Stoffe und 0,02 bis 4,08 % kohlensaures Kalium; F. Hartmann[4]) fand 2,9 % Kaliumcarbonat. Wollschweissasche besteht dem entsprechend vorwiegend aus kohlensaurem Kalium.[5]) Bei der in Deutschland noch allgemein üblichen Rückenwäsche wird nicht nur der grösste Theil des Schmutzes mit geringen Mengen von Wollfett entfernt, es geht auch der an Kalium und Stickstoff reiche Wollschweiss für Landwirthschaft und Industrie verloren.

Nach Angabe der englischen Commission erfordert die Herstellung von 500 Stück Tuch etwa 16 hk Soda, 60 cbm Harn, 30 hk Seife, 20 hk Oel, 10 hk Leim, 23 hk Schweineblut und eben soviel Schweinekoth, 20 hk

---

[1]) Vergl. Ferd. Fischer: Handb. d. chem. Technologie. 4. Aufl. 2. Bd. (Leipzig 1902.)

[2]) Dingl. pol. J. 141, 467; 144, 140; 174, 426; 215, 284; Wagner's Jahresber. 1856, 367; 1857, 111; 1876, 1075; Biedermann's Centralbl. f. Agricult. 1876, 92; Zft. f. angew. Chem. 1890, 503.

[3]) Wagner's Jahresb. 1866, 531.

[4]) Hartmann: Ueber den Fettschweiss der Schafwolle (Göttingen 1868).

[5]) Wagner's Jahresb. 1878, 431.

Walkerde, 200 hk Farbwaaren, 20 hk Alaun oder Weinstein und liefert noch 80 hk Wollfett und Schmutz. Von diesen Stoffen bleibt nur ein sehr geringer Theil auf dem fertigen Tuch zurück, fast die ganze Masse wird fortgeschwemmt. Aehnlich sind die Abwässer der Teppichfabriken, während die der Flanellfabriken noch stärker verunreinigt sind, wie nachfolgende Analysen zeigen:

Industrie-abwässer. Wolle-, Baumwolle- und Seidenfabriken	Gelöst								Suspendirt	
	Organischer Kohlenstoff	Organischer Stickstoff	Ammoniak	Stickstoff als Nitrate und Nitrite	Gesammtstickstoff	Chlor	Arsen	Gesmmtgehalt	Gesmmtgehalt	Darin organische Stoffe
Wasser, wie es zur Schafwäsche fliesst	3	1	1	4	5	—	—	307	Spur	—
Dasselbe nach der Schafwäsche . .	258	39	19	0	55	—	—	1 810	1 164	519
Abwasser einer Wollwäscherei . . .	1325	98	546	0	548	—	Sp.	10 994	34 826	26 116
Abwasser einer Flanellwäsche . . .	4463	911	800	0	1570	1600	0	12 480	20 794	17 334
Abwasser einer Wolldeckenfabrik . .	1207	195	9	0	202	356	0,04	6 780	3 746	3 142
Abwasser der Teppichfabrik zu Rochdale	149	9	11	—	18	—	0,12	1 031	—	—
Abwasser a. 15 Wollenfabriken, Durchschnitt	648	103	116	Sp.	200	219	0,11	3 370	4 748	3 724
Abwasser a. 5 Baumwollfabrik., Durchschnitt	42	3	1	0	4	49	0,34	502	260	190
Abwasser ein. Seidenfabrik.	15	1	0	—	2	—	0,12	265	—	—
Kanalwasser, welches die Abflüsse einiger Wollenfabriken aufgenommen . .	280	137	257	0	349	400	0	2 272	432	355

H. Fleck (a. a. O.) fand in einem Wollwaschwasser 2008 mg schwebende und 46 490 mg gelöste Stoffe; letztere bestanden aus (mg im Liter):

Organische Stoffe	38 773
Doppelkohlensaures Ammonium	1 009
Chlornatrium	925
Schwefelsaures Natrium	1 352
Kieselsaures „	499
Kohlensaures „	546
Kali (von Fett gebunden)	3 386

Nach dem Abscheiden des Wollfettes durch Zusatz von Chlorcalcium enthielt das Wasser:

Fettsäure	787
Aetzammoniak	32
Kali } an Fettsäure geb.	417
Ammoniak } an Fettsäure geb.	157
Organ. Substanzen chemisch-indifferenter Art, putrider Natur	2387
Schwefelsaures Calcium	764
Schwefelsaures Magnesium	243
Chlornatrium	2537
Kieselsaures Natrium	37
Schwefelsaures Natrium	2792
Schwefelsaures Kalium	3386

Nach Buisine[1]) entwickelt sich im Wollschweisswasser innerhalb weniger Tage viel Ammoniak, flüchtige Säuren, Trimethylamin u. dergl. Er schlägt vor, die so gebildete Essigsäure zu gewinnen; im nördlichen Frankreich sollen auf diese Weise jährlich 10 000 hl Essigsäure gewonnen werden können.

In Deutschland wird das Wollschweisswasser jetzt wohl von allen Fabriken eingedampft und auf Potasche verarbeitet.[2]) Auf die Gewinnung von Wollfett bez. Lanolin sei ebenfalls verwiesen.[3])

Nach E. Vial (D. R.-P. No. 99 953) wird der in bekannter Weise durch Zusatz von Säuren aus den Abwässern der Wollwäschereien erhaltene Niederschlag mit einer gewissen Menge von Wollfett oder anderen Fetten versetzt und erhitzt, wodurch sowohl die Verdampfung des Wassers, wie auch die Trennung der geschmolzenen Fettsubstanzen von den Verunreinigungen erleichtert wird.

Beim Fällen der Waschwässer, welche aus Wollwäschereien oder Wollkämmereien herstammen und vorwiegend Wollfett, Seife und kohlensaures Alkali enthalten, durch Chlorcalcium empfiehlt W. Graff (D. R.-P. No. 41 557) Zusatz von Salzsäure, zu dem Zwecke, die Bildung von kohlensaurem Kalk in dem Niederschlag zu verhindern.

Aus Seifenwasser werden durch Zusatz von Säure oder besser von Kalk die Fettsäuren abgeschieden und wieder auf Seife oder zu Leuchtgas verarbeitet.[4]) Auf neuere bez. Patente sei verwiesen.[5])

Das Abwasser der Putzfaden-Wäscherei in Lössnitz ist nach dem Bericht der sächsischen Gewerbeinspectoren für 1889 sehr trübe,

[1]) Compt. rend. 104, 1292; 105, 641; Bull. soc. chim. 48, 639; Fischer's Jahresb., 1888, 1176.

[2]) Ferd. Fischer: Handbuch der chemischen Technologie. 4. Aufl. (Leipz. 1900, S. 460.) Dingl. 215, 215; 218, 484; 229, 446.

[3]) Fischer's Jahresb. 1883, 1185; 1888, 1130; 1889, 1184; 1890, 1099 und 1161.

[4]) Ferd. Fischer: Verwerthung der städt. u. Industrieabfallstoffe S. 144.

[5]) Fischer's Jahresb. 1881, 968; 1885, 1191; 1886, 1045; 1888, 1175.

übelriechend; es enthält im Liter 608 mg schwebende Stoffe und 522 mg Fette und Oele und erfordert zur Oxydation 186 mg Permanganat. Bei der leicht eintretenden Fäulniss entwickelt es einen geradezu abscheulichen Gestank.

Abwasser von Federreinigungs-Anstalten enthält nach J. N. Zeitler[1]) viel faulende Stoffe; 4 Proben vor (a) und nach der Filtration (b) durch Papier:

1. eine Probe aus dem Waschbottich, nachdem die Federn 12 Stunden mit Wasser in demselben in Berührung waren;
2. eine Probe, nachdem die Federn 5 Minuten lang in der obengenannten Waschtrommel gewaschen waren;
3. eine Probe, nachdem die Federn 20 Minuten im Waschapparat sich befunden und
4. eine Probe, nachdem dasselbe 45 Minuten der Fall war.

	Gesammt-rückstand	Glüh-rückstand	Glühverlust	$Al_2O_3 + Fe_2O_3$	CaO	MgO	$KMnO_4$-Verbr.	Cl	NH_3	SO_3	N_2O_5	Organischer Stickstoff
1 a.	515	226	289	23	21	15	188	95	24,7	28	1,08	—
b.	220	129	91	9	17	10	169	95	23,5	28	1,06	—
2 a.	229	115	114	11	18	8	78,0	31	11,6	21	0,47	11,4
b.	117	76	41	3	18	6	39,9	30	10,2	20	0,40	6,0
3 a.	161	94	67	6	21	8	73,4	22	8,2	21	0,36	—
b.	93	63	30	2	20	5	57,2	22	6,8	19	0,32	—
4 a.	87	52	35	4	20	4	7,8	6	1,6	14	0,11	2,9
b.	62	44	18	2	19	4	2,6	6	1,6	14	0,11	1,5
5 a.	273	122	126	11	2	9	86,8	39	11,5	21	0,50	7,1
b.	123	78	45	4	18	6	67,1	38	10,5	21	0,47	3,7

Benedikt[2]) fand im Mittel der Proben aus zwei Federreinigungsanstalten (mg im Liter):

Art des Wassers	Gesammt-rückstand	Glühverlust	Verbrauch an Kalium-permanganat	Organischer Stickstoff	Amoniak	Salpetersäure	Eisenoxyd + Thonerde	Kalk	Magnesia	Schwefelsäure
1. Aus der Waschtrommel	416	235	163	13	19	0,9	22	20	12	24
2. Nach 5 Minuten langem Waschen . .	233	107	73	11	9	0,4	12	18	8	20
3. Nach 20 Minuten langem Waschen . .	138	47	46	7	4	0,4	4	19	6	18
4. Nach 45 Minuten langem Waschen . .	94	43	6	1	1	0,1	2	19	5	14

[1]) Zft. f. angew. Chem. 1891, 216.

[2]) H. Benedikt: Abwässer (Stuttgart 1896), S. 375.

Die Schwebestoffe, Federtheile, Dung und Strohtheile bilden die Hauptverunreinigung. Dieses Abwasser lässt sich daher leicht durch einfache Filtration reinigen.

Die ausgenutzten Seifenbäder der Seidenfabriken versetzt G. Gianoli[1]) noch heiss mit Eisenvitriollösung, sammelt das an der Oberfläche der Flüssigkeit sich abscheidende Gemenge von Eisenseife, Fettsäuren und aus der Seide stammenden Stoffen und erhitzt dasselbe mit Schwefelsäure von 15 ^{0} B. Die so erhaltenen Fettsäuren werden zur Herstellung von Seife verwendet, die schwefelsaure Eisensulfatlösung zur Fällung neuer Mengen Seifenwasser.

Flachsrösten. Die Lein- und Hanffaser enthält ziemlich viel Eiweissstoffe, welche bei der Röste der Gespinnstpflanzen unter Bildung grosser Mengen Buttersäure, wenig Propion- und Essigsäure und sehr unangenehm riechender Gase in Lösung gehen. Sestini[2]) fand in 1 l Röstwasser 44 Milligrammäq. Säure (entsp. 3872 mg. Buttersäure $C_4H_8O_2$), 6140 mg gelöste Stoffe und darin 663 mg Stickstoff. Derartige Abwässer verunreinigen demnach die Flussläufe in hohem Grade[3]). Nach E. Reichardt[4]) sterben die Fische in dem durch Flachsrösten verunreinigtem Wasser angeblich durch Mangel an Sauerstoff (Vgl. S. 49).

Bleichereien, Färbereien.

Abwässer aus Bleichereien[5]) können sehr verschieden zusammengesetzt sein. Das Abwasser der Chlorkalkbehandlung enthält Chlorcalcium und überschüssigen Chlorkalk, ferner Gyps und freie Säure, wenn mit Schwefelsäure angesäuert war, Alkalien, Fettsäuren, wenn die Fasernstoffe mit Soda und Seife vor- oder nachbehandelt wurden. H. Fleck[6]) fand in einem solchen Abwasser:

Gesammt	620 mg
Natriumsulfat	363 „
Calciumsulfat	96 „
Chlornatrium	49 „
Freie Säure	15 „
Fett	28 „

Die bei der Färberei und Zeugdruck verwendeten Beizen und anderen Chemikalien, sowie die Farbstoffe[7]) werden keineswegs vollständig von den

[1]) L'Industria 1887, 59.

[2]) Landw. Vers. 1874, 441.

[3]) Vgl. Wagner's Jahresb. 1855, 277; 1856, 290.

[4]) Arch. Pharm. 219, 46.

[5]) Vgl. F. Fischer: Handbuch der chem. Technologie, Bd. 2 (Leipzig, 1901).

[6]) 12. u. 13. Jahresb. d. Centralztg. 1884, 20.

[7]) Vgl. Ferd. Fischer: Handbuch der chemischen Technologie, 4. Aufl. Bd. 2 (Leipzig, 1902).

Faserstoffen zurückbehalten, geben vielmehr, besonders bei Mitverwendung von Farbhölzern, stark verunreinigte Abwässer. Analysen der mehrfach erwähnten englischen Commission ergaben z. B.:

Färbereien, Druckereien und Bleichereien	Gelöst								Suspendirt	
	Organischer Kohlenstoff	Organischer Stickstoff	Ammoniak	Stickstoff als Nitrate und Nitrite	Gesammtstickstoff	Chlor	Arsen	Gesammtgehalt	Gesammtgehalt	Darin organische Stoffe
Abwasser aus Farbeküpen zum Wollefärben	489,7	33,2	4,9	0	37,3	—	—	1076	1020	779
Abwasser aus einer Druckerei, wie es in den Etherow fliesst	17,9	4,3	0,9	0	5,0	3	—	762	260	207
Abwasser aus einer Färberei und Bleicherei	48,2	2,4	0,4	0	2,7	45	0,5	434	490	354
Abwasser von Färberei, Druckerei Bleicherei (Durchschnitt aus fünf Fabriken)	42,3	3,0	1,3	0	4,0	49	—	502	260	190
Kanalwasser einer Druckerei . .	27,1	2,8	0,4	0	3,1	—	0,2	368	148	114
Desgl. einer anderen Druckerei .	10,5	1,2	0,2	0	1,4	43	1,6	397	19	10
Abwasser einer Färberei nach dem Absitzenlassen	32,8	3,4	2,8	0,6	6,4	66	0	705	73	36
Dasselbe nach der Filtration durch Sand und nach der Berieselung	12,5	3,0	2,7	2,0	7,3	55	0	621	0	0
Bach, wie er zu einer Druckerei gelangt	2,5	0,2	0	0	0,2	11	0	60	0	0
Bach, wie er dieselbe nach dem Durchseihen und Absetzen verlässt	69,9	3,1	0,4	0	3,4	28	0,3	358	99	73

H. Fleck[1]) fand im Abwasser einer Indigoküpenfärberei viel Zinkoxyd. Das Wasser der Mulde, welche die Abwässer einer grösseren Stadt aufgenommen hatte, enthielt vor (I) und hinter einem Dorfe (II) mit mehreren Färbereien (im Liter mg):

		I	II
Gelöst	Schwefelsaures Calcium	256	288
	Kohlensaures Calcium	53	26
	Kohlensaures Magnesium	79	78
	Kohlensaures Natrium	80	68
	Kochsalz	162	118
	Schwefelammonium	91	94
	Organische Substanzen	360	196
Suspendirt		18 200	1270

[1]) 12. u. 13. Jahresbericht S. 14 u. 16.

Die schwebenden Stoffe hatten folgende procentische Zusammensetzung:

	I	II
Steinkohlenstaub und Faserstoffe . .	34,50	67,13
Sand und Phosphat	47,64	23,25
Schwefelkupfer	1,37	0,70
Schwefelzink	0,51	0,02
Schwefeleisen	15,95	8,41

K. B. Lehmann[1]) fand in zahlreichen Analysen (mg im Liter):

Abwasser aus:	Anzahl der untersuchten Proben	Aussehen	Reaction	Glührückstand	Glühverlust	Zur Oxydation erforderlicher Sauerstoff	Schwefelsäure	Chlor	Fettsäuren	Bemerkungen
1. Appreturen	15	Gefärbt und trübe von Stärke, Seife und Fasern	Bis auf 1 saure Probe alle neutral	160 bis 1230	154 bis 2500	76 bis 231	37 bis 740	18 bis ?	86 bis 2000	Eine Probe mit 93 mg Stickstoff, eine andere mit 431 mg Stärke
2. Färbereien	17	Sehr stark gefärbt, sonst wie No. 1	Meist neutral oder schwach sauer	302 bis 7268	312 bis 17854	105 bis 1295	135 bis 1833	144 bis ?	168 bis 9022	Eine Probe mit 28 mg Stickstoff; Schwebestoffe 28 bis 4342 mg

Die Metallsalze der Färbereiabwässer waren somit durch die faulenden Stoffe bez. Schwefelammonium als Schlamm niedergeschlagen. In entsprechender Weise enthielt der Schlamm von den Böschungen des zu einem an Färbereien reichen Dorfe gehörigen Pleissenufers:

0,195 % Kupfer
0,018 „ Blei
0,025 „ Arsenik
7,730 „ Eisen
} sämmtlich als Schwefelverbindungen

ausserdem

2,870 „ Fett
0,220 „ Anilinviolett
88,942 „ Sand, Thon und Humussubstanzen.

Das Flusswasser selbst enthielt keine Farbstoffe und Metallsalze gelöst; in solchen Fällen sind somit auch die Schlammablagerungen zu berücksichtigen.

Die Abwässer der Färbereien, Bleichereien und Wäschereien von W. Spindler bei Berlin, täglich etwa 10000 cbm, werden in grossen Be-

[1]) Die Verunreinigung der Saale, 1895, 148.

hältern gesammelt, mit Kalkmilch und Chlormagnesium versetzt, dann filtrirt. Das Wasser einer Baumwollfärberei, täglich etwa 15000 cbm, wird in 3 verschiedene Behälter geleitet. Der eine derselben nimmt alle von der Krapp-, Garancine- oder Alizarinfärberei herrührenden Verunreinigungen auf. In den zweiten Behälter fliessen alle meist mit Farbstoffen geschwängerten Seifenflüssigkeiten. Derselbe ist in zwei Hälften getheilt, wovon jede etwa 120 cbm Flüssigkeit fasst. Die in der einen Hälfte eingelaufene Seifenflüssigkeit wird mit Chlorcalcium unter Zugabe von etwas Kalk versetzt, wodurch alle färbenden, fettigen und faserigen Substanzen niedergeschlagen werden. Ueber Nacht lässt man absitzen, um den andern Tag das Klare abzulassen, während der im Behälter zurückbleibende Niederschlag in ein hölzernes Fass gebracht und mit Salzsäure zersetzt wird. Der Gesammtinhalt des Fasses kommt sodann auf ein Flanellfilter; die ablaufende Chlorcalciumlösung wird wieder zum Niederschlagen einer neuen Menge Seifenflüssigkeit benutzt; die auf dem Filter zurückbleibende fettige, schmutzige, gefärbte Masse aber wird in Fässer gefüllt und verkauft. Der dritte Behälter nimmt alle nicht für die beiden angeführten Behälter bestimmten Abflusswässer auf, Waschwässer, saure und alkalische, sowie die ausgebrauchten Holzflotten. Hier neutralisiren sich die Säuren und Alkalien gegenseitig, oder wird der Neutralisation nach Bedürfniss durch Zusatz von Salzsäure oder von Soda nachgeholfen. Gleichzeitig setzen sich die Farbstoffe vollständig zu Boden[1]).

E. Hankel[2]) hat einige Laboratoriumsversuche über die Klärung der Abfallwässer aus Färbereien angestellt; Absetzen durch Ruhe allein führt nicht zum Ziele, dagegen ist die Klärung mit Kalk befriedigend, indem meistens nach 24 Stunden eine genügende Klärung erreicht wurde. Als ein geeignetes Klärungs- und Entfärbungsmittel erwies sich auch der Torf, indess bietet er den Uebelstand, dass die Abfällwässer nur sehr langsam durch das Torffilter hindurchgehen.

Bei der ausserordentlich grossen Verschiedenheit der angewendeten Farbstoffe und Beizen kann es kein Universalreinigungsmittel für diese Abwässer geben. Für manche Farbstoffe wird Thonerdesulfat und Kalk befriedigend fällen; für viele werden Fällungsmittel überhaupt fehlen. Im Allgemeinen wird es sich empfehlen, alle Abwässer einer Färberei — also auch die Seifenwässer u. dergl. — in einen gemeinsamen Sammelbehälter zu leiten und hier mit Kalk, Thonerdesalz u. dergl. zu versetzen.

---

1) Manufacturist 1877, 552.

2) Laboratoriumsversuche zur Klärung der Abwässer der Färbereien (Glauchau 1884).

Papierfabriken.

Das bei der Verarbeitung von Hadern (Lumpen) fallende Abwasser kann unter Umständen Krankheitskeime (Milzbrand u. dergl.) enthalten.

Bei der Herstellung von Zellstoff aus Esparto entsteht sehr stark verunreinigtes Abwasser, wie nachfolgende Analysen der englischen Commission zeigen:

	Gelöst							Suspendirt	
	Organischer Kohlenstoff	Organischer Stickstoff	Ammoniak	Stickstoff als Nitrate und Nitrite	Gesammtstickstoff	Chlor	Gesammtgehalt	Gesammtgehalt	Darin organische Stoffe
Espartoflüssigkeit einer Papierfabrik . . .	9388	770	11	0	779	—	40 380	—	—
Der North Esk . . .	4	1	Spur	0	—	11	139	3	—
Derselbe, nachdem er 8 Papierfabriken berührt hat	1	1	Spur	0	1	19	198	169	117

Die damit verunreinigten Flüsse bedecken sich, namentlich unterhalb eines Wehres, oft mehrere Kilometer weit mit dichtem Schaum.

Auch über das Abwasser von Strohstoff und Holzzellstoff wird geklagt.[1]) Wird der Zellstoff durch Behandlung der Rohstoffe mit Natronlauge behandelt, so werden die Laugen zur Wiedergewinnung des Natrons eingedampft, während nur die verdünnten Waschwässer abfliessen.[2])

Während diese Abwässer meist stark alkalisch reagiren, enthält das Abwasser beim Sulfitverfahren Calciumsulfit und freie Schwefligsäure. Nach A. Frank enthalten die Kochlaugen im Liter mg:

Kalk	7400
Schwefelsäure	1200
Schwefligsäure	14740
Chlor	70
Phosphorsäure	50
Kieselsäure	150
Magnesia und Alkalien	400
Organische Stoffe	bis 60000

---

[1]) Corresp. d. niederrhein. Ver. f. öff. G. 1873, 110.

[2]) Vgl. F. Fischer: Handbuch der chemischen Technologie, 4. Aufl. 2 Bd. Leipzig 1902).

Analysen der abfliessenden Kochlaugen von Wichelhaus (a. a. O.) ergaben (mg im Liter):

	Trockenrückstand		Zur Oxydation der organ. Stoffe erforderl. Sauerstoff	chwefel säure	Schweflige Säure		Chlor	Kalk
	Organischer	Unorganischer			gebunden	frei		
1	68 344	14 491	52 200	3434	5842	2560	24	7176
2	75 040	13 592	52 795	4371	6308	2212	9	8432
3	69 366	15 973	50 561	4022	5380	2940	30	7341
4	81 272	12 580	69 102	2260	960	2560	5	6709

Die organischen Stoffe enthalten meist mehr oder weniger Traubenzucker. Meist ist die Ableitung der Abwässer aus Sulfitstofffabriken in die Flüsse vollständig untersagt.[1])

Abgenutzte Bleichlaugen von Papierfabriken enthielten nach Karmrodt:[2])

	I	II	III
Freie Salzsäure . .	57 600	53 750	50 700
Eisenchlorid . . .	46 500	40 300	37 950
Manganchlorid . .	142 500	76 900	78 200
Chlor.	21 300	Wenig	Wenig
Chlorcalcium . . .	Wenig	6 650	7 760

Fleck (Bericht 1884, 17) fand in dem Abwasser einer Strohstofffabrik auch Gallussäure und Humusverbindungen. Muldewasser enthielt vor (I) und nach Aufnahme (II) dieses Abwassers:

	I mg	II mg
Organische Substanz	15	57
Schwefelsaures Calcium	27	189
Kohlensaures „	—	49
Kohlensaures Magnesium	10	21
Salpetersaures „	3	11
Kohlensaures Natrium	—	198
Kieselsaures „	—	57
Chlornatrium	—	261
Kohlensaures Ammonium	Spur	42

[1]) Papierztg. 1883, 1634; Oesterr. Sanit.-Beamte 1888, 12; Zft. f. angew. Chem. 1890 S. 503.

[2]) Z. landw. Ver. Rheinpr. 1861, 387.

Der Bericht des sächsischen Ministeriums des Innern vom 30. April 1881[1]) bemerkt:

„Die in den Abgangswässern schwimmenden Papierstofffasern können, namentlich wenn sie in wasserarme Flüsse gelangen, schon dadurch, dass sie das Wasser trüben, die Verwendbarkeit desselben beeinträchtigen; überdies können sie, indem sie der allmählichen Zersetzung unterliegen, die Entwickelung pflanzlicher und thierischer Organismen (Pilze, Vibrionen u. s. w.) begünstigen und erscheint es sonach unzweifelhaft geboten, die thunlichste Entfernung derselben aus den Abflüssen der Fabriken anzustreben. Vornehmlich aber ertheilen die stark gefärbten, zur Schaumbildung geneigten, der Fäulniss rasch unterliegenden Flüssigkeiten, welche aus den Stroh- und Lumpenkochern hervorgehen, den Effluvien der Papierfabriken den Charakter der Widerwärtigkeit und ihr hoher Gehalt an unorganischen und organischen, theils gelösten, theils in Suspension befindlichen Stoffen verunreinigt die Flüsse, in welche sich solche Abfallwässer ergiessen, oft auf weite Strecken in empfindlichster Weise.

Als eine weitere Hauptquelle der Verunreinigung der Flusswässer wurden die aus den Strohkochern hervorgehenden, an aufgelösten organischen Substanzen und an Natron reichen Laugen bezeichnet. Es gelingt nicht, die gelösten Substanzen annähernd vollständig durch Fällungsmittel niederzuschlagen, doch erhält man durch Verdampfen der Lauge und Calciniren des Verdampfungsrückstandes eine Masse, die sich in Folge ihres beträchtlichen Gehaltes an Soda gut verwenden lässt und deren Werth von den Herstellungskosten je nach Umständen nicht erreicht oder nicht wesentlich überschritten wird. Zwar hatte man mit dem Uebelstande zu kämpfen, dass sich bei der Calcination, beziehentlich während des letzten Verglimmens der beigemengten organischen Substanzen äusserst übelriechende, giftige, die Nachbarschaft arg belästigende Gase entwickelten, doch ist durch den von Siemens construirten Verdampfungs- und Calcinirofen, wie er gegenwärtig in der Thode'schen Fabrik in Hainsberg functionirt, auch diese Schwierigkeit vollständig überwunden worden. Allerdings wird sich die Herstellung der ziemlich kostspieligen Siemens'schen Verdampfungsanlage nur da empfehlen, wo die Strohstoffkocherei in ausgedehnterem Maasse betrieben wird. . . .

Da die aus den Lumpenkochern kommenden, mit allerhand Schmutzstoffen beladenen Laugen einen verwerthbaren Verdampfungsrückstand nicht liefern, erscheint ihre Verdampfung schwer ausführbar. Beim ruhigen Stehen klären sie sich schwer und behalten ihre dunkle Farbe, doch hat sich ein Mitglied der technischen Deputation durch directe Versuche überzeugt, dass nach Zusatz geringer Mengen von Kalkwasser und verschiedenen Salzlösungen unter Abscheidung gefärbter Niederschläge rasch eine Klärung und mehr oder minder vollständige Entfärbung der Flüssigkeiten eintritt. Als Salzlösungen dienten bei den Versuchen Chlormagnesiumlösung, sowie auch die in den Chlorentwickelungsgefässen rückständig bleibende Manganlösung. Hiernach ist zu erwarten, dass die in Klärbassins angesammelten Laugen durch Zusatz geeigneter Salzlösungen,

---

[1]) Civiling. 1883, 226.

eventuell unter gleichzeitiger Zufügung von Kalkmilch, unter allen Umständen eine wesentliche Verbesserung ihrer Beschaffenheit erfahren können.

Da indessen der Gehalt der in Rede stehenden Laugen je nach dem beim Kochen der Lumpen in Anwendung gebrachten Verfahren wesentlich variiren muss, so kann das in Anwendung zu bringende Fällungsmittel weder der Qualität noch der Quantität nach ein für allemal festgestellt werden, vielmehr wird der Versuch im concreten Falle entscheiden müssen."

Der Bericht der preussischen Gewerberäthe für 1887 enthält u. A. folgende Mittheilung:

„Im Aufsichtsbezirk Trier-Aachen beschwerte man sich in einer Stadt, durch deren Strassen ein aus einem Gebirgsfluss abgeleiteter Mühlgraben mit ziemlich starkem Gefälle fliesst, dessen Wasser wesentlich zum Spülen der Rinnsteine benutzt wird, darüber, dass dasselbe durch oberhalb der Stadt gelegene Papierfabriken und Kunstbleichen, deren Wasserräder durch den erwähnten Mühlgraben getrieben werden, stark verunreinigt werde. Die genaue Besichtigung ergab, dass allerdings durch die neun oberhalb der Stadt gelegenen, theilweise recht bedeutenden Fabriken jährlich eine ziemlich grosse Menge von festen und flüssigen Abgängen in den Graben geführt wird. Nach sorgfältig angestellter Berechnung waren dies

12 550 hk Abgänge von Lumpen, Stroh u. s. w.,
510 „ erdige Farbstoffe,
350 „ Aetzkalk,
4 388 „ Soda,
2 500 „ Manganchlorürlauge,

ausserdem die löslichen Theile von 6000 hk Chlorkalk. Es stellte sich indess heraus, dass sich die festen Stoffe auf dem weiten Wege von über 8 km von der obersten Fabrik an bis zur Stadt grösstentheils niederschlagen und durch eine zweimal im Jahr regelmässig vorgenommene, sorgfältige Reinigung des Mühlgrabens entfernt werden, anderntheils aber auch selbst die flüssigen Abgänge, Manganchlorürlauge, Soda und dünne Chlorkalklösungen, durch ihre chemischen Wechselwirkungen den schädlichen Einfluss zum Theil aufhoben. In Folge dessen war das Wasser des Mühlgrabens bei dem Eintritt in die Stadt fast klar und konnte, zumal es mit gutem Gefälle fliesst, als zur Rinnsteinspülung völlig geeignet angesehen werden. Dagegen fand sich bei weiterer Untersuchung, dass die Quellen der Verunreinigungen in der Stadt selbst, namentlich in den Abgangswässern einer ganzen Anzahl erst in jüngster Zeit ohne die gesetzlich vorgeschriebene Genehmigung errichteter Schlächtereien zu suchen waren."

Nach dem Bericht für 1889 sollten Holzstofffabriken für je 500 hk trocknen Rohstoff jährlicher Production mindestens 30 cbm Absatzbehälterraum haben. Die Siebe der Stofffänger sollten mindestens 300 Oeffnungen auf 1 qc haben, wobei aber noch viel feiner Holzstoff hindurchgeht, welcher dann noch in den Klärbehältern gesammelt werden muss. Die Schuricht'schen Filter sind zweckmässig,[1]) wenn auch nicht

[1]) Vergl. Fischer's Jahresb. 1883, 1187.

völlig genügend; der gewonnene Stoff deckt die Kosten dieser Reinigung. Sehr belästigend sind die Abwässer der Cellulosefabriken; das einzige Mittel, dieselben hinreichend unschädlich zu machen, ist die Ableitung in einen stets wasserreichen Fluss. Von Räther wurden 2 Strohpapierfabriken veranlasst, ihre Abwässer zu reinigen. Die eine hat in zwei Reihen je 10 Gruben von 2,62 m im Geviert und etwa 1 m Tiefe; das darin vorgeklärte Wasser dient zur Berieselung. Die zweite hat 11 Gruben von je 3 m Breite, 4 m Länge und 1 m Tiefe; das Wasser wird nicht völlig geklärt. —

Das Abwasser der Strohpapierfabrik von Drewsen[1]) wird vortheilhaft zur Berieselung angewendet. Das Abwasser einer Strohpapierfabrik zu Münster, täglich etwa 300 cbm, gelangt nach König[2]) unter Zusatz von Kalkwasser in Klärteiche und fliesst dann über eine 7,5 a grosse Wiese; Analysen ergaben im Durchschnitt:

1 Liter Wasser enthält	Direct aus der Stohpapierfabrik abfliessendes Wasser mg	Aus den Klärteichen abfliessendes Wasser, auffliessend für die Wiese mg	Von der Wiese abfliessend mg
Suspendirte Schlammstoffe	1464	976	611
Zur Oxydation der gelösten organischen Stoffe erforderlicher Sauerstoff	1134	677	433
Sauerstoff . . . cc	4	2	3
Kohlensäure	125	443	582
Kalk	973	729	650
Kali	93	113	109
Salpetersäure	32	17	12
Stickstoff in Form von Ammoniak	4	3	3
Organisch gebundener Stickstoff	79	54	36
Phosphorsäure	9	2	1

Reinigungsverfahren englischer Papierfabriken beschreibt Wolff[3]).

Die Reinigung der Abwässer aus Fabriken vom braunen Holzstoff ist besonders im Sommer schwierig[4]). Bei Anfertigung von braunem Holzschliff laufen die Koch- und Waschwässer in Klärbehälter, in welchen sich die mechanisch beigemengten Stoffe absetzen; die durch das Dämpfen des Holzes gelösten Stoffe bleiben in Lösung, durchdringen das Erdreich in der Umgebung der Fabrik und gelangen ebenso leicht in das Flusswasser wie in die Brunnen. Sind diese Extractstoffe einige Zeit der Luft ausgesetzt, so erleiden sie durch den Sauerstoff eine Umsetzung; ein Theil geht

[1]) Hann. land- und forstwirthsch. Ztg., 1881, 465.

[2]) Landw. Jahrb., 1885, 234.

[3]) Eulenberg's Vierteljahrsschr., 39, Heft 1 u. 2.

[4]) Papierztg., 1889, 1286 u. 1336.

in schwer löslichen Humus über, und ein anderer Theil löst sich in kaltem Wasser, scheidet sich aber bei wärmerer Temperatur wieder aus. Im Frühjahr, wenn ausserhalb der Fabrik das Wasser noch kalt ist, bleiben diese Stoffe gelöst, scheiden sich aber, wenn das Wasser in der Fabrik wärmer (etwa 8 bis 12°) wird, auf den Röhren und Gefässen in Form eines schleimigen Ueberzugs ab. Wenn die Witterung auch aussen wärmer wird, erfolgt die Abscheidung auch ausserhalb, wie man an vorhandenen Klärvorrichtungen sehen kann. Die Annahme, dass der schleimige Ueberzug aus Harz bestehe, trifft nicht zu; Harz kann nur in geringen Mengen darin sein und würde sich auch mit den unlöslichen Stoffen abscheiden. Wenn die Erscheinung im Sommer an den Apparaten vorkommt, können sich auch fein vertheilte Algen an den Wanderungen abscheiden. Die Erscheinung wird dort, wo sie einmal auftrat, von Jahr zu Jahr stärker, da das ganze Erdreich von den Stoffen durchdrungen wird. Man kann den Missstand vermindern, wenn man das Abwasser zuerst mit etwas Kalkmilch versetzt, um die organischen Säuren zu beseitigen, und später mit etwas Alaun zur Abscheidung der Humusstoffe und des etwa in Lösung gegangenen Harzes. Die hauptsächlichsten Stoffe aber, welche sich erst unter Einwirkung der Luft bilden, lassen sich nicht entfernen, werden vielmehr nur durch die Umsetzung entfernt, welche fliessendes Wasser durch die Luft erfährt, die man aber in der Fabrik nur durch Eindampfen und Verbrennen des Rückstandes erzielen könnte. Wenn Klärbehälter vorhanden sind, ist zu versuchen, die Reinigung dort vorzunehmen; die abgeschiedenen Stoffe werden sich alsdann in grossen Flocken mit dem braunen Holzstoff vermischen und den schleimigen Ansatz an den Apparaten vermindern.

Fizzia[1]) empfiehlt, das Abwasser der Cellulosefabrik in Rattimau nach dem Verfahren von Wohanka & Co. zu reinigen. Dasselbe besteht in einer Entfernung der mechanischen und chemischen Verunreinigungen durch Eisenoxydhydrat, Kammersäure, verdünnte Wasserglaslösung und darauf folgenden Zusatz von Kalkmilch, Absetzenlassen, worauf eine Nachreinigung der geklärten Wässer dadurch ausgeführt wird, dass aus dem Rauchkanale Essengase angesaugt und in die vorgereinigten Abwässer gedrückt werden. Endlich ist nochmals Kalkzusatz zu geben.

Die beim Sulfitverfahren erhaltenen Abwässer fällt A. Frank[2]) mit Kalkmilch, um Calciummonosulfit zu gewinnen und saugt durch die geklärte Lauge Schornsteingase, um noch gelöstes Sulfit zu Sulfat zu oxydiren und überschüssigen Kalk als Carbonat zu fällen. Das Verfahren wird gelobt.[3])

[1]) Oesterr. Med. Beamte, 2, 102.

[2]) Papierztg., 1887, No. 60 bis 63.

[3]) Vergl. Fischer's Jahresb., 1887, 1177.

H. Wichelhaus (a. a. O.) empfiehlt die Kocherlaugen oder die vereinigten Kocher- und Waschlaugen mit Aetzkalk zu behandeln, so dass sie fast neutral werden. Der letzte Rest von Säure ist durch langsame Behandlung mit Kalkstein zu entfernen, während die Luft Zutritt hat. Dazu sind Sammelteiche anzulegen, welche das 14 fache der täglich entstehenden Menge von Kocherlaugen fassen und aus denen nur am oberen Rande Wasser abgelassen wird. Das Ablassen darf erfolgen, wenn völlige Neutralität und Ruhe der Flüssigkeit eingetreten ist, jedoch nur in Wasserläufe, welche mindestens eine 500 fache Verdünnung der jedesmaligen Abflüsse bewirken.

H. Spindler[1]) hat Gelegenheit gehabt, dieses von Wichelhaus vorgeschlagene Verfahren im Grossen zu prüfen:

Abwasser	Reaktion	Farbe	Geruch	Oxydirbarkeit, Verbrauch an $KMnO_2$	Abdampfrückstand	
					Organischer	Unorganischer
Nach Durchlaufen eines Fasernfängers und nach Neutralisation mit Kalkmilch	neutral	lichtgelb, schwach opalisirend	schwach abwasserartig	3069	984	550
Abwasser im 1. Klärbecken	schwach sauer	hellgelb, Färbung verschwindet in 10 cm dicker Schicht bei 4- bis 5 facher Verdünnung	0	2393	784	748
Abwasser im 2. Klärbecken	schwach sauer	gelb; desgl. bei 8 facher Verdünnung	fäulnissartig	3165	1163	807
Abwasser im 3. Klärbecken	schwach sauer	gelb; desgl. bei 8 facher Verdünnung	stark fäulnissartig	5126	1762	923
Abwasser im 4. Klärbecken	neutral	gelb; desgl. bei 8- bis 10 facher Verdünnung	stark fäulnissartig	5037	1722	952
Abwasser, wie es die Kläranlage verlässt	schwach sauer	hellgelb; desgl. bei 5- bis 6 facher Verdünnung	stark fäulnissartig	4713	1493	916

Der Erfolg war also gering. Die verschiedenen Vorschläge von Mitscherlich, aus dem Ablaugen Gerbmittel und Klebstoff zu gewinnen, haben wenig Aussicht.[2])

Nach Drewsen (D. R.-P. No. 67 889) wird die Ablauge mit Kalkmilch über 100° erhitzt und der ausgeschiedene Niederschlag wieder in Schwefligsäure zu neuer Verwendung gelöst.

[1]) Chem. Ztg., 1897, 302.

[2]) Zft. f. angew. Chemie, 1898, 879.

Nach Appel und Buchner[1]) werden auf geeigneten Vorrichtungen (Faschinen bezw. Reisig) diejenigen Pilze und Bakterien angesiedelt, welche in dem verunreinigten, der Reinigung zu unterwerfenden Wasser hauptsächlich vorkommen. Auf dem Dache des „biologischen Reinigungswerkes“ sind grosse wasser- und säuredichte Behälter aufgestellt, in welche die Ablaugen gepumpt werden und von wo aus sie in feinster Vertheilung auf die Faschinen bezw. Reisig herabrinnen. Bevor die Laugen in die Behälter gepumpt werden, wird der Säuregehalt mit Aetzkalk abgestumpft und eine etwa auftretente alkalische Beschaffenheit durch Einleiten von Kohlensäure, wozu Rauchgase dienen können, in die erwärmte Lösung wieder beseitigt, während der durch den Kalkzusatz entstehende Niederschlag (bestehend aus Calciumcarbonat, Calciumsulfit und organischen Stoffen) vorher durch Absetzenlassen bezw. aufsteigende Filtration entfernt wird. In dem Gradirwerk werden die organischen Stoffe des Abwassers durch Mikroorganismen zerstört bezw. vergast und wird deren Lebensthätigkeit durch den ungehinderten Luftzutritt gesteigert. Gleichzeitig findet eine Verdunstung von Wasser statt; weil aber durch die Mikroorganismen fortgesetzt organische Stoffe der Lauge zerstört werden, so bleibt der Gehaltsgrad derselben mehr oder weniger gleich. Wenn bei sehr frostiger oder nasser Witterung (wie im Winter, Herbst und Frühjahr) dieses biologische Verfahren nicht anwendbar ist, so soll man für den Zweck 2 bis 5 Theile frisch (mit Aetzkalk) gefälltes Eisenhydrat in 1 Theil Eisenchloridlösung lösen, welcher $^1/_4$ % Salzsäure zugesetzt wird. Zu 100 Theilen Ablauge werden 0,5 Theile Eisenchlorid zugesetzt, die Mischung wird einmal aufgekocht, dann mit 4 % Kalk versetzt, absetzen gelassen und die klare Lösung in der Wärme mit Kohlensäure neutralisirt. Ueber den Erfolg dieses biologischen Verfahrens ist noch nichts bekannt geworden.

Ein wirklich gutes Verfahren zur Verwerthung und Unschädlichmachung dieser lästigen Abwässer ist leider noch nicht bekannt.[2])

---

8. Wasserreinigung.

Bei der Frage der Flussverunreinigung ist auch zu berücksichtigen, ob und wie weit ein durch städtische und industrielle Abwässer verunreinigtes Wasser wieder so gereinigt werden kann, dass es für häusliche und industrielle Zwecke brauchbar ist.[3]) Diese Frage ist besonders wichtig,

[1]) Zft. f. Gewässer 1899, Hft. 5.

[2]) Vgl. Zft. angew. Chemie 1895, 41; 1898, 875 u. 925.

[3]) Ausführlich in F. Fischer: Chemische Technologie des Wassers, 2. Aufl. (Braunschweig, 1902).

für städtische Wasserversorgungen. Für letztere kann fast nur die Filtration in Frage kommen.

Der Gebrauch, trübes Wasser zu filtriren, also die suspendirten Stoffe zu entfernen, in der irrigen Meinung, dass klares Wasser nun auch unschädlich sei, ist längst bekannt. Die Filter der Alten bestanden aus künstlichen Steinen, Muscheln u. s. w. Plinius erwähnt Becher, in denen das Wasser durch Wolle filtrirt wurde, und Avicenna lässt das Wasser mehrmals aus einem Gefäss in das andere durch Wolle hinüberleiten, um es dadurch zu reinigen.

Ganz besonders zahlreich sind die in den letzten 50 Jahren vorgeschlagenen Filtrirvorrichtungen zur Reinigung und Klärung von Wasser für den Hausgebrauch, für Schiffe, auf Reisen u. s. w. Man lässt das Wasser durch die verschiedensten thierischen und pflanzlichen Stoffe, durch Kohle, Eisen, Steine, Sand u. dgl., von oben nach unten hindurchfliessen oder von unten nach oben darin aufsteigen, oder aber man presst das Wasser durch die filtrirenden Stoffe hindurch. Von der näheren Besprechung dieser Filter kann hier um so mehr abgesehen werden, als ihre Wirkung keineswegs den gemachten Versprechungen genügt. Von den Versuchen über dieselben möge der von Link[1]) erwähnt werden. Derselbe stellte vergleichende Versuche an mit dem Filter von Piefke, welcher Cellulose in Wasser vertheilt auf die Siebböden der Filterkammern bringt. Selbst ein neues Filter beseitigte die Trübung nur theilweise, die Mikroorganismen gar nicht. Dann wurden Wasserproben untersucht, welche durch einen im praktischen Gebrauch befindlichen Apparat filtrirt worden waren. Das nicht filtrirte Teichwasser war milchig getrübt und enthielt zahlreiche Algen. In dem filtrirten Wasser war eine Abnahme dieser Trübungen nicht zu bemerken. Die chemische und bakterioskopische Untersuchung beider Wasserproben ergab (mg im Liter):

	Reducirtes Kalium-permanganat	Salpetersäure	Salpetrigsäure	Amoniak	Chlor	Zur Entwicklung gelangte Mikroorganismen in 1 cc Wasser
Nicht filtrirtes Wasser	34	0	0	Spur	35	220
Filtrirtes Wasser	35	0	0	Spur	35	1170
Nicht filtrirtes Wasser	46	0	0	Spur	29	820
Filtrirtes Wassers	46	0	0	Spur	20	5150

Ferner gab nach Plagge ein Wasser vor dem Filtriren 2800, nach dem Filtriren durch Knochenkohle 7000 Colonien, ferner vor

[1]) Archiv d. Pharm. 224, 392; Fischer's Jahresb. 1886, 877.

dem Filtriren 38000, nach dem Filtriren durch Eisenschwamm 18 bis 24000 Colonien.

Besonders ist hervorzuheben, dass die angeblich „keimdichten Filter“ von Breyer[1]) aus Asbest und das von Pasteur und Chamberland[2]) praktisch unbrauchbar sind. Kübler[3]) zeigt von letzterem, dass es zu wenig filtrirtes Wasser liefert und dieses nur einige Tage keimfrei, wie unter andern folgende 6 Tage dauernde Versuchsreihe mit ununterbrochener Filtration zeigt:

Tage	Menge des Filtrats	Anzahl der Bakterien in 3 Tropfen	
	Liter	unfiltrirt	filtrirt
1	10	6930	0
2	11	5280	0
3	7	5670	0
4	6	8400	12
5	7,5	6000	1370
6	6	∞	∞

Obgleich somit stündlich nur 350 cc filtrirten, enthielt das Filtrat nach 6 Tagen schon unzählig viel Bakterien.

Wichtig für viele Städte ist die Sandfiltration.[4]) Hier möge nur die bedeutendste Anlage Deutschlands, die für Berlin, in ihrem jetzigen Zustande, nach den Angaben des Ingenieurs derselben, C. Piefke,[5]) besprochen werden, da sich an diese die zweifellos sorgfältigsten Versuche und Beobachtungen über die Wirkung der Sandfiltration knüpfen, welche bisher gemacht sind.

Das alte Berliner Wasserwerk am Stralauer Thore hat seit dem Jahre 1873 eine Filterfläche von 37067 qm und ist in 11 Abtheilungen zerlegt. Die Anlage ist für höchstens 60000 cbm täglich berechnet, hat aber an einzelnen Tagen schon 80000 cbm Wasser liefern müssen. Drei Filter von zusammen 9000 qm Fläche sind frostsicher überwölbt. Für die Herstellung der Umfassungs- bez. Scheidemauern sind hartgebrannte Ziegelsteine den Bruchsteinen vorzuziehen. Hinter den Umfassungsmauern und unter der aus Beton hergestellten Sohle der Filter ist ein sorgfältig her-

---

[1]) Fr. Breyer: Der Mikromembranfilter. Ein neues technisches Hilfs mittel zur Gewinnung von pilzfreiem Wasser (Wien, 1885).

[2]) Fischer's Jahresber., 1885, 940; vergl. 1886, 878.

[3]) Zft. f. Hyg., 8, 48.

[4]) Ausführlich in F. Fischer: Chemische Technologie des Wassers, 2. Aufl. (Braunschweig 1902).

[5]) Zft. f. Hygiene 8, Sonderabdr.

gestellter Thonschlag von etwa 0,3 m Dicke angebracht, wie in Fig. 28 bis 30 angedeutet ist. Die überdeckten Filter (Fig. 30) sind mit Lichtschächten versehen, welche jedoch im Winter mit Holzdeckeln bedeckt werden müssen. Die Filterschichten haben folgende Zusammensetzung:

feiner scharfer Sand	559 mm
grober Sand	51 „
feiner Kies	152 „
mittlerer Kies	127 „
grober Kies	76 „
kleine Feldsteine	102 „
grosse Feldsteine	305 „
	1372 mm

Als Sammler für das filtrirte Wasser dient ein über der Sohle aufgemauerter Kanal, der sich über die ganze Länge des Filters von einer Stirnmauer bis zur gegenüberliegenden erstreckt (s. Längsschnitt, Fig. 28). Der Kanal ist oben durch ein wasserdichtes, halbkreisförmiges Gewölbe geschlossen; seine Höhe und Breite sind einander gleich und so bemessen, dass der Querschnitt ein Rohr von 0,61 m aufnehmen kann. (Vgl. Querschnitt, Fig. 29.) Die Wangen des Kanales haben auf beiden Seiten am Grunde, wo sie auf der Sohle aufstehen, zahlreiche Oeffnungen, welche das filtrirte Wasser einlassen. Die Oeffnungen sind hergestellt durch Auslassen einzelner Steine in der äussersten Ziegelschicht. Bei Filtern, deren Grundrissform mehr quadratisch als länglich ist, werden gewöhnlich noch mehrere kleinere, vom Hauptkanal rechtwinklig abzweigende Seitenkanäle angeordnet (vgl. Fig. 28.)

Am Ende eines jeden Kanales ist auf den Scheitel ein 1 cm weites Rohr aufgesetzt und nach oben bis über die Wasserfläche in den Luftraum hinein verlängert (s. Fig. 28). Die Ausmündung ins Freie ist gegen Verstopfung durch ein Gitter geschützt. Ohne eine solche Einrichtung würde die Luft, welche nach dem Entleeren eines Filters die Kanäle ausfüllt, beim Wiedereindringen des Wassers nicht vollständig entweichen können, sondern zum grossen Theil darin stehen bleiben, was in seiner Wirkung einer bedeutenden Verengung des Kanales gleich käme und unter Umständen Störungen hervorrufen könnte.

Wo der Hauptkanal die Stirnwand trifft, durch welche das filtrirte Wasser das Filter verlassen soll, ist sie durchbrochen und durch die Durchbruchsstelle ein 61 cm weites Rohr geschoben (s. Fig. 28 und 33). Dasselbe schliesst sich genau an den Sammler an und leitet das filtrirte Wasser in einen nach dem Reinwasserbehälter führenden Rohrstrang über. Um die Verbindung des Filters und des Reinwasserbehälters nach Belieben aufheben und wieder herstellen zu können, ist in das Rohr ein Keilschieber *k* eingeschaltet.

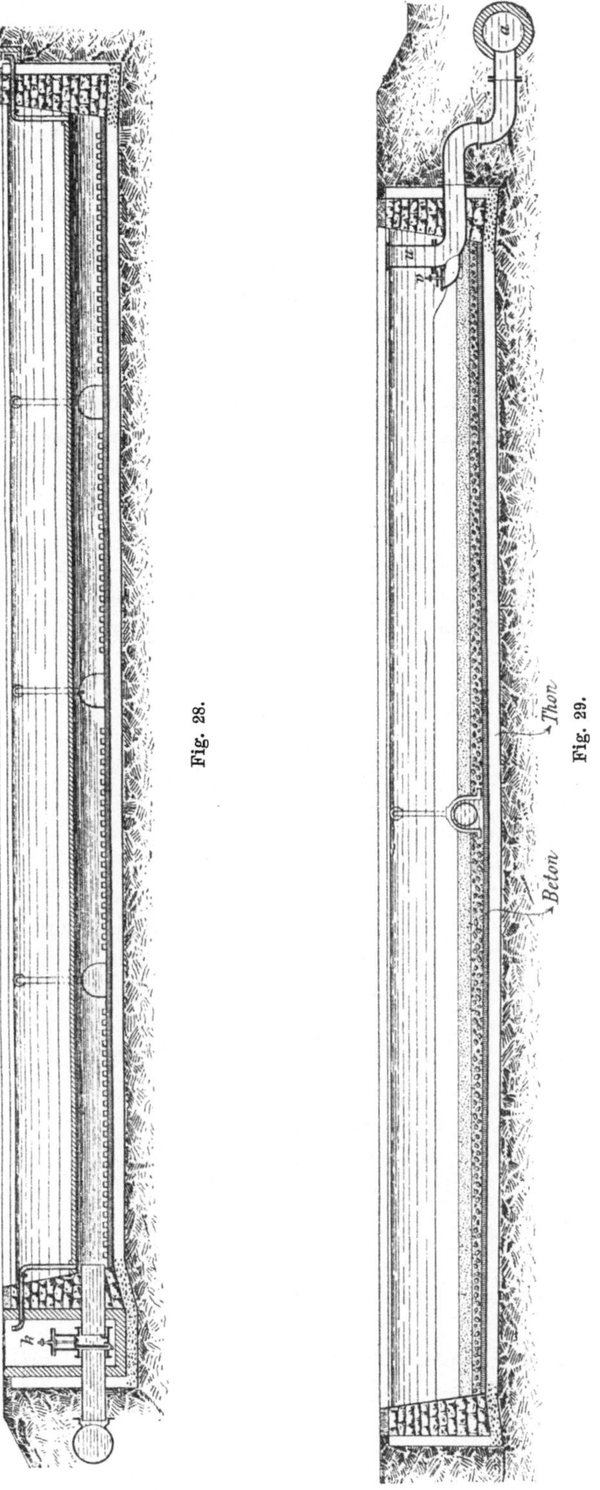

Fig. 28.

Fig. 29.

Bei der Zuführung des Wassers ist darauf zu achten, dass kein Strom entsteht, der im Stande ist, den Sand von seiner Lagerstelle fortzuspülen und etwa ja den Kies freizulegen. Deshalb ist das Zuführungsrohr, nachdem es durch die Stirnwand hindurchgeführt worden, knieförmig

Fig. 30.

umgebogen und seine Mündung nach oben gerichtet (Fig. 32). Die freie Ausmündung liegt in gleicher Höhe mit der Oberfläche der Sandschicht, deren unmittelbar benachbarte Theile mit einer breiten Lage Bretter

Fig. 31.

bedeckt sind, über welchen das heftig wirbelnde Wasser zur Ruhe kommt, ehe es sich weiter über die Sandfläche ausbreitet. Ein in das Zuführungsrohr *l* eingesetzter, durch einen Einsteigeschacht zugänglicher Schieber *t*

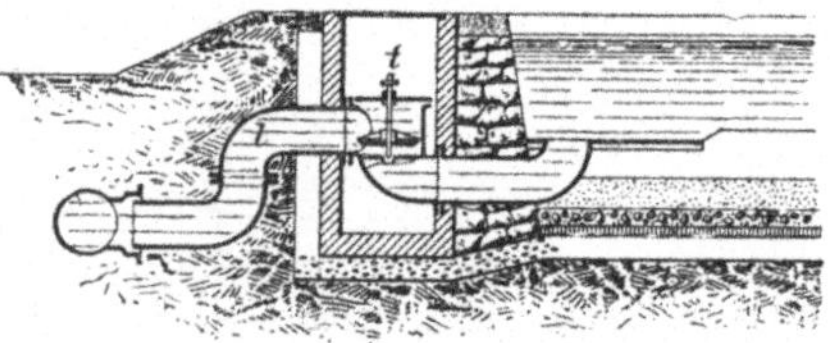

Fig. 32.

regelt die zufliessende Wassermenge und sperrt erforderlichenfalls den Zufluss ganz ab.

Da es nicht immer gelingt, den Schieber *t* so zu stellen, dass er genau ebensoviel Wasser zuführt, als durch den Reinwasserschieber *k* abfliesst, so ist der Wasserspiegel im Filter mancherlei Schwankungen ausgesetzt. Dem Ueberfliessen des Wassers über den Rand des Filters wird vorgebeugt durch einen sogen. Ueberlauf, ein ziemlich weites, oben offenes Rohr *u* (Fig. 29), welches bis zu dem Stande reicht, welcher vom Wasser nicht überschritten werden darf. Unten steht es mit einem tiefliegenden ausserhalb des Filters vorbeiziehenden Abflusskanal *a* durch ein Knierohr in Verbindung.

Das Sandfilter muss entleert werden, wenn in Folge zu grosser Schlammansammlung an der Oberfläche des Sandes die Durchlässigkeit des letzteren so stark vermindert ist, dass das Filter weit hinter seiner Normalleistung zurückbleibt. Das Ablassen des über dem Sande stehenden Wassers wird vollzogen mit Hilfe eines am Ueberlauf sitzenden Teller-

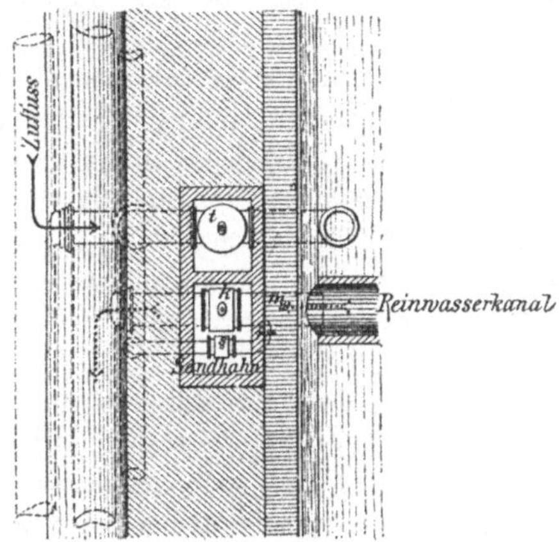

Fig. 33.

ventils *v*. Die freizulegende Oeffnung befindet sich in einiger Tiefe unter der Sandoberfläche. Das Ablaufen des Wassers wird dadurch erleichtert, dass man der Oberfläche des Sandes nach der Abflussstelle zu einige Neigung gibt. Zum Ablassen des letzten Wassers dient der sogen. Sandhahn (Fig. 31 und 33).

Die Reinigung eines Filters besteht im Abschippen der auf der Oberfläche des Sandes angesammelten Schmutzschicht. In den wärmeren Jahreszeiten sind es vorzugsweise nadel- und schuppenförmige Algen, welche das Filter schnell undurchdringlich oder „todt" machen, wie der Ausdruck lautet. Sie kommen im unfiltrirten Spreewasser in solchen Massen vor, dass dieses in langen Schauröhren seine Durchsichtigkeit vollständig einbüsst. Die Algen legen sich auf der Sandoberfläche zu einem zarten Häutchen zusammen, dessen Dichtigkeit wahrscheinlich durch Wachsthum noch befördert wird, und verkürzen nicht selten die Perioden in unerträglicher Weise. Im Sommer 1889 arbeiteten die Filter des Stralauer Werkes bisweilen nur 5 Tage lang bei einer durchschnittlichen stündlichen Filtrationsgeschwindigkeit von 50 bis 60 mm. Nach dem Ablassen fand man eine nicht mehr als papierdicke Lage von Algen über das Filter ausgebreitet. Im Herbst und Winter sind die abfiltrirten Stoffe mehr schlammiger Natur; die Perioden werden viel länger und die Schmutzansammlungen fallen bedeutender aus. Für die Reinigung bleibt sich das im Ganzen gleich, jedenfalls muss die den Sand verlegende Schicht vollständig abgeräumt werden; ausserdem auch noch die ganze obere Partie des Sandes, soweit dieselbe dem Auge von Schmutz durchdrungen erscheint, herauszunehmen, ist unzweckmässig, da nach Piefke's Beobachtungen ein Filter fast ebenso leicht weiter arbeitet, wenn man von der Sandschicht nur 10 oder 15 mm abnimmt, statt der 30 oder 40, die im Ganzen etwa schmutzig gefärbt erscheinen. Ausserdem würde man den über die Wirkungsweise eines Filters (S. 425) ausgesprochenen Ansichten zuwiderhandeln, wenn man die verdichteten oberen Theile, denen grade das stärkste Filtrationsvermögen innewohnt, jedes Mal beim Reinigen entfernen wollte. Abgesehen von den schädlichen Folgen, die ein solches Verfahren für die Filtration mit sich brächte, würden daraus noch sehr erhebliche und unnütz vergeudete Mehrkosten entspringen, weil unverhältnissmässig grössere Sandmassen, als thatsächlich geboten, aus dem Filter herauszuschaffen wären.

An dieser Reinigung ist zu tadeln, dass bei ihrer Ausführung die Sandkörner in eine zu grosse Bewegung gerathen. Der freigelegte Sand gibt unter den Füssen der Arbeiter nach, es entstehen Unebenheiten, welche wieder ausgeglichen werden müssen, und einzelne Reste des Schlammes werden durch die Schaufeln verschmiert. Die unvermeidliche Reibung der Sandkörner unter einander verletzt die gelatinösen Hüllen, mit denen sich dieselben allmählich umgeben, und in denen zahlreiche Bakterien ansässig sind. Viele davon verlieren ihren Halt und lösen sich los oder werden so gelockert, dass sie vom Wasserstrom leicht erfasst und hinweggeführt werden. Die beobachtete Zunahme der Mikroorganismen im filtrirten Wasser nach vollzogener Reinigung des Filters ist zum Theil mit auf diesen Umstand zurückzuführen (vgl. S. 427).

Beim Anfüllen des gereinigten Filters beginnt man damit, dass man den Reinwasserschieber ein wenig öffnet und filtrirtes Wasser im langsamen Strome in das Filter zurückfliessen lässt, bis nicht allein das Porenvolumen der Kiese und Sande ausgefüllt, sondern auch die Oberfläche der Sandschicht noch 20 bis 30 cm hoch bedeckt ist; man nennt dieses das Anlassen. Unfiltrirtes Wasser darf man dazu nicht verwenden, weil es in unreinem Zustande in den Reinwasserbehälter übergehen und sowohl dort wie in den tiefen Schichten des Filters mancherlei Unreinigkeiten zurücklassen würde. Nach und nach würden die grobporigen Schichten, da sie niemals oder höchstens nach sehr langen, viele Jahre umfassenden Zeiträumen gereinigt werden, sich in einen wahren Stapelplatz für Schmutz verwandeln. Beim Anlassen der Filter hat man ferner die Vorsicht zu gebrauchen, dass der vom Wasser nach oben verdrängten Luft Zeit zum ruhigen Entweichen bleibt. Verfährt man dabei zu eilig, so geräth die Luft unter stärkere Pressung, vermöge deren sie den Sand an den Stellen, wo er weniger widerstandsfähig ist, durchbricht nnd kleine Krater aufwirft. Dass die dadurch hervorgerufenen Unebenheiten die Reinigung erschweren, ist von untergeordneter Bedeutung, wohl aber verrathen sie nachträglich durch das tiefe Eindringen von Schmutz, dass überall da, wo sie sich befinden, der Sand stark aufgelockert und übermässig durchlässig ist. Die Filterfläche arbeitet in Folge dessen nicht an allen Stellen gleichmässig.

Sobald das Filter wieder vollständig mit Wasser gefüllt ist und in seine neue Periode eintreten soll, ist es gerathen, auf das erste Filtrat zu verzichten und dieses in den Abzugskanal abzuleiten. Man öffnet deshalb nicht sogleich den Reinwasserschieber, sondern statt seiner den sog. Sandhahn (Fig. 32) und schliesst denselben nicht eher, bevor nicht die gesammte Wassermenge, welche zwischen dem Filterboden und der Sandoberfläche steht, mindestens ein oder zwei Mal gewechselt hat, worüber etwa ein Tag vergeht. Darnach erst wird der Reinwasserschieber aufgemacht und das Filter auf richtigen Gang gestellt. Kommt es nicht darauf an, wie lange man mit der Inbetriebsetzung wartet, so empfiehlt es sich, nach der ersten Füllung einen Tag Zeit zum Absetzen zu gewähren, damit gleich vom ersten Augenblick an, wo das Wasser in abwärts gerichtete Bewegung versetzt wird, ein schwaches Häutchen auf der Sandoberfläche vorhanden sei. Ein so behutsames Arbeiten hat indessen sehr grosse Reserveflächen zur Voraussetzung. Entleeren, Reinigen, Anlassen, Füllen und Vorbereiten eines Filters nehmen zusammen mehrere Tage in Anspruch. Je grösser nun ein Filter angelegt ist, desto weniger ist es für den Betrieb längere Zeit hindurch entbehrlich. Hätte z. B. die 37000 qm umfassende Filterfläche des Berliner Wasserwerkes vor dem Stralauer Thore statt 11 einzelner und von einander unabhängiger Abtheilungen deren nur 4 von je 9250 qm Flächengrösse, so würde beim Reinigen eines einzigen Behälters die Filterfläche sofort auf 75 $^0/_0$ ihres Gesammtbetrages zusammenschrumpfen. Nun ereignet es sich aber nicht selten, dass gleichzeitig mehrere Behälter ausser Betrieb gesetzt werden müssen. Da der Ersatz des beim Reinigen eines Filters herausgeschafften Sandes nicht sofort, sondern erst nach öfterer Wiederholung des Reinigens geleistet wird, so muss endlich der Zeitpunkt kommen, wann das Filter einer frischen Beschickung mit Sand bedarf. Auch diese Arbeit dauert um so länger, je grösser die einzelne

Abtheilung ist; sie ist gewöhnlich nicht unter einer Reihe von Wochen ausführbar, und sucht man sie durch Einstellung einer sehr grossen Anzahl Arbeiter zu beschleunigen, so gestaltet sie sich öconomisch sehr unvortheilhaft, weil erfahrungsmässig die Arbeitspausen, die beim Ordnen der Colonnen, beim Füllen und Auskippen der Karren entstehen, mit der Zahl der Arbeiter erheblich an Länge zunehmen. Es ist ferner nicht ausgeschlossen, dass irgend ein Behälter nach langen Diensten überhaupt unbrauchbar wird und einer zeitraubenden Ausbesserung unterworfen werden muss.

Im Monat Juni 1888 wurden von dem Stralauer Werk durchschnittlich täglich 50000 cbm Wasser gefördert und 3400 qm Filterfläche todt gearbeitet, ziemlich so viel, wie die Durchschnittsgrösse eines Filters beträgt. Man kann also sagen, es war täglich ein Filter zu reinigen. Da das Reinigen einschl. Ablaufen zwei volle Tage in Anspruch nimmt, so waren immer vom vorhergehenden Tage noch weitere 3400 qm ausser Thätigkeit. Ferner blieb den ganzen Monat hindurch ein 3000 qm-Filter wegen Ergänzung der Sandschicht ausgeschaltet; es fehlte mithin täglich eine Fläche von 9800 qm oder 27 % der Gesammtfläche, und so viel musste an Reserve verfügbar sein. Diese befand sich aber fortwährend in den angegebenen drei Zuständen der Vorbereitung, weniger als drei Abtheilungen durfte sie folglich gar nicht haben, d. h. eine Flächengrösse von 9800 : 3 = = 3266 qm für Filter war das zulässige Maas. — Der Bedarf an Reservefläche steigert sich ausserordentlich, wenn die Perioden von sehr kurzer Dauer sind. Im Spätsommer 1889 waren bei verhältnissmässig schwacher Förderung häufig täglich zwei Filterbehälter zu reinigen, und zur Verfügung des Betriebes standen von den 11 Filterbehältern regelmässig nur 7. Das Verhältniss der Reservefläche zur wirksamen stellte sich auf 4 : 7, obgleich die dringend nothwendige Auffüllung schon stark erschöpfter Filterbehälter unterlassen und auf gelegenere Zeiten aufgeschoben wurde. Die Beispiele betreffen allerdings Verhältnisse, die sich anderswo nicht sobald wiederholen werden, aber sie weisen unwiderleglich auf die Zweckmässigkeit grosser Reserveflächen unter Feststellung mässiger Abgrenzungen für die einzelnen Filterbehälter hin.

Piefke legt grossen Werth auf gleichmässigen Gang eines Filters, d. h. darauf, dass es mit unveränderter Geschwindigkeit die ganze Periode hindurch arbeitet. Die vorhandenen Vorrichtungen zur Regelung verfehlen aber ihren Zweck, wenn man überhaupt in die Nothwendigkeit versetzt wird, den Gang der Filter ändern zu müssen. Da kein genügend grosser Reinwasserbehälter in Stralau vorhanden ist, so schwankte die Filtrationsgeschwindigkeit z. B. am 7. Juni zwischen 30 und 160 mm.

Bei der von Piefke eingeführten Sandwäsche (von welcher Fig. 34 den Grundriss, 35 den Querschnitt und Fig. 36 den Schnitt *A B* zeigen) wird der schmutzige Sand durch einen am Trichter *x* stehenden

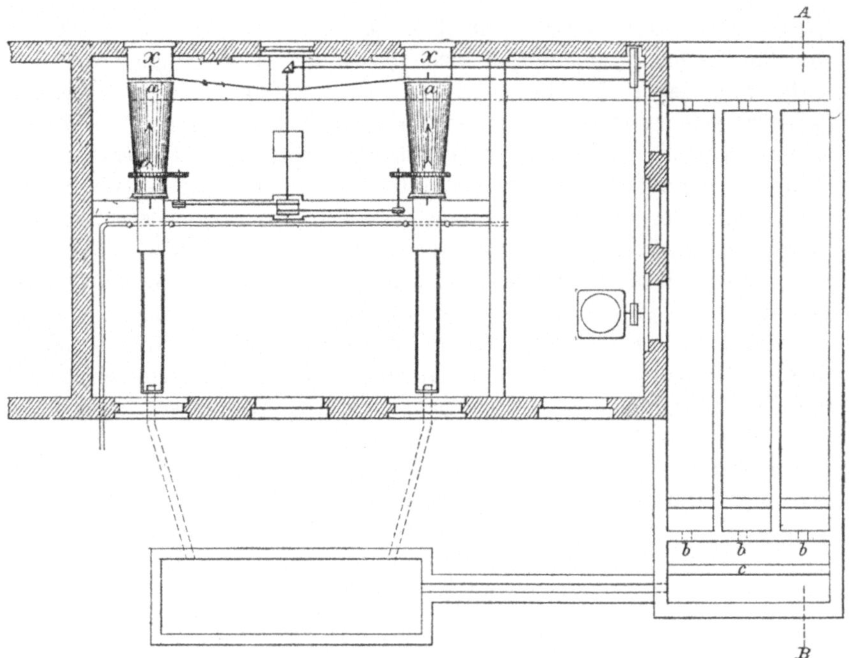

Fig. 34.

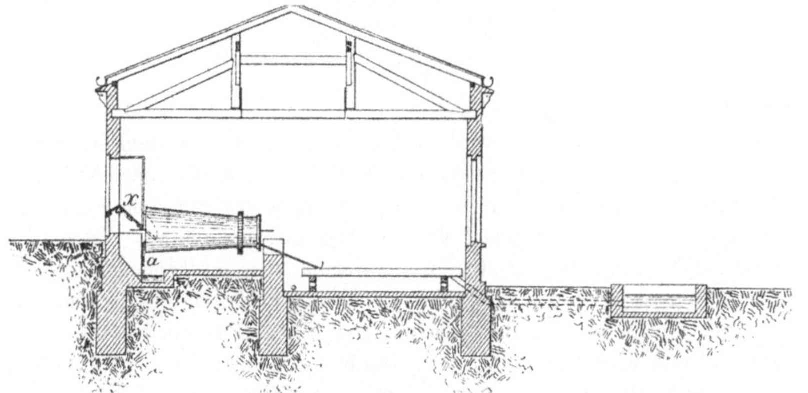

Fig. 35.

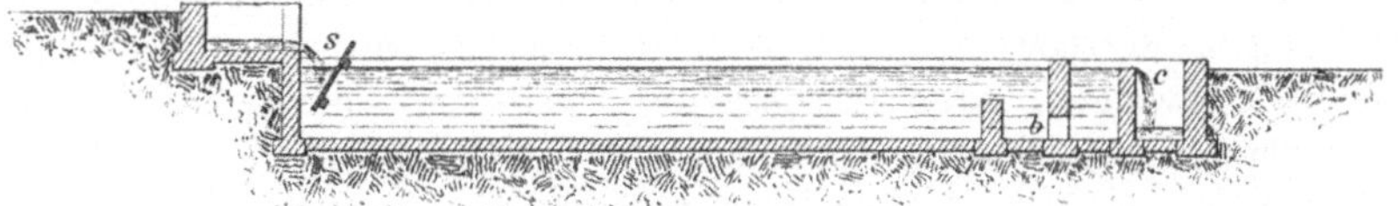

Fig. 36.

Arbeiter vermittels einer Schaufel in kleinen aber regelmässigen Posten in die Trommel eingeworfen und durch die doppelgängige Spirale *s* (Fig. 37), deren Windungen nach dem vorderen Ende zu allmählich grössere Neigung annehmen, nach vorn geschraubt, entgegen einem Wasserstrome, der sich durch die Trommel in der Richtung des Pfeiles hindurchbewegt. Zahlreiche Stifte (gegen 1200 Stück) und einzelne zwischen die Windungen der Spirale eingesetzte Schaufeln durchwühlen den Sand und bewirken, dass sich die Schlammtheilchen loslösen und zertheilen, wobei sie vermöge ihrer Unfähigkeit, schnell niederzusinken, vom Wasserstrom mit fortgerissen werden. Der Sand wird also allmählich reiner, je weiter er nach vorn gedrängt wird. In nahezu reinem Zustande fällt er schliesslich in den Kropf *k*. Dieser enthält eine Anzahl schräg gestellter, becherförmiger Schaufeln, welche den Sand aus dem Wasserbade herausheben und beim Durchlaufen der oberen Hälfte ihres Kreises auf das Austrageblech werfen. Damit nicht gleichzeitig schmutziges Wasser aus der Trommel herausbefördert werde, ist sie am vorderen Ende, wo das Wasser

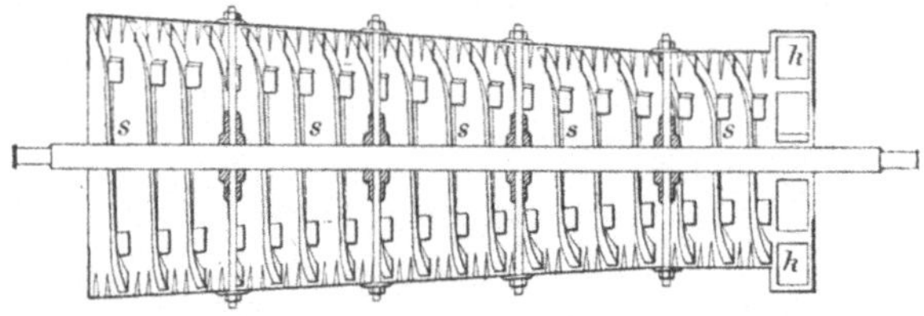

Fig. 37.

eintritt, durch einen Ring geschlossen, dessen Breite grösser als die Höhe der Spirale ist. Das vorgeschraubte Wasser staut sich an demselben und muss in Folge dessen immer wieder über die Spirale zurückfliessen. Ferner sind die Elevatorschaufeln gelocht, so dass das mit dem Sande zusammen gefasste Wasser während der Hebung abtropfen kann. Durch die weite runde Oeffnung, welche der Stauring rund um die Trommelaxe freilässt, ist das Austrageblech in schräger Richtung hindurchgeführt und vermittelt die Verbindung nach aussen. Der darauf niederfallende Sand ruscht herab und wird, ausserhalb der Trommel angelangt, von den Strahlen einer kräftigen Brause erfasst, um einer gründlichen Abspülung unterworfen zu werden. Um diese erfolgreich durchzuführen, geht der weitere Weg über eine schiefe Ebene, auf welcher sich zahlreiche Hemmnisse der geradlinigen Fortbewegung des Wassers und des Sandes entgegenstellen und beide zwingen, unter wiederholtem, heftigem Anprall im Zickzack herabzulaufen. Die heftig wirbelnden Wassermassen spülen die letzten noch anhaftenden Schmutztheilchen vom Sande ab und reissen sie mit sich fort, während dieser gereinigt im Sammelherde zur Ruhe kommt und von einem Arbeiter mit der Schaufel ausgehoben wird. Wenn der Sand ausschliesslich durch Stoffe, welche sich leicht im Wasser zu einem feinen Schlamm zerrühren, verunreinigt ist, kann man schiefe Ebene und Sammelherd weglassen und die Trommel direct in davor gestellte Wagen austragen lassen.

Das mit dem ausgewaschenem Schmutze beladene Wasser läuft bei *a* aus der Waschtrommel heraus und fällt in eine gemauerte Rinne, die es in die polizeilich vorgeschriebenen Klärbehälter fortleitet. Wird die Trommel ungleichmässig oder zu stark beschickt, wird mehr Sand hineingeworfen, als zwischen den Windungen eines Spiralganges binnen einer Umdrehung Unterkunft findet, so wirft der Wasserstrom den Ueberschuss selbstthätig heraus. Der Arbeiter ist demnach ganz ausser Stande, die quantitative Leistung des Apparates nach seinem Belieben zu verändern oder über die durch die Umdrehungszahl festgesetzte Grenze zu steigern. Der einzige, ihm erlaubte Eingriff ist, dass er bei Störungen die Riemenvorgelege auslösen und sofortigen Stillstand herbeiführen kann.

Die beiden Waschtrommeln des Stralauer Werkes haben bei 3 m Länge einen mittleren Durchmesser von 1 m und enthalten neun ganze Spiralgänge; sie machten in der ersten Zeit ihres Betriebes sieben Umdrehungen die Minute und lieferten dabei stündlich je 2 cbm gewaschenen Sand. Die zunehmende Verunreinigung des Sandes in Folge Verschlechterung des Spreewassers und die mit der Zeit höher gespannten Anforderungen an die Reinheit des Sandes bewogen zu einer Verminderung der Umdrehungszahl und in Verbindung damit zu einer Herabsetzung der Production bis auf 1,5 cbm für Trommel und Stunde. Die Kosten für das Waschen belaufen sich seitdem (einschl. Maschinenbetrieb) auf rund 1 M. für 1 cbm Sand. An Waschwasser wird gewöhnlich auf 1 cbm Sand 10 cbm Wasser verbraucht, die Unkosten dafür fallen wenig in's Gewicht, da das Wasser in unfiltrirtem Zustande zur Verwendung gelangt und nur um wenige Meter gehoben wird. Der Kraftbedarf für die Trommel berechnet sich ungefähr auf 1,5 Pferdekr.

Es hat sich die Nothwendigkeit herausgestellt, bei der Verarbeitung stark verunreinigten Sandes die Anzahl der Umdrehungen, welche die Waschtrommel in 1 Minute macht, zu vermindern. Je langsamer diese sich dreht, desto langsamer schiebt die Spirale den Sand vor und die Leistung nimmt in entsprechendem Grade ab. Dabei wird aber der Zufluss von Waschwasser nicht geschmälert, es fliesst vielmehr durch die Trommel in der Zeiteinheit immer dieselbe Wassermenge hindurch, gleichviel ob sie langsam oder schnell gedreht wird, viel oder wenig Sand austrägt. Auf das Waschen des Sandes muss also um so mehr Wasser verwendet werden, je unreiner er ist. Die Verminderung der Umdrehungsgeschwindigkeit hat weiter zur Folge, dass sich der Aufenthalt des Sandes im Waschapparat verlängert. Dasselbe würde man auch bewirken können, wenn man den Trommelkörper entsprechend verlängerte und hätte alsdann den Vortheil, die Production immer in gleicher Höhe zu erhalten.

Im Sommer 1889 wurde aus den Filtern beim Reinigen ein stark verschmutzter Sand herausbefördert. Der Umlauf der Trommel wurde nach und nach auf drei Umdrehungen die Minute herabgesetzt und die Wasserzufuhr nach Möglichkeit verstärkt; der Sand wurde zwar allmählich reiner, musste aber von weiterer Verwendung ausgeschlossen bleiben. Es blieb daher nichts übrig, als den Sand nach der ersten Waschung zum zweiten Male durch die Trommel zu schicken, wobei diese normalen Gang (6 Umdrehnngen die Minute) und Wasserzufluss beibehielt. Der zweimalig gewaschene Sand war von grosser Reinheit. Langer Weg, auf welchem doppelt so viel Lanzen wie sonst den Sand durcharbeiteten, und reichliche Wasserzufuhr (mit Vermeidung heftig reissender Geschwindigkeit) hatten zu diesem Resultate verholfen. Wäre dabei nicht ein und dieselbe Trommel zweimal benutzt worden, sondern hätten zwei Trommeln hintereinander gestanden, der Art, dass der Sand aus der ersten unmittelbar in die zweite übertragen wurde, so würden sich die Kosten für das vollendete Waschen um nichts vertheuert haben. Lange Trommeln sind ferner angezeigt, wo man es mit feinkörnigem Sande zu thun hat. Genügend durchgearbeitet muss er unbedingt werden, gleichviel welche Wegstrecke er zurückzulegen hat, und dazu gehören viel Lanzen. Auf dem langen Wege dürfen dieselben weiter auseinandergestellt werden; der Sand durchläuft daher den Apparat ruhiger und ist vor dem Fortspülen durch den Wasserstrom besser geschützt.

Von dem die Aufsicht über die Sandwäsche führenden Betriebsbeamten wird der gewaschene Sand täglich auf seine Reinheit geprüft; er schüttet einfach eine Probe gewaschenen Sandes in ein Gefäss aus weissem Glase, rührt dieselbe in Wasser ein und sieht danach, ob dieses, nachdem sich der Sand wieder zu Boden gesetzt hat, klar geblieben oder merklich getrübt ist. Etwaige Trübungen zeigen an, dass mehr Sorgfalt auf das Waschen zu verwenden und der Gang der Maschine zu verlangsamen ist. Ein so rohes Verfahren gibt allerdings keinen hinreichenden Aufschluss darüber, in wie weit die Leistung der Sandwäsche mit dem Gesammtumfange ihrer Aufgabe sich deckt. Zu dieser Ermittelung wurden wiederholt 500 g sowohl vom schmutzigen wie vom gereinigten Sande entnommen, mit je 1 l sterilen Wassers in eine verstöpselte Flasche gefüllt und 5 bis 10 Minuten lang kräftig durchgeschüttelt; von dem Spülwasser wurde darauf 1 cc mit sterilem Wasser 100fach verdünnt und von der Verdünnung 1,0 bez. 0,5 cc zum Giessen der Platten verwendet:

1 k Sand enthielt entwickelungsfähige Keime

Datum	Vor dem Waschen	Nach dem Waschen
1. Februar 1886 . . .	6298 Millionen	50 Millionen
2. „ „ . . .	7940 „	
3. „ „ . . .	5948 „	61 „
4. „ „ . . .	7586 „	
5. „ „ . . .	6538 „	
7. April „ . . .	6300 „	61,6 „
8. „ „ . . .	4320 „	73,6 „
Durchschnitt	6420 Millionen	61,3 Millionen

Darnach hat der Sand beim Waschen von der Gesammtmenge der Bakterien mehr als 99 % verloren und etwas weniger als 1 % festgehalten. Der an den Sandkörnern haften gebliebene Rest von Keimen dürfte zu grossen Bedenken keine Veranlassung geben; denn erstens bildet er quantitativ eine verschwindende Verunreinigung und zweitens sitzt er augenscheinlich sehr fest, so fest, dass er erst nach lange anhaltendem Schütteln sich auflöst. Von der am 1. Februar untersuchten Probe gewaschenen Sandes, in der gegen 50 Millionen Keime in 1 k gefunden worden waren, wurde das Spülwasser vollständig abgegossen, darauf die Probe noch zwei Mal wie zuerst behandelt und vom Wasser der dritten Spülung wieder unter 100facher Verdünnung Platten gegossen. Ueber 9 Millionen Keime in 1 k Sand wurden abermals gefunden, und sie verschwanden auch nicht ganz nach sechsmaliger Wiederholung des Versuches. Es erscheint auch gar nicht einmal wünschenswerth, dass der Sand durch das Waschen in einen an Sterilität grenzenden Zustand versetzt werde. Was er von der gelatinösen, durch Bakterien erzeugten Hülle festzuhalten vermag, wollen wir ihm gar nicht rauben. Hauptsache ist, dass er von den organischen (und anorganischen) Verunreinigungen, welche im Vergleiche zu den Mikroorganismen plumpe und gewichtige Massen ausmachen, möglichst vollkommen befreit werde. Die Prüfung auf Bakterien kann dabei als Richtschnur genommen werden.

Noch vor wenigen Jahren durften die Abwässer der Sandwäsche unterhalb der Wasserwerke in die Spree abgelassen werden; seitdem jedoch jedwede Verunreinigung der Wasserläufe streng untersagt ist, musste davon Abstand genommen werden.[1]) Ein Anschluss an die Kanalisation war bislang nicht möglich und so blieb nichts anderes übrig, als eine besondere Reinigung der Schmutzwässer vorzunehmen. Die in Betracht kommenden Mengen betragen etwa täglich 250 cbm, nämlich so viel, wie durch die Trommeln fliesst, wogegen das wenig verunreinigte Spülwasser von der

[1]) Vgl. Fischer's Jahresb. 1886, 879.

Behandlung ausgeschlossen bleiben darf. Die Reinigung geschieht durch Aluminiumsulfat. Da die Ausscheidung des Aluminiumhydrates in stark verdünnten Lösungen viel langsamer vor sich geht als in concentrirten, so kann, je längere Zeit dazu gewährt wird, um so geringer die Menge des Zusatzes bemessen werden. Das äusserste Grenzverhältniss blieb schliesslich 12000 Theile Wasser, 1 Theil Aluminiumsulfat; weniger erwies sich auch bei langem Warten als unzureichend. Um das richtige Mischungsverhältniss inne zu halten, wird das Aluminiumsulfat als Lösung von bestimmtem Gehalt in ein angemessenes Gefäss gegossen und der Abflusshahn so gestellt, dass die Entleerung binnen einer gewissen Zeit erfolgt. Die Vermischung der Lösung mit dem Wasser findet statt, bevor dieses in die Klärbehälter eintritt. Das Wasser aus dem Ablagerungsbehälter tritt statt durch einen gewöhnlichen Ueberlauf durch eine am Grunde der Stirnmauer befindliche weite Oeffnung *b* (Fig. 36) aus, gelangt darauf in eine davor liegende Kammer, wo es wieder emporsteigt und dann erst über den in der Höhe des normalen Wasserstandes angebrachten Ueberfall *c* in den Abzugskanal herabfällt. Damit durch die Oeffnung *b* kein niedergeschlagener Schlamm weggeführt werde, ist quer über den Behälter parallel zur Stirnmauer und etwa 1 m davon entfernt, eine niedrige Mauer gezogen behufs sicherer Abgrenzung der Schlammschicht. Die Oberkante dieser Mauer liegt 0,5 m tief unter dem normalen Wasserstande bez. unter dem Ueberfall bei *c*. In Folge dessen füllt das darüber abziehende Wasser einen grossen Querschnitt aus, seine Geschwindigkeit ist ausserordentlich gering und der Austritt aus dem Behälter erfolgt ohne jede Beunruhigung der tieferen Wasserschichten.

Die Klärbehälter sind länglich gestaltet und an der dem Abfluss gegenüberliegenden Schmalseite befindet sich die durch eine Schütze verschliessbare Zuflussstelle. Durch den Anprall an eine vorgestellte Holzwand *s* wird die Geschwindigkeit des Wassers aufgehoben und es breitet sich darauf in langsamem, gleichmässigem Strome aus. Es hat sich gezeigt, dass ein sechsstündiger Aufenthalt des Schmutzwassers genügt, wenn die secundliche Geschwindigkeit des Stromes bei einer Wassertiefe von 0,75 bis 1 m 1 mm nicht übersteigt. Der angesammelte Schlamm wird von Zeit zu Zeit mit einer Schlammpumpe ausgepumpt und abgefahren; er enthält mindestens 95 % Wasser, was ihm selbst durch Pressen nicht entzogen werden kann. Die zu bewegenden Massen sind daher bedeutend und fallen bei den Kosten des Verfahrens erheblich in's Gewicht. Letztere belaufen sich für 1 cbm Schmutzwasser gewöhnlich auf 4 Pf., wovon $^2/_5$ auf Zusätze und $^3/_5$, also der grössere Theil, auf Transport zu rechnen sind.

Das Waschen des Sandes wird durch die Verpflichtung zur Reinigung der Abwässer in empfindlichem Grade vertheuert. Die Steigerung der Kosten für 1 cbm Sand beträgt, wenn derselbe sehr verschmutzt ist und viel Wasser auf seine Reinigung verwendet werden muss, 30 und sogar 40 Pf. Doch ist dieser Kostenaufschlag immer noch belanglos im Vergleiche zu den Ausgaben, welche das fortwährende Anschaffen neuen und das Wegschaffen des alten Filtrirmaterials verursachen würde.

Die Auffüllung der Filterbetten wird vorgenommen, sobald die Sandschicht nur noch die Hälfte ihrer ursprünglichen Dicke besitzt. Während der obere Sand in beständiger Bewegung ist, verbleibt der untere viele Jahre lang unangetastet an seinem ursprünglichen Platze liegen, bis die Ergiebigkeit zu sehr abnahm, so dass auch dieser untere Sand gewaschen werden musste. Die bakteriologische Untersuchung des Sandes (durch Schütteln mit Wasser und Prüfen des Spülwassers) aus einem 10 Jahre und einem 30 Jahre betriebenen Filter ergab in 1 k folgende Keimmengen (Millionen):

	10jährig	30jährig
Entnommen an der gereinigten Oberfläche	735	1586
Entnommen 100 mm unter derselben	191	1751
„ 200 „ „ „	150	1873
„ 300 „ „ „	91	795
Kies an der Grenzfläche	68	305

Diese Versuche zeigen, wie stark die Tiefschichten mit der Zeit von Mikroorganismen übervölkert werden. Möge auch die Wahrscheinlichkeit dafür sprechen, dass es unschuldige Wasserbakterien seien, so sterben sie doch ab, hinterlassen einen schleimigen, stickstoffhaltigen Rüskstand und bereiten mit Hilfe hinzukommender anderer Verunreinigungen den Sand bez. Kies immer mehr zu einem Nährboden vor, der für die Fortexistenz pathogener Gäste zunehmende Aussicht gewährt. Dem Einreissen solcher Zustände kann vom hygienischen Standpunkte aus nicht gleichgültig zugesehen werden. Man wird sich dazu entschliessen müssen, obwohl es in der hergebrachten Praxis nie geschah, nach gewissen, durch Erfahrungen zu ermittelnden Perioden, das gesammte Filtrirmaterial aus den Filtern herauszunehmen und zu reinigen.

Die erhöhte Sorgfalt, welche dem Filterbetrieb allmählich gewidmet wurde, ist natürlich auf die Kosten desselben nicht ohne Einfluss geblieben. Dadurch, dass man auf das erste Filtrat verzichtet und den Druck über eine nach Möglichkeit niedrig gezogene Grenze nicht hinaussteigen lässt, hat sich die Ertragsfähigkeit eines Filters für jede Periode vermindert, und durch das Ausgraben der unteren Sandlagen haben die zu reinigenden Sandmassen zugenommen. In Folge dessen sind die unmittelbaren Betriebskosten für 1000 cbm filtrirten Wassers um etwa 30 % gestiegen und stellen sich heut auf mehr als 3 M., wohingegen günstig gelegene Werke für dieselbe Leistung nur 1 M. aufwenden. Sparsamkeitsrücksichten haben an so vortheilhaftem Resultate in der Regel einen gewissen Antheil und ob dabei dem Hauptinteresse: das Wasser nach besten Kräften herzustellen, immer in jeder Beziehung Rechnung getragen wird, begegnet mit Recht gelindem Zweifel.

Erwähnenswerth ist schliesslich noch, dass neuerdings zum Heben des Wassers auf die Filter verbesserte Centrifugalpumpen verwendet werden (Fig. 38 und 39). Durch Anbringung von Dampfstrahlgebläsen, welche die in der Pumpe sich etwa sammelnde Luft vor dem Anlassen und während des Ganges jeder Zeit mit Leichtigkeit zu entfernen gestatten, hat man eine ihrer Einführung früher sehr im Wege gewesene Schwierigkeit überwinden gelernt. —

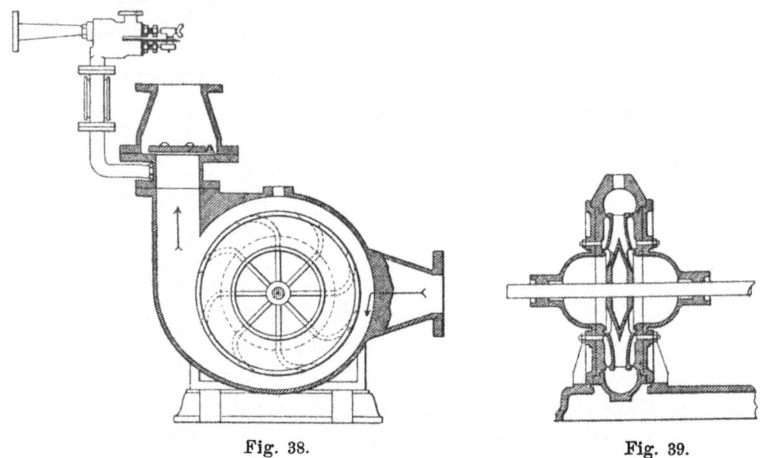

Fig. 38. Fig. 39.

Das Filterwerk in Tegel, welches mit der ziemlich constanten Filtrationsgeschwindigkeit von 100 mm arbeitet, befördert das filtrirte Wasser nach drei gewaltigen, auf einer Anhöhe bei Charlottenburg gelegenen Behältern von zusammen 37890 cbm Inhalt. Aus dieser Sammelstelle schöpfen die Druckpumpen und befriedigen den Bedarf in der Stadt, wie er sich fühlbar macht. Am 21. August 1899, an einem Tage, wo viel Wasser gebraucht wurde, wurden in Charlottenburg durchschnittlich stündlich 3342 cbm Wasser fortgeschafft; in den 7 Stunden von 12 Uhr nachts bis 5 Uhr früh und 10 bis 12 Uhr vor Mitternacht blieb die Förderung hinter dem Durchschnitt zurück, da nur 9496 cbm Wasser gepumpt wurden, während von Tegel $3342 \times 7 = 23394$ cbm ankamen. Die Unterbringung des Ueberschusses im Betrage von $23394 - 9496 = 13898$ cbm vollzog sich bei der Grösse der Hochbehälter mit Leichtigkeit. Es hat fast den Anschein, als ob die Charlottenburger Behälter grösser bemessen worden seien, als der Zweck der Ausgleichung erforderte. Vom bakteriologischen Standpunkt könnte man dagegen einwenden, dass jeder nicht unbedingt gebotene Verzug des Wassers auf seinem Wege nach den Verbrauchsstellen zu vermeiden sei. Die Behälter sind deshalb so geräumig angelegt worden, um im Falle einer grösseren Betriebsstörung in Tegel, welche unter Umständen ja doch augenblicklich mit gänzlicher Stockung der Förderung verbunden sein könnte, immer noch über einen für mehrere Stunden ausreichenden Wasservorrath zu verfügen. Jene Bedenken sind nicht so schwerwiegend, dass man ihnen den Vorrang vor seiner weisen Vorsichtsmaassregel einräumen müsste. Denn hängt die Unschädlichkeit eines Wassers erst davon ab, dass man etwaigen pathogenen Keimen keine Zeit zur Vermehrung lässt, so ist dasselbe ja doch schon von der Quelle aus mit Infectionsstoffen behaftet, und eine etwa schnellere Beförderung wird seinen Werth nicht sonderlich heben.

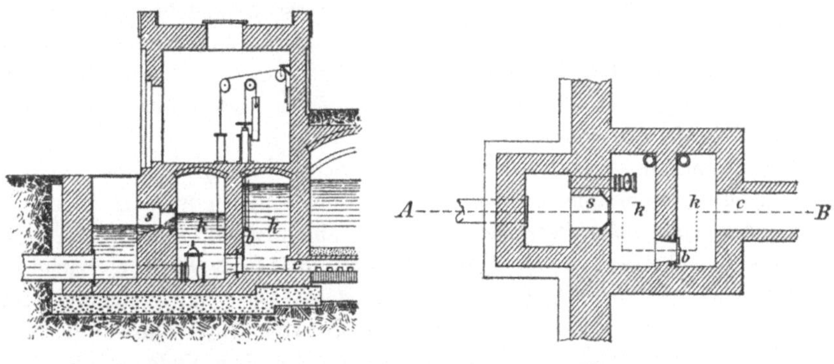

Fig. 40. Fig. 41.

Der Tegeler Filterbetrieb ist somit vor den Beeinflussungen durch Verbrauchsschwankungen in ausreichendstem Maasse geschützt. Nachdem hierfür gesorgt worden, blieb noch übrig, die von dem Gesammtwerke aufzubringende Leistung den einzelnen Filtern in gleichmässiger Weise zu übertragen, damit sie nicht verschiedenartig in Anspruch genommen würden und bei irgend einem Theile der Filterfläche die festgesetzte Grenze der Maximalgeschwindigkeit überschritten werde. Dazu dient eine von Gill erfundene Construction, welche jetzt allgemeine Anwendung findet. Das filtrirte Wasser gelangt aus dem Sammelkanal *c* (Fig. 40 und 41) in die zweitheilige Vorkammer *k* und fliesst aus derselben durch den breiten aber niedrigen Schlitz *s* frei aus. Soll durch diese Oeffnung stündlich ein und dieselbe Wassermenge ausfliessen, so ist nur nöthig, sie immer gleich tief unter Wasser zu halten.

Für jede Wassermenge, welche man dem Filter in der Zeiteinheit abzapfen will, lässt sich nach den Regeln der Hydraulik die entsprechende

Tiefe *t* ohne Umständlichkeiten berechnen. Gewöhnlich arbeiten die Tegeler Filter mit 100 mm Geschwindigkeit und leisten also bei 2000 qm Flächengrösse stündlich 200 cbm. Da der Schlitz *s* ziemlich breit bemessen ist, genügen schon wenige Centimeter Druck, um eine solche Wassermenge regelmässig in der Stunde abzuführen. Nachdem für die angegebene Normalleistung die Tiefe *t* ein für alle Mal berechnet ist, wird sie markirt und für den Bassinwärter leicht erkennbar gemacht. Mit der Wassertiefe vor dem Ueberlauf (dem Schlitz) ändert sich nämlich gleichzeitig der Stand eines in dem Rohr *r* eingeschlossenen Schwimmers. Die von demselben ausgehende und über Rollen nach einer festen Scale geleitete Kette trägt an dem herabhängenden Ende einen wagerechten Zeiger, welcher alle vom Schwimmer ausgeführten Bewegungen übereinstimmend (nur in umgekehrter Richtung) mitmacht. Er befindet sich in der Mitte der Scale, wenn der Wasserstand auf normaler Höhe angelangt ist, und steigt oder sinkt, je nachdem jener fällt oder wächst. Die Scale ist so angebracht, dass sie dem Bassinwärter beim Betreten der überbauten Vorkammer sofort in die Augen fällt; ein Blick auf den Zeiger genügt, um ohne Weiteres zu erkennen, ob ein Filter den vorgeschriebenen Gang beibehalten oder in ein zu schnelles oder zu langsames Tempo gerathen ist.

Der normale Wasserstand über dem Schlitz *s* liegt in einer Tiefe *t* unter dem Wasserstande in den Filtern, welche gleich ist dem Maximaldruck, den man beim Betriebe der Filter zulassen will. Da dieser nun aber fast 1 m beträgt, so darf er erst gegen Ende der Periode, nachdem die Durchlässigkeit der Filter bedeutend nachgelassen hat, vollständig in Anwendung kommen; vorher muss er zum grössten Theil durch künstlich geschaffene Hemmnisse ausgeglichen werden. Zu dem Ende ist die Vorkammer durch eine gemauerte Scheidewand in zwei Abtheilungen zerlegt, die unter einander vermittels einer am Grunde angebrachten, durch einen Schieber *b* verschliessbaren Oeffnung mit einander verbunden wird. Wird der Schieber nur wenig geöffnet, so muss das Wasser durch den freigelegten, engen Spalt mit grosser Geschwindigkeit hindurchfliessen, auf deren Erzeugung der überschüssige, für die Filtration entbehrliche Druck verwendet wird. In der ersten Abtheilung der Kammer herrscht daher nicht wie in der zweiten ein gleichmässiger Wasserstand, derselbe nimmt von einer hoch liegenden oberen Grenze an allmählich ab, bis er zuletzt fast um den vollen Betrag (*t*) unter dem Stande in den Filtern steht. Die Abnahme wird wiederum durch einen Schwimmer angezeigt. Die grossen Vorzüge der Tegeler Regulirkammer gegenüber der primitiven Ausrüstung der Stralauer Filter bestehen darin, dass der Bassinwärter beim Nachstellen des Reinwasserschiebers stets eine Controle auszuüben vermag, ob er zu viel oder zu wenig Wasser aus den Filtern herauslässt, denn letzteres wird ja fortwährend einer direkten Messung unterworfen. Mit einer solchen

Einrichtung ist man sehr wohl im Stande, ein Filter in gleichmässigem Gange zu erhalten. —

Bei Beurtheilung der Wirkung der Filtration ist zu berücksichtigen die Oxydation der organischen Stoffe und die Abscheidung der schwebenden Stoffe, einschl. der Bakterien.

P. F. Frankland[1]) untersuchte das Wasser der Londoner Wasserwerke; von diesen liefert bekanntlich nur das von Kent Brunnenwasser, die übrigen filtrirtes Wasser aus Themse und Lea. Die bakteriologische Untersuchung nach dem Verfahren von Koch ergab für je 1 cc Wasser folgende Anzahlen von Kolonien:

Art des Wassers	Jan.	Febr.	März	April	Mai	Juni
Themse						
Themse unfiltrirt	45 400	15 800	11 415	12 250	4800	8300
Chelsea	159	305	299	91	59	60
West Middlesex	180	80	175	47	19	145
Southwark	2 270	284	1 562	77	29	94
Grand Junction	4 894	208	379	115	51	17
Lambeth	2 587	265	287	209	136	129
Lea						
Lea unfiltrirt	39 300	20 600	9 025	7 300	2950	4700
New River	363	74	95	60	22	53
East London	224	252	533	269	143	445
Tiefbrunnen						
Kent (Brunnen direct)	—	5	44	7	8	4
Kent (district)	43	149	38	47	101	39

Art des Wassers	Juli	Aug.	Sept.	Oct.	Nov.	Dec.	Mittel
Themse.							
Themse unfiltrirt	3000	6100	8400	8600	56 000	63 000	20 255
Chelsea	59	303	87	34	65	222	146
West Middlesex	45	25	27	22	47	2 000	234
Southwark	380	60	49	61	321	1 100	524
Grand Junction	14	12	17	77	80	1 700	630
Lambeth	155	1415	59	45	108	305	475
Lea.							
Lea unfiltrirt	5400	4300	3700	6400	12 700	121 000	19 781
New River	46	55	17	10	32	400	102
East London	134	243	165	97	248	280	253
Tiefbrunnen.							
Kent (Brunnen direct)	12	9	5	82	12	11	18
Kent (district)	48	13	25	344	196	66	92

[1]) Journ. Soc. Chem. Ind., 1887, 316.

Einrichtung und Betrieb der Filter ergibt sich aus folgender Zusammenstellung:

Name der Gesellschaft	Tägliche Versorgung im Durchschnitt cbm	Nutzbarer Aufspeicherungsraum cbm	Stündliche Ergiebigkeit der Filter auf 1 qm l	Dicke der feinen Sandschicht der Filter m	Monatliche Erneuerung der Filterbetten (geschätzt). Gerein. Fläche in Theilen der Gesammtoberfläche
Chelsea . . .	43 158	636 020	85,6	1,37	0,59
West Middlesex	58 150	533 802	73,3	0,99	0,90
Southwark . .	90 405	299 838	73,3	0,91	0,90
Grand Junction	64 056	293 023	85,6	0,76	0,81
Lambeth . . .	64 510	581 504	97,8	0,91	0,50

Die Wirkung der Sandfilter des Wasserwerkes der Stadt Zürich bespricht A. Bertschinger.[1]) Bei den Filtern entnommene Wasserproben ergaben:

	Zahl der Untersuchungen	Organische Substanz	Ammoniak	Albumin.-Ammoniak	Bakterienzahl
Unfiltrirtes Seewasser aus dem Schacht bei den Filtern					
1. Quart.	7	19,7	0,006	0,036	345
2. „	9	18,0	0,006	0,040	198
3. „	29	18,5	0,009	0,038	161
4. „	6	20,4	0,013	0,041	120
Durchschnitt	51	18,8	0,009	0,039	188
Filtrirtes Brauchwasser a) aus dem Pumpwerk im Letten					
1. Quart.	7	16,5	0,003	0,024	18
2. „	8	14,3	0,003	0,024	25
3. „	16	14,8	0,003	0,022	18
4. „	6	15,7	0,003	0,023	20
Durchschnitt	37	15,2	0,003	0,023	19

[1]) Viertelj. der Naturf.-Ges. in Zürich 1889; Zeitsch. für angew. Chem., 1889, 546.

	Zahl der Unter-suchungen	Organische Substanz	Ammoniak	Albumin.-Ammoniak	Bakterienzahl
b) aus dem Leitungsnetz					
1. Quart.	4	17,8	0,009	0,028	16
2. „	9	14,7	0,003	0,026	35
3. „	0	—	—	—	—
4. „	12	15,6	0,003	0,022	41
Durchschnitt	25	15,6	0,004	0,024	35

Es findet daher auch eine Reinigung des Wassers im chemischen Sinne statt.

Das Wasser der Berliner Werke wurde von Wolffhügel[1]) und Koch[2]) bakteriologisch untersucht. Von Koch wurden die Proben jeden Dienstag 1. am Stralauer Werk an der Schöpfstelle, 2. daselbst nach der Filtration im Reinwasserbehälter, 3. am Tegeler Werk an der Schöpfstelle, 4. daselbst nach der Filtration im Reinwasserbehälter entnommen. Die Tabelle auf S. 426 gibt die Anzahl der durch das Gelatinekulturverfahren in je 1 cc Wasser gefundenen Organismen. (S. 425).

In chemischer Beziehung wurde der Gehalt an Chloriden und Kalk wenig durch die Filtration geändert, während der Gehalt an organischer Substanz und Ammoniak erheblich vermindert wurde. Die Crenothrix scheint aus der Berliner Wasserleitung vollständig verschwunden zu sein.

Sargfältige Versuche über die Wirkung der Sandfilter wurden von C. Piefke[3]) ausgeführt. Bei Verwendung eines völlig sterilisirten Filters trat statt der erwarteten Verminderung eine ausserordentliche Vermehrung der Mikroorganismen ein, die erst nach einer längeren Reihe von Tagen ein wenig wieder nachliess. Hatte der Druck, der auf das Filter wirken musste, um eine Filtrirgeschwindigkeit von 0,1 m zu unterhalten, die Grösse von 0,8 m erreicht, so wurde die Filtration unterbrochen und der an der Sandoberfläche angesammelte Schmutz entfernt. Bei Wiederingangsetzung des Filters wiederholten sich dieselben Erscheinungen, indessen schon minder auffällig als in der ersten Periode. Die dritte und

[1]) Arbeiten a. d. Kaiserl. Gesundheitsamte (Berlin 1886; J. Springer) S. 1.

[2]) R. Koch: Bericht über die Untersuchungen des Berliner Leitungs wassers (Berlin; J. Springer) 1887.

[3]) Zft. f. Hyg. Sonderabdr.; Fischer's Jahresb. 1890, 579; vergl. das. 1884, 1077.

Tag der Unter-suchung	Stralauer Werke Spreewasser		Tegeler Werke Seewasser	
	unfiltrirt	filtrirt	unfiltrirt	filtrirt
1885				
Juni 2.	5 475	42	118	16
„ 9.	7 980	22	117	39
„ 16.	6 100	33	115	76
„ 23.	6 100	41	1 325	194
„ 30.	4 400	53	880	44
Juli 7.	3 500	28	verungl.	42
„ 14.	7 200	200	1 896	120
„ 21.	110 740	1656	13 220	49
„ 28.	2 640	54	1 500	48
August 4.	2 310	70	900	28
„ 11.	3 600	65	1 100	434
„ 18.	1 800	36	179	50
„ 25.	11 900	26	4 410	21
September 1.	3 360	184	600	17
„ 8.	960	1000	1 220	100
„ 15.	4 500	44	158	56
„ 22.	9 200	44	130	55
„ 29.	1 120	30	111	31
October 6.	3 192	36	160	24
„ 13.	1 204	25	519	29
„ 20.	2 178	36	174	18
„ 27.	4 840	24	173	10
November 3.	8 500	80	128	82

Tag der Unter-suchung	Stralauer Werke Spreewasser		Tegeler Werke Seewasser	
	unfiltrirt	filtrirt	unfiltrirt	filtrirt
1885				
November 10.	2 520	42	250	32
„ 17.	6 000	52	60	51
„ 24.	31 500	167	251	78
December 1.	9 000	117	65	10
„ 8.	2 700	220	440	210
„ 15.	5 880	180	1 290	1500
„ 22.	5 600	34	86	260
„ 29.	4 000	20	149	110
1886				
Januar 5.	4 500	95	80	38
„ 12.	1 400	40	170	12
„ 19.	1 100	94	92	36
„ 26.	29 000	100	54	60
Februar 2.	20 000	80	13 600	24
„ 9.	5 900	7	15	6
„ 16.	1 250	10	30	2
„ 23.	1 280	8	14	8
März 2.	1 010	8	57	3
„ 9.	3 680	112	225	19
„ 16.	14 400	210	440	70
„ 23.	32 700	145	16 500	66
„ 30.	100 000	2300	50 000	104

vierte Periode lieferten ebenfalls noch gänzlich unbrauchbares Wasser, und erst bei Schluss der fünften Periode fing das Filter an leidlich zu arbeiten, aber es verging lange Zeit, ehe es sich mit einem alten Filter messen konnte.

Kennzeichnend für das mit sterilem Sande erzielte Filtrat war ausser der grossen Anzahl von Mikroorganismen noch die etwas mangelhafte Klarheit. In Schauröhren von 800 mm Höhe war es im Vergleich zu gut filtrirtem Leitungswasser stumpf und hatte die ursprünglich stark bräunliche Färbung des Spreewassers fast unverändert beibehalten. Der zu den ersten Versuchen verwendete Sand war ein ziemlich grobkörniger gewesen, es wurden nun auch die feinen und feinsten Sande derselben Prüfung unterzogen, das Resultat blieb aber im Ganzen dasselbe. Die sterilen feinkörnigen Sande brauchten ebenso wie die grobkörnigen Monate, bevor sie ein bei bakterioskopischer Prüfung annähernd befriedigendes Filtrat lieferten.

Mit der Besserung, die in dieser Beziehung allmählich eintrat, ging ersichtlich Hand in Hand eine stetige Vervollkommnung der chemischen Reinigung des Wassers. Während dasselbe anfangs fast unverändert den sterilen Sand verliess, wurde später mehr und mehr eine Abnahme der Oxydirbarkeit bemerkbar. Es dauerte jedoch ziemlich lange, ehe das sterile Filter dem Wirkungsgrade eines reifen näher kam:

Art des untersuchten Wassers	Oxydirbarkeit (verbr. Theile $KMnO_4$ auf 1 Liter)				
	22./12.	23./12.	28./12.	5./1.	15./1.
Unfiltrites Spreewasser	23,0	22,6	22,9	21,3	26,3
Wasser aus einem sterilen Filter	24,0	22,8	22,0	18,9	23,2
Wasser aus einem reifen Filter	19,0	19,4	19,0	17,5	20,4
	7./10.	10./10.	17./10.	30./10.	13./11.
Unfiltrirtes Spreewasser	31,0	25,2	24,5	25,3	30,9
Berliner Leitungswasser	22,3	19,4	20,2	19,9	22,3
Wasser aus einem sterilen Filter nach zwei Monaten Betriebszeit	28,9	23,8	22,5	22,1	26,2

Nachdem sich bei dem sterilen Filter die Anzeichen einer erwachenden chemischen Reaction gemehrt hatten, wurde dasselbe angehalten und auf seinen Zustand untersucht. Man fand die ganze, fast 1,5 m dicke Sandschicht bis unten hin von zahlreichen Bakterien besetzt, indessen noch lange nicht in dem Maase, wie bei einem schon längere Zeit betriebenen Filter.

Der vom Wasser mitgeführte Sauerstoff unterlag in allen Filtern der Absorption, zuerst sehr reichlich, nach und nach weniger. In dieser Hinsicht machten auch die sterilen Filter keine Ausnahme. Da aber in den sterilen Filtern trotz starker Stauerstoffabsorption nicht eher eine Verminderung der organischen Substanzen stattfand, als bis sich zahlreiche Mikroorganismen eingenistet hatten, so wirkt während der kurzen Zeit, die für den Filtrationsprocess gegeben zu sein pflegt, der Sauerstoff direct fast gar nicht auf das Wasser ein und findet — wenn überhaupt — höchstens durch Vermittelung der Bakterien eine Verwerthung. Die chemische Wirkung eines Filters beruht demnach auf seinem Bakteriengehalt. Ist aber die Anzahl der angesammelten Mikroorganismen das Entscheidende, so wird die am stärksten davon erfüllte Schicht unter sonst gleichen Umständen auch die grösste Wirkung hervorbringen.

Fassen wir als die Aufgabe der Filtration nicht schlechthin eine das Auge befriedigende Klärung auf, sondern zugleich eine Veredlung des Wassers im chemischen und bakteriologischen Sinne, so weist die Gesammtheit der an sterilen Sanden gemachten Beobachtungen darauf hin, dass der Sand allein dazu nicht ausreicht, sondern dass wir uns dabei derselben unscheinbaren Lebewesen zu bedienen haben, mit deren Hülfe in der Natur die Zersetzung der verschiedenartigsten organischen Stoffe vollzogen wird. Der Sand kommt nur soweit in Frage, als er eine vortreffliche Herberge für Bakterien abgibt und ihnen einen festen Halt gewährt, so dass sie an derselben Stelle ihr Werk fortbetreiben können.

Der sterile Sand wird ohne Zweifel von den Bakterien mit Leichtigkeit durchwandert; ihr massenhaftes Auftreten im entgegengesetzten Falle aber ist nur unter der Annahme erklärlich, dass sie aus dem bakterienreichen Sande an der unteren Grenze, wo er dem Kies auflagert, durch den Wasserstrom herausgespült wurden. Demnach muss die Filtration am besten verlaufen, wenn in den oberen Schichten des Sandes viel, in den unteren dagegen wenig Bakterien, nicht mehr als der Sand bei mässigen Wassergeschwindigkeiten festhalten kann, enthalten sind.

Die während des Filtrirens auf der Oberfläche der Sandschicht sich ansammelnde Schmutzdecke ist der Hauptsitz der Bakterien. Wird sie beim Reinigen des Filters nebst dem unmittelbar darunter folgenden, dem Auge verschmutzt erscheinenden Sande entfernt, so kommen damit gerade die am stärksten verdichteten Theile in Wegfall, denen man eine besondere Wichtigkeit zuschreiben muss. Bevor nicht die Verdichtung der obersten Zone annähernd wiederhergestellt ist, muss daher die Leistung des Filters etwas mangelhaft sein. Das beweisen in der That die Ergebnisse der bakteriologischen Prüfung nach jeder Filterreinigung; es vergehen immer mehrere Tage, ehe die Nachwirkungen ganz vorüber sind, und sie verlieren sich um so später, je weiter noch die Sandschicht von dem sogenannten „reifen“ Zustand entfernt ist.

Da die im Sande angesammelten Bakterien ohne Zweifel um so kräftiger auf das Wasser reagiren, je länger dasselbe im Sande verweilt, so ist die Zeit, die auf das Filtriren verwendet wird, nicht gleichgültig. Sie hängt ab sowohl von der Filtrationsgeschwindigkeit wie von der Länge des zurückzulegenden Weges und lässt sich also verlängern, entweder durch Verzögerung der Geschwindigkeit oder durch Verdickung der Sandschicht.[1])

Für die mechanische Reinigung der Wässer eignen sich dicke Schichten jedenfalls besser als dünne, da sie mehr Aufhängepunkte darbieten als letztere. Ist ein Wasser durch viele und sehr feine Körperchen, wie Thon, stark getrübt, so muss vor allen Dingen mit Hülfe der Schlammdecke filtrirt werden. Sehr lange Filterwege kann man ja überdies in einem künstlichen Filter nicht herstellen; denn da die Baukosten mit der Tiefe des Filters sehr bedeutend zunehmen, ist man gerade bezüglich dieser auf das Aeusserste beschränkt und darf nicht über das unbedingt Nothwendige hinausgehen. Suspendirte Thontheilchen übertreffen an Kleinheit noch bei Weitem die Mikroorganismen. Ein thonhaltiges Wasser enthält nach mehrtägigem Stehen in 1 cc noch viele Millionen von Körperchen, die zum grössten Theil mikroskopisch unmessbar klein sind. Legen sie sich auf der Oberfläche des Filters zu einer Decke zusammen, so ist ihr Zusammenhang ein äusserst lockerer, während Mikroorganismen vermöge ihrer Klebrigkeit einen gewissen Verband unter einander eingehen.

[1]) Zwar ist es in der Praxis üblich, unter Geschwindigkeit des Filtrirens die Höhe der Wassersäule zu bezeichnen, welche durch ein Filterbett binnen einer Stunde versinkt. Da die versinkende Wassersäule im Sande nur das Porenvolumen ausfüllt, so erfährt sie dabei eine Verlängerung, deren Betrag um so grösser ausfällt, je mehr die freien Querschnitte abnehmen. Um also die Umsetzung der Geschwindigkeit im Sande zu bestimmen, muss man vorher das Porenvolumen kennen. Filtrirt man z. B. mit 100 mm stündlicher Geschwindigkeit und hat der zur Anwendung gebrachte Sand 25 % Porenvolumen, so bewegt sich das Wasser durch den Sand mit 4 . 100 = 400 mm stündlicher Geschwindigkeit.

Die theoretischen Untersuchungen über das Porenvolumen haben für dasselbe bekanntlich nur zwei Grenzwerthe (26 % bei dichtester Lagerung und 47 % bei lockerster) feststellen können. Ausserdem setzen dieselben ein Material, bestehend aus durchaus gleichartigen kugeligen Elementen, woraus, wie es in der Natur nirgends vorkommt. Die Abweichungen von der Regelmässigkeit hinsichtlich Grösse und Gestalt der Körner sind nach geologischem Ursprung und mineralischer Zusammensetzung der Sande sehr verschieden; für den in Berlin verwendeten Sand ergibt sich z. B. ein Porenvolumen von 31,4 bis 34 %. Wendet man daher eine stündliche Filtrirgeschwindigkeit von 200 mm an, so erlangt das Wasser im Sande eine Geschwindigkeit von 600 mm.

Letztere würden, wenn in grosser Zahl vorhanden, wohl im Stande sein, als Bindemittel einige Dienste zu leisten, doch hat man darauf nur in Ausnahmefällen zu rechnen. Um den schwachen Zusammenhang der einzelnen Elemente der Decke nicht zu stören, müsste mit kleinsten Geschwindigkeiten gearbeitet werden. Das führt aber zu praktischen Unmöglichkeiten. Die Beseitigung feiner Trübungen gelingt daher meist weniger vollkommen, als die Unterdrückung der Bakterien. Namentlich an Orten, die auf die Verwerthung lehmhaltigen Flusswassers angewiesen sind, macht sich gewöhnlich oder doch zu gewissen Zeiten die Mangelhaftigkeit des Klärungsvermögens der Sandfilter bemerkbar, indem das Wasser einen bläulichen Schein zu behalten pflegt und ein mattes Aussehen besitzt. Sofern man sicher ist, dass das Opalisiren von Resten indifferenter Stoffe herrührt, mag man es als ein verhältnissmässig geringfügiges Uebel in den Kauf nehmen. Immerhin aber wird der Wunsch rege bleiben, diesen Schönheitsfehler zu beseitigen.

Zu den Schönheitsfehlern wird von den Hygienikern auch gerechnet der grössere oder geringere Gehalt der filtrirten Wässer an aufgelöster organischer Substanz, was aber, wie Piefke mit Recht hervorhebt, nicht richtig ist, da von der chemischen Beschaffenheit grossentheils diejenigen Eigenschaften des Wassers abhängen, welche der Geschmack als besondere Vorzüge empfindet und die zu seinem Genusse einladen. Niemand würde z. B. gern das Spreewasser geniessen, wenn nichts anderes als die Algen und Mikroorganismen daraus entfernt würden, wohingegen es nach sorgfältiger Filtration ein leidlich wohlschmeckendes Wasser ist.

Die Thatsache, dass in sterilen Filtern trotz kräftiger Sauerstoffabsorption keine nennenswerthe Oxydirung der aufgelösten organischen Stoffe stattfindet, wies darauf hin, dass dauernde und belangreiche chemische Reactionen allein von den im Sande angesammelten Bakterien ausgehen. Demgemäss sind die kräftigsten Reactionen von den Zonen zu erwarten, welche der Hauptsitz der Bakterien sind, also von den oberen, wohingegen in den tieferen im Verhältniss zu der geringeren Zahl der von ihnen beherbergten Bakterien die chemischen Wirkungen aller Wahrscheinlichkeit nach sich vermindern werden. Ihre Bestätigung fand diese Vermuthung bei der Vergleichung der Ergebnisse der Versuchsfilter, welche Sandschichten von verschiedener Dicke enthielten. Zur Schichtung wurde bei allen dreien dasselbe Material, nämlich mässig bakterienhaltiger Sand aus der unteren Lage eines schon längere Zeit im Betriebe befindlichen grossen Filters verwendet. Ausserdem wurden sie alle auf denselben Gang (50 mm die Stunde) gestellt. Nachdem man sicher sein konnte, dass die vom Einfüllen herrührenden schädlichen Nachwirkungen vorüber waren, wurde das Filtrat der einzelnen Filter möglichst zu gleicher Zeit nebst dem unfiltrirten Spreewasser untersucht:

Datum	Oxydirbarkeit, $KMnO_4$				Sauerstoffgehalt des Wassers in cc			
	unfiltrirtes Spreewasser	Versuchsfilter			unfiltrirtes Spreewasser	Versuchsfilter		
		IV	I	VIII		IV	I	VIII
		Dicke der Sandschicht				Dicke der Sandschicht		
		700 mm	1400 mm	600 mm		700 mm	1400 mm	600 mm
22./12.	23,0	19,0	17,6	—	—	—	—	—
23./12.	22,6	14,4	18,2	16,8	—	—	—	—
28./12.	22,9	19,0	16,7	17,8	—	—	—	—
5./1.	21,3	17,5	16,8	16,2	7,4	3,9	0,7	1,2
15./1.	26,3	20,4	18,8	—	7,9	4,8	3,1	—
13./2.	18,1	—	14,1	14,5	7,3	3,2	3,7	—
25./2.	—	—	—	—	6,6	—	—	1,7

Man könnte glauben, dass die Erschlaffung der chemischen Wirkung in den tieferen Theilen der Sandschicht an dem starken Zutritt des Sauerstoffs in der oberen Zone gelegen habe. Wäre diese Auffassung die richtige, so müsste ein Filter, bei welchem das durchlaufende Wasser das Porenvolumen nicht vollständig ausfüllt, sondern nur an den Sandkörnern herabrieselt, an Wirksamkeit jedes andere übertreffen, da die durch Absorption hervorgebrachten Verluste an Sauerstoff von der überall im Sande circulirenden Luft mit Leichtigkeit würden gedeckt werden. Dieses ist jedoch nicht der Fall, wie bez. Versuche ergaben.

Es ergab sich also, dass die chemische Wirkung der tieferen Schichtenglieder schwächer und schwächer wurde, und dass nach Reduction der organischen Substanz auf einen gewissen Betrag keine weitere Verminderung derselben durch Bakterien mehr herbeigeführt wurde. Da dieses nicht an etwaigem Sauerstoffmangel gelegen haben kann, so bleibt als einzig möglicher Grund der übrig, dass schliesslich die Nährstoffe ausgegangen sind. Auf die Consumenten der niederen Zonen kamen nur die Reste davon, und jede tiefere Zone empfing weniger als die vorangegangene obere, bis endlich für die unterste so gut wie nichts mehr übrig blieb. Wir können demnach behaupten: der nach hinlänglich ausgedehnter Filtration im Wasser noch zurückbleibende, nahezu constante Rest von organischer Substanz besitzt keinen Nährwerth mehr und ist folglich nicht gährungs- oder fäulnissfähig. So stellt sich uns die Filtration, nach ihrer chemischen Seite betrachtet, vorwiegend als Gährungsprocess dar, und darin beruhen sowohl ihre Vorzüge wie ihre naturgemässen Beschränkungen. Sie entfernt gerade denjenigen Theil der organischen Stoffe aus dem Wasser, den der Chemiker als verdächtig bezeichnet, und dessen Beseitigung er als wünschenswerth hinstellt, sie ist dagegen machtlos gegen gefestete und nicht vergährbare Stoffe. Am 28. December war z. B. die Oxydirbarkeit des unfiltrirten Spreewassers 22,9 mg $KMnO_4$, der constante Rest, welcher nach sehr langsamer und lange währender Filtration verblieb, hatte die Oxydirbarkeit 16,7 mg $KMnO_4$. An gährungsfähiger Substanz war somit eine Menge vorhanden, welche sich durch die Oxydirbarkeit 22,9—16,7 = 6,2 mg $KMnO_4$ kennzeichnen lässt.

Nicht Absorption, nicht Oxydation, sondern Consumption ist der massgebende Factor bei der Sandfiltration, auf den wir unser Augenmerk zu lenken haben, wenn wir auf Verbesserung des Wassers ausgehen. Auf den ersten Blick will es bedauerlich erscheinen, dass der Sand im Vergleich zu anderen Filtrirmaterialien mit so schwachem Absorptionsvermögen ausgerüstet ist. Im Grunde genommen ist das jedoch weit eher ein Vortheil als ein Nachtheil. Würde sich die Sandschicht mit organischer Substanz stark beladen, so würde sie allmählich den Character eines Nährbodens annehmen und in sich selbst massenhaft Bakterien hervorbringen, und zwar in allen ihren Theilen, die untersten Theile nicht ausgenommen. Abgesehen von diesem Uebelstande würden nachhaltige Wirkungen von der Absorption ja doch nicht zu erwarten sein; diese kann dauernd nur aufrecht erhalten werden durch Oxydation und sinkt nach kurzer Zeit auf das äusserst winzige Maass zurück, welches die geringfügige Energie des spärlich vertretenen Sauerstoffs ermöglicht. Es ist daher vortheilhafter, dass es zu erheblichen Absorptionen bei Anfang des Filtrirens nicht erst kommt. Ganz ähnliche Nachtheile wie durch Absorptionen entstehen durch übermässig schnelles Filtriren. Zur Fäulniss geneigte Körperchen werden dabei massenhaft bis tief in die Sandschicht hineingetrieben, und ob die faulenden Substanzen dieses oder jenes Ursprungs sind, ändert an den schädlichen Folgen nichts. Was Absorption und Oxydation gemeinschaftlich nicht vermögen, leisten mit Leichtigkeit die Bakterien, und indem sie das Wasser unaufhörlich mit sich bringt, liegt darin die sichere Gewähr, dass die reinigende Kraft des Filters nicht zum Erlahmen kommt. (Vgl. S. 428.)

Die Aufzehrung der Nährstoffe hängt ausser von der Anzahl der Bakterien auch von der Zeit ab, die diesen zur Einwirkung auf dieselbe Wassermenge belassen wird. Es ist daher von Wichtigkeit, dass das Wasser längere Zeit in der bakterienreichen oberen Zone verweile. Was in dieser versäumt wird, lässt sich in den tieferen nur zum geringen Theile nachholen. Die Vorbedingung einer gründlichen Reinigung des Wassers im chemischen Sinne ist also wiederum Verlangsamung der Filtration, wohingegen die Verdickung der Schicht diesen Zweck nur wenig fördert und bei langsamen Geschwindigkeiten überhaupt einen überflüssigen und lästigen Ballast schafft. Eine Schicht von 1400 mm Dicke leistete fast genau dasselbe wie eine andere von 2100 mm Mächtigkeit, und die erstere übertraf wiederum verhältnissmässig um wenig eine solche, die nur 700 mm stark war, ja eine aus recht reifem Sande gebildete Filterschicht vernichtet schon bei 609 mm Dicke die gesammte gährungsfähige Substanz. Zu bemerken ist, dass die angeführten Resultate bei der ausserordentlich langsamen Filtrirgeschwindigkeit von 50 mm die Stunde erhalten wurden; sie verschlechterten sich sofort beim Uebergange zu grösserer Geschwindigkeit. Das Spreewasser hatte z. B. am 17. Februar 1889 eine Oxydirbarkeit von 20,6 mg $KMnO_4$. Zwei kleine Versuchsfilter mit je 700 mm dicker Sandschicht wurden damit gespeist, der Art, dass das eine stündlich 50 mm, das andere 200 mm Wassersäule abfiltrirte. Beim Filtrat des langsam arbeitenden Filters betrug die Oxydirbarkeit nur noch 13,9 mg, bei dem des 4 Mal schneller laufenden dagegen 18,2 mg $KMnO_4$.

Um die Wirkung der Sandfilter auf pathogene Bakterien zu prüfen, wurden von C. Piefke und C. Fränkel[1]) zwei Filter von 2,1 m Höhe und 0,75 m Durchmesser genau nach dem Muster der grossen Sandfilter mit 10 cm haselnussgrossen Steinen, 8 cm grobem Kies, 10 cm feinem Kies und 60 cm scharfem Sand beschickt. Das zu filtrirende Wasser wurde mit Bacillus violaceus versetzt, weil dieser leicht zu erkennen ist. Bei einer Versuchsreihe wurde z. B. Filter *A* mit 300 mm stündlicher Geschwindigkeit, entsprechend einer täglich abfiltrirten Wassermenge von 2880 l, Filter *B* mit 100 mm stündlicher Geschwindigkeit, entsprechend täglich 960 l Wasser 30 Tage lang geprüft. Alle Versuche ergaben, dass die Sandfilter kein keimfreies Wasser erzeugen, dass namentlich der Anfang einer jeden Periode, der das Filter noch in undichtem Zustande antrifft, und das Ende, welches unter der Pressung der oberflächlichen Sandschichten, vielleicht auch dem Durchwachsen der Bakterien durch den Filterkörper zu leiden hat, gefährliche Zeiten sind; dass die Menge der im Filtrat auftretenden Mikroorganismen unmittelbar abhängig ist einmal von der Menge der im unfiltrirten Wasser vorhandenen Keime und zweitens von der Geschwindigkeit, mit der die Filtration von Statten geht.

Nun wurde das zu filtrirende Wasser mit Typhus- und Cholerabakterien versetzt, so dass dasselbe über 100000 Keime enthielt. Vom 13. bis 24. August z. B. wurde Filter *A* auf 300 mm Filtrirgeschwindigkeit eingestellt, Filter *B* auf 50 mm. Die Untersuchung ergab:

(Siehe Tabelle S. 434.)

Eine andere Versuchsreihe mit geringen Filtrirgeschwindigkeiten ergab die in folgender Tabelle zusammengestellten Ergebnisse:

(Siehe Tabelle S. 435)

Somit sind die Sandfilter keine keimdicht arbeitenden Apparate; weder die gewöhnlichen Wasserbakterien noch auch Typhus- und Cholerabacillen werden von denselben mit Sicherheit zurückgehalten. Die Menge der in das Filtrat übergehenden Mikroorganismen ist abhängig von der

[1]) Zft. f. Hyg. 8, Sonderabdr.

Filtr. Wasser aus Filter *A*					Filtr. Wasser aus Filter *B*				
1 cc enthielt entwickelungsfähige Keime				verbrauchter Druck	1 cc enthielt entwickelungsfähige Keime				verbrauchter Druck
insges.	viol.	typh.	chol.	mm	insges.	viol.	typh.	chol.	mm
220	—	—	—	140	—	—	—	—	34
3500	58	9	14	147	420	4	—	—	35
1120	60	9	—	179	190	5	4	—	37
430	8	3	1	210	92	10	1	—	42
290	38	14	18	245	220	1	3	2	43
480	50	15	9	300	43	6	—	—	47
110	22	14	56	360	63	1	3	—	53
120	20	14	12	425	42	0	4	—	68
620	16	58	6	505	92	0	0	—	74
290	8	10	2	638	102	0	1	—	79
210	6	4	6	806	43	3	0	1	87
1300	2	4	—	973	100	1	1	—	105
	288	154	124			31	17	3	

Anzahl der im unfiltrirten Wasser vorhandenen und von der Schnelligkeit der Filtration. Anfang und Ende einer jeden Periode sind besonders gefährliche Zeiten, weil im ersteren Falle die Filter noch nicht ihre volle Leistungsfähigkeit erlangt haben, im letzteren die Pressung der oberflächlichen Filterschichten, vielleicht auch das selbstständige Durchwachsen der Bakterien durch diese ein Abwärtssteigen der Mikroorganismen begünstigen.

Es ist eine schwer zu beantwortende Frage, wie viel Zeit die Mikroorganismen wohl gebrauchen, um ein Sandfilter zu durchdringen, dass aber die Fortbewegung dieser Körperchen nicht mit der Schnelligkeit erfolgt, mit welcher die Wassertheilchen versickern, ist unzweifelhaft. Selbst im besten — oder wenn man will ungünstigsten — Falle werden Stunden, ja Tage vergehen, ehe die auf die Oberfläche der Sandschicht etwa gerathenen Bakterien sich im Filtrat bemerklich machen, und ausserdem wird dieses Ereigniss nicht mit einem Schlage, nicht in einer genau umschriebenen Frist in die Erscheinung treten, sondern ganz allmählich ablaufen. Die Mikroorganismen wandern in dem Filterkörper nicht alle mit der gleichen Geschwindigkeit, einige setzen sich hier, andere dort an jenem Sandkorn für einige Zeit fest, um dann die unterbrochene Fahrt eine Strecke weit wieder aufzunehmen, und wenn ein ganzes Rudel Bakterien gemeinschaftlich auf die Reise gegangen ist, so werden die einen dem Gros weit vorauseilen, andere als Nachzügler eintreffen und es wird schliesslich ganz undeutlich werden, dass alle aus dem gleichen Herkunftsorte stammen und denselben zur nämlichen Zeit verlassen haben. Häufen sich gar die

1889	Unfiltrirtes Wasser, 1 cc enthielt entwickelungsfähige Keime				Filtrirtes Wasser aus Filter *A*, 1 cc enthielt entwickelungsfähige Keime				Filter *A*: stündl. Filtr.-Geschw.	Filter *A*: verbrauchter Druck	Filtrirtes Wasser aus Filter *B*, 1 cc enthielt entwickelungsfähige Keime				Filter *B*: stündl. Filtr. Geschw.	Filter *B*: verbrauchter Druck
	insges.	viol.	typh.	chol.	insges.	viol.	typh.	chol.	mm	mm	insges.	viol.	typh.	chol.	mm	mm
Sept. 16.	3 080	?	30	zahlr.	35	0	0	1	25	43	118	0	3	1	50	60
" 17.	14 490	80	160	"	19	0	0	0	25	57	71	0	1	3	50	78
" 18.	5 620	?	55	"	31	0	0	0	25	74	202	0	1	0	50	100
" 19.	5 000	?	—	"	32	0	0	1	25	77	119	0	1	0	50	100
" 20.	5 291	155	—	"	108	0	0	2	25	78	117	1	0	1	50	102
" 21.	18 000	1 380	20	"	60	0	1	2	25	78	66	1	0	4	50	102
" 22.	2 460	40	21	"	33	0	1	0	25	78	89	0	0	0	50	103
" 23.	19 315	1 430	150	"	144	0	1	0	25	78	113	1	0	4	50	103
" 24.	38 050	3 330	65	"	34	0	2	1	25	79	118	1	3	2	50	104
" 25.	19 700	1 324	100	1000	88	0	0	1	25	79	296	1	2	3	50	104
" 26.	19 400	1 870	180	1200	73	0	1	1	25	79	453	5	10	16	50	105
" 27.	65 200	800	450	zahlr.	147	0	1	1	25	79	680	4	9	6	50	105
" 28.	117 000	1 400	200	"	53	0	3	0	25	79	219	2	8	4	50	107
" 29.	139 130	550	300	"	381	0	0	0	25	79	167	2	5	3	50	108
" 30.	101 200	1 900	400	"	57	0	1	0	25	80	180	3	2	1	50	110
Oct. 1.	44 500	10 400	473	"	49	0	0	0	25	81	125	2	2	1	50	110
" 2.	55 000	2 450	376	"	20	0	1	0	25	83	194	2	6	2	50	111
" 3.	30 150	1 050	450	800	55	1	1	1	25	84	150	1	2	2	50	111
" 4.	53 200	600	650	200	68	1	2	0	25	84	93	0	0	0	50	113
" 5.	50 500	1 113	700	zahlr.	49	1	0	0	25	85	102	2	1	1	50	113
" 6.	53 200	725	330	400	310	0	0	0	25	85	154	1	2	8	50	114
" 7.	29 200	2 700	200	zahlr.	42	0	0	0	25	86	128	20	12	12	50	115
" 9.	42 800	9 100	?	?	91	0	0	0	25	87	110	12	10	9	50	116
" 11.	69 300	6 025	500	400	237	5	0	0	25	88	158	9	13	10	50	117

Widerstände im Filter, so werden diese Verhältnisse sich noch schärfer entwickeln, und in der That kann man obigen Versuchen an verschiedenen Stellen die Beobachtung entnehmen, dass auf der Höhe einer Filtrationsperiode bei mittlerer Geschwindigkeit etwa 48 Stunden vergehen, ehe eine Veränderung in der Zusammensetzung des unfiltrirten Wassers, beispielsweise die Zunahme der blauen Keime oder das Auftauchen ausserordentlich grosser Mengen einer wilden Bakterienart in der Beschaffenheit des Filtrats hervortritt.

Auf die Menge der die Filter durchdringenden Bakterien ist somit von Einfluss die Anzahl der im unfiltrirten Wasser bereits vorhandenen und besonders die Schnelligkeit der Filtration. Für Spreewasser wären womöglich 50 mm nicht zu überschreiten.

Auf jeden Fall sind die Sandfilter, selbst wenn ihr Betrieb von berufendster und sachkundigster Hand geleitet wird, doch nicht im Stande, eine vollständige Sicherheit für ausreichende Säuberung des Trinkwassers von schädlichen, infectiösen Stoffen zu geben. Mag man auch die Wahrscheinlichkeit des Ueberganges pathogener Bakterien in das Filtrat als eine sehr geringfügige hinstellen, mag man hervorheben, dass so gewaltige Mengen von gefährlichen Mikroorganismen, wie sie in obigen Versuchen verwendet wurden um den Durchtritt durch die Filter zu erzwingen, unter natürlichen Verhältnissen niemals vorkommen werden, so muss man doch zunächst die Möglichkeit eines derartigen unglücklichen Zufalls unbedingt zugeben. Die Menge des untersuchten Filtrates betrug jedesmal nur 1 cc, war ein verschwindend kleiner Bruchtheil der Gesammtmenge, und wenn sich hier nur wenige pathogene Keime entdecken lassen, so werden daraus doch, auf das Ganze berechnet, recht erhebliche Zahlen, die genügen, um die ausgedehnteste Epidemie zu veranlassen. Nimmt man endlich an, dass die Bakterien sich innerhalb des Filters vermehren und durch dasselbe hindurchwachsen können, so vermag schon ein einziger Anfangskeim auf diesem Wege schliesslich das grösste Unheil anzurichten.

Die gegen diese Ausführungen auf der Versammlung des Vereins der Gas- und Wasserfachmänner von Lindley, E. Grahn, Kümmel u. A.[1]) ausgesprochenen Bedenken sind bedeutungslos, umsomehr Piefke[2]) auf's Neue nachgewiesen hat, dass Sandfilter nicht keimdicht sind. Es gibt demnach überhaupt keine praktisch brauchbaren keimdichten Filter. —

Seit einigen Jahren ist auch noch die Enteisenung von Wasser für städtische Wasserleitungen wichtig geworden. Sehr oft enthält das Brunnenbez. Grundwasser Eisencarbonat gelöst, welches beim Stehen an der Luft als

[1]) J. f. Gasbel. 1890, 501; Fischer's Jahresb. 1890, 582.

[2]) J. f. Gasbel. 1891, 207.

Ferrihydrat ausfällt und das Wasser besonders für den Hausgebrauch, Bleichereien, Papierfabriken, Gährungsgewerbe u.s.w. unbrauchbar macht. Um solches Wasser für die Wasserversorgung von Städten u. dgl. verwendbar zu machen, empfiehlt C. Piefke[1]), dasselbe der atmosphärischen Luft auszusetzen, dann zu filtriren. Das durch Rohr *a* (Fig. 42) zugeführte Wasser fliesst in eine Schale *b*, fällt von hier glockenförmig ausgebreitet auf die gelochte Platte *e*, welche es gleichmässig auf die Koksfüllung des Cylinders *G* vertheilt.

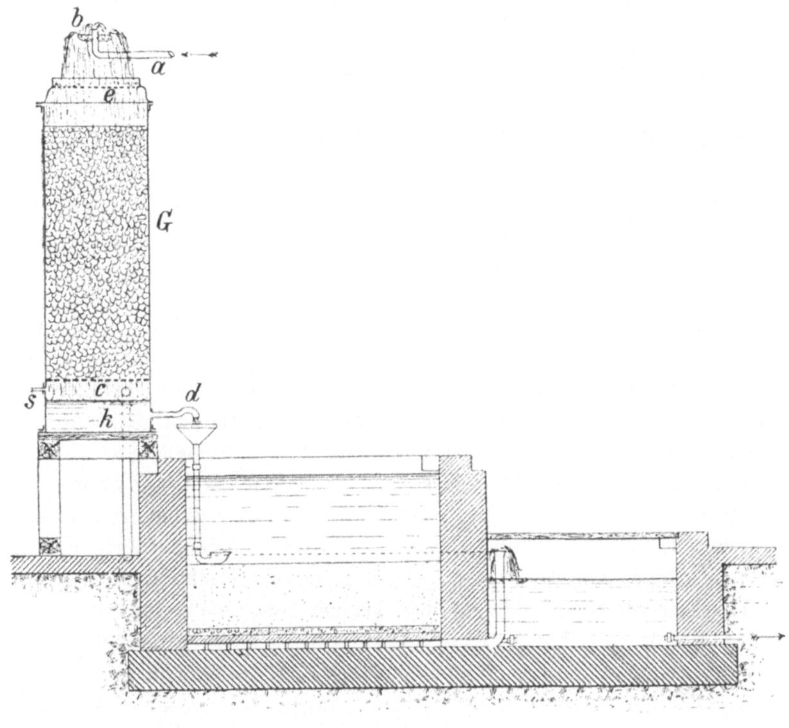

Fig. 42.

Die 1,5 bis 2 m hohe Koksstückenschicht ruht auf dem Siebboden *c*. Das der bei *s* eintretenden atmosphärischen Luft entgegenrieselnde Wasser sammelt sich in der Abtheilung *k* und fliesst durch Rohr *d* auf ein Sandfilter. Das Ferrocarbonat verliert die Kohlensäure und wird als Ferrihydrat ausgeschieden.

Versuche mit Brunnenwasser (I) ergaben am Ausfluss des Lüfters *G* (II) und am Ausfluss des Filters (III) folgende Gehalte:

---

[1]) Zft. f. angew. Chem., 1890, 712; 1891, 250.

	Das Wasser enthielt mg im Liter		Für 1 qm Grundfläche des Lüfters stündlich verrieselte Wassermenge	Zeit, in welcher das Wasser den Lüfter durchströmte	Für 1 qm Filterfläche stündlich abfiltrirte Wassermenge
	Eisenoxydul	freie Kohlensäure	l	Secunden	l
I	2,17	29,0			
II	0,26	17,0	2300	30	500
III	0,10	11,0			
I	1,82	25,0			
II	0,30	13,0	2300	30	500
III	0,15	8,0			
I	2,88	42,0			
II	0,60	18,0	7000	13	600
III	0,20	12,0			
I	2,94	49,0			
II	0,50	30,0	6000	15	600
III	0,15	12,5			

Die Filtrate waren tadellos und dauernd klar.

Dunbar und E. Orth[1]) versuchten die bisher bekannten Verfahren zur Abscheidung des Eisens zu vereinfachen. Das Wasser des Anckelmannplatzbrunnens enthält nur etwa 1 mg Eisen im Liter, schmeckt aber tintenartig, faulig und wird beim Stehen an der Luft opalescirend; später scheidet es einen bräunlichen Niederschlag ab. In seinem natürlichen Zustande ist es ungeeignet für Trink- und Brauchzwecke. Giesst man dieses Wasser in ein Fass, das mit einer 30 cm hohen Schicht reinen Sandes beschickt ist, dessen Korngrösse nicht mehr als 1 mm beträgt, und öffnet man nach Ablauf von 15 Minuten einen unten angebrachten Hahn, so erhält man ein klar bleibendes Filtrat von reinem Geschmack und einem Eisengehalt, der unter 0,1 mg im Liter liegt. Die im Fasse befindliche Oeffnung des Hahns wird mit einem feinen Messingdrahtgewebe überzogen, um das Durchspülen des Sandes zu verhindern. In ein solches Fass wurden vom 6. bis 21. Januar 1898 täglich etwa 225 l des bezeichneten Brunnenwassers gegossen. Entnahm man an den ersten Tagen vor Ablauf von 15 Minuten Proben, so zeigten diese einen tintenartigen Geschmack und sie trübten sich nachträglich. In dem Maasse aber wie der Sand mit Eisenschlamm durchsetzt wurde, steigerte sich die Wirksamkeit des Filters. Nach 14 tägiger Betriebsdauer konnte man sofort nach Füllung des Fasses unten eisenfreies Wasser abzapfen; dabei lieferte das benutzte Fass, welches 55 cm hoch war und einen Durchmesser von 32 cm hatte, 2 l in der Minute. — Auf der Veddel stand ein Brunnen zur Verfügung, dessen Wasser

[1]) J. Gasbel, 1898, 285.

etwa 25 mg Eisenoxyd im Liter enthält. Aus diesem Wasser ist das Eisen sehr schwierig auszuscheiden. Selbst nach völliger Sättigung dieses Wassers mit Sauerstoff dauert es mehr als 2 Stunden, bis die Umwandlung der löslichen Ferrosalze in unlösliche Ferrisalze sich vollzogen hat. In der Nähe dieses Brunnens wurde dasselbe Filter aufgestellt und während $1^1/_2$ Monaten an 6 Tagen der Woche mit je etwa 2 hl des Brunnenwassers beschickt, das so, wie es die Pumpe lieferte, sofort aufgegossen wurde. Anfangs lieferte der Apparat ein Filtrat, dessen Eisengehalt etwa 3 bis 4 mg betrug. Nach Ablauf von 2 Wochen enthielt es etwa 2 mg und eine Woche später etwa 0,65 mg Eisenoxyd im Liter. Allmählich sank der Eisengehalt auf 0,3 mg und etwa 4 Wochen nach Inbetriebsetzung des Filters lieferte es ein Wasser, das weniger als 0,1 mg Eisenoxyd im Liter enthielt. Während das Rohwasser nach kurzem Stehen an der Luft in einer Schicht von wenigen Centimetern ganz undurchsichtig und von kaffeebrauner Farbe erscheint und wegen seines tintenartigen, fauligen Geschmackes völlig ungeniessbar ist, ist das Filtrat nunmehr krystallklar und von erfrischendem, durchaus reinem Geschmack. Nachstehende Tabelle, welche die Ergebnisse einer eingehenden Analyse enthält, zeigt, dass auch der Gehalt des Wassers an organischen Substanzen durch die Filtration sehr beträchtlich herabgesetzt wurde (mg im Liter):

	In 1 l Wasser sind nachgewiesen mg:												Organ. Substanz entspr. mg Permgt. corr. auf Eisenoxyd
	Abdampfrückstand, geglüht bei 180°	Glühverlust	Kalk	Magnesia	Schwefelsäure	Ammoniak	Salpetrige Säure	Salpetersäure	Chlor	Gebundene Kohlensäure	Eisenoxyd	Kieselsäure, Thonerde	
Rohwasser.	393	68	97	15	1	8	0	0	74	90	24	32	21,6
Filtrat . . .	356	67	97	14	1	8	0	0	74	90	Spur	25	12,6

Das Fass wurde täglich regelmässig zu verschiedenen Zeiten gefüllt, und sofort nach jeder Füllung wurden Proben entnommen. Keine einzige der sehr zahlreichen aufbewarten Proben hat sich nachträglich getrübt. Der Geschmack wie auch der Geruch des Filtrates waren ebenso wie das Aussehen stets tadellos. — Die Ergiebigkeit des Filters hat während der Versuchsperiode nicht merklich abgenommen. — Versuche zeigten, dass sich bei Sandfiltern, welche die Aufgabe haben, Eisenschlamm zurückzuhalten, durch einfaches, mechanisches Durchrühren des Filtermaterials bei gleichzeitiger Spülung eine vollständige befriedigende Regenerirung erzielen lässt.

Für den Grossbetrieb ist die von Salbach, dann von Oesten, Piefke u. A. vorgeschlagene Lüftung am geeignetsten. Einem solchen Filter wurde zunächst so viel Wasser zugeleitet, dass das Sandfilter mit einer Geschwindigkeit von 0,8 m in der Stunde arbeitete. Nachdem während einer Versuchsperiode von 3 Wochen sich stets ein klar bleibendes Filtrat ergeben hatte, das in der Regel frei von Eisen war, höchstens 0,075 mg Eisenoxyd im Liter enthielt, wurde die Geschwindigkeit auf 1,2 und allmählich steigend auf zwei 2 m eingestellt, wobei die Resultate in Bezug auf Aussehen, Geschmack und Eisengehalt nach den Ergebnissen der täglich vorgenommenen Beobachtungen und in Zwischenräumen von 2 bis 3 Tagen ausgeführten chemischen Analysen gleich gut blieben. Im Laufe des Juli 1897 wurde die Filtrirgeschwindigkeit von 2 auf 3,75 m allmählich gesteigert. Der Eisengehalt des Filtrats schwankte dabei zwischen nicht messbaren Spuren und 0,2 mg im Liter, nur an 2 Tagen stieg derselbe auf 0,3 bez. 0,35 mg. Das behandelte Wasser blieb beim Stehen an der Luft stets klar und zeigte einen erfrischenden reinen Geschmack. Darauf wurde in der Zeit vom 12. August bis zum 3. September die Filtrirgeschwindigkeit allmählich von 3 auf 7 m die Stunde erhöht, wobei der Eisengehalt des Filtrats zwischen 0,05 und 0,2 mg schwankte. Nur an einem Tage fanden sich 0,35 mg Eisenoxyd, ohne dass die Brauchbarkeit des Filtrats darunter litt. Nachdem Mitte September nach voraufgegangener Reinigung des Sandfilters die Filtrationsgeschwindigkeit auf 8,5 m die Stunde gesteigert worden und das Filtrat bei einem Eisengehalt von 0,06 mg im Liter in jeder Beziehung zufriedenstellend ausgefallen war, konnte an eine weitere Beschleunigung des Betriebes gedacht werden. Vorher wurde die Sandschicht niedriger gelegt und die Abflussöffnung des Bottichs mit einem sogen. Schwanenhals versehen, dessen Oeffnung durch seitliche Drehung so hoch gelegt werden konnte, dass man eine einige Centimeter hohe Wasserschicht über dem Sand zu halten vermochte. Um die Wirkung des auffallenden, verhältnissmässig mächtigen Wasserstromes zu brechen und eine gleichmässige Vertheilung des Zuflusses zu bewirken, wurden zwei gelochte Zinkblechgefässe in der durch die Figur angedeuteten Weise angebracht. — Die Reinigung wurde so vorgenommen, dass der Sand im Lager blieb und unter zuströmendem Rohwasser kräftig durchgeschaufelt wurde. Der Abfluss zeigte sich dann alsbald kaffeebraun, aber schon innerhalb 20 Minuten bei fortgesetztem Umschaufeln annähernd klar. Nachdem die Sandschicht wieder geebnet war, dauerte es weitere 10 Minuten, bis ein klar bleibendes Filtrat erhalten wurde. Der gewaschene Sand blieb braun. Jedes Körnchen war ganz incrustrirt durch Eisen, das so fest haftete, dass es sich selbst durch kräftiges Reiben nicht entfernen liess. Das ist aber nicht als ein Nachtheil anzusehen, sondern gerade darauf beruht die energische Wirkung des

Sandes. Lässt man den Abfluss während der halbstündigen Reinigungsdauer fortlaufen, so sind gegen diese Reinigungsart Bedenken nicht zu erheben, sofern es sich, wie es hier der Fall war, um ein von Natur bakterienfreies Wasser handelt. — In der Zeit vom 2. November bis zum 22. December wurde die Filtrirgeschwindigkeit allmählich auf 15 m die Stunde gesteigert. Während dieser Zeit erfolgte die Reinigung des Sandfilters sieben Mal in der beschriebenen Weise. Jedes Mal dauerte die Betriebsunterbrechung nur $^1/_2$ Stunde. Nach Ablauf derselben wurde stets sofort ein Filtrat erzielt, dessen Eisengehalt zwischen 0,05 und 0,3 mg im Liter lag. Selbst bei der verhältnissmässig sehr hohen Filtrationsgeschwindigkeit von 15 m die Stunde war das Filtrat stets durchaus zufriedenstellend, indem es beim Stehen an der Luft völlig klar blieb, innerhalb 2 Tagen nicht den geringsten Bodensatz lieferte und einen durchaus reinen erfrischenden Geschmack aufwies. Diese Versuche zeigen, dass man bei Zuhilfenahme des beschriebenen Lüfters von etwa 2 m Höhe und etwa $^3/_4$ m Durchmesser durch einen Sandfilter von 1 bis 1,5 mm Korngrösse, dessen Oberfläche nur etwa 1,5 qm und dessen Tiefe nur 30 cm betrug, die Stunde 23 cbm des eisenhaltigen Wassers bis zu einem den Anforderungen der Praxis durchaus genügenden Grade zu enteisenen vermag. Der Betrieb ging unter der beschriebenen allmählichen Vermehrung des Zuflusses 7 Wochen hindurch Tag und Nacht ununterbrochen vor sich und die durch die Reinigung verlorene Betriebszeit dauerte während dieser Versuchsperiode insgesammt nur $3^1/_2$ Stunden.

Das Grundwasser, an dem die Versuche zunächst angestellt wurden, ist von Natur frei von Sauerstoff und fliesst aus dem eisernen Röhrenbrunnen mit einem Sauerstoffgehalt ab, der sich auf weniger als 0,1 cc im Liter belief. Fängt man das Wasser in einem Eimer auf, der etwa 30 cm von der Mündung des Pumpenrohrs entfernt steht, so zeigt der Eimerinhalt einen Sauerstoffgehalt von 3 cc im Liter. Der durch diese Art der Füllung der Apparate erzielte Sauerstoffgehalt genügt für die Enteisenung, wenn man das Filter Abends entleert und über Nacht, mit Luft gefüllt, stehen lässt. Leitet man aber das Brunnenwasser mittels Schlauch, der an dem Brunnenrohr befestigt wird, so auf das Filter, dass das Wasser direct über dem Sand, bez. später unter dem Wasserspiegel austritt, mithin nicht durch die Luft fällt, so weist der Fassinhalt nach der Füllung nur etwa $1^1/_2$ bis 2 cc Sauerstoff im Liter auf, und diese Sauerstoffmenge genügt dann nicht für eine hinreichende Enteisenung des fraglichen Wassers. Man kann sogar ein vollständig eingearbeitetes Sandfilter, welches ein klar bleibendes Filtrat liefert, sofort vorübergehend unwirksam machen, wenn man das Fass anstatt durch Eimerfüllung in der erwähnten Weise mittels Schlauch füllt. Versieht man die Schlauchmündung mit einem kleinen Brausenkopf, der das zufliessende Wasser in eine Anzahl einzelner Strahlen vertheilt, so werden dadurch genügende Sauerstoffmengen mitgerissen. Es ist selbst bei hochgradig eisenhaltigen Wässern (25 mg im Liter) nicht erforderlich, diese Wasserstrahlen eine grössere Strecke durch die Luft fallen zu lassen. Versuche ergeben, dass die älteren Filter, bei denen die Sandkörner mit Eisenschlamm incrustirt sind, deshalb besser wirken, weil der Sauerstoff durch den fraglichen Schlammüberzug in erhöhtem Maasse zurückgehalten wird. Eine Bakterienwirkung kommt nicht in Frage. — Bekanntlich wurde früher sehr viel Gewicht gelegt auf die Vertreibung der Kohlensäure aus dem zu enteisenenden Wasser. Mitgetheilte Versuche zeigen, dass es praktisch thatsächlich nur auf eine Sauerstoffzufuhr ankommt und dass die Kohlensäureentziehung ausser Acht gelassen werden kann.

9. Beurtheilung von Wasser.

Zunächst möge in Ergänzung der Mittheilungen und Verordnungen S. 70 bis 102 noch folgender Runderlass an die Regierungs-Präsidenten in Preussen, vom 30. März 1896, mitgetheilt werden:

„Nach der Rundverfügung vom 1. September 1877 und 8. September 1886 dürfen umfänglichere, zur Abführung von unreinen Abgängen bestimmte Kanalisationsunternehmungen erst zur Ausführung gebracht werden, wenn die betreffenden Projecte unsere Zustimmung gefunden haben. Wie in dem ersterwähnten Erlasse erläuternd bemerkt wird, ist diese Anordnung getroffen worden, um der Verunreinigung öffentlicher Wasserläufe überall nach gleichen Grundsätzen vorzubeugen. In neuerer Zeit sind wir mehrfach der irrthümlichen Auffassung begegnet, dass es der Vorlegung der Projecte nicht bedürfe, wenn die Kanalisationswässer den öffentlichen Wasserläufen nicht unmittelbar, sondern durch Vermittelung von Privatgewässern zugeführt werden sollen. Wir sehen uns deshalb zu dem Hinweis veranlasst, dass auch in diesen Fällen uns die Projecte zur Prüfung einzureichen sind. In gleicher Weise ist zu verfahren, wenn etwa der Einlass der Kanalisationswässer in ein Privatgewässer beabsichtigt wird, welches überhaupt keinen Abfluss nach einem öffentlichen Wasserlaufe hat.

Unsere Entscheidung über die Zulässigkeit der Projecte erfährt häufig dadurch eine Verzögerung, dass uns das zur Prüfung erforderliche

Material nicht völlständig vorgelegt wird. Zur Beseitigung der in dieser Hinsicht anscheinend vielfach bestehenden Zweifel bemerken wir, dass in den Berichten oder ihren Anlagen jedes Mal die Frage einer Reinigung der Kanalwässer und insbesondere die Möglichkeit, diese Reinigung durch Bodenberieselung zu bewirken, eingehend zu erörtern ist. Ferner bedarf es näherer Angaben

1. über die bisherigen Entwässerungsverhältnisse der Gemeinde und über die dort hinsichtlich der Fäkalien-Aufbewahrung und Beseitigung bestehenden Vorschriften und Einrichtungen,

2. über die Gesundheitsverhältnisse der Bevölkerung, sowie darüber, ob und eventuell welche besonderen Maassnahmen zur Bekämpfung der Infectionskrankheiten getroffen sind und ob namentlich eine obligatorische Desinfection bei bestimmten Infectionskrankheiten durchgeführt ist,

3. über die Verhältnisse der zur Aufnahme der Kanalwässer bestimmten Wasserläufe oberhalb, bei und unterhalb der Ortschaft bis auf eine Entfernung von 15 km bei den verschiedenen Wasserständen (Strömungsgeschwindigkeit, Wassermenge, benetztes Profil, Bebauung der Ufer, etwaige Strömungshindernisse, Benutzung des Wassers, Möglichkeit einer Verbindung des Wassers mit nahen Brunnen, Schiffs- und Flossverkehr etc.),

4. über die Zahl, Art und den Betriebsumfang aller derjenigen in dem Bereiche des Kanalisationssystems belegenen gewerblichen Anlagen, deren Abwässer ungünstig auf den öffentlichen Gesundheitszustand einwirken können, sowie über die Menge dieser Abwässer, die vorhandenen Einrichtungen zu ihrer Reinigung und die damit erzielten Erfolge, und

6. über die finanzielle Lage der Gemeinde.

Ausserdem ist nebst den das Project darstellenden Zeichnungen auch ein Plan vorzulegen, welcher die nähere Umgebung der Ortschaft veranschaulicht.

An der Bearbeitung derartiger Angelegenheiten ist ausser den Decernenten für Polizei- und Communalsachen und dem Regierungs- und Baurath auch der Regierungs- und Medicinalrath zu betheiligen.

Ew. Hochwohlgeboren ersuchen wir ergebenst, gefälligst dafür Sorge zu tragen, dass diese Anordnungen künftig genau befolgt werden.

Der Minister für Handel u. Gewerbe.	Der Minister der öffentl. Arbeiten.	Der Minister der geistl. etc. Angel.

Der Minister für Landwirthschaft etc. — Der Minister des Innern.

Es kommt daher sehr viel auf die betr. Sachverständigen-Gutachten an; bisher waren die Gutachten der Kgl. wissenschaftlichen Deputation für das Medicinalwesen besonders massgebend (vgl. S. 122). Es ist daher auch das Gutachten derselben über die Reinigung der

Kanalisationswässer der Stadt Hannover (erster Referent: Rubner, zweiter Referent: Virchow), recht beachtenswerth:

„Ew. Excellenz haben der wissenschaftlichen Deputation für das Medicinalwesen hochgeneigtest den Auftrag ertheilt, ein Gutachten, betreffend die Herstellung von Reinigungsanlagen für die Kanalisationswässer der Stadt Hannover, zu erstatten; wir beehren uns, unter Rückgabe der Akten, diesen Auftrag zu erledigen.

Die endgültige Beseitigung der Abwässer zu Hannover beschäftigt die Behörden seit mehr als einem Jahrzehnt. Kanalisation besitzen Hannover und Linden seit alter Zeit; Bauweise und Anordnung des Sielnetzes aber zeigen nach modernen Begriffen allerlei durch einfachere Umbauten nicht zu beseitigende Mängel. Zahlreiche Ueberläufe von Senkgruben verleihen dem Sielwasser eine bedenkliche Beschaffenheit; namentlich hatte die für die Einleitung in den Fluss gewählte Stelle sich als sehr unzweckmässig herausgestellt. Die Leine ist innerhalb der Stadt durch ein Wehr gestaut, und gerade einen der gestauten Flussarme (Ihme) benutzen Hannover wie Linden als Vorfluth.

Die schon vor Jahrzehnten fühlbaren Missstände der Flussverunreinigung drängten zugleich mit dem kräftigen Wachsthum der Stadt dazu, den zwischen den beiden Städten gelegenen und fast allseitig bebauten, hygienisch wie ästhetisch gleich bedenklichen Fäulnissheerd zu beseitigen, indem man für Hannover die vollkommene Neuanlage eines modernen Sielsystems, dessen Mündung flussabwärts vom Herrenhauser Wehr in den freien Strom verlegt werden sollte, ins Auge fasste.

Leider drohten auch diesem Projecte durch die im Interesse des Schifffahrtsverkehrs erstrebte Kanalisirung des Leineflusses neue Schwierigkeiten zu erwachsen, weshalb von Seiten der vorgesetzten Behörden die energische Reinigung des Sielwassers durch chemische Klärung oder Rieselung verlangt wurde.

Von der sofortigen Rieselung oder chemischen Klärung des Sielwassers wurde aber unter dem Vorbehalt späterer Durchführung dieser Maassregel abgesehen, der Bau des projectirten Sielsystems frei gegeben und die Einleitung des Sielwassers in die Leine ohne vorherige Reinigung auf die Dauer von 5 Jahren gestattet. Nach Auffassung der Königlichen Behörden läuft der gewährte Termin im Sommer dieses Jahres ab.

Inzwischen hat die Stadt Hannover den Ausbau ihres Sielnetzes soweit betrieben, dass wohl über die Hälfte aller Grundstücke durch neue Kanäle entwässern.

In den letzten Jahren hat die Stadt chemische und bakteriologische Untersuchungen über die Art und den Grad der durch die Sielwässer bedingten Verunreinigungen der Leine anstellen lassen und nimmt jetzt auf Grund dieser Untersuchungen einen wesentlich veränderten Standpunkt hinsichtlich der Abwässerreinigung ein. Sie verlangt von der Anlage einer künstlichen Reinigung des Sielwassers entbunden zu werden, da sie den Beweis für die vollkommene Unschädlichkeit des bisher geübten Verfahrens der directen Einleitung in den Fluss erbracht habe.

Nachdem die städtischen Behörden Seitens der Königlichen Regierung auf die Erfüllung der früher auferlegten Verpflichtungen verwiesen worden waren, stellte sub 1. Juli 1896 der Magistrat von Hannover dem Regierungs-Präsidenten die Einsendung eines Berichtes über die an der Leine angestellten Untersuchungen in nahe Aussicht. Der Bericht nebst einem Schreiben des Vorstandes der städtischen Kanalisations- und Wasserwerke und den beiden (von Dr. Sch. und Dr. K. erstatteten) Gutachten wurde sub. dato 6. November 1896 vorgelegt.

Die Auffassung des Magistrats ist in den wesentlichen Punkten folgende:

Durch den Einlauf des Kanalwassers der Stadt Hannover in die Leine bei Herrenhausen tritt keine nennenswerthe Verunreinigung des Flusses ein.

Die alte Kanalisation entwässert das bebaute Stadtgebiet bei der Göthe-Brücke seit mehreren Jahrzehnten nach der Leine, und zwar gelangten die Abwässer einschliesslich der Fäkalien aus Spülaborten und Abtrittgruben innerhalb der Stadt in den durch ein Wehr gestauten Leinearm (Ihme); hier fanden in erheblichem Maasse Ablagerungen statt und bei plötzlichem Ablass des gestauten Wassers grobe Uebelstände, wie Absterben der Fische.

Zur Zeit seien die Zustände viel besser, weil das neue Sielnetz keine durch Stagnation zersetzten Fäkalien aus Gruben aufnehme; die Abfallwasser seien verdünnter und ergössen sich erst unterhalb des Wehres in den rasch fliessenden Fluss. Die Selbstreinigung des letzteren sei erwiesen. Die Verunreinigung, welche die Leine innerhalb Hannover's jetzt erleide, sei weit beträchtlicher als die Veränderung der Zusammensetzung an der Mündungsstelle des neuen Sieles. Wenn auch, wie nicht anders zu erwarten, die Bakterienzahl in der Nähe des neuen Sieleinlaufes zunehme, so sei die Zahl bereits bei Seelze (12 km unterhalb) so gering, wie bei der ehemaligen Limmer-Brücke, und bei Neustadt (36 km unterhalb der Stadt) entspricht sie dem ursprünglichen Bakteriengehalt des Schnellengrabens. Auch die chemische Prüfung des Wassers der Leine habe nur geringfügige Aenderungen ergeben.

Von einer Verschlammung der Leine könne keine Rede sein, wennschon an einzelnen Stellen in Folge mangelhafter Beschaffenheit des Ufers zeitweise Uebelstände durch Ablagerung von Senkstoffen auftreten. Eine Beseitigung der obengenannten Störung wäre leicht zu erzielen und die Stadt gern bereit, dabei mitzuwirken.

Auch in absehbarer Zeit würde eine ungünstigere Aenderung des Zustandes der Leine nicht zu befürchten sein, denn schon jetzt nehme der Fluss sämmtliche Abwässer einschliesslich des grössten Theils der Fäkalien aus dem bebauten Stadtgebiete auf, und je mehr alte Kanäle eingingen, desto besser würde fortschreitend die Beschaffenheit der Leine innerhalb des Stadtgebietes. Eine Mehrung der Abwässer könnte nur mit wachsender Häuserzahl sich ergeben.

Die Menge des Flusswassers betrage in minimo 15 Sec.-cbm 11,5 Sec.-cbm sei eine Minimalzahl, die äusserst selten beobachtet werde. Der Verdünnungsgrad des Kanalwassers durch das Flusswasser sei sehr gross; unter der Annahme des Wasserverbrauchs von 100 Liter pro Kopf und Tag — gegenwärtig werden nur 90 Liter verbraucht — sei das Verhältniss von Kanalwasser zu Flusswasser 1 : 70. Die Leine müsste daher als sehr geeignet zur Aufnahme des Kanalwassers angesehen werden.

Die Beschwerden der flussabwärts von Hannover gelegenen Orte über verschiedene Grade der Flussverunreinigung seien mindestens sehr übertrieben. Die Stadt Hannover entwässere in der bisherigen Weise seit 30 Jahren; die neuere Einleitungsweise des Sielwassers habe nur eine Verbesserung herbeigeführt. Der Fischreichthum des Flusses sei durch die früheren Zustände geschädigt; das Einleiten frischer Abwässer brächte der Fischzucht nicht nur keinen Schaden, eher das Gegentheil. Allerdings hatte man früher bei plötzlichem Ablassen des Wehres ein Fischsterben eintreten sehen. Das Vieh tränke das Wasser jetzt ebenso gern wie früher. Für den menschlichen Genuss wäre das Wasser der Leine nie geeigenschaftet und sei auch thatsächlich nie benutzt worden. Dass einzelne Haushaltungen das Leinewasser für Haushaltungszwecke benutzen, möge richtig sein, dies sei durch den heutigen Zustand nicht gehindert.

Die Stadtverwaltung wünsche daher, es möchte von der Forderung einer Reinigung der Kanalwässer bis auf Weiteres Abstand genommen werden, sie wolle die Untersuchungen fortsetzen und alljährlich Bericht erstatten; zum Mindesten stellt der Magistrat zu Hannover das Ansuchen, es auf die Dauer von 5 Jahren bei der bisherigen Einrichtung zu belassen.

Das Material, auf welches sich der Magistrat in seiner eben vorgetragenen Anschauung stützt, ist ein Bericht des Directors der städtischen Kanalisations- und Wasserwerke vom 9. September 1896, der seinerseits die beiden obengenannten Gutachten zur Basis hat. Es sind oberhalb der Verunreinigung des Wassers der Leine durch die Abgänge von Hannover und unterhalb bis auf eine Entfernung von 36 km im Laufe von $^5/_4$ Jahren monatlich chemische und bakteriologische Untersuchungen des Flusswassers vorgenommen, die Ablagerungen und äusseren Verunreinigungen des Wassers geprüft worden. Es mögen folgende Punkte aus dem Berichte angeführt werden.

Die Kanalwassermenge, welche sich in die Leine ergiesst, ist berechnet nach der Gebäudezahl und der durchschnittlichen Bevölkerungsziffer eines Hauses (18 Personen), sowie nach dem gegenwärtigen mittleren Wasserconsum (100 Liter pro Person und Tag).

Sind alle 9000 Gebäude angeschlossen, was nach dem Plane im Jahre 1899 der Fall sein werde, so betrüge die Abwässermenge $\frac{9000 \times 18 \times 100}{1000} = 16\,200$ cbm, gegenwärtig 1896 $\frac{4450 \times 18 \times 100}{1000} = 8010$ cbm. Der niedrigste Sommerwasserstand mit 11,5 Sec.-cbm ergäbe $11{,}5 \times 86\,400 = 993\,600$ cbm täglicher Wasserführung, demnach eine 60fache Verdünnung. Die Geschwindigkeit des Leinewassers beträgt 0,9 m pro Secunde, nach Messungen; die mittlere Geschwindigkeit des Sielwassers wird auf 0,5 bis 0,6 m pro Secunde angegeben, wie es scheint, nicht auf Grund directer Messungen. Das Wasser der Leine werde nach dem Eintritt in das Stadtgebiet mehr verunreinigt, als nachher durch das Stammsiel unterhalb des Herrenhauser Wehres. Die Selbstreinigung vollziehe sich bis Neustadt: Verschlammung des Flussbettes sei nicht nachzuweisen. Früher (1893) sei die Verunreinigung durch die Ergüsse der Kanäle Hannovers und durch die Abwässer der Gemeinde Linden, welche beide in die Ihme fliessen, weit schlimmer gewesen.

Der äussere Befund des Leinewassers nach dem Sieleinlass sei ganz befriedigend: die starke Trübung, welche nach dem Einfluss des Stammsiels zu sehen sei, verschwinde bald: schwimmende Fremdkörper seien nicht zu sehen; ein charakteristischer Geruch sei ganz unbedeutend. Nur an einer stagnirenden Stelle, bald unterhalb des Sieleinlaufs, mache sich Verschlammung geltend, welche aber durch Flusscorrection leicht zu beseitigen sei.

Auf dem Wege von Hannover bis Neustadt berühre die Leine, von einigen Häusern bei Stöcken abgesehen, keinen bewohnten Ort. Verschlammungen im Flussbett und an den Ufern sind mit Ausnahme der flach einschneidenden Fähre bei Stöcken nirgendswo gefunden worden.

Am 2. Juni 1897 berichtete der Regierungs-Präsident an den Herrn Minister des Innern über den Stand der Kanalisationsangelegenheiten und betonte, es könne nicht von Reinigungsanlagen der Kanalwässer abgesehen werden, zumal die Leine sehr wasserarm sei und die Schiffbarmachung des Flusses die Strömung verlangsame. Die finanziellen Bedenken der Stadt gegen eine Ausführung von Reinigungsanlagen seien nicht begründet. Am 5. Januar 1896 seien verschiedene Beschwerden der flussabwärts von Hannover gelegenen Gemeinden, wie Limmer, Ahlen, Letter, Seelze, Lohde und Stöcken eingelaufen, welche über die Verunreinigung der Leine, über Wirthschaftserschwerniss und Abnahme des Fischreichthums Klage führen. Der Regierungs-Präsident hält die von Seiten der Stadt Hannover geltend gemachten Einwände für unzutreffend. Die Leine habe nicht nur für Hannover, sondern auch für Linden und Limmer als Vorfluth zu dienen; die von Hannover angenommenen Abwassermengen seien zu gering bemessen.

Am 27. April 1897 haben sodann zwischen den Vertretern der Regierung und der Stadt commissarische Verhandlungen zu Hannover stattgefunden, bei welchen der Standpunkt der städtischen Vertretung, es seien keinerlei Reinigungsvorrichtungen für das Sielwasser nöthig, ernstlichen Widerstand fand; namentlich wurde auch der Umstand, dass der städtische Bericht nur eine Bevölkerungsziffer von 162000 der Berechnung der Abwässer zu Grunde lege, als den Thatsachen widersprechend befunden. Desgleichen ergebe sich eine völlige Reinigung des Flusses bis Neustadt nicht aus den Berichten; die Klagen der Gemeinden haben sich nicht als irrthümlich erweisen lassen.

Endlich liegt noch ein Bericht des Herrn Ministerial-Directors von Bartsch vor über die Besichtigung des Sielauslaufs bei Herrenhausen, nach welchem das Sielwasser durch Geruch und Farbe beim Einstrom wahrnehmbar ist; 200 Schritte abwärts davon hat sich die Mischung des Siel- und Flusswassers vollzogen. Innerhalb der Stadt ist die Ihme hochgradig verunreinigt.

Auf Grund des vorliegenden Materials beehrt sich die wissenschaftliche Deputation ihr Gutachten wie folgt abzugeben.

In dem Bestreben, die Reinigungsverfahren des Sielwassers zu Hannover als überflüssig darzustellen, stützt sich die Stadtverwaltung wesentlich auf die durch chemische und bakteriologische Untersuchungen erwiesene vollkommene Selbstreinigung der Leine im Laufe bis Neustadt. Abgesehen von dem Umstande, dass wenigstens das Ergebniss der Bakterienzählung zu einer solchen Annahme nicht berechtigt, können wir aus anderen Gründen der Schlussfolgerung des städtischen Berichtes nicht beipflichten. Der Nachweis der sogenannten selbstreinigenden Kraft eines Flusses steht mit der Berechtigung zum Einleiten ungereinigter Kanalwässer überhaupt in keinem näheren Zusammenhang. Die Eigenschaften der Selbstreinigung höheren oder geringeren Grades vermisst man, wie praktische Erfahrungen und wissenschaftliche Experimente zeigen, bei keinem daraufhin untersuchten Flusslauf. Unterschiede betreffen zumeist nur die Wegstrecken, auf welchen sich der Process vollzieht.

Die Verunreinigungen von Breslau verschwinden bei Dyhernfurth, die von Köln bei Volmerwerth, jene von Berlin bei Sacrow, die von München in Freising.

Ein Fluss, welcher sich schliesslich vollständig wieder gereinigt hat, kann aber recht wohl innerhalb der Strecke, auf welcher sich die Reinigung vollzieht, zu den allerschlimmsten Störungen Veranlassung geben. In den 70er Jahren war die Seine 70 km unterhalb von Paris so rein, wie beim

Einströmen in das Stadtgebiet, aber trotz dieser ergiebigen Selbstreinigung hatte Paris selbst eine der schlimmsten Flussverunreinigungen, die man kennt, zu verzeichnen. Eine Hauptgefahr ist das Sedimentiren und überreiche Ablagern der suspendirten Stoffe. Mit Ablagerungen geringen Grades dagegen muss man unter allen Umständen rechnen. Die Schlammablagerung ist ein wichtiger, streckenweise der wichtigste aller unter dem Sammelnamen „Selbstreinigung“ zusammengefassten Vorgänge.

Von einem Flusse, der zur Aufnahme ungereinigter Kanalwässer tauglich sein soll, verlangt man eine Selbstreinigung, die ohne sichtbare umfangreiche Schlammablagerung verläuft und eine allmähliche Zersetzung des Schlammes ohne störende Fäulnissvorgänge herbeiführt. Der Grad der Selbstreinigung ist nur ein Kriterium, nach welchem man die Ansprüche flussabwärts gelegener Orte an der Nutzniessung des Flusswassers zu beurtheilen hat.

Die Frage, ob thatsächlich in der Leine die Selbstreinigung des Flusses ohne bedenkliche Nebenumstände sich vollzieht, wird später noch näher gewürdigt werden.

Die Aufgaben, welche durch die Menge des einzuleitenden Sielwassers der Leine gestellt werden, sind sehr erhebliche, weit grösser als die Stadtverwaltung zugibt. Denn die ihrerseits gemachten Zahlenangaben über die tägliche Menge des Sielwassers erscheinen uns viel zu niedrig geschätzt.

So wird z. B. in den Verhandlungen über die Einleitung der Abwässer der Stadt Hannover mehrfach von der unzutreffenden Annahme ausgegangen, Hannover könne allein für sich die Leine zur Vorfluth benützen. Die Leine ist aber eine gemeinsame Drainage für Hannover, für Linden und Limmer, ein Umstand, der wesentliche Beachtung verdient. Sind auch Linden und Limmer zur Zeit noch nicht mit einer geordneten Kanalisation versehen, so wird eine solche doch in verhältnissmässig kurzer Frist zur Durchführung gelangen. Die zur Einleitung in die Leine bestimmten Sielwässer wären schon um deswillen wesentlich höher zu veranschlagen gewesen, als geschehen ist. Wir müssen es aber auch als unzulässig bezeichnen, dass für Hannover selbst nur eine Bevölkerungsziffer von 162000 Seelen angenommen wurde; denn schon 1878 hatte Hannover-Linden 130000 Einwohner, nach der Volkszählung 1890 Hannover 163593 und Linden 28035, in Summa 191628, 1895 aber Hannover 209535 und Linden 35851, in Summa 245000; die Zahl der Bewohner, welche für ihre Sielwässer die Abführung nach der Leine beanspruchen, war im Jahre 1897 also nicht 162000, sondern vermuthlich schon über 260000 gestiegen.

Ein Kanalisationsproject sollte in seiner rechnerischen Basis nie auf die gerade anwesende Bevölkerung sich stützen; Massnahmen öffentlicher Gesundheitspflege müssen auf die zukünftige Entwicklung einer Stadt

Rücksicht nehmen, wenn man nicht in allernächster Zeit wieder vor neue unerwartete Aufgaben gestellt sein will.

Die nunmehr durchzuführende systematische Kanalisirung von Hannover soll für ein oder zwei Jahrzehnte sanitär befriedigende Zustände erreichen lassen.

Das Wachsthum Hannovers hat seit zwei Jahrzehnten in gleich erfreulicher Stärke angehalten, und sicherlich ist darin für die nächste Zeit eine Aenderung nicht zu befürchten; es ist daher nicht unwahrscheinlich, dass Hannover-Linden-Limmer in einem Jahrzehnt eine Seelenzahl von 400 000 Einwohnern erreicht, wenn nicht überschritten haben wird.

Auch mit einem zweiten Punkte in der Berechnung der Abwässermenge, nämlich mit der pro Tag und pro Kopf der Bevölkerung treffenden Quote, kann man sich nicht einverstanden erklären. Leider ist Menge und Art des Sielwassers der neuen Kanalisation nicht direct untersucht und gemessen worden, was für manche Erwägungen von Werth gewesen wäre; vielmehr hat die Stadtverwaltung die Sielwassermenge auf 100 Liter pro Kopf der Bevölkerung geschätzt, da gegenwärtig der Trinkwasserconsum etwa 90 Liter pro Kopf und Tag entspräche.

Ob nicht bei Anschluss aller Häuser an das Sielnetz die Grösse des Wasserconsums eine weit bedeutendere sein wird als gegenwärtig, ist nicht in Erwägung gezogen. Nach den sonstigen Erfahrungen liefern übrigens schwemmkanalisirte Städte fast ausnahmslos nicht unter 150 Liter Abwasser pro Kopf der Bevölkerung, und diese Verdünnung der menschlichen Abgänge bildet auch stets die stillschweigende Voraussetzung für die rechnerische Festlegung des Verhältnisses von Fluss- und Sielwasser.

Die Sielwassermenge deckt sich übrigens, wie die Erfahrung zeigt, nicht mit der Menge der Trinkwasserzufuhr, sondern übersteigt zum Theil erheblich diesen Werth auch an trockenen Tagen durch die mehr oder minder zahlreichen industriellen Betriebe, welche durch eigene Pumpen sich mit Grundwasser versorgen. Von der üblichen Durchschnittszahl von 150 Litern würde aber unseren Erachtens um so weniger abzugehen sein, als namentlich Linden reich an Fabriken, auch solchen der Textilindustrie, ist, deren grosse Abwassermengen bekannt sind. Würde es sich übrigens um eine Kanalisationsanlage handeln, welche nur 90 bis 100 Liter pro Kopf an Abwässern liefert, so würde eben der Sielinhalt abnorm concentrirt anzunehmen sein, also auch eine grössere Reinwassermenge zur Verdünnug erfordern.

Bei der Erwägung, ob ein Fluss zur Aufnahme von Sielwasser geeignet sei, geht man von der Voraussetzung aus, dass der Fluss reines Wasser führe und nicht bereits Verunreinigungen aufgenommen habe. Diese Voraussetzung trifft für die Leine in Hannover nicht unbedingt zu, weil sie nicht nur in ihrem Oberlaufe bereits der Verunreinigung ausgesetzt war, sondern gerade vor den Thoren Hannovers Fabriken liegen welche reichlich und stark verunreinigte Abwässer liefern.

Indem die Stadtverwaltung zu Hannover die Gesammtmenge der Sielwasser nach Anschluss aller Gebäude auf 16 200 cbm und die minimalste Wasserführung der Leine zu 993 600 cbm annimmt, ergab sich nach dieser Rechnung eine Verdünnung des Kanal- durch das Flusswasser von rund 1 : 60. Diese Zahl ist nach dem oben Dargelegten aber nicht zutreffend.

Nimmt man nun die Bevölkerungsziffer von Hannover-Linden für 1895, so würden sich 245 000 × 150 = 36 700 cbm Abwässer von üblicher Concentration, d. h. nur eine Verdünnung von 1 : 27 ergeben, erreicht aber, wie wahrscheinlich, die Bevölkerungsziffer in 10 bis 15 Jahren die Summe von 400 000 Seelen, so sänke die Relation zwischen Siel- und Flusswasser auf 1 : 16,5.

Für das Mischungsverhältniss zwischen Siel- und Flusswasser gibt es keine allgemein bindende Zahlen, nur unter gewissen Voraussetzungen lässt sich eine bestimmte Grenze angeben. Legt man unter speciellen Verhältnissen auf den Bakteriengehalt der Fluss- und Sielwassermischung kein Gewicht, weil unter Umständen die Reinhaltung von Mikroorganismen aus anderen Gründen nicht möglich oder mangels der Benutzung des Flusswassers zu Trink- oder Nutzzwecken gleichgültig ist, so kann bisweilen der einzige leitende Gesichtspunkt in der Verhütung fauliger Zersetzung des Wassers bestehen.

Für diesen letzten Fall ist die äusserste Grenze nach tolerantester Auffassung eine Mischung von Siel- und Flusswasser im Verhältniss von etwa 1 : 15. Die chemischen Veränderungen sind in diesem Falle wenig bedeutungsvoll, weil in dem Gemisch das Sielwasser nur mit etwa 6% vertreten ist. Die genannte Relation lässt man aber nur für die gewöhnliche durch reichliche Fabrikabwässer nicht veränderte Stadtjauche gelten. Für Linden-Hannover ist aber möglicherweise mit Rücksicht auf die dortige Textilindustrie und die Zuckerfabriken die Annahme, es handele sich um Sielwasser gewöhnlicher Zusammensetzung, nicht ganz zutreffend, und möglicherweise bedarf das dortige Sielwasser, um eine die Fäulniss hinderliche Verdünnung zu erhalten, einer reichlicheren Verdünnung mit reinem Flusswasser. Wie oben erwähnt, tritt leider das Leinewasser nicht mehr rein in den Stadtbezirk, wodurch eine weitere Complication geschaffen wird und die Aufnahmsfähigkeit für weitere Abfallstoffe sinkt. Die Wasserführung der Leine ist also schon heute eine ziemlich knappe im Verhältniss zu dem Gebiet, welchem sie die Vorfluth bildet, und in absehbarer Zeit wird zwischen Fluss und Siel ein Zustand eintreten müssen, der einer weiteren directen Zuführung von Abfallwässern kategorisch Einhalt gebietet. Die geringe Wasserführung der Leine ist deswegen besonders störend, weil nach dem Actenmaterial das Niedrigstwasser gerade auf den Sommer fällt, in eine Zeit, welche die Fäulniss begünstigt. Die unangenehmen Wirkungen des Niedrigwassers wären leichter hinzunehmen, wenn das letztere, wie bei manchen Strömen am Nordabhang der Alpen, in die Wintermonate fiele.

Die Geschichte der Flussverunreinigungen lehrt, dass die meisten Klagen erhoben werden über Schlammablagerungen, welche dann in stinkendste Fäulniss gerathen; es ist daher die wichtigste Massregel gesunder Wasserwirthschaft, die Ablagerung der mit dem Sielwasser fortgeführten suspendirten Materie zu verhüten. Fluss- und Kanalwassergeschwindigkeit dürfen daher nicht in dem Sinne verschieden sein, das erstere kleiner wie letztere ist.

Die Angaben der Stadtverwaltung zu Hannover lauten diesbezüglich ganz bestimmt und beruhigend, die mittlere Geschwindigkeit in dem Siel sei 0,5 bis 0,6 pro Secunde, jene der Leine 0,9 m pro Secunde. Thatsächlich ist aus den Akten aber nicht ersichtlich, ob die Sielgeschwindigkeit direct gemessen wurde und für welche Füllung sie gilt; wahrscheinlich dürfte es sich nur um eine Mittelzahl handeln, wie sie vielfach für Siele in der Literatur sich angegeben findet. Im Specialfall weicht aber die Geschwindigkeit in den Sielen von diesem Mittel doch ziemlich bedeutend ab; sie wird zeitweise bei starker Füllung und kräftiger Spülung vermuthlich erheblich mehr betragen können. Auch die Art der Messung der Flusswassergeschwindigkeit wird nicht genauer angegeben; nur an einer Stelle war bemerkt, es handele sich um die Geschwindigkeit bei mittlerem Wasserstand. Vermuthlich hat man eine Messung der Oberflächengeschwindigkeit inmitten des Stromes, wo auch die Wasserproben zur Untersuchung entnommen wurden, vorgenommen. Die Geschwindigkeit in der Mitte weicht aber stark ab von der Geschwindigkeit des Randstromes, und selbst bei Flüssen, die nur 1 m Tiefe haben, wie stellenweise die Leine, ganz erheblich von der Stromgeschwindigkeit an der Sohle des Flussbettes. Die Geschwindigkeit ist bei Mittelwasser eine andere als bei Niedrigstwasser; für letztere liegt überhaupt keine Messung vor. Wenn also bei Mittelwasser 0,9 m Oberflächengeschwindigkeit bestimmt wurde, so kann der Randstrom und Sohlstrom um die Hälfte und selbst um mehr von diesem Werthe abweichen, sonach also erheblich unter die Sielwassergeschwindigkeit sinken.

Wir vermögen demnach in dem vorliegenden Material keinen Beweis dafür zu sehen, dass die Strömungsverhältnisse der Leine derartige seien, welche die Sedimentirung aus Sielwasser mit Sicherheit ausschliessen.

Die zahlreichen Windungen der Leine sind zwar bis zu einem gewissen Grade der Mischung des Siel- und Flusswassers förderlich, bedingen aber andererseits grosse Differenzen der Strömungsgeschwindigkeit in dem Uferstrom und können stellenweise die Ablagerung begünstigen.

Für einen Mangel an Schwemmwirkung sprechen die an mehreren Stellen vorhandenen Ablagerungen von Senkstoffen, über welche von mehreren Seiten Klage geführt wird. Mögen die letzteren auch übertrieben sein, so ist aber doch in den von Seiten der Stadt eingeholten Gutachten auch darauf verwiesen, dass solche Ablagerungen vorliegen.

Sieht man von der durch geeignete Ufercorrection leicht zu beseitigenden übelriechenden Stelle unterhalb des Einlaufes des Herrenhauser Sieles ab, so finden sich im weiteren Stromlauf in Buchten und kleinen Einschnitten „organische Schmutzmassen“ mit 11 % organischer Substanz bei Seelze und auch bei Stöcken schwarzer Schlamm. Leider ist derselbe, wie es scheint, nicht näher mikroskopisch auf seine Bestandtheile untersucht worden. Unter den gegenwärtig bestehenden Verhältnissen wird vielleicht die Hälfte der Sinkstoffe in der Ihme oberhalb des Herrenhauser Wehres zurückgehalten, weil dort die alten Siele münden und die Verlangsamung des Stromes der Sedimentirung besonders günstig ist. Die bis jetzt beobachteten Veränderungen des Flusses können, von der Stelle kurz unterhalb des Herrenhauser Sieles abgesehen, nicht wohl als grobe Störungen betrachtet werden; sie sind aber symptomatisch von Werth, weil sie für die Zukunft, wenn der Fluss noch reichlicher mit Abgängen überladen werden muss, auch umfangreichere Ablagerungen von fäulnissführenden Sinkstoffen erwarten lassen. Leider fehlt es der Leine an starkem Hochwasser, namentlich Sommerhochwasser, welches im Stande wäre, solche im Beginn begriffenen Schlammablagerungen wieder zu beseitigen.

Die Leine entspricht also in ihrer Strömungsgeschwindigkeit den Anforderungen, welche mit Rücksicht auf die Verminderung umfangreicher Ablagerungen an Flüsse gestellt werden müssen, nur unvollkommen.

Von Seiten der flussabwärts von Hannover gelegenen Gemeinden sind über die Wasserverhältnisse eine Reihe von Beschwerden erhoben worden; aber es ist zweifelhaft, ob die Anschuldigungen des neuen Sielsystems berechtigte sind.

Sollte die Abnahme des Fischreichthums der Leine unterhalb Hannover, wie behauptet wird, thatsächlich der Begründung nicht entbehren, so lässt sich doch jedenfalls nicht erweisen, dass hierfür die Sielwässer der neuen Kanalisation verantwortlich gemacht werden können. Städtische Abgangswässer können in weit grösseren Quantitäten, als es gegenwärtig geschieht, einem Flusse übergeben werden, ohne durch die chemische Zusammensetzung oder durch Fäulnissvorgänge dem Fischbestande gefährlich zu werden; nur die fortschreitende Schlammbankbildung brächte diesem Gefahr. Von solchen ausgedehnten Schlammbänken kann aber nach dem vorliegenden amtlichen Materiale nicht recht die Rede sein. Gefährlicher als die Beimengung des Inhaltes des neuen Siels sind vermuthlich die nahezu stagnirenden Gewässer der Ihme und vermuthlich die bis jetzt nicht näher untersuchten gewerblichen Abwässer in Hannover-Linden oder selbst flussaufwärts von Hannover gelegener Fabriken.

Der abnorme Geruch des Leinewassers, welcher des öfteren beobachtet worden sein soll, und den auch Dr. Schwarz bei seinen Untersuchungen in zwei Fällen wahrgenommen hat, kann auch nicht als die Wirkung der neuen Siele angesehen werden. Das Sielwasser in Städten ohne ausgedehnte Industrie hat bei regelrechter Spülung der Kanäle und bei Verbot des Einleitens aus Senkgruben und ihrem stagnirenden und gefaulten Inhalt überhaupt keinen penetranten Geruch, und noch weniger macht sich erfahrungsgemäss nach Mischung des Siel- mit dem Flusswasser ein solcher geltend. Wenn aber bis auf 12 km unterhalb von Hannover thatsächlich ein störender Geruch wahrgenommen wird, muss derselbe, den ordnungsgemässen Betrieb des neuen Siels vorausgesetzt, auf andere Ursachen als auf den Einstrom des Herrenhauser Stammsiels zurückzuführen sein. Die Verhältnisse weisen immer wieder darauf hin, dass zur Zeit wahrscheinlich die stagnirende Ihme und gewerbliche Abgänge wesentlich an dem Uebelstande betheiligt sind.

Das Wasser der Leine tritt in den Stadtbezirk bereits beladen mit industriellen Abgängen und würde auch, wenn alle heute vorhandenen Einläufe der Kanäle alten und neuen Systems fehlen würden, eine in allen Grossstädten beobachtete Verschmutzung aufweisen müssen.

Die Verwendung des Leinewassers zur Tränkung für Thiere ist dort, wo die innige Vermischung von Siel- und Flussinhalt eingetreten ist, unzweifelhaft und nach allen sonstigen Erfahrungen möglich. Die Behauptung, das Wasser der Leine sei unterhalb Hannovers zum Tränken des Viehes überhaupt nicht zu gebrauchen, erscheint nicht gerechtfertigt, wenn auch zugegeben werden mag, dass zeitweise durch abnorme Beimengung, wie z. B. durch den theeerigen Geruch, welchen Dr. Schwarz beobachtete, und durch industrielle Abgänge, welche noch in starker Verdünnung einen störenden Geschmack erzeugen, die Aufnahme des Wassers durch das Vieh verweigert wird.

Mit Unrecht wird auch die Veränderung der Farbe und äusseren Beschaffenheit des Flusses nach der Einmündung des Stammsiels gerügt; ehe sich Fluss- und Sielwasser durch natürliche Kräfte vermengt haben, vergeht geraume Zeit. Dieses mehr ästhetische denn hygienische Bedenken darf keinen Grund zur Beanstandung geben, wo es sich um eine für die Allgemeinheit wichtige Maassregel handelt. Ebensowenig wird dem feinen Beobachter die Trübung des Wassers nach der Mischung entgehen, welche mehr oder minder weit, unter den gegenwärtigen Verhältnissen bis Seelze, sichtbar ist, so weit, bis eben die Ablagerung des suspendirten Materials, welche den Haupteffect der Selbstreinigung der Flüsse darstellt, vollendet ist. Auch wenn die Kanalisation von dem Flusse ganz abgeschnitten wäre, würde man bei einem im Verhältniss zu den Anwohnern nicht gerade wasserreichen Flusse nie erwarten dürfen, unterhalb des Stadtbezirkes zu allen Zeiten reines, sanitär unbedenkliches Wasser zu erhalten. Daher wird man sich bescheiden müssen, bei den Vortheilen, welche benachbarten Gemeinden aus der Nähe einer Grossstadt erwachsen, wenigstens auf viele Kilometer unterhalb des Stadtgebietes auf die Vortheile eines tadellosen Flussbettes und auf die Anlage öffentlicher Flussbadevorrichtung zu verzichten.

Wenn nach der Meinung Mancher die Verwendung des Leinewassers zu Haushaltungszwecken gegenwärtig unter der schlechten Beschaffenheit des Flusses leidet, so lässt sich auch für diesen Uebelstand doch nicht schlechthin die neue Kanalisationsanlage verantwortlich machen. Die alten Kanäle, Abwässer von Linden und zeitweise die Effluvien der oberhalb Hannover entwässernden Fabriken und Anwohner tragen mit die Schuld, und es wäre schwierig wie auch unberechtigt, nur einen einzelnen Faktor als Quelle der Verunreinigung herauszugreifen.

Zeitweise und auf der Strecke bei Stöcken mögen solche Belästigungen vorgekommen sein; im Durchschnitt scheinen aber die Verhältnisse nicht so ungünstig zu liegen; dies zeigen die chemische Untersuchung des Dr. Sch. und die bakteriologischen Versuche des Oberstabsartes Dr. K. Wenn man von den Stellen mit stagnirendem Wasser und mit Schlammablagerungen absieht, ist die Beschaffenheit des Flusswassers nicht derart dass sie eine schwere Schädigung allgemeiner Interessen bedingte.

Im Interesse der Verhütung von Infectionsgefahr sollte man bei der Leine, wie bei jedem öffentlichen Wasserlauf von beschränkter Wasserführung, welcher ein grösseres Gemeindewesen durchströmt, von der Benutzung zu Trink- oder Gebrauchszwecken absehen. Im Uebrigen stehen der Benutzung des Leinewassers, nachdem es sich der durch Einleitung von Hannover-Linden übergebenen Stoffe grösstentheils entledigt hat, keine anderen Bedenken entgegen, als man sie gegen die Benutzung des Rhonewassers in Lyon und des Elbwassers in Hamburg und Altona auch geltend machen kann.

In Erwägung des Umstandes, dass die früher ins Auge gefasste Kanalisirung der Leine zu Schifffahrtszweckan regierungsseitig fallen gelassen worden ist und das Leinewasser zu Trinkzwecken auf weite Strecken unterhalb Hannovers nicht benutzt wird, hält die wissenschaftliche Deputation für das Medicinalwesen für angemessen, zum Zwecke der Verhütung einer fortschreitenden Flussverunreinigung folgende Anforderungen zu stellen:

Das neue Sielsystem der Stadt Hannover ist mit thunlichster Beschleunigung durchzuführen. Die Abwässer der Stadt sind von den Schwimmstoffen und durch mechanische oder chemische Klärung von den

Sinkstoffen, deren Ablagerung gegenwärtig zu Störungen Veranlassung giebt, zu befreien.

Da der Erfolg der mechanischen Klärung von lokaleu Eigenthümlichkeiten des Sielwassers beeinflusst wird, ist die für Hannover geeignetste Art der Klärung und die Wirksamkeit des gewählten Klärverfahrens durch Versuche, welche unter sachverständiger Leitung auszuführen sind, festzustellen.

Diese Ergebnisse sind zugleich mit dem Entwurfe über die Ausführung der Kläranlage und Beseitigung des Klärschlammes vorzulegen. Die zur Zeit bedenklichste Verunreinigung unterhalb des Herrenhauser Siels ist durch geeignete Maasnahmen zu beseitigen. Sanitär befriedigende Zustände lassen sich nicht erzielen, wenn nicht auch die Gemeinden Linden und Limmer zur systematischen Kanalisation übergehen und den bisherigen Einlauf in die Ihme beseitigen.

Die Abwässer von Linden-Limmer werden in analoger Weise wie die von Hannover mittelst geeigneter Klärverfahren von Sink- und Schwimmstoffen zu befreien sein.

Die Kläranlagen von Hannover müssen binnen 3 Jahren in Betrieb gesetzt sein.

Berlin, den 16. Februar 1898.

(Unterschriften.)

An den Königlichen Staatsminister und Minister der geistlichen, Unterrichts- und Medicinal-Angelegenheiten, Herrn Dr. Bosse, Excellenz, hier.

Folgendes „Gutachten“[1]) ist besonders deshalb für die Industrie sehr beachtenswerth, weil Schmidtmann bekanntlich Leiter der Königl. Versuchs- und Prüfungsanstalt für Wasserversorgung und Abwässerbeseitigung ist (S. 102 u. 356).

Gutachten der Königlich Wissenschaftlichen Deputation für das Medicinalwesen über die Einwirkung der Kaliindustrie-Abwässer auf die Flüsse von Geh. Med.-Rath Prof. Rubner uud Geh. Ob.-Med.-Rath Schmidtmann:

---

[1]) Im Auszug nach Z. Zucker, 1901, 427.

Die Gewerkschaft Carlsfund hat um die Gewährung der Concession einer Kalifabrik gebeten und diese Concession unter folgenden Bedingungen, welche in dem Gutachten der Königlichen Technischen Deputation für Gewerbe vom 11. Januar 1899 aufgestellt sind, erreicht:

1. Die Kalifabrik darf nur die Endlaugen einer täglichen Verarbeitung von 125 t der Innerste zuführen.
2. Die Endlaugen sind vor dem Eintritt in die Innerste durch geeignete Mischvorrichtungen mit der doppelten Menge von Wasser zu verdünnen. Die Einleitung darf nicht an einer einzigen Stelle, sondern nur an mehreren Stellen und stets über dem Mittelstande des Wassers erfolgen.
3. Wenn mehr als 125 t Carnallit verarbeitet werden, sind die demgemäss mehr entstehenden Endlaugen einzudampfen.
4. Wenn die Härte des Innerste-Wassers über 30^0 steigt, ist die Zuleitung der Endlaugen einzuschränken und erforderlichen Falls einzustellen.
5. Der Beschlussbehörde I. Instanz bleibt vorbehalten, die Bedingungen, unter welchen diese Genehmigung ertheilt ist, abzuändern und zu ergänzen, falls sich ein Bedürfniss dazu ergeben sollte.

Nach der Auffassung des Herrn Ministers für Handel und Gewerbe in seinem Votum vom 18. Februar 1899 können die auferlegten Bedingungen den Genehmigungsbehörden bei Genehmigung weiterer Kalifabriken im Innerstethal im Wesentlichen als Richtschnur dienen. Hierdurch werde auch dem Wunsche des Hildesheimer Magistrats nach grundsätzlicher Regelung der Angelegenheit in gewissem Maasse entsprochen.

Indem die Wissenschaftliche Deputation für das Medicinalwesen dem von Ew. Excellenz hochgeneigtest ertheilten Auftrag, sich gutachtlich zu obengenannter Angelegenheit zu äussern, entspricht, glaubt dieselbe von vornherein darauf hinweisen zu müssen, dass die hier von der Technischen Deputation für Gewerbe zum Ausdruck gebrachten Grundsätze, auch wenn sie zur Zeit nur für die Innerste behufs Regelung der schwebenden Angelegenheit dienen sollen, sich keineswegs in Zukunft auf dies enge Gebiet begrenzen, vielmehr eine allgemeine Anwendung auch auf andere Flussläufe finden werden und finden müssen.

Es handelt sich nach unserer Auffassung demnach nicht um eine nur locale, sondern um eine mehr principiell wichtige Angelegenheit, nicht nur um die Verunreinigung eines einzelnen, verhältnissmässig unbedeutenden Flusslaufes, wie der Innerste, sondern um die drohende Gefährdung eines neuen grossen Flussgebietes, nämlich das der Weser. Dieser Auffassung entsprechend beehren wir uns, zunächst die allgemeinen Gesichtspunkte und daran anschliessend die speciellen Verhältnisse des Innerstegebietes zu erörtern.

In erster Linie lenken wir das Augenmerk darauf, dass es sich schon heute nicht mehr um die Neuanlage einiger Kaliwerke im Innerstegebiet handelt, sondern um eine Ausdehnung der Kaliindustrie im grossen Stile. Die Kaliindustrie hat sich bis vor 15 Jahren wesentlich auf Landestheile beschränkt, welche im allgemeinen zu dem Flussgebiet der Elbe gehörten. Seit dieser Zeit haben aber die Kalifunde in anderen Landestheilen die Aufmerksamkeit industrieller Kreise auf sich gezogen und zur Gründung einer grossen Anzahl von Gesellschaften, welche die Ausbeutung der Kalilager beabsichtigen, geführt. Die neuen Tiefbohrungen betreffen in fast überwiegender Zahl ein neues Flussgebiet — das der Weser. Die Gewerkschaft Hercynia legte im Jahre 1884 bei Vienenburg im Kreise Goslar ein Kalibergwerk an und beabsichtigte in Verbindung hiermit die Errichtung einer Fabrik, deren Abgänge nach der Ocker geleitet werden sollten. Die Städte Braunschweig und Hildesheim erhoben Einspruch, weshalb sich die Gewerkschaft an die Herzoglich Braunschweigische Kreisdirection Gandersheim mit der Bitte wandte, die in Vienenburg gewonnenen Salze in Langelsheim verarbeiten und die Endlaugen in die Innerste ableiten zu dürfen. Hiergegen erhoben Hildesheim und Hannover Einspruch, dem die Kalifabrik zu Langelsheim auch nachgab. Die Einleitung in die Innerste unterblieb, die Endlaugen wurden in die Klüfte des Kahnsteins geleitet, wo man sie für dauernd beseitigt hielt. Sehr bald stellte sich aber heraus, dass mit dem Grundwasserstrom die Salzlaugen weithin verschleppt wurden und zur Versalzung mehrerer Quellen, darunter der von der Stadt Hildesheim angekauften, etwa 25 km von Langelsheim entfernten Quellen von Baddeckenstedt führten; ein Theil des Salzwassers erreichte aber auch die Innerste bei Ringelheim. Trotz dieser Schwierigkeiten, welche die eine Kalifabrik für die Beseitigung ihrer Abwässer fand, sind doch eine ganze Reihe von Anträgen anderer Gewerkschaften auf Concessionsertheilung gestellt worden.

Salzdettfurth, Hildesia und Carlsfund haben bereits Concessionen erhalten; Salzgitter hat um eine Concession nachgesucht.

Aber die Zahl der projectirten und zur Zeit schon im Abteufen begriffenen Kaliwerke im Wesergebiete ist eine viel bedeutendere, als sich nach der Zahl der bis jetzt eingegangenen Concessionsgesuche und dem Actenmaterial auch nur vermuthen lässt.

Für das Innerstegebiet kommen in Betracht: Hildesia, Salzdettfurth, Carlsfund, Schlüssel, Fallersleben und Langelsheim, welch' letzteres erneut die Ableitung zur Innerste erstrebt; für die Aller Bensdorf; für das Ocker-Gebiet Asse; für das Leine-Gebiet Ronnenberg, Hohenfels-Gustavshall, Bendewalmont, Hansa-Silberberg; für das Werra-Gebiet Bernhardshall, Kaiserroda, Alexanderhall, Grossherzog v. Sachsen, Wintershall; für das Weser-Gebiet Volpriehausen, Wunstorf.

Somit werden in den nächsten Jahren von einer grossen Zahl von Tiefbohrgesellschaften Anträge gestellt werden, ihre Fabrikabwässer einem der genannten Flüsse, welche sich alle schliesslich in der Weser vereinigen, überantworten zu dürfen.

Nach dem heutigen Stande der Vorarbeiten können in den nächsten zwei Jahren zwischen 14 bis 15 neue Kaliwerke betriebsfähig sein und werden für Beseitigung ihrer Abwässer die Weser und ihre Nebenflüsse als Vorfluth beanspruchen.

Zunächst muss die Wissenschaftliche Deputation für das Medicinalwesen darauf hinweisen, dass durch die Einleitung der Abwässer aus Kalifabriken eine im sanitären, wie auch im öffentlichen Interesse bedenkliche Verunreinigungen öffentlicher Flussläufe entstehen kann, deren Bedeutung allerdings von der Menge der eingeleiteten Endlaugen abhängig ist. Die Endlaugen des Carnallitprocesses, wie er wohl in den in Frage kommenden Fabriken zur Durchführung gelangen dürfte, enthalten im Liter etwa:

390 g Chlormagnesium,
36 g schwefelsaure Magnesia,
12 bis 18 g Chlorkalium,
10 g Chlornatrium.

Nicht nur in dem Gehalte der Endlaugen an Chlormagnesium und schwefelsaurer Magnesia liegt ihre Schädlichkeit, auch nicht allein in dem Grade, in welchem sie die Härte eines Flusses beeinflussen.

Vom hygienischen Standpunkte aus pflegt man zu betonen, es soll für allgemeine städtische Wasserversorgungen kein Wasser, welches 18 bis 20 Härtegrade überschreitet, gewählt werden. Vom sanitären Standpunkte legt man in erster Linie auf ein Wasser Gewicht, welches in sich die Garantie trägt, von Krankheitserregern frei zu bleiben. Diese Garantien sind im Allgemeinen am besten bei den natürlichen Quellen gegeben, auch bei Grundwässern, die in geeigneter Lage gewonnen werden, nicht aber bei den Flusswässern und anderen Oberflächenwässern. Indem die sanitären Gesichtspunkte gerade zur Wahl von Bodenwässern drängen, ist es nöthig, auf die Uebelstände dieser letzteren, d. i. auf ihre Härte hinzuweisen. In diesem Sinne, um über dem Bestreben nach reinem Wasser nicht etwa die Anforderungen an Geschmack, Bekömmlichkeit und die Interessen des täglichen Lebens zu vergessen, begrenzt man die Härte des Wassers zu 18 bis 20°.

Dies stellt sich aber nicht nur als eine Forderung der Neuzeit heraus, sondern an der Hand der täglichen Erfahrung hat man härtere Wasser als die oben genannten so gut wie allgemein für öffentliche Wasserversorgungen vermieden.[1]) Unter 65 deutschen Städten, welche sich mit

---

[1]) Vgl. jedoch Göttingen, S. 9. F.

Grund- und Quellwasser versorgen, sind nur 2 oder 3, welche Wasser aus Muschelkalk und Zellendolomit in sehr hohem Härtegrade schöpfen und an 30 Härtegrade heranreichen. Es sind dies aber beschränkte Anlagen, welche nicht zu ausschliesslicher allgemeiner Verwendung gelangen; die zahlreichen Städte mit Wasserversorgung aus Flüssen und Seen benutzen Wasser von wenigen Härtegraden. Die natürlich vorkommenden, sogenannten harten Wässer haben das gemeinsam, dass ihre Härte zum grossen und grössten Theil durch doppeltkohlensaure Salze bedingt ist, welche als sogenannte transitorische Härte durch die Erwärmung beseitigt wird. Dagegen besitzt der gewählte Grenzwerth für die durch Kaliendlaugen bedingte Härtung des Wassers eine ganz andere Grundlage. Die Kaliendlaugen enthalten Chlormagnesium und schwefelsaure Magnesia, Salze welche durch Erwärmen nicht ausfallen, demnach ausschliesslich permanente Härte erzeugen, das ist ein für die Verwerthung im täglichen Leben fundamentaler Unterschied.

Vom sanitären Standpunkte ist niemals der Grundsatz aufgestellt worden, für Flusswasser einen Härtegrad von 18 bis 20 oder gar bis 30° als Grenze für gebrauchsfähiges Wasser aufzustellen, weil es Flüsse mit derartig hartem Wasser nicht gibt. Die Härte der wichtigsten deutschen Flüsse bewegt sich zwischen 3 bis 11 Härtegraden. Zu dem Charakter des Flusswassers gehört dessen Weichheit und Salzarmuth; wir können getrost aus hygienischen Gründen bei Quell- und Grundwasserversorgungen in der Härte des Wassers etwas höher greifen, weil wir uns für viele Zwecke des täglichen Lebens und für die Industrie, soweit sie sich härteren Wassers nicht bedienen kann, durch die Flussläufe ausreichend versorgt wissen. Naturgemäss bauen sich solche Fabrikationen, welche des weichen Wassers bedürftig sind, an den Flussläufen an. In der Natur verfügen wir nur im See-, Fluss- und Regenwasser über weiche Wässer, welche der Industrie willkommen sind.

Wenn man einen Fluss künstlich zu einem harten Wasser macht, so gibt es in den meisten Fällen für gewisse Industriezweige keinen Ausweg zu ausreichender Wasserversorgung. Die Lage wird noch viel übler, wenn, wie in vorliegendem Falle, die Härte der Erwärmung widersteht und, wie sich aus der Zusammensetzung der Endlaugen ohne Weiteres ergibt, auch durch Anwendung von Chemicalien nicht leicht zu beseitigen ist. Chlormagnesium und schwefelsaure Magnesia sind als weit bedenklichere Beigaben, als wie etwa Chlorcalcium und Gips es sind, zu erachten.

Unseres Erachtens muss für mannigfache Verwendungszwecke im öffentlichen Interesse dem Flusswasser seine Weichheit belassen werden. Jedenfalls ist es durchaus nicht berechtigt, für ein Flusswasser die durch Magnesia bedingte permanente Härte und höhere Härtegrade für zulässig zu bezeichnen, als diejenigen sind, die man bei Grund- und Quellwässern allenfalls mit in den Kauf nehmen muss, mit Rücksicht darauf, dass im Uebrigen in guten Quell- und Grundwässern eine Garantie für Keimfreiheit und Bekömmlichkeit des Wassers zu finden ist.

Wird Städten die Mitbenutzung des Flusswassers durch Zuleitung von salinischen Abwässern unterbunden, so muss selbstverständlich unter mehr oder minder erheblicher financieller Belastung bei der Anlage einer allgemeinen Wasserversorgung, die Beschaffung von Wasser für technische Zwecke ins Auge gefasst werden, was die Kosten solcher Unternehmungen erheblich zu belasten im Stande ist.

Die Wissenschaftliche Deputation für das Medicinalwesen muss aber mit allem Nachdruck betonen, dass die Endlaugen der Kalifabriken vom sanitären Standpunkte aus nicht ausschliesslich als härtegebende Substanzen aufgefasst werden dürfen.

Die Laugen enthalten in dem Chlormagnesium und der schwefelsauren Magnesia Körper, welche nicht als indifferent bezeichnet werden können.

Wenn durch Verordnung gefordert wird, die Endlaugen dürften in den Flusslauf nur insoweit eingelassen werden, dass die Härte des Wassers 30^0 nicht überschreitet, so wird dabei die Endlauge, die übrigens nie eine absolut konstante Zusammensetzung zeigt, um etwa das Tausendfache zu verdünnen sein. Es resultirt dann rechnerisch eine Härte von 25 bis $25^1/_2{}^0$, wozu dann noch die natürliche Härte des Flusswassers kommt.

In einem Flusswasser, welches die Kaliendlaugen um das Tausendfache verdünnt hat, sind enthalten, herrührend von den Laugen, im Liter ebenso viele Milligramm wie oben Gramm als Gehalt angegeben wurden, also:

390 mg Chlormagnesium,
36 mg schwefelsaure Magnesia,
12—18 mg Chlorcalcium,
10 mg Chlornatrium.

Summirt man diese allein von der Endlauge herrührenden Salze, so ergeben sich zwischen 400 bis 500 mg pro Liter, dass ist so viel als man für gewöhnlich als Grenzwerth eines brauchbaren Wassers ansieht; jedenfalls gibt es keinen deutschen Fluss, der zu einer Wasserversorgung benutzt wird und eine derartige Zusammensetzung aufweist.

Bedenken erregen kann auch der hohe Magnesiagehalt des Wassers; man hat angegeben, dass Wasser mit etwa 226 mg Magnesia pro Liter purgirend wirke. Von dieser Grenze wäre die tausendfache Verdünnung der Kaliendlaugen nicht mehr weit entfernt, denn sie enthält etwa 180 mg Magnesia im Liter.

Als nicht haltbar erweist sich aber der vorgeschriebene Grenzwerth von 30 Härtegraden dadurch, dass die demselben entsprechende tausendfache Verdünnung der Endlaugen überhaupt nicht zu trinken ist. Wir müssen diese Frage der Verwendbarkeit des Flusswassers zu Trinkzwecken wie später noch erörtert werden soll, um so mehr ins Auge fassen, als es sich nicht nur um die Einleitung der Endlaugen in die Innerste, welche für Trinkzwecke nicht brauchbar sein soll, handelt, sondern auch andere Flussläufe mit in Betracht kommen. Die verdünnte Endlauge ruft einen bitteren, kratzenden Nachgeschmack hervor, welcher noch nach Stunden wahrzunehmen ist. Wer empfindliche Sinne besitzt, wird — freilich nicht während der Schluckakte selbst, aber noch durch den Nachgeschmack — nahezu die 10000. Verdünnung der Endlaugen von einem normalen Wasser unterscheiden können. Der Körper, welcher diese unangenehme Beschaffenheit der Endlaugen erzeugt, ist das Chlormagnesium; die schwefelsaure Magnesia und das Kochsalz ist weit weniger offensiv für den Gaumen, da man Mengen von 370 mg Kochsalz im Liter eben noch wahrnehmen kann.

Der Geschmack des Trinkwassers ist etwas ganz Wesentliches und Entscheidendes. Wenn die Speisen versalzen sind, liegt in dem Kochsalze an sich auch kein „gesundheitsschädlicher Körper" vor, aber wir können trotzdem die Speisen nicht aufnehmen; die versalzenen Speisen haben aufgehört, ein Nahrungsmittel zu sein. Ebenso liegt es mit der Versalzung des Wassers, ja noch bedenklicher, weil wir das Wasser täglich in erheblicher Quantität benutzen müssen. Der Gaumen ist gegen einen fremden Geschmack im Wasser besonders empfindlich. Es mag hier an die Störung verwiesen sein, welche kleinste, an sich ganz und gar unschädliche Eisenmengen im Wasser bedingen. Ebenso hier bei dem chlormagnesiumhaltigen Wasser. Wasser, welches aber in den oben angegebenen Verhältnissen Kaliendlaugen aufgenommen hat, hört auf ein Trinkwasser zu sein.

Wenn nun hier durch die Einführung der Kaliendlaugen an Stelle der dem Flusswasser eigenthümlichen Salze, unter denen die Chloride meist sehr zurücktreten, nun plötzlich die letzteren dominiren, so verändert dies den Character des Flusswassers insofern, als dasselbe andere lösende Eigenschaften erhält, die sich sowohl beim Gebrauche des Wassers im Hause, als auch in seiner Beziehung zum Boden äussern.

Chlormagnesiumhaltige Wässer sind für Gerbereien und für Leimfabriken unbrauchbar; mit hartem Wasser gekochter Leim löst sich später nur sehr schwer auf. Ebenso schädlich wird magnesiahaltiges und chlormagnesiumführendes Wasser für die Bierfabrikation, und gleichfalls nachtheilig wirkt es bei Färbereien, da Cochenille und Holzroth ihre Farbe ändern; auch manche Theerfarben werden erheblich beeinflusst. Der Papierfabrikation wird das Wasser, welches mit den Abgängen der Kaliindustrie verunreinigt ist, gefährlich, weil der vegetabilische Leim seine Bindekraft verliert und das Papier fliesst, also unverkäuflich wird.

Die hochgradige Verdünnung, welcher man die Kaliabwässer im Flusse unterwerfen will, ist für sehr viele Betriebe nur ein scheinbarer Vortheil, weil vielfach in Gewerben das Wasser eingedampft wird; es sei hier an die Bierbrauereien, Zuckerfabriken und Zuckerraffinerien erinnert, wobei dann mehr oder minder Flüssigkeiten erhalten werden, indem die Salze der Kaliendlaugen über die natürlichen Wasserbestandtheile überwiegen und ihre specifische Wirkung äussern. Dies prägt sich am schärfsten bei den Dampfkesseln aus, deren Inhalt mit der Zeit des Gebrauches zunimmt und schliesslich wieder die Kaliendlaugen in ursprünglicher Concentration enthält.

Die Schädlichkeit der Magnesiumsalze und der Chlormagnesiumsalze im Besonderen unterliegt keinem Zweifel. Nicht nur vermögen Antheile des Chlormagnesiums, welche in den Kesselstein mit übergeben, Salzsäure abzuspalten und so die Eisentheile anzugreifen, sondern auch die Lösungen des Chlormagnesiums scheinen direct die Kesselbleche anzugreifen und zu schädigen, abgesehen von den sonstigen Nachtheilen für den Betrieb.

Nach dem Dargelegten kommen wir zu dem Schlusse, dass eine Normirung der Härte von 30^{0} die Schäden der Einleitung von Kaliendlaugen nicht auszuschliessen vermag, da sich Gründe, welche für die Wahl gerade dieses Grenzpunktes entscheidend wären, nicht wohl anführen lassen.

Ungemein schwierig würde es für die Verwaltung werden, die zur Zeit angenommenen Grundsätze über die Einleitung der Kaliendlaugen in der Praxis in befriedigender Weise durchzuführen. Wenn eine Kalifabrik concessionirt ist und der Verordnung gemäss ihre Abwässer so einleitet, dass eben 30 Härtegrade im Flusswasser entstehen, so darf nach dem stricten Wortlaut der Verordnung keine flussabwärts gelegene andere Fabrik Endlaugen einleiten; erst dort, wo durch einen Zulauf von Grundwasser oder einem Seitenflusse die Verdünnung der Salze unter 30 Härtegrade sinkt, wird Raum für die Abwässer anderer Fabriken. Soweit dieselben also an einem Flusse liegen, sind sie mit Ausnahme der dem Quellgebiete naheliegendsten alle in der Ableitung, also auch in gewissen Sinne in der Production von einander abhängig, ein Umstand, der zusammengenommen mit dem häufigen Wechsel des Härtegrades durch die schwankende Menge der Zuleitung und der meteorischen Niederschläge, die Fabrikation noch weit mehr belästigen würde, als ein einfaches Verbot der Einleitung der Endlaugen. Somit würde die zuerst am Oberlaufe des Flusses concessionirte Fabrik ein Monopol erhalten.

Wollte man das ins Auge gefasste System der Härtenormirung ins Leben rufen, so würde dies nur unter complicirten Voraussetzungen möglich sein, indem man den Zulauf der Kaliendlaugen automatisch nach dem Wasserstand regelt und jeder Fabrik nur eine bestimmte Zuleitung von Endlaugen gewährt; die Summen aller dieser von den einzelnen Fabriken erzeugten Härtegrade würden dann die allerdings nicht weiter berechtigte Grenze von 30° nicht überschreiten dürfen, und die einzelnen Fabriken würden nur einen mehr oder minder grossen Bruchtheil des Härtegrades herzustellen berechtigt sein.

Vielleicht wurde man aber bei dem Erlass der Verordnung über die Kaliwerke von dem Gedanken getragen, dass die von einem Kaliwerke erzeugte Flussverunreinigung sich im weiteren Laufe des Flusses allmählich von selbst mindere und durch eine Selbstreinigung des Wassers wieder für die Neuaufnahme von Laugen der Kaliindustrie tauglich werde. In der That findet man mehrfach in der Literatur diese Anschauung erwähnt, und Manche wollen die Verunreinigung der Flüsse durch mineralische Substanz in Parallele zu jener Selbst-Reinigung der Flüsse stellen, welche sich hinsichtlich organischer Beimengen wirklich vollzieht. Eine Selbstreinigung der Flüsse lässt sich mit Bezug auf die von der Kaliindustrie erzeugten Effluvien aber nicht beweisen.

Was zunächst das Chlor und die Schwefelsäure als Bestandtheile der Kaliendlaugen betrifft, so gibt es im Flusswasser keinen Einfluss, welcher diese beiden Verbindungen auszuscheiden vermöchte. Von der Magnesia ist mehrfach behauptet worden, sie mindere sich allmählich mit dem Stromlaufe; die hierfür geltend gemachten Beobachtungen an der Ocker sind keineswegs beweisend. Die Annahme einer Zerlegung der Magnesiumverbindung durch kohlensaures oder doppeltkohlensaures Alkali, welches in manchen Flüssen vorkommt, ist bei der in Flusswässern vorkommenden starken Verdünnnung der Salze überhaupt auch im Laboratoriumsexperiment nicht zu beweisen, allenfalls liesse sich durch diese Verbindungen wohl eine Spaltung von Chlorcalcium und Gips erklären, nicht aber die Zerlegung der Magnesiumverbindungen, und ebensowenig scheiden unter den in Flüssen vorkommenden Verdünnungsgraden Silicate Magnesia ab.

Im Uebrigen dürfen solche Schlüsse nicht auf theoretische Erwägungen hin gezogen werden; an directen Erfahrungen stehen uns aber bisher nur die Erfahrungen an der Elbe und Saale zu Gebote, welche unzweifelhaft darthun, dass das Chlor, welches durch die Saale von den Kaliwerken und dem Mansfelder Bergbau der Elbe zufliesst, soweit dies überhaupt zu erweisen, ohne Verlust Hamburg-Altona erreicht; sie beweisen weiter, dass der Magnesiagehalt an der Unterelbe gleichfalls in einem Grade gestiegen ist, welcher der Annahme einer Ausscheidung von Magnesia nicht das Wort redet. Bemerkenswerth ist nur die annähernde Beständigkeit des Kalkgehalts an der Unterelbe seit 1852 trotz Zunahme im Oberlauf; eine weitere Besprechung dieser Verhältnisse kann aber, weil die Kalksalze in den Endlaugen so gut wie nicht vorkommen, unterbleiben.

Somit ist von der sogenannten Selbstreinigung der Flüsse, was die Beseitigung der in den Kaliendlaugen befindlichen härtegebenden Substanzen anlangt, auch auf noch so langen Wegstrecken, wenig oder gar nichts zu erhoffen.

Wir vermögen deshalb auch der Bestimmung, dass die Endlaugen nicht an einer Stelle, sondern nur an mehreren eingeleitet werden dürfen, keine besondere Bedeutung beizulegen.

Die von einer Fabrik dem Flusse übergebenen Salze fliessen weiter, und nur insoweit dem Flusse zuströmmende Grundwässer, Quellen und Seitenflüsse die Gesammtwasserführung mehren, wird die Fühlbarkeit der Salze durch ihre Verdünnung gemildert. Jede Kalifabrik ist unter diesen Umständen der Feind der weiter flussabwärts gelegenen gleichartigen Anlagen, denn diese müssen, wie oben auseinandergesetzt, mit der Flussverunreinigung rechnen, welche sie bereits vorfinden, und wenn eine Fabrik ihre Berechtigung, in den Fluss einzuleiten, so weit ausnutzt, dass 30 Härtegrade erzeugt werden, so dürfte dem Flusse weiterhin keine Kaliendlauge nach den bisher ins Auge gefassten Normen zugeführt werden. Alle Versalzungen des Flusslaufes summiren sich auf dem weiteren Laufe und wenn daher eine Verunreinigung der Werra, Fulda, Ocker, Aller und Innerste eintritt, ist das gesammte Wesergebiet dabei mit interessirt.

Wir haben bereits an der Saale und ihren Nebenflüssen, aber auch an der grossen wasserreichen Elbe ein warnendes Beispiel, wohin die Einleitung salzhaltiger Abgänge in die Flüsse führen kann und muss.

Die Regulirung einer 30° nicht übersteigenden Härte des Flusses würde für die Interessenten eine fortwährende Ueberwachung des Flusses erfordern, aber ebenso müsste wohl die Aufsichtsbehörde ihrerseits eine ständige Untersuchung des Flusslaufes organisiren, wenn nicht fortdauernde Missbräuche sich geltend machen sollen.

Um die Gefahren der dem Wesergebiet drohenden Flussverunreinigung voll würdigen zu können, ist es nöthig, sich ein Bild zu macheu von den zu erwartenden Abwässermengen der Kaliindustrie. Die Verarbeitungsgrösse ist von den meisten oben für das Wesergebiet in Aussicht stehenden Kalifabrikanlagen noch nicht näher bekannt, da sie grösstentheils noch im Abteufen begriffen sind. Dagegen liegt von einigen das Arbeitsprogramm bereits vor. Carlsfund in Gross-Rhüden wird 125 t täglich, Salzdettfurth 100 t, Schlüssel zu Salzgitter 150 t und Hercynia zu Langelsheim, welche gleichfalls neuerdings in die Innerste einleiten will, 250 t verarbeiten, im Ganzen würden diese rund täglich 625 t Rohsalze repräsentiren.

Nach dem Berichte des Magistrats der Stadt Hildesheim vom 23. Mai 1899 würden durch die genannten Endlaugen, wenn man die Stassfurter Carnallitverarbeitung, wie alle Sachverständige es bis jetzt gethan haben,[1]) zu Grunde legt, pro Secunde

[1]) Vergl. jedoch S. 291 F.

1164 g Chlor,
585 „ Magnesia,
820 „ Härte

der Innerste zufliessen und da diese nach den Angaben des Reichsgesundheitsamtes an 83 Tagen bei Hildesheim nicht mehr als 2,1 Sec. cbm an Wasser führt, würde in 1 l das Flusswasser an solchen Bestandtheilen der Kaliendlaugen vorhanden sein:

835 mg Salze,
534 „ Chlor,
278 „ Magnesia,

bei 39 Härtegraden.

Mit Ausschluss von Salzgitter würden immerhin bereits 31 Härtegrade erreicht werden. Allein durch die genannten vier Werke würde sonach das Flusswasser der Innerste bereits an 83 Tagen ein Wasser von ganz bedenklicher Zusammensetzung aufweisen. Selbst bei Hannover würde sich eine derartige Verunreinigung unbedingt bemerkbar machen; das Niedrigwasser der Leine wird zu 11,5 Sec. cbm angegeben, soll aber zeitweise noch unter diesen Werth heruntergehen; somit würden die von der Innerste herabgebrachten Salze in Hannover auf nicht ganz $^1/_6$ des Gehalts verdünnt werden. Indess sind ja auch Neuanlagen von Salzwerken, z. B. eine solche bei Freden an der Leine, in Aussicht genommen, mit einer täglichen Verarbeitung von 150 t Carnallit, welche ihren Einfluss noch unmittelbar geltend machen würden. Für die Unterweser, welche bei Hoye bei Niedrigwasser etwa 87 Sec. cbm und unterhalb Emptermündung 96 Sec. cbm führt, würden zunächst die eben in Rechnung gestellten Abwässer der genannten Kaliwerke kaum mehr fühlbar werden. Allerdings beabsichtigen nicht 3 bis 4 Werke, ihre Abwässer einzuleiten, sondern binnen zwei Jahren mindestens 14 und weitere fünf werden demnächst folgen; dann können sich wohl auch für das Wasserwerk in Bremen empfindliche Veränderungen der Wasserzusammensetzung bei Niedrigwasser bemerkbar machen. Aber die bisherigen Berechnungen und Schätzungen über den Einfluss der Kaliendlaugen geben gar kein richtiges Bild der ganzen Sachlage.

Die Gutachter haben stets angenommen, dass die sogenannten Endlaugen die einzigen Abgänge der Kalifabriken seien.

Die Concessionirung einer Carnallitfabrik schliesst aber doch nicht aus, dass dieselbe auch den in den Rohsalzen so häufigen Kieserit weiter verwerthet, wie dies auch die Syndicatswerke bis jetzt gemacht haben. Die Reinigung des Rohkieserit geschieht durch Waschen mit Wasser, wobei eine grosse Menge salzhaltiger Abwässer entstehen. Pro 100 k Rohsalz werden enthalten nach den Angaben von Schmidtmannshall 50 l Waschwasser, also ebenso viel wie bei Carnallit-Endlaugen, nur ist ihre Zusammensetzung eine andere.

1 Liter enthält: 18 g Chlorkalium,
15 „ schwefels. Magnesia — 5,59 MgO } — 15,0 CaO,
13 „ Chlormagnesium — 5,10 MgO }
200 „ Kochsalz.

Ihr Hauptbestandtheil ist Kochsalz; die Magnesiaverbindungen treten sehr dagegen zurück. Die Abwässer sind aber wegen ihres Salzgehaltes nichts weniger als bedeutungslos.

Für die Kieserit-Waschwässer ist die in Aussicht genommene Erlaubniss zur Einleitung der Abwässer bis zu 30 Härtegraden des Flusses überhaupt unanwendbar. Bei der geringen Härte der Kieserit-Waschwässer würde der Verordnung schon nachzukommen sein, wenn man rund eine 60fache Verdünnung der Kieserit-Wässer mit Flusswasser herbeiführt. Dabei fällt die Härte der verdünnten Kieseritlauge auf 25^{0}, wozu noch 4 bis 5 Härtegrade des Flusswassers selbst kommen. Ein solches der Verordnung von 30^{0} Härte entsprechendes Flusswasser würde für einen Liter berechnet, folgendes Bild geben:

300 mg Chlorkalium, 216 mg Chlormagnesium,
250 „ schwefels. Magnesia, 3333 „ Kochsalz.

Das wäre eine so ungeheuerliche Wasserzusammensetzung, dass die allerschlimmsten Calamitäten sich sofort geltend machen müssten.

Mit Rücksicht auf die Kieserit-Produktion würde die Verunreinigung des Wesergebietes weit höher veranschlagt werden müssen als bisher geschehen ist, und die Fühlbarkeit der salzigen Abgänge der Kalifabriken wird viel weiter reichen, als sich nach den bisherigen Gutachten vermuthen lässt.

In den Gutachten, die bisher erstattet worden sind, wurde so gut wie gar nicht eine dritte Art von Abwässern berührt, mit denen man beim Kalibergbau so gut wie sicher zu rechnen hat, das sind die Bergwässer.[1])

Das Abtäufen der Schächte hat häufig mit grossen Schwierigkeiten zu kämpfen, so lange die obere wasserführende Schicht zu durchstossen ist, und mancher Schacht hat ohne Weiteres durch den Wassereinbruch sein frühzeitiges Ende erreicht.

Wenn die Verhältnisse der bisher im Betriebe befindlichen Syndicatswerke ein Bild für die Zukunft der Kaliwerke des Wesergebietes geben, so kann man vermuthen, die Bergwässer dürften bis zu den 10fachen Mengen der eigentlichen Carnallit-Endlaugen erreichen können. Als Beispiel der Zusammensetzung eines Schachtwassers sei nur jene von Schmidtmannshall aus dem Monat October angeführt.

---

[1]) Vgl. jedoch S. 291 F.

1 Liter Flüssigkeit gab: 62,8 g Trockenrückstand,
37,0 „ Chlor,
15,0 „ Chlorkalium,
44,0 „ Chlornatrium,
0,52 „ Kalk,
0,21 „ Magnesia,
1,58 „ Schwefelsäure.

Wie verhängnissvoll die Schachtwässer werden können, beweisen die Vorkommnisse 1893 an der Elbe, als im Januar des genannten Jahres eine durch die Bergwässer des Mansfelder Bergbaues hervorgerufene Versalzung der Saale und Elbe eintrat, welche in Magdeburg die Wasserversorgung geradezu zur Unmöglichkeit machte.[1]) Ganz ähnliche Ereignisse haben sich in den letzten Jahren im Innerstegebiet bereits abgespielt. Obschon die dort concessionirten Kaliwerke noch nicht einmal den bergmännischen Abbau der Salze haben in die Hand nehmen können, ereigneten sich bei der Schachtabteufung zu Salzdettfurth und bei jener der Hildesia Wassereinbrüche, deren man durch Abpumpen nach der Innerste Herr zu werden trachtete.

Während des Sommers 1898 leitete die Goslar'sche Tiefbau-Gesellschaft zu Salzdettfurth ihre Schachtlaugen im Betrage von etwa 4,5 Minuten cbm (0,075 Sec. cbm) in den sogenannten Mühlgraben, der sich in die Lamme und nach kurzem Laufe in die Innerste ergiesst. Es führte dies zu einer völligen Versalzung der Lamme und es ist lehrreich, welchen Schaden diese durchaus nicht harten Wässer hervorgerufen haben, obschon der Kochsalzgehalt erst zwischen 500 bis 600 mg im Liter erreichte. Das Innerste-Wasser hatte folgende Zusammensetzung:

	im Liter mg Mittel beider Ufer
Rückstand	1,027 g
Kalk	0,123 „
Magnesia	0,043 „
Chlor	0,389 „
Härte	18,3° „

Die von dem Landrath des Kreises Marienburg laut Protocoll vom 17. Mai 1897 genehmigte Zuleitung der Bergwässer von Salzdettfurth dauerte von der 3. Woche des Juni bis zum 10. October 1897. Der Zuckerfabrik Gross-Düngen wurde dadurch das Wasser entzogen und die Gesellschaft Salzdettfurth musste sich verpflichten, eine neue Wasserleitung herzustellen, die das Wasser oberhalb der Lamme-Mündung aus der Innerste entnahm. Der Schaden der Zuckerfabrik durch Mindererertrag an verkaufsfähigem Zucker betrug 22750 M., die weiter flussabwärts unterhalb Hildesheim liegende Zuckerfabrik Hasede-Förste büsste 9500 M. ein; der Schaden der Zuckerraffinerie in Hildesheim betrug in 17 Wochen

[1]) Vgl. S. 291 F.

Störung 85 900 M., was sich für ihren ganzen Betrieb auf vielmehr als 200 000 M. pro Jahr Schaden berechnen lässt. Interessant ist aus dieser Zeit der Schachtwässereinleitung ein Bericht der Königlichen Maschinen-inspection zu Hameln vom 13. August 1897, in welcher über die Verschlechterung des Innerstewassers zu Hildesheim Klage geführt wurde. Im Juni 1897 war der Gehalt des Wassers an Bestandtheilen dreimal so gross geworden als sonst; die Locomotiven, welche mit solchem Wasser gespeist wurden, konnten kaum mehr Dienst thun, die Kessel litten unter der Veränderung des Speisewassers. Die Bahnverwaltung Hildesheim trat damals in Verhandlungen mit der Stadt behufs Versorgung der Locomotiven mit besserem Wasser. Aehnliche Erfahrungen über die schädigende Beeinflussung des Betriebes der Zuckerfabriken sind auch an anderer Stelle gemacht. So hatten u. a. die Kaliwerke Aschersleben bei vorübergehender Benutzung der Wipper zur Ableitung der Endlaugen der dort betroffenen Zuckerfabrik einen Schadenersatz von 100 000 M. zu leisten.

Trotzdem das Innerste-Wasser also erst 18,3 Härtegrade erreicht hatte, war es für die Industrie kaum mehr zu gebrauchen.

Die kennzeichnenden Charactere des Flusswassers sind nicht allein seine Weichheit, sondern im Allgemeinen auch seine Salzarmuth.

Die Kaliindustrie fördert kochsalzhaltige Wässer von solcher Concentration, dass dadurch eine Versalzung selbst von grossen Strömen derart eintreten kann, dass thatsächlich salziger Geschmack entsteht. Ein reichhaltiger Kochsalzgehalt des Flusses hat eine grosse Bedeutung, selbst wenn man solch Wasser nicht trinken wollte, weil dadurch die lösende Wirkung des Wassers in unwillkommener Weise erhöht wird.

Dem kochsalzhaltigen Wasser kommen besondere Wirkungen auf den Boden zu, die von agrikulturchemischer Seite bereits eingehend gewürdigt worden sind, die aber auch von hygienischem Interesse sind. Die natürlichen Gesteinarten widerstehen dem Kochsalze vielfach nicht, Zeolith und Basalte sowie andere Gesteinarten werden angegriffen und gelöst, Bodenbestandtheile, namentlich härtegebende Substanzen ausgelaugt. Wo kochsalzhaltiges Wasser versickert, wird in geeignetem Boden immer hartes Wasser anzutreffen sein.

So förderlich auch kleine Mengen von Kochsalz für die landwirthschaftlichen Erträgnisse des Ackers sein können, so schädlich werden grosse Mengen; die mit Rücksicht auf die Landwirthschaft innezuhaltenden Grenzen des Kochsalzgehaltes weichen nur wenig von den Anforderungen ab, die man im Interesse der Erhaltung des natürlichen Geschmacks bei Gewässern stellen muss. Von Seiten der Landwirthschaft wird seit Jahren betont, dass Salzmengen von 500 mg pro Liter selbst für den Graswuchs bedenklich sein können und namentlich, wenn alljährlich eine solche Wässerung mit kochsalzführendem Material eintritt, ist ein altersschwacher

Pflanzenbestand die Folge.[1]) Auch die mechanische Bodenbeschaffenheit leidet durch Salz, und zwar durch Mengen, welche bei dem Genuss des Wassers leicht dem Geschmack entgehen würden.

Chlormagnesium übt auf die Verschlickung des Bodens einen wesentlichen Einfluss aus, weshalb die Kaliindustrie in neuerer Zeit weniger die chlormagnesiumhaltigen Rohsalze absetzt, sich vielmehr mit der Herstellung hochprocentigen Kalisalzes beschäftigt.

In dieser Beziehung ist von Bedeutung, dass bei der Neubildung des Syndicates der Kaliwerke vor zwei Jahren die Grundlagen desselben wesentlich verändert sind, indem nicht mehr, wie früher, die Antheilsquote nach der Förderung der Rohsalzmenge, sondern nach dem Absatze des Fabrikates bestimmt wird. Hiermit ist der Anlass zu einer steigenden Entwickelung des fabrikatorischen Betriebes behufs Herstellung hochwerthiger Kali-Düngesalze aus minderwerthigen Rohsalzen gegeben. In gleichem Maasse, wie die Verarbeitung derartiger Salze zunimmt, muss eine Vermehrung der Endlaugen eintreten.

Bei Flüssen, welche bedeutende Hochwasserführung haben, muss man also auch mit den Schädigungen rechnen, welche für die Entstehung und Beschaffenheit des Grundwassers von Bedeutung sein können. Die Wirkung verhältnissmässig grosser Verdünnungen durch Chloride wird verständlich, wenn man erwägt, dass sie durch rasche Verdunstung des Wassers in trockener Jahreszeit zu hochconcentrirten Lösungen werden können, welche namentlich bei für Wasser schwer durchgängigem Lehmboden, desgleichen wie bei Boden, der durch die Salzwirkung selbst wasserundurchgängig geworden, in der oberen für die Pflanzenentwickelung wichtigen Bodenschicht zurückgehalten werden. So erklärt sich wohl auch die grosse Schädigung, welche bei der Polderwirthschaft in Holland auch nur eine einmalige Ueberfluthung mit Salzwasser erzeugt. Im Sinne der Reinerhaltung der Flüsse müssen also Garantien geschaffen werden, welche jedweder schädlichen Versalzung ein Ziel setzen. Die gesundheitlichen Interessen fordern dies in erster Linie, aber auch die Interessen der Landwirthschaft, und gewisse ausgebreitete Industrien verlangen dieselbe Rücksicht.

Nachdem die allgemeinen Gesichtspunkte, welche vom sanitären Standpunkte aus gegen das Einleiten der Abgänge der Kaliindustrie in Flüsse geltend gemacht werden können, besprochen sind, erübrigt noch die Darlegung der besonderen Verhältnisse des zunächst von der Versalzung am meisten betroffenen Leine- und Innerstegebietes. Zur Zeit gehören, was ihre geographische Lage anbelangt, auch einige Werke des Kalisyndikats zum Wesergebiet, wie z. B. die Hercynia, Hedwigsburg und

---

[1]) Vergl. jedoch S. 42 u. 219 F.

Thiederhall, letztere hat die Ocker als Vorfluth und verarbeitet die halbe Förderung von Hedwigsburg; somit fällt nur Langelsheim ins Gewicht, das nach dem Kahnstein seine Abwässer bringt. Es unterliegt keinem Zweifel, dass Langelsheim in weitem Umkreise das Grundwasser zur Verdünnung seiner Laugen benützt; bewiesen ist der Zusammenhang mit den Quellen zu Baddeckenstedt; der unterirdisch nach der Innerste ablaufende Theil der Langelsheimer Endlaugen scheint zur Zeit nicht so bedeutend, um störende Veränderungen hervorzurufen. Die derzeitigen Klagen beweisen freilich auch nicht, dass dauernd die Zustände so bleiben werden, wie sie es jetzt sind. Durch die am weitesten im Bau vorgeschrittenen Werke in Salzdettfurt, Hildesia, Salzgitter u. s. w. wird wesentlich die Innerste und dann die Leine betroffen; von grossen Städten kommen Hildesheim und Hannover in Betracht. Es ist mehrfach verlangt worden, das Innerstegebiet der Kaliindustrie preiszugeben, da die Innerste selbst durch den Pochschlamm des Harzer Erzbergbaues so gut wie unbrauchbar sei.

Unzweifelhaft führt die Innerste eine nicht unerhebliche Menge feinsten suspendirten Materials, in welchem Blei vorkommt, nebst Spuren von Arsen. Durch die actenmässige Darstellung scheint uns als sicher bewiesen, dass diese suspendirten Theilchen durch Filtration leicht zu beseitigen sind und dass das geklärte Wasser nicht gesundheitsschädliche Bestandtheile führt, noch sonst in irgend einer Weise den Character des Flusswassers entbehrt; es ist salzarm und weich.

Die Interessen der Innerste lassen sich aber nicht getrennt von denen der Leine behandeln, gibt man die Innerste zur Verunreinigung durch anorganische Stoffe Preis, so leidet auch die Leine darunter Schaden, wenn schon die Nachtheile durch die grosse Wasserführung der Leine etwas abgeglichen werden. Allerdings ist bei diesem gegenseitigen Verhältniss der Wasserführung der Leine und Innerste wohl zu erwägen, dass beide Flüsse nicht gleichzeitig Hochwasser und Niedrigwasser zu haben brauchen, und dass die Calamität für die Leine fühlbar werden müsste, wenn mit Niedrigwasser der Leine Mittel- und Hochwasser der Innerste zusammentreffen. Zu Trinkzwecken scheint weder die Innerste noch auch die Leine directe Verwendung zu finden; aber es liegen eine ganze Reihe von Brunnen in kleineren Orten im Bereiche der Innerste und Leine und werden offenbar vom Flusswasser mitgespeist. Sicher steht, dass das Wasserwerk zu Ricklingen bei Hannover dem Einfluss der Leine unterworfen ist.

Für die Bedeutung des Innerste- und Leine-Wassers zu Trinkzwecken kommt aber weiter in Betracht, dass die Bodenbeschaffenheit im Innerste-Gebiet ein Eindringen von Flusswasser in das Grundwassergebiet durchaus zur Zeit des Hochwassers als höchst wahrscheinlich erscheinen lässt und weiter ist kaum von der Hand zu weisen, dass Grundwasserzüge streckenweise mit dem Flusse und von ihm theilweise gespeisst thalabwärts ziehen. Das Einbrechen von Innerste-Wasser in den Grundwasserstrom wird durch mehrere Stauwerke ungemein begünstigt; solche Stauwerke liegen unterhalb Hildesheim bei Steuerwald, Hasede, Giesen, Ahrbergen, Sarstedt. Egenstedt und Marienburg liegen mit ihren Brunnen so zu sagen im Inundationsgebiet der Innerste.

Wird also dem Innerste- und Leine-Gebiet das Grundwassergebiet für die Wasserversorgung durch Versalzung entzogen, so entsteht eine Schädigung, die durch Geld nicht einfach abgegolten und beseitigt werden kann; vielmehr muss hier der Ersatz in natura geleistet werden und gesichert sein. Ein solcher ist aber, wie die Schwierigkeiten beweisen, mit welchen die Stadt Hildesheim in ihrem Bemühen nach der Gewinnung guten Trinkwassers zu kämpfen hat, ungemein gross.

Es stehen aber im Innerste- und Leine-Gebiet auch wichtige gewerbehygienische und industrielle Interessen in Frage.

Im Innerste-Gebiet liegen zahlreiche Zuckerfabriken, zu Hildesheim eine Zuckerraffinerie; in Linden bei Hannover werden Industrien in grosser Zahl betrieben, welche alle ein salzarmes und weiches Wasser und zwar in grossen Quantitäten benöthigen. Es kommen für einige Fabriken 2 bis 8 Minuten cbm Wasserbedarf in Betracht, für solche Ansprüche liesse sich weder quantitativ noch qualitativ entsprechender Ersatz schaffen, wenn die Innerste und Leine untauglich zur Benutzung werden. Es erscheint aber durchaus nicht billig, zu Gunsten einer einzigen Industrie, der Kaliindustrie, der man bereits ein grosses Stromgebiet geopfert hat, aufs Neue Stromläufe, deren Wasser für zahlreiche wichtige Industriezweige verwendet wird und weiter noch nutzbar gemacht werden kann, preis zu geben.

Mit den Nachtheilen, welche die landwirthschaftlichen Interessen durch die Versalzung der Innerste erfahren, uns eingehend zu beschäftigen, liegt ausserhalb des Rahmens unserer amtlichen Aufgabe.

Wir dürfen aber wohl darauf hinweisen, dass im Innerste-Gebiete wenigstens Wiesenländereien vorkommen, welche alle Jahre der Ueberschwemmung ausgesetzt sind und gute Erträgnisse liefern, und dass die Stadt Hannover sich des Leine-Wassers zur Bewässerung von Gartenanlagen in Herrenhausen, des Georgs- und Welfen-Gartens sowie anderer Anlagen bedient.

Die Wissenschaftliche Deputation ist nach den vorausgegangenen Darlegungen der Anschauung, dass die zur Zeit bereits concessionirten Werke, welche die Erlaubniss der Einleitung der Abwässer unter der Bedingung, die Grenze von 30 Härtegraden im Flusswasser nicht zu überschreiten, erhalten haben, wenn sie auch diese Verordnung streng innehalten, zu den allermannigfachsten Interessenkämpfen mit den gegenwärtig im Innerste-Gebiete vorhandenen Nutzniessern des Flusswassers Veranlassung geben werden. Auch dürfte zu erwarten sein, dass nicht nur wegen des Härtegrades, sondern wohl eben so sehr wegen der Salzführung überhaupt Klagen erhoben werden.

Wir vermögen also in erster Linie aus sanitären Gründen eine weitere Gewährung von Concessionen auf den in Aussicht genommenen Grundlagen nicht allein für das Innerste-Gebiet, sondern allgemein nicht zu befürworten.

Es steht zu befürchten, dass die Inbetriebsetzung der im Innerste-Gebiet concessionirten oder noch im Abteufen begriffenen Gewerkschaften zu Klagen und Missständen derart Veranlassung geben, dass es nicht wohl zu umgehen sein wird, die bereits gewährten Concessionsbedingungen in einer die allgemeinen Interessen schärfer wahrenden Weise umzugestalten.

Verordnungen, welche die Beziehungen der Abwässer der Kalifabriken zu den Flüssen in einen festen Rahmen bringen sollen, müssen namentlich die gesammte Salzführung zu normiren suchen. Wohl jedem noch unveränderten Flusswasser kann eine gewisse Summe von Salzen mit auf den Weg gegeben werden, die weder in sanitärer noch in gewerblicher Hinsicht zu beanstanden wäre. Aber die Menge solcher Salze welche als ertragbar angesehen werden kann, ist im Verhältniss zu der Massenproduction von Abfallproducten, welche die Kaliindustrie liefert, verschwindend klein, so dass eine Formulierung derartiger Grenzwerthe für ein so ungemein wasserarmes Gebiet wie das der Innerste und ihrer Seitenflüsse es ist, der dorthin drängenden Industrie von höchst untergeordnetem Werthe wäre.

Das Interesse der Reinhaltung der Flüsse, welches im Hinblick auf sanitäre, aber auch industrieller und landwirthschaftlicher Zwecke wegen zu erhalten gesucht wird, und welches nothwendig ist, wenn nicht die Flüsse den Charakter als öffentliche Wasserquellen verlieren und wenn sie nicht zu gewerblichen Abwässerkanälen werden sollen, hat den Städten grosse Opfer auferlegt behufs Reinigung der Abwässer. Die verschiedenartigen Industrien werden angehalten, ihre Abwässer in einen die öffentlichen Wasserläufe nicht schädigenden Reinheitsgrad zu bringen. Unter diesen Umständen scheint es auch ganz und gar unbillig, die Flussläufe für eine einzige Industrie unter Hintansetzung aller anderen frei zur Benutzung zu verlangen.

Daher müssen sich auch die Kalifabriken diesem Grundsatze fügen und für eine anderweitige Beseitigung ihrer Abwässer sorgen. Wenn dieselben nicht anderweitig industriell zu verwerthen sind, so müssten sie durch Eindampfung in ein Handelsprodukt, oder wie von anderer Seite erwogen worden ist, in Füllmaterial für den Bergbau, an welchem ohnedies Mangel herrscht, oder in anderer Weise umgewandelt werden.

Für die Beseitigung der Abwässer der Kaliwerke kann nicht der Oberlauf wasserarmer Flüsse in Anspruch genommen werden, nur an dem Unterlauf wasserreicher Ströme kann die Einleitung in Betracht gezogen werden, wenn nachweislich keine sanitären oder anderweitigen öffentlichen Interessen dadurch verletzt werden. Je nach der Gesammtmasse und Beschaffenheit der Endlaugen einerseits und der Wasserhaltung des Vorfluthers andererseits wird im gegebenen Falle darüber Entscheidung zu treffen sein, wo die Einleitung in die öffentlichen Wasserläufe unbedenklich gestattet werden kann. Ebenso muss es der Beurtheilung nach den örtlichen Verhältnissen vorbehalten bleiben, inwieweit die Kanäle, welche für die Ableitung der Endlaugen bis zu einer geeigneten Vorfluthstelle geschaffen werden müssten, offen oder mit Rücksicht auf den Grundwasserstrom geschlossen gestaltet werden.

Die Königl. Wissenschaftliche Deputation für das Medicinal-Wesen.
(Unterschriften.)

Bei der Beurtheilung von Wasser ist stets zu berücksichtigen, dass es in der Natur überhaupt kein **reines** Wasser gibt. Selbst Regenwasser (S. 3 bis 6) oder Quellwasser (S. 7 bis 10) enthält bereits Stoffe — Bestandtheile der Atmosphäre oder des Bodens —, welche vor seiner Verwendung zu manchen Zwecken (z. B. Laboratorien) entfernt werden müssen. Man kann daher überall nur von technisch-reinem Wasser reden, d. h. ein Wasser ist rein, wenn es für den beabsichtigten Zweck brauchbar ist.

Wasser für häusliche Zwecke, besonders Trinkwasser, soll frei sein von giftigen Metallen und von Krankheitskeimen (S. 21). Ob dieses der Fall ist, lässt sich nur durch chemische und mikroskopische Untersuchung unter Berücksichtigung der örtlichen Verhältnisse feststellen, nicht auf Grund der Untersuchung von eingesandten Proben. Werthlos ist die bakteriologische Untersuchung von Wasserproben, welche einige Zeit aufbewahrt wurden, von geringem Werth Keimzählungen einer Wasserprobe überhaupt, da die Anzahl der Keime ungemein wechselt. Z. B. fand J. Tils[1]) in den Leitungen Freiburgs an verschiedenen Tagen sehr verschiedene Zahlen für die in 1 cc Wasser enthaltenen entwickelungsfähigen Bacillen. Das Wasser aus den Röhren der Schlossbergleitung (sogen. Grundwasserquellen) lieferte z. B. am

[1]) Zft. f. Hyg. (1891) 9, 282.

29. Juni	333	Colonien
3. Juli	23	"
6. "	14	"
13. "	17	"
17. "	17	"
20. "	613	"
24. "	12	"

Das der Mösleleitung (Quelle) am

1. Juni	11	Colonien
5. "	24	"
11. "	648	"
13. "	177	"
15. "	67	"
19. "	52	"
24. "	1070	"
26. "	10	"
29. "	450	"

M. Rubner[1]) fand in dem Wasser eines sonst nicht benutzten Brunnens in 7 Monaten 850 bis 1620 Keime. Versuche ergaben, dass in Brunnen eine fortwährende Vermehrung der Wasserkeime stattfindet, dass aber diese Zunahme der Keime durch ein gleichzeitiges Absetzen derselben nicht wahrnehmbar wird. Dem entsprechend enthält der Bodenschlamm der Brunnen eine gewaltige Menge von Keimen, welche ihre Lebenskraft nicht verloren haben. Wird das Wasser aufgerührt, so vertheilen sich die Keime im Wasser, erst nach etwa 8 Tagen Ruhe ging die Anzahl derselben wieder auf die vor dem Aufrühren vorhandene zurück. Die Probenahme erfordert also grosse Vorsicht.

Dass auch die chemische Beschaffenheit eines Brunnenwassers bedeutenden Schwankungen unterliegt, wurde bereits S. 12 u. 15 erwähnt. — Welcher Unfug noch immer mit handwerksmässigen Wasseranalysen ausgeübt wird, wurde bereits[2]) hervorgehoben.

Auf den Geschmack des Wassers wirken besonders faulende organische Stoffe, weniger die gewöhnlich vorkommenden Salze, ein (S. 24, 293 u. 295). Reines Wasser wirkt sogar schädlich (S. 26). Die Anforderungen an Industriewasser s. S. 28 bis 37.

Die stark übertriebenen Forderungen der Landwirthschaft mussten mehrfach zurückgewiesen werden (S. 39 bis 42, 65 u. 66), besonders aber die nicht zu rechtfertigenden Ansprüche der einseitigen Fischfreunde (S. 45 bis 65), welche immer nur Ersatzansprüche an die Industrie stellen (S. 63 u. 66), ohne zu berücksichtigen, dass auch landwirthschaftliche Betriebe oft sehr fischmörderisch wirken (Wiesenberieselung, Jauche, S. 45) und dass auch manche Industriebetriebe

[1]) Arch. Hygiene 11, 365.

[2]) Zft. f. angewandte Chem. 1889, 464; 1890, 461.

durch landwirthschaftliche Betriebe geschädigt werden können. Die wirthschaftliche Bedeutung der Bachfischerei ist doch verschwindend gegen die der Industrie (S. 66).

Für die Untersuchung und Beurtheilung von Abwasser macht Verf.[1]) folgende Vorschläge:

1. Probenahme: Die Proben sind von einem mit der Art des fraglichen Betriebes vertrauten sachverständigen Chemiker zu entnehmen.

Die Entnahme einer einzigen Probe ist nur dann zulässig, wenn die Beschaffenheit des fraglichen Wassers immer gleichmässig ist, was nur selten der Fall sein wird. Sonst sind so viel Einzelproben zu nehmen (und diese getrennt oder zusammengemischt zu untersuchen) (S. 111), dass das Endergebniss den thatsächlichen Verhältnissen vollkommen entspricht. Besonders bei Beurtheilung von Reinigungsverfahren ist die Probenahme so einzurichten, dass die genommenen Proben einander wirklich entsprechen, was oft nicht der Fall ist. (Vgl. S. 143, 266, 271, 350, 381.)

Fast alle bisjetzt veröffentlichten Analysen von Kanalwasser beziehen sich auf Tagesproben (wohl meist mit „Frühstückswelle"), ohne Rücksicht auf die übrige Tages- und Nachtzeit (S. 109 u. 111) und haben daher nur sehr beschränkten Werth. Daraus erklärt sich auch, dass nach den Analysen das Drainwasser von Rieselwiesen oft weniger Chlor enthält — trotz Verdunstung — als das zufliesseude Wassser (S. 202, 204, 222 u. 229).

Bei der Probenahme soll der Sachverständige alle näheren Umstände: die äussere Beschaffenheit des Wassers, Geruch, Menge der Zuflüsse, Beschaffenheit des Wasserlaufes, in welche sich dieselben ergiessen, Umgebung u. s. w. berücksichtigen. Es ist dringend zu empfehlen, an Ort und Stelle einen oder mehrere charakteristische Bestandtheile des Wassers in kurzen Zwischenräumen zu bestimmen (z. B. Chlor) oder doch zu schätzen (z. B. Ammoniak), um darnach die Probenahme mit einzurichten. Wie nothwendig diese Forderung ist, wurde S. 109 gezeigt. Kein Sachverständiger sollte auf Grund eingesandter Proben ein Wasser- bez. Reinigungsverfahren beurtheilen!

2. Untersuchung: Die Proben sind in dem Zustande zu untersuchen, in welchem sie genommen sind.

Kann daher die Bestimmung der veränderlichen Bestandtheile (Ammoniak, Organisch) nicht ausgeführt werden, bevor Zersetzungen eintreten würden (S. 322), so sind diese durch Aufbewahren in Eis, unter Umständen auch durch Erhitzen des vom Niederschlage getrennten Wassers in verschlossener Flasche u. dgl. Mittel entsprechend zu verzögern.

---

[1]) Vgl. Zft. f. angewandte Chem. 1890, 64 u. 694.

Im Wasser, sowie im Niederschlage sind zu bestimmen:

1. Trockenrückstand bei 110°,
2. Glühverlust,
3. Chlor (als durchaus erforderliche Controle),[1])
4. Schwefelsäure,
5. Kalk und Magnesia,
6. Phosphorsäure,
7. Stickstoff als Nitrate und Nitrite,
   „ „ Ammoniak,
   „ gesammt, nach Kjeldahl,
8. Organisches (d. $KMnO_4$, u. U. auch Kohlenstoff mit Chromsäure und mikroskopische Prüfung),
9. Alkalität, freie Säuren, Metalle, Schwefelwasserstoff, Schwefligsäure u. dgl.

Die Bestimmungen 1 bis 5 sollten jedesmal, 7 und 8 überall da, wo organische Abfälle in Frage kommen, ausgeführt werden, während z. B. bei Sodafabriken statt dessen die Bestimmungen unter 9 zu machen sind; 6 hat Bedeutung für die Beurtheilung des Düngerwerthes.[2])

Ist die Zusammensetzung und Menge eines Abwassers festgestellt, so sind für die Entscheidung, ob die Ablassung in einen öffentlichen Flusslauf zulässig ist, die S. 70 bis 74 besprochenen Grenzwerthe keineswegs ausreichend. Fliesst z. B. das Abwasser I (Gesetz v. 1886) in einen Bach, welcher nur 5 bis 10 Mal soviel Wasser enthält, so wird das Bachwasser trotzdem für die meisten Zwecke unbrauchbar, während das den milderen Bedingungen entsprechende (II) bei millionenfacher Verdünnung völlig verschwindet. Für fäulnissfähige Abwässer ist ferner die Jahreszeit (z. B. Zuckerfabriken), das Gefälle des Wassers, Stauwerke u. dgl. von sehr grossem Einfluss. Es ist ferner zu berücksichtigen, zu welchen Zwecken das Flusswasser verwendet werden soll; für häusliche Zwecke, für Gährungsgewerbe u. dgl. sind besonders die faulenden organischen Stoffe, für Wäschereien, Dampfkesselbetrieb u. dgl. die Härte, für Färbereien, Bleichereien u. dgl. ausserdem die Metallsalze zu berücksichtigen u. s. w. So bequem daher Grenzwerthe für Abwässer auch für den „grünen Tisch“ sein mögen, für den Fachmann sind sie ganz unannehmbar. Ob eine (erhebliche) Belästigung oder eine Schädigung durch ein gewerbliches Abwasser stattfindet, wie diese Uebelstände zu vermeiden sind, lässt sich nur unter Berücksichtigung aller näheren Umstände durch sachverständige Chemiker entscheiden.

---

[1]) Vgl. S. 143 u. 368.

[2]) Vergl. Zft. f. angew. Chem. 1890, 102.

Welche Unzuträglichkeiten entstehen, wenn derartige Fragen schematisch behandelt werden, zeigen z. B. die Fischereiordnungen (S. 58 bis 64). Man sollte darnach glauben, dass nur die Abwässer der chemischen Industrie schädlich werden könnten, während die Landwirthschaft durch Wiesenbewässerung, Flachsrotten u. dgl., Mühlen durch Stauwerke, Sägespäne,[1]) ferner durch die mörderischen Turbinen mindestens ebenso bedenklich für die Fischzucht sind als die chemische Industrie. Wer will es ferner vertheidigen, dass Wässer von 50° oder jedes Abwasser, welches auch nur Spuren freies Chlor enthält, nicht einmal in den Rhein abgelassen werden sollen, während die Ablassung eines Wassers mit 1 g Arsen im Liter selbst in kleine Bäche zulässig sein soll? (Vergl. S. 58 bis 65.)

Es muss also jedenfalls festgestellt werden, welche Veränderung das betreffende Bach- oder Flusswasser durch das fragliche Abwasser erleidet und ob dadurch die bisherige Verwendung desselben erschwert oder gar gehindert wird.

Wird Niemand durch den Einlass des Abwassers benachtheiligt, so kann selbstverständlich von einer Reinigung desselben abgesehen werden; sehr oft genügt es, die schwebenden Stoffe und die Sinkstoffe durch Absatzbehälter abzuscheiden (vergl. S. 442). Findet aber eine Schädigung statt — was sachverständig bewiesen werden muss —, so muss dieselbe verhütet — das Abwasser also gereinigt werden — oder vergütet werden. Will z. B. eine Fabrik oder ein Bergwerk Gyps- oder Magnesiahaltiges Wasser in einen Bach leiten, dessen Wasser zum Waschen und Färben von Faserstoffen, oder zum Speisen von Dampfkesseln verwendet wird, so ist leicht festzustellen, wie viel Seife bezw. Soda dadurch mehr erforderlich ist als bisher. Ob es dann vortheilhafter ist, den so wirklich festgestellten Schaden zu verhüten oder zu vergüten, ist Sache der Betheiligten. Keinesfalls ist es gerechtfertigt, eine bereits bestehende Fabrik behördlich zu schliessen, oder von ihr ganz unzweckmässige, ja unausführbare[2]) Massregeln zu verlangen.

---

[1]) Dass Sägespäne die Fische schwer schädigen, ist eine alte Erfahrung. So verbietet D. Meiern (Arcana et curiositates oeconomicae, 1706, S. 539) den Sägemühlen: „dass keine Sägespäne in's Wasser fallen, sintemal die Fisch-Wasser dadurch verödet und verwüstet werden".

[2]) Auf der Versammlung des Vereins für Rübenzuckerindustrie in Halle (vergl. dessen Zeitschrift 1876, 887) kam die Forderung des Fabrikinspectors Süssenguth zur Verhandlung, die Abwässer aus dem Kohlenhause auf das Brennmaterial zu leiten und zu verbrennen. Sehr richtig bemerkt Engel dazu, dass in einigen Fabriken die Kohlen durch die Wassermenge fortschwimmen würden.

Besonders ist noch hervorzuheben, dass städtische Abwässer sehr oft Krankheitskeime[1]) enthalten (vergl. S. 123), auch bei (angeblichem) Ausschluss der festen Stoffe (vergl. S. 107), dass aber gewerbliche Abwässer — abgesehen von Gerbereien und Schlachthäusern — überhaupt keine Krankheitskeime[2]) enthalten können,[3]) dass somit Aerzten kein massgebendes Urtheil über Industrieabwässer zusteht, sondern nur dem technisch erfahrenen Chemiker.

Da ein völliger Ausschluss der menschlichen Abgänge von den Flüssen nicht zu erzielen ist, es aber keine keimdichten Filter gibt (S. 433), so ist und bleibt eine Flusswasserversorgung — auch bei bester Selbstreinigung (S. 128) — nur ein Nothbehelf.[4]) Es gehört ein gewisser Mangel an Reinlichkeitssinn dazu, Flusswasser zu Trinkzwecken zu gebrauchen (S. 293). Nur Quellen und Brunnen können zuverlässig gutes Wasser liefern. Die Sorge um die Reinhaltung der Flüsse wird oft arg übertrieben.

Ueberblickt man die vorliegenden Angaben über die Reinigung von Abwasser, so ergibt sich, dass die meisten derselben unbrauchbar sind. Dass die Versuche in Wiesbaden (S. 255), in Frankfurt (S. 262) werthlos, die Ergebnisse der Zucker-Commissionen (S. 327 bis 358) nicht der aufgewendeten Arbeit entsprechen, wurde bereits hervorgehoben. Besonders vorsichtig muss man bei Beurtheilung der über patentirte oder geheimgehaltene Verfahren gemachten Angaben sein. Die Reinigung städtischer Abwässer durch Fällung ist von zweifelhaftem Erfolg. Jeden-

---

[1]) Knüppel (Z. Hyg. 1891 B. 10, 367) bespricht die Erfahrungen der englischen ostindischen Aerzte, wonach in zahlreichen Fällen Cholera durch den Genuss von Wasser, welches durch Abgänge Cholerakranker verunreinigt war, übertragen wurde. (Vergl. S. 22 und 127.)

[2]) Dr. Rupprecht (Deutsche Wochenschr. f. Gesundheitspfl. 1884, 39) behauptet, dass durch das Abgangwasser einer Zuckerfabrik auch ein Brunnen in solcher Weise verunreinigt wurde, dass nach Genuss des Wassers desselben in einer Familie typhöse Krankheiten auftraten; das Brunnenwasser enthielt alle diejenigen Mikroorganismen, nämlich Diatomaceen, speciell Diatomellen, die auch der das Zuckerfabrikabgangwasser aufnehmende, etwa 3 m entfernte Fluss zeigte. — Seit wann können Diatomaceen Typhus erzeugen?

[3]) Die Schlusssätze des Vereins zur Wahrung der Interessen der chemischen Industrie Deutschlands (Zft. f. angew. Chem. 1889, 497) könnten hier schärfer gefasst sein.

[4]) Welchen Zufälligkeiten eine Flusswasserversorgungsanlage ausgesetzt ist, zeigt u. a. die am 1. Novbr. 1877 durch die Papierfabrik in Salach verursachte Verunreinigung des Neckars, welche eine tagelange Schliessung der Wasserleitung in Stuttgart erforderlich machte. (Wochenschr. d. österr. Ing.-Arch.-Ver. 1877, 214.)

falls macht jedes Fällungsverfahren Kosten, ohne irgend welchen Ertrag zu liefern; dasselbe gilt von den biologischen Verfahren (S. 158).

Abwässer organischer Natur, besonders städtische Kanalwässer, desgl. von Stärkefabriken (S. 309 und 324), Zuckerfabriken (S. 365), Papierfabriken und dergl. werden am sichersten und meist auch am billigsten durch Berieselung gereinigt.

Von Seiten der Landwirthschaft wird den Rieselfeldern die unvollständige Ausnutzung der in städtischem Abwasser enthaltenen Düngstoffe[1]) vorgeworfen. (Vergl. S. 107.)

Bei einer sehr guten Ernte werden durch die auf den Rieselfeldern angebauten Kulturpflanzen nach E. Heiden[2]) dem Boden für 1 ha in runder Summe entzogen:

	Stickstoff k	Phosphorsäure k	Kali k	Kalk k	Magnesia k	Schwefelsäure k	Chlor k
Italien. Raygras	326	124	344	86	26	46	90
Runkelrüben	244	117	486	96	91	51	202
Möhren	140	70	201	89	29	32	140
Sommerraps	38	27	47	47	12	8	9
Winterraps	86	62	92	91	27	14	19

Darnach würde das Abwasser von etwa 60 Personen genügen, um den Stickstoffbedarf von 1 ha zu decken, während oft die 5 fache Menge zugeführt wird. — Die Vertreter der Landwirthschaft, welche die Rieselfelder bekämpfen, übersehen ganz, dass der Zweck der Rieselfelder die Unschädlichmachung der Kanalwässer ist, dass ferner die Rieselfelder einen erheblich grösseren Theil der düngenden Bestandtheile des Kanalwassers ausnutzen, als durch irgend ein sogen. Abfuhrsystem erzielt werden kann (S. 208 bis 212).

[1]) Das Ansteigen des Schmutzgehaltes des Göttinger Kanalwassers S. 111 um 1 Uhr Nachts erklärt sich daraus, dass damals noch Nachts die Aborte entleert wurden, und die Leute es vortheilhafter fanden die angeblich „werthvollen Düngstoffe" in den nächsten Kanal abzulassen, statt sie aufs Land zu fahren.

[2]) E. Heiden: Die menschlichen Excremente (Hannover 1882), S. 39.

Sachregister.